알기 쉬운 자동차 정비공학

AUTOMOTIVE MECHANICAL ENGINEERING THAT'S EASY TO UNDERSTAND

구민사

저자약력 | **전철환**
한국폴리텍대학 자동차과 교수
정우규
한국폴리텍대학 자동차과 교수

알기 쉬운 자동차 정비공학

초판 인쇄 | 2022년 2월 21일
초판 발행 | 2022년 2월 28일
초판 2쇄 발행 | 2023년 12월 30일

저 자 | 전철환·정우규
발행인 | 조규백
발행처 | 도서출판 구민사
(07293) 서울특별시 영등포구 문래북로 116, 604호(문래동3가 46, 트리플렉스)
전화 | (02) 701-7421(~2)
팩스 | (02) 3273-9642
홈페이지 | www.kuhminsa.co.kr

신고번호 | 제2012-000055호 (1980년 2월 4일)
I S B N | 979-11-6875-016-6 93550

값 29,000원

PREFACE

머리말

기술적으로 빠르게 변화하는 자동차 시스템은 단지 높은 출력, 높은 성능 추구뿐만 아니라 배기 공해와 소음 공해가 적은 것이 요구되던 자동차 시스템에서 주행에 편의성을 갖는 스마트 기술들의 개발뿐만 아니라 친환경 자동차인 하이브리드, 전기 자동차, 연료전지 차량 등 다양화되고 복잡해지고 있는 실정이다.

그래서 저자는 미비하지만 이 한 권의 책으로 자동차 공학에 대하여 기본 자동차 구성인 엔진, 전기, 섀시의 기본구성은 물론 엔진, 전기, 섀시의 신기술 및 스마트 시스템과 친환경 자동차 등 처음으로 자동차 공학에 대하여 공부하는 공학도들에게 도움이 되고자 이 책을 다음과 같은 내용으로 기술하였다.

Chapter 1. 엔진의 기초사항, 엔진본체, 냉각장치, 윤활장치, 흡・배기장치, 배출가스장치 및 전자제어 가솔린 엔진, GDI, LPI, CNG, 커먼레일에 대하여 기술하였다.

Chapter 2. 전기・전자 기초이론, 축전지, 기동장치, 점화장치, 충전장치, 차체 전기장치, 냉난방장치에 대하여 기술하였다.

Chapter 3. 동력전달장치, 현가장치, 조향장치, 휠얼린먼트, 제동장치, 에어백에 대하여 기술하였다.

Chapter 4. 하이브리드 자동차, 전기 자동차, 연료전지 자동차를 기술하였다.

위와 같이 기본적인 자동차 구조와 발전되는 신기술까지 독자 여러분들이 이해하기 쉽게 모든 그림을 컬러로 하여 집필하였다. 본서를 통해 자동차 공학을 공부하고자 하는 모든 분들에게 많은 도움이 되길 바라며 지면관계상 전문적으로 상세히는 수록하지는 못한 점 이해해 주시길 바라며, 혹시 본 책자 중에 잘못된 내용이 있다면 여러분의 아낌없는 지적을 부탁드립니다.

끝으로 이 책을 만들기까지 물심양면으로 도와주신 도서출판 구민사의 조규백 사장님과 임직원 여러분의 노력에 진심으로 감사의 인사를 드립니다.

저자 씀

CONTENTS

차례

Chapter 01
엔진(ENGINE)

Chapter
03
섀시 (CHASSIS)

Chapter
04

친환경 자동차

Chapter

1

엔진(ENGINE)

01 엔진 개요

02 엔진의 본체 주요부분

03 냉각장치

04 윤활장치

05 흡기 및 배기장치

06 전자제어 가솔린 연료분사 장치

07 GDI(Gasoline Direct Injection) 엔진

08 LPG·LPI·CNG 연료장치

09 디젤엔진

10 자동차 배출가스와 그 대책

01 엔진 개요

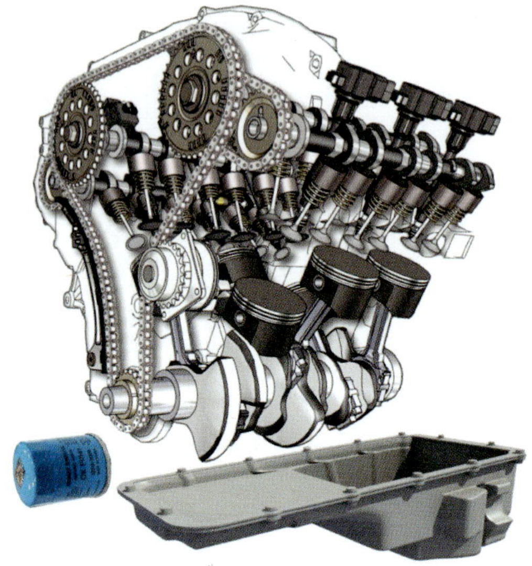

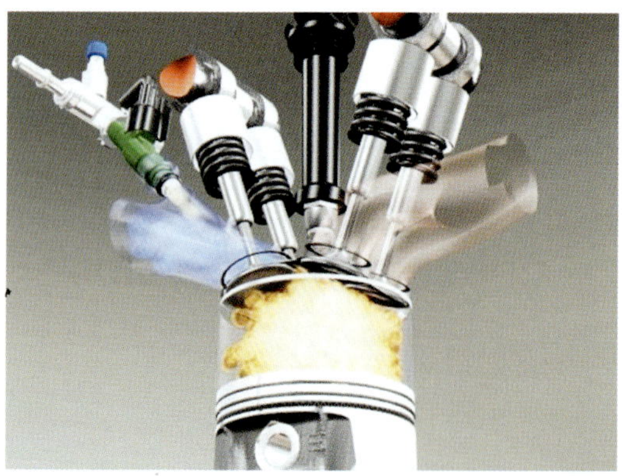

1.1. 열 기관(heat engine)

열 기관(heat engine)이란 연료의 연소에 의하여 화학적 열에너지를 기계적 일로 바꾸는 장치로서 열에너지를 공급하는 방식에 따라 내연기관과 외연기관으로 구분한다.

[1] 내연기관(internal combustion engine, IC Engine)

내연기관은 작동유체(연료+공기)를 엔진 내부(연소실)에서 연소(폭발)가 이루어지며 연소에 의해 발생한 높은 온도 및 높은 압력의 작동가스에 의해 열에너지를 기계적 에너지로 변환시켜 왕복운동형 엔진과 가스터빈과 같이 터빈을 회전시키는 회전 운동형 엔진 등으로 분류한다.

[2] 외연기관(external combustion engine, EC Engine)

외연기관은 연료의 연소를 실린더 바깥쪽에 설치된 연소장치에서 연소 시켜 얻은 열에너지를 실린더 내부로 유입하여 기계적 에너지를 얻는 형식으로 증기엔진이 대표적이며 외부에서 연소가 이루어지므로 석탄, 나무 등 고체연료의 사용이 가능하여 사용연료의 범위가 넓다.

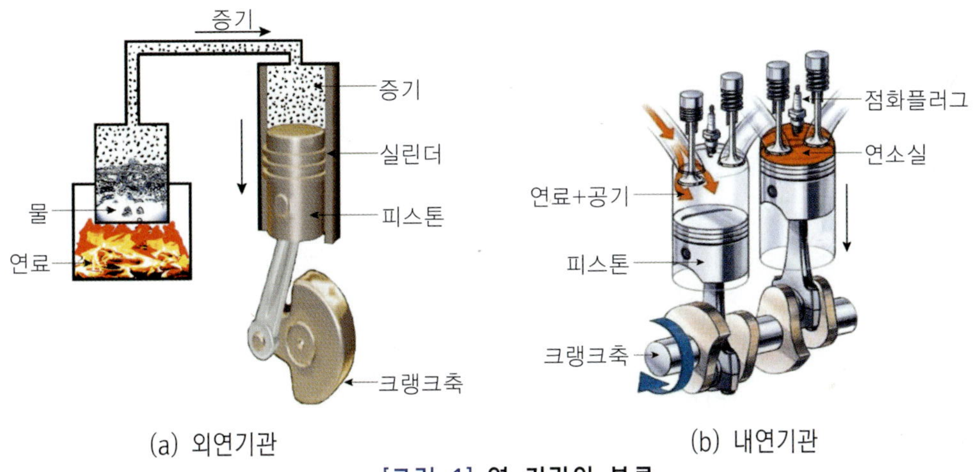

[그림 1] **열 기관의 분류**

1.2. 내연기관의 분류

1.2.1. 사용연료에 의한 분류

[1] 가솔린 엔진

가솔린을 연료로 사용하며 연소실 내로 가솔린과 공기를 흡입하여 압축된 혼합가스(가솔린+공기)에 전기 불꽃으로 점화하여 동력을 얻는 엔진이다.

[2] 디젤 엔진

경유를 연료로 사용하며 순수한 공기만을 흡입하여 높은 압력으로 공기를 압축 시킨 후 고압의 연료를 분사하여 압축열에 의해 자기착화시켜 동력을 얻는 엔진이다.

[3] LPG 또는 LNG 엔진

LPG 또는 LNG를 연료로 사용하며 연소실 내로 LPG 또는 LNG를 공기와 흡입하여 압축된 혼합가스에 전기 불꽃으로 점화하여 동력을 얻는 엔진으로 가솔린 엔진과 본체의 구조는 비슷하나 연료공급 계통이 다르다.

1.2.2. 점화방식에 의한 분류

[1] 전기점화 엔진

압축된 혼합가스에 점화플러그에서 높은 전기 불꽃을 방전시켜 강제점화 연소 시키는 방식으로 가솔린엔진, LPG엔진, LNG엔진에서 사용한다.

[2] 압축착화 엔진(자기착화 엔진)

흡입 시 공기만을 흡입하여 고온·고압으로 압축한 후 고압의 연료(경유)를 인젝터를 통하여 압축된 공기에 분사하여 압축열에 의해 자기착화시키는 방식이며 디젤엔진에 사용한다.

1.2.3. 행정과 내경에 의한 분류

피스톤의 상사점과 하사점 사이의 거리를 행정(stroke)이라 한다. 피스톤이 맨 위에 올라갔을 때를 상사점(TDC), 맨 아래에 있을 때를 하사점(BDC)라 한다. 행정과 내경의 비는 피스톤의 행정과 실린더의 내경과의 비(행정과 내경 비 = 행정(L)/내경(D))를 말하며 행정과 내경의 비가 1.0 이상인 엔진을 장행정 엔진, 1.0인 엔진을 정방행정 엔진, 1.0 이하인 엔진을 단행정 엔진이라 부른다.

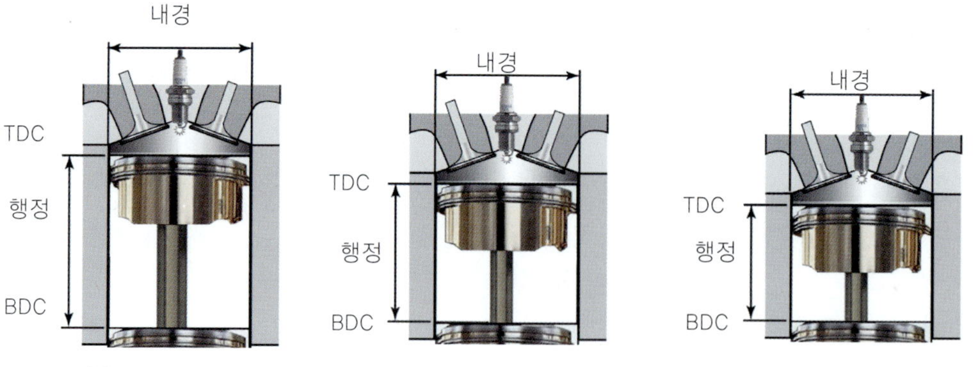

(a) 장행정 엔진 (b) 정방행정 엔진 (c) 단행정 엔진

[그림 2] 행정과 내경에 따른 엔진구분

[1] 장행정 엔진(언더 스퀘어 엔진 : under square engine)

피스톤의 행정이 실린더 내경보다 큰 엔진을 말한다. 엔진 회전속도가 느린 반면 회전력이 크며 흡입공기량이 많고, 실린더 벽에 가해지는 피스톤 측압이 작은 장점이 있으나 엔진의 높이가 높아지는 단점을 가지고 있다.

[2] 정방행정 엔진(스퀘어 엔진 : square engine)

피스톤의 행정과 실린더 내경의 크기가 동일한 엔진으로 엔진의 회전속도와 회전력이 장행정 엔진과 단행정 엔진의 중간 정도이다.

[3] 단행정 엔진(오버 스퀘어 엔진 : over square engine)

단행정 엔진은 피스톤의 행정이 실린더 내경보다 작은 형식이며, 다음과 같은 특징이 있다.

① 피스톤 평균속도를 올리지 않고도 회전속도를 높일 수 있으므로 단위 실린더 체적당 출력을 크게 할 수 있다.

② 흡·배기 밸브의 지름을 크게 할 수 있어 체적효율을 높일 수 있다.

③ 직렬형에서는 엔진의 높이가 낮아지고, V형에서는 엔진의 폭이 좁아진다.

④ 피스톤이 과열하기 쉽고, 폭발압력이 커 엔진 베어링의 폭이 넓어야 한다.

⑤ 회전속도가 증가하면 관성력의 불평형으로 회전부분의 진동이 커진다.

⑥ 실린더 안 지름이 커 엔진의 길이가 길어진다.

1.2.4. 실린더 배열에 의한 분류

실린더 블록은 실린더의 배열에 따라 직렬형, V형, 성형, 수평 대향형 등이 있다.

(a) 직렬형

(b) V형

(c) 성형

(d) 수평 대향형

[그림 3] 각종 실린더 배열의 종류

1.2.5. 밸브 배열에 의한 분류

① I헤드형 : 실린더 헤드에 흡 · 배기밸브를 모두 설치한 형식

② L헤드형 : 실린더 블록에 흡 · 배기밸브를 일렬로 나란히 설치한 형식

③ F헤드형 : 실린더 헤드에 흡기밸브를, 블록에 배기밸브를 설치한 형식

④ T헤드형 : 실린더 블록에 실린더를 중심으로 양쪽에 흡 · 배기밸브가 설치된 형식

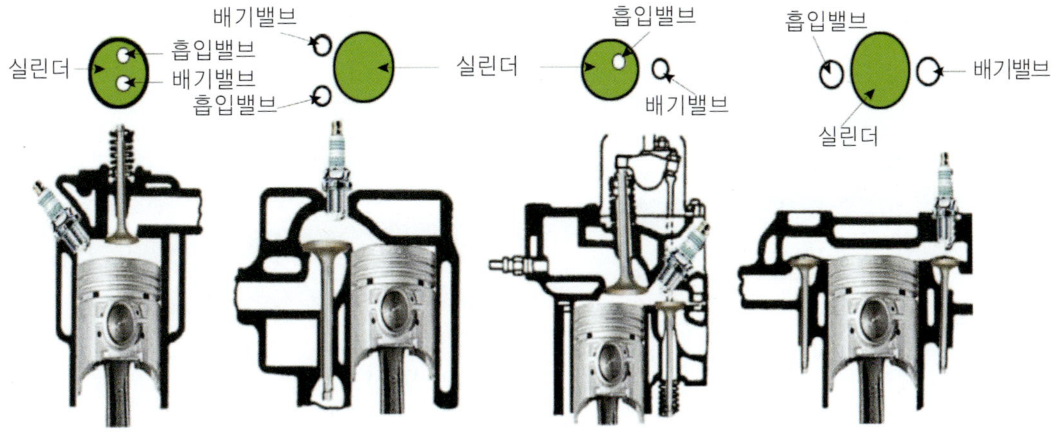

(a) I헤드형 (b) L헤드형 (c) F헤드형 (d) T헤드형

[그림 4] 밸브배열에 의한 분류

1.2.6. 열역학적 사이클에 의한 분류

P-V 선도(pressure-volume diagram or indicator diagram)는 하나의 직각 좌표의 세로축에 압력(P), 가로축에 비체적(V)을 표시하고 유체의 변화에 따른 P와 V와의 관계를 그려 나가는 것으로, 인디케이트(지압) 선도라고도 한다. 각 사이클의 효율을 비교하면 다음과 같다.

① 압축비가 높아지면 오토, 디젤, 사바테 사이클 효율은 높아진다.

② 압축비가 동일할 때 폭발비가 증가할수록, 단절비가 낮을수록 효율은 높아진다(압축비가 동일할 때 : 오토 〉 사바테 〉 디젤 사이클).

③ 최고 온도와 압력에 비해 비교하면 디젤 〉 사바테 〉 오토사이클이다.

④ 실제 사이클의 효율은 가솔린의 압축비가 낮으므로 사바테 〉 디젤 〉 오토사이클의 순서가 된다.

[1] 오토 사이클(otto cycle, 정적 사이클)

오토 사이클은 공기와 연료를 혼합기체로 압축하여 점화원에 의해 연소하므로 가솔린이나 가스엔진의 이론 사이클로 2개의 단열과정과 2개의 정적과정으로 이루어진다.

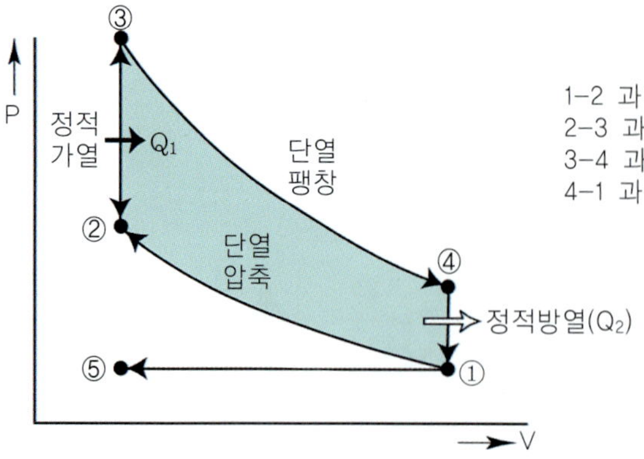

1-2 과정 : 압축과정(Q = 0 : 단열압축)
2-3 과정 : 연소과정(V = C : 정적연소)
3-4 과정 : 팽창과정(Q = 0 : 단열팽창)
4-1 과정 : 배기과정(V = C : 정적배기)

[그림 5] 오토 사이클의 P—V 선도

$$\text{오토 사이클의 열효율}(\eta_0) = 1 - \left(\frac{1}{\epsilon}\right)^{k-1}$$

ε : 압축비, k : 비열비

[2] 디젤 사이클(diesel cycle, 정압 사이클)

디젤 사이클은 열효율을 증가시킬 목적으로 공기만을 압축한 후 연료를 분사시키며 압축 공기온도가 400~600℃의 고온이 되었을 때 연료를 분사하고 자연 착화시켜 연소하며 2개의 단열과정과 1개의 정압(등압) 과정 1개의 정적(등적) 과정으로 사이클을 이룬다.

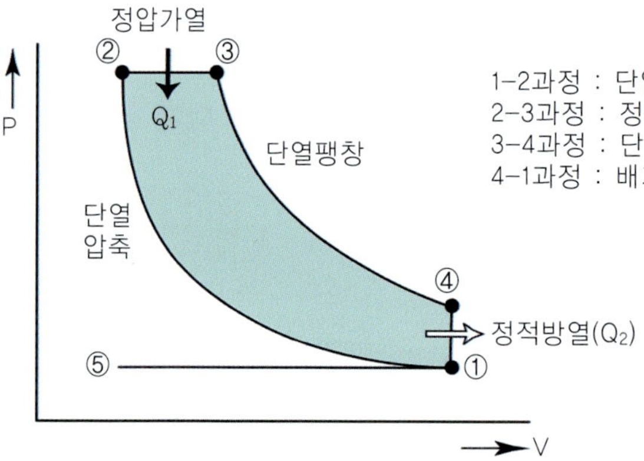

1-2과정 : 단열압축과정(PVK = C : 단열압축)
2-3과정 : 정압과정(P2 = P3 = 일정 : 정압연소)
3-4과정 : 단열팽창과정(PVK = C : 단열팽창)
4-1과정 : 배기과정(V4 = V1 = 일정 : 정적 배기)

[그림 6] 디젤 사이클의 P—V선도

공기가 실린더 내에 흡입되어 1→2까지 단열압축하고 2에서 연료를 분사하여 2→3 정압 연소 시켜 3에서 연소가 끝나고 3→4까지 단열팽창하여 4→1까지 정적 하에서 배기한다.

$$\text{디젤 사이클의 열효율}(\eta_d) = 1 - (\frac{1}{\epsilon})^{k-1} \cdot \frac{\sigma^{K-1}}{K(\sigma-1)}$$

ε : 압축비, σ : 단절비(정압 팽창비), K : 비열비

[3] 사바테 사이클(sabathe cycle)

사바테 사이클은 정적 사이클과 정압 사이클을 합성시킨 사이클로, 복합 사이클 또는 고속디젤 사이클이라고도 한다. 이 사이클은 연료의 일부는 정적 하에서 연소하고 나머지는 정압하에서 연소한다.

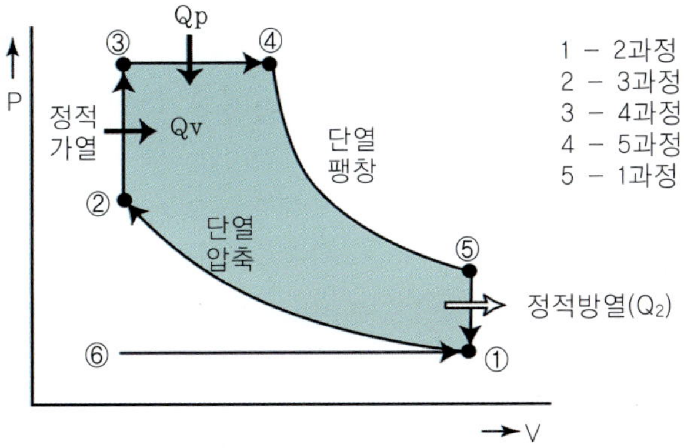

1 – 2과정 : 압축과정(Q = 0 : 단열압축)
2 – 3과정 : 연소과정(V = C : 정적연소)
3 – 4과정 : 연소과정(P = C : 정압연소)
4 – 5과정 : 팽창과정(Q = 0 : 단열팽창)
5 – 1과정 : 배기과정(V = C : 정적배기)

[그림 7] **사바테 사이클의 P—V선도**

$$\text{사바테 사이클의 열효율}(\eta_s) = 1 - \left(\frac{1}{\epsilon}\right)^{k-1} \frac{\sigma^k \rho - 1}{(\rho-1) + k\rho(\sigma-1)}$$

ε : 압축비, k : 비열비, σ : 체절비(단절비), ρ : 압력비

1.2.7. 기계학적 사이클에 의한 분류

[1] 4행정 사이클 엔진

(1) 작동원리

4행정 사이클 엔진은 크랭크축이 2회전하는 동안 피스톤이 4행정(흡입 → 압축 → 동력 → 배기)을 하여 1사이클을 완성하는 것을 말한다. 이때 캠축은 1회전하며, 흡·배기 밸브는 각각 1번 개폐된다.

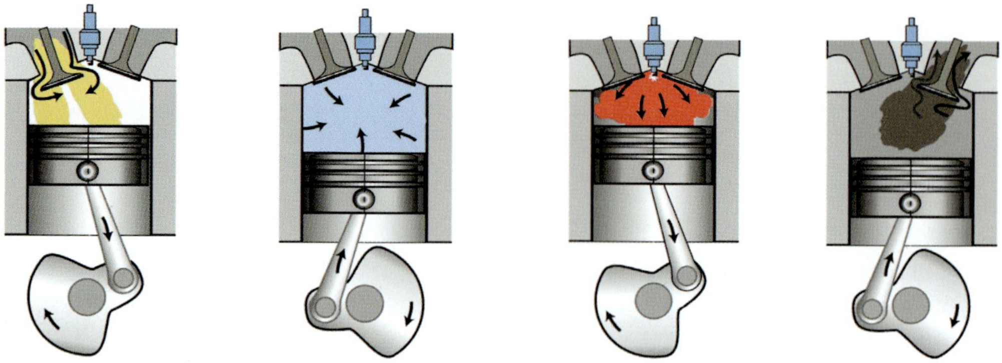

(a) 흡입행정　(b) 압축행정　(c) 폭발행정　(d) 배기행정

[그림 8] 4행정 사이클 엔진의 행정

1) 흡입행정

피스톤이 상사점(TDC)에서 하사점(BDC)으로 내려오면서 흡입행정이 시작되는데 이때 흡입밸브는 열리고 배기밸브는 닫혀 있다. 공기나 혼합기를 흡입할 때 실린더 내의 진공과 대기 압력 차이를 이용하는 방식을 자연 흡기방식(NA : naturally aspiration)이라고 한다. 크랭크축은 0~180°회전한다.

2) 압축행정

흡·배기 밸브가 모두 닫힌 상태에서 피스톤이 하사점(BDC)에서 상사점(TDC)으로 올라가면서 혼합기를 압축하는데 압축 상사점 전 5~10° 부근에서 가솔린 엔진은 점화플러그에 의해 전기불꽃 방전에 의해 점화하고, 디젤 엔진은 인젝터로부터 연료를 분사하여 자기착화하여 연소가 이루어진다. 크랭크축은 180~360°회전한다.

3) 동력행정

실린더 내에서 발생하는 고온, 고압의 가스압력에 의해 피스톤이 상사점에서 하사점으로 내려오는 힘에 의해 실질적으로 엔진 크랭크축을 회전시킨다.

이때 흡입밸브와 배기밸브는 모두 닫혀 있다. 실린더 내에서 발생하는 최고 가스압력은 일반적으로 상사점 후(ATDC) 12°부근에서 발생하며 가스압력을 가장 효과적으로 이용하여 발생 회전력을 크게 할 수 있다. 크랭크축은 360~540°회전한다. 그리고 배기행정 초기에 배기밸브가 열려 연소가스 자체압력으로 배출되는 현상을 블로다운(blow dowm)이라 한다.

4) 배기행정

피스톤이 하사점에서 상사점으로 올라가면서 배기가스를 배출하는 행정으로 흡입밸브는 닫혀 있고 배기밸브는 열려 있다. 이때 배출되는 배기가스 온도는 보통 600~900℃ 정도이다. 크랭크축은 540~720°회전한다.

(2) 4행정 사이클 엔진의 장 · 단점

1) 장점

① 각 행정이 완전히 구분되고 압축비가 높다.

② 각 부분의 열적 부하가 적다.

③ 체적효율이 높다.

④ 연료 소비율이 적다.

2) 단점

① 밸브기구가 복잡하며 충격이나 소음이 크다.

② 가격이 비싸며 마력당 중량이 무겁다.

③ 동력회전수가 적어 실린더수가 적으면 사용이 곤란하다.

[2] 2행정 사이클 엔진

2행정 사이클 엔진은 크랭크축이 1회전할 때 모든 실린더가 실린더 수에 관계없이 한 번씩 폭발한다. 피스톤 헤드 상부에는 디플렉터(deflector)를 설치하여 들어오는 혼합기가 배기구멍으로 바로 나가지 못하도록 실린더 위로 밀어 올리는 역할을 하는데 혼합기에 와류를 생성하고 압축비를 높이는 효과도 있다.

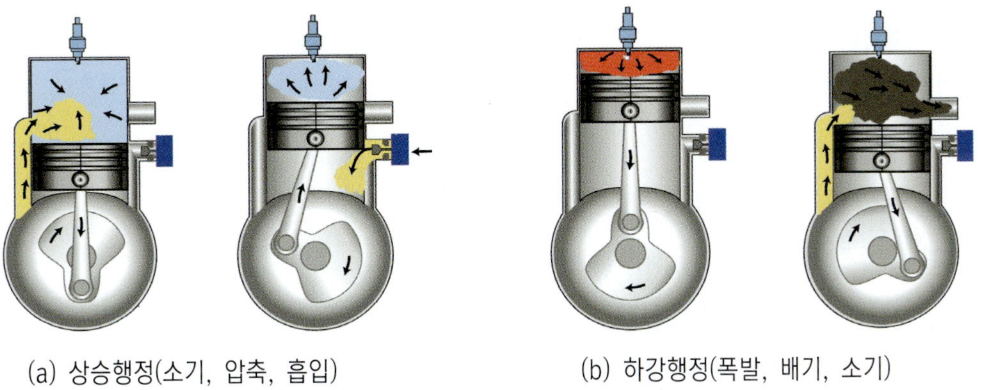

(a) 상승행정(소기, 압축, 흡입)　　(b) 하강행정(폭발, 배기, 소기)

[그림 9] 2행정 사이클 엔진의 행정

(1) 2행정 사이클 엔진의 장 · 단점

1) 장점

① 4행정 사이클 엔진에 비하여 1.6~1.7배의 출력이 있다.

② 실린더수가 적어도 회전이 원활하고, 회전력 변동이 적다.

③ 밸브장치가 간단하며 소음이 적고, 마력당 중량이 적고 값이 싸다.

2) 단점

① 배기가 불완전하고 유효행정이 짧다.

② 연료소비율이 많아 평균 유효압력과 효율을 높이기가 어렵다.

③ 저속운전이 어렵고 역화가 일어나기 쉽다.

④ 피스톤 및 피스톤링의 소손이 빠르다.

(2) 2행정 사이클 엔진의 소기 방식

2사이클 엔진은 압축, 팽창의 2행정의 일부(크랭크각으로 120~150 °)에서 신, 구 가스를 교체한다. 이 급기(신기)로 연소가스를 실린더에서 추출하고, 동시에 실린더 내를 급기로 치환하는 가스 교환 작용을 소기(scavenging)라 한다. 소기의 방식에는 횡단소기, 루프소기, 단류소기 등이 있다.

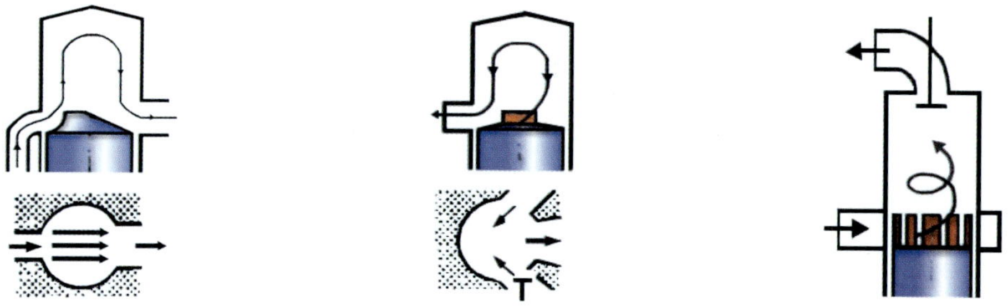

(a) 횡단소기 (b) 루프소기 (c) 단류소기

[그림 10] 소기의 방식

1.3. 행정체적과 마력 및 엔진의 성능곡선

1.3.1. 행정체적(stroke volume, 실린더체적)

행정체적은 배기량으로 표시되며, 실린더 내경을 D(cm), 피스톤의 상사점에서 하사점 간의 거리를 행정거리를 L(cm)이라 하면 배기량은 다음 식으로 표현된다.

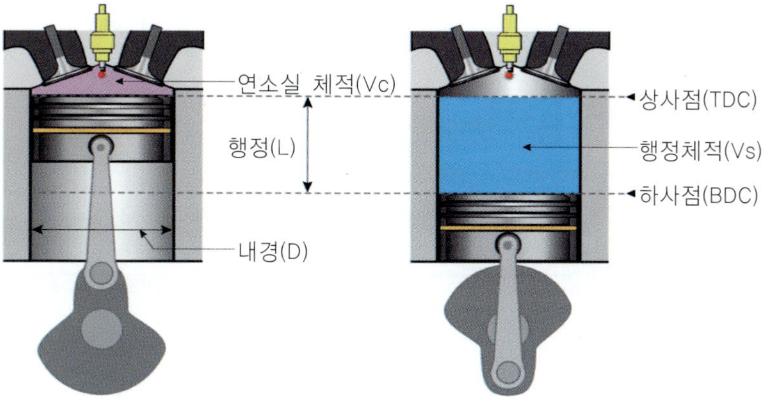

[그림 11] 행정체적과 연소실 체적

① 1기통일 때 실린더 배기량(V_s) = $\frac{\pi}{4}D^2L$ [cc]

② 총 배기량(V_t) = $\frac{\pi}{4}D^2L \times N$ [cc]

③ 1분당 배기량(V_m) = $\frac{\pi}{4}D^2L \times N \times R$ [cc], 2행정 엔진 : R, 4행정엔진 : $\frac{R}{2}$

D : 내경[cm], L : 행정거리[cm], N : 실린더 수[기통], R :엔진회전수[rpm]

1.3.2. 압축비(compression ratio)

압축비는 피스톤이 실린더 하사점에 있을 때 실린더 체적과 피스톤이 상사점에 있을 때 연소실 체적과의 비를 압축비라 한다.

$$\varepsilon = \frac{V_t}{V_s} = \frac{V_s + V_c}{V_c} = 1 + \frac{V_s}{V_c},\ V_s = Vc(\varepsilon - 1),\ V_c = \frac{V_s}{\varepsilon - 1}$$

ε : 압축비, V_s : 행정체적[cc], V_t : 실린더 총 체적[cc], V_c : 연소실 체적[cc]

1.3.3. 엔진의 마력

엔진의 마력(HP : horse power)은 엔진의 힘을 나타내는 단위로 말 한 마리가 1초 동안에 75 kgf의 무게를 1 m만큼 끄는 일의 양을 말한다.

$$1HP = 75[kgf \cdot m/s] = 736[W : 와트] = 632.3[kcal/h]$$

[그림 12] 마력의 정의

[1] 지시마력(IHP : indicated horse power, 도시마력)

실린더 내에서 연료가 연소하여 실제 발생한 마력으로 힘을 지압계로 측정하여 지압선도로 나타내어 계산한 마력이다.

$$IHP = \frac{Pmi \times A \times L \times R \times Z}{75 \times 60} = \frac{P \times V \times R \times Z}{4{,}500} \ [PS]$$

P_{mi} : 지시평균 유효압력[kgf/cm²] Z : 실린더 수, A : 실린더 단면적[㎠], V : 배기량[cc]

L : 행정거리[cm], R : 엔진회전수[rpm], 2사이클인 경우 = R, 4사이클인 경우 = $\frac{R}{2}$

[2] 제동마력(BHP : brake horse power, 축마력, 정미마력)

제동마력은 지시마력에서 기계적 손실을 뺀 마력을 말한다.

$$BHP = \frac{2\pi RT}{75 \times 60} = \frac{RT}{716.5}[PS], \qquad T = 716.5 \times \frac{BHP}{N}$$

$$BHP = IHP - FHP, \qquad BHP = \eta_m \times IHP[PS]$$

T : 회전력[kgf·m], FHP : 마찰마력[PS],

R : 회전수[rpm], η_m : 기계효율[%]

[3] 마찰마력(FHP : friction horse power)

마찰마력이란 피스톤이 왕복 운동할 때 피스톤 링이 실린더 벽에 마찰하여 발생하는 마찰력을 말한다.

$$FHP = \frac{Fr \times Z \times N \times S}{75} = \frac{F \times S}{75} [PS]$$

F : 총 마찰력[kgf]　　　Z : 실린더 당 링의 수[개]

Fr : 링 1개당 마찰력[kgf]　　　S : 피스톤 평균속도[m/s]

N : 실린더 수[기통]

FHP = IHP - BHP,　IHP : 지시마력, BHP : 제동마력, FHP : 마찰마력

[4] 연료마력(PHP : petrol horse power)

연료마력은 연료의 발열량, 소비량, 비중, 사용시간 등을 측정하여 측정하는 마력으로 연료의 발열량에 따라 크게 좌우된다.

$$PHP = \frac{60 \times C \times W}{632.3 \times t} = \frac{C \times W}{10.5 \times t} [PS]$$

C : 연료의 저위 발열량[kcal/kgf], W : 연료의 중량[kgf = 부피×비중], t : 측정시간[분]

[5] 기계효율(mechanical efficiency)

기계효율은 실린더 내에서 실제 발생된 지시마력에서 엔진의 운전 중 손실에 의해 발생된 정미마력과의 관계이다.

$$\eta_m = \frac{BPS}{IPS} \times 100[\%], \ \eta_m = \frac{P_{me}}{P_{mi}} \times 100[\%]$$

IPS : 지시마력[PS],　　　BPS : 제동마력[PS]

P_{mi} : 지시평균 유효압력[kgf/cm^2],　P_{me} : 제동평균 유효압력[kgf/cm^2]

[6] 체적효율(volumetric efficiency)

체적효율이란 실린더 체적과 실제 실린더 내로 들어간 공기량의 비를 말하며 중량비라고 한다. 실린더의 흡기효율은 엔진성능에 중요하며 과급기를 사용하여 체적효율을 좋게 한다.

$$체적효율(\eta_v) = \frac{실제\ 흡입된\ 공기량(중량)}{실린더\ 체적이\ 차지할\ 수\ 있는\ 공기량(중량)} \times 100[\%]$$

$$= \frac{흡기량}{실린더\ 배기량} \times 100[\%]$$

[7] 엔진의 성능곡선 및 엔진 속도의 토크 특성

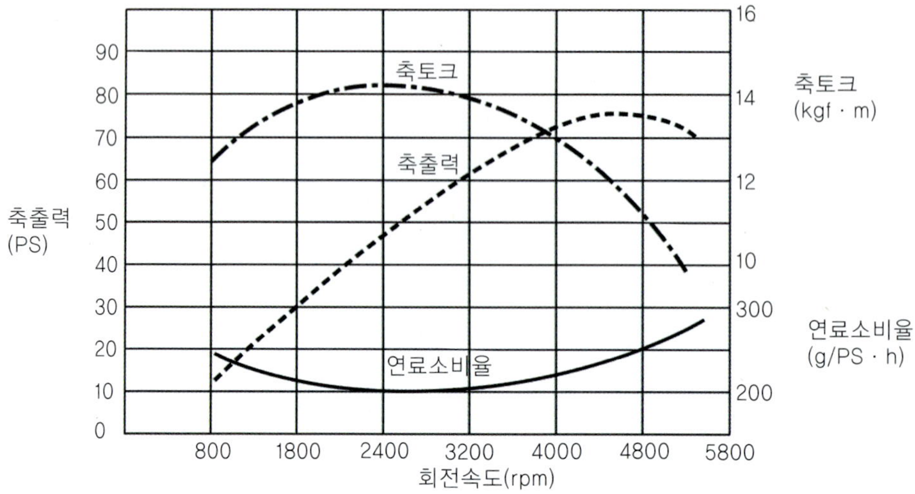

[그림 13] 엔진의 성능 곡선도 예

엔진 성능 곡선도란 운전 중의 엔진에서 축 출력, 축 토크, 연료소비율과의 관계를 나타내는 선도이다. 그림 13의 엔진성능 곡선도에 따르면 중속에서는 흡입기간이 길어 체적효율이 향상되므로 최고 압력이 높아져 축 출력이 가장 크고 고속, 저속에서는 중속에 비해 출력이 저하한다.

02 엔진의 본체 주요부분

엔진 주요부는 동력을 발생하는 부분으로 실린더 헤드, 실린더 블록, 피스톤 커넥팅 로드 어셈블리, 크랭크축, 플라이휠, 밸브 및 밸브 개페기구 등으로 구성되어 있고 부속 장치로 연료장치, 냉각장치, 윤활장치, 기동장치, 충전장치, A/C장치, 파워스티어링 장치 등이 설치되어 있다.

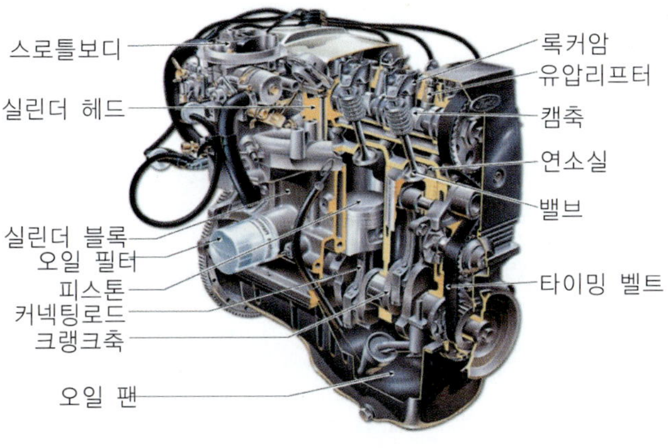

(a) 엔진 주요부분

(b) 엔진부속 장치

[그림 14] 엔진 본체

2.1. 실린더 헤드(cylinder head)

실린더 헤드는 피스톤 헤드, 실린더와 함께 연소실을 구성하며 캠축, 점화코일, 점화 플러그, 밸브 기구 등이 설치된다. 실린더 헤드의 재질은 주철 또는 알루미늄 합금을 사용하는데 최근에는 알루미늄 합금을 많이 사용한다. 알루미늄 합금은 주철에 비해 무게가 가볍고 열 전도성이 특히 우수하여 연소실 온도를 낮게 할 수 있어 조기 점화의 원인이 되는 열점(hot spot)을 방지할 수 있어 주철에 비해 압축비를 높일 수 있는 장점이 있다. 그러나 알루미늄 합금은 동일한 온도에서 주철에 비해 열 팽창율이 거의 2배 정도이며, 내구성이나 내부식성이 약한 단점이 있지만 이 결점을 보완하는 연구가 되어 있어 모든 엔진에 사용한다. 실린더 헤드를 떼어 낼 때는 연질해머로 두들겨 떼어내는 방법, 호이스트를 이용하여 자중에 의해 떼어내는 방법, 엔진 자체 압축압력을 이용하는 방법 등이 있고 실린더 헤드의 균열 점검방법은 타진법, 자기 탐상법, 육안 검사법, 염색 탐상법, 형광 탐상법이 있다. 헤드 볼트의 조임순서는 중앙에서 바깥쪽으로 좌우, 상하 대칭으로 조이며, 토크렌치를 사용하여 규정값으로 조인다.

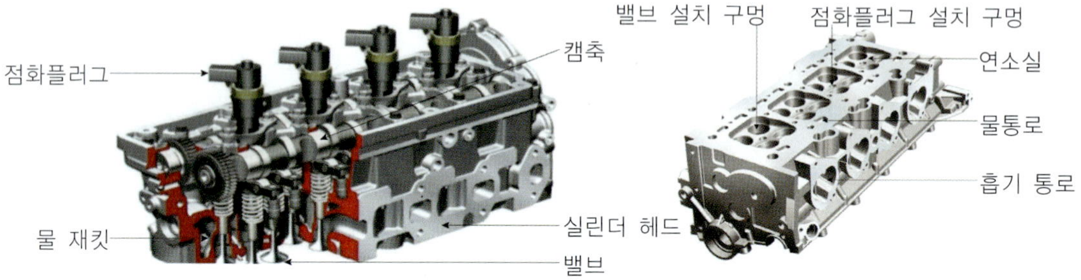

[그림 15] **실린더 헤드 구성품**

2.2. 연소실(combustion chamber)

연소실은 가솔린엔진이나 디젤엔진 등 내연기관에서 혼합기(연료와 공기가 섞인 것)가 주로 연소하는 공간을 말한다. 연소실은 실린더 헤드와 피스톤 헤드 사이의 공간으로, 이러한 연소실의 모양은 흡기와 배기의 흐름, 연소 속도 등에 영향을 미쳐 엔진 효율을 결정하는 중요한 부분으로 작용한다. 연소실의 구비 조건은 다음과 같다.

① 압축 시 강한 와류를 형성할 것
② 가능하면 빠른 시간 내에 연소가 끝날 것
③ 열손실이 작을 것
④ 기계적 옥탄가가 높을 것
⑤ 연소실 표면적을 최소로 할 것
⑥ 가열되기 쉬운 돌출부분이 없을 것

I-헤드형 엔진의 연소실은 실린더 헤드에 흡입 및 배기밸브와 밸브기구의 일부, 점화플러그 설치용 구멍, 흡·배기용 통로 및 물재킷 등이 설치되어 있으며, I-헤드형 엔진의 연소실 종류에는 반구형, 쐐기형, 지붕형(펜트루프형), 욕조형 등이 있다.

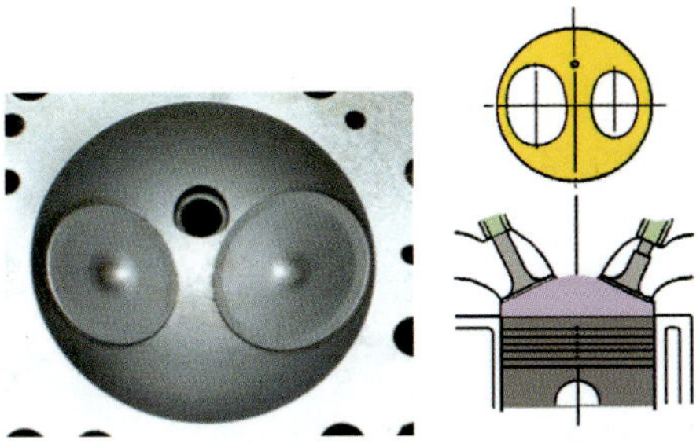

(a) 반구형 타입

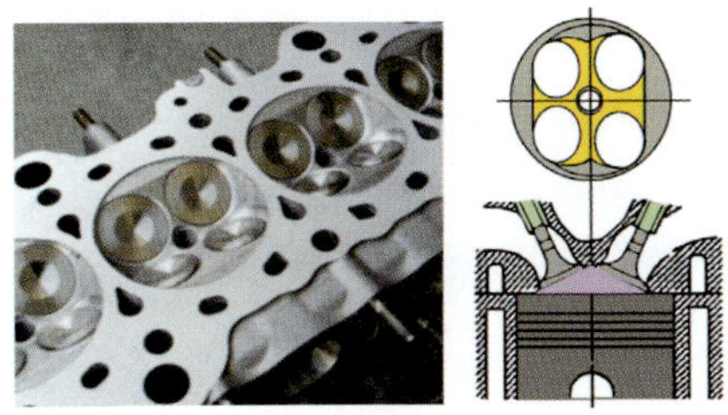

(b) 펜트루프 타입

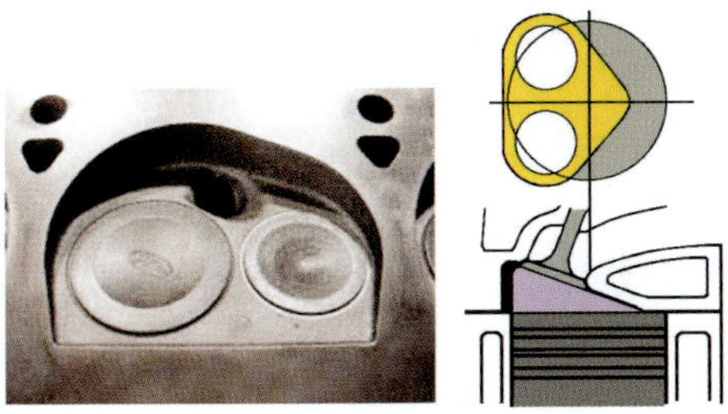

(c) 쐐기형

(d) 욕조형

[그림 16] **I-헤드형 연소실의 종류**

2.3. 실린더 헤드 개스킷(gasket)

실린더 헤드 개스킷은 성질이 다른 냉각수, 윤활유, 연소배기 가스를 밀봉(sealing)하여야 하며 엔진이 작동될 때 반복적인 가열 및 냉각에 견딜 수 있는 내열성과 내압성 및 기밀유지와 오일 및 냉각수가 누수되지 않아야 한다. 실린더 헤드 개스킷을 크게 분류하면 복합형 개스킷과 금속형 개스킷의 2가지로 구별할 수 있다.

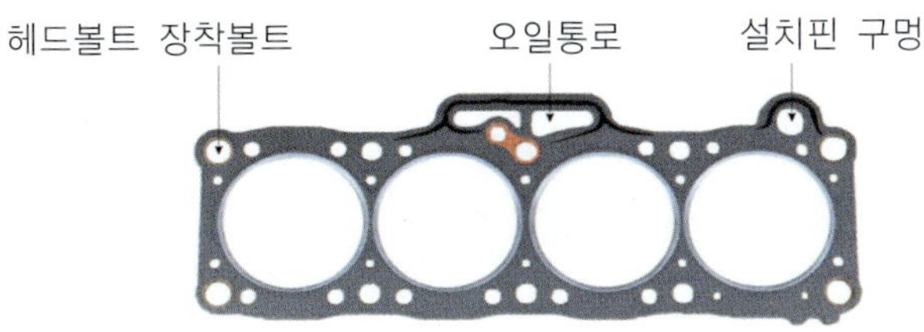

[그림 17] **실린더 헤드 개스킷**

2.4. 실린더 블록(cylinder block)

실린더 블록은 엔진의 기초 구조물이며, 위쪽에는 실린더 헤드가, 아래쪽 중앙부에는 크랭크축 베어링을 사이에 두고 크랭크축이 설치된다. 내부에는 피스톤이 왕복운동을 하는 실린더가 마련되어 있으며, 이 실린더의 냉각을 위한 물 재킷이 둘러싸고 있다.

아래쪽에는 개스킷을 사이에 두고 오일 팬이 설치되어 윤활유가 담겨지며 아래 크랭크실을 이룬다. 실린더 블록의 재질은 규소(Si), 망간(Mn), 니켈(Ni), 크롬(Cr) 등을 포함하는 특수 주철이나 보통 주철 또는 알루미늄합금으로 실린더와 함께 일체 주조하여 만든다.

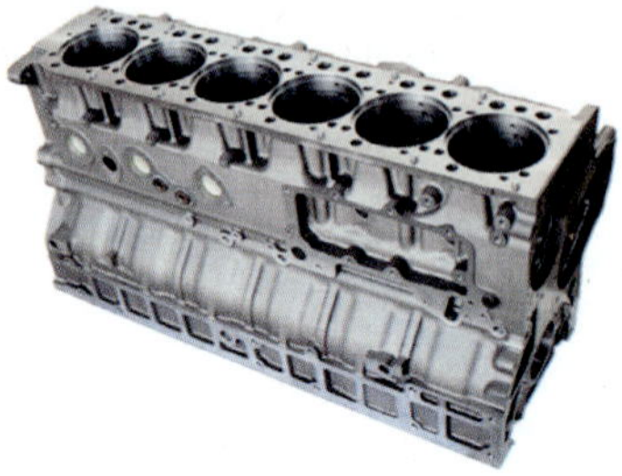

[그림 18] 실린더 블록

2.5. 실린더(cylinder)

실린더는 피스톤 행정의 약 2배의 길이로 원통형이며 실린더 블록과 일체로 주조되거나 라이너 방식이 있다. 압축된 혼합기나 연소가스가 누설되지 않도록 정밀하게 호닝 다듬질되어 있으며 마멸을 작게 하기 위하여 실린더 벽에 크롬(Cr) 도금한 것도 있다. 실린더의 역할은 피스톤 왕복운동의 통로로써 피스톤과 실린더 블록 사이의 기밀을 유지하여 열에너지를 기계적 에너지로 바꾸어 동력을 발생 시키는 역할을 한다. 실린더 바깥둘레에는 물 재킷이나 냉각핀이 설치되어 실린더가 과열하는 것을 방지한다.

2.5.1. 일체형 실린더

일체형 라이너는 실린더 블록과 같은 재질로 실린더를 일체로 제작한 형식이다. 실린더의 강성 및 강도가 크고 냉각수 누출 우려가 적으며, 부품수가 적고 무게가 가볍다. 실린더 벽이 마모되면 보링(boring)을 하여야 한다.

2.5.2. 라이너 방식 실린더

[1] 건식 라이너(dry liner or dry type sleeve)

건식 라이너는 냉각수가 직접 라이너와 접촉하지 않고 실린더 블록을 거쳐 냉각되는 형식으로 라이너의 두께는 2~4 mm로써 비교적 얇다. 삽입 시 압력이 2~3 ton이 필요하며, 삽입 후에는 호닝(horning)을 하여야 한다. 구조가 복잡하여 정비성능이 떨어지고 냉각효과가 불량하다.

[2] 습식 라이너(wet liner)

습식 라이너는 라이너 바깥 둘레에 냉각수와 직접 접촉하여 냉각되는 형식으로 열처리로 경도를 크게 한 특수 주철로 원심 주조하여 만들며 고속 디젤엔진에 주로 사용된다. 특징은 다음과 같다.

① 라이너의 두께는 보통 6~10 mm로 내마모성이 크다.

② 냉각효과가 커 열로 인한 실린더 변형이 적다.

③ 열팽창과 냉각수의 누설을 고려하여 2~3개의 고무제 실링이 라이너 하단부에 끼워져 있다.

④ 라이너 삽입 시 약간의 힘이 필요하므로 정비성능이 좋다.

⑤ 실링(seal ring)이 파손되거나 변형되면 크랭크케이스로 냉각수가 유입된다.

⑥ 삽입 시 약간의 힘으로 삽입되고, 삽입 시 라이너 바깥 둘레에 비눗물을 바른다.

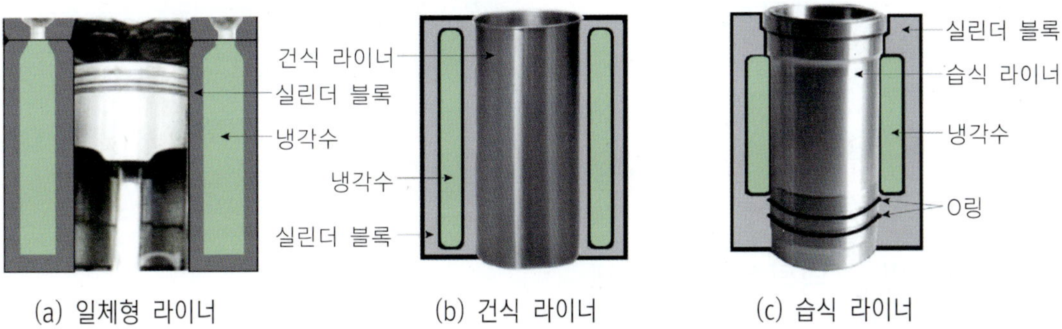

[그림 19] **실린더 라이너 형식**

2.5.3. 실린더 벽의 마모

① 흡입가스 중 먼지와 이물질에 인한 마모

② 농후한 혼합비에 의해 연소 시 생성되는 연소생성물에 의한 부식에 인한 마모

③ 피스톤 링의 호흡작용에 인한 마모

④ 피스톤의 왕복운동으로 피스톤 링과 실린더 벽의 인한 마모

⑤ 실린더 벽의 마모는 실린더 상부에서 가장 마모가 심하고 상부 중에서도 스러스트 방향이 가장 마모가 크다.

⑥ **실린더 상부 부분이 마모가 큰 이유** : 실린더 상부는 연소실과 근접해 있어 고온·고압에 노출되어 있으며 엔진 오일의 연소로 윤활이 불량하고, 또한 피스톤이 상하 왕복운동을 하는 과정에서 스러스트 면이 실린더 벽을 때리는 피스톤 슬랩 현상이 일어나는데 톱 링(제1압축 링)이 블록의 상부를 마모시키기 때문이다.

2.6. 크랭크케이스(crank case)와 오일 팬(oil pan)

크랭크케이스는 크랭크축이 설치되는 실린더 아래 부분과 오일 팬으로 구성되어 있다. 크랭크케이스 양단에는 크랭크축을 지지하는 베어링이 끼워져 있고 또한 실린더 블록의 강성을 높이기 위해 실린더 블록 안팎에 리브(rib)가 설치되어 있다.

크랭크케이스 하부는 강철판이나 경합금을 프레스 성형하여 만든 오일 팬이 개스킷을 사이에 두고 결합되어 엔진오일이 담겨져 있다. 오일 팬은 오일의 유동을 방지하기 위하여 칸막이(baffle plate)가 설치되어 있다.

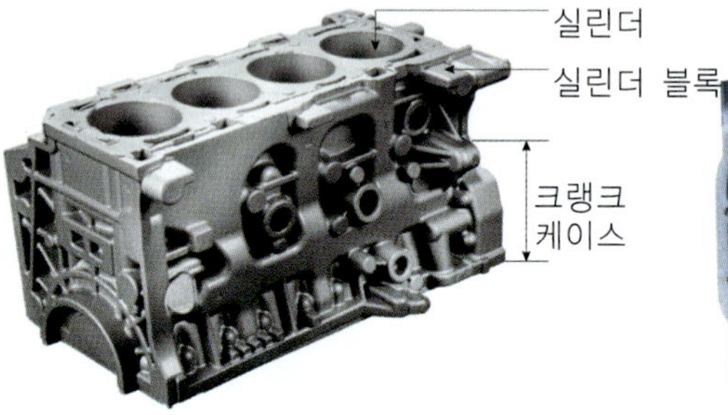

(a) 크랭크케이스

(b) 오일 팬

[그림 20] **크랭크케이스 및 오일 팬**

2.7. 피스톤 및 커넥팅로드 조립체

2.7.1. 피스톤(piston)

[그림 21] **피스톤의 구조**

실린더 안을 왕복하며, 연소 행정에서 고온 · 고압의 가스 압력을 받아 커넥팅로드를 통해 크랭크샤프트에 회전력을 발생 시키는 구성 부품으로, 피스톤은 연소될 때 발생하는 2,000~2,500℃의 고온과 50~60 kgf/cm^{2}의 고압을 받고 있다. 피스톤에 각인되는 사항은 조립방향, 피스톤 핀 치수, 피스톤 구분, 피스톤 번호, 피스톤 헤드의 치수 등이 있으며, 피스톤이 갖추어야 할 조건은 다음과 같다.

① 가벼울 것(비중이 작을 것)

② 열 전도성이 좋을 것

③ 고온에서 충분한 기계적 강도를 가질 것

④ 연소 가스 압력을 유효하게 이용할 수 있는 구조이면서 넓은 온도 범위에서도 기밀성을 유지할 것

⑤ 각 피스톤의 무게가 동일할 것(각 피스톤의 무게 차이 2%(5 g) 이내, 각 피스톤 커넥팅로드 조립체의 무게 차이 2%(30 g) 이내)

[1] 피스톤의 재질

피스톤의 재질에는 특수 주철과 알루미늄 합금이 있으며, 최근에는 특수 주철보다는 알루미늄 합금을 많이 사용하고 있다. 알루미늄 합금에는 구리계 Y합금(Al + Cu + Ni + Mg)과 규소계 로우 엑스(Al + Si + Cu + Ni)가 있다.

[2] 피스톤의 형상과 종류

피스톤의 재질이 알루미늄 합금일 경우 열팽창율이 크기 때문에 피스톤 틈새가 크게 설계된다. 따라서 알루미늄 합금 피스톤에는 열팽창을 고려하여 설계되어 있으며 무게를 감소시키기 위해 여러 가지 방법을 사용하고 있다.

① **솔리드 피스톤(solid piston)** : 스커트 부분에 홈(slot)이 없고 통형으로 되어 있다.

② **스플릿 피스톤(split piston)** : 피스톤 스커트와 링 지대 사이에 가늘게 가공한 홈을 두어 스커트로 열이 전달되는 것을 제한하고, 열팽창을 적게 하기 위한 형식이다. 홈의 모양에는 U형, T형, I형 등이 있다.

③ **인바 스트럿 피스톤(invar strut piston)** : 온도 변화에 따른 변형을 감소시키기 위하여 열팽창률이 매우 적은 인바강을 기둥 또는 링 모양으로 스커트 윗부분에 넣고 일체 주조한 형식이다.

④ **링캐리어 피스톤(ring carrier piston)** : 디젤엔진에서는 1번 압축링이 특히 고온고압에 노출되어 지속적으로 사용할 경우 톱링그루브의 마멸이 심해 링이 진동하게 된다. 이런 현상을 방지하기 위해 톱링크루브 강제의 링캐리어를 삽입하여 일체로 주조한 피스톤이다.

⑤ **슬리퍼 피스톤(slipper piston)** : 측압을 받지 않는 스커트 부분을 떼어낸 모양의 것이다.

⑥ **옵셋 피스톤(off set piston)** : 피스톤 중심에 대해 피스톤 핀의 중심을 피스톤 좌

우 어느 한쪽으로부터 1.0~2.5 mm 정도 편심시킨 피스톤이다.

⑦ **캠 연마 피스톤(cam ground piston)** : 보스부는 작게 스러스트부는 직경이 크게 제작된 타원형 피스톤이다. 이때 장경과 단경의 차이는 대략 0.125~0.325 mm이다.

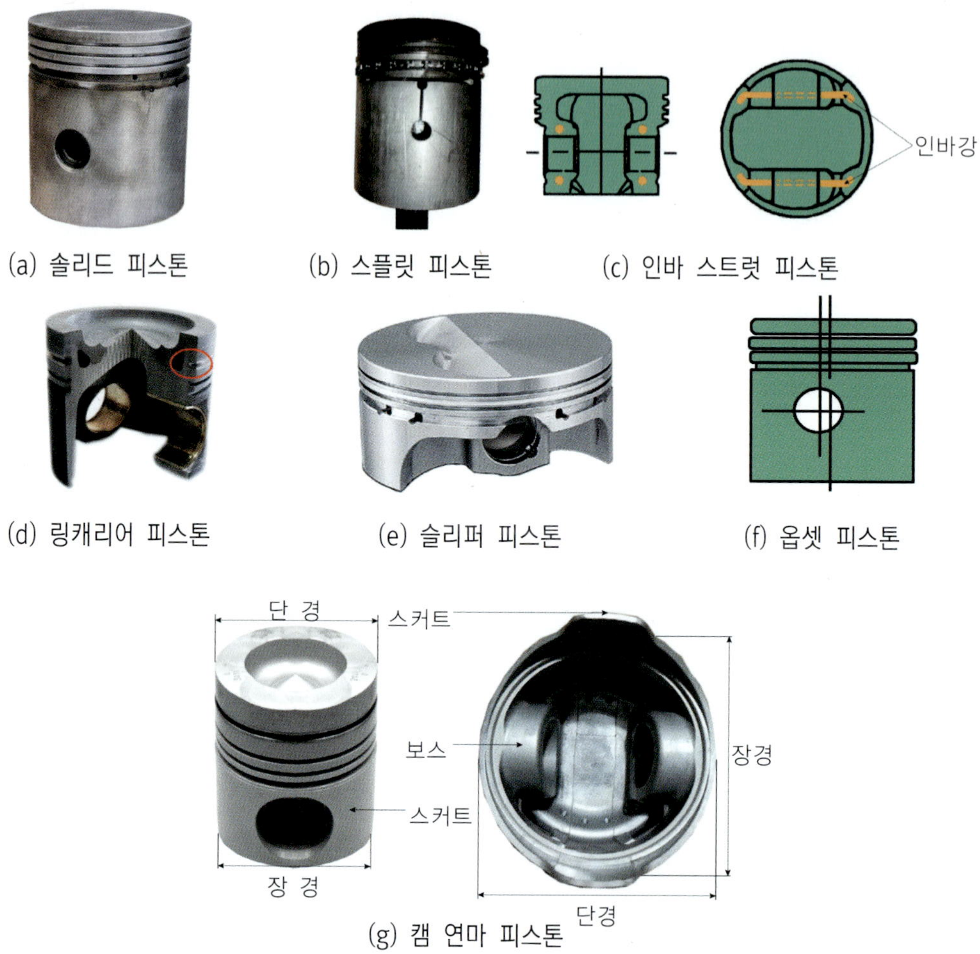

(a) 솔리드 피스톤 (b) 스플릿 피스톤 (c) 인바 스트럿 피스톤
(d) 링캐리어 피스톤 (e) 슬리퍼 피스톤 (f) 옵셋 피스톤
(g) 캠 연마 피스톤

[그림 22] **피스톤의 종류**

[3] 피스톤 간극

피스톤 간극이란 실린더 안지름과 피스톤 최대 바깥지름(스커트 부분 지름)과의 차이이며 엔진 작동 중 열팽창을 고려하여 둔다.

(1) 피스톤 간극이 작으면

엔진 작동 중 열팽창으로 인하여 실린더와 피스톤이 고착(소결) 된다.

(2) 피스톤 간극이 클 때

① 피스톤 슬랩이 발생한다.
② 엔진오일이 연소실로 올라와 연소되어 백색 배기가스가 발생한다.
③ 연소가스가 블로바이되어 엔진오일이 오염된다.
④ 엔진오일이 연료에 의해 희석된다.
⑤ 엔진 출력이 낮아진다.

2.7.2. 피스톤 링(piston ring)

피스톤 링은 압축 및 폭발행정에서 기밀을 유지하기 위하여 일부를 절단하여 적당한 탄성을 주어 피스톤 3~5개 정도의 링 홈에 설치한 금속제 링이다.

[그림 23] **피스톤 링의 종류**

[1] 피스톤 링의 3가지 작용

① **기밀(밀봉)작용** : 피스톤 링은 피스톤과 함께 실린더 내를 상하왕복 운동하면서 실린더 벽과 밀착되어 실린더와 피스톤 사이에서 블로바이를 방지한다.
② **오일 제어작용** : 실린더 벽과 피스톤 사이의 엔진오일을 긁어내려 연소실로 유입되는 것을 방지한다.
③ **냉각(열전도)작용** : 피스톤 헤드가 받은 열을 실린더 벽으로 전달한다.

[2] 피스톤 링의 구비조건

① 내열성과 내마모성이 좋을 것
② 실린더 벽에 대하여 균일한 압력을 가할 것
③ 마찰이 적어 실린더 벽을 마모시키지 않을 것
④ 열팽창률이 적을 것

⑤ 고온에서도 탄성을 유지할 것
⑥ 오래 사용하여도 링 자체나 실린더 마멸이 적을 것
⑦ 고온, 고압에 대하여 장력의 변화가 적을 것

[3] 피스톤 링의 재질

피스톤 링의 재질은 조직이 치밀한 특수주철이며, 원심주조법으로 제작한다. 그리고 피스톤 링의 재질은 실린더 벽 재질보다 정도가 다소 낮아야 한다. 이것은 실린더 벽의 마모를 감소시키기 위함이다. 피스톤 링 면은 실린더 벽과 길이 잘 들고 긁힘에 의한 마모를 감소시키기 위하여 코팅을 하며, 링 면에는 흑연, 주석, 산화철 등을 부착한다. 그리고 제1번 압축 링과 오일 링에는 크롬으로 도금을 하여 내마모성을 높인다.

[4] 피스톤링 이음

(1) 피스톤 링 이음 종류

피스톤링 이음은 실린더에 피스톤 링을 설치하였을 때 거의 밀착될 정도로 되는 간극을 말한다. 이음부의 종류에는 버트이음(butt joint : 직절이음), 앵글이음(angle joint : 각이음), 랩이음(lap joint : 계단이음) 및 실이음(seal joint) 등이 있다.

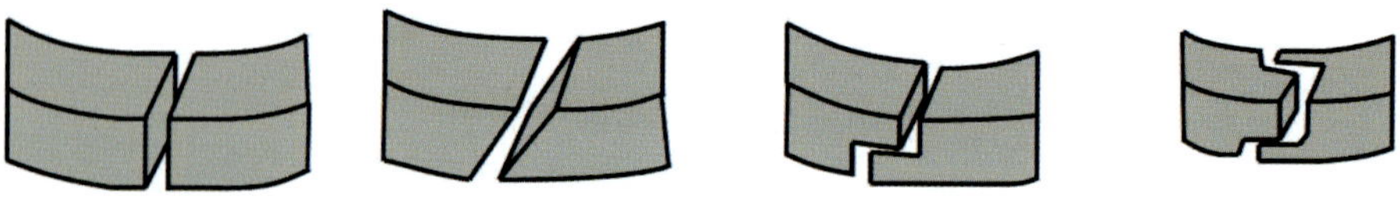

(a) 버트이음 (b) 앵글이음 (c) 랩이음 (d) 실이음

[그림 24] 피스톤 링 이음의 종류

(2) 링 이음부 조립방향

피스톤 링을 피스톤에 조립 시 링에 각인된 부분이 위쪽표시(상사점 방향)이므로 방향이 아래로 향하게 하지 않게 하고, 링 이음부가 일직선에 있으면 블로바이가 발생하고 엔진오일이 연소실로 올라올 수 있으므로 링 이음부는 서로 120~180°방향으로 조립한다.

[그림 25] 피스톤 링 각인표시

2.7.3. 피스톤 핀(piston pin)

피스톤과 커넥팅로드 소단부(small end)를 연결할 때 피스톤 핀을 사용한다. 피스톤에 피스톤 핀을 끼울 때 알루미늄 합금제 피스톤의 경우 피스톤을 히터로 100℃ 정도 가열한 후 끼워야 한다. 재질로는 탄소강이나 니켈-크롬(Ni-Cr)강을 주로 사용한다. 피스톤 핀의 설치방법에는 고정식, 반 부동식(요동식), 전 부동식의 3가지가 있다.

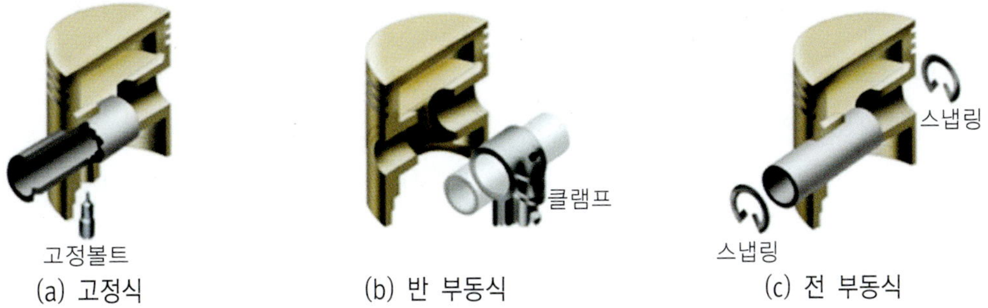

[그림 26] 피스톤 핀의 설치방법

2.7.4. 커넥팅로드(connecting rod)

[1] 커넥팅로드의 개요

커넥팅로드는 피스톤의 왕복운동을 크랭크축의 회전운동으로 바꾸어 주는 역할을 하며 폭발 가스 압력과 상하 왕복운동에 의한 가속력에 의해 압축 응력, 인장 응력, 굽힘 응력 및 비틀림 응력을 받고 있기 때문에 기계적 강도를 가지고 있어야 하며 또한 관성력을 작게 하기 위해서는 가벼워야 한다.

[2] 커넥팅로드 재질

재질은 크롬(Cr)강, 크롬—몰리브덴(Cr-Mo)강을 사용하여 단면을 I 또는 H형으로 단조(forging)한다.

[3] 커넥팅로드 구조 및 길이

피스톤 핀이 장착되는 부위를 소단부(small end)라 하며 크랭크 핀과 연결되는 부위를 대단부(big end)라 한다. 또한 소단부 중심과 대단부 중심 사이의 거리가 커넥팅로드 길이인데 피스톤 행정의 1.5~2.3배 정도로 한다. 커넥팅로드 길이를 크게 하면 피스톤의 측압을 작게 할 수 있으나 중량이 커지고, 길이를 짧게 하면 피스톤 측압은 커지나 중량을 작게 할 수 있어 고속 엔진에 적합하다. 또한 커넥팅로드 대단부 경사면에는 오일 분출구멍(spit holes)을 두어 피스톤 핀과 보스 부위를 윤활한다.

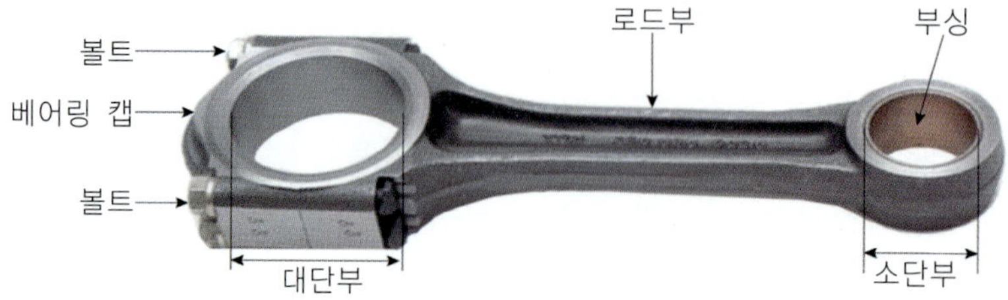

[그림 27] 커넥팅로드의 구조

2.8. 크랭크축(crank shaft)

2.8.1. 크랭크축 역할

크랭크축은 연소실에서 발생한 폭발 압력이 피스톤과 커넥팅로드를 경유하여 회전력으로 변환시켜 엔진의 출력을 외부에 전달하고 흡입, 압축, 배기행정에서는 피스톤에 운동을 전달하는 회전축이다.

2.8.2. 크랭크축 재질

크랭크축의 재질은 중탄소강(고 탄소강), 크롬-몰리브덴강, 니켈-크롬강 등의 단조품 또는 구상 흑연 주철을 사용한 주조품을 사용하는데 메인 저널과 핀 저널의 일부분을 중첩되게 한다. 이것을 오버랩(over lap)이라 한다.

2.8.3. 크랭크축 구조

[그림 28] 크랭크축의 구조

크랭크축에서 타이밍벨트 구동용 스프로킷과 물펌프 및 발전기 구동을 위한 크랭크축 풀리(pulley)가 장착되는 쪽을 앞쪽, 플라이 휠(fly wheel)이 설치되는 플랜지 부분이 뒤쪽이다. 커넥팅로드 대단부가 장착되는 부분은 크랭크 핀 또는 핀 저널(pin journal), 크랭크축 전체를 지지하는 메인 베어링이 설치되는 부분을 메인 저널(main journal)이라 하고, 핀 저널과 메인 저널을 연결하는 부분을 크랭크 암(crank arm)이라 한다. 회전균형을 유지하기 위한 크랭크 암에 밸런스 웨이트(평형추)가 부착되어 있다.

2.8.4. 크랭크축의 구비조건

① 정적 및 동적 평형이 잡혀 있어야 한다.
② 강도와 강성이 충분하여야 한다.
③ 내마멸성이 커야 한다.

2.8.5. 크랭크축의 점화순서(firing order)

크랭크축의 형식은 실린더 수와 실린더의 배열, 메인 베어링의 저널수, 점화순서 등에 따라 다르며 실린더의 수에 따라 크랭크축의 크랭크 핀의 위상각이 결정된다. 점화시기 결정 시 고려사항은 다음과 같다.

① 연소가 같은 간격으로 일어나게 한다.
② 크랭크축에 비틀림 진동이 일어나지 않게 한다.
③ 혼합기가 각 실린더에 균일하게 분배되게 한다.
④ 인접한 실린더에 연이어 점화되지 않게 한다.

[1] 4실린더 엔진(4cylinder engine)

크랭크축의 위상각은 180°, 점화순서는 1-2-4-3 또는 1-3-4-2이다. 그리고 메인 저널의 수는 2점식, 3점식, 5점식이 있다.

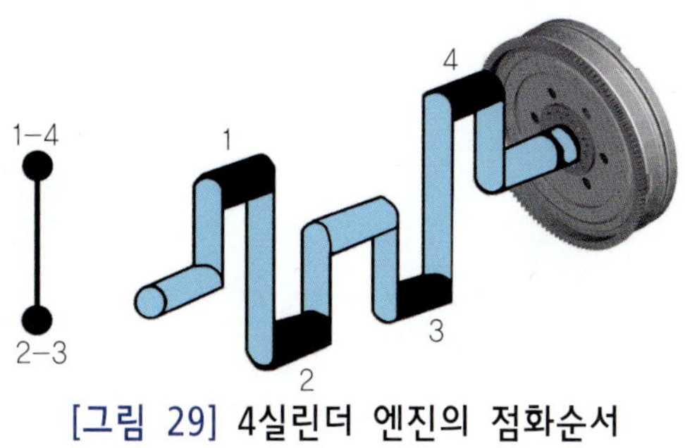

[그림 29] 4실린더 엔진의 점화순서

[표 1] 실린더 엔진의 점화순서 및 작동행정과의 관계]

① 점화순서 : 1-3-4-2

회전각도 / 실린더 No.	1회전		2회전	
	0~180°	180~360°	360~540°	540~720°
1	폭발	배기	흡입	압축
2	배기	흡입	압축	폭발
3	압축	폭발	배기	흡입
4	흡입	압축	폭발	배기

② 점화순서 : 1-2-4-3

회전각도 / 실린더 No.	1회전		2회전	
	0~180°	180~360°	360~540°	540~720°
1	폭발	배기	흡입	압축
2	압축	폭발	배기	흡입
3	배기	흡입	압축	폭발
4	흡입	압축	폭발	배기

[2] 6실린더 엔진(6 cylinder engine)

크랭크축의 위상각은 120°이고, 6기통 엔진은 6개의 크랭크 핀을 가지며 점화순서 중 인접 실린더에서 폭발이 연속되지 않는 점화순서로 우수식은 1-5-3-6-2-4를 좌수식은 1-4-2-6-3-5를 사용한다. 저널의 수는 직렬형 6기통일 경우 7점식이다. 6기통 엔진의 크랭크축 각도는 120°이므로 120°회전마다 1회 동력행정이 일어나며 크랭크축이 2회(720) 회전하는 동안 6회의 동력행정을 한다.

크랭크축을 앞에서 보았을 때 3번과 4번 크랭크 핀이 우측에 있으면 우수식, 좌측에 있으면 좌수식이 된다.

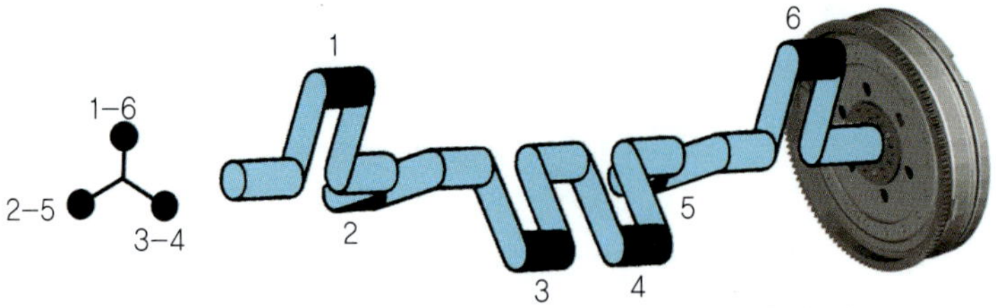

[그림 30] 우수식 6실린더 엔진의 점화순서

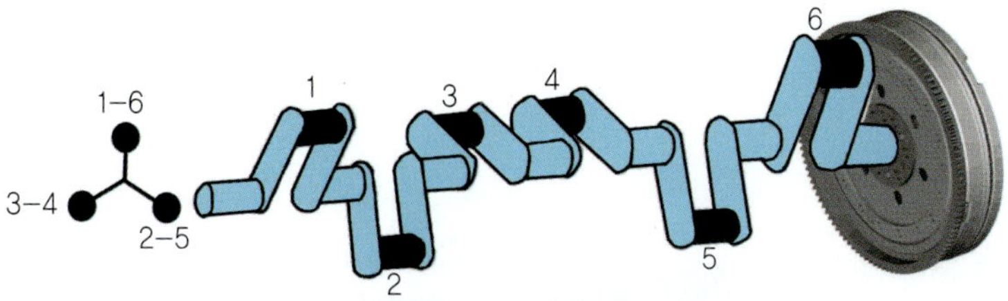

[그림 31] 좌수식 6실린더 엔진의 점화순서

[표 2] 6실린더 엔진의 점화순서 및 작동행정과의 관계

① 우수식 : 1-5-3-6-2-4

<table>
<tr><th rowspan="2">회전각도 / 실린더 No.</th><th colspan="6">1회전</th><th colspan="6">2회전</th></tr>
<tr><th colspan="3">0° 60° 120° 180°</th><th colspan="3">180° 240° 300° 360°</th><th colspan="3">360° 420° 480° 540°</th><th colspan="3">540° 600° 660° 720°</th></tr>
<tr><td>1</td><td colspan="3">폭발</td><td colspan="3">배기</td><td colspan="3">흡입</td><td colspan="3">압축</td></tr>
<tr><td>2</td><td colspan="2">배기</td><td colspan="3">흡입</td><td colspan="3">압축</td><td colspan="3">폭발</td><td>배기</td></tr>
<tr><td>3</td><td>흡입</td><td colspan="3">압축</td><td colspan="3">폭발</td><td colspan="3">배기</td><td colspan="2">흡입</td></tr>
<tr><td>4</td><td>폭발</td><td colspan="3">배기</td><td colspan="3">흡입</td><td colspan="3">압축</td><td colspan="2">폭발</td></tr>
<tr><td>5</td><td colspan="2">압축</td><td colspan="3">폭발</td><td colspan="3">배기</td><td colspan="3">흡입</td><td>압축</td></tr>
<tr><td>6</td><td colspan="3">흡입</td><td colspan="3">압축</td><td colspan="3">폭발</td><td colspan="3">배기</td></tr>
</table>

② 좌수식 : 1-4-2-6-3-5

<table>
<tr><th rowspan="2">회전각도 / 실린더 No.</th><th colspan="6">1회전</th><th colspan="6">2회전</th></tr>
<tr><th colspan="3">0° 60° 120° 180°</th><th colspan="3">180° 240° 300° 360°</th><th colspan="3">360° 420° 480° 540°</th><th colspan="3">540° 600° 660° 720°</th></tr>
<tr><td>1</td><td colspan="3">폭발</td><td colspan="3">배기</td><td colspan="3">흡입</td><td colspan="3">압축</td></tr>
<tr><td>2</td><td>흡입</td><td colspan="3">압축</td><td colspan="3">폭발</td><td colspan="3">배기</td><td colspan="2">흡입</td></tr>
<tr><td>3</td><td colspan="2">배기</td><td colspan="3">흡입</td><td colspan="3">압축</td><td colspan="3">폭발</td><td>배기</td></tr>
<tr><td>4</td><td colspan="2">압축</td><td colspan="3">폭발</td><td colspan="3">배기</td><td colspan="3">흡입</td><td>압축</td></tr>
<tr><td>5</td><td>폭발</td><td colspan="3">배기</td><td colspan="3">흡입</td><td colspan="3">압축</td><td colspan="2">폭발</td></tr>
<tr><td>6</td><td colspan="3">흡입</td><td colspan="3">압축</td><td colspan="3">폭발</td><td colspan="3">배기</td></tr>
</table>

[3] V형 6실린더 엔진

V형 실린더 엔진은 좌우의 실린더 중심선이 60°의 각도를 이루는 V형과 90°의 각도를 이루는 V형이 있다. 점화순서는 1-2-3-4-5-6이다. V형 6실린더 엔진의 실린더 배열은 오른쪽에는 홀수, 왼쪽에 짝수의 실린더가 60°의 각도를 두고 배열되어 있다. V형

엔진도 직렬 6실린더 엔진과 마찬가지로 크랭크축 회전각도 120°마다 점화폭발하므로 오른쪽 3개의 실린더와 왼쪽 3개의 실린더로 나누어 점화순서를 정한다.

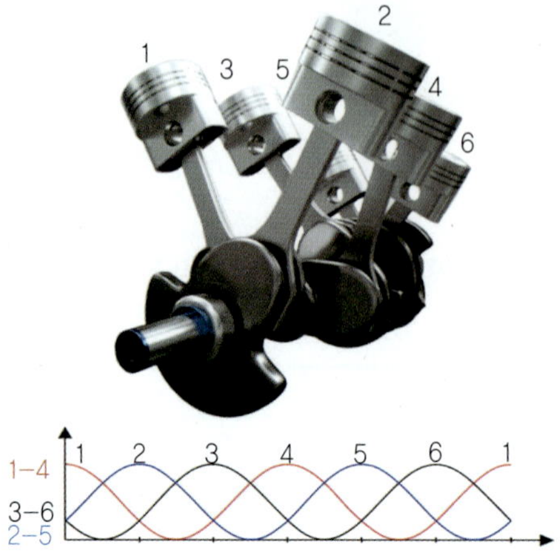

[그림 32] 60° V형 6실린더 엔진의 실린더 배열

[표 3] 60° V형 6실린더 엔진의 점화순서 및 작동행정과의 관계

<table>
<tr><th rowspan="2">회전각도 / 실린더 No.</th><th colspan="6">1회전</th><th colspan="6">2회전</th></tr>
<tr><th colspan="3">0° 60° 120° 180°</th><th colspan="3">180° 240° 300° 360°</th><th colspan="3">360° 420° 480° 540°</th><th colspan="3">540° 600° 660° 720°</th></tr>
<tr><td>1</td><td colspan="3">폭발</td><td colspan="3">배기</td><td colspan="3">흡입</td><td colspan="3">압축</td></tr>
<tr><td>2</td><td colspan="2">압축</td><td colspan="3">폭발</td><td colspan="3">배기</td><td colspan="3">흡입</td><td>압축</td></tr>
<tr><td>3</td><td>흡입</td><td colspan="3">압축</td><td colspan="3">폭발</td><td colspan="3">배기</td><td colspan="2">흡입</td></tr>
<tr><td>4</td><td colspan="3">흡입</td><td colspan="3">압축</td><td colspan="3">폭발</td><td colspan="3">배기</td></tr>
<tr><td>5</td><td colspan="2">배기</td><td colspan="3">흡입</td><td colspan="3">압축</td><td colspan="3">폭발</td><td>배기</td></tr>
<tr><td>6</td><td>폭발</td><td colspan="3">배기</td><td colspan="3">흡입</td><td colspan="3">압축</td><td colspan="2">폭발</td></tr>
</table>

2.8.6. 플라이휠

플라이휠은 크랭크축 플랜지에 볼트로 체결하여 폭발행정에서 발생되는 중량에 의한 관성의 에너지를 저장하여 흡입, 압축, 배기행정을 할 수 있도록 하고 회전력의 차이에 의한 속도변화를 감소시켜 엔진의 맥동적인 회전을 균일한 회전으로 유지시키는 역할을 한다. 플라이휠은 회전 중에 관성이 크고 중량은 가능한 한 가벼워야 한다. 플라이휠의 재질은 주철제 플라이 휠(수동식 변속기)과 강제의 플라이 휠(자동 변속기)이 사용된다. 플라이휠에는 링 기어가 열 박음 되어 있고, 플라이 휠 무게는 실린더 수 및 회전속도에 반비례한다. 또한 수동 변속기 차량에는 클러치 디스크와 접촉하는 마찰면을 제공한다.

[그림 33] **플라이휠의 구조**

2.8.7. 크랭크축 진동댐퍼

[1] 진동댐퍼(torsional vibration damper)

크랭크축은 비틀림 진동을 매 동력행정마다 반복하게 된다. 이 비틀림 진동을 제어하지 않으면 축 자체의 고유진동에 추가적으로 계속적인 진동이 가해지게 되며 특정속도에 이르면 축 자체의 고유진동과 공진하여 축이 파손되게 된다. 이 비틀림 진동을 감소 제어하기 위한 장치가 진동댐퍼이다.

진동댐퍼의 관성링은 댐퍼고무를 매개로 구동링과 탄성적으로 연결되어 있다. 그리고 구동링은 크랭크축에 고정되어 있다. 크랭크축이 일정속도로 회전하고 있을 때는 관성링은 크랭크축과 같은 속도로 회전한다. 그러나 크랭크축에 회전방향 또는 회전반대방향으로 큰 가속속도가 발생할 때 즉, 크랭크축에 비틀림 진동이 발생할 때는 관성링은 회전 관성에 의해 일정한 속도로 회전하려고 하는 관성이 있어 댐퍼고무가 탄성적으로 변형되면서 크랭크축의 비틀림 진동에 역으로 대응하여 진동을 감쇠시킨다.

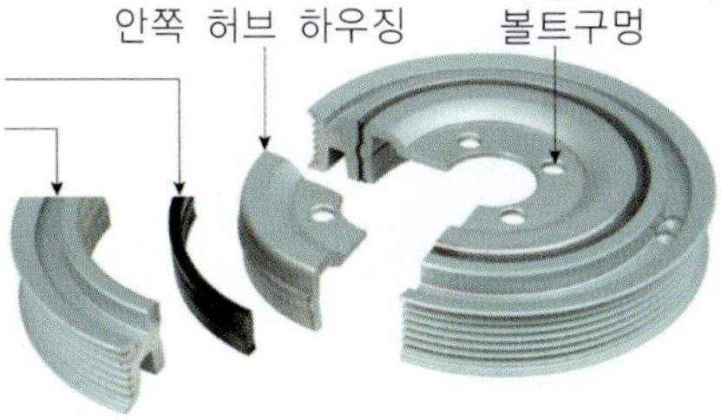

[그림 34] **진동댐퍼의 구조**

[2] 크랭크축 비틀림 진동발생의 관계

① 엔진의 회전력 변동이 클수록 크다.

② 크랭크축의 길이가 길수록 크다.

③ 크랭크축의 강성이 적을수록 크다.

④ 엔진의 회전속도가 느릴수록 크다.

⑤ 엔진의 주기적인 회전력 작용에 의해 발생한다.

2.9. 엔진 베어링(engine bearing)

엔진에는 커넥팅로드 대단부 베어링과 크랭크축을 지지하는 메인 베어링은 평면 분할 베어링(plain bearing)을 사용하고 커넥팅로드 소단부와 캠축 베어링은 부싱을 사용한다.

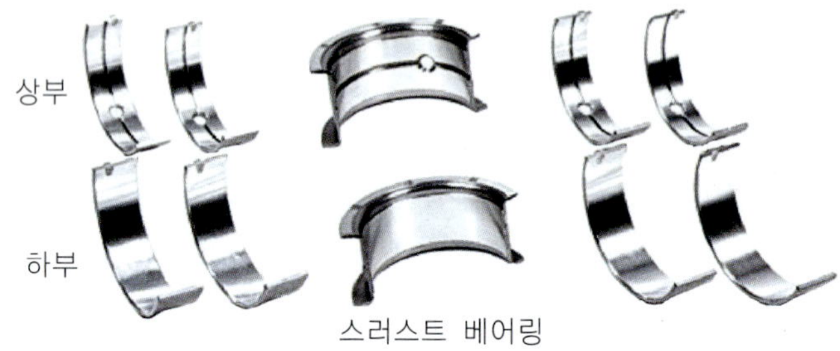

[그림 35] **크랭크축 메인 베어링의 구성**

메인 베어링 중에서 크랭크축의 축방향 추력을 받는 스러스트 베어링은 측면에 스러스트 면이 있어 축방향 유격(crank shaft end play)을 제어한다. 스러스트 베어링은 일반적으로 가운데 장착되는데 일부 엔진은 크랭크축 끝단에 설치되는 경우도 있다. 또한 메인 베어링 측면에 스러스트 심(thrust shim)을 붙여 사용하기도 한다.

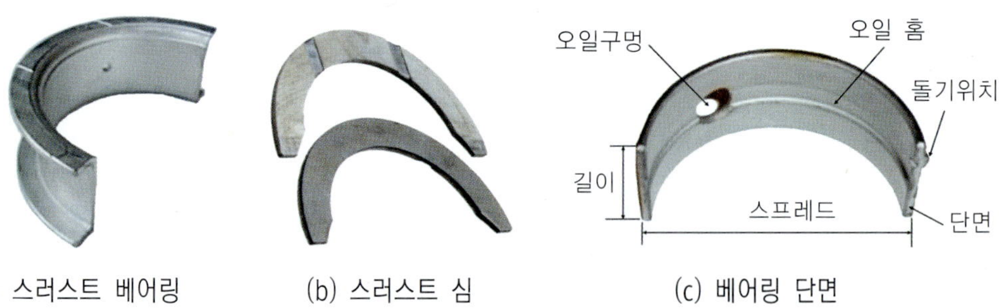

[그림 36] **스러스트 베어링, 스러스트 심 및 베어링 단면**

2.9.1. 베어링의 오일간극과 구비조건

엔진이 정지상태에 있을 때 메인 저널과 메인 베어링은 서로 접촉하고 있다. 이 상태에서 크랭크축이 회전하면 윤활막이 완벽하게 형성되지 않은 상태에서 회전하기 때문에 베어링 손상이 가장 심하게 일어난다. 그러나 엔진이 정상속도로 회전하여 윤활막이 형성되면 마모는 거의 일어나지 않는다. 메인 저널과 베어링 사이의 오일 간극은 정지상태에서의 틈새를 말하며 일반적으로 0.02~0.04 mm 정도 둔다.

측정은 플라스틱 게이지를 이용하며 오일 간극이 너무 크면 유압이 저하되고 오일 간극이 작으면 윤활막도 작아져 윤활막이 파손되어 마모나 손상을 일으킨다. 또한 베어링이 갖추어야 할 조건은 하중 부담 능력, 초기 길들임성, 이물질 매입성, 추종 유동성, 내고착성, 고강도, 고강성, 내열성, 내식성 및 내피로성 등이 요구된다.

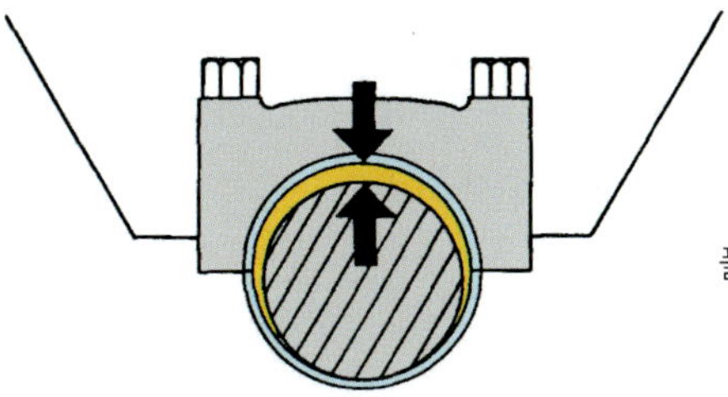

(a) 오일간극

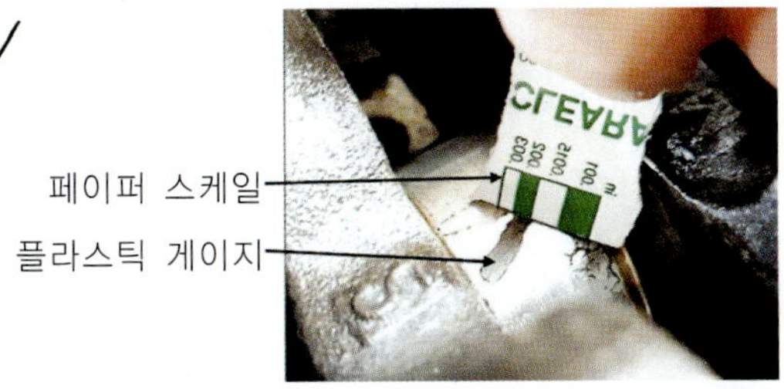

(b) 오일간극 측정

[그림 37] **베어링오일 간극 및 오일간극 측정**

2.9.2. 베어링의 재질

엔진 베어링은 탄소강이나 구리합금으로 되어 있는 셀(back plate, 또는 shell)에 배빗메탈, 켈밋합금, 알루미늄 합금을 0.2~0.5 mm 정도 코팅하여 사용한다.

[1] 배빗 메탈(babbit metal)

배빗 메탈은 주석(Sn 80~90%), 안티몬(Sn 3~12%), 구리(Cu 3~7%)가 표준 조성이다. 금속이 연하기 때문에 시동 초기의 경계 윤활상태에 강하고 매입성, 길들임성, 내식성은 우수하나 기계적 강도(고온 강도)가 낮고 내피로성, 내열성이 약하여 고속 · 고부하 엔진에는 적합하지 않다.

[2] 켈밋 합금(kelmet alloy)

구리(Cu)가 60~70%, 납(Pb)이 30~40%로 구성되며 주석(Sn)이 소량 첨가된다. 내열성, 열전도성, 하중 부담 능력이 우수하여 고속 · 고 하중 엔진에 적합하다. 그러나 길들임성, 매입성이 불량하고 엔진 오일 내에 존재하는 산화물에 의한 부식이 심하기 때문에 켈밋 합금 그대로 사용하는 경우는 거의 없고 그 표면에 배빗메탈을 얇게 코팅하여 사용한다. 이것을 트리 메탈이라 한다.

[3] 알루미늄 합금

최근에 사용되는 베어링 금속으로서 주 금속은 알루미늄(Al)인데 납(Pb)이 소량 함유되어 있다. 한편 주석(Sn)과 구리(Cu)를 약간 첨가하여 베어링 강도를 증가시킨다. 고속 · 고부하에 강하기 때문에 자동차 엔진 베어링으로 가장 널리 사용되고 있다. 알루미늄 합금도 켈밋 합금과 마찬가지로 표면 그대로 사용하지 않고 배빗메탈을 0.0125~0.025 mm 정도로 코팅(일반적으로 overlay라 함)하여 사용한다.

[4] 트리메탈(tri metal)

배빗메탈과 켈밋메탈, 강 등의 3개 층으로 베어링을 만들어 서로의 장 · 단점을 보완하며 강성, 매입성, 길들임성, 열전도율 등을 좋게 한 형식이다.

2.9.3. 스프레드(spread)와 크러시(crush)

베어링 셸의 원둘레가 베어링 하우징의 원둘레보다 약간 크다. 즉, 베어링을 자유 상태로 베어링 하우징에 걸쳐놓았을 때 베어링의 바깥지름이 베어링 하우징의 바깥지름보다 0.13~0.05 mm 정도 크다. 이를 베어링 스프레드라고 하며 조립할 때 작업의 편리성 때문에 베어링 스프레드를 둔다. 또한 베어링의 과도한 크러시로 인한 베어링의 변형을 방지하기도 한다.

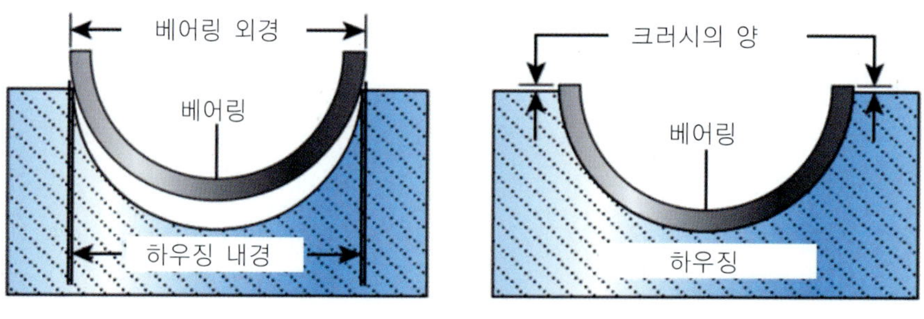

(a) 스프레드 (b) 크러시

[그림 38] 베어링 스프레드와 크러시

크러시는 베어링의 바깥둘레와 하우징 둘레와의 차이로 베어링의 열전도성을 향상시켜 베어링 손상을 방지하고 엔진이 작동할 때 베어링 회전을 방지한다.

2.10. 밸브 기구(valve train)

밸브는 실린더 헤드의 연소실의 흡기와 배기포트(port)를 각각 개폐하여 공기 또는 혼합기를 들여보내고 배기가스를 배출하는 일을 한다. 밸브기구는 캠축, 밸브 리프터(태핏), 푸시로드, 로커암 축 어셈블리, 밸브 등으로 구성되어 있다.

2.10.1. 캠축 위치에 따른 분류

크랭크축이 캠축을 구동시키고 캠축의 회전에 따라 캠축의 캠이 밸브기구를 움직여 밸브를 개폐시킨다. 여기서 밸브 작동 기구는 캠축의 설치 위치와 연소실 모양에 밀접한 관계가 있다. 밸브 기구를 캠축의 위치에 따라 분류하면 다음과 같다.

[1] OHV 엔진(over head valve engine)

흡·배기 밸브가 실린더 헤드에 설치되는 엔진으로 캠축이 실린더 블록에 설치되고 푸시로드를 사용하는 엔진을 OHV엔진 또는 I헤드형 엔진이라고 한다. 실린더 블록에 있는 캠축이 리프터를 밀어 올리면 리프터는 다시 푸시로드를 밀어 올린다. 이때 푸시로드가 로커 암의 한쪽 끝을 밀어 올리면 반대쪽이 내려오면서 밸브 스템 끝을 아래로 밀어 밸브 스프링이 압축되면서 밸브가 열린다.

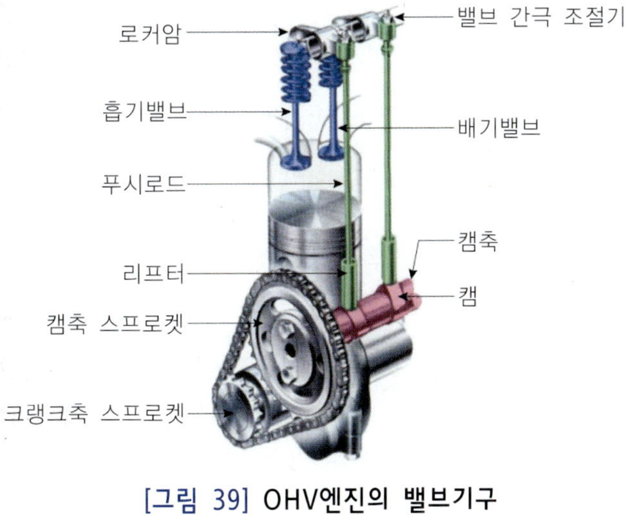

[그림 39] OHV엔진의 밸브기구

[2] SOHC 엔진(single over head cam shaft engine)

흡기밸브와 배기밸브를 개폐하는 캠축을 실린더 헤드 윗부분에 설치하여 캠이 직접 로커암을 구동하는 형식이다.

[3] DOHC 엔진(double over head camshaft engine)

캠축이 SOHC와 같이 설치되어 있지만, 흡기밸브용 1개와 배기 밸브용 1개씩 2개의 캠축이 있다. 각각의 실린더마다 흡입밸브 2개, 배기밸브 2개를 두고 있어 흡입효율이 향상되어 엔진 출력이 높고, 고속에서 본래의 성능이 발휘된다는 장점이 있으나 SOHC에 비해 부품 수가 많고, 구조가 복잡하다는 것이 단점이 있다.

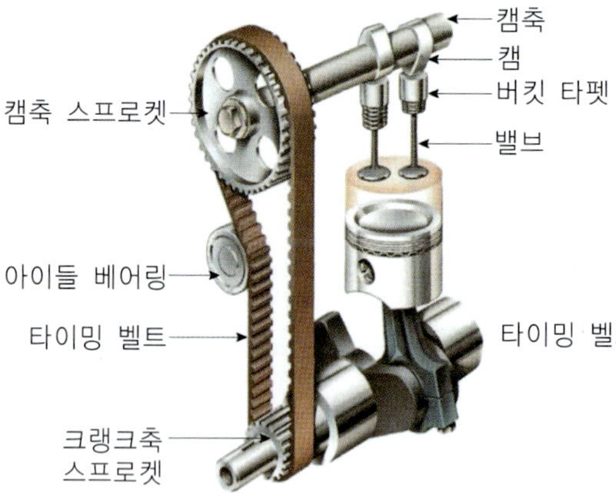

[그림 40] SOHC 엔진의 밸브기구

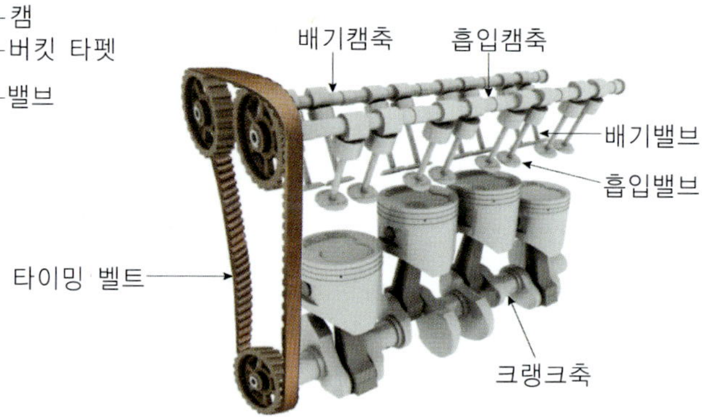

[그림 41] DOHC 엔진의 밸브기구

2.10.2. 캠축 구동방식(cam shaft train type)

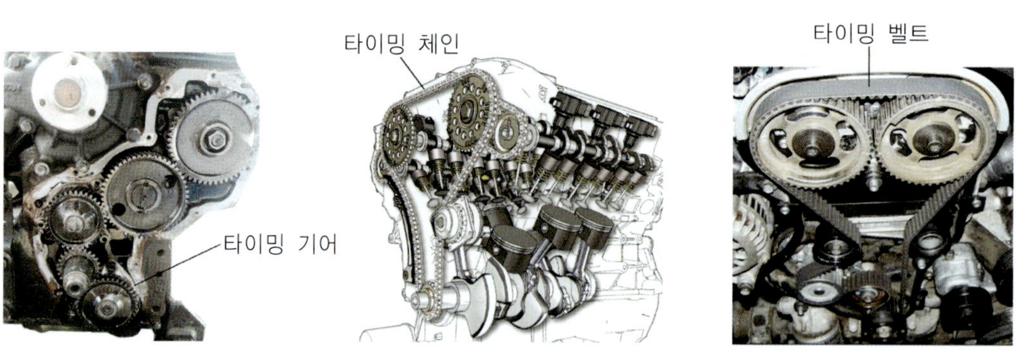

(a) 기어 구동식 (b) 체인 구동식 (c) 벨트 구동식

[그림 42] 캠축 구동방식

캠축의 구동방식은 4행정 사이클 엔진에서 크랭크축 회전의 1/2회전하며 크랭크축 회전에 대한 밸브 개폐시기를 정확히 맞추어 흡·배기밸브의 개폐시기를 바르게 유지해야 하므로 각각의 기어나 스프로켓에 타이밍마크(mark)가 새겨져 있다. 캠축의 구동방식에는 기어구동방식, 체인구동방식, 벨트구동방식 등 3가지가 있다.

2.10.3. 흡·배기밸브

[1] 밸브의 구비조건

① 고온·고압에 견딜 수 있는 강도가 있을 것
② 혼합기에 이상 연소가 발생되지 않도록 열전도가 양호할 것
③ 내 부식성이 클 것
④ 관성력이 증대되는 것을 방지하기 위해 가능한 가벼울 것
⑤ 밸브 스프링의 충격과 항장력에 잘 견디고 내구성이 클 것

[2] 밸브의 구조 및 기능

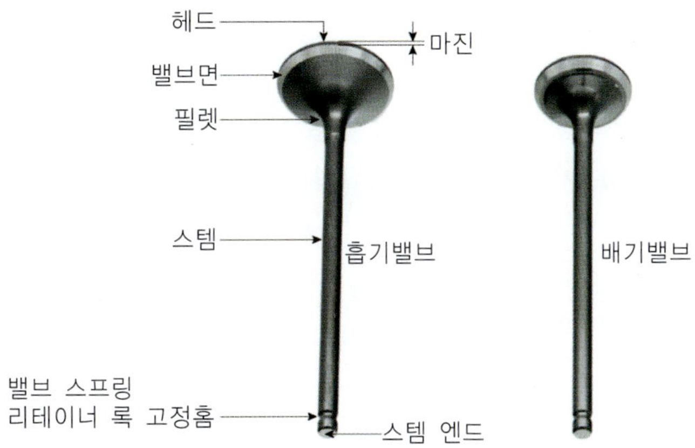

[그림 43] **흡·배기밸브의 구성**

(1) 밸브 헤드(valve head)

밸브 헤드는 고온·고압의 가스에 노출되는 부분으로 배기밸브는 열 부하가 매우 크다. 그리고 헤드 부분의 지름은 흡입효율을 증대시키기 위해 흡입밸브를 크게 한다.

(2) 밸브 마진(valve margin)

마진의 두께는 밸브의 기능상 매우 중요하며 일반적으로 1.2 mm 이상의 두께를 갖고

있고 두께가 얇으면 고온과 밸브작동의 충격으로 밸브 시트에 접촉될 때 변형이 되거나 불완전한 접촉 등으로 기밀유지가 어렵다. 따라서 0.8 mm 이하가 되면 교환해야 한다.

(3) 밸브 면(valve face)

밸브 면은 밸브 시트에 밀착되어 기밀작용을 하고 밸브 헤드에 작용하는 열을 시트에 전달하며 작동 시 충격적으로 작동되어 내마멸성이 커야 하므로 표면경화 처리한다. 밸브면의 각도는 60°, 45°, 30°가 있으나 일반적으로 45°를 많이 사용한다.

(4) 밸브 스템(valve stem)

밸브 스템은 밸브 가이드 내부를 왕복운동하며 밸브 헤드에 받는 열을 밸브 가이드를 통해 방출하고 가이드와 스템 사이에는 윤활이 충분하지 않으므로 마멸을 고려하여 경도가 커야 한다.

(5) 밸브 스프링 리테이너 록 홈(valve spring retainer lock groove)

이 홈은 밸브 스프링에 밸브를 설치하기 위한 홈으로 록(lock)이나 키(key)가 끼워진다.

(6) 밸브 시트(valve seat)

밸브 시트는 밸브 면과 밀착되어 연소실의 기밀을 유지하며 밸브 작용 시 밸브 면이 시트에 충격을 주게 되어 손상되지 않도록 설계된다. 밸브 시트 방식은 일체식과 삽입식이 있으며 실린더 헤드가 주철제인 경우에는 일체식으로 만들며 경합금일 경우에는 밸브 시트 링을 만들어 끼우는 삽입식이 사용된다. 밸브 시트 각도는 밸브 면과 마찬가지로 30°와 45°, 60°의 것이 있으며 작동 중 열팽창을 고려하여 밸브 면과 시트 사이에는 1/4~1° 정도의 간섭각을 두고 있다. 시트 폭은 일반적으로 1.5~2.2 mm 정도 둔다.

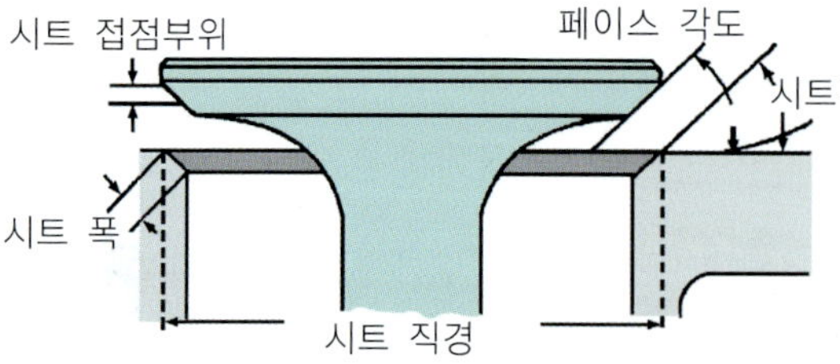

(a) 밸브 시트 형식

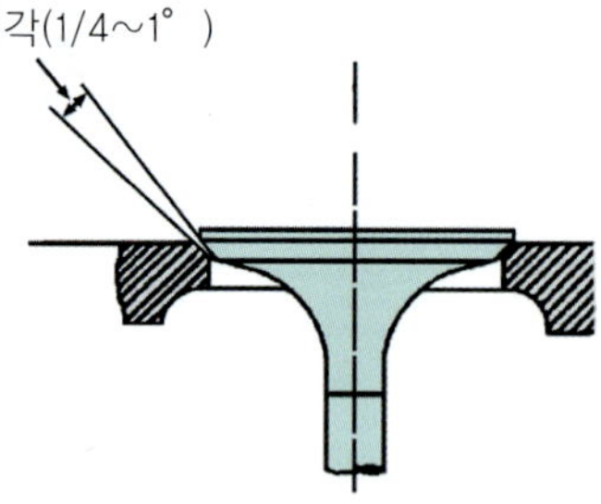

(b) 밸브 간섭각

[그림 44] 밸브 시트와 간섭각

(7) 밸브 가이드(valve guide)와 스템실

밸브 가이드는 밸브의 밀착이 잘되도록 밸브 스템을 안내하는 역할을 하며 실린더 헤드나 블록에 구멍을 뚫어 가이드로 만든 직접식과 주철제로 가이드를 만들어 압입하여 사용하는 교환식이 있다.

스템실은 엔진이 작동하는 과정에서 실린더 내에 강한 진공이 형성되기 때문에 엔진 오일이 연소실로 침입하는 것을 방지한다.

(8) 밸브 스프링 리테이너 및 록(valve spring retainer and lock)

밸브 스프링은 실린더 헤드 또는 블록과 스프링 리테이너 사이에 끼워진다. 리테이너 록은 원뿔형, 핀형, 말굽형이 있다. 원뿔형의 것이 주로 사용되며 리테이너 록 홈에 끼워져 밸브 스프링을 고정하고 밸브 작동 시 밸브와 함께 운동한다.

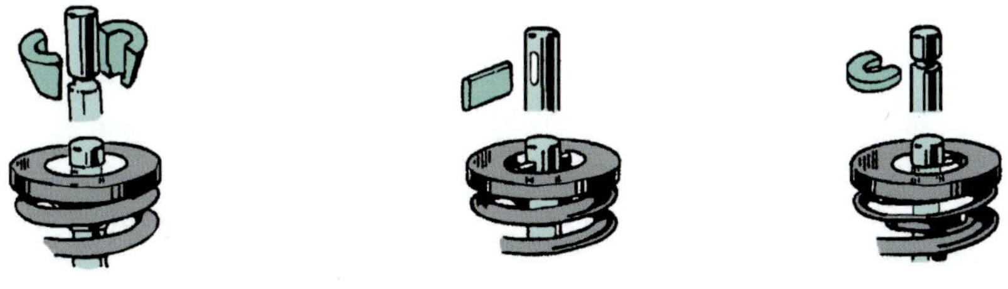

(a) 원뿔형 (b) 핀형 (c) 말굽형

[그림 45] **밸브 스프링 리테이너와 록**

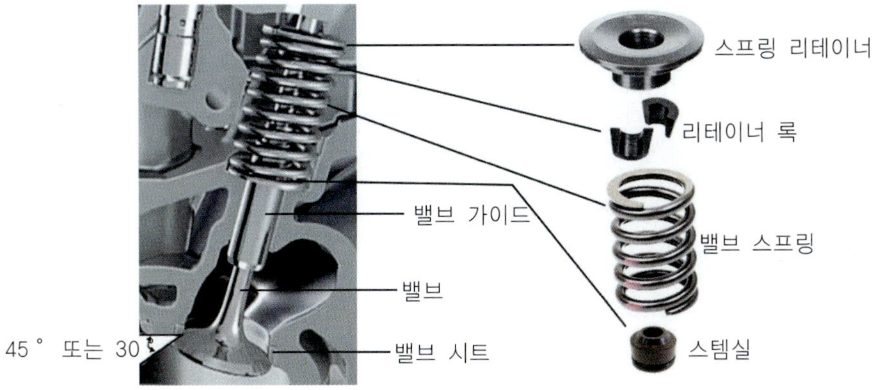

[그림 46] **밸브설치 상태**

[3] 밸브의 재질

흡입 밸브는 헤드 부위의 온도가 300~500℃를 넘는 경우가 있으며 배기 밸브는 700~815℃ 정도 유지된다. 따라서 흡입 밸브에는 마르텐사이트 계열의 내열강이 사용되고 배기 밸브는 내열성과 내부식성이 강한 오스테나이트 계열의 내열강이 사용된다.

밸브 스템은 밸브 고착(valve stick)을 방지하기 위해 크롬 도금이나 질화 처리를 한다. 또한 밸브 스템 엔드는 내마모성을 높이기 위해 고주파 열처리를 하거나 밸브면, 밸브 시트 등과 같이 스텔라이트(stellite : Co-Cr-W의 합금)를 코팅하여 내마모성을 높이고 있으면 평면 처리되어 있다.

[4] 밸브 스프링

밸브 스프링은 압축과 동력 행정에서는 스프링 장력에 의해 밸브 면을 시트에 밀착시켜 기밀을 유지하고 흡입과 배기 행정에서는 압축되면서 밸브가 열린다.

(1) 밸브 스프링 장력

① 장력이 클 때 : 스프링 장력이 크면 밸브 면과 밸브 시트, 캠축의 캠과 로커암 끝 그리고 밸브 스템 끝이 손상된다.

② 스프링 장력이 너무 작을 때 : 기밀 유지가 힘들고 고속에서는 밸브 스프링의 서징 현상을 유발시킨다.

(2) 밸브 스프링 서징 현상

밸브 스프링 서징(surging) 현상은 밸브 스프링이 지닌 고유 진동수가 캠축에 의해 받는 강제 진동수와 일치할 때 발생하는 공진현상으로 스프링이 약하거나 스프링 장착 높이가 부적당할 경우 또는 엔진 회전속도가 과도하게 높을 때 발생한다.

밸브 스프링 서징현상을 방지하는 방법으로는 부등피치스프링 사용, 2중 스프링 사용, 부등피치의 원추형 코일스프링 사용 외에도 스프링의 고유 진동수를 높인다든지 캠의 형상을 개량하는 방법 등이 있다.

(3) 밸브 스프링 점검 사항

① 스프링 자유고 : 자유높이의 낮아짐 변화량은 3% 이내일 것

② 스프링 장력 : 규정 장력의 감소는 표준값의 15% 이내일 것

③ 스프링 직각도 : 직각도가 스프링 자유 높이 3% 이내(100 mm당 3 mm 이내)일 것

④ 접촉면의 상태는 2/3 이상 수평일 것

(a) 부등 피치 스프링　(b) 이중 스프링　(c) 원추형 스프링

[그림 47] **밸브 스프링의 형식**

[5] 밸브 간극

밸브 기구는 엔진 작동 중에 마모가 발생하고 작동 온도가 되면 팽창한다. 따라서 밸브가 닫혀 있을 때에는 기밀을 완벽히 유지하고 정확한 밸브 개폐시기를 얻기 위해 로커 암과 밸브 스템 끝 사이에 일정한 틈새가 필요한데 이것을 밸브 간극이라 한다.

[그림 48] **밸브 간극**

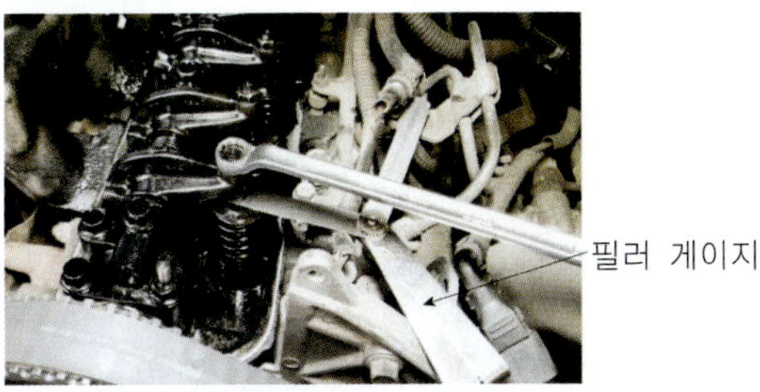

[그림 49] **밸브 간극 측정**

일반적으로 밸브 간극은 흡입 밸브의 간극은 0.15～0.25 mm이고 배기 밸브의 간극은 0.25～0.35 mm 정도이다.

[6] 밸브 회전기구(valve rotator)

밸브 회전기구를 장착하여 밸브의 회전으로 밸브의 소손 원인이 되는 카본을 제거하고, 밸브 스템과 가이드 사이에 카본이 쌓여 발생하는 밸브 고착을 방지한다. 밸브 면과 시트 사이 편 마멸을 방지하고, 밸브 회전에 의하여 밸브 헤드의 온도를 일정하게 한다.

[7] 나트륨 밸브

나트륨 밸브는 스템과 밸브 가이드를 통하여 전달되는 열의 전도성을 높이기 위해서

스템과 밸브 헤드를 중공(中空)으로 하여 그 체적의 60% 정도를 나트륨으로 채운다.

2.10.4. 밸브 작동기구

[1] 캠축

캠축에는 엔진의 밸브 수와 같은 수의 캠이 배열되어 있고, 캠축은 캠을 구동시키는 축으로 흡·배기밸브가 서로 다른 위치의 각도로 배열되어 있고 캠과 일체로 단조 또는 주조된다. 일반적으로 크랭크축의 스프로켓 기어와 캠축의 스프로켓 기어가 서로 연결되어 있으며 실린더 헤드에 조립되어 지지되어 있다.

캠축은 보통 주철을 사용하며 캠의 면은 경화되어 있다. 또한 저탄소강이나 중탄소강을 화염경화 또는 고주파 침탄법을 이용하여 경화시킨 것이 사용되기도 한다.

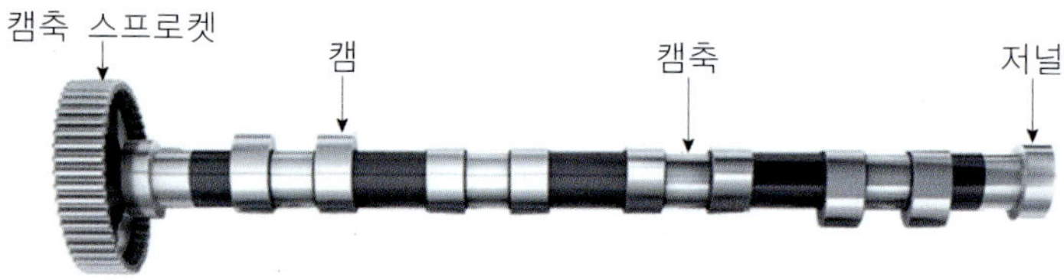

[그림 50] 캠축의 구조

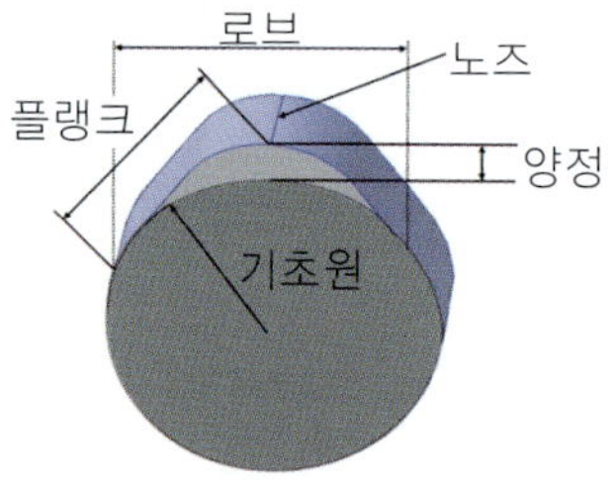

[그림 51] 캠의 명칭

[2] 캠

캠(cam)은 엔진의 회전 운동을 실린더의 흡배기 밸브 작동에 필요한 왕복운동으로 변환한다. 캠은 캠축과 일체로 주조 또는 단조되어 있으며 재료는 내마모성이 강한 주철을 사용하며 캠의 표면을 경화시킨 것과 니켈 크롬강의 단조품을 많이 사용하고 있다.

[3] 유압식 리프터(lifter)

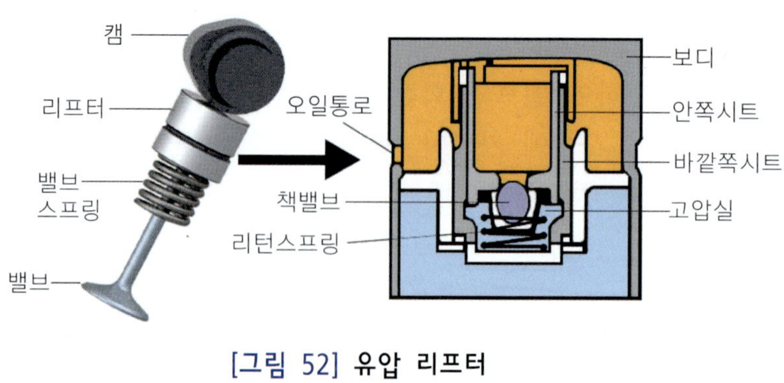

[그림 52] 유압 리프터

유압식 리프터는 오일의 비압축성과 윤활장치의 순환압력을 이용하여 작동하기 때문에 엔진 오일을 사용한다. 유압식 리프터는 엔진 온도변화에 따라 밸브 동력 전달기구 등의 수축과 팽창에 따른 영향을 자동적으로 보상하는 역할을 한다. 유압 리프터는 밸브 간극을 유압과 스프링 장력의 합성력으로 만들어 내기 때문에 밸브 간극이 0(zero)이므로 충돌 음이 없고 밸브 간극을 조정할 필요성이 없다. 유압 리프터의 특징은 다음과 같다.

① 엔진 윤활 장치에서 공급되는 유압을 이용한다.
② 밸브 간극 점검 및 조정이 필요 없고, 작동이 정숙하다.
③ 밸브 기구에서 발생하는 충격을 오일이 흡수하므로 밸브 기구의 내구성이 크다.
④ 밸브 개폐 시기가 정확하여 엔진 성능이 향상된다.
⑤ 오일 펌프나 윤활 회로에 고장이 발생하면 작동이 불량하거나 정지한다.
⑥ 구조가 복잡하다.

2.10.5. 밸브개폐시기

엔진은 혼합기를 흡입하고 배기가스를 배출하는 일종의 펌프 작용을 하기 때문에 가급적이면 많은 양의 혼합기를 낮은 흡입 저항으로 흡입하고 배기가스를 원활히 배출함으로써 출력을 향상시킬 수 있다. 그림 53은 4행정 사이클 엔진의 밸브 개폐 시기 선도이다.

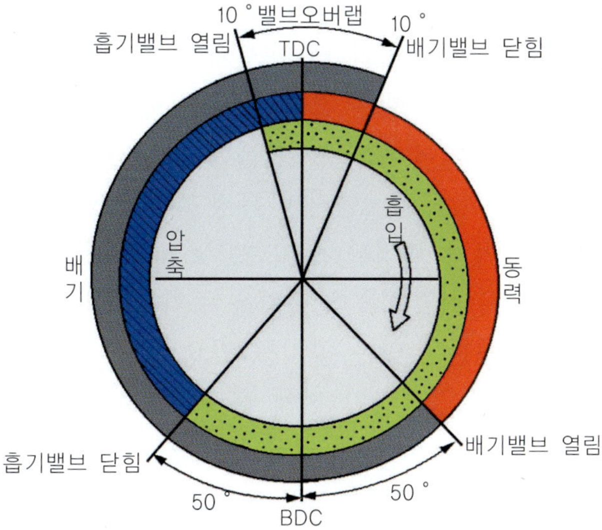

[그림 53] 4행정 사이클의 밸브개폐시기 선도

흡입 밸브는 상사점 전에서 약간 빨리 열어주어 흡입 행정이 시작될 때 유효 유동면적을 크게 하여 체적효율을 향상시킨다. 또한 실린더 내의 압력이 흡기다기관의 압력과 거의 같아지는 상사점 후에 흡입 밸브를 닫아주어 흡입기간을 길게 한다.

밸브 개폐 시기 선도에서 흡입 밸브가 열려 있는 기간을 그림 53에서 크랭크축의 회전 각도로 표시하면 10° + 180° + 50° = 240°이다. 한편 배기 밸브는 동력 행정 말기의 하사점 전에서 열리는데 이는 유효 팽창 비율과 팽창 일은 감소되지만 피스톤이 하사점에서 상사점으로 올라갈 때 펌프 일이 감소되어 보상된다. 배기 밸브는 상사점 후에서 닫힌다. 이때 배기 밸브가 열려 있는 기간은 크랭크축의 회전각도로 50° + 180° + 10° = 240°이다. 이렇게 흡입 밸브와 배기 밸브를 약간 빨리 열고 늦게 닫으면 배기 행정 말기, 흡입 행정의 초기에 피스톤이 상사점 부근에 있을 때 흡입 밸브와 배기 밸브가 동시에 열려 있다. 이를 밸브 오버랩(valve overlap)이라 하는데 고속 엔진과 고급 엔진에서는 특히 이 기간을 길게 한다. 밸브 오버랩이 길면 고속회전에서 맥동효과와 관성효과를 효과적으로 이용할 수 있어 체적 효율이 향상된다.

2.10.6. 가변제어 타이밍

가변 제어 타이밍은 4행정 피스톤 엔진에서 사용하는 기술로, 자동차 운행 중에 회전대역에 따라 흡기나 배기 밸브의 개폐 타이밍이나 개폐량, 개폐시간을 바꿀 수 있게 한 기구이다.

[1] 작동원리

일반적으로 피스톤 엔진에서는 흡기와 배기 시에 포핏 밸브를 사용한다. 포핏 밸브는 캠축에 장착된 캠으로 동작하는데, 캠은 흡기와 배기 시에 일정한 시간 동안 포핏 밸브를 연다. 캠축은 타이밍 벨트, 기어, 또는 체인을 통해 크랭크축에 의해 동작한다.

축 상의 캠 로브의 형상과 위상각은 엔진의 특정 회전대역에 최적화되어 있기 때문에 최저 토크나 최고 출력의 한계가 결정된다. VVT(Variable Valve Timing)는 캠의 형상이나 위상각이 바뀔 수 있도록 해, 효율과 출력을 증가시키는 기술이다.

높은 엔진 회전대역에서, 엔진은 많은 공기를 필요로 한다. 그러나 보통은 관성에 의해 공기가 실린더로 모두 흘러 들어가기 전에 흡기 밸브가 닫히기 때문에 성능이 저하된다. 반면, 캠이 밸브를 오랜 시간 동안 열어 놓으면, 낮은 엔진 회전대역에서 문제가 발생한다. 밸브가 여전히 열려 있으므로 연소되지 않은 연료가 엔진을 빠져나가 버린다. 이는 엔진 성능을 저하시키고 배기가스 량을 증가시킨다.

가변제어 타이밍은 엔진의 부하와 회전수 조건에 따라 밸브 타이밍을 조절함으로써 흡입효율이 증가하고 따라서 토크가 증가된다. 그리고 VVT를 사용하면 밸브오버랩이 증대되어 불활성가스인 배기가스가 연소 온도를 낮추어 질소산화물의 발생을 줄인다. 그러나 HC 배출가스는 다소 증대된다.

[2] 가변제어 타이밍 사용목적

① 유해배출 가스를 감소시킬 수 있다.
② 연료소비율을 향상시킬 수 있다.
③ 엔진의 성능을 향상시킬 수 있다.
④ 공전운전을 안정시킬 수 있다.

[3] 가변제어 타이밍 종류

(1) VVT(Variable Valve Timing)

① 밸브 타이밍과 밸브 개폐 기간 모두를 변화시킬 수 있는 시스템이다.
② 캠축은 흡기밸브와 배기밸브에 대하여 3개의 캠 돌출부를 가지고 있는 시스템이다.
③ 로커암은 내장된 유압 피스톤을 가지고 있으며, 캠 돌출부의 형상이 서로 달라 개폐기간 차이가 생기는 특징을 가지고 있다.
④ 중앙 캠 돌출부는 고회전을 위한 것이고, 첫 번째와 두 번째의 캠 돌출부는 저회전을 위한 기능을 하는 시스템이다.

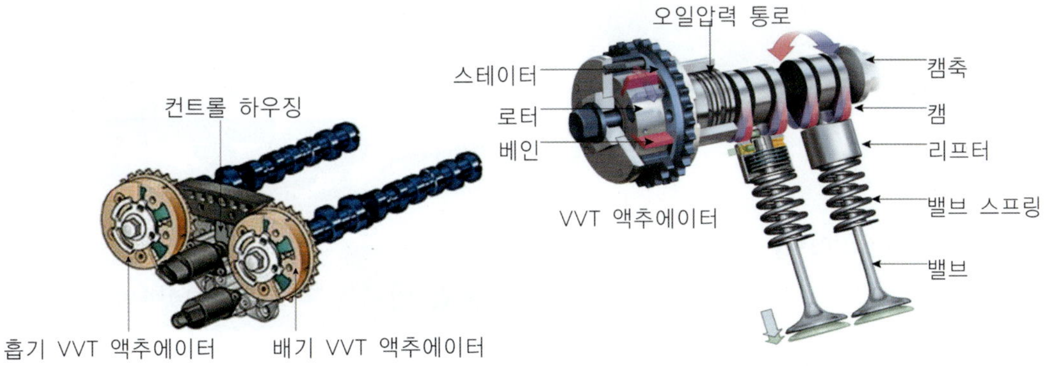

[그림 54] VVT 구조

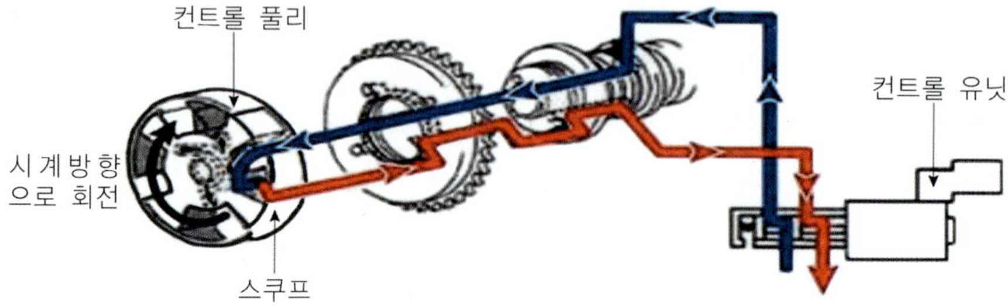

[그림 55] VVT 작동도

(2) CVVT(Continuously Variable Valve Timing)

엔진 회전수와 액셀러레이터가 열린 정도에 따라 밸브의 개폐 타이밍을 연속적으로 바꿀 수 있는 시스템이다. 기본 구성은 캠 샤프트가 연결되어있는 내축 챔버와, 타이밍 시스템(체인, 벨트 등)과 연결되어 엔진으로부터 동력을 받는 외장 시스템, 현재의 타이밍을 측정할 수 있는 센서류, 그리고 조절 장치로 구성된다. 기어와 벨트로 연결되어 돌아가는 와중에 벨트는 그대로 돌아가면서 그 안에서 오일을 통한 유압을 통해 캠축을 살짝 살짝 앞으로, 뒤로 돌려서 타이밍을 조절하는 방식이다. 구간뿐 아니라 열리는 깊이도 조절한다.

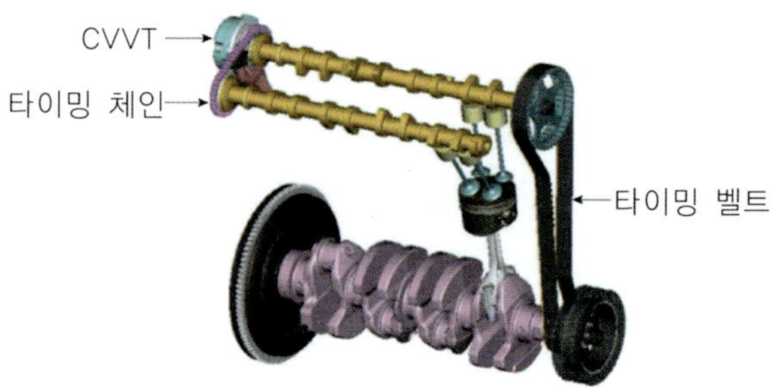

[그림 56] CVVT

(3) CVVL(Continuously Variable Valve Lift)

CVVT와 달리 CVVL은 밸브가 열리는 타이밍뿐만 아니라 리프트가 얼마만큼 열리는지까지 바꿔주어 엔진 회전수 및 차량 부하 상태에 따라 밸브 리프트를 연속 가변적으로 제어하여 최적의 흡입 공기량을 제공하는 장치이다. 엔진 실린더 헤드의 흡기 캠과 밸브 사이에 장착되며 캠 샤프트의 동력을 전달받아 엔진 회전 속도에 따라 흡기밸브의 리프트 양을 연속 가변적으로 제어하여야 엔진 성능 및 효율을 향상시킬 수 있으며, 연비 향상 및 배기가스 청정화에 기여한다.

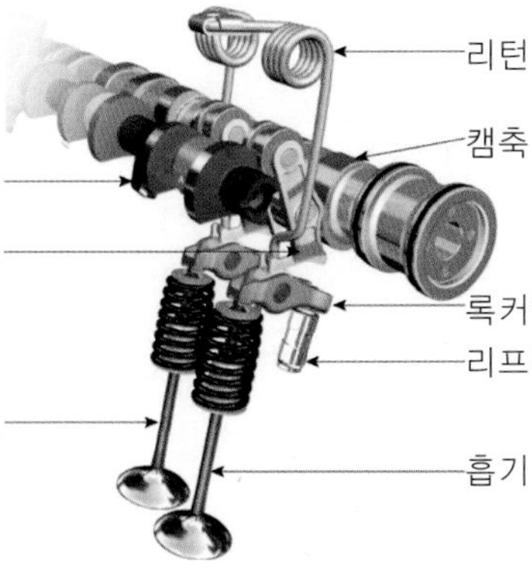

[그림 57] CVVL 구성품

(4) CVVD(Continuously Variable Valve Duration)

밸브의 열림, 닫힘, 개폐시간을 독립적으로 제어할 수 있는 기술이다. 이것은 성능과 연비를 모두 향상시킨다. 밸브 듀레이션은 밸브가 열려있는 기간을 뜻하며, 듀레이션이 길다는 것은 밸브가 오랫동안 열려 있다는 것이고, 듀레이션이 짧다는 것은 밸브가 짧은 시간 동안만 열리는 것이다.

엔진을 설계할 때 듀레이션이 결정되면 그 시간은 바꿀 수 없었다. 이런 이유로 성능과 효율을 모두 향상시키는 데 제한이 있었다. 아킨슨 엔진처럼 흡기 듀레이션을 일반 엔진보다 길게 설계할 수 있다면 연비가 좋아지나, 이런 방식은 엔진의 성능이 떨어지는 단점을 갖고 있다. 엔진 운전 조건에 따라 기존 아킨슨 엔진보다 더 긴 밸브 듀레이션을 사용할 수 있어 연비가 더 우수하고, 특정 조건에서는 기존 일반 엔진보다 더 짧은 밸브 듀레이션을 사용하여 성능을 개선할 수 있다.

CVVT는 밸브 듀레이션이 고정된 상태에서 밸브 타이밍을 최적화하기 때문에 밸브의 열림 시점과 닫힘 시점이 적절히 절충된 밸브타이밍으로 설계된다. 반면에 CVVD는 엔진의 운전 조건별로 최적의 밸브 타이밍을 실현하는 기술이다. CVVD는 CVVT보다 연비를 더욱 더 향상할 수 있다. 또한 CVVD는 배출가스를 저감하는 데 최적화된 밸브 타이밍도 구현할 수 있어 환경 문제 개선에도 큰 도움이 된다. 동력전달 경로는 캠샤프트 회전 → 휠 롤러(회전/슬라이딩) → 휠(회전) → 롤러캠(회전) → 캠(슬라이딩)순이다. 캠은 휠과 연결되어 있으며 휠의 속도에 따라 회전속도가 바뀐다.

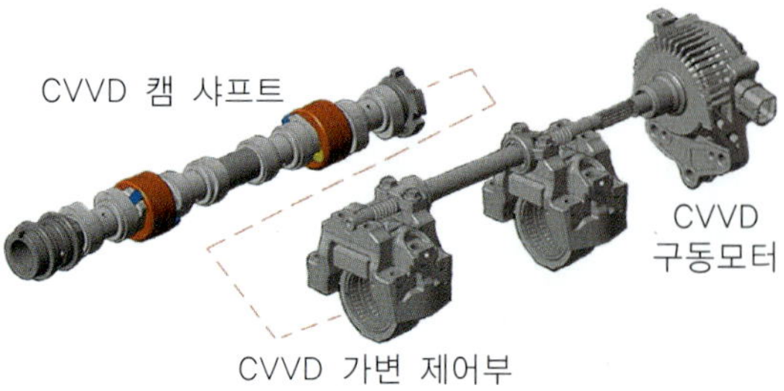

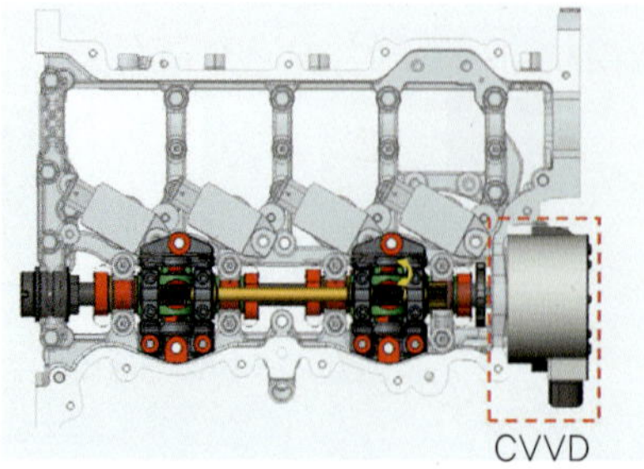

[그림 58] CVVD 구성품

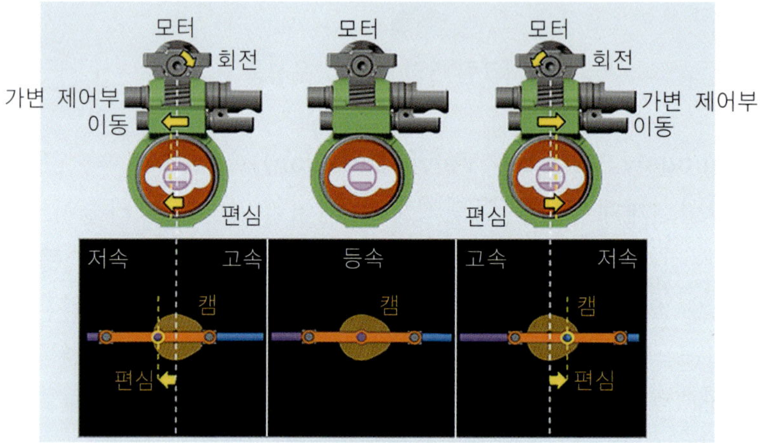

[그림 59] CVVD 기구 작동 원리

03 냉각장치

연소실에서 혼합기가 연소될 때 발생하는 연소열에 의해 연소실의 온도는 최고 2500℃까지 올라간다. 엔진 과냉과 과열은 모두 연료 소비율을 증가시키고 출력 저하를 가져오므로 엔진 온도를 적정 온도인 80~90℃로 제어할 필요성이 있다.

3.1. 냉각장치의 분류

3.1.1. 공랭식 냉각장치

공랭식 냉각방식은 엔진을 직접 대기와 접촉시켜 열을 방출시키는 형식으로 냉각수의 보충, 누수, 동결 등의 염려가 없으며 수랭식에 비하여 그 구조는 간단하나 운전 상태에 따른 엔진의 온도변화가 발생하기 쉽고 균등한 냉각이 이루어지지 않아 과열되기 쉬운 단점이 있다. 실린더 블록이나 헤드 외주에 냉각핀(cooling fin)을 설치하고 있으며 차량이 주행할 때의 공기로 냉각시키는 자연 통풍식(natural air cooling type)과 냉각팬(cooling fan)을 플라이휠 또는 크랭크축에 의하여 회전시켜 강제로 공기를 보내어 냉각시키는 강제 통풍식(forced air cooling type)이 있다.

[그림 60] **공랭식 엔진**

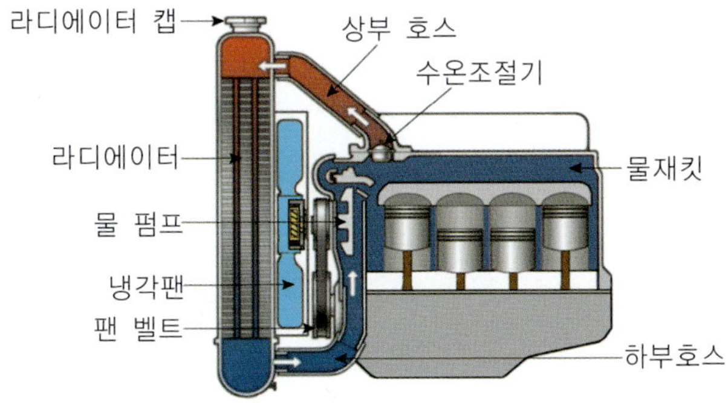

[그림 61] **수냉식 엔진**

3.1.2. 수랭식 냉각장치

수냉식은 엔진 내부의 연소를 통해 일어나는 열에너지가 기계적 에너지로 바뀌면서 뜨거워진 엔진을 물로 냉각하는 방식이며, 종류는 다음과 같다.

① **자연 순환방식** : 냉각수를 대류에 의해 순환시켜 냉각한다.

② **강제 순환방식** : 물 펌프로 물 재킷 내에 냉각수를 순환시켜 냉각한다.

③ **압력 순환방식** : 냉각계통을 밀폐시키고, 냉각수가 가열되어 팽창할 때의 압력이 냉각수에 압력을 가하여 냉각수의 비등점을 높여 비등에 의한 손실을 감소시킨다.

④ **밀봉 압력방식** : 라디에이터 캡을 밀봉시킨 후 냉각수의 팽창과 맞먹는 크기의 보조 물탱크를 설치하고 냉각수가 팽창하였을 때 외부로 배출되지 않도록 한다.

3.2. 냉각장치의 구성

냉각장치는 실린더 헤드와 실린더 블록에 있는 물 재킷(water jacket, 냉각수 통로), 냉각수, 물 펌프, 수온 조절기(thermostat), 라디에이터(방열기), 라디에이터 호스, 냉각팬 등으로 구성되어 있으며 엔진이 가동되면 실린더 헤드와 실린더 블록의 물 재킷에 있는 냉각수가 바로 라디에이터로 가는 것이 아니고 실린더 블록과 실린더 헤드 사이의 폐쇄 회로를 구성하여 순환하다가 냉각수 온도가 85℃ 정도가 되었을 때 수온 조절기가 열려 라디에이터 상부 호스를 통하여 라디에이터 상부 탱크로 들어간다.

상부 탱크와 하부 탱크 사이에 연결된 튜브를 통하여 하부 탱크로 흘러 내려가는 도중에 냉각팬이 회전하면서 흡입 공기에 의해 온도가 5~10℃ 정도 낮아져 하부 탱크를 통하여 물 펌프로 간다. 엔진을 순환하는 과정에서 온도가 5~10℃ 상승하여 라디에이터로 순환된다.

3.2.1. 냉각수와 부동액

[1] 냉각수

엔진에서 사용하는 냉각수(cooling water)는 물을 사용하며 물은 열을 잘 흡수하고 구입이 용이하기 때문이다. 냉각수는 연수인 증류수, 수돗물, 빗물 등을 사용하며 광물성이나 산을 포함한 천연수와 경수는 냉각장치를 부식시키거나 물때(scale)가 많이 생기므로 사용하지 않는 것이 좋다.

[2] 부동액(coolant water)

부동액은 겨울철 빙결과 여름철 과열을 예방하는 역할을 한다. 부동액은 냉각수와 혼합시 지역의 온도에 따라 약간씩 혼합비율을 다르게 하여야 할 필요성이 있고 보통 그

지역의 최저온도보다 5~10℃ 정도 낮은 온도를 기준하여 사용한다. 부동액의 종류에는 메탄올(알코올), 글리세린, 에틸렌글리콜이 있으며, 에틸렌글리콜을 주로 사용한다.

(1) 에틸렌글리콜의 특징

① 비등점은 197.2℃이며 빙점은 -37℃이다.
② 냄새가 없고 휘발하지 않으며, 불연성이다.
③ 물에 잘 용해되며 약간의 단맛이 난다.
④ 엔진의 내부에서 유출되면 교질상태의 침전물이 발생되고 알루미늄 합금에 대한 부식성이 강하다.
⑤ 팽창계수가 큰 결점이 있으나 도료(페인트)를 침식시키지는 않는다.

[표 4] 1종 부동액과 2종 부동액

주성분	종류	기호	용도
에틸렌글리콜(EG)	1종	AF	냉각수의 동결방지와 부식방지의 목적으로 겨울 한철에 사용할 수 있는 것
	2종	LLC	냉각수의 동결방지와 부식방지의 목적으로 연중 계속 사용할 수 있는 것
프로필렌글리콜(PG)	2종	LLC	냉각수의 동결방지와 부식방지의 목적으로 연중 계속 사용할 수 있는 것

※ 1종 부동액(AF, Anti-freeze) : 겨울 한 철만 사용할 수 있는 부동액
※ 2종 부동액(LLC, Long Life Coolant) : 연중 항시 사용할 수 있는 사계절 부동액

(2) 부동액의 구비조건

① 냉각수와 잘 혼합될 것
② 냉각장치에서 순환성이 좋은 것
③ 워터재킷, 라디에이터 등 냉각계통을 부식시키지 않을 것
④ 온도변화에 따른 부식을 일으키지 않을 것
⑤ 비점이 물보다 높고, 빙점(응고점)은 물보다 낮을 것
⑥ 증발(휘발성)이 없을 것

3.2.2. 물 재킷(water jacket)

엔진에 온도를 일정하게 유지하기 위해 물재킷은 실린더 헤드 및 블록에 일체 구조로 설치되어 냉각수가 순환하는 물 통로이다.

3.2.3. 물 펌프(water pump)

① 팬벨트를 통하여 크랭크축에 의해 구동되며, 실린더 헤드 및 블록의 물 재킷 내로 냉각수를 순환시키는 원심력 펌프이다.

② 물 펌프가 고장 나면 냉각수가 순환하지 못하여 엔진 과열의 원인이 된다.

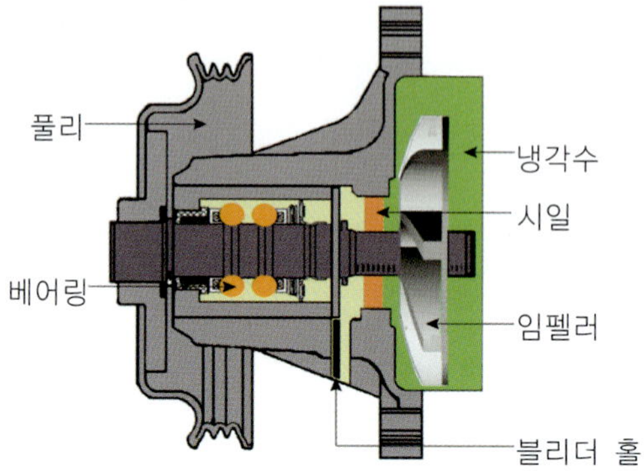

[그림 62] 물 펌프

3.2.4. 구동 벨트(drive belt)

팬벨트 또는 V벨트라고도 하며 크랭크축, 발전기, 물펌프, 동력조향 오일 펌프, 냉방 압축기의 풀리를 연결 구동한다. 재질은 섬유질과 고무이며, V리브드 벨트는 두께가 적어 굴곡에 대한 피로성이 우수하고 코드와 고무의 박리 또는 균열 등이 적다.

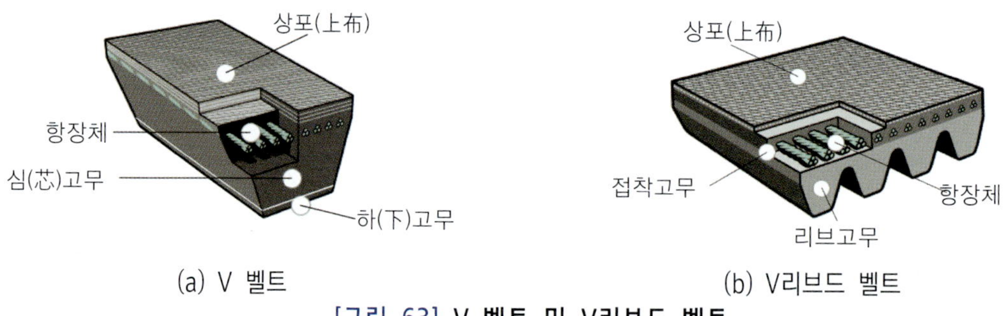

[그림 63] V 벨트 및 V리브드 벨트

(1) 구동벨트의 점검

발전기 풀리와 물 펌프 풀리 사이에서 점검하여 10kgf의 힘으로 눌렀을 때 6~10 mm의 헐거움이 있으면 양호하다.

(2) 팬벨트 장력이 너무 크면(팽팽하면)

물 펌프 및 발전기 풀리의 베어링 마멸이 촉진된다.

(3) 팬벨트 장력이 너무 작으면(유격이 너무 클 때)

① 소음이 발생하며, 팬벨트의 손상이 촉진된다.

② 물 펌프 회전속도가 느려 엔진이 과열되기 쉽다.

③ 발전기의 출력이 저하된다.

3.2.5. 냉각팬(cooling fan)

[1] 전동식 냉각팬(electric cooling fan)

전동식은 배터리의 전기를 이용하여 냉각팬을 회전시키는 형식으로 수온센서에 의한 냉각수 온도를 감지하여 팬을 작동 시킨다. 수온센서의 작동온도는 보통 90~100℃ 사이이고, ON~OFF의 온도차는 3~5℃이다. 전동식 팬의 장점은 라디에이터의 설치가 자유롭고, 히터의 난방이 빨라지며, 일정한 풍량을 항상 확보할 수 있어 공회전 시나 번잡한 시가지 주행 시에도 충분한 냉각 성능을 가진다.

그러나 단점은 가격이 비싸고 팬 가동 시 소비전력이 많으며 소음이 크다. 전동팬의 구동방식은 기존 전동팬은 전류(A) 제어방식이었으나 요즘은 PWM(pulse width modulation, 펄스폭 변조) 전동팬으로 전압(V) 제어방식을 사용한다.

(a) 전류 제어방식　　(b) 전압 제어방식

[그림 64] 냉각팬의 종류

PWM 전동팬은 엔진 냉각수 온도, PWM 자체 온도센서에서 감지한 주변온도, 에어 플로우 센서에서 감지한 흡기온도, 에어컨 냉매압력, 자동변속기 내부온도 등에 따라 그 제어값이 엔진 ECU에 보내진다. 이때, 엔진 ECU는 가장 높은 값을 선택하여 전동팬을 구동한다.

[2] 유체 커플링 식(fluid coupling type)

이 형식은 팬과 물펌프 사이에 실리콘 오일을 봉입한 유체 커플링을 설치하여 동력전달을 오일의 유체저항을 이용하여야 하며 저속에서는 물 펌프축과 같은 속도로 회전하나 고속이 되면 팬의 저항이 증가하여 커플링이 미끄러져 클러치 작용을 하므로 속도가 물펌프 회전속도에 비하여 떨어진다.

[그림 65] **유체 커플링식 냉각팬**

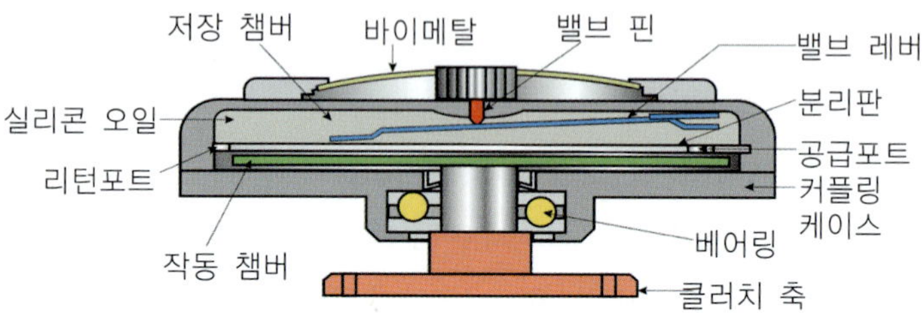

[그림 66] **온도조절 바이메탈 식 팬 클러치**

[3] 온도조절식 팬 클러치(thermostatic fan clutch)

이 형식은 방열기를 통과하는 공기온도를 감지하여 팬의 회전속도를 자동 변속시키는 형식으로 온도조절 팬 클러치식과 같이 서모스탯 코일의 한쪽 끝이 커버에 고정되고 다른 끝은 슬라이드 밸브에 부착되어 있다.

엔진 온도가 상승하여 방열기 통과 온도가 상승하면 서모스탯 코일이 변형되어 슬라이드 밸브를 작동 시키면 오일입구가 열려 케이스 안으로 흘러 들어와 물펌프 회전에 의한 원심력으로 클러치의 기동 회전력이 커져 회전속도가 빨라진다. 다시 방열기 통과 온도가 내려가면 바이메탈이 수축하여 슬라이드 밸브가 오일입구를 닫고 오일은 원심력에 의해 오일출구를 통해 케이스에서 흘러나가 오일실로 돌아가 회전력이 감소하여 회전속도가 낮아진다.

3.2.6. 라디에이터(radiator : 방열기)

방열기라고도 하며 엔진에서 가열되어진 냉각수가 대류의 원리에 의해 방열되는 장소로서 대부분 엔진의 앞쪽에 설치된다. 냉각수의 흐름은 엔진에서 열을 흡수한 냉각수가 라디에이터 상부 탱크로 들어와 코어를 따라 하부탱크로 흐르면서 방열되며 냉각팬(cooling fan)의 유입 공기와 자동차의 속도에 따른 유입 공기에 의하여 냉각된다.

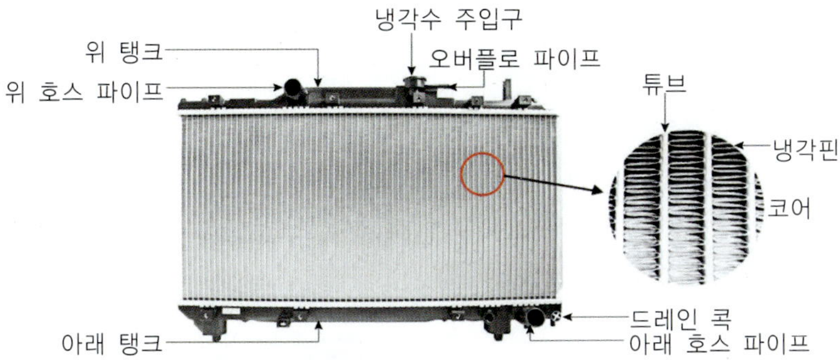

[그림 67] 라디에이터의 구조

[1] 라디에이터의 구비조건

① 단위 면적당 방열량이 커야 한다.

② 소형 경량으로 튼튼한 구조이어야 한다.

③ 공기의 흐름저항이 적어야 한다.

④ 냉각수의 흐름이 원활해야 한다.

[2] 라디에이터 코어(radiator core)

코어(core)는 냉각수가 위 탱크에서 아래 탱크로 흐르는 튜브와 공기가 통하는 핀 부분으로 되어 있으며 코어가 수평으로 설치된 형식과 수직으로 설치된 형식이 있으며 대부분 수직으로 설치된 형식이 주로 사용되고 있다. 코어의 재질은 방열성이 좋은 얇은 구리판이나 알루미늄 합금판을 성형재단하고 납땜하여 만들며 라디에이터 코어 막힘률은 20% 이상 되어서는 안된다.

$$\text{라디에이터 코어 막힘률} = \frac{\text{신품 용량} - \text{사용품 용량}}{\text{신품 용량}} \times 100(\%)$$

[3] 라디에이터 캡(radiator cap)

냉각장치 내의 비등점(비점)을 높이고, 냉각범위를 넓히기 위하여 압력식 캡을 사용한다. 압력식 캡은 압력밸브와 진공밸브로 되어 있고, 보통 캡의 압력은 게이지 압력으로 $0.2 \sim 0.9\ kgf/cm^2$ 정도이며, 냉각수의 비등점을 110~120℃로 높아지게 된다.

① 냉각장치 내부압력이 규정보다 높을 때 압력밸브가 열린다.

② 냉각장치 내부압력이 부압이 되면 진공밸브가 열린다.

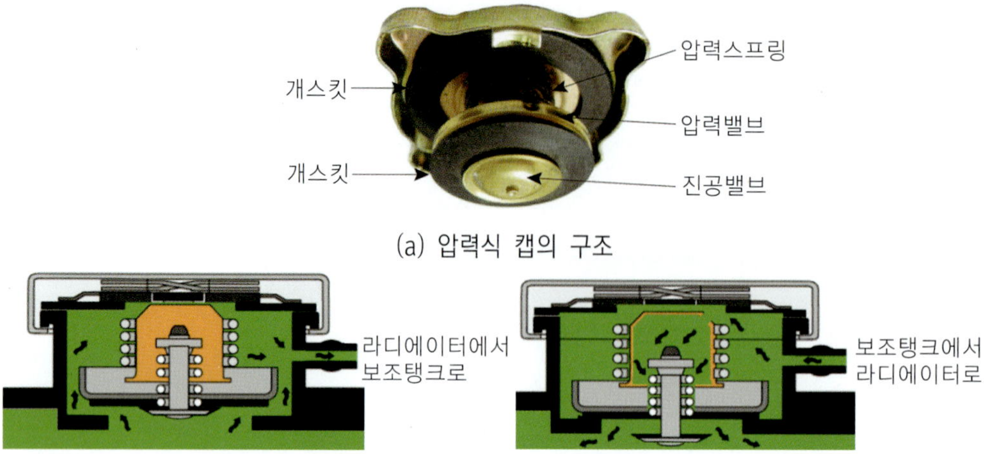

[그림 68] 라디에이터 압력 캡의 구조와 작용

[4] 라디에이터에 기름이나 기포가 발생 시 고장 개소

① 실린더 헤드 파손

② 실린더 헤드 개스킷 파손

③ 실린더 헤드 볼트 파손 또는 이완

3.2.7. 수온조절기(thermostat)

수온 조절기는 시동 직후 워밍업을 빠르게 하고 냉각수 온도를 항상 적정온도인 80~90℃로 유지하기 위해 엔진과 냉각수 사이를 순환하는 시간과 냉각수의 양을 제어하는 밸브이다. 시동 초기에는 엔진 측에 있는 냉각수를 라디에이터로 보내지 않고 실린더 블록과 실린더 헤드 사이를 폐쇄 회로로 구성하여 순환시킨다.

수온 조절기에는 벨로즈 형식과 펠릿 형식의 2가지가 있다. 펠릿 내부에는 왁스(wax)와 함께 고무가 봉입되어 왁스의 팽창 및 수축으로 밸브가 개폐되어진다. 즉, 온도가 낮을 때는 펠릿이 스프링에 밀리어 밸브를 닫은 상태가 되며 온도가 올라가면 왁스가 팽창하여 고무 부분을 압축하므로 펠릿이 밀려 내려와 밸브를 열어주게 된다. 벨로즈 형식은 벨로즈 내부에 에틸이나 알코올이 들어 있다.

2가지 모두 냉각수 온도에 따른 작동 물질의 열팽창을 이용하여 65℃에서 열리기 시작하여 85℃에서 밸브를 여는데 수온조절기가 열린 채 고장이 나면 엔진이 과냉되고, 닫힌 채로 고장이 나면 과열의 원인이 된다.

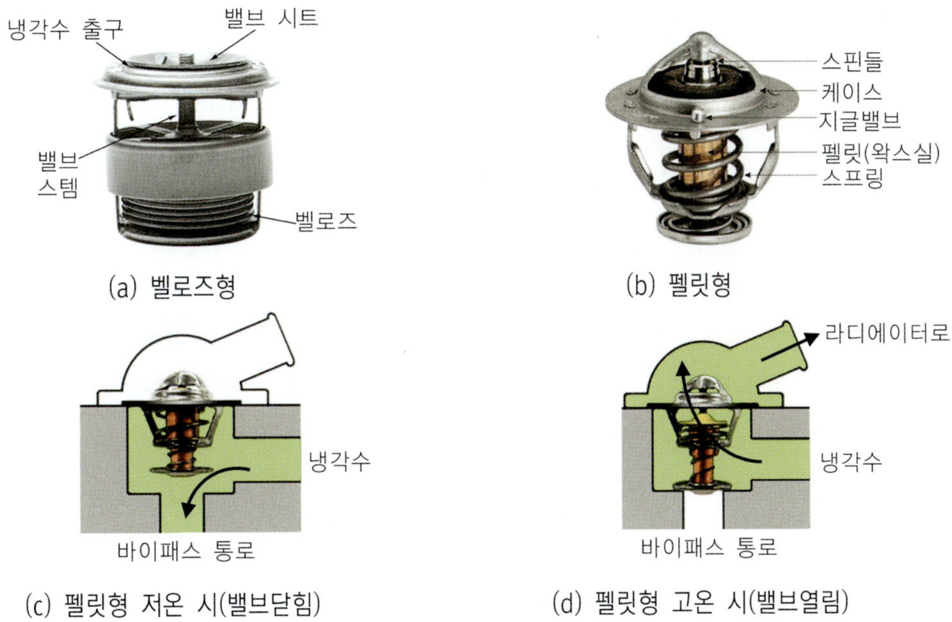

[그림 69] **수온조절기**

3.3. 입 · 출구 제어방식

냉각수 온도 조절장치로 입구제어 방식과 출구 제어 방식으로 구분할 수 있는데 기존의 출구 제어 방식은 서모스탯이 열린 후 라디에이터내의 차가운 냉각수가 엔진을 통과하여 서모스탯까지 순회해야 닫히기 때문에 엔진 헤드 그리고 실린더 블록의 실제적인 온도와 큰 차이가 있다.

그러므로 ECU가 냉각수 온도를 기준으로 인젝터 통전시간 및 점화시기를 보정하는데 부정확하고 연비나 배출가스 조절에 오차가 발생 할 수가 있다.

이러한 문제점을 해소하고자 출구 제어에서 입구 제어로 바뀌었으며 입구 제어방식은 서모스탯이 열리자마자 라디에이터에서 유입되는 냉각수에 의해 서모스탯의 열림이 결정되기 때문에 냉각수가 조금씩 유입되면서 서모스탯의 열림이 적절히 조절된다.

3.4. 통합열관리 시스템(ITMS : Integrated Thermal Management System)

엔진오일과 냉각수는 엔진의 온도를 제어한다. 저속에서 냉각수 온도를 높여주면 열로 빠져나가는 냉각손실을 줄일 수 있고, 고속에서는 냉각수 온도를 낮춰주면 노킹을 줄일 수 있다. 이렇게 엔진의 운전 상황에 따라 냉각수의 온도를 제어하면 열효율을 높이고 연비를 향상시킬 수 있다. 정밀한 열관리를 수행하는 ITMS는 온도에 따라 반응하는 하나의 밸브가 아닌 통합적인 온도관리와 최적화를 위한 시스템이다.

ITMS는 시동을 걸고 예열하는 시간이 필요 없을 정도로 엔진오일의 온도를 빠르게 상승시켜 시동을 걸고 대기하는 시간 낭비가 줄었으며, 저온 상태에서 엔진의 힘이 손실되는 원인인 마찰 에너지를 줄일 수 있어 연비 향상에 큰 역할을 하게 된다. ITMS 시스템의 효과는 다음과 같다.

① DC모터를 이용한 냉각수 유량 및 회로 독립제어 설계로 워밍업 성능 개선 및 통합 열관리를 통한 연비 개선
② 통합 유량제어 밸브를 적용하여 실린더 블록의 냉각수 고온 제어를 통한 마찰 저감
③ 차량 저중속 운전 시 냉각 수온 상향제어로 열손실 최소화를 통한 연비 개선
④ 라디에이터 및 히터로 분기되는 냉각 유동을 가변 제어하여 냉각/마찰 손실 최소화
⑤ 고속 고부하 운전 시 냉각 수온 하향제어로 엔진 내구성 확보 및 가속성능 확보
⑥ 통합유량 제어 밸브 적용으로 포트별 온도 제어 가능

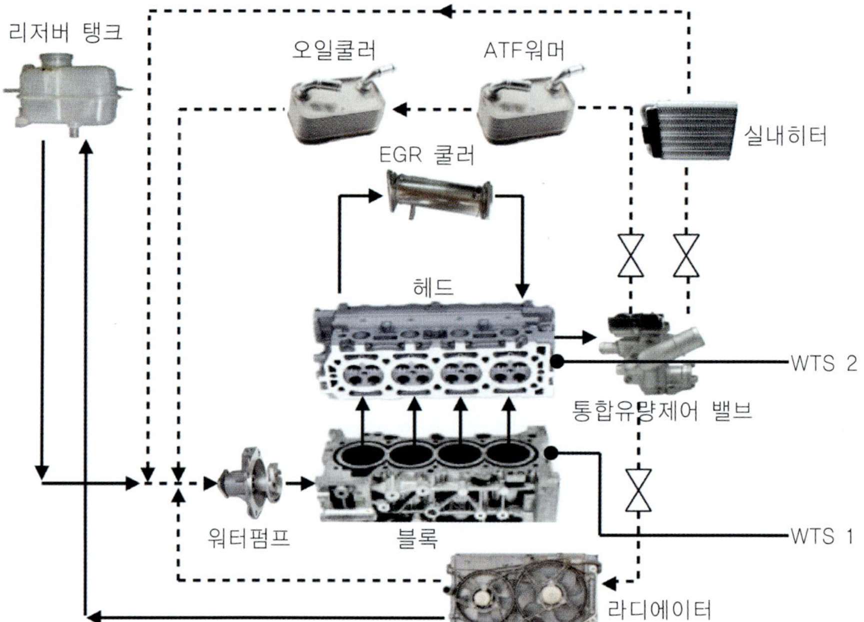

[그림 70] 통합열관리 시스템

3.5. 엔진의 과열 및 과냉원인

[1] 과열원인

① 수온 조절기가 닫힌 채로 고장 또는 열림 온도가 너무 높다.

② 라디에이터의 코어 막힘이 과도하거나 오손 및 파손되었다.

③ 구동벨트의 장력이 약하거나 구동벨트가 이완 및 절손되었다.

④ 물재킷 내의 스케일(물때)이 과다하다.

⑤ 물 펌프의 작동이 불량하다.

⑥ 라디에이터 호스가 파손되었다.

[2] 과냉원인

① 수온 조절기가 열린 채로 고장이 났다.

② 수온 조절기의 열림 온도가 너무 낮다.

04 윤활장치

윤활장치(lubrication system)는 엔진 내부의 각 섭동부에 오일을 공급하여, 마찰 손실과 부품의 마멸을 최소화하여 기계효율을 향상시키고, 엔진수명을 연장시켜 주는 역할을 한다. 운전 중 충분한 윤활이 되지 않으면 마찰이 증가하게 되며, 심하면 베어링과 피스톤이 소결을 일으키기도 한다. 이와 같이 엔진의 움직이는 면에 유막(oil film)을 형성하게 하여 마찰이 작은 유체 마찰로 바꾸어 주는 것을 윤활이라 한다. 이때 사용되는 오일을 윤활유(lubricant)라 하고, 유막을 형성하는 데 필요한 오일 공급 장치를 윤활장치라 한다.

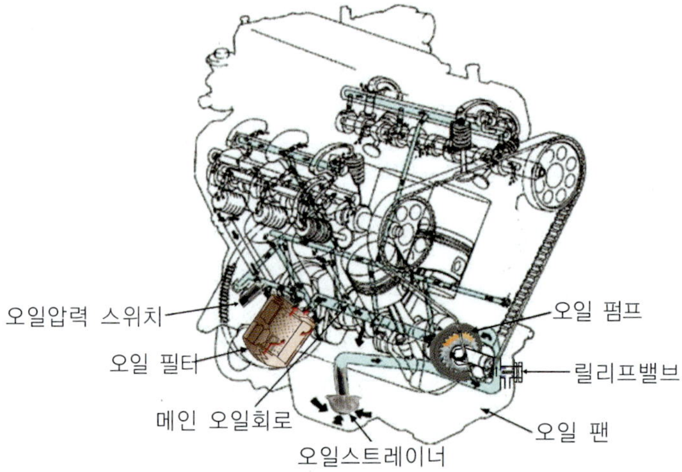

[그림 71] **윤활장치의 구조**

4.1. 윤활유

4.1.1. 윤활유의 작용

① **감마작용** : 엔진의 접촉부에 유막을 형성하여 금속의 직접적인 고체마찰을 방지하여 베어링 및 금속부의 마모를 최소화한다.

② **밀봉작용** : 실린더와 피스톤 사이에 유막을 형성하여 압축가스 및 연소가스가 누설

않도록 기밀을 유지하여 밀봉작용을 한다.

③ **냉각작용** : 윤활유는 엔진 각 부에 발생되는 마찰열을 흡수하여 방열하는 작용을 하며 이러한 냉각작용으로 엔진의 각 마찰부가 마찰열에 의하여 눌어붙는 것을 방지한다.

④ **세척작용** : 오일은 오일 펌프에 의하여 엔진 각 부를 순환하며 이때 불순물을 흡수하여 윤활부를 깨끗하게 한다.

⑤ **방청작용** : 금속의 각 부분은 수분이나 공기 또는 이상가스와 접촉하면 녹슬거나 부식한다. 따라서 윤활유는 수분이나 부식성 가스가 금속부에 직접 접촉하지 않도록 막거나 제거하는 역할을 한다.

⑥ **응력 분산작용** : 윤활부에는 엔진의 작동에 따라 국부적으로 작용하는 압력을 전체에 분산시키는 역할을 한다.

4.1.2. 윤활유의 구비조건

① 점도가 적당할 것

② 점도지수가 커 온도와 점도와의 관계가 적당할 것

③ 인화점 및 자연 발화점이 높을 것

④ 강인한 윤활유 막을 형성할 것(유성이 좋을 것)

⑤ 응고점(凝固點)이 낮을 것

⑥ 비중이 적당할 것

⑦ 기포발생 및 카본생성에 대한 저항력이 클 것

⑧ 열과 산에 대하여 안정성이 있을 것

4.1.3. 마찰의 종류

① **건식마찰(Dry Friction)** : 이 마찰은 고체마찰이라고도 부르며, 고체 표면 사이의 마찰이다.

② **경계마찰(Boundary Friction)** : 이 마찰은 고체표면에 액체 및 기체의 막이 부착된 상태(경계윤활)이다.

③ **혼합마찰(Mixed Friction)** : 혼합마찰은 접촉표면의 돌기들의 간헐적인 접촉과 부분적인 유체윤활이 혼합되어 있는 마찰을 말한다.

④ **유체마찰(Fluid Friction)** : 유체마찰은 접촉면이 윤활제에 의하여 완전히 분리된 경우를 말한다.

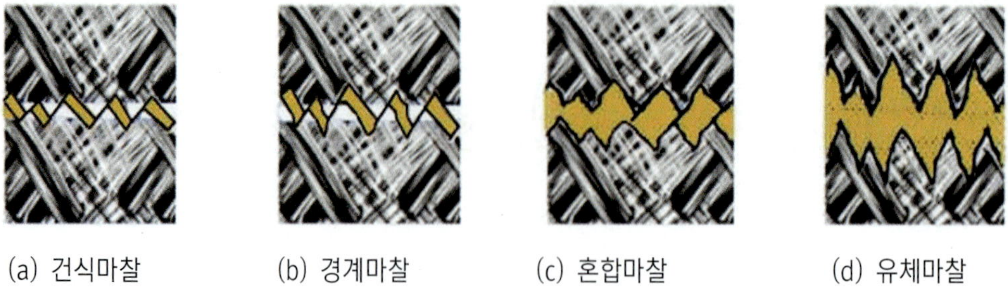

[그림 72] 마찰의 분류

4.1.4. 윤활유 첨가제

① **산화방지제(Anti Oxidant)** : 엔진의 오일은 높은 온도에서 사용되며, 연소생성물인 물, 먼지, 금속 등과 항상 접촉하기 때문에 산화가 쉽게 발생한다. 산화를 방지하기 위해 0.4~2.0% 첨가한다.

② **점도지수 향상제(Viscosity Index Improver)** : 온도의 상승에 대한 점도의 저하 정도를 작게 하기 위해 0.5~10% 첨가된다.

③ **유동점 강화제(Pour Point Depressant)** : 윤활유 중의 결정 표면에 보호막을 만들어 결정의 성장을 막고 유동점을 내리기 위해 0.1~1.0% 첨가된다.

④ **청정 분산제(Detergent Dispersant)** : 청정 분산제는 윤활유 중에 생성하는 슬러지 등의, 침적방지와 산성물질의 중화 역활을 한다.

⑤ **부식 방지제(Anti – Corrosives Corrosion Inhibitor)** : 오일 산화 시 생성되는 과산화물에 의한 부식을 방지하기 위하여 유황 화합물을 0.4~2.0% 정도 첨가시킨다.

⑥ **극압제(Extreme Pressure Additives)** : 마찰면으로 어떤 종류의 화학반응을 일으켜서 생성하는 피막에 의해 금속면의 직접 접촉을 막고 용착을 방해하는 작용을 한다.

⑦ **유성 향상제(Oiliness Agent)** : 윤활부의 금속표면에 물리적으로 흡착막을 만들어 윤활성을 향상시켜 마찰이나 마모를 저감시키기 위해 0.1~1.0% 첨가시킨다.

⑧ **기포 방지제(Anti Farmer)** : 윤활유가 엔진 내에 순환되면서 공기가 유중에 혼입해서 거품을 일으키고, 유막절을 일으키기 쉽게 되어 펌프 작용이 원활치 못하고 윤활성이 저하되는 것을 방지하기 위해 0.002~0.07% 정도 첨가한다. 윤활유를 색으로 표현하거나 기타 제품의 표시로 염색하기 위하여 형광염료를 0.25% 첨가한다.

4.1.5. 윤활유의 분류

[1] SAE 분류

SAE(society of automotive engineers : 미국 자동차 기술협회)에서 윤활유를 점도에 따라 분류한 것으로 SAE 번호로 표시하고 있는데 숫자가 클수록 점도가 높다. 특히 겨울용은 SAE 10W와 같이 W를 붙이는데 이것은 겨울용(winter)을 의미하며, 점도측정을 -17.78℃에서 한 것이며, 문자 W가 없는 경우는 100℃에서 점도를 측정한다.

[표 5] 1종 부동액과 2종 부동액대기온도에 따른 점도분류

최저 대기온도	단급 윤활유	다급 윤활유
32°F(0℃)	20, 20W, 30	10W—30, 10W—40, 15W—40, 20W—40, 20W—50
0°F(-18℃)	10W	5W—30, 10W—30, 10W—40, 15W—40
-15°F(-26℃)	10W	10W—30, 10W—40, 5W—30
*-15°F(-26℃) 이하	5W*	*5W—20, 5W—30

* SAE 5W 및 5W—20급 윤활유는 고속운전에 적합치 않음

[2] API 분류

이 분류는 API(american petroleum institut, 미국 석유협회)에서 제정한 것으로 윤활유가 사용될 운전 조건에 따라 분류한 것이다.

[표 6] API 분류법

엔진구분	용도구분	엔진의 사용상태
가솔린용	ML	경제속도로 운행하면서 부하변동이 거의 없는 경우
	MM	빈번한 발차와 정지를 제외한 보통조건에서 사용
	MS	고온, 고부하 등으로 유온이 높고 산화가 격렬히 일어나는 가혹한 조건에서 사용
디젤용	DG	황분이 적은 연료를 사용하고 적당한 부하의 경우
	DM	보통등급의 연료를 사용하고 어느 정도 부하를 받을 때
	DS	고온, 고부하, 발차 및 정지가 빈번한 가혹한 조건

[3] SAE 신분류

SAE는 ASTM, API와 공동으로 사용 조건에 따른 새로운 분류방식으로 S-class와 C-class로 구분한다.

S-class는 가솔린 엔진용이며 이때 S의 의미는 불꽃 점화방식(spark ignition)의 S이며 SA, SB, SC, SD, SE, SF, SG, SH, SJ, SL급 등이 있다. C-class는 디젤 엔진용이며 C의 의미는 압축 착화방식(compression ignition)의 C이며 CA, CB, CC, CD, CE, CF 등이 있다. 알파벳의 순서가 높으면 높을수록 품질이 우수하다는 것을 의미한다.

4.2. 윤활장치 구성품

윤활장치는 오일 스트레이너에서 흡입된 오일은 크랭크축에 설치된 오일 펌프에서 압력이 가해진다. 이때 오일 펌프 출구에 설치된 압력 조절 밸브에서 최고 압력이 제한되며 실린더 블록에 있는 오일 통로를 통하여 오일 필터에서 미세한 불순물을 여과한다. 오일 필터에서 나오는 오일은 오일 쿨러를 통하는 동안 적절한 점도로 유지되어 크랭크축, 피스톤, 캠축, 밸브기구를 윤활하고 다시 오일 팬으로 복귀한다.

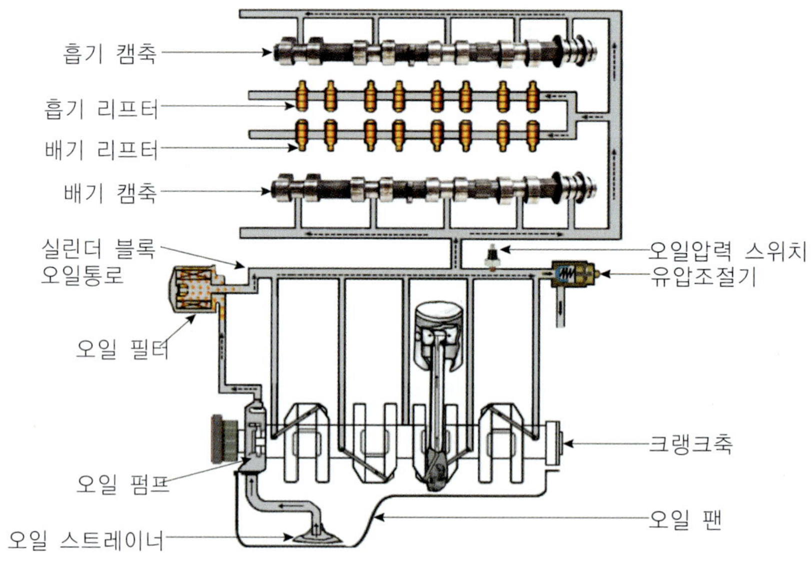

[그림 73] **윤활경로**

4.2.1. 오일 팬(Oil Pan)

오일 팬은 실린더 블록에 개스킷을 사이에 두고 볼트로 결합되어, 오일을 저장하는 역할을 하는 동시에 외부에 있는 공기와의 접촉을 통하여 어느 정도 냉각작용을 하고 있다. 구성은 본체, 엔진이 기울어졌을 때에도 오일이 충분히 고여 있도록 하는 섬프(sump), 급 제동 또는 급선회 시 언덕을 주행할 때 오일 유동으로 인해 오일이 비는 것을 방지하여 밑바닥에 오일이 고여 있도록 해 오일 스트레이너가 공기 중에 노출되어 윤활작용이 불량해지는 것을 방지하는 배플(baffle plate, 칸막이), 오일을 교환할 때 배출시키는 드레인 플러그(drain plug) 등으로 되어 있다. 재질은 주로 강철판을 프레스 가공하여 사용하고 있으나 최근에는 알루미늄 합금의 오일 팬도 증가하고 있다.

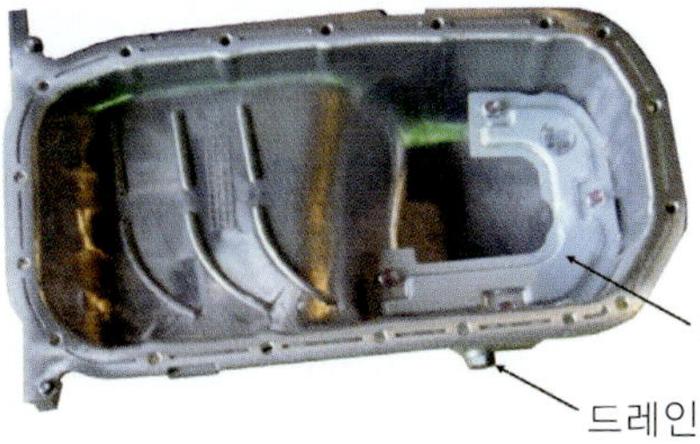

[그림 74] **오일 팬**

4.2.2. 오일 쿨러(Oil Cooler)

엔진은 작동 시 오일의 온도는 엔진 정상온도인 85℃ 이상 넘지 않는 것이 좋다. 만약 오일의 온도가 120℃ 이상이 되면 오일의 윤활성이 급격히 저하하므로 일부 엔진에서는 오일 쿨러를 설치하여 알맞은 오일의 온도를 유지한다. 오일 쿨러에는 공랭식과 수냉식이 있다.

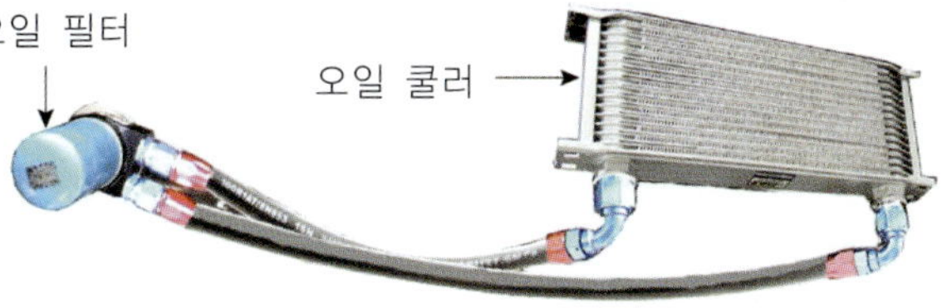

[그림 75] **오일 쿨러의 구조**

4.2.3. 오일 펌프(Oil Pump)

오일 팬에 있는 오일을 빨아올려 엔진의 각 운동 부분에 압송하는 펌프로서, 적정한 유압은 가솔린 엔진은 2~3 kgf/cm^2 정도이고 디젤 엔진은 3~4 kgf/cm^{2}이다.

[1] 로터리 펌프(Rotary Pump)

펌프 케이스 내에 있는 이너 로터(inner rotor)와 아우터 로터(outer rotor)가 있으며 2개의 로터는 편심되어 있다. 펌프의 작동은 이너 로터와 아우터 로터 사이에 용적변화로 오일을 흡입하여 압송한다.

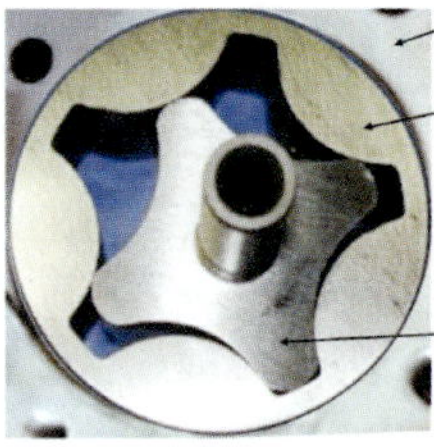

[그림 76] 로터리 펌프

[그림 77] 내접 기어 펌프

[2] 내접 기어 펌프

내접 기어 펌프는 크랭크축이 직접 구동한다. 그러나 구동 기어와 피동 기어의 바깥지름이 커서 크랭크축 선단에 설치되며 특히 고속 회전에서 기어와 오일 펌프 케이스의 미끄럼 마찰에 의한 마찰 손실이 큰 결점이 있다.

[3] 외접 기어펌프

외접 기어 펌프는 2개의 기어를 사용하여 기어의 회전에 따라 오일을 압송하며 작동이 확실하여 널리 사용되고 있다.

[4] 베인 펌프(Vane Pump)

베인 펌프는 편심된 로터가 설치되어 있고 로터에는 2개 이상의 날개(vane)가 로터 홈에 설치되어 로터가 회전하면 베인이 펌프실 벽과 밀착하며 회전하여 윤활유를 흡입하여 배출구 쪽으로 가압하며 배출한다.

[그림 78] 외접 기어펌프

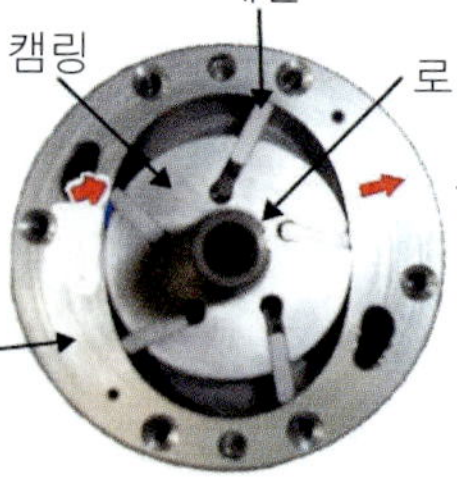

[그림 79] 베인펌프의 구조

[5] 플런저 펌프(Plunger Pump)

플런저 펌프는 플런저 밸브, 플런저 스프링 등으로 구성되며 플런저는 캠축과 스프링에 의하여 왕복 운동한다. 플런저 펌프의 작동은 캠의 회전이 플런저를 밀면 실린더 안에 흡입된 오일을 가압하면 출구밸브가 열려 오일을 배출하고, 캠의 기초원 쪽으로 회전하면 스프링이 플런저를 밀어 내려 실린더 안이 진공상태가 되어 흡입쪽 흡입밸브가 열리므로 오일을 흡입한다.

[6] 전자제어 연속가변 오일 펌프(VVP : Variable displacement Vane Pump)

가변오일 펌프는 기존 엔진 회전수에 비례하여 오일을 뿜어내는 기계식 오일 펌프와 달리 오일 펌프의 출구 압력으로 오일유량을 제어함으로써 특이 운전조건에서 필요 이상의 오일을 내뿜어 연비를 감소시키는 것을 개선할 수 있다. 이런 가변오일 펌프의 토출 압력 및 유량을 제어하기 위하여 솔레노이드 밸브를 이용하여 오일 펌프의 유압 챔버 내부 압력을 제어하여 엔진 오일 압력을 연속적으로 가변 제어할 수 있는 시스템이다. 따라서 고속 RPM 영역에서 불필요한 펌프의 부하를 줄이고 오일 압력을 저압으로 제어하여 냉간 저속 영역에서의 쿨링젯 분사 중지가 가능하여 연소실 온도 향상을 통한 연비 및 배출가스(PN/PM)를 개선한다.

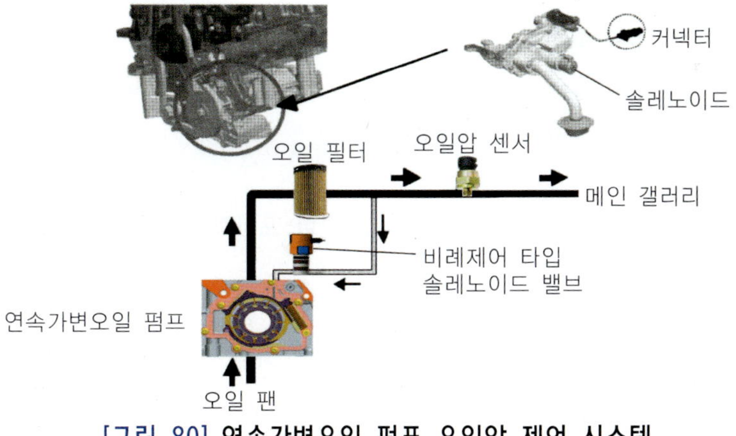

[그림 80] 연속가변오일 펌프 오일압 제어 시스템

4.2.4. 오일 필터(Oil Filter)

[1] 오일 필터의 기능

오일 필터는 엔진 각 부의 마찰부분에서 발생한 금속분말이나 또는 연소에 의해 발생된 카본 및 기타 이물질을 여과하여 엔진에 공급되는 오일을 항상 깨끗하게 유지하는 장치이다. 엘리먼트는 여과지, 면사 등을 사용한다.

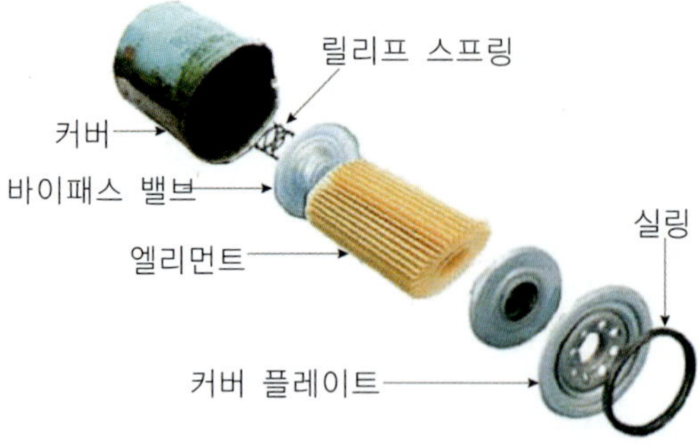

[그림 81] **오일여과기 구조**

오일 필터에는 필터가 막혔을 때 미끄럼 운동 부위에 윤활유가 공급되지 않아 일어나는 급유 부족과 손상을 방지하기 위해 바이패스 밸브(by-pass valve)가 설치되어 있다. 필터가 정상적으로 작동할 때는 바이패스 밸브가 닫힌 상태에서 오일이 필터 외부에서 내부로 흘러 들어가면서 불순물을 여과한다.

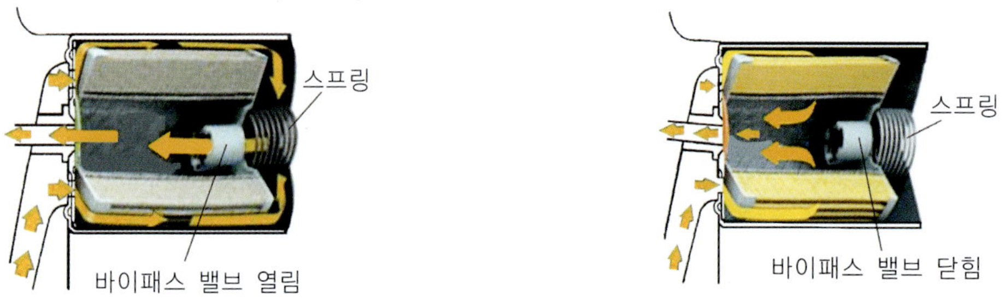

(a) 필터가 막혔을 때 바이패스　　(b) 정상적으로 여과

[그림 82] **오일 필터를 통한 오일의 흐름**

[2] 여과방식

윤활장치 내를 순환하는 불순물을 제거하며, 엔진오일을 1회 교환할 때 1회 교환한다. 오일 여과방식은 다음과 같다.

① **전류식** : 오일 펌프에서 나온 오일의 모두를 여과기를 거쳐서 여과된 후 윤활 부분으로 가는 방식이다. 또 오일여과기가 막히는 것에 대비하여 여과기 내에 바이패스 밸브를 둔다.

② **분류식** : 오일 펌프에 나온 윤활유의 일부만 여과하여 오일 팬으로 보내고, 나머지는 그대로 윤활 부분으로 보내는 방식이다.

③ **샨트식** : 오일 펌프에서 나온 윤활유의 일부만 여과하게 한 방식이지만 여과된 윤활유가 오일 팬으로 되돌아오지 않고, 나머지 여과되지 않은 윤활유와 윤활 부분에서 합쳐져 공급된다.

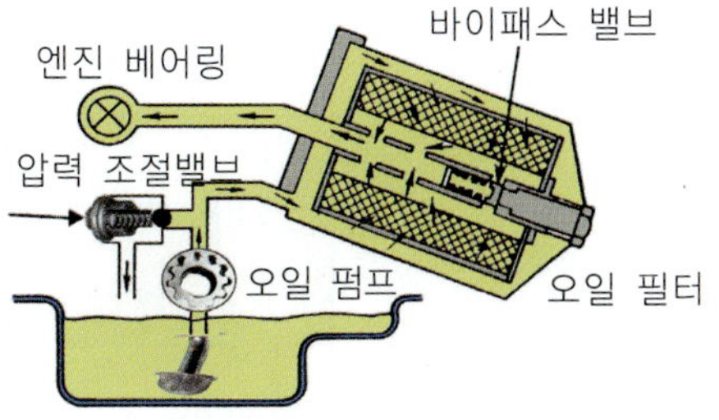

[그림 83] **전류식**

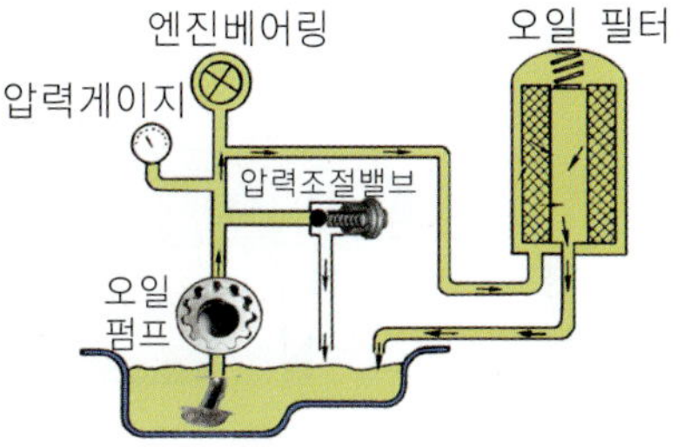

[그림 84] **분류식**

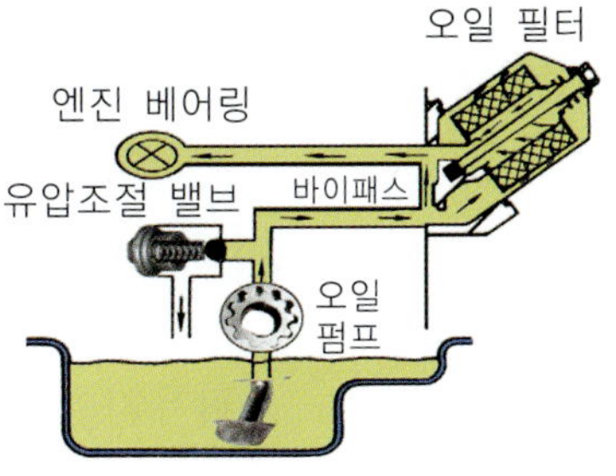

[그림 85] **샨트식**

4.2.5. 오일 스트레이너(Oil Strainer)

오일 스트레이너는 오일 팬의 오일 속에 항상 잠겨 있으며 오일 팬에 있는 비교적 굵은 입자의 불순물을 여과하며 얇은 철망으로 되어 있다.

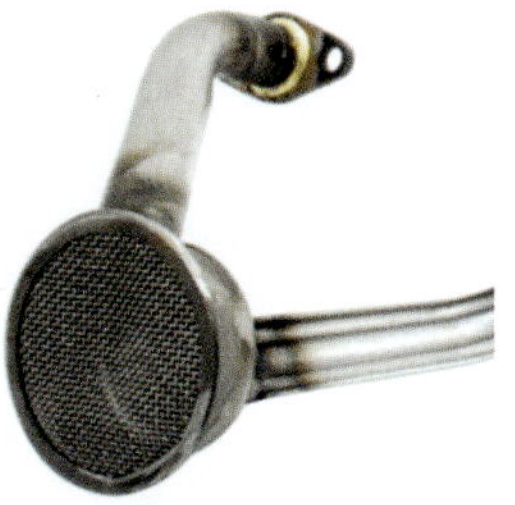

[그림 86] **오일 스트레이너**

4.2.6. 유압 조절 밸브(Relief Valve, 릴리프 밸브)

릴리프 밸브는 프런트 케이스 측면에 설치되어 윤활통로에 과도한 압력이 걸리게 되면 릴리프 플런저는 스프링 힘을 이기고 이동하여 과도한 압력만큼의 오일을 오일 팬으로 복귀시킨다. 유압의 조정은 조정플러그(adjust plug)를 조이거나 늦추어 밸브 스프링 세기를 조정하여 규정 압력으로 조절한다. 일반적으로 엔진에 작동되는 오일압력은 가솔린엔진은 2~3 kgf/cm^2, 디젤엔진은 3~4 kgf/cm^2 정도로 되어 있다.

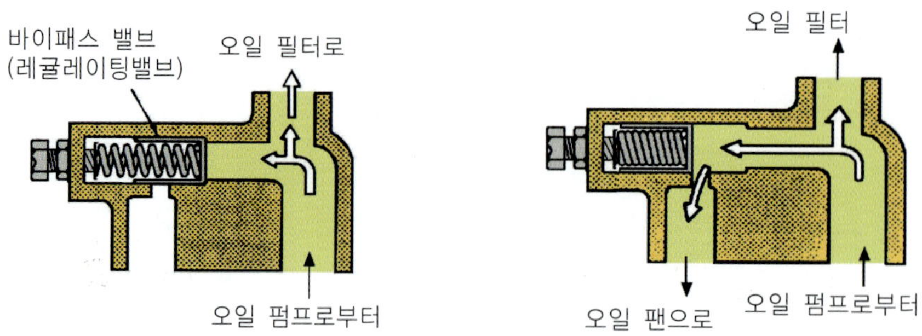

(a) 정상 압력시　　　(b) 규정 압력 이상 시

[그림 87] **유압조절기의 작동**

[1] 유압이 낮아지는 원인

① 베어링의 오일간극이 클 때
② 오일 펌프가 마멸되었거나 회로 내에서 윤활유가 누출될 때
③ 오일 팬 내의 윤활유 양이 부족할 때
④ 유압조절밸브 스프링의 장력이 너무 약하거나 절손되었을 때
⑤ 윤활유의 점도가 너무 낮을 때
⑥ 윤활유에 연료 등의 유입으로 현저하게 희석되었을 때

[2] 유압이 높아지는 원인

① 윤활유의 점도가 높을 때
② 윤활 회로의 일부가 막혔을 때
③ 유압조절밸브의 스프링 장력이 클 때

4.2.7. 엔진오일의 점검과 유압계

[1] 유면표시기(oil level gauge)

유면표시기는 오일 팬 내의 엔진오일 양을 점검할 때 사용하는 금속막대이며, 그 아래쪽에 F(full or MAX)와 L(low or MIN)표시 눈금이 표시되어 있다. 오일 양은 항상 "F"선 가까이 있어야 하며 "F"선보다 높으면 많은 양의 오일이 실린더 벽에 뿌려져 오일이 연소하고, "L"선보다 훨씬 낮으면 오일 공급량 부족으로 윤활이 불완전하게 된다. 오일의 상태는 색깔로 주로 판정하는데 심하게 오염되었을 때는 검은색을 띠고, 냉각수가 엔진 오일에 유입되면 우유색으로 변한다. 오일량 점검 방법은 다음과 같다.

① 자동차를 평탄한 지면에 주차시킨다.

② 엔진을 시동하여 난기운전시킨 후 정지 한다.
③ 유면표시기를 빼어 묻은 오일을 깨끗이 닦아낸 후 다시 끼운다.
④ 다시 유면표시기를 빼어 오일이 묻은 부분을 확인하여 “F”선 가까이 있나 확인한다. 오일량을 점검할 때 점도와 색깔도 함께 점검한다.

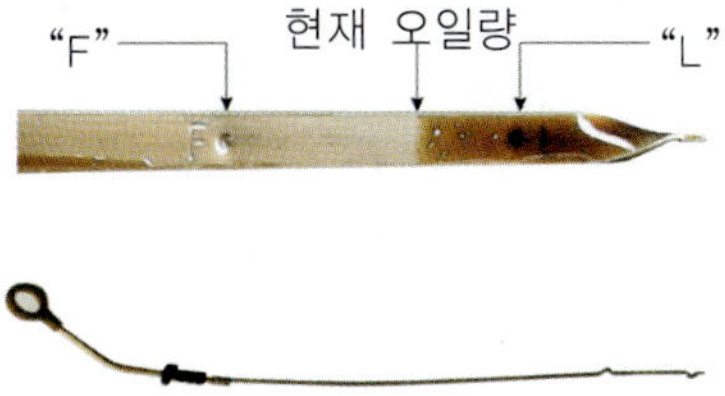

[그림 88] **유면표시기(오일레벨 게이지)**

[2] 오일이 연소되는 원인

① 오일 팬 내의 오일이 규정량보다 많다.
② 오일의 열화로 인하여 점도가 낮다.
③ 피스톤과 실린더와의 간극이 과다하다.
④ 피스톤 링의 장력이 불량하다.
⑤ 밸브 스템과 가이드 사이의 간극이 과다하다.
⑥ 밸브 가이드 오일 실이 불량하다.

[3] 오일이 누설되는 원인

① 크랭크축 오일 실이 마멸되었거나 파손되었다.
② 오일 펌프 개스킷이 파손되었다.
③ 로커암 커버 개스킷이 파손되었다.
④ 오일 팬이 균열에 의해서 누출되고 있다.
⑤ 오일 여과기의 오일 실이 파손되었다.
⑥ 엔진의 오일이 소모되는 가장 큰 원인은 연소와 누설이다.

[4] 엔진 오일 교환 시 주의사항

① 오일 교환 시기에 맞추어 교환하고 엔진에 알맞는 오일을 선택할 것
② 오일 보충 시에 동일 등급의 오일을 몇 번에 나누어 주입한다.
③ 재생 오일을 사용하지 않는다(재생 오일이란 사용하다가 빼낸 오일을 말한다).

④ 점도가 서로 다른 오일을 혼합하여 사용해서는 안 된다(첨가제의 작용으로 오일의 열화가 촉진된다).

⑤ 오일을 엔진에 주입할 때 불순물이 유입되지 않도록 한다.

[5] 오일압력 경고장치

오일압력 경고장치는 자동차마다 형식이 틀리며 일반적으로 오일압력 스위치, 계기판의 경고 표시등으로 구성되어 있다. 엔진의 유압이 규정압력 이상이 되면 오일이 오일압력스위치의 스프링을 밀어 올리고 이때 접점이 OFF되어 경고 표시등은 소등하고, 반대로 오일압력이 낮아지면 스프링의 힘에 의해 접점이 ON되어 경고등이 점등된다.

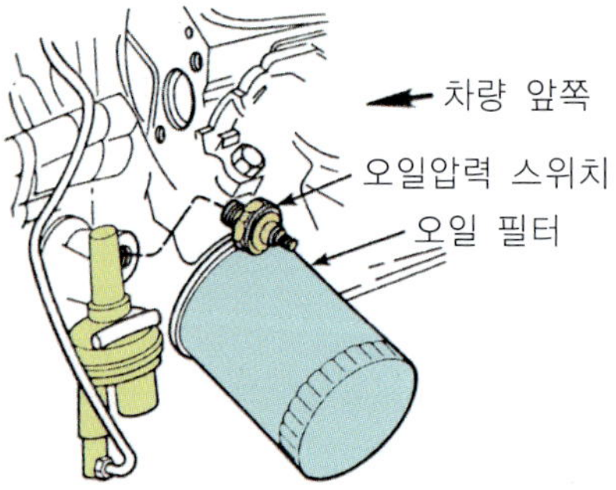

[그림 89] 오일압력 스위치

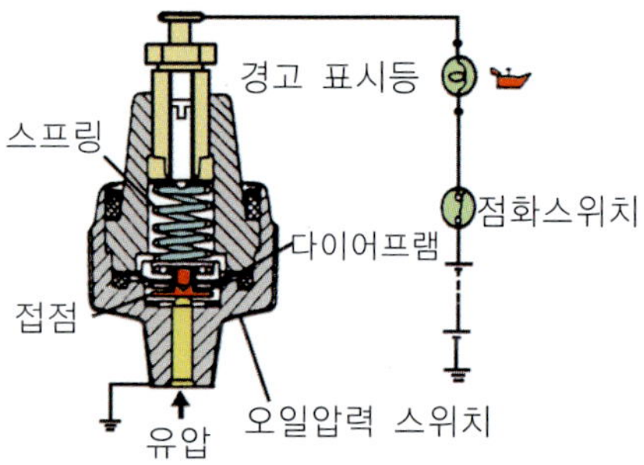

[그림 90] 오일압력 경고등의 전기회로

05 흡기 및 배기장치

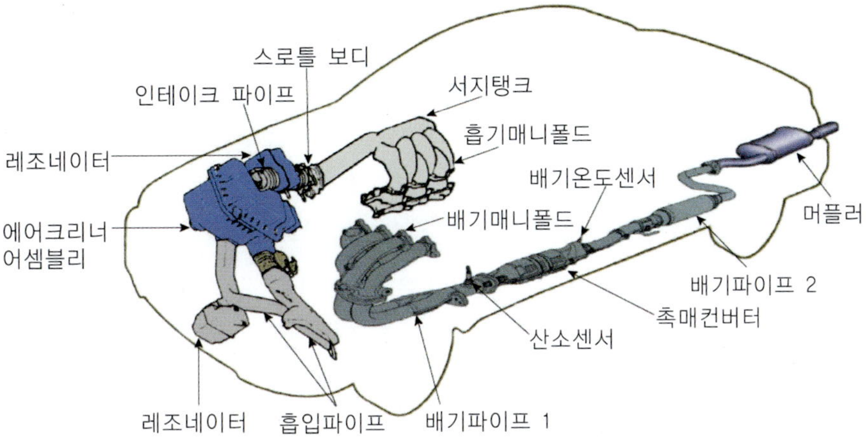

[그림 91] **흡기 및 배기장치**

5.1. 흡기계통

5.1.1. 공기여과기(Air Cleaner)

공기여과기는 연소를 하기 위해 필요한 공기 중의 이물질을 제거하고 공기를 흡입할 때 생기는 흡입 음을 감소시키는 역할을 한다.

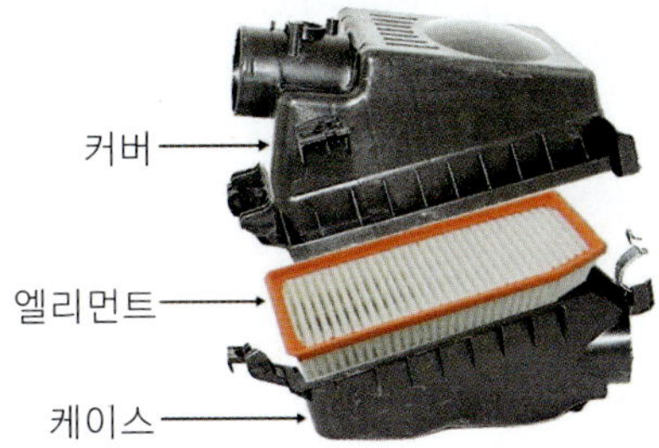

[그림 92] **건식 공기청정기의 구조**

공기여과기는 건식과 습식이 있는데 건식은 종이로 만든 엘리먼트를 거쳐 이물질을 제거하는 것이라면 습식은 이 엘리먼트에 오일을 묻혀 이물질을 제거하는 방식이다. 원심식 여과기는 원심력을 이용하는 것으로 흡입되는 공기가 회전하면서 그 원심력에 의해 이물질을 분리하는 방식으로 먼지가 많은 곳에서 사용하는 자동차의 경우 사용한다.

5.1.2. 레조네이터(Resonator)

공명기(共鳴器)라고도 부른다. 공기가 흡입구로 들어와 에어클리너를 지난 다음 에어덕트를 통해 엔진으로 들어갈 때의 속도는 초속 7~8 m에 달해 공기가 이런 속도로 에어덕트와 흡기계통의 구부러진 곳을 지나다 보면 자연히 소음이 커지므로 특정 주파수의 공명을 이용해 소음을 줄이는 장치이다.

5.1.3. 스로틀 보디(Throttle Body)

운전자가 액셀 페달을 밟는 양에 따라 엔진으로 들어가는 공기의 양을 조절한다. 이 밸브가 설치된 케이스를 스로틀 보디라고 한다. 스로틀 보디에는 밸브가 열린 정도를 측정하는 스로틀 포지션 센서(TPS)가 달려 있다.

5.1.4. 서지탱크(Surge tank)

스로틀 보디와 엔진 사이에는 서지탱크와 흡기 매니폴드가 설치되어 있다. 스로틀 밸브를 지난 공기를 1차적으로 저장하는 공간으로 공기를 각 실린더로 안정되게 공급하는 역할을 하고, 서지 탱크는 스로틀 보디를 지나 유입되는 공기를 또한 흡입계통에서 대기로부터 실린더로 공기를 흡입하기 위해 발생하는 진공을 생성 및 저장하기도 한다.

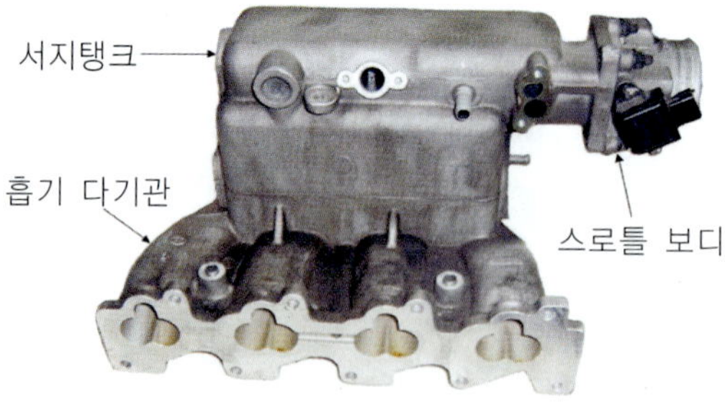

[그림 93] 서지탱크 및 흡기 매니폴드

5.1.5. 흡기 매니폴드(Intake Manifold)

흡기 매니폴드(흡기 다기관)는 서지탱크에서 대기 중인 흡입공기를 각 실린더에 공급하는 통로 역할을 한다. 흡기 매니폴드는 각 실린더에 혼합가스가 균일하게 분배되도록 하여야 하며, 공기 충돌을 방지하여 흡입 효율이 떨어지지 않도록 굴곡이 있어서는 안 되며, 연소가 촉진되도록 공기가 와류를 일으키도록 하여야 한다. 흡기 매니폴드의 지름은 실린더 지름의 25~35%가 적당하다.

5.2. 가변 흡입장치(Variable Induction Control System)

5.2.1. 가변 흡입장치의 개요

엔진 회전수와 엔진 부하에 따라 흡입통로를 조절하면 전 운전영역에서 엔진출력이 향상되고 특히 저·중속영역에서는 엔진 출력이 약 10% 정도 향상된다. 즉 저속과 중속에서의 회전력과 고속에서의 출력증대를 양립시키기 위한 방법으로 운전 조건에 따라 흡기다기관의 길이나 서지탱크(surge tank)의 체적을 변화시켜 제어한다. 이를 실현시키기 위한 방법에는 관성 과급효과를 이용하는 것으로, 이것은 흡기다기관의 유효 단면적을 변화시키는 것, 흡기다기관의 유효길이를 변화시키는 것, 맥동 과급효과를 이용한 2개의 서지탱크를 연결하는 공명관의 유효길이를 변환시키는 방법 등이 있다.

그리고 관성 과급과 맥동 과급을 동시에 이용하는 방법으로, 2개의 서지탱크의 칸막이벽을 개폐하여 서지탱크 수를 2개에서 1개로 변환하고 유효길이를 변환시키는 방법이 있다. 가변 흡입장치 서보모터 방식은 모터, 웜휠과 웜기어를 이용하여 흡기밸브를 개폐하고, 다이어프램 방식은 진공탱크와 솔레노이드 밸브를 통해 다이어프램을 이용해 흡기밸브를 개폐한다.

5.2.2. 가변 흡입장치의 작동

① 컴퓨터는 저속 및 저부하 시에 VIS밸브를 닫아 일반 엔진보다 흡입 통로가 길어지게 되고, 이에 따라 흡입 관성력이 증가함으로써 흡입효율이 증대된다. 따라서 저속 및 중속 영역에서 흡입효율이 높아져 엔진 출력이 향상된다.

② 엔진 회전속도 및 부하가 증가하면 다량의 공기가 엔진으로 흡입되는데 이때 흡입저항(pumping loss)이 발생되어 흡입효율이 떨어지게 된다. 컴퓨터는 고속 및 고부하 영역에서 VIS밸브를 열어 일반 엔진보다 흡입통로를 짧게 하여 흡입저항을 감소시킨다. 따라서 흡입저항이 감소함으로써 상대적으로 흡입효율이 높아지고 엔진 출력이 증대된다.

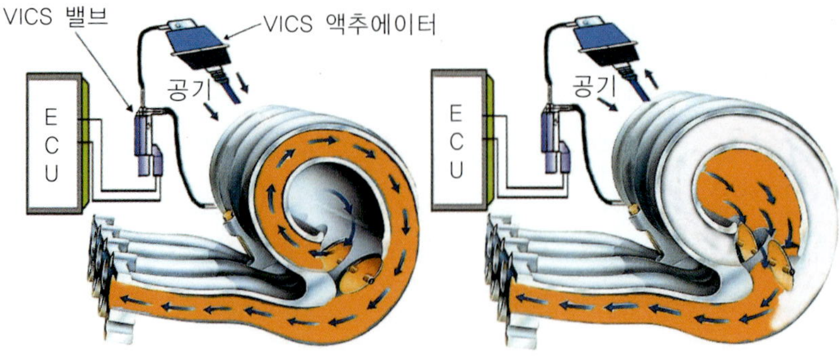

(a) 저속 시 (b)고속 시

[그림 94] **흡기다기관 단면적 변화에 의한 가변 흡입장치**

5.3. 배기계통

배기가스의 온도는 대략 950℃ 정도로 높으며 배기 매니폴드는 400~800℃, 촉매변환기는 100~500℃, 머플러는 50~200℃ 정도로 배기장치를 지나가면서 온도가 낮아진다. 배기장치는 일반적으로 알루미늄을 도금한 스틸 계열을 사용하지만 크롬/니켈/티타늄 등이 포함된 합금 스틸로 제작하여 내구성을 높이기도 한다.

5.3.1. 배기 매니폴드(Exhaust Manifold)

배기 매니폴드(배기다기관)는 배기가스를 원활하게 배기장치 및 배기관으로 전달하는 역할을 하며 내열성이 좋은 주철로 만들지만 스테인리스 소재도 있기도 하다. 히트 프로텍터는 배기 계통의 열기를 막아주는 역할을 한다.

[그림 95] **배기다기관 및 히트 프로텍터**

5.3.2. 촉매장치(Catalytic Converter)

촉매변환기의 촉매란 자신은 변하지 않고 주위의 화학 반응을 촉진시키는 물질을 말한다. 촉매변환기는 알루미늄을 베이스로 대부분 백금과 로듐, 팔라듐과 같은 희토류 금속을 추가한 물질을 촉매로 사용한다. 촉매변환기를 배기가스가 통과하며, 배기가스 내 3대 오염 물질이 화학반응을 통해 이산화탄소 · 물 · 질소와 같은 무해한 물질로 전환시킨다. 세 가지 물질의 화학 반응을 일으키기 때문에 삼원 촉매라고도 부른다.

촉매장치는 모양에 따라 펠릿형과 벌집형이 있는데, 펠릿형의 경우 알루미나 담체 표면에 백금, 팔라듐이 부착되어 있고, 벌집형의 경우는 담체 표면에 백금, 코지라이트가 부착되어 있다.

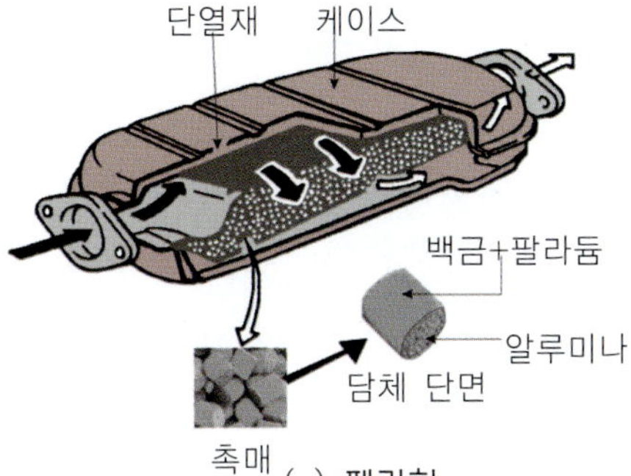

(a) 펠릿형

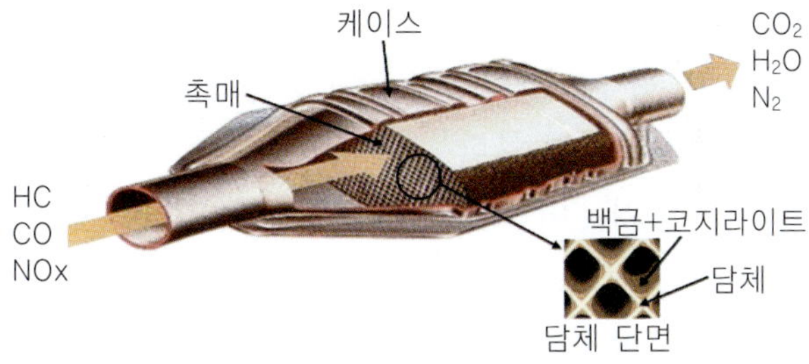

(b) 벌집형

[그림 96] 3원 촉매장치

5.3.3. 머플러(Muffler, 소음기)

배기가스가 배출될 때 약 3~5 bar 정도의 압력과 음속에 가까운 속도로 배출되기 때문에 머플러를 통해 배출시키지 않으면 대기와 충돌이 발생하여 충격음을 발생하게 된다. 배기가스는 머플러에 들어가서 칸막이와 작은 구멍을 통과하면서 서서히 팽창되고 압력과 온도가 낮아지면서 소음이 줄어든다.

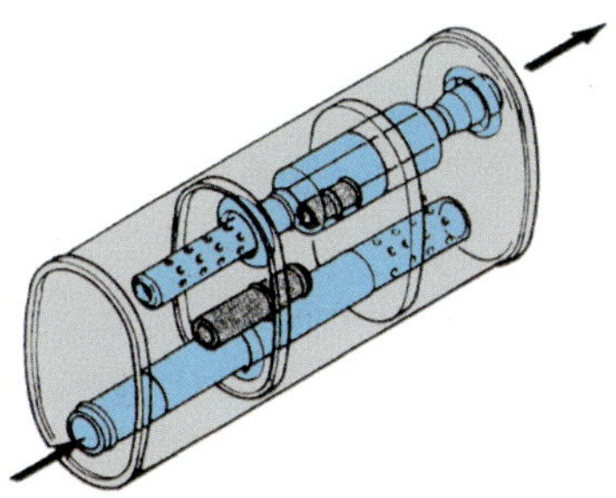

[그림 97] 소음기

[1] 팽창식

팽창식은 머플러 내부에 몇 개의 팽창실로 공간을 나누어 배기가스가 이러한 팽창실을 지나며 단계적으로 압력을 낮춰 소음 발생을 억제한다.

[2] 공명식

팽창실 내부의 벽을 통해 배기가스의 소리가 반사되어 돌아오는데 이러한 벽 사이에 거리를 조절하여 반사되어 돌아오는 소리와 이후에 발생된 소리가 만났을 때 음파가 서로 상쇄되어 소리가 작아지는 지점을 찾아 공명 현상을 일으키는 방식이다.

[3] 흡음식

흡음식의 경우 배기가스가 다공질의 흡음재를 통과하며 소음 에너지를 마찰 에너지에 의한 열에너지로 변환하는 방식이다. 머플러 내에는 유리 섬유 등으로 만들어진 흡음재가 들어가 있다. 머플러로 들어온 배기가스는 흡음재와 만나 소리 에너지(운동에너지)를 빼앗기게 된다. 특히 고주파수 소음을 컨트롤할 때 자주 사용되는 방식으로 대부분의 복합 머플러 방식에 장착된다.

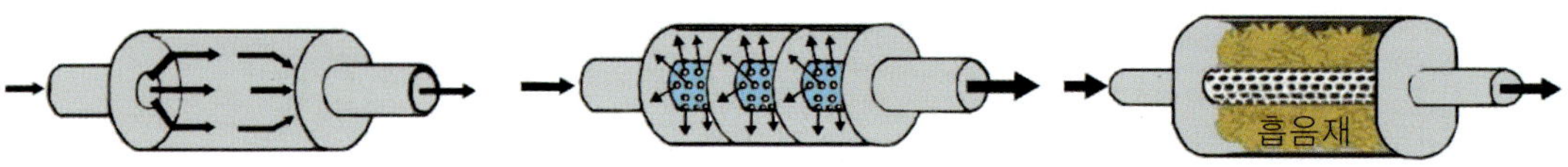

(a) 팽창식 (b) 공명식 (c) 흡음식

[그림 98] **머플러 타입**

5.4. 과급장치(Charger)

현재 엔진의 출력으로 보다 높은 출력을 얻고자할 때 체적효율을 높이기 위해 많은 양의 공기를 연소실로 흡입할 필요성이 있다. 과급기를 설치함에 따라 회전속도를 그대로 두고 출력만 증대시킬 수 있다.

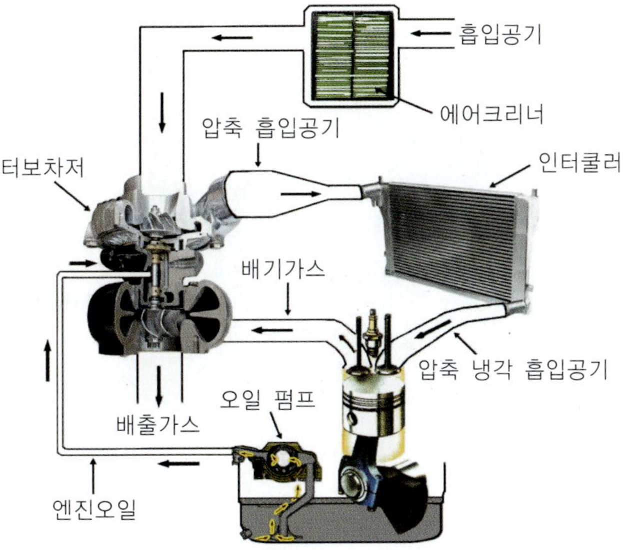

[그림 99] **터보차저와 인터쿨러 공기흐름도**

5.4.1. 터보차저(Turbo Charger)

[1] 터보차저의 개요

터보차저는 연소실에서 배출되는 배기가스를 이용하여 터빈 블레이드를 회전시켜 이를 거쳐 압축기 임펠러를 회전시키게 된다. 따라서 흡입 공기는 압축기에 의해 압축이 이루어지게 되고, 높은 밀도의 공기가 연소실로 흡입하게 된다. 그러나 압축공기는 온도가 고온이기 때문에 공기의 밀도를 증가시키기 위하여 냉각을 할 필요가 있다. 그래서 현재 인터쿨러를 사용하여 압축공기의 온도를 냉각시키고 있다.

[2] 터보차저 특징

① 동일 배기량의 엔진에 비해 출력은 30~50% 향상되기 때문에 단위 출력당 엔진의 중량을 가볍게 할 수 있다.
② 체적효율이 향상되기 때문에 평균유효 압력과 엔진의 회전력이 증대된다.
③ 높은 지대에서도 엔진의 출력감소가 적다.
④ 압축온도의 상승으로 착화지연 기간이 짧다.
⑤ 연소상태가 양호하여 세탄가가 낮은 연료의 사용이 가능하다.
⑥ 냉각손실이 적고, 연료소비율이 3~5% 정도 향상된다.
⑦ 엔진의 무게는 10~15% 증가된다.

[3] 터보차저의 구조

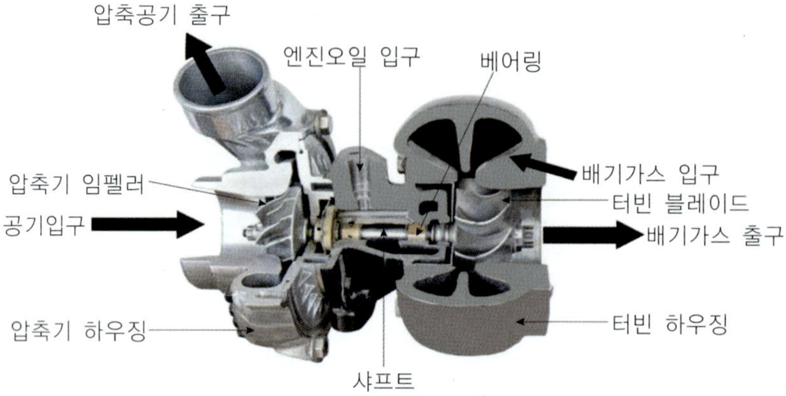

[그림 100] **터보차저 구조**

① **임펠러** : 흡입 쪽에 설치된 날개로 공기에 압력을 가하여 실린더로 보낸다.

② **터빈** : 배기 쪽에 설치된 날개로 배기가스의 압력에 의하여 배기가스의 열에너지를 회전에너지로 변화시킨다.

③ **플로팅 베어링** : 하우징에 10,000~15,000 rpm으로 회전하는 터빈 축을 지지하는 베어링으로 엔진으로부터 공급되는 엔진 오일로 냉각과 윤활을 한다.

④ **웨이스트 게이트 밸브** : 배기가스의 흐름 도중에 설치된 밸브로, 이 밸브가 열리면 일부의 배기가스가 터빈 블레이드에 공급되지 않고 바이패스 경로에 의하여 배기장치에 직접 흐르게 되어 과급압력이 규정값 이상으로 상승되는 것을 방지한다.

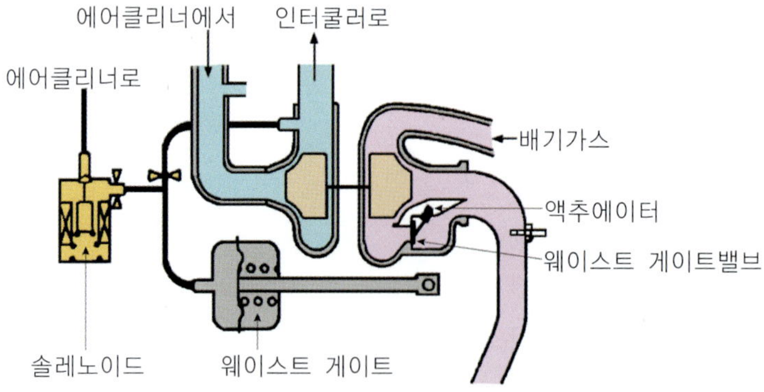

[그림 101] **웨이스트 게이트 밸브 설치 위치**

5.4.2. 인터쿨러(Inter Cooler)

터보차저에서 공기를 압축하면 흡입공기의 온도가 상승하는데 일반적으로 100~150℃ 정도이다. 엔진에서 흡입공기의 온도가 상승하면 밀도 저하로 인하여 흡입 효율이 저하됨과 동시에 혼합기의 온도가 상승하여 노크가 발생한다. 따라서 흡입 공기를 냉각시켜 흡입효율 향상과 노크를 감소시킨다. 인터쿨러는 수냉식과 공랭식이 있다.

[그림 102] **인터쿨러**

5.4.3. 가변용량 과급기(VGT : variable geometry turbo charger)

가변용량 과급기는 배기가스를 이용하여 엔진 실린더로 흡입되는 공기량을 증가시키는 장치이다.

[1] 가변용량 과급기의 구조

터빈에는 배기가스의 흐름속도를 변화시키기 위한 가변터빈 흡입 베인이 11개가 설치되어 있다. 이 11개의 베인이 동시에 모두 작동하도록 하기 위해 둥근 모양으로 된 유니슨 링이 베인 뒤쪽에 설치되어 있다. 그리고 터빈과 임펠러를 보호하기 위한 하우징이 설치되고 터빈 하우징 쪽으로 유니슨 링을 작동 시키기 위해 베인 제어 액추에이터가 설치되어 있다. 유니슨 링은 시계방향 및 반시계방향으로 작동할 수 있도록 되어 있으며, 베인 제어 액추에이터와 연결되어 있다. 따라서 액추에이터의 작동에 따라 유니슨 링도 시계방향이나 반시계방향으로 작동한다.

[2] 가변용량 과급기 제어장치

엔진회전 속도, 가속페달을 밟은 정도, 대기압력, 부스터 압력, 냉각수 온도, 흡입공기 온도, 주행속도, 클러치 신호 등을 확인하여 자동차의 운전상태를 하여 엔진컴퓨터에서는 엔진 회전속도 및 연료분사량에 따라서 목표로 하는 부스터 압력 map이 결정된다.

[3] 가변용량 과급기 작동원리

(1) 저속 운전영역에서의 작동원리

가변용량 과급기는 저속 운전영역에서 배기가스의 통로를 좁혀 흐름속도를 빠르게 하여 터빈을 힘차게 구동시켜 많은 공기를 흡입할 수 있도록 한다. 저속 운전영역에서 배기가스 통로를 좁히는 방법은 벤투리의 원리를 이용한다.

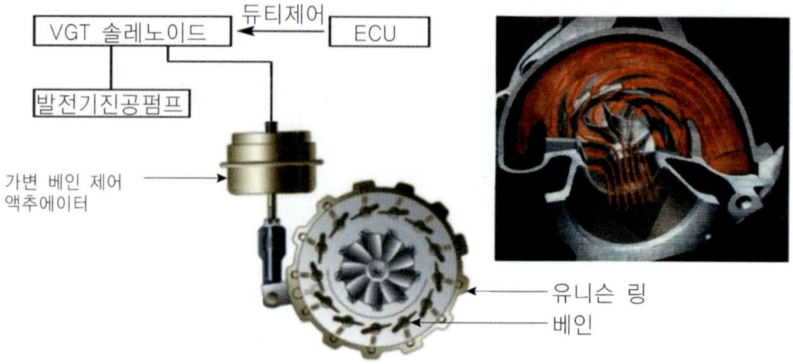

[그림 103] **저속에서 작동**

(2) 고속 운전영역에서의 작동원리

고속 운전영역에서는 일반적인 과급기와 같으며, 이때는 벤투리관의 면적을 원래의 상태로 넓혀 주어 배출되는 많은 양의 배기가스가 터빈을 더욱더 커진 에너지로 구동시켜 흡입공기량을 증가시켜준다

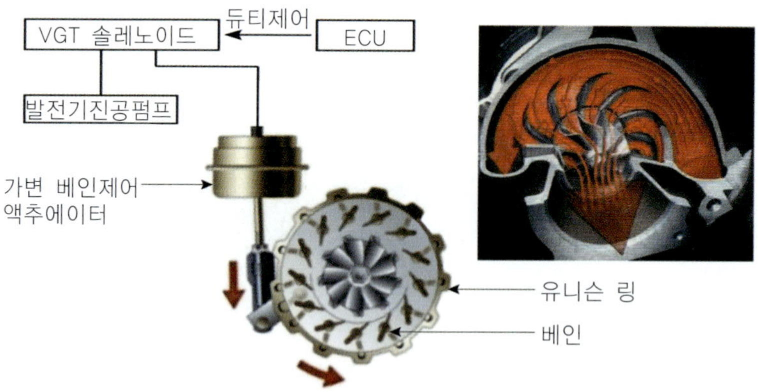

[그림 104] **고속에서 작동**

5.4.4. 슈퍼차저(Super Charger)

슈퍼차저는 터보차저와는 달리 크랭크축의 동력으로 벨트에 의해 구동된다. 슈퍼차저로 가장 인기가 있는 것이 루트형(roots type)이지만 근래에는 슈퍼차저의 로터를 헬리컬(helical) 모양으로 만들어 블로워(blower)에서 발생하는 과급압력 펄스를 감소시키고 소음도 낮추고 있다. 운전방법은 에어컨 압축기와 마찬가지로 슈퍼차저 구동 풀리에 마그네틱 클러치를 장착하여 ECU가 제어하는 방법을 주로 사용한다.

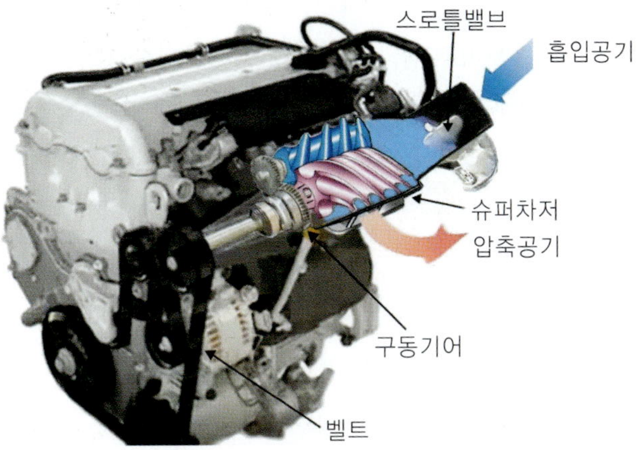

[그림 105] **슈퍼차저**

06 전자제어 가솔린 연료분사 장치

전자제어 가솔린 연료분사 장치 적용 목적은 근본적으로 기계적인 제어의 한계성과 배출 가스 억제에 있다. 각종 센서에서 보내준 정보를 이용하여 전자적으로 관리하는 시스템을 말하는데, ECU(Engine Control Unit)가 연료 공급량을 제어하여 인젝터를 통하여 흡기다기관에 연료를 분사하는 방식이다.

전자제어 가솔린 연료분사 장치의 특징은 다음과 같다.

① 연료소비율이 향상된다.
② 유해배출 가스의 배출이 감소된다.
③ 엔진의 응답성능이 향상된다.
④ 냉간 시동성능이 향상된다.
⑤ 엔진의 출력이 향상된다.

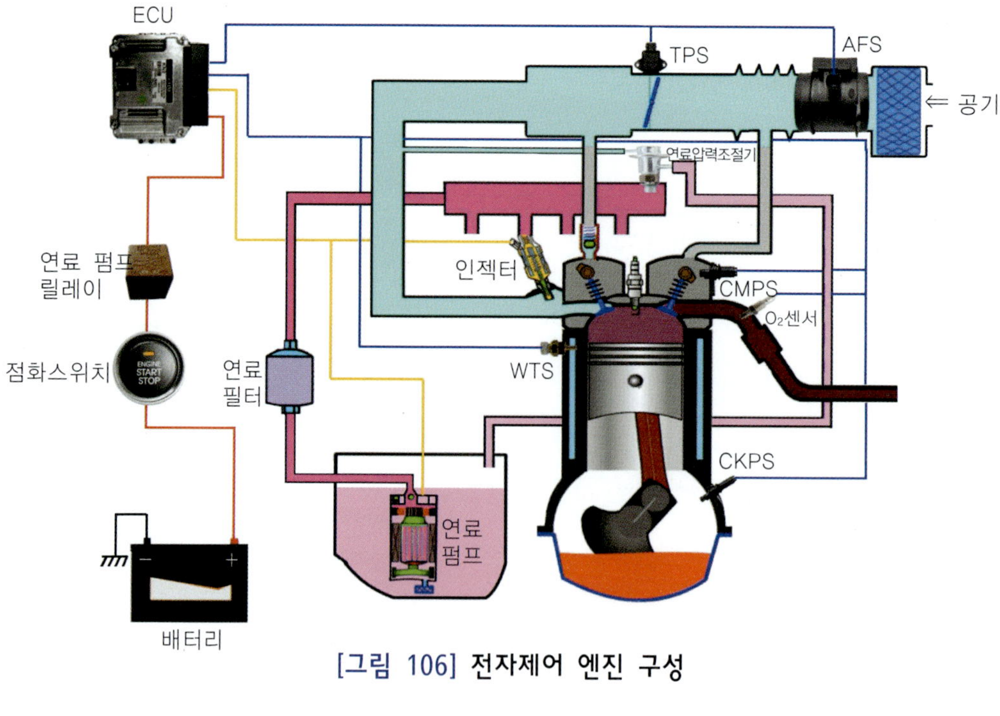

[그림 106] 전자제어 엔진 구성

6.1. 가솔린엔진의 연료와 가솔린 엔진 노크

가솔린은 석유계열 원유에서 정제한 탄소(C)와 수소(H)의 유기화합물의 혼합체이다.

6.1.1. 가솔린엔진의 연료

[1] 가솔린의 물리적 성질

① **비중** : 0.74~0.76

② **저위 발열량** : 11,000 Kcal/kgf

③ **옥탄가** : 90~95

④ **인화점** : −10~−15℃

⑤ **자연 발화점** : 대기압력 하에서 300~500℃

[2] 가솔린의 구비조건

① 체적 및 무게가 적고 발열량이 클 것

② 연소 후 유해 화합물을 남기지 말 것

③ 옥탄가가 높을 것

④ 온도에 관계없이 유동성이 좋을 것

⑤ 연소속도가 빠를 것

6.1.2. 가솔린엔진의 노크(knocking)

[1] 가솔린엔진의 노크

가솔린엔진의 노크란 실린더 내의 연소에서 화염 면이 미연소가스에 점화되어 연소가 진행되는 사이에 미연소의 말단(end)가스가 높은 온도와 높은 압력으로 되어 자연 발화하는 현상이다.

[2] 가솔린엔진의 노크발생 원인

① 엔진에 과부하가 걸렸을 때

② 엔진이 과열되었을 때

③ 점화시기가 너무 빠를 때

④ 혼합비가 희박할 때

⑤ 낮은 옥탄가의 가솔린을 사용하였을 때

[3] 노크가 엔진에 미치는 영향

① 엔진 과열 및 출력 저하
② 실린더와 피스톤의 손상 및 고착 발생
③ 흡입과 배기밸브 손상
④ 배기가스 온도 저하

[4] 가솔린엔진의 노크방지 방법

① 높은 옥탄가의 가솔린(내폭성이 큰 가솔린)을 사용한다.
② 점화시기를 늦추어 준다.
③ 혼합비를 농후하게 한다.
④ 압축비, 혼합가스 및 냉각수 온도를 낮춘다.
⑤ 화염전파 속도를 빠르게 한다.
⑥ 혼합가스에 와류를 증대시킨다.
⑦ 연소실에 카본이 퇴적된 경우에는 카본을 제거한다.

[5] 옥탄가(octane number)

옥탄가란 가솔린의 안티노크성(anti knocking property)을 표시하는 수치이다. 즉, 이소옥탄(iso-octane)을 옥탄가 100으로 하고 노멀헵탄(normal heptane)을 옥탄가 0으로 하여 이소옥탄의 함량 비율에 따라 결정된다. 옥탄가는 CFR엔진으로 측정한다.

$$\text{옥탄가} = \frac{\text{이소옥탄}}{\text{이소옥탄} + \text{노멀헵탄}} \times 100$$

6.2. 전자제어 가솔린 엔진시스템

6.2.1. 흡기계통

에어 덕트로부터 유입된 공기는 에어클리너를 통하여 흐르고 공기의 양은 에어플로센서(AFS)에 의해 측정된다. 공기는 스로틀 보디를 통과하여 서지탱크로 들어간다. 매니폴드를 지난 공기는 인젝터에서 분사되는 연료와 혼합되어 실린더 안으로 흡입된다.

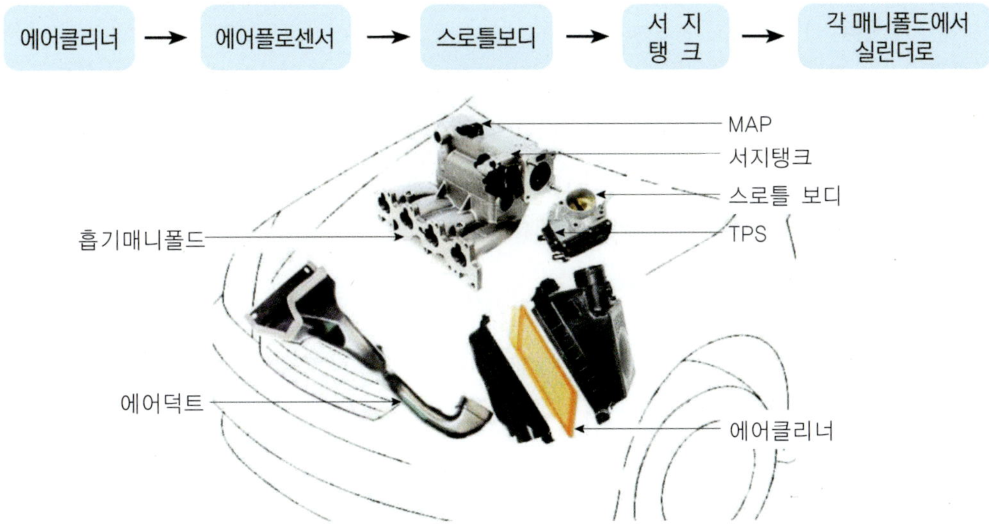

[그림 107] **흡기계통의 구성**

6.2.2. 연료계통

연료 공급장치는 엔진의 작동조건에 요구되는 양의 가솔린을 분사시켜 주기 위한 것이며 연료탱크, 연료 펌프, 연료여과기, 연료 분배관, 연료압력 조절기, 인젝터 등으로 구성되어 있다.

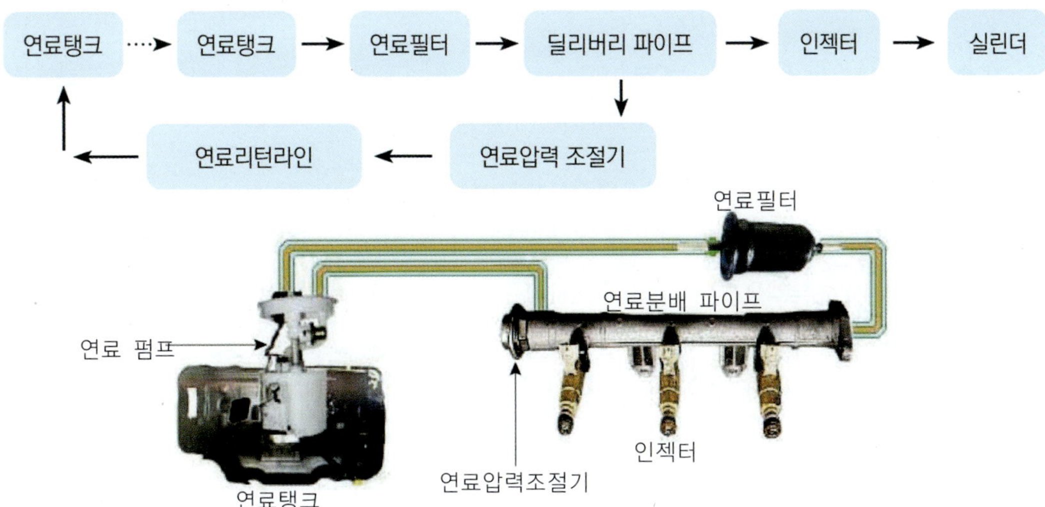

[그림 108] **연료계통의 구성**

6.2.3. 제어계통

제어계통은 엔진의 각종 센서로부터 입력신호를 받아 부하 상태와 회전속도, 차량의 운전성능, 배기가스 저감 및 연료소모율 저감 등을 고려하여 최적의 연료 분사량을 산출하고 이 데이터를 인젝터로 보내어 연료 분사량을 조절하게 하는 것이다.

엔진을 전자제어하기 위해서는 입력부분(sensor), 제어부분(ECU) 및 출력부분(actuator)으로 구성되어 있다.

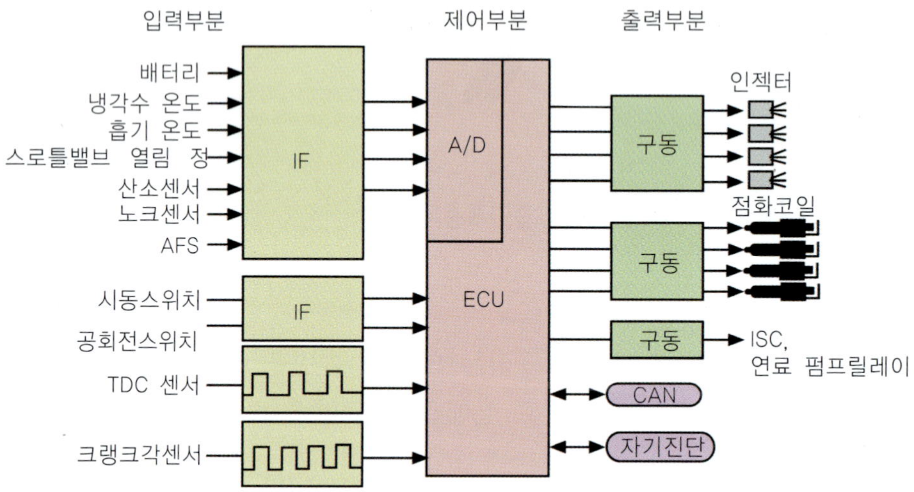

[그림 109] **제어계통의 구성**

6.3. 가솔린분사 시스템의 분류

6.3.1. 제어방식에 의한 분류

[1] 기계식 제어방식(Mechanical Control Injection)

기계-유압방식으로 작동되는 연료분사 장치로서 엔진이 작동되는 동안 계속해서 연속적으로 연료를 분사하는 방식이다. K-Jetronic이 여기에 해당된다.

[2] 전자제어방식(Electronic Control Injection)

각 사이클마다 흡입되는 공기량을 기준으로 ECU가 각 센서를 이용하여 연료 분사량을 제어하는 방식이다. D-Jetronic, L-Jetronic이 여기에 속한다.

6.3.2. 분사방식의 의한 분류

[1] SPI시스템(Single Point or Throttle Body Injection)

이 방식은 TBI(Throttle Body Injection)라고도 불리며 1개 또는 2개의 인젝터를 스로틀 보디(throttle body)의 벤투리 부, 즉 스로틀밸브 상단에 장착하여 연료를 분사하는 방식으로 MPI시스템에 비하여 구조가 간단하다.

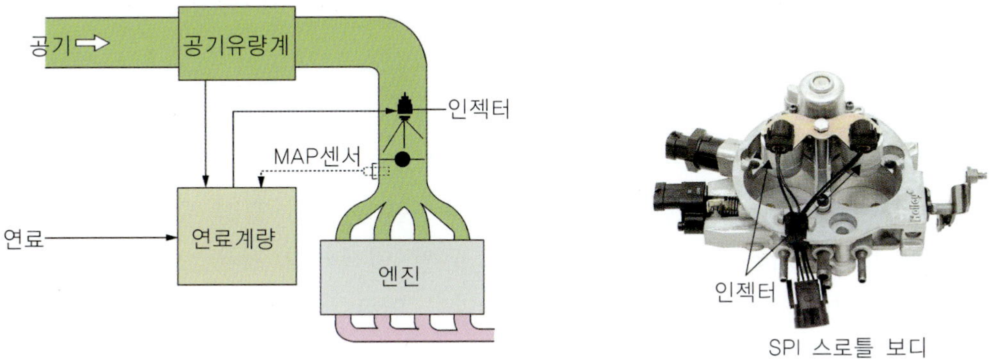

[그림 110] SPI 시스템

[2] MPI시스템(Multi Point Injection or Port Fuel Injection)

이 방식은 각 실린더에 해당하는 흡입포트(intake port)에 인젝터를 각각 1개씩 설치하여 연료를 분사하는 방식이다. 연료는 흡기밸브 바로 앞쪽에서 분사되기 때문에 월 웨팅(wall wetting)에 전혀 문제가 없으며 엔진의 냉·온에 관계없이 최적의 성능이 보장된다.

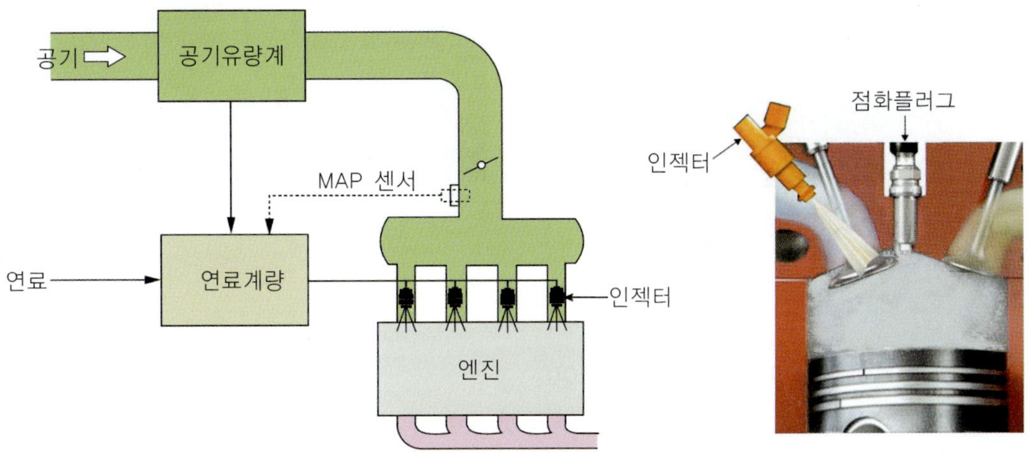

[그림 111] MPI시스템

연료분사는 배기행정 말에 분사되고, 이미 분사된 연료는 흡입포트 부근에서 흡기밸브가 열릴 때까지 기다리는 동안에 기화되며 흡기밸브가 열리면 실린더로 공기와 함께 유입된다. 그리고 설계 시 최적 체적효율을 내는 흡기다기관의 설계가 자유로우며 저속 또는 고속에서 토크(torque) 영역의 변경이 가능하다.

[3] GDI시스템(Gasoline Direct Injection)

이 방식은 디젤엔진과 같이 실린더 내에 가솔린을 직접 분사하는 방식(GDI)으로 약 35~40 : 1의 초 희박 공연비의 연소가 가능하다.

[4] 듀얼 포트 인젝션(DPI : Dual Port Injection)

실린더 하나당 두 개의 인젝터를 적용하여 우수한 혼합기 형성 및 인젝터 배치 최적화로 벽류(wall wetting) 현상을 최소화하고 듀얼 인젝터의 경우, 연료분사 노즐의 직경이 기존 인젝터에 비해 작고 노즐 개수도 많아 연료를 더욱 더 미립화하여 공기와의 혼합을 촉진시킬 수 있으므로 연비를 개선하고 배기가스를 저감할 수 있다. 2개의 인젝터로 분사를 제어함으로써 일반적인 주행 시에는 2개 동시분사를 하고 fuel-cut 진입 직전 시 또는 정차 중 공회전 시에는 1개만 분사한다.

[그림 112] GDI시스템

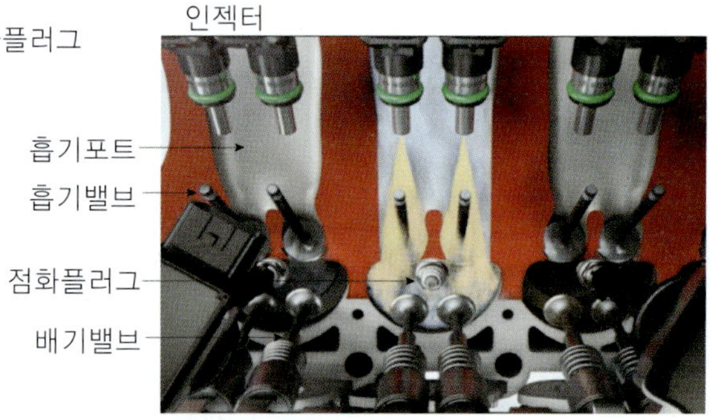

[그림 113] DPI시스템

6.3.3. 분사량 제어방식

[1] AFC방식(Air Flow Controlled Injection)

AFC방식은 스로틀밸브 개도에 따라 공기청정기로 유입되는 흡입공기량을 직접 공기유량계(AFM)로 검출하여 이 신호를 기준으로 기본 분사량을 결정하여 분사시키는 방식으로 L-Jetronic이 여기에 속한다.

[2] MPC방식(Manifold Pressure Controlled Injection)

MPC방식은 흡입공기량을 에어 혼(air horn) 부분에 가해지는 정압에 의해 센서플레이트를 이동시키고 이 움직임은 연료분배기의 제어플런저의 행정을 변화시켜 분사량을 제어하는 방식으로 K–Jetronic이 여기에 속한다.

[3] MAP센서방식(Manifold Absolute Pressure Sensor Type)

이 방식은 스로틀밸브 개도의 변화가 흡기다기관 내 진공도를 변화시키므로 흡입공기량을 흡기다기관 내 진공압력 변화를 이용하여 검출하며 이 압력 변화에 상당하는 출력전압을 ECU에 보내면 ECU가 이 신호를 기초로 기본 분사량을 결정하여 분사하는 방식으로 D–Jetronic이 여기에 속한다.

6.3.4. 분사방식

[1] 연속분사방식(Continuous Injection type)

엔진이 기동되면 시동이 꺼질 때까지 계속적으로 연료를 분사시키는 방식으로 K–Jetronic, KE–Jetronic이 여기에 속한다.

[2] 간헐분사방식(Pulse Timed Injection Type)

일정한 시간 간격으로 연료를 분사하는 방식으로 D–Jetronic, L–Jetronic, motronic (mono Jetronic)이 여기에 속한다.

6.3.5. 흡입공기량 계측방식

[1] 직접계측방식(Mass Flow Type)

질량유량 방식으로 공기유량 센서가 직접 흡입공기량을 계측하고 이것을 전기적 신호로 변화시켜 ECU로 보내 연료분사량을 결정하는 방식으로 베인식, 칼만와류식, 열선식, 열막식 등 L–Jetronic이 여기에 속한다.

[2] 간접계측방식(Speed Density Type)

흡기다기관 내의 절대압력(진공을 0으로 한 압력 : 대기압력 + 진공압력), 스로틀밸브의 개도, 엔진의 회전속도로부터 흡입공기량을 간접적으로 계산하는 방식으로 D–Jetronic, motronic이 여기에 속한다. 피에조(piezo) 압전소자를 이용한 MAP센서를 사용하고 있다.

6.3.6. 분사압력에 따른 분류

① **저압 분사(Low Pressure Injection)** : 인젝터가 흡기관에 연료를 분사할 때 흡기다기관의 압력과 분사압력의 차이가 2.039 kgf/cm^2 이하인 인젝터를 말한다.

② **고압 분사(High Pressure Injection)** : 인젝터가 흡기관에 연료를 분사할 때 흡기다기관의 압력과 분사압력의 차이가 2.039 kgf/cm^2 이상인 인젝터를 말한다.

6.4. 가솔린 엔진 제어용 센서

6.4.1. 온도 검출용 센서(Temperature Sensor)

[1] 흡입 공기온도센서(IATS : Intake Air Temperature Sensor)

흡기온도센서는 흡입되는 공기의 온도를 검출하는 것으로 온도가 올라가면 저항이 감소하고, 온도가 내려가면 저항이 증가되는 부 특성(NTC : negative temperature coefficient) 서미스터(thermistor)로 되어 있다. IATS의 역할은 흡입되는 공기의 온도를 감지하고 공기의 무게(공기 분자 수)를 정확히 알아 엔진에 흡입되는 실제 공기량을 계산하도록 한다.

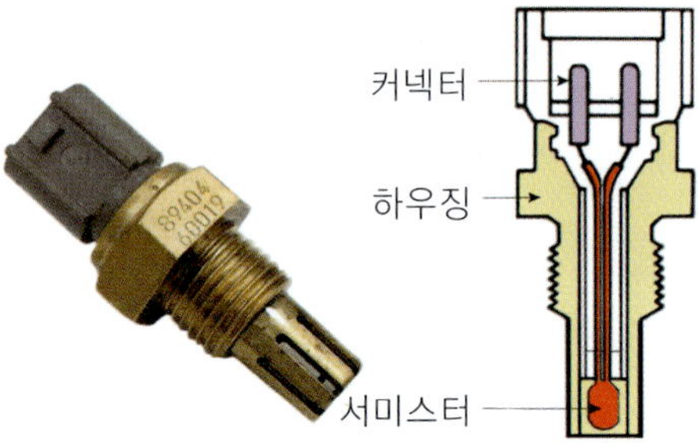

[그림 114] **흡입 공기온도센서**

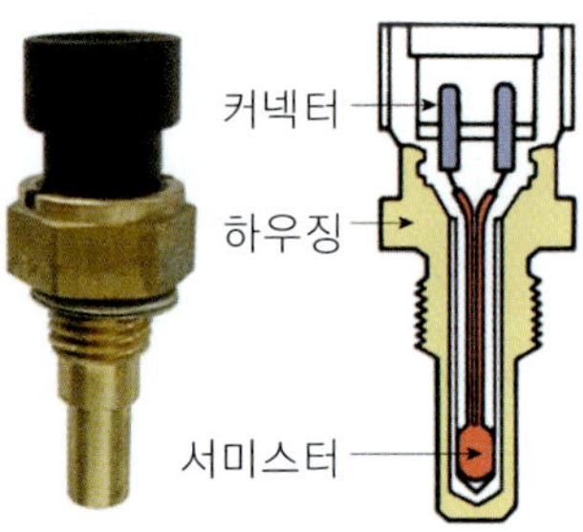

[그림 115] **수온센서**

[2] 냉각수온센서(WTS : Water Temperature Sensor)

엔진 냉각수온센서는 실린더블록 또는 서모스탯 입구의 냉각수 통로에 설치되며 냉각수의 온도를 검출하여 온도가 상승하면 저항값이 작아지고, 온도가 내려가면 저항값이 커지는 부특성 서미스터(NTC thermistor)로 일종의 저항기이다. 엔진 제어 시스템은 WTS 신호를 받아 점화타이밍이나 연료 분사량, 아이들 rpm, 쿨링 팬 작동, 에어컨 작동, 자동변속기의 변속시기, CVVT 시스템, 증발가스 퍼지나 증발시스템 감시 등 다양하게 사용하고 있다.

[3] EGR 가스온도센서(EGR Sensor : Exhaust Gas Recirculation Sensor)

EGR밸브의 흡기 포트 쪽에 장착되어 EGR가스 온도를 검출하는 센서로 NTC형 서미스터가 내장되어 재순환하는 배출가스의 온도를 계측하고 EGR이 작용하고 있을 때와 그렇지 않을 때의 온도 차를 이용해서 EGR장치의 고장을 판단하기 위해 사용한다.

[그림 116] EGR 가스 온도 센서

6.4.2. 압력 검출용 센서(Pressure Sensor)

[1] 대기 압력센서(BPS : Barometric Pressure Sensor)

고도 또는 기후에 따라 변화하는 공기의 밀도를 보정하기 위하여 대기 압력을 측정하기 위한 센서가 대기 압력센서이다. 연료량은 고도가 높아질수록 작아지므로 공기밀도에 따라 점화시기도 조정이 필요하며, 일부의 자동차에서는 배기가스 재순환(EGR)밸브의 가동 및 공전 속도(idle speed) 조정을 보정하기 위하여 사용되기도 한다.

일반적으로 피에조 압전효과(piezo electric effect)에 의해 스트레인 게이지(strain gauge)의 저항치가 압력에 비례해서 변화하므로 이 압력변화를 출력전압으로 절대 압력을 측정한다.

[그림 117] 대기 압력센서

[2] 부스트 압력 센서(BPS : Boost Pressure Sensor)

부스트 압력 센서는 인터쿨러 출력 파이프 상단에 장착되어 있으며, 터보차저에서 과급된 흡입 공기의 압력을 측정하는 역할을 한다. 엔진 컨트롤 모듈(ECU)은 엔진에 공급되는 기본 연료 분사량을 결정하기 위해 엔진으로 유입되는 정확한 공기량을 알아야 하므로 흡기다기관 내의 압력을 측정한다. 페일세이프 시 차량은 주행이 가능하나 엔진 출력을 제한 흡기압에 따른 연료보정과 EGR 작동금지 등을 결정한다.

[그림 118] **부스트 압력 센서**

[3] 연료탱크 압력 센서(FTPS : Fuel Tank Pressure Sensor)

연료탱크 압력센서는 연료계통의 증발 가스 제어 시스템의 구성 요소로서, 연료탱크, 연료 펌프 또는 캐니스터 등에 장착되어 있으며, 퍼지 컨트롤 솔레노이드 밸브(PCSV) 작동 상태와 증발가스제어시스템의 누기 여부를 점검하기 위해 압전소자 방식의 압력센서가 장착되어 있다.

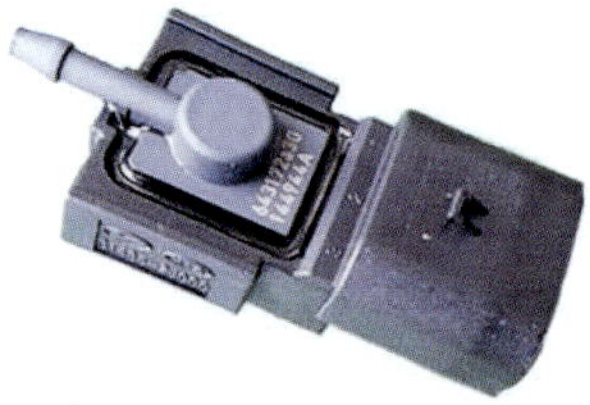

[그림 119] **연료탱크 압력 센서**

6.4.3. 공기유량센서(AFS : Air Flow Sensor)

엔진제어장치에서 흡입공기의 유량은 엔진의 성능, 운전성능, 연료 소비율 등에 직접적인 영향을 미치는 요소이다. 흡입되는 공기량을 계측하여 ECU로 보내고, ECU는 기본 분사 시간을 결정하도록 하는 센서이다.

[1] MAP센서(Manifold Absolute Pressure Sensor)

MAP센서(흡기다기관 절대압력 센서)는 흡기다기관 내의 절대압력을 측정하여 실린더로 흡입되는 공기량을 간접적으로 알아내는 것이며, MAP센서는 절대압력에 비례하는 아날로그 출력신호를 ECU로 전달하고, 이 출력신호는 실린더로 흡입되는 공기량으로 환산하여 흡입 공기량에 대응하는 인젝터 구동시간(연료의 기본 분사량)과 분사시간 및 점화시기를 결정하는 데 사용된다. 맵(MAP) 센서는 서지탱크에 장착되어 있으며 맵(MAP) 센서는 압전소자(piezo-electric element)와 압전소자의 출력신호를 증폭하는 하이브리드 IC로 구성된다.

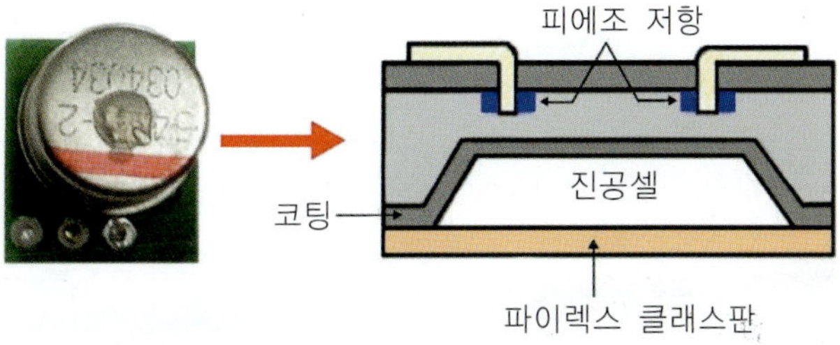

[그림 120] MAP 센서 구조

[2] 베인식 AFS(Vane Type Air Flow Sensor)

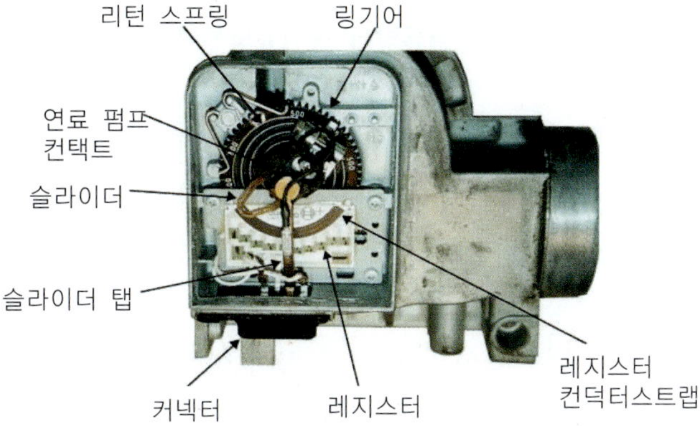

[그림 121] 베인식 AFS

에어크리너 케이스에 장착되어 엔진 내로 흡입되는 공기의 부압에 의해 가동베인(미저링 플레이트)이 회전 운동하여 가변되면 미저링 플레이트 반대편에 설치되어 있는 포텐셔미터의 슬라이더와 일축으로 연동하여 저항판 위를 움직이게 된다. 그러면 입력된 전압에 저항이 걸린 전압만큼 공기량을 직접적으로 검출하여 측정된 공기량을 전기적 신호로 변환하여 ECU로 입력하는 장치로 연료의 기본 분사량을 결정하는 중요한 신호이다. 연료 펌프 스위치가 AFS내부에 장착되어 미저링 플레이트에 공기가 검출됨과 동시에 접점이 붙어 연료 모터가 작동된다.

[3] 칼만와류식 AFS(Karman Vortex Type Air Flow Sensor)

균일하게 흐르는 유동부분에 와류(vortex)발생장치를 놓으면 칼만와류라는 와류 열(渦列)이 발생하는데 이 칼만와류의 발생 주파수와 흐름속도와의 관계로부터 유량을 계측한다. 따라서 칼만와류의 발생 주파수를 측정하면 흐름속도를 알 수 있고, 흐름 속도와 공기 통로의 유효 단면적의 곱으로부터 체적유량을 구할 수 있다.

그러나 측정하는 유량이 체적유량이므로 질량유량으로 변환하기 위하여 흡입공기 온도 및 대기 압력에 따른 보정이 필요하기 때문에 흡기온도센서와 대기압센서(BPS)가 함께 설치되어 있다.

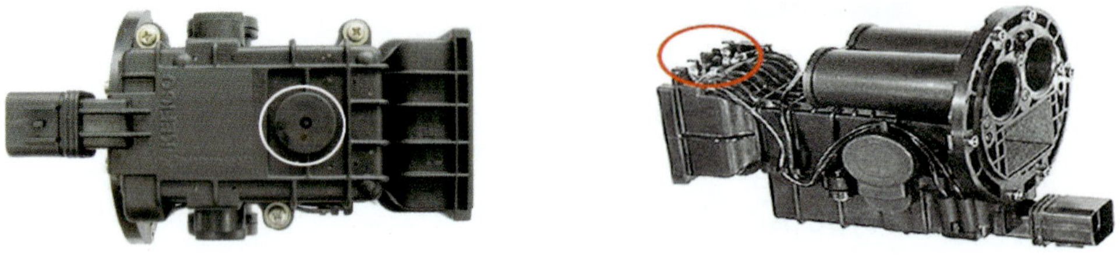

(a) 대기압력센서 (b) 흡기온도센서

[그림 122] 칼만와류방식 공기유량센서의 형상

[4] 핫 와이어 에어플로우 센서(Hot Wire Air Mass Sensor)

엔진에 유입된 흡기질량을 직접 계측한다. 입구에 설치된 미세한 철망은 이물질로 인한 열선의 기계적 파손을 방지하는 역할도 하고, 열선은 백금 전선이다.

열선은 항상 100℃를 유지하도록 전기적으로 가열된다. 열선을 통과하는 공기가 많을수록 열선은 더 많이 냉각되므로 열선의 온도를 일정하게 유지하기 위해서는 전류를 더 많이 공급해야 한다. 따라서 공급한 전류의 값이 흡입 공기량을 측정하는 기준이 된다.

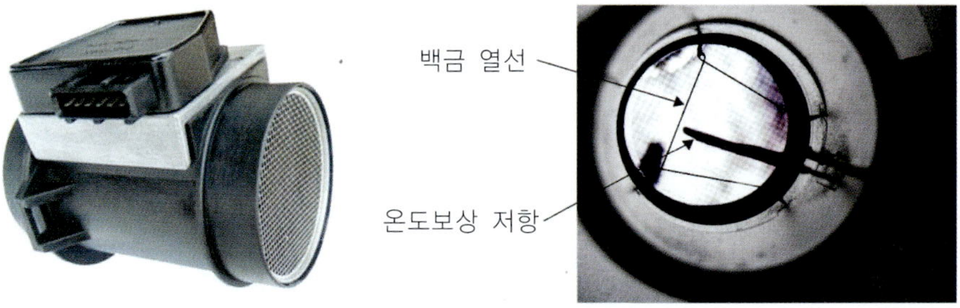

[그림 123] 핫 와이어 에어플로우 센서

[5] 핫 필름 AFS(Hot Film Type Air Flow Sensor)

핫 필름 공기유량센서는 열선방식의 단점을 보완하여 등장한 것이다. 핫 필름 방식은 열선방식의 백금열선(약 70μm 두께의 가느다란 백금선), 온도센서, 정밀 저항기 등을 세라믹(ceramic) 기판(약 0.2 mm)에 층 저항으로 집적시킨 것이며, 오염 정도가 낮고 온도차를 일정하게 유지하도록 하이브리드 IC가 제어한다. 통과 공기유량이 증가하면 열막은 냉각되어 저항이 감소하고 제어회로에서는 즉시 통과 전류를 증가시키게 되며 이 전류의 증가는 열막의 온도가 원래의 설정온도(약 100℃)가 될 때까지 계속된다. 따라서 ECU는 이 전류의 증감을 감지하여 흡입 공기량을 계산한다.

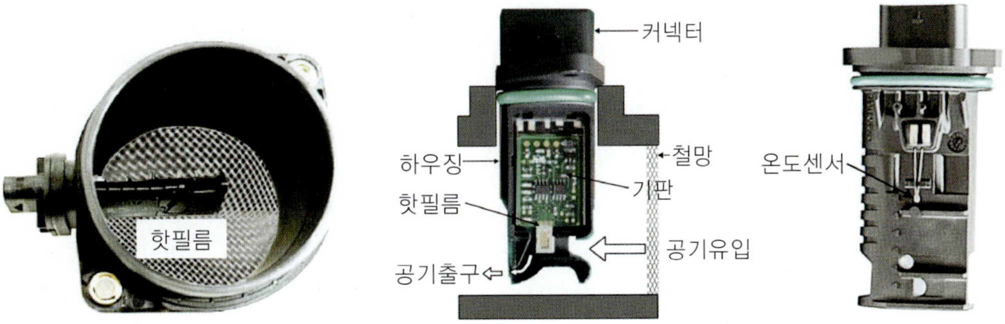

[그림 124] **핫 필름 방식 AFS의 구조**

6.4.4. 위치 및 회전각센서

엔진 제어에서의 위치 정보를 제공하는 센서는 엔진제어에서 엔진 부하상태에 대한 정보를 제공하고, 연료분사 및 점화시기의 결정, 공전속도 조정과 배기가스 재순환 제어 등에서 매우 중요한 역할을 한다. 위치를 검출하기 위한 계측원리는 일반적으로 전위차계(potentiometer), 전기저항, 홀(hall)효과, 전자유도, 광학적인 방법 등이 사용된다.

[1] 스로틀 위치센서(TPS : Throttle Position Sensor)

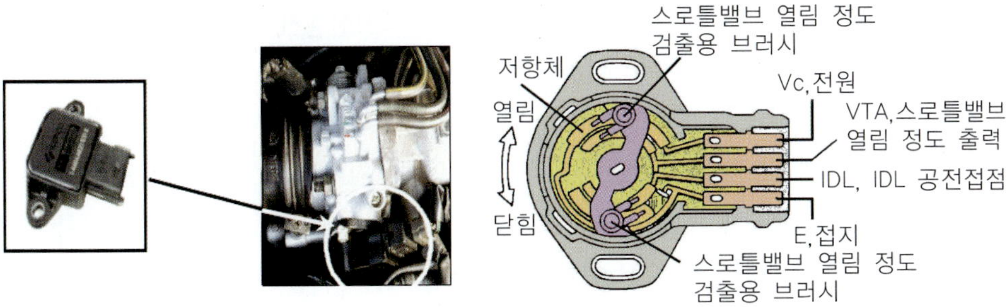

[그림 125] **스로틀 위치센서**

스로틀 위치센서는 스로틀밸브의 열림 정도를 검출하여 공회전, 가감속 등의 엔진부하 상태를 판별하는 센서로 스로틀밸브의 축과 같이 연동되는 가변 저항기의 일종인 전위차계(potentiometer)이다.

스로틀밸브가 회전하면 저항값이 변화하며, 이 변화되는 저항값은 전압변화로 출력되고 ECU는 이 출력 전압 값과 엔진의 회전수 등 다른 센서로부터의 입력신호를 바탕으로 엔진의 운전조건을 판정하여 분사량을 결정한다. TPS의 종류에는 선형방식(linear type)과 접점방식(switch type)이 있다.

[2] 액셀러레이터 포지션센서(APS : Accelerator Position Sensor)

액셀러레이터 포지션 센서는 가속페달의 밟힌 양을 감지하는 센서로 액셀러레이터와 일체로 구성되어 있다. 2개의 센서가 조합된 더블 포텐시오미터 형식으로 엔진 ECU는 센서 1의 신호로 연료 분사량과 분사시기를 결정하는 주된 역할을 하며 센서 2의 신호는 센서 1의 이상 신호를 감지하는 역할을 한다. 센서 2는 센서 1 출력의 1/2 출력을 발생하여, 센서 1과 2의 전압 비율이 일정 이상 벗어날 경우 에러로 판정된다.

(a) 설치위치

(b) 내부 구조

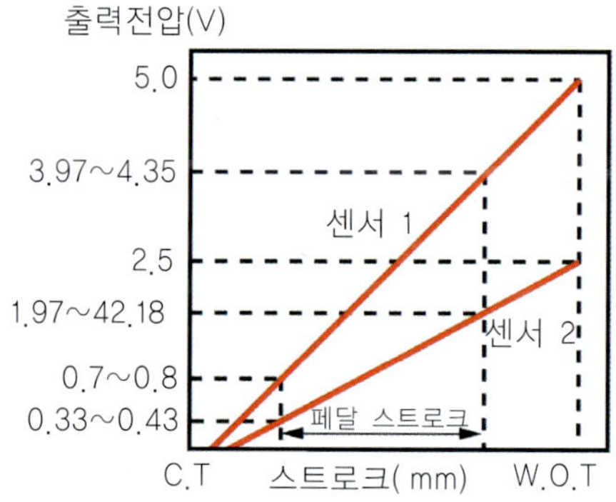

(c) 출력전압

[그림 126] 액셀러레이터 포지션센서

[3] 전자제어 스로틀밸브(ETC : Electronic Throttle Control)

기존의 가속 페달과 스로틀밸브를 케이블에 의해 기계적으로 연결한 것과는 달리 스로틀밸브를 모터에 의해 제어하는 시스템이다. 액셀러레이터 센서의 신호를 2계통으로 ECU에 송부하고 전자제어 스로틀 역시 스로틀밸브를 구동하는 스로틀 모터, 기어기구 및 스로틀 개도를 검출하는 2계통의 스로틀센서로 구성되어 있다.

흡입공기량을 정밀하게 제어할 수 있고, 유해배출 가스의 배출을 줄일 수 있으며, 보조 공기량은 모두 전자제어 스로틀로 실시해 아이들 회전수를 제어하기 때문에 아이들 회전수 제어시스템이 필요 없다.

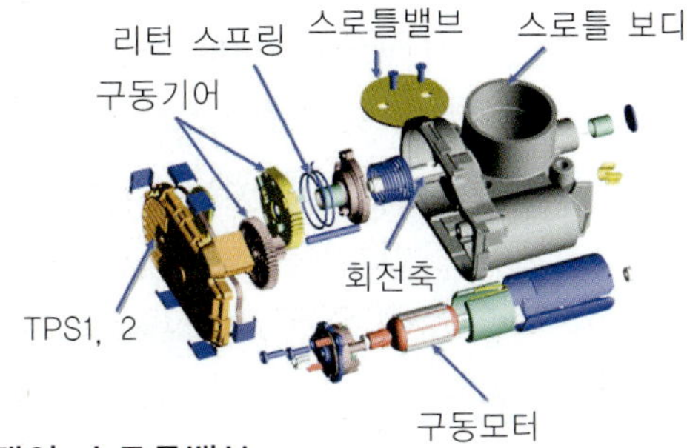

[그림 127] 전자제어 스로틀밸브

엔진공회전 속도제어, ABS(TCS) 제어, 정속주행 등의 여러 가지 기능을 하나의 모터로 제어하기 때문에 각종 액추에이터 및 배선, 연결 커넥터 등을 삭제시켜 시스템 간소화로 인한 고장을 저감 및 신뢰성을 확보하였다.

[4] 크랭크각 센서(CAS : Crank Angle Sensor)

엔진의 점화시기를 제어하기 위해서는 피스톤의 위치를 알아야 하는데 크랭크각과 피스톤의 변위는 서로 상관관계가 있으므로 크랭크 각도를 검출하면 피스톤의 위치를 알 수 있다. 그리고 점화 시기는 적어도 크랭크 각 1°단위의 정도를 요구한다.

일반적으로 CAS는 점화시기의 기준인 크랭크각과 함께 회전수의 검출도 병행하고 있다. 크랭크각 센서는 엔진 회전속도 및 크랭크각의 위치를 감지하여 연료분사시기 및 연료 분사시간과 점화시기 등의 기준 신호를 제공한다.

CAS는 CPS(Crank Position Sensor, CKP Sensor)라고도 하며 크랭크각의 검출방법에는 발광다이오드(LED) 및 포토다이오드 등으로 구성된 광전식(optical type), 마그네틱 픽업(magnetic pick up)과 톤 휠(tone wheel) 등을 이용한 전자식(inductive pulse generator type), 자기저항형, 홀 센서식(hall generator type) 등이 있다.

(a) 톤휠, 크랭크각 센서

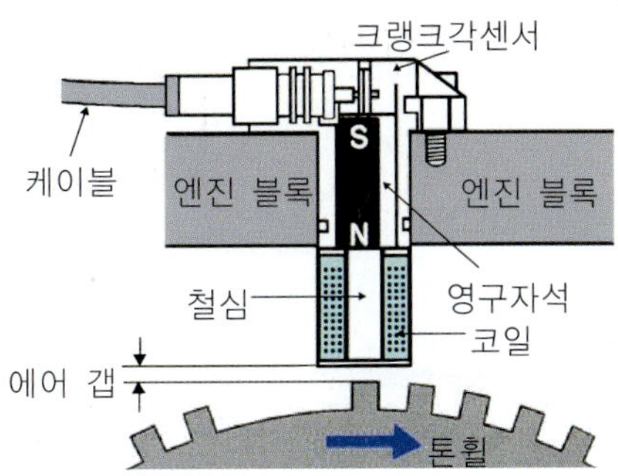

(b) 크랭크각 센서 구조

[그림 128] 마그네틱 방식 크랭크각 센서의 구조

[5] 캠축 포지션센서(CMP : Cam Shaft Position Sensor & No. 1 TDC Sensor)

1번 실린더의 압축행정 상사점을 감지하는 것으로 각 실린더를 판별하여 연료분사 및 점화순서를 결정하는 데 사용한다. 제조회사에 따라서 1번 실린더 상사점 센서 또는 페이스 센서(phase sensor) 등으로 부르며, 홀 효과(hall effect)를 이용하는 센서의 경우는 홀 센서라 부르기도 한다. 크랭크 각 센서와 같은 측정원리를 사용하며, 홀 효과를 이용하는 것과 광학방식 센서의 경우는 크랭크 각 센서와 함께 설치되기도 한다.

[그림 129] **캠축 포지션 센서와 캠축 설치 상태**

6.4.5. 산소센서(O_2 Sensor, Lambda Sensor)

산소센서는 혼합비를 이론공연비(14.6~14.7:1) 부근으로 정밀 제어하기 위해 배기가스 중의 산소농도를 감지하여 출력전압을 ECU로 전송한다. 이를 공연비 피드백제어(feedback control) 또는 람다제어(λ -control)라 한다. 산소센서가 갖추어야 할 조건은 다음과 같다.

① 이론 공연비에서 전압의 급격한 변화가 있을 것

② 배기가스 내 산소 변화에 따른 신속한 출력전압 변화가 있을 것

③ 농후 · 희박 사이의 큰 차이가 있을 것

④ 배기가스의 온도 변화에 대하여 안정된 전압을 유지할 것

산소센서는 센서 팁 부분의 온도가 일정 온도(통상 370℃) 이상으로 유지되어야 하는데, 센서 내부에는 히터가 내장되어 있다. 이는 배기가스 온도가 일정 온도보다 낮을 경우, 센서가 정상적으로 작동하도록 센서 팁 부분의 온도를 일정 온도 이상으로 가열하는 역할을 한다.

[1] 지르코니아(Zirconia) 센서

세라믹 즉, 지르코니아(ZrO_2)와 이트륨(Yttrium, 원소기호-Y)으로 지르코니아(ZrO_2)는 티탄족인 지르코늄의 산화물로 산화지르코늄이라고도 부르며 제작된 고체 전해질 소자의 양쪽 표면에 아주 얇은 초미세 백금피막을 도금하였다.

지르코니아 산소센서는 공기와 연료의 비율이 이론공연비보다 농후하면 약 1V, 희박하면 약 0V를 출력하며 이론공연비 부근에서 출력전압이 급변한다.

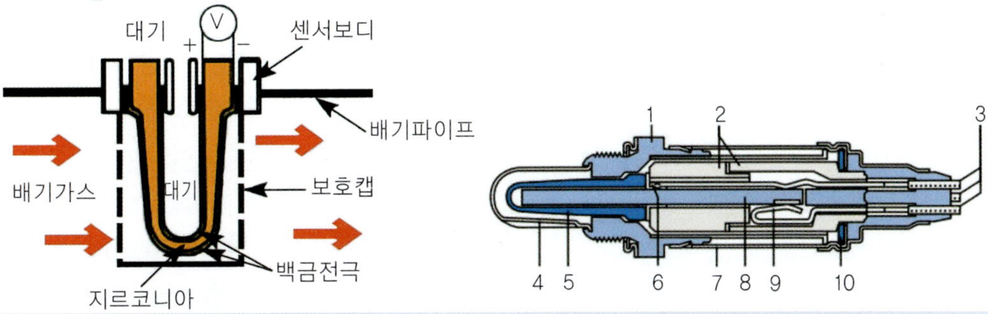

1. 센서하우징 2. 세라믹튜브 3. 배선 4. 내부 보호캡 5. 센서 엘리먼트
6. 전극연결 포인트 7. 외부 보호캡 8. 히터 엘리먼트 9. 히터연결 포인트 10. 스프링 와셔

[그림 130] 지르코니아 타입 O_2센서의 구조

[2] 티타니아(Titania) 센서

센서 세라믹의 재질로는 티탄-디옥사이드(TiO_2) 또는 스트론튬 티탄산염(strontium titanate)이 주로 사용된다. 세라믹 절연체의 끝(tip)에 티타니아 소자가 설치되어 있다. 센서 세라믹의 표면은 다공성 백금전극으로 코팅되어 있다.

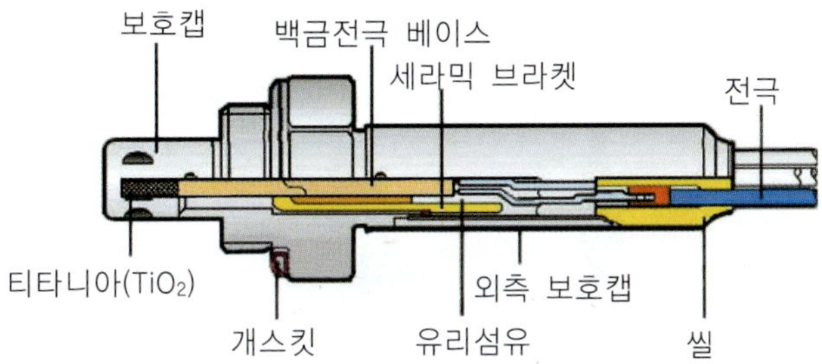

[그림 131]] 티타니아타입 O_2센서의 구조

티타니아 산소센서는 이론공연비 부근에서 저항이 급변하는 성질을 이용한 것으로 농후한 공연비에서 0.3~0.8 V, 희박한 공연비에서 4.3~4.7 V를 출력한다. 최근에는 산소센서의 활성도를 높이기 위하여 내부에 히터를 장착하기도 한다.

[3] 광역 산소센서(Wide Band Oxygen Sensor)

광역 산소센서는 이론 공연비보다 넓은 범위의 공기연료비를 정량적으로 정확하게 알아낼 수 있는 산소센서로 자동차용으로는 희박연소 엔진용(가솔린 린번 엔진이나 GDI 엔진)으로 사용되며 전영역 산소센서라고 부르기도 한다.

한쪽 백금전극에 직류전압을 공급하면 산소를 펌핑하는 작용을 하기도 한다. 너무 희박한 상태나 너무 농후한 상태에서는 반응 폭이 작아 혼합비를 정확하게 나타낼 수 없는 단점이 있다.

희박과 농후의 기준은 기준실 백금단자(+)에 이론공연비(14.7 : 1, 람다1)에 준하는 기준전압(약 450 mV)을 공급하고 확산 실에 들어온 배기가스 중 산소농도와 기준실의 산소농도에 따른 전압이 기준전압과 차이가 없을 때를 람다 1이라 정하고 기준전압보다 낮다면 펌프셀 백금전극(+)에 전기(전류)를 공급하여 산소를 펌핑하고, 기준전압보다 높다면 일산화탄소를 환원하여 확산실로 펌핑되면서 전기(전류)가 발생되어 펌프셀 백금전극에서 컨트롤 회로 쪽으로 흐르게 된다. 따라서 컨트롤 회로와 펌핑셀 사이의 전류흐름 방향과 크기에 따라 희박과 농후가 결정되는데 펌핑셀에서 컨트롤 회로로 전류가 흐르면 희박상태를 나타내고 컨트롤 회로에서 펌핑셀 쪽으로 전류가 흐르면 농후상태를 나타내며 전류의 크기에 따라 공기연료비를 확인하는데 이때의 전류는 ±3 mA 정도이다.

6.4.6. NOx 센서

배기가스 중 질소산화물을 감지하는 NOx 센서는 가스감지 원리에 따라 반도체 방식, 제한전류 방식, 혼합전위 방식이 있다. 반도체 방식의 가스센서는 절연 기판 위에 전극, 금속산화물 세라믹 소재로 이루어진 감지막이 증착되어 있는 구조를 갖는다.

[그림 132] **NOx 센서**

6.4.7. 노크센서(Knock Sensor)

노크센서(KS)는 실린더 블록 측면에 장착되어 있으며, 노킹 발생 시 진동을 감지하여 ECU로 전달하는 역할을 한다.

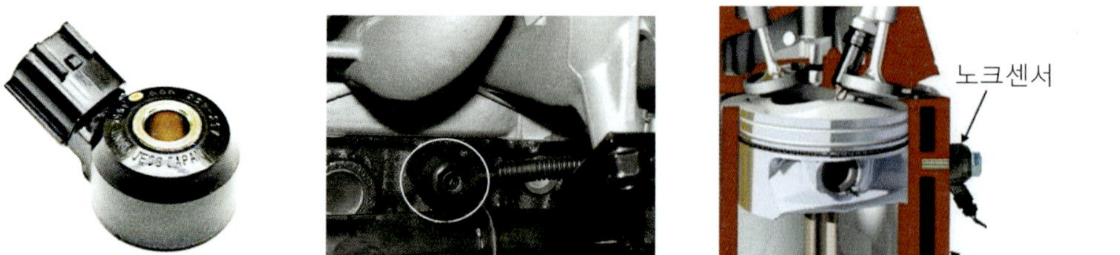

[그림 133] **노크센서**

6.4.8. 차속센서(Speed Sensor)

차속센서는 변속기 하우징이나 계기판 내에 장착되어 차량이 정지 상태인지 또는 주행상태인지를 컴퓨터 및 계기판에 알려주는 기능을 한다. 컴퓨터는 이 신호에 의해 공전속도 조절밸브, 캐니스터 퍼지(canister purge), 토크 컨버터 클러치 및 자동변속기 변속단수 등을 결정하거나 제어한다.

6.4.9. 인히비터 스위치(Inhibitor Switch)

인히비터 스위치는 P레인지와 N레인지에서만 기동전동기가 작동될 수 있도록 회로를 연결하고, 크랭킹하는 동안 연료분사 시간을 조절하기 위해 설치된 스위치로 점화 스위치를 ST위치에서 크랭킹하는 동안 크랭킹 신호를 ECU에 입력시켜 P레인지와 N레인지에 알맞은 공전속도 제어 서보를 조절하고 그 외는 자동변속기의 각 위치에 따른 신호를 TCU에 입력하는 역할을 한다.

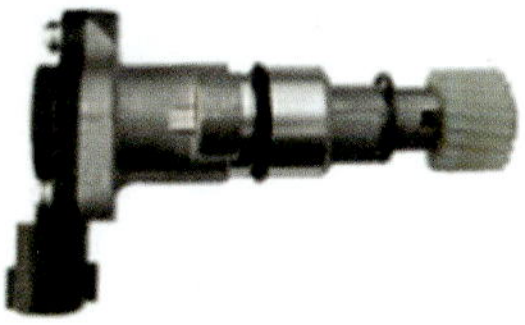

[그림 134] **차속센서**

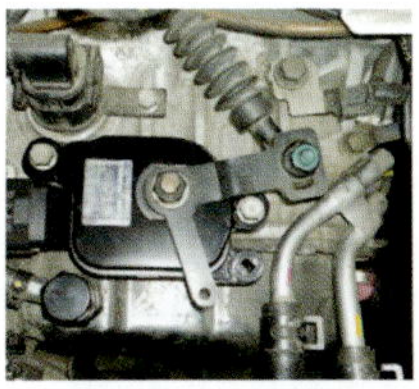

[그림 135] **인히비터 스위치**

6.5. 가솔린 전자제어 연료장치

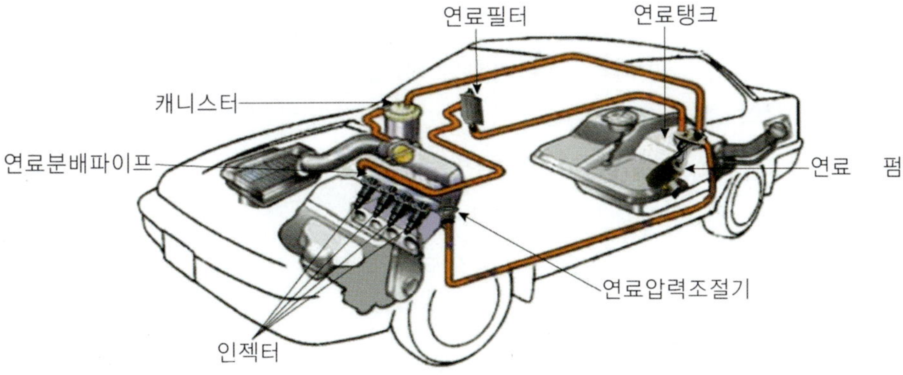

[그림 136] **전자제어 연료계통의 구조**

6.5.1. 연료탱크(Fuel Tank)

연료탱크는 자동차의 주행에 소요되는 연료를 저장하는 탱크로써 강판(steel)연료 탱크 내면에는 녹스는 것을 방지하기 위하여 아연이나 주석 또는 알루미늄 등으로 피막 처리되어 있다. 일반적으로 플라스틱(plastic) 연료탱크에 사용되는 것은 HPDE로 불리는 고밀도 폴리에틸렌 플라스틱이다.

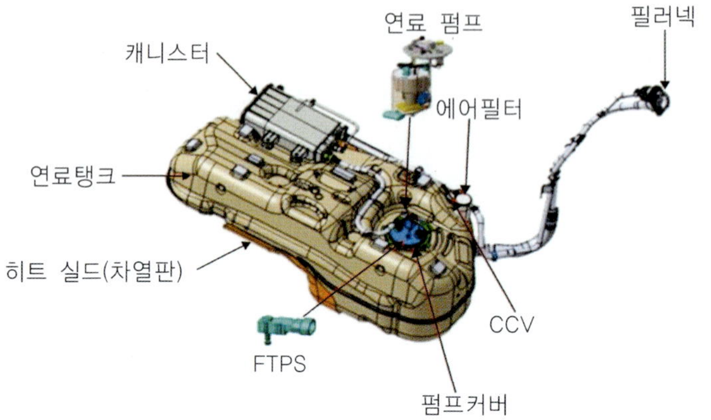

[그림 137] **연료탱크의 구성품**

① **연료탱크**(fuel tank) : 주로 차량 뒷좌석 하단에 장착되어 연료를 저장한다.

② **캐니스터**(canister) : 자동차 시스템에 따라 연료 탱크 또는 자동차 차체에 부착하며, 연료탱크 내에서 발생된 증발가스를 흡착하고 활성탄에 의해 정화된 공기는 대기로 방출한다.

③ **에어 필터**(air filter) : 연료탱크에 장착되어 탱크 부압 시 탱크 내로 유입되는 대기 중 공기 오염물을 정화한다.

④ CCV(canister close valve) : 연료탱크에 장착되어 연료시스템의 증발가스 누유여부 모니터링 시(약 2분 소요, 수회/1일) CCV를 작동하여 닫으면 평상시 OPEN상태

⑤ FTPS(fuel tank pressure sensor) : 연료탱크 혹은 연료 펌프에 부착되어 증발가스 누유 모니터링 시 탱크내부 압력 평가

⑥ **필러넥**(filler neck) : 연료 주입구에 장착되어 연료주입 통로

⑦ **히트 실드**(hear protector, heat shield) : 머플러 장착부 윗면의 연료탱크 하단부에 장착되어 머플러 발생 열이 탱크 내 온도상승을 억제

⑧ **배플**(baffle) : 연료탱크 내에 장착(조립 및 insert type이 있음)되어 차량의 주행 및 가 · 감속 시 연료의 거동을 안정화 및 유동을 방지 기능

6.5.2. 연료여과기(Fuel Filter)

연료여과기는 연료에 포함된 먼지나 수분 등 불순물을 제거하여 깨끗한 연료를 장치 내로 공급하는 역할을 하며 연료탱크와 분배파이프(기화기 차량은 연료 펌프) 사이에 설치되며, 독립적으로 설치된 분배형과 연료 펌프와 일체로 만들어진 비분배형이 있다.

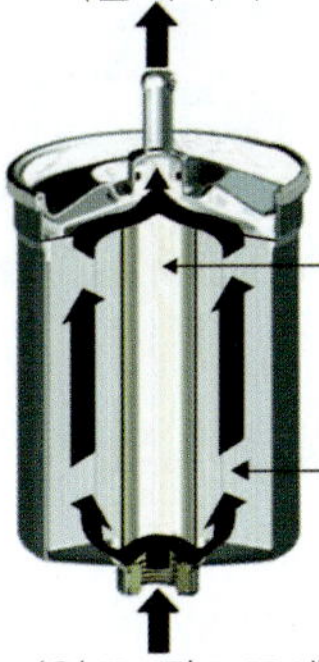

[그림 138] **연료여과기**

연료여과기는 보통 분배형이 많이 사용되며 금속판 또는 플라스틱 케이스 내부에 여과지나 여과 포식의 엘리먼트를 넣어 밀봉시킨 카트리지식(cartridge type)으로 되어 있다. 여과지의 여과성능은 5~10μm 정도이며 연료여과기는 장시간 사용되면 오손으로 인하여 여과작용의 성능이 떨어지므로 보통 40,000 km 주행 후 교환한다.

6.5.3. 연료 펌프(Fuel Pump)

연료 펌프는 연료탱크에서 인젝터(injector)까지 연료를 공급해 주는 장치이며 전기모터식 펌프(electrical motor pump)를 사용한다.

전기모터식 연료 펌프는 연료 속에서 작동되므로 연소 가능한 혼합기와 접촉되지 않아 폭발 위험성은 전혀 없고 모터 작동 소음이 감소되며 엔진이 요구하는 이상의 충분한 연료를 공급할 수 있고 회로 내에 잔압을 유지시키므로 점화스위치가 작동되는 순간 연료를 공급할 수 있으며 베이퍼록(vapor lock)에 강한 이점이 있다. 이 펌프는 엔진 시동시, 점화스위치가 시동(start)에 있을 때는 시동 스위치에 의하여 작동되며 엔진이 작동된 후부터는 ECU(ECM)에 의하여 ON/OFF제어 된다. ECU에서는 점화신호나 회전수 신호가 입력되지 않으면 연료 펌프를 정지시킨다.

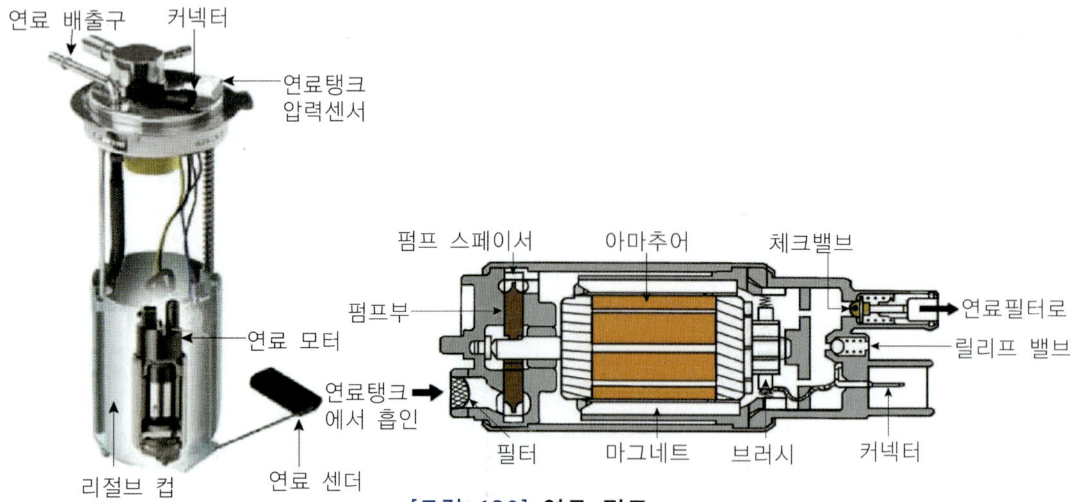

[그림 139] **연료 펌프**

① **펌프**(Pump) : 펌프모듈의 주 부품으로 탱크 내의 연료를 엔진에 공급하기 위해 연료를 흡입한다.

② **안전밸브**(Relief Valve) : 연료라인에서 일정압력보다 비정상적으로 올라가는 연료압력을 제어하여 항상 일정한 압력을 유지하도록 한다.

③ **체크 밸브**(Check Valve) : 연료 펌프가 작동 중 멈추면 체크 밸브는 스프링의 힘에 의해 닫히고, 일정압력이 연료라인에 남아 잔압을 유지하여 엔진의 재시동을 용이하게 하며, 높은 온도에서의 베이퍼 록을 방지한다.

④ **리절브 컵**(Reserve Cup) : 펌프와 필터를 감싸고 있는 케이스로 연료 끊김을 방지하기 위해 항상 연료를 저장하고 있다.

⑤ **연료 센더**(Fuel Sender) : 연료의 양을 게이지로 나타내기 위한 센서가 달린 부표이다.

⑥ Suction **필터**(Filter) : 펌프 모듈상에서 연료를 빨아들이는 곳으로 1차적인 필터 작용을 한다.

6.5.4. 연료파이프(Fuel Pipe)

연료파이프는 연료탱크에서 인젝터까지 각각의 장치를 연결하며 보통 구리 파이프를 사용하며 비닐파이프나 내유성 고무파이프를 사용하는 경우도 있다. 파이프의 안지름은 보통 5~8 mm 정도이며 파이프 이음매는 연료가 누설되지 않도록 원뿔형이나 구형의 유니언으로 되어 있고 파이프너트로 조여져 있다.

6.5.5. 딜리버리 파이프(Delivery Pipe : 연료분배 파이프)

이 파이프는 각 인젝터에 동일한 분사압력이 되도록 하며, 연료저장 기능을 지니고 있다. 분배 파이프의 체적은 인젝터에서 분사되는 연료 공급량에 비례하므로 분사에 따른 파이프 내부 압력변동이 없도록 한다. 그리고 이 파이프에 각 인젝터들이 연결되어 있어 각각의 인젝터에 동일한 분사압력이 되게 할 수 있으며, 인젝터 설치도 쉽도록 해 준다.

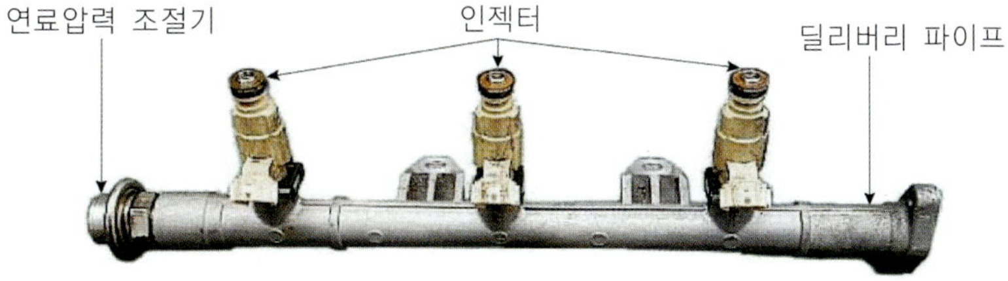

[그림 140] **딜리버리 파이프**

6.5.6. 연료압력 조절기(Fuel Pressure Regulator)

엔진이 요구하는 연료 분사량은 ECU가 통전 시간에 의해 인젝터를 제어하게 된다. 그러나 연료 압력이 제대로 제어되지 않으면 통전 시간이 동일하다 하더라도 연료 분사량은 제대로 제어되지 않는다. 연료 압력이 높은 경우에는 연료 분사량이 많고 연료 압력이 낮은 경우에는 연료 분사량이 적다.

흡기관 압력 변화에 대응하여 연료 압력을 항상 일정하게 하면 ECU는 인젝터 통전 시간으로 정확한 분사량을 결정할 수 있다. 연료 압력조절기는 흡기다기관의 부압을 이용하여 연료계통 내의 압력을 조절해주는 것으로 즉 연료계통 내의 압력을 2~3 kgf/cm^2로 유지시켜 주는 다이어프램 조절의 오버플로(over flow)형식이다.

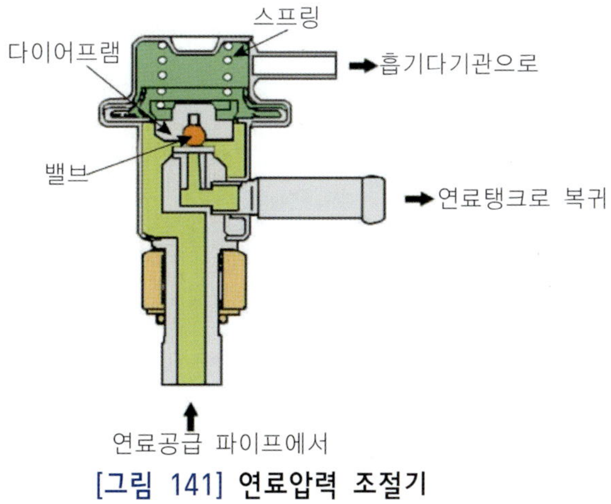

[그림 141] **연료압력 조절기**

6.5.7. 인젝터(Injector)

인젝터는 각 실린더의 흡입밸브 앞쪽(흡기다기관)에 1개 또는 2개씩 설치되어 각 실린더에 연료를 분사하는 전류제어 방식의 솔레노이드 밸브이다. 인젝터는 컴퓨터로부터의 전기적 신호에 의해 작동하며, 그 구조는 밸브보디와 플런저(plunger)가 설치된 니들 밸브로 되어 있다.

솔레노이드 코일에 축전지 전류가 흐르지 않을 경우 니들 밸브는 스프링의 장력에 의해 밸브시트에 밀착되어 연료의 분사를 차단하고, 솔레노이드 코일에 전류가 흐르면 솔레노이드 코일이 니들 밸브를 들어 올려 연료가 원통형의 분사구멍에서 분사된다. 인젝터의 분사각도는 10~40° 정도이며, 분사시간은 1~1.5 ms(ms=1/1,000 sec), 분사압력은 2~3 kgf/cm^{2}이다.

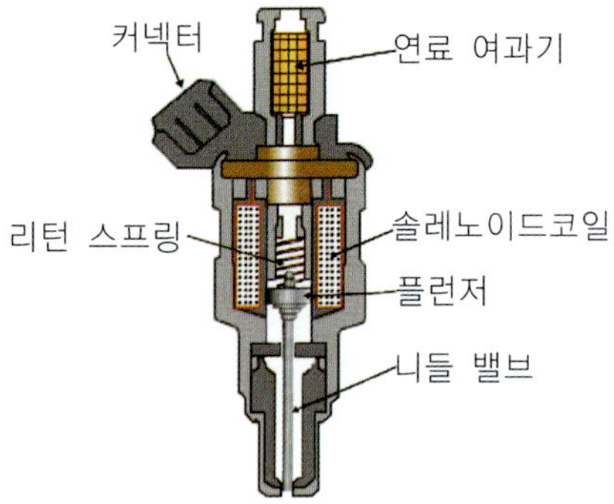

[그림 142] **인젝터의 구조**

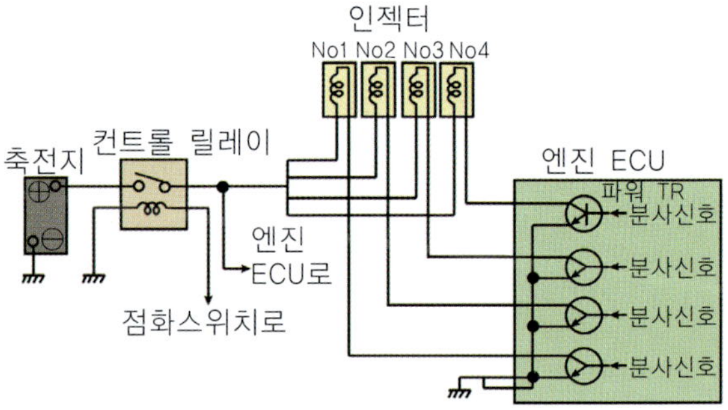

[그림 143] **전류제어 방식의 인젝터 전기 회로도**

6.6. ECU(Electronic Control Unit)

6.6.1. 컴퓨터(ECU)의 구성

엔진 ECU는 디지털 제어와 아날로그 제어가 있으며, 중앙처리 장치(CPU), RAM, ROM 및 입출력 단자로 구성되어 있다.

엔진 ECU는 입력부분과 제어부분 및 출력부분으로 구성되어 있으며, 입력은 엔진의 각종 상태 즉, 흡입공기량, 냉각수온도, 흡입공기온도, 엔진 회전수 및 차속 등의 상태를 각 센서를 이용하여 측정한다. 그리고 이 측정된 신호를 입력 연산 처리하여 엔진의 상태에 대응하는 최적의 연료분사량(기본분사량, 증량보정), 분사시기 및 점화시기를 출력회로를 통하여 제어함으로써 각 액추에이터를 구동시킨다.

컴퓨터는 입력되는 기본적인 입력신호를 사용하기 전에 입력신호를 적절히 조절하게 된다. 즉, 미약한 신호의 증폭, A/D(analog/digital)변환, 노이즈(noise) 제거, 전압 수준 조정 등의 처리과정을 거쳐 입력 데이터를 만든다. 프로세서에 입력된 데이터는 기억장치에 저장된 프로그램의 명령에 따라 다양한 산술 및 논리 연산과정을 거치고, 일부는 기억장치에 저장되며, 최종출력은 출력장치로 보내어 액추에이터를 구동한다.

① ROM(read only memory) : ROM은 읽기만 가능한 메모리로서 생산단계에서 그 내용을 기록하고, 그 이후에는 기록된 내용을 다시 변경할 수 없도록 제작한다.

② EPROM(erasable programmable ROM) : 소거와 프로그래밍이 가능한 ROM으로 CPU는 주소버스/데이터버스를 거쳐 EPROM과 통신한다.

③ 플래시 EPROM(FEPROM) : 플래시 EPROM은 불휘발성 메모리로서 전기적으로 소거하고, 다시 프로그래밍 할 수 있다.

④ RAM(random access memory) : 임의 접근 기억장치로 현재의 모든 데이터의 보관은 RAM에서 이루어진다. 전원으로부터 ECU를 분리할 때, RAM에 들어있는 모든 데이터는 휘발성 메모리이므로 상실된다.

⑤ EEPROM(E2PROM) : EEPROM은 전기적으로 소거할 수 있는 EPROM으로서, 플래시 EPROM과는 대조적으로 각각의 메모리 셀을 개별적으로 소거할 수 있다. 따라서 EEPROM은 비휘발성 쓰기, 읽기, 메모리로 사용할 수 있다.

⑥ 감시 모듈 : 마이크로프로세서와 감시모듈은 소위 질의 및 응답 기능을 이용하여 서로 상대방을 감시한다. 오류를 감지하면, 쌍방은 서로 독립적으로 해당하는 대체기능을 찾게 된다.

⑦ 자기진단기능(Self Diagnostic Function) : ECU는 엔진 전자제어 각 시스템의 고장여부를 자기진단 할 수 있으며 고장 발생 시 계기판의 엔진 체크 경고등(warning lamp, MIL, malfunction indicate lamp)을 점등시켜 운전자에게 엔진을 정비하도록 경고한다.

⑧ 페일 백업기능(Fail Back Up) : ECU는 어떤 센서에 고장 발생 시 그 센서 신호를 무시하게 되며 대신 미리 입력된 프로그램 또는 수치로써 제어할 수 있도록 하는 백업기능을 가지고 있다.

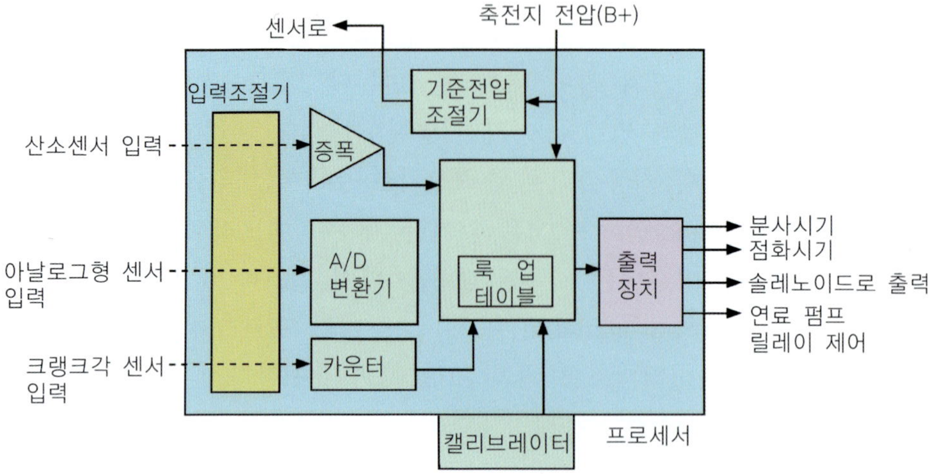

[그림 144] ECU 내부 블록선도

[표 7] 엔진제어항목 및 내용

항 목	제어내용
연료분사	• 엔진회전수와 흡입공기량에 맞는 기본 분사량 제어 • 워밍업 전후 연료량 보정제어 • 가감속에 대한 연료 증/감량 제어 • 공연비 피드백 제어 • 인젝터 구동시간 및 연료차단 제어
점화시기 제어	• 기본점화시기 제어 • 점화시기 보정제어(공회전, 주행조건, 촉매가열상태 등·노크제어 및 시동시 점화제어
공회전속도 제어	• 시동시 제어 • 패스트아이들 제어 • 공회전 보상제어(idle up/down : 에어컨, 동력조향, AT 등의 부하 시) • 대시포트 제어(dashpot)
연료증발가스 제어	캐니스터 PCSV(purge control solenoid valve) 제어
메인릴레이 제어	이그니션키 On/Off 시 제어(설정시간 : 제작사양)
연료 펌프릴레이 제어	이그니션키 On/Off 시 제어(설정시간 : 제작사양)
에어컨릴레이 제어	엔진시동 및 가속 시 에어컨 컴프레서 Off제어
자기진단 및 고장통제 기능	• 각 센서의 고장을 사전에 진단하여 경고등(warning lamp)으로 운전자에게 알림 • 고장 발생 시 ROM에 기억된 설정값으로 제어하는 기능(fail safe function / limp home function)

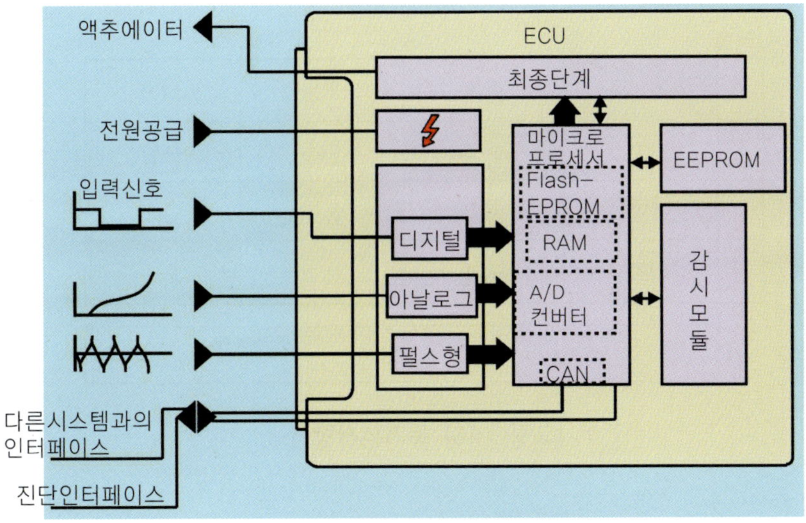

[그림 145] ECU 신호처리

6.6.2. 엔진 ECU 제어

컴퓨터에 의한 제어는 분사시기 제어와 분사량 제어로 나누어진다. 분사시기 제어는 점화코일의 점화신호(또는 크랭크각 센서의 신호)와 흡입공기량 신호를 자료로 기본분사 시간을 만들고 동시에 각 센서로부터의 신호를 자료로 분사시간을 보정하여 인젝터를 작동시키는 최종적인 분사시간을 결정한다.

[1] 분사시기 제어

연료분사는 모든 실린더가 동시에 크랭크축 1회전에 1회 분사하는 동시 분사방식과 점화순서에 동기(同期)하여 그 실린더의 흡입행정의 초기에 분사하는 동기 분사방식이 있다. 동기 분사방식도 엔진을 시동할 때 및 고부하 영역 등에는 동시 분사방식으로 전환하여 분사하기도 한다.

(1) 동기분사(독립분사 또는 순차분사)방식

이 분사방식은 1번 실린더 상사점 센서의 신호를 기준으로 하여 흡입행정 직전(배기행정 끝 무렵)에 연료를 분사하는 형식이다. 즉 1사이클에 1회 분사에 1실린더만 점화시기에 동기하여 분사한다. 특징은 엔진 반응성능이 우수하고, 혼합비 조절이 양호하다. 동기분사방식도 엔진을 크랭킹할 때에는 동시분사로 작동한다.

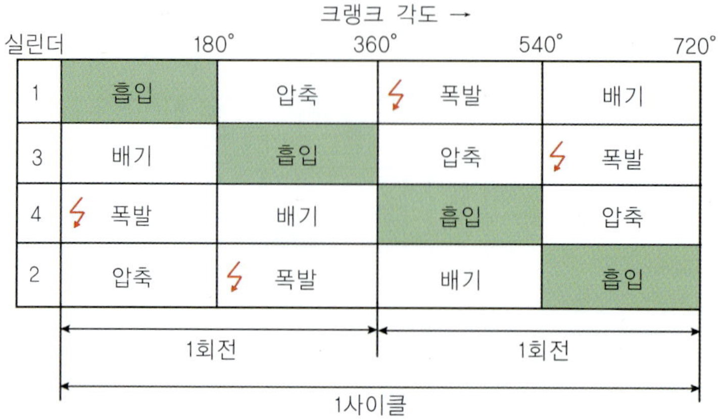

[그림 146] 동기분사방식

(2) 그룹(group)분사방식

이 분사방식은 각 실린더에 그룹(제1번과 제4번 실린더, 제2번과 제3번 실린더)을 지어 1회 분사를 할 때 2실린더씩 연료를 분사한다. 특징은 흡입행정 부근에서 연료가 분사되므로 혼합가스가 곧바로 실린더 내로 흡입되므로 가속할 때 응답성능이 좋다.

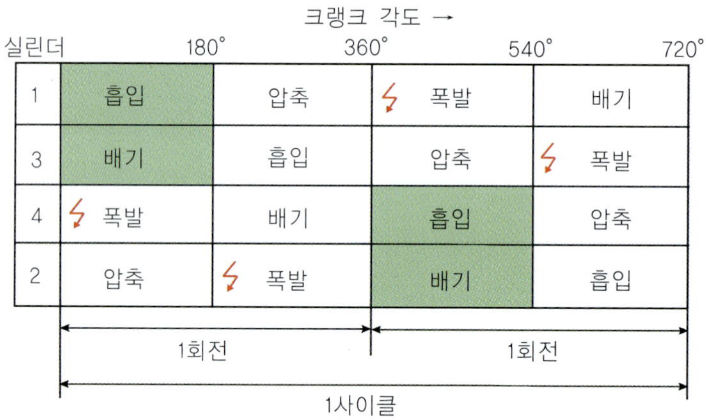

[그림 147] 그룹분사방식

(3) 동시(同時)분사(또는 비동기 분사)방식

크랭크축 1회전에 1회씩 모든 실린더에 동시에 분사하는 형식이다. 즉 엔진이 요구하는 연료량을 1/2로 나누어서 1사이클당 2회씩 분사한다. 특징은 인젝터 구동회로가 간단하며 분사량 조정이 쉬우며, 인젝터 제어신호를 보냄과 동시에 연료를 분사시킨다.

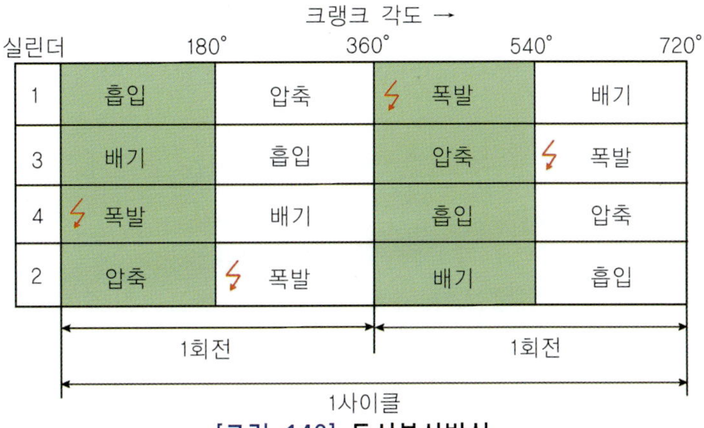

[그림 148] 동시분사방식

[2] 연료 분사량 제어

연료 분사량 제어는 점화코일의 (−)단자 신호(크랭크 각 센서 또는 캠축 센서의 신호)를 기초로 회전속도 신호를 만들고, 이 신호와 흡입 공기량 신호에 의해 아래에 설명하는 보정을 위해서 작동시킨다.

① **기본 분사량 제어** : 인젝터는 크랭크 각 센서의 출력신호와 공기유량센서의 출력 등을 계측한 컴퓨터의 신호에 의해 인젝터가 구동되며, 분사횟수는 크랭크 각 센서의 신호 및 흡입 공기량에 비례한다.

② **엔진을 크랭킹할 때의 분사량 제어** : 엔진을 크랭킹할 때에는 시동성능을 향상시키기 위해 크랭킹 신호(점화스위치 St, 크랭크 각 센서, 점화코일 1차 신호)와 수온센서의 신호에 의해 연료 분사량을 증가시킨다.

③ **엔진 시동 후 분사량 제어** : 엔진을 시동한 직후에는 공전속도를 안정시키기 위해 일정한 시간 동안 연료 분사량을 증가시킨다. 증가 비율은 크랭킹할 때 최대가 되고, 시동 후 시간이 흐름에 따라 점차 감소하며 증량 지속 시간은 냉각수 온도에 따라서 다르다.

④ **냉각수 온도에 따른 제어** : 냉각수 온도 80℃를 기준(증가비율 1)으로 하여 그 이하의 온도에서는 분사량을 증가시키고, 그 이상에서는 기본 분사량으로 분사한다.

⑤ **흡기 온도에 따른 제어** : 흡기 온도 20℃(증량비 1)를 기준으로 그 이하의 온도에서는 분사량을 증가시키고, 그 이상의 온도에서는 분사량을 감소시킨다.

⑥ **축전지 전압에 따른 제어** : 인젝터의 분사량은 컴퓨터에서 보내는 분사신호 시간에 의해 결정되므로 분사시간이 일정하여도 축전지 전압이 낮은 경우에는 인젝터의 기계적 작동이 지연되어 실제 분사시간이 짧아진다. 즉, 축전지 전압이 낮아질 경우에는 컴퓨터는 분사신호 시간을 연장하여 실제 분사량이 변화하지 않도록 한다.

⑦ **가속할 때의 분사량 제어** : 엔진이 냉각된 상태에서 가속 시킬 때 일시적으로 혼합비가 희박해지는 현상을 방지하기 위해 냉각수 온도에 따라서 분사량이 증가하는데 공전 스위치가 ON에서 OFF로 바뀌는 순간부터 시작되며 증가비율과 증가 지속시간은 냉각수 온도에 따라서 결정된다. 가속하는 순간에 최대의 증가비율이 얻어지고, 시간이 경과함에 따라 증가 비율이 낮아진다.

⑧ **엔진의 출력을 증가할 때의 분사량 제어** : 엔진의 높은 부하영역에서 운전성능을 향상시키기 위하여 스로틀밸브가 규정값 이상 열렸을 때 분사량을 증가시킨다. 출력을 증가할 때 분사량 증가는 냉각수 온도와는 관계 없으며 스로틀 위치 센서의 신호에 따라서 제어된다.

⑨ **감속할 때 연료분사 차단(대시포트 제어)** : 스로틀 밸브가 닫혀 공전스위치가 ON으로 되었을 때 엔진의 회전속도가 규정값일 경우에는 연료분사를 일시 차단한다. 이것은 연료 절감과 탄화수소(HC)과다 발생 및 촉매 컨버터의 과열을 방지하기 위함이다.

[3] 피드백 제어(feed back control)

이 제어는 촉매 컨버터가 가장 양호한 정화 능력을 발휘하는 데 필요한 혼합비인 이론 혼합비(14.7 : 1) 부근으로 정확히 유지하여야 한다. 이를 위해서 배기다기관에 설치한 산소센서로 배기가스 중의 산소농도를 검출하고 이것을 컴퓨터로 피드백(feed back)시켜 연료 분사량을 증감해 항상 이론 혼합비가 되도록 제어한다. 피드백 보정은 운전성능, 안전성능을 확보하기 위해 다음과 같은 경우에는 제어를 정지한다.

① 냉각수 온도가 낮을 때
② 엔진을 시동할 때
③ 엔진 시동 후 분사량을 증가시킬 때
④ 엔진의 출력을 증가시킬 때
⑤ 연료 공급을 일시 차단할 때(농후 신호가 길게 지속될 때)

[4] 점화시기 제어

점화시기 제어는 파워 트랜지스터로 컴퓨터에서 공급되는 신호에 의해 점화코일 1차 전류를 ON-OFF시켜 제어한다.

[5] 연료 펌프 제어

점화스위치가 시동(St)위치에 놓이면 축전지 전류는 컨트롤 릴레이를 통하여 연료 펌프로 흐른다. 엔진 작동 중에는 컴퓨터가 연료 펌프 제어 트랜지스터를 ON으로 유지하여 컨트롤 릴레이 코일을 여자시켜 축전지 전원이 연료 펌프로 공급된다.

[6] 공전속도 제어

공전속도 제어는 각종 센서의 신호를 기초로 컴퓨터에서 공전속도 조절기구(ISC) 구동신호로 바꾸어 공전속도 조절기구가 스로틀 밸브의 열림 정도를 제어한다.

(1) 공전속도 조절기구(idle speed controller)

공전속도 조절기구는 엔진이 공전상태일 때 부하에 따라 엔진상태를 안정된 공전속도로 유지시키는 장치이다. 그 종류에는 ISC-서보방식, 스텝모터방식, 공전 액추에이터(ISA)방식 등이 있으며 공전속도 조절기구의 역할은 다음과 같다.

1) ISC-서보방식(idle speed control servo type)

이 방식은 ISC-서보 모터, 웜 기어(worm gear), 웜휠(worm wheel) 모터 위치 센서(MPS), 공전 스위치 등으로 구성되어 있다. 작동은 ISC-서보 모터 축에 설치되어 있는 모터가 컴퓨터의 신호에 의해서 회전하면 모터의 회전방향에 따라 웜휠이 회전하여 플런저를 상하 직선운동으로 바꾸어 ISC-서보 레버를 작동시켜 스로틀 밸브의 열림 정도를 조절하여 공전속도를 조절한다.

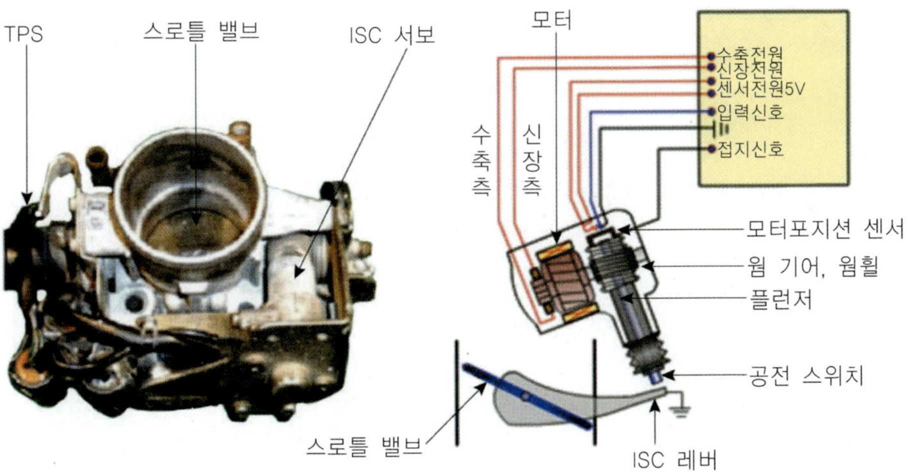

(a) (b)

[그림 149] ISC-서보의 구조

2) 스텝 모터방식(step motor type)

이 방식은 컴퓨터로부터의 작동 펄스신호에 의해 좌우 방향으로 15° 만큼씩 단계적으로 마그네틱 로터가 일정하게 회전하여 마그네틱 축과 나사(screw)로 연결된 밸브의 길이가 변화하여 바이패스 되는 공기량을 증감시킨다. 스텝 모터방식의 특징은 다음과 같다.

① 피드백 제어(feed back control)가 필요 없어 제어계통이 단순하다.

② 컴퓨터로 제어하기가 매우 쉽다.

③ 회전오차 각도가 누적되지 않는다.

④ 정지할 때 큰 정지 회전력을 갖는다.

⑤ 브러시가 없어 신뢰성이 높다.

⑥ 직류전동기보다 능률이 낮다.

⑦ 출력당 중량이 크다.

⑧ 특정 주파수에서 공진, 진동현상이 발생한다.

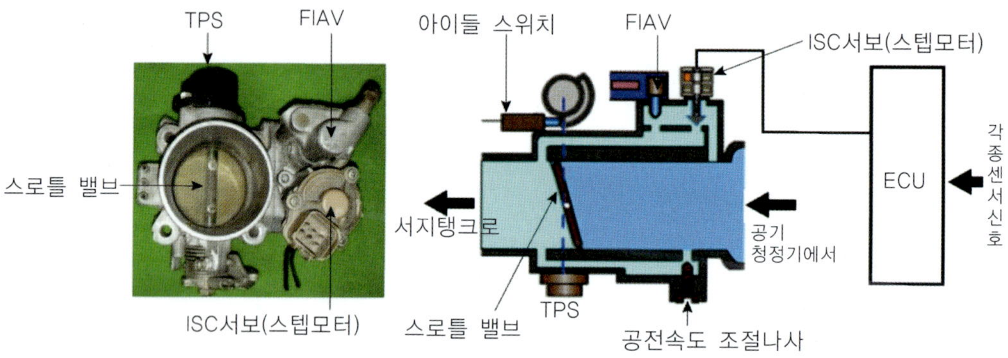

[그림 150] 스텝 모터방식의 계통도

3) 공전 액추에이터(idle speed actuator : ISA)

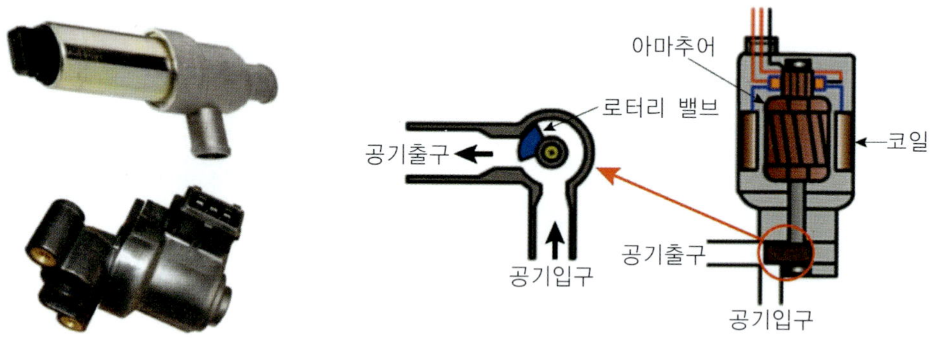

(a) ISA 종류 (b) 공전 액추에이터의 구성도

[그림 151] 공전 액추에이터

이 방식은 엔진에 부하가 가해지면 컴퓨터는 엔진의 안정성을 확보하기 위해 공전 액추에이터의 솔레노이드 코일에 흐르는 전류를 듀티 제어하여 솔레노이드 밸브에 발생하는 전자력과 스프링 장력이 서로 평형을 이루는 위치까지 밸브를 이동시켜 공기통로의 단면적을 제어한다.

(2) 공전속도 제어 종류

① **엔진을 크랭킹할 때 제어** : 스로틀밸브의 열림은 냉각수 온도에 따라 시동하기에 가장 적합한 위치로 제어한다.

② **패스트 아이들(fast idle) 제어** : 공전스위치가 ON으로 되면 엔진의 회전속도는 냉각수 온도에 따라 결정된 회전속도로 제어되며, 공전스위치가 OFF되면 공전속도 조절기구가 작동하여 스로틀 밸브를 냉각수 온도에 따라 규정된 위치로 제어한다.

③ **공전속도 제어** : 에어컨스위치가 ON이 되거나 자동변속기가 N레인지에서 D레인지로 변속될 때 등 부하에 따라 공전속도를 컴퓨터의 신호에 의해 공전속도 조절기구를 확장위치로 회전시켜 규정 회전속도까지 증가시킨다. 또 동력 조향장치 오일 압력 스위치가 ON이 되어도 마찬가지로 증속시킨다.

④ **대시포트 제어(dash port control)** : 이 장치는 엔진을 감속할 때 연료공급을 일시 차단시킴과 동시에 충격을 방지하기 위해 감속 조건에 따라 스로틀 밸브의 닫힘 속도를 제어한다.

⑤ **에어컨 릴레이 제어** : 엔진이 공전할 때 에어컨 스위치가 ON이 되면 공전속도 조절기구가 작동하여 엔진의 회전속도를 증가시킨다. 그러나 엔진의 회전속도가 실제로 증가되기 전에 약간 지연이 있다. 이렇게 지연되는 동안에 에어컨 부하에서 회전속도를 적절히 유지시키기 위해 컴퓨터는 파워 트랜지스터를 약 0.5초 동안 OFF시켜 에어컨 릴레이 회로를 개방한다. 이에 따라 에어컨 스위치가 ON이 되더라도 에어컨 압축기가 즉시 구동되지 않으므로 엔진의 회전속도 저하가 일어나지 않는다.

[7] 노크(knock) 제어장치

노크제어는 엔진에서 발생하는 노크를 노크센서로 감지하여 점화시기 및 연료 분사량을 제어하고 엔진 보호 및 엔진성능을 향상시킨다. 노크는 점화시기를 늦추면 발생하기 어려우므로, 노크가 발생한 경우에 노크센서가 엔진의 진동을 감지하여 컴퓨터로 입력시키면 컴퓨터는 곧바로 점화시기를 늦추어 더 이상 노크가 일어나지 않도록 한다.

[8] 자기진단 기능

컴퓨터는 엔진의 여러 부분에 입·출력 신호를 보내게 되는데 비정상적인 신호가 처음 보내질 때부터 특정 시간 이상이 지나면 컴퓨터는 비정상이 발생한 것으로 판단하고 고장코드를 기억한 후 신호를 자기진단 출력단자와 계기판의 엔진 점검등(CHECK ENGINE)으로 보낸다.

점화스위치를 ON으로 한 후 15초가 경과하면 컴퓨터에 기억된 내용이 계기판의 엔진 점검 등으로 출력되며, 정상이면 점화스위치를 ON으로 한 후 5초 후에 점검등이 소등된다. 이때 비정상(고장)항목이 있으면 점화스위치를 한 후 15초 동안 점등되어 있다가 3초 동안 소등된 후 고장 코드가 순차적으로 출력된다.

07 GDI(Gasoline Direct Injection) 엔진

GDI 엔진이란 원래 디젤엔진에서 쓰이는 기술로, 연료를 흡기포트가 아닌 실린더 내로 가솔린을 직접 분사함으로써 흡기 충진 효율이 증대되고, 실린더 내 연료증발을 통하여 연소실온도를 낮추어 노킹특성을 개선하고 압축비를 증대시켜 성능/연비를 개선한 가솔린 엔진이다.

일반 엔진의 공기와 연료의 혼합기 질량비는 14.7 : 1인데, 린번 엔진의 혼합기 질량비는 최대 22~23 : 1까지 희박하게 할 수 있고, GDI엔진은 25~40 : 1이라는 극히 희박한 혼합기 질량비가 가능하다.

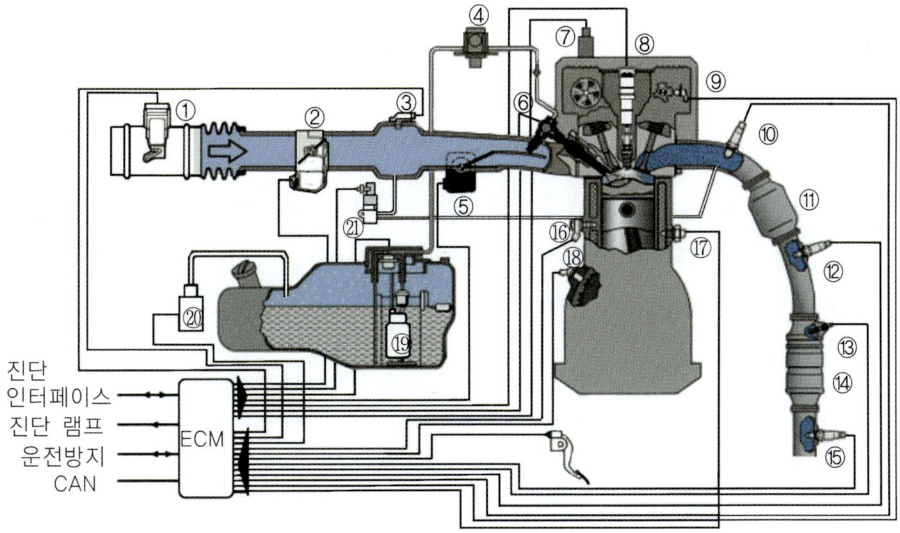

① 공기량 센서(MAFS) ② 스로틀 밸브(ETC) ③ MAP센서 ④ 고압펌프 ⑤ 에어플로우 컨트롤 밸브
⑥ 연료레일 및 인젝터 ⑦ 캠샤프트 액추에이터 ⑧ 점화코일 및 플러그 ⑨ 캠각센서(CMPS)
⑩ 1st 산소센서 ⑪ 1st 카탈리스트 ⑫ 2nd 산소센서 ⑬ 배기가스 온도센서 ⑭ 메인카탈리스트
⑮ 3rd 산소센서 ⑯ 노크센서 ⑰ 냉각수온센서(ECTS) ⑱ 크랭크각 센서(CKPS)
⑲ 저압 연료 펌프 모듈 ⑳ 차압센서 ㉑ EGR 밸브

[그림 152] GDI 시스템의 구성

7.1. GDI 방식의 장단점

7.1.1. GDI 방식의 장점

① 최소의 연료로 최대의 출력을 낼 수 있다.
② 냉각효과가 있어 압축비가 높아지기 때문에 효율이 상승한다.
③ 연료 분사 타이밍의 제한을 받지 않는다.
④ 배기가스가 줄어든다.

7.1.2. 단점

① 소음과 진동이 크다.
② 엔진의 내구성이 떨어진다.
③ 가격이 비싸다.
④ 미세먼지 필터를 장착해야 한다.

7.2. 흡기포트

텀블 유동을 발생 시키기 위해 흡기포트를 직립으로 세우고 실린더로 들어온 흡기가 실린더 안에서 아래로 내려갔다가 위로 올라오면서, 분사된 연료를 스파크플러그 주위로 모이도록 해서 농후한 혼합기로 함으로써 점화가 쉽게 되도록 한다.

한편, 스월 발생을 위해 헬리컬 포트로 하며, 스월 컨트롤 밸브를 설치하여 희박공연비에서 마찬가지로 성층연소가 되도록 한다. 이때 성층혼합기가 한곳에 머무르도록 피스톤 상면은 깊게 파낸 형태로 한다.

7.3. 연료공급

연료 공급면에 있어서, 짧은 기간에 기화 및 연소를 이루기 위해서는 연료분사압력을 기존 포트분사엔진의 약 3bar보다 훨씬 높은 50bar 정도로 해 줄 수 있는 고압연료 펌프가 필요하고, 연료의 미립화와 분산특성이 우수한 고압스월 인젝터를 사용하여야 한다. 또, 실린더에 분사된 연료가 공기와 잘 혼합이 되고 희박한 공연비에서도 점화가 잘 이루어지도록 저·중부하에서는 혼합기를 층상으로 형성시켜야 하기 때문에 흡기포트를 세우고 피스톤 상면에 움푹 페인 곳을 만들어 흡기유동을 조절해야 한다.

7.4. GDI엔진의 희박연소 과정

이론공연비를 훨씬 상회하는 공연비 30~40 정도에서 초 희박연소를 가능하게 하기 위해서는 연소실 내의 혼합기가 확산하지 않도록 점화플러그 주변에 집중시켜야 한다. GDI엔진의 초 희박 연소과정은 다음과 같다.

① 연소실의 강한 상하유동 흡입공기 와류(Tumble) 형성

[그림 153] **연소실 형상 및 와류 형성**

② 압축 행정 시 연료분사로 연료 성층화 형성

③ 초희박 연소

7.5. GDI 시스템의 연료공급 회로

7.5.1. 저압회로

GDI 시스템에서 저압회로는 흡기다기관 분사방식에서의 연료공급시스템과 본질적으로 동일하다. 일반적으로 공급펌프로는 1차 압력 3~5 bar를 쉽게 형성할 수 있는 용적형 펌프가 주로 사용되며, 고온 재시동성이 양호하고, 고온 작동 시에도 연료의 비등에 의한 기포발생을 방지할 수 있을 만큼의 고압을 형성할 수 있어야 한다. 또 동시에 저압회로의 압력을 엔진의 작동상태에 따라 쉽게 변화시킬 수 있어야 한다. 대부분 고온 재시동 시에는 압력을 단기간 내에 5 bar까지 상승시킬 수 있다.

7.5.2. 고압회로

고압회로는 고압펌프, 연료분배관(rail), 압력센서 그리고 시스템에 따라서는 압력제어밸브 또는 압력제한밸브로 구성되어 있다. 고압회로는 계속공급시스템과 필요한 만큼만 공급하는 시스템으로 구분할 수 있다. ECU는 엔진의 작동상태에 따라 연료압력조절기를

통해 연료압력을 50~120bar 범위에서 제어한다. 제어회로는 압력센서를 포함한 완벽한 피드백(feed back)회로를 구성하고 있기 때문에 실제값은 항상 ECU에 피드백된다.

7.6. 연료제어(Fuel Control)

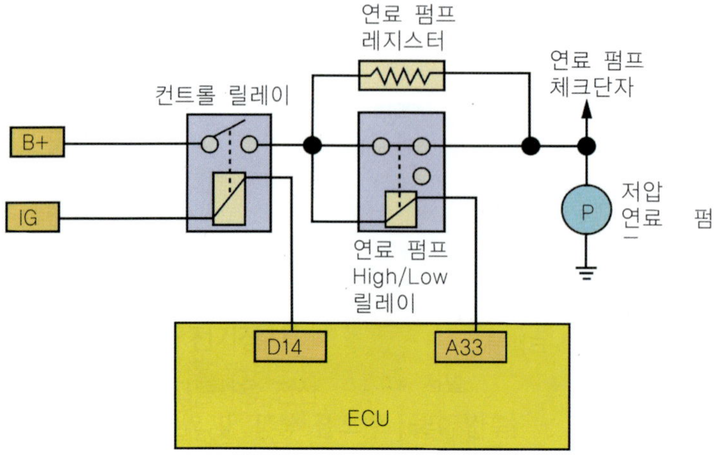

[그림 154] **연료장치의 구성도**

7.6.1. 스월형 인젝터(Swirl Injector)

2분사(spray)방식이며, 기존의 인젝터와는 달리 연료가 분사되면서 주위의 공기와 쉽게 혼합될 수 있도록 하기 위해 소용돌이를 이루면서 연료가 분사된다. 인젝터의 분사시기는 점화시기와 동일하게 분사되며, 엔진의 부하에 따라 피스톤의 흡입행정(일반연소) 또는 압축행정(희박연소)에서 분사된다.

[그림 155] **스월형 인젝터 설치 상태**

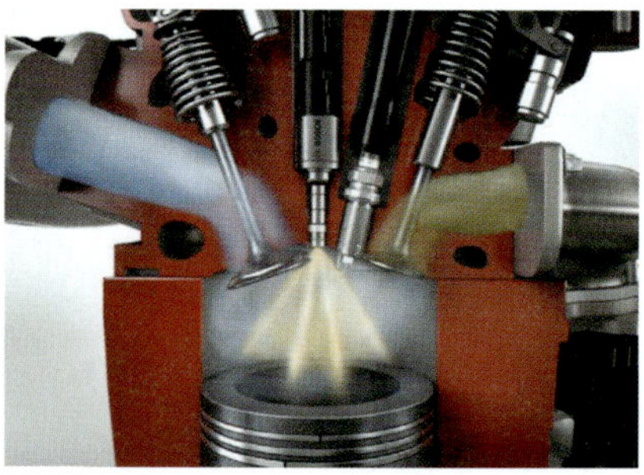

[그림 156] **GDI 연료분사**

부분부하 영역에서는 압축행정 말기에 분사되고, 전부하 영역에서는 흡입행정 중에 분사되어 흡입공기의 열을 흡수하여 기화하는 한편 흡입공기의 냉각으로 흡입효율이 향상된다. 인젝터의 구동은 엔진 컴퓨터가 직접 하는 것이 아니라 엔진 컴퓨터가 인젝터 드라이브 A & B에 연료분사 신호를 보내면 인젝터 드라이브는 해당 인젝터를 구동한다.

7.6.2. 인젝터 드라이브(Injector Drive) A & B

인젝터 드라이브는 드라이브 릴레이로부터 전원을 공급받아서 각 인젝터에 전원을 공급함과 동시에 인젝터 회로의 단선, 단락을 검출하여 엔진 컴퓨터로 고장유무 신호를 입력시킨다. 인젝터의 구동은 엔진 컴퓨터로부터 연료분사 시간 신호를 입력받아 인젝터를 구동시킨다.

인젝터 드라이브를 사용하는 목적은 연료압력이 기존 흡기관 내 분사식 엔진보다 10~20배 이상 되기 때문에 인젝터에서의 전류소모가 많으며, 발열량이 커지기 때문에 이를 방지하기 위함이다. 인젝터 드라이브는 #1, #4, #6, #7 인젝터를 구동하는 드라이브 A와 #2, #3, #5, #8 인젝터를 구동하는 드라이브 B 등 2개가 있다.

7.6.3. 연료압력센서(Fuel Pressure Sensor)

연료압력센서는 저압 연료 펌프 상단에 장착되어 있으며 저압 연료 라인의 압력을 측정한다. 검출된 압력을 전압신호로 컴퓨터에 입력시켜 인젝터의 연료 분사량 보정신호로 사용한다.

[그림 157] **연료 압력 센서**

7.6.4. 연료 펌프 릴레이

연료압력센서의 고장으로 인한 엔진 경고등의 점등 또는 고압모드에서 연료의 압력이 70 kgf/cm^2 이상일 때 엔진 컴퓨터는 연료 펌프 릴레이를 OFF시킨다. 또한 크랭크 각 센서로부터 검출된 엔진 회전속도가 50 rpm 이하에서도 연료 펌프를 OFF시킨다.

7.6.5. 연료 펌프 레지스터

고압펌프의 유량특성은 엔진을 크랭킹할 때에는 회전속도가 낮기 때문에 토출량이 적으며 이 상태에서 저압 연료 펌프가 작동하면 연료 펌프의 전류소모가 커지게 된다. 고압펌프 이전까지의 저압계통에는 저압 레귤레이터 바이패스 압력까지 상승하여 토출 부하가 걸리게 되어 저압 연료 펌프의 손상이 염려된다. 이를 방지하기 위해 저압 연료 펌프의 배선에 레지스터(저항)를 두어 연료 펌프가 천천히 구동되도록 엔진 컴퓨터에서 연료 펌프 릴레이를 제어한다.

7.6.6. 고압 연료 펌프(High Pressure Fuel Pump)

좌우 실린더헤드에 각각 설치된 고압 연료 펌프는 엔진의 흡입 캠축의 캠으로 구동된다. 압축된 연소실로 연료를 직접 분사하기 위해서는 연료탱크 내에 설치된 저압 연료 펌프만으로는 분사압력(약 3 kgf/cm^2)이 매우 낮으므로 저압 연료 펌프에서 공급된 연료를 고압 연료 펌프에서 약 50 kgf/cm^2 정도의 압력으로 상승시켜 인젝터에 공급한다.

7.6.7. 고압 레귤레이터(High Pressure Regulator)

엔진 회전속도가 상승하면 고압 연료 펌프의 작동이 빨라져 연료압력이 계속 상승한다. 만약 연료압력이 계속 상승한다면 연료 분사량 등이 바뀔 수 있기 때문에 연료 파이프에 고압 레귤레이터를 설치하여 연료압력이 약 50 kgf/cm^2 이상을 초과하면 바이패스 시킨다.

또한 고압 레귤레이터 내에는 체크밸브(check valve)가 설치되어 있으나 엔진의 작동을 정지시킨 경우에는 압력이 저하되므로 엔진을 재 시동하였을 때에는 연료 압력이 정상으로 되기까지는 다소 시간이 걸린다.

7.6.8. 연료 압력 조절밸브(FPRV : Fuel Pressure Regulator Valve)

연료 압력 조절 밸브는 고압 연료 펌프에 장착되어 있으며, 여러 엔진 구동 조건으로 계산된 ECU 컨트롤 신호에 의해 인젝터로 유입되는 연료량을 조절한다.

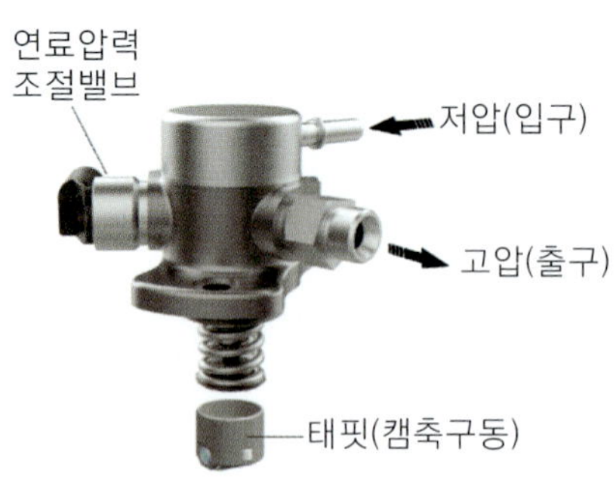

[그림 158] **고압 연료 펌프 및 연료 압력 조절밸브**

08 LPG · LPI · CNG 연료장치

8.1. LPG(Liquefied Petroleum Gas)

8.1.1. LPG장치의 개요

LPG는 원유를 정제할 때 나오는 부산물 중의 하나이며, 주성분은 프로판이 47~50%, 부탄 36~42%, 오리핀이 8% 정도이며 저위 발열량은 12,000 kcal/kgf이다.

LPG는 냉각이나 가압에 의해 쉽게 액화하고 반대로 가압이나 감압에 의해 기화하는 성질이 있다. 또 기화된 LPG는 공기의 약 1.5~2.0배 정도 무겁다. 순수한 LPG는 색깔과 냄새가 없으며 많은 양을 유입하면 마취되는 수가 있다.

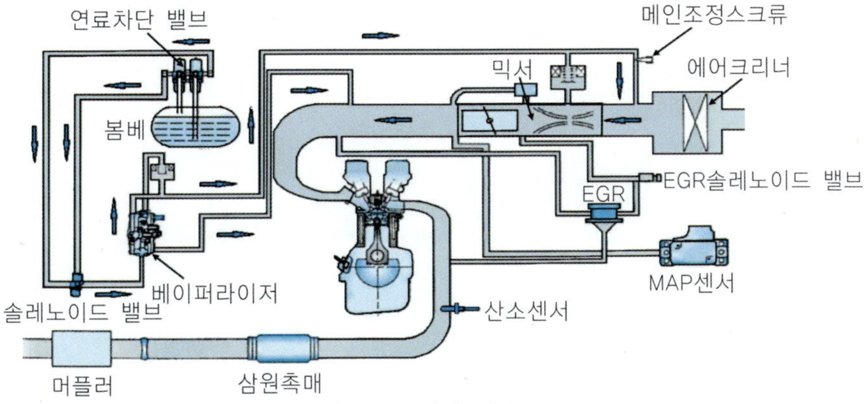

[그림 159] LPG 엔진 계통도

자동차용 연료로 사용되는 LPG는 가스 누출의 위험을 방지하기 위하여 착취제(유기황, 질소, 산소화합물 등)를 첨가하여 특이한 냄새가 나도록 하고 있다. 최근에 사용하는 LPG는 겨울철에는 엔진의 시동성능을 향상시키기 위해 프로판 30%와 부탄 70%의 혼합가스를, 여름철에는 출력을 향상시키기 위하여 부탄 100%인 가스를 사용한다.

8.1.2. LPG 연료 계통

[1] LPG 봄베(LPG Bombe)

LPG를 보관할 수 있는 고압용기이다. 액체 상태의 유지 압력은 7~10 kgf/cm^2이며, 봄베는 충전 밸브(녹색), 기체 송출밸브(황색), 액체 송출밸브(적색) 등 3가지의 밸브와 충전량 지시 장치인 액면 표시계와 플로트 게이지가 있다. 충전량은 안전을 위하여 봄베 용량의 85%까지만 충전하도록 한다. 믹서를 사용하는 LPG 엔진의 연료공급 경로는 봄베(연료탱크) → 솔레노이드 밸브 → 베이퍼라이저 → 믹서 순서이다.

① **긴급 차단 밸브** : 주행 중 돌발 사고로 엔진이 정지하면 연료를 차단하여 화재 위험을 방지한다(엔진룸의 액 · 기상 솔레노이드 밸브와 병렬로 연결).

② **과충전 방지 밸브(안전밸브)** : 연료 주입 시 85%가 충전되면 연료의 유입을 차단하고 봄베 내의 압력이 24 kgf/cm^2 이상 되면 연료를 방출시키고, 16 kgf/cm^2으로 저하되면 다시 닫혀 봄베 내의 압력을 일정하게 유지시킨다.

③ **과류방지 밸브** : 차량 전복으로 인하여 연료파이프가 파손되었을 때 봄배 내의 LPG 송출을 차단한다.

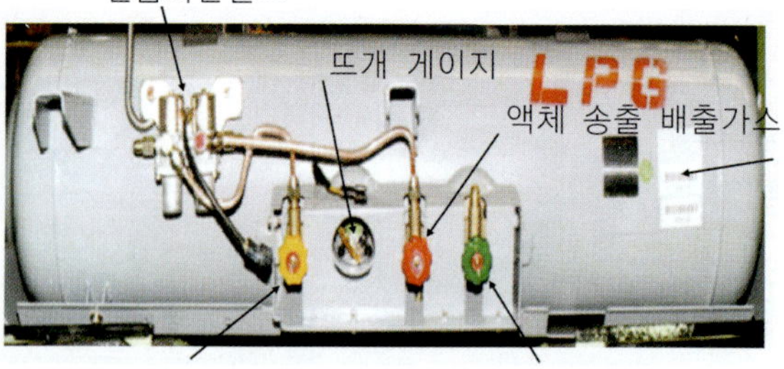

[그림 160] LPG 봄베

[2] 솔레노이드 밸브(Solenoid Valve)

엔진의 온도에 따라서 15℃ 이상에서는 액체를 15℃ 이하에서는 기체 상태의 연료를 공급 또는 차단하며, 전기적인 신호로 제어되는 일종의 전자석이다. LPG 여과기는 솔레노이드 밸브 아래에 장착되어 연료 내의 불순물을 제거한다.

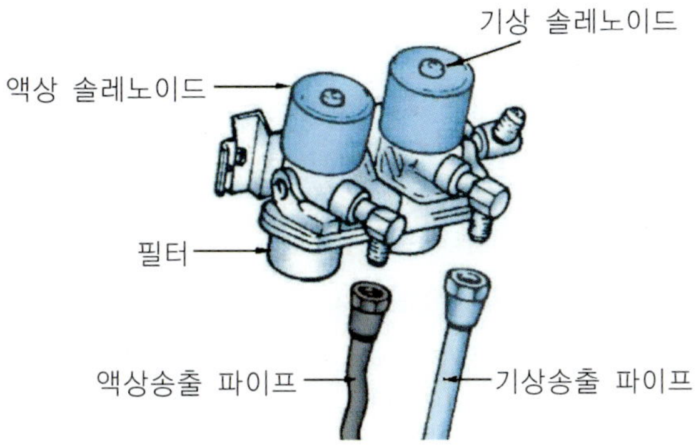

[그림 161] **솔레노이드 밸브**

[3] 베이퍼라이저(vaporizer)

봄베에서 공급되는 액체연료를 대기압에 가깝게 감압시켜 믹서로 연료를 공급하는 역할을 한다.

[4] LPG믹서(mixer)

공기와 가스를 혼합시켜 주는 장치로서 전기장치나 에어컨 등을 사용하여 엔진부하가 증가하면 이를 보상해주는 장치도 같이 장착된다.

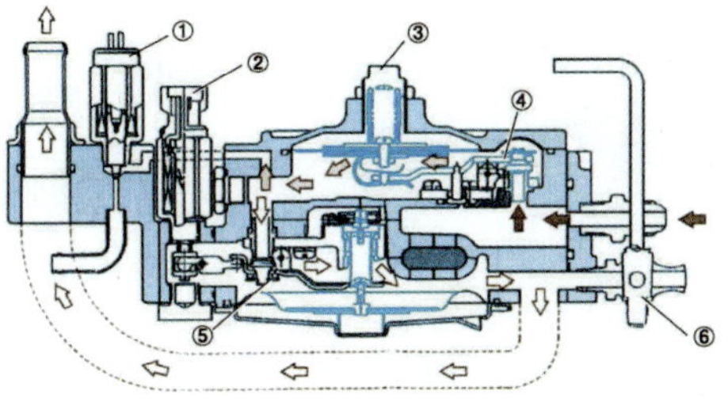

① 슬로우 컷 솔레노이드
② 2차 록 솔레노이드
③ 1차 압력조정 스크류
④ 1차 밸브
⑤ 2차 밸브
⑥ 드레인 콕크

[그림 162] **베이퍼라이저**

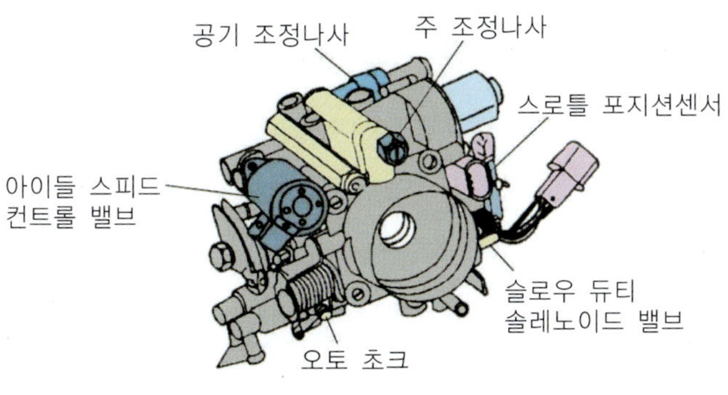

[그림 163] **믹서**

8.2. LPI(Liquid Petroleum Injection)

LPI장치는 LPG를 고압의 액체상태(5~15bar)로 유지하면서 엔진 ECU(컴퓨터)에 의해 제어되는 인젝터를 통하여 각 실린더로 분사하는 방식이다. 즉, LPG가 각각의 실린더에 독립적으로 공급 제어되는 방식이다. LPI의 장점은 다음과 같다.

① 겨울철 시동성능이 향상된다.

② LPG 공급량의 정밀한 제어로 이미션(emission)규제 대응에 유리하다.

③ 가솔린 엔진과 같은 수준의 동력성능을 발휘한다.

④ 고압 액체 상태로 연료가 분사되므로 타르 생성이 없어 타르 배출이 필요 없다.

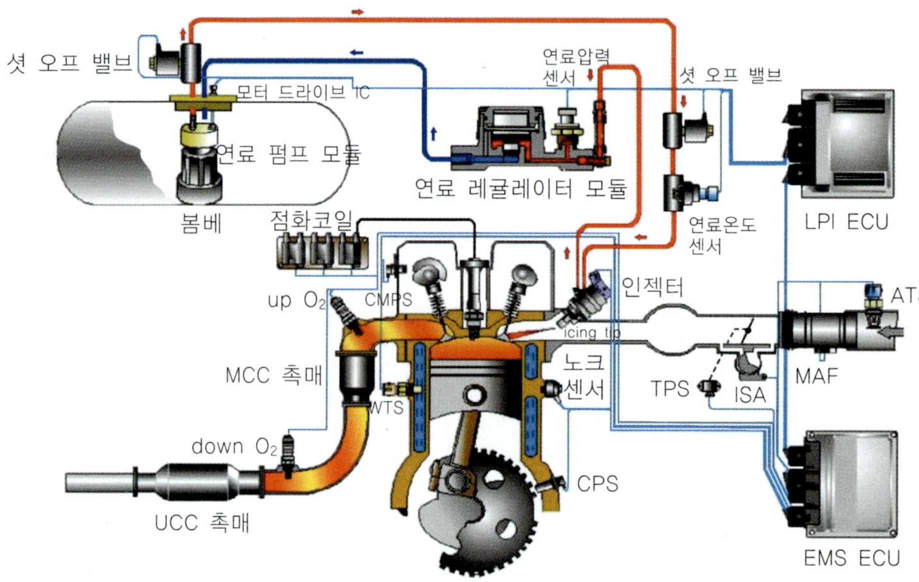

[그림 164] **LPI장치의 구성도**

8.2.1. LPI 연료 공급 장치의 구성과 작용

[1] 봄베(bombe)

① 봄베(연료탱크) : LPG를 저장하는 탱크이며, 연료 펌프를 내장하고 있다.

② 멀티 밸브 : 송출 밸브, 수동 밸브, 연료차단 솔레노이드 밸브, 과류방지 밸브 등으로 구성

③ 충전 밸브 : LPG를 충전하기 위한 밸브

④ 유량계 : 봄베 내의 LPG 보유량을 표시

[그림 165] LPI 봄베

[2] 연료 펌프 모듈

연료 펌프 모듈은 멀티밸브와 BLDC 모터 & 펌프 어셈블리로 구성되어 있으며, ECU의 제어에 맞춰 봄베 내 액상 LPG 연료를 송출하는 역할을 한다.

멀티밸브에는 밸브 하우징, 연료 누출 시 연료를 차단하는 연료차단 솔레노이드 밸브, 장기간 차량을 운행하지 않을 때 연료를 수동으로 차단하는 수동 밸브, 남은 연료를 탱크로 리턴시키는 리턴 밸브, 연료라인 이상 압력 발생 시에 연료를 봄베 내로 복귀시키는 릴리프 밸브로 구성되어 있다. 펌프 어셈블리에는 BLDC모터와 양정형 펌프로 구성되어 있다.

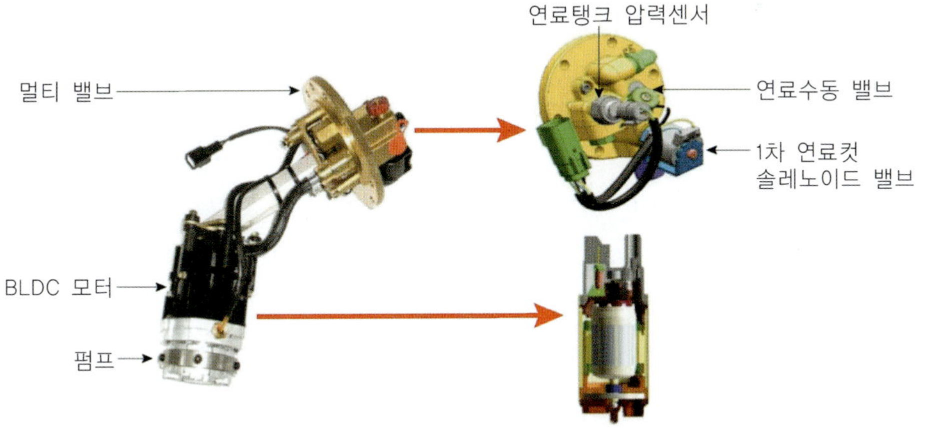

[그림 166] LPI 연료 펌프 모듈

연료 펌프 모터는 BLDC(Brush Less Direct Current) 3상 모터로 구동되며, 연료 모터와 연결된 펌프 중심축은 편심 캠샤프트로 만들어져 있어서 모터가 회전하면 끝단부 편심축이 회전운동을 하고 펌프실 다이어프램이 왕복운동을 하게 된다. 펌프실 내부의 다이어프램이 스프링 힘에 의해 밀려 연료가 흡입되면서 연료 입구측 체크밸브가 열리게 되고 출구측 체크밸브는 닫힌다. 편심축이 계속 회전을 하여 펌프실 다이어프램을 밀면 연료는 압축될 때 입구측 체크밸브를 닫고 출구측 체크밸브는 열리면서 액상의 LPG 연료를 압송하게 된다. 엔진에서 요구되는 펌프 유량에 따라 펌프 드라이브 모듈에 의해 5단계로 연료를 압송한다.

[3] 과류 방지 밸브

과류 방지밸브는 자동차 사고 등으로 인하여 LPG 공급라인이 파손되었을 때 봄베로부터 LPG 송출을 차단하여 LPG 방출로 인한 위험을 방지하는 작용을 한다.

[4] 수동 밸브(액체상태 LPG 송출 밸브)

수동밸브(manual valve)는 장기간 동안 자동차를 운행하지 않을 경우 수동으로 LPG 공급라인을 차단할 수 있도록 한다.

[5] 릴리프 밸브

릴리프 밸브(relief valve)는 LPG 공급라인의 압력을 액체상태로 유지시켜, 열간 재시동 성능을 개선시키는 작용을 하며, 입구에 연결되는 판과 스프링 장력에 의해 LPG 압력이 20±2 bar에 도달하면 봄베로 LPG를 복귀시킨다.

[6] 인젝터(injector)와 아이싱 팁(icing tip)

(1) 인젝터(injector)

인젝터 니들 밸브가 열리면 연료압력 조절기를 통하여 공급된 높은 압력의 LPG는 연료 파이프의 압력에 의해 분사된다. 이때 분사량 조절은 인젝터의 출구 면적이 일정하기 때문에 인젝터 통전시간 제어를 통하여 이루어지며, 이것은 LPG 공급압력을 감지한 IFB(인터페이스 박스)에 의해 제어된다.

(2) 아이싱 팁(icing tip)

LPG분사 후 발생하는 기화 잠열로 인하여 주위 수분이 빙결을 형성하는데 이로 인한 엔진 성능저하를 방지하기 위해 아이싱 팁을 사용한다. 아이싱 팁은 열 전도성이 좋은 황동 재질을 사용한다. 재질의 차이를 이용하여 얼음의 결속력을 저하시켜 얼음의 생성을 방지하는 작용을 한다.

[그림 167] **LPI 인젝터와 아이싱 팁**

[7] 연료압력 조절기

연료압력 조절기는 봄베 내의 압력 변화에 대하여 분사량을 일정하게 유지하는 작용을 하며, 인젝터 내에 걸리는 LPG의 공급압력을 봄베의 압력보다 항상 5bar 정도 높도록 조정한다. 연료압력 조절기의 스프링 실(spring chamber)은 출구 쪽 압력과 연결되어 있어 항상 봄베의 압력이 형성되며, LPG 공급압력이 규정값을 초과하면 다이어프램이 밀려 올라가게 되고, 이때 LPG는 리턴라인을 거쳐 봄베로 복귀한다. 또 연료압력 조절기 이외에 분사량을 보상하기 위한 가스압력 측정센서, 가스온도 측정센서 및 연료차단 솔레노이드 밸브를 내장하고 있어 LPG 공급라인의 공급 및 차단을 제어하는 작용을 한다.

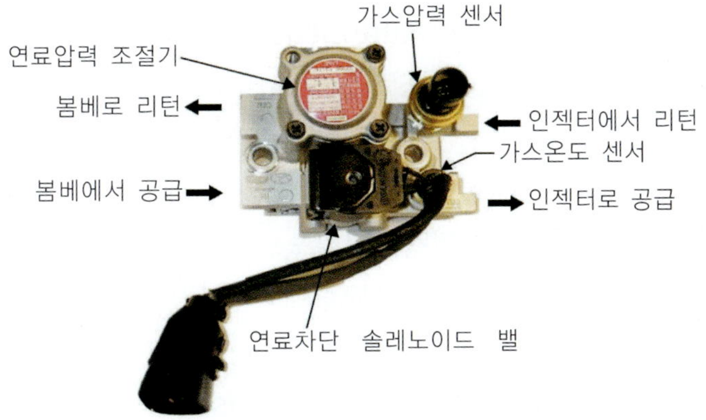

[그림 168] **연료압력 조절기의 구조**

[8] 연료 필터

LPI 차량의 경우 LPG 엔진 시스템보다 흡기 내 카본 슬러지가 많이 퇴적되며 인젝터의 오염도 상당히 심해지고 고장도 자주 발생되어 시동성 및 연비, 출력에 영향을 미치므로 연료 중의 슬러지를 걸러 준다.

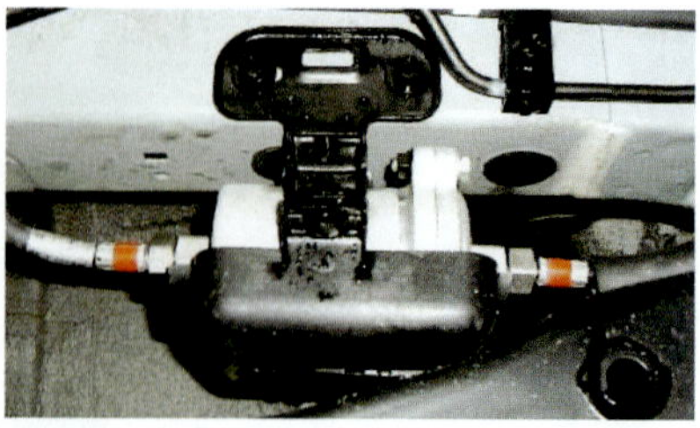

[그림 169] LPI 연료 필터 및 장착위치

8.2.2. LPI 장치의 전자제어 입력요소

[1] 공기량 측정센서(MAF : mass air flow meter)

공기량 측정센서는 핫 필름(hot film)소자가 흡입 공기량을 측정하여 ECU로 신호를 보낸다. 이때 ECU는 LPG 분사량 및 점화시기를 결정하고, 고지(高地)상태를 인식하여 고지에 따른 분사량 보상 및 에어컨 부하 보상, 공전제어 액추에이터 학습에 사용된다.

[2] 흡기 온도 센서(ATS : air temperature sensor)

흡기 온도 센서는 흡입되는 공기의 온도를 측정하여 LPG 분사량 및 점화시기를 보정하며, 공전상태를 제어할 때 공기온도 보상 등에 사용된다.

[3] 수온센서(WTS : water temperature sensor)

수온센서는 부특성(NTC : negative temperature coefficient) 반도체 소자를 이용하여 엔진 냉각수 온도를 측정한다. 부특성 반도체 소자는 서미스터(thermistor)저항체로 온도가 상승하면 저항값이 감소한다. 엔진을 시동할 때 기본 분사량 및 점화시기 결정, 시동할 때 기본 공전제어 듀티량 결정, 대시포트일 때 LPG 공급량 보정, 냉각 팬 제어, 구동력 제어에 필요한 배기가스 온도 모델링에 사용된다.

[4] 스로틀 위치센서(TPS : throttle position sensor)

스로틀 위치센서는 스로틀 보디 밸브 축과 함께 회전하는 센서용 와이퍼(wiper, 또는 슬라이더)가 센서 내의 저항 판을 따라 회전할 때 저항값의 변화량에 비례하는 센서 신호가 발생한다. 스로틀 위치센서의 신호와 함께 엔진공전, 부분부하, 전부하를 결정하여 분사량 및 점화시기, 에어컨 제어(에어컨 작동 중 급가속을 할 때 일정시간 동안 에어컨 작동을 정지시킴), 차량의 저크(울컥거림)방지 등에 사용된다.

[5] 노크센서(knock sensor)

압전소자(piezo-ceramic)를 이용한 노크센서를 각 뱅크의 실린더 블록 중앙에 설치하여 엔진 진동(각 실린더마다 노크 여부)을 감지하여 ECU로 신호를 보내어 점화시기를 제어하며 노킹을 억제한다.

[6] 차량 속도센서

차량 속도센서의 역할은 변속기 하우징에 설치된 차량 속도센서로(1회전당 4개의 펄스 출력) 변속기 내의 투스(tooth)신호를 감지하여 ECU로 보낸다. 이 신호는 ECU의 주행속도 계산용, 타코미터의 주행속도 표시용으로 사용된다.

[7] 산소센서(HO_2S) - 지르코니아 방식(ZrO_2)

촉매컨버터가 요구하는 공연비를 실현하는 방법으로 배기다기관에 산소센서를 부착하여 공연비가 이론 공연비에 대해서 농후 상태인지, 희박 상태인지를 검출하여 이론 공연비가 되도록 유지한다.

[8] 캠축 위치센서(TDC 센서)

캠축 위치센서는 1개의 홀(hall)소자로 디지털 신호를 출력하며, 크랭크축 위치센서 신호와 캠축 위치센서의 신호를 비교하여 각 실린더 피스톤의 압축 상사점을 검출한다. 즉, 점화스위치 ON과 동시에 캠축의 위상을 곧바로 감지한다.

[9] 크랭크축 위치센서(CKP)

캠축 위치 센서 신호와 신호를 비교하여 압축 상사점에 대한 크랭크축(피스톤)의 위치를 측정한 신호로, 엔진 회전속도와 LPG 분사시기 및 점화시기를 결정하는 데 사용된다. 또 스로틀 위치센서 신호와 함께 엔진 작동조건(공전, 부분부하, 전부하 등)을 결정하는데 사용되며, 2개의 홀소자로 디지털신호를 출력한다.

[10] 가스압력 측정센서(GPS : gas pressure sensor)

액체상태의 LPG 압력을 측정하여 해당 압력에 대한 출력 전압을 인터페이스 박스(IFB)로 전달하는 작용을 하며, 이때 인터페이스 박스는 ECU가 LPG 공급 압력에 따른 인젝터 분사량을 계산하도록 ECU로 전달한다. 또 가스압력에 따르는 연료 펌프 구동시간 결정 및 LPG 조성 비율을 판정하여 최적의 분사량을 보정하는 데 이용되며, 가스온도 측정센서가 고장일 때 대처 기능으로 사용된다.

[11] 가스온도 측정센서(GTS : gas temperature sensor)

가스온도 측정센서는 연료압력 조절기 유닛 보디에 설치되어 있으며, 서미스터 소자의 원리를 이용하여 LPG 온도를 측정하여 ECU로 보낸다. ECU는 이 온도 값을 이용하여 계통 내의 LPG 특성을 파악하여 분사시기를 결정한다. 가스압력 측정센서와 함께 LPG 조성비율 판정신호로도 이용되며 분사량 및 펌프 구동시간 제어에도 사용된다.

8.2.3. LPI 전자제어 출력요소

[1] 점화코일

점화코일은 제1번과 제4번, 제2번과 제5번, 제3번과 제6번 실린더 순서로 점화되는 형식이며, ECU에 내장된 파워 트랜지스터에 의해 제어된다.

[2] 공전속도 제어 액추에이터(ISA)

공전속도 제어 액추에이터는 엔진이 공전할 경우 및 그 밖의 운전조건에 따라 필요한 공기량을 적절하게 조절한다. 2중 코일(열림과 닫힘)이 내장되어 있으며 ECU에 의해 제어된다. 기본 공전 듀티 제어량 결정, 각 엔진 운전조건(흡입 공기온도 보정, 고지(높은 지대) 보정, 부하 보정, 냉각수 온도 보정)에 따라 공전 듀티량 보정 및 공전제어에 사용한다.

[3] 인젝터

ECU 및 인터페이스 박스는 엔진 작동조건에 적합한 분사량을 계산하고 또 이 분사량을 전류 구동방식의 인젝터에 펄스신호로 전달한다. 기본 분사량은 흡입 공기량, 엔진 회전속도에 의해 산출되며, 연료 보정상황(공연비 제어 신호, 분사량 학습 값, 웜업 제어, 촉매 컨버터 가열제어, 감속할 때 분사량 제어, 공전속도 제어, 전부하일 때 분사량 증가, 가속할 때 분사량 증가, 재시동할 때)에 따라 분사량을 보정한다. 그리고 엔진 회전속도가 적당 수준에 도달하면 LPG 분사를 차단하는 안전기능이 있다.

[4] 연료차단 솔레노이드 밸브

연료차단 솔레노이드 밸브(cut-off solenoid valve)는 연료압력 조절기 유닛에 설치되어 있으며, 엔진 시동을 ON/OFF할 때 작동하는 ON/OFF방식이며, 엔진 시동을 OFF로 하면 봄베와 인젝터 사이의 LPG 공급라인을 차단하는 작용을 한다.

LPI장치는 연료압력 조절기 유닛과 멀티밸브에 각각 1개의 연료차단 솔레노이드 밸브를 두고 있으며, 이 2개의 밸브는 동일한 조건으로 동일하게 작동하여 2중으로 LPG 공급을 차단하는 기능을 한다.

[5] 펌프 드라이버

멀티밸브 상단에 조립되어 BLDC 모터의 구동을 제어하는 컨트롤러이며, ECU 제어 신호에 맞추어 엔진 부하 조건에 따라 펌프의 회전속도를 5단계(1단 : 500 rpm, 2단 : 1000 rpm, 3단 : 1500 rpm, 4단 : 2000 rpm, 5단 2800 rpm)로 구동하도록 제어하는 역할을 한다.

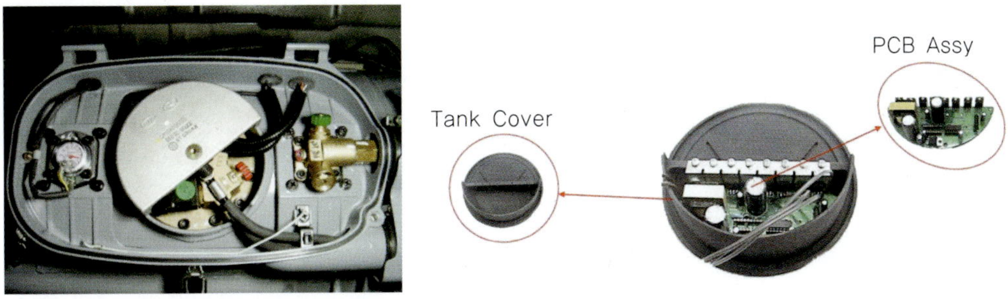

[그림 170] 펌프 드라이버

8.3. 천연가스 자동차(NGV : Natural Gas Vehicle)

천연 가스 자동차(NGV : Natural Gas Vehicle)는 천연 가스를 사용하는 저공해자동차의 일종이다. 연료로는 압축천연가스(CNG : Compressed Natural Gas)를 주로 사용하며, 최근에는 액화천연가스(LNG : Liquefied Natural Gas)를 사용하기도 한다.

8.3.1. 천연가스 자동차 종류

① **압축천연가스 자동차** : 천연가스를 약 200~250기압의 높은 압력으로 압축하며, 분진, 유황 등 불순물이 거의 함유되지 않은 청정 연료이며 비중이 0.6으로 고압 용기에 저장하여 사용한다.

② **액화천연가스 자동차** : 천연가스를 -162℃ 이하의 액체 상태로 초저온 단열용기에 저장하여 사용한다.

③ **흡착천연가스 자동차** : 천연가스를 활성탄 등의 흡착제를 이용하여 압축천연 가스에 비해 1/5~1/3 정도의 중압(50~70기압)으로 용기에 저장한다.

8.3.2. CNG 연료장치

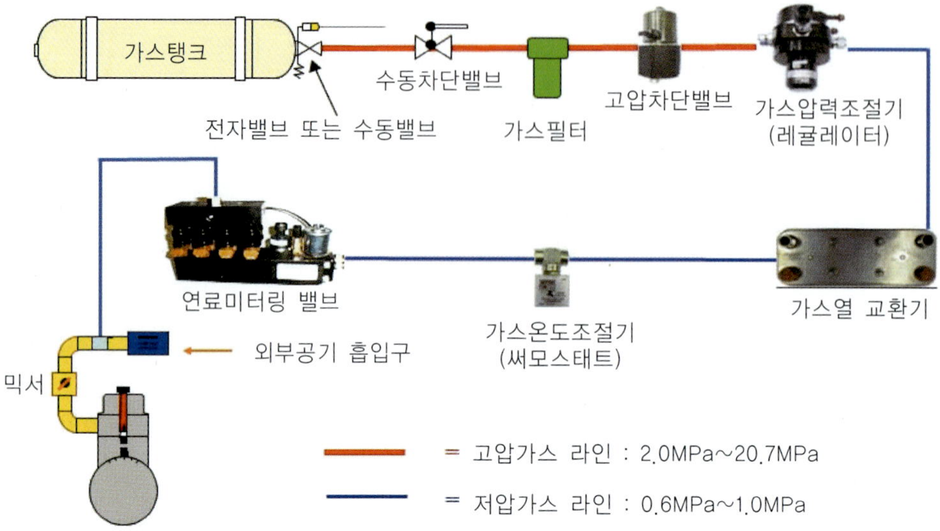

[그림 171] **CNG 연료공급 계통**

[1] 가스충전밸브(가스 주입구)

가스를 충전 시 사용하는 밸브로 충전밸브에는 체크밸브가 연결되어 고압가스 충전 시 역류를 방지하는 기능을 한다.

[2] 가스 압력계

가스탱크 내의 연료량을 압력으로 표시하며 탱크 잔류압력 1MPa 이하에서는 엔진 출력부족 현상이 발생하며 3.0MPa 이하에서는 재충전을 실시하여야 한다. CNG가스 탱크 완충 압력은 약 207 bar(= 3,000 psi = 201 kgf/cm^2 = 20.7 MPa)이며 연료가 기체 상태인 관계로 가스탱크의 온도에 따라 압력이 변화된다.

[그림 172] **가스충전 밸브 및 가스압력계**

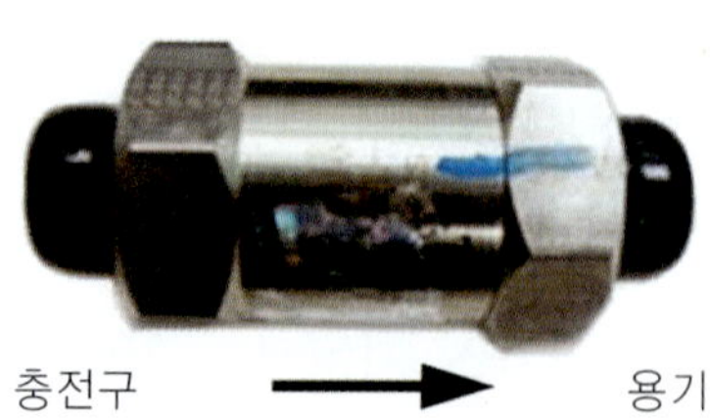

[그림 173] **체크 밸브**

[3] 체크 밸브

가스 충전밸브 연결부 뒤쪽에 설치되어 고압가스 충전 시 역류를 방지한다.

[4] GFI솔레노이드 밸브(용기 밸브)

시동 KEY ON/OFF 상태에 따라 가스용기에서 엔진으로 공급되는 가스를 공급 및 차단하는 역할을 하며 시동 KEY "ON" 상태로 5초 내에 RPM신호가 ECU에 입력되지 않으면 자동으로 밸브가 닫힌다.

[5] PRD(Pressure Relief Device) 밸브

화재로 인해 용기의 파열이 발생할 우려가 있을 경우 PRD밸브의 가용전(연납)이 녹으면서 가스를 방출하여 용기의 파열을 예방한다.

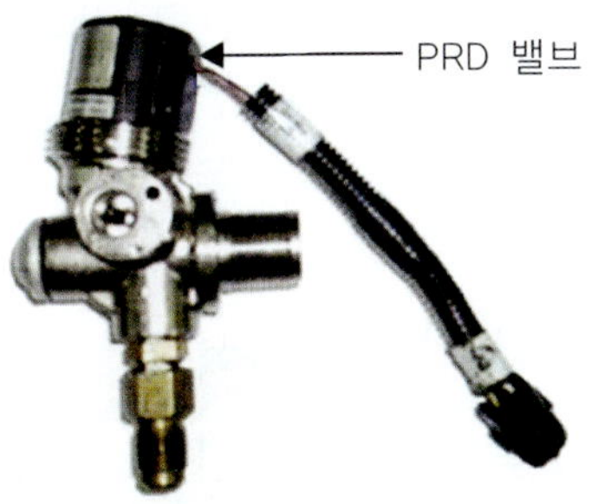

[그림 174] GFI솔레노이드 밸브 및 PRD 밸브

[그림 175] 가스필터

[6] 가스필터

수동차단 밸브의 파이프라인에 설치되며, 가스내의 불순물을 여과하여 불순물이 엔진에 공급되는 것을 방지한다. 가스 필터 점검 또는 교환 시에는 반드시 수동차단밸브를 잠그고 엔진이 정지된 후 작업해야 하며, 가스필터 관리 주기는 점검은 약 5,000 km마다. 교환은 20,000 km마다 한다.

[7] 기계식 수동밸브(용기밸브)

가스용기에서 엔진으로 공급되는 가스를 공급 및 차단하는 밸브로 각각의 용기에 설치되고, 수동으로 밸브를 열고 닫는다.

[8] 수동차단밸브

엔진 정비 시 엔진 배관에 남아있는 가스를 제거할 때 사용한다. 수동차단 밸브를 잠그고 엔진 시동을 걸어 엔진 측 배관 내의 잔류가스가 제거되면 엔진은 자동으로 정지된다.

[9] CNG탱크 온도센서(NGTTS : Cnatural Gas Tank Temperature Sensor)

CNG탱크 온도센서는 부특성 서미스터로 탱크 위에 설치되어 있으며 탱크 속의 연료 온도를 측정한다. 연료온도는 연료를 구동하기 위해 탱크 내의 압력센서와 함께 사용된다.

[10] 고압차단 밸브(high pressure lock-off valve)

고압차단 밸브는 가스필터와 가스 압력 조정기 사이에 설치되며 가스탱크에서 엔진에 공급되는 압축천연가스를 과다한 압력 및 누기 발생 시 차량과 엔진을 보호하기 위하여 고압 가스라인을 차단하는 안전밸브이다. 시동키 "ON/OFF"시 동시에 열리고 닫힌다(전원공급시 플런저가 상향운동으로 밸브 개방 및 폐쇄). 밸브가 열리면 가스탱크로부터 고압의 가스가 연료라인을 따라 가스압력조절기로 공급된다. 연료공급압력은 3.0~20.7 MPa로 매우 높은 압력이다.

[그림 176] 고압차단 밸브

[그림 177] 가스압력 조정기 및 가스탱크 압력센서

[11] 가스압력 조정기(gas pressure regulator)

가스압력 조정기는 고압차단 밸브로부터 공급되는 고압의 가스를 0.62MPa로 감압시켜 감압 시 압력팽창에 의한 온도저하 및 동파 방지를 위해서 엔진의 냉각수가 유입된다. 가스압력 조정기 보디에 가스탱크 압력센서가 장착되어 있어 가스탱크의 가스압력 검출이 가능하며, 이 검출된 값이 계기판의 연료게이지에 표시된다. 가스압력 조정기의 가스 출구 측에는 과도압력조절장치(PRD)가 장착되어 있어 가스출구압력이 1.1MPa 이상일 경우에는 가스를 대기로 방출시킨다. 또한 가스압력 조정기에는 흡기관 압력보상장치가 있어 흡기압력에 따라 가스의 토출 압력이 변하게 되어 있다.

[12] 가스열 교환기(heat exchanger)

가스열 교환기는 가스압력 조정기와 가스 온도 조절기 사이 프레임 상단에 설치되어 가스탱크에 압축된 가스는 가스압력 조정기를 통과하면서 압력이 팽창하여 가스 온도저하 및 동파방지를 위하여 상대적으로 따뜻한 냉각수를 공급하여 가스의 온도를 상승시키는 역할을 한다. 정확한 연료량 제어를 위하여 적정한 가스온도(-40~45℃)로 유지하는 기능을 한다. 가스의 온도가 과냉 또는 과열되면 연료 유동상태가 나빠진다.

[그림 178] 가스열 교환기

[그림 179] 가스온도 조절기

[13] 가스온도 조절기(gas thermostat)

가스온도 조절기는 열 교환기에서 나온 가스는 플렉시블 호스를 통해 고압차단 밸브 우측에 설치된 온도 조절기로 공급된다. 엔진 냉각수의 유입을 자동적으로 조절하여 가스의 과냉 및 과열을 방지한다. 최적의 작동 온도로 유지하기 위해 일정 온도에서 냉각수의 흐름을 제어한다. 개방온도는 10~16℃이고 시동 시에는 완전히 개방이 되며 닫힘 온도는 40~49℃이다.

[14] 연료 미터링 밸브(fuel metering valve)

연료 미터링 밸브는 가스온도 조절기를 거친 가스는 플렉시블 호스를 통해 엔진의 좌측면에 설치된 연료미터링 밸브로 공급되며, 디젤엔진 인젝션펌프와 유사하다. 8개의 인젝터가 개별적 또는 간헐적으로 유로를 개폐하여 연료의 압력을 조정해서 엔진에 필요한 연료가스를 공급하며, 가속페달의 밟힘량 및 엔진회전수신호 등을 ECU에서 펄스신호로 제어하여 인젝터를 개방(인젝터의 개방시간으로 연료량을 제어)한다.

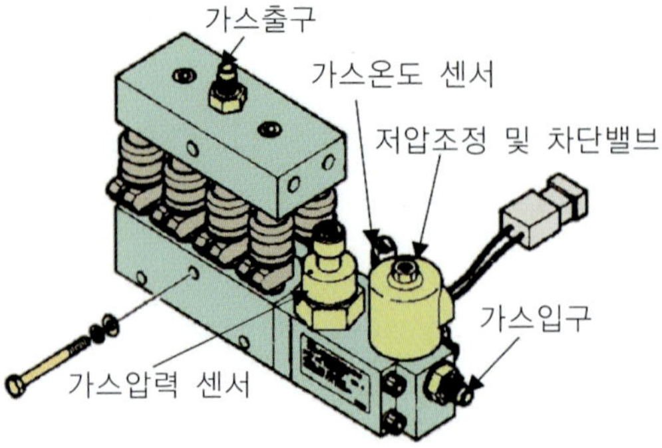

[그림 180] **연료 미터링 밸브**

[15] 가스혼합기(gas mixer)

가스혼합기는 연료 미터링 밸브에서 공급된 가스와 압축공기를 혼합시킨다.

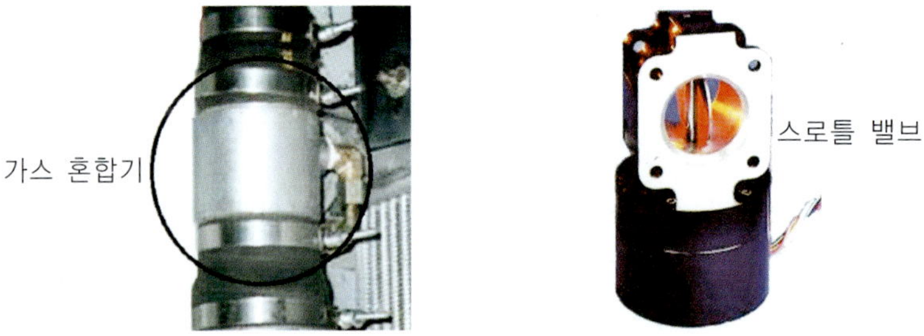

[그림 181] **가스 혼합기 및 스로틀 밸브**

[16] 스로틀 밸브(throttle valve)

스로틀 밸브는 엔진 흡기 매니폴드 파이프에 장착되어 가스 혼합기를 통과한 혼합가스가 엔진 실린더로 들어가는 양을 조절한다. 스로틀 밸브는 ECM에 의해 구동되는 모터와 스로틀 밸브의 위치를 파악하기 위한 스로틀 밸브 위치 센서(TPS)가 일체로 구성되어 있다.

09 디젤엔진

기계식 디젤 엔진은 흡입 행정에서 공기만 흡입한 후 15~20 : 1의 높은 압축비로 압축하여 그 온도가 500~600℃가 되게 한 후 연료를 분사 펌프로 가압하여 분사 노즐로 실린더 내에 분사시켜 자기 착화(압축 착화)시키는 엔진이다.

9.1. 기계식 디젤엔진의 개요

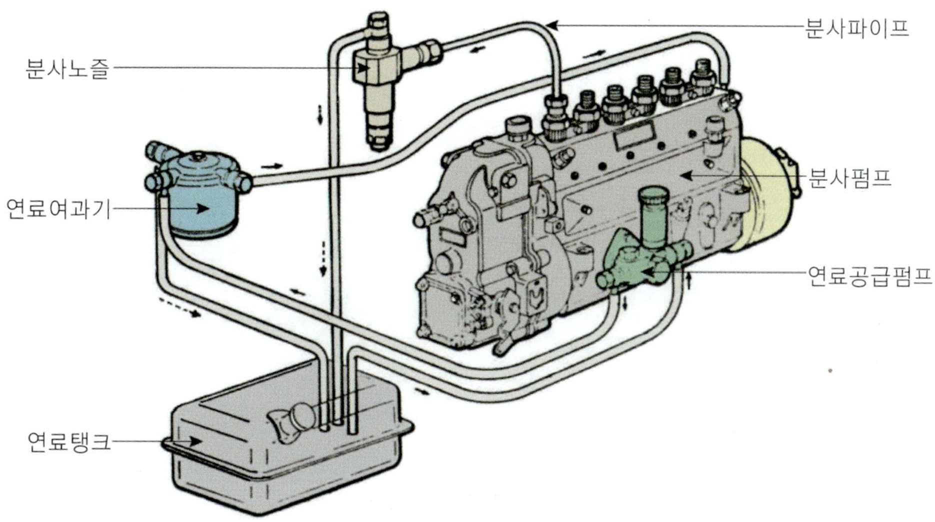

[그림 182] **디젤 연료 계통도**

9.1.1. 디젤엔진의 장 · 단점

[1] 디젤엔진의 장점

① 열효율이 높고, 연료 소비율이 적다.

② 인화점이 높은 경유를 연료로 사용하므로 그 취급이나 저장에 위험이 적다.

③ 대형 엔진 제작이 가능하다.

④ 경부하에서의 효율이 그다지 나쁘지 않다(저속에서 큰 회전력이 발생한다).

⑤ 배기가스가 가솔린 엔진보다 덜 유독하다.
⑥ 점화장치가 없어 이에 따른 고장이 적다.

[2] 디젤엔진의 단점

① 폭발압력이 높아 엔진 각 부분을 튼튼하게 하여야 한다.
② 엔진의 출력 당 무게와 형체가 크다.
③ 운전 중 진동과 소음이 크다.
④ 연료 분사장치가 매우 정밀하고 복잡하며, 제작비가 비싸다.
⑤ 압축비가 높아 큰 출력의 기동전동기가 필요하다.

9.1.2. 디젤엔진의 연료

[1] 경유의 물리적 성질

① 색깔 : 흑갈색~담황색
② 비중 : 0.83~0.89
③ 인화점 : 40~90℃
④ 발열량 : 10,700 Kcal/kgf
⑤ 자연 발화점 : 산소 속에서 245℃, 공기 속에서 358℃
⑥ 경유 1 kgf을 완전히 연소 시키는 데 필요한 건조 공기량은 14.4 kgf(11.2 m^3)

[2] 경유의 구비조건

① 자연 발화점이 낮을 것(착화성이 좋을 것)
② 황(S)의 함유량이 적을 것
③ 세탄가가 높고, 발열량이 클 것
④ 적당한 점도를 지니며, 온도 변화에 따른 점도 변화가 적을 것
⑤ 고형 미립물이나 유해 성분을 함유하지 않을 것

[3] 경유의 착화성

(1) 세탄가(cetane number)

세탄가는 디젤엔진 연료의 착화성을 표시하는 수치이다. 세탄가는 착화성이 우수한 세탄($C_{16}H_{34}$)과 착화성이 불량한 α −메틸 나프탈린의 혼합액이며 세탄의 함량비율(%)로 표시한다. 예를 들어 세탄가 60의 경유란 세탄이 60%, α −메틸 나프탈린이 40%로 이

루어진 혼합액과 같은 착화성을 가지는 것을 의미한다. 고속 디젤엔진에서 요구되는 세탄가는 45~70이며, 시중에서 판매되는 경유의 세탄가는 일반적으로 60 정도이다.

$$\text{세탄가} = \frac{\text{세탄}}{\text{세탄} + \alpha - \text{메틸나프탈린}} \times 100$$

(2) 디젤지수(diesel index)

디젤지수는 경유 중에 포함된 파라핀 계열의 탄화수소의 양으로 착화성을 표시하는 것이다.

(3) 임계 압축비

디젤엔진은 압축비를 낮추면 노크를 일으키는 성질을 이용한 것으로, CFR(미국 연료 연구단체)엔진에서 시험 조건을 일정하게 하고 각종 경유에 대하여 노크를 일으키기 시작할 때의 최저 압축비를 구한 것이다. 경유의 착화 지연에 따른 디젤 엔진 노크를 방지하기 위하여 연소 촉진제를 첨가하고 있는데 여기에는 질산에틸, 초산아밀, 아초산아밀, 초산에틸 등이 있다.

9.1.3. 기계식 디젤엔진의 연소과정과 노크

[1] 기계식 디젤엔진의 연소과정

기계식 디젤엔진의 연소과정은 착화 지연기간 → 화염 전파기간 → 직접 연소기간 → 후 연소기간의 4단계로 연소한다.

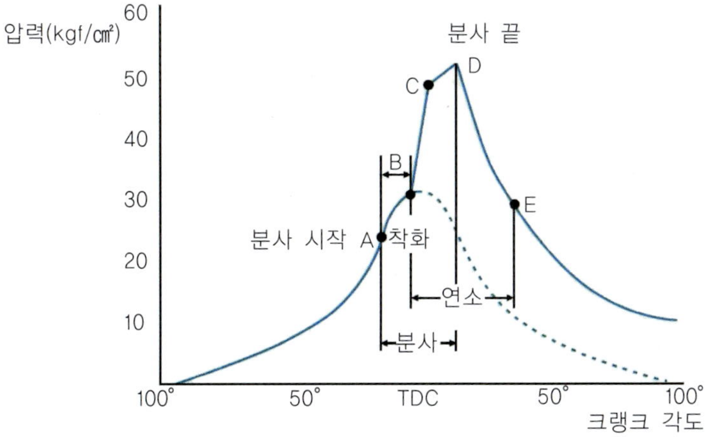

[그림 183] **디젤엔진의 연소과정**

(1) 착화 지연기간(A~B기간)

경유가 연소실 내에 분사된 후 착화될 때까지의 기간이며, 약 1/1,000~4/1,000초 정도 소요된다. 이 착화 지연기간이 길어지면 디젤엔진에서 노크가 발생한다.

(2) 화염 전파기간(폭발 연소기간 : B~C기간)

경유가 착화되어 폭발적으로 연소를 일으키는 기간이며, 정적 연소과정이다.

(3) 직접 연소기간(제어 연소기간 : C~D기간)

분사된 경유가 화염 전파기간에서 발생한 화염으로 분사와 거의 동시에 연소하는 기간이며, 정압 연소과정이다.

(4) 후 연소기간(후기 연소기간 : D~E기간)

직접 연소기간 동안 연소하지 못한 경유가 연소·팽창하는 기간이며, 이 기간이 길면 배기가스 온도가 상승해 엔진이 과열하며 열효율이 떨어진다.

[2] 디젤엔진의 노크

디젤엔진의 노크란 착화 지연기간 중에 분사된 많은 양의 연료가 화염 전파기간 중에 일시적으로 연소해 실린더 내의 압력이 급격히 상승하는데 원인하여 실린더 벽에 피스톤이 충격을 가하여 소음이 발생하는 현상이다. 디젤엔진 노크는 엔진에 과부하가 걸렸을 때, 엔진이 과냉되었을 때, 분사시기가 너무 빠를 때, 세탄가가 낮은 연료를 사용할 때 발생하며, 디젤엔진 노크 방지방법은 다음과 같다.

① 착화성이 좋은(세탄가가 높은) 경유를 사용한다.
② 압축비, 압축압력 및 압축온도를 높인다.
③ 엔진의 온도와 회전속도를 높인다.
④ 분사 개시 때 분사량을 감소시켜 착화 지연을 짧게 한다.
⑤ 분사시기를 알맞게 조정한다.
⑥ 흡입 공기에 와류가 일어나도록 한다.

9.1.4. 디젤엔진의 시동 보조기구

디젤엔진의 시동 보조기구에는 감압장치, 예열장치가 있으며 이외에 연소 촉진제 공급장치를 두기도 한다.

[1] 감압장치(de-compression device)

흡입밸브나 배기밸브를 캠축의 운동과는 관계없이 강제로 열어 실린더 내의 압축압력을 낮추어 엔진의 시동을 도와주며, 디젤엔진의 작동을 정지시킬 수도 있는 장치이다. 또 감압장치는 엔진을 시동할 때 실린더 내의 압축압력을 감압시켜 기동전동기에 무리가 가는 것을 방지할 수 있으며, 엔진의 고장을 발견하고자 할 때 크랭크축을 수동으로 가볍게 회전시킬 수 있도록 한다.

[2] 예열장치(preheating system)

디젤엔진은 압축착화 방식이므로 한랭한 상태에서는 연료(경유)가 잘 착화하지 못해 시동이 어렵다. 따라서 예열장치는 흡기다기관이나 연소실 내의 공기를 미리 가열하여 시동을 쉽도록 하는 장치이다.

(1) 흡기 가열방식

직접분사실식 연소실에서 실린더 내로 흡입되는 공기를 흡기다기관에서 가열하는 방식이며, 흡기 히터와 히트 레인지가 있다.

[그림 184] **히트레인지**

(2) 예열플러그 방식(glow plug type)

예열플러그 방식은 연소실 내의 압축공기를 직접 예열하는 형식이며, 예열플러그, 예열플러그 파일럿, 예열플러그 저항기, 히트 릴레이 등으로 구성되어 있으며 주로 예연소실식 연소실과 와류실식 연소실에서 사용한다.

1) 코일형(coil type)의 특징

① 히트코일이 노출되어 있어 적열 시간이 짧다.

② 전압 값이 작아 직렬로 결선되며, 예열플러그 저항기를 두어야 한다.
③ 히트코일이 연소가스에 노출되므로 기계적 강도 및 내부식성이 적다.

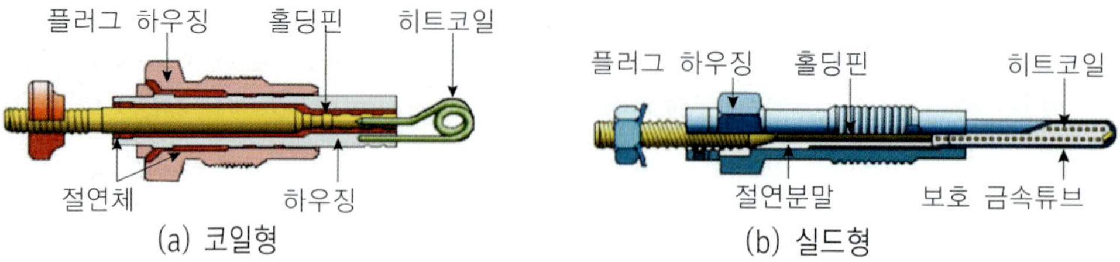

[그림 185] **예열플러그**

2) 실드형(shield type)의 특징
① 히트코일을 보호 금속튜브 속에 넣은 형식이다.
② 병렬로 결선되어 있으며, 전류가 흐르면 금속 튜브 전체가 적열된다.
③ 적열까지의 시간이 코일형에 비해 조금 길지만 1개당의 발열량과 열용량이 크다.
④ 히트코일이 연소열의 영향을 적게 받으며, 병렬 결선이므로 어느 1개가 단선 되어도 다른 것들은 계속 작용한다.

구분	코일형	실드형
발열량	30~40W	60~100W
발열부 온도	950~1050℃	
전압	0.9~1.4V	24V식은 20~23V, 12V식은 9~11V
전류	30~60A	24V식은 5~6A, 12V식은 10~11A
예열시간	40~60초	60~90초

9.1.5. 연소실

디젤엔진의 연소실은 단실식인 직접 분사실식과 복실식인 예연소실식, 와류실식, 공기실식 등으로 나누어진다. 연소실의 구비조건은 다음과 같다.
① 분사된 연료는 짧은 시간에 완전 연소 시켜야 한다.
② 평균 유효 압력이 높고, 연료 소비율이 적어야 한다.
③ 고속 회전 시 연소 상태가 좋아야 한다.
④ 시동이 용이하고, 디젤 노크가 적어야 한다.

[1] 직접 분사실식 연소실

직접 분사실식 연소실은 연소실이 실린더 헤드와 피스톤 헤드에 설치된 요철에 의하여 형성되며, 여기에 직접 연료를 분사하는 방식이다. 압축비는 13~16 : 1, 분사압력은 200~300 kgf/cm^2, 분사노즐은 구멍형을 사용한다. 직접 분사실식 연소실의 장·단점은 다음과 같다.

(1) 직접 분사실식 연소실의 장점

① 실린더 헤드의 구조가 간단하므로 열효율이 높고, 연료 소비율이 작다.
② 연소실 체적에 대한 표면적 비율이 작아 냉각손실이 작다.
③ 엔진의 시동이 쉽다.

(2) 직접 분사실식 연소실의 단점

① 분사압력이 가장 높으므로 분사펌프와 노즐의 수명이 짧다.
② 사용연료 변화에 매우 민감하다.
③ 노크발생이 쉽다.
④ 엔진의 회전속도 및 부하의 변화에 민감하다.
⑤ 다공형 분사노즐을 사용하므로 값이 비싸다.
⑥ 분사상태가 조금만 달라져도 엔진의 성능이 크게 변화한다.

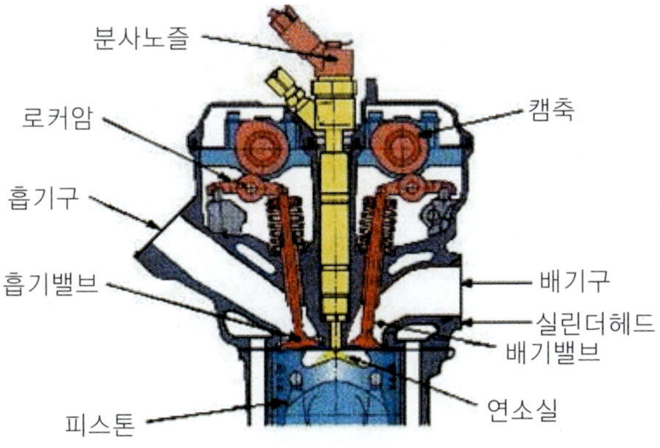

[그림 186] 직접 분사실식 연소실

[2] 예 연소실식 연소실

예 연소실식 연소실은 실린더 헤드와 피스톤 사이에 형성되는 주연소실 위쪽에 예 연소실을 둔 것이며, 먼저 분사된 연료가 예 연소실에서 착화하여 고온·고압의 가스를 발생 시키며, 이것에 의해 나머지 연료가 주 연소실에 분출하여 공기와 잘 혼합하여 완전 연소한다. 예 연소실의 체적은 전체 압축체적의 30~40%이며, 압축비는 15~20 : 1, 분사압력은 100~120 kgf/cm^2, 분사노즐은 핀틀형이나 스로틀형을 사용한다.

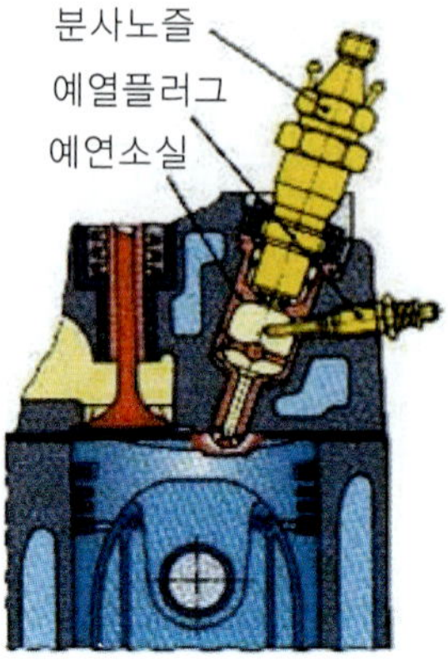

[그림 187] **예 연소실식 연소실**

(1) 예 연소실식 연소실의 장점

① 분사압력이 낮아 연료장치의 고장이 적고, 수명이 길다.
② 사용 연료변화에 둔감하므로 연료의 선택범위가 넓다.
③ 운전상태가 조용하고, 노크발생이 적다.

(2) 예 연소실식 연소실의 단점

① 연소실 표면적에 대한 체적비율이 크므로 냉각손실이 크다.
② 실린더헤드의 구조가 복잡하다.
③ 시동 보조 장치인 예열플러그가 필요하다.
④ 압축비가 높아 큰 출력의 기동전동기가 필요하다.
⑤ 연료 소비율이 비교적 크다.

[3] 와류실식 연소실

실린더나 실린더 헤드에 와류실을 두고 압축행정 중에 이 와류실에서 강한 와류가 발생하도록 한 형식이며, 와류실에 연료를 분사한다. 와류실에 분사된 연료는 강한 선회 운동을 하고 있는 공기와 만나 빨리 혼합되어 착화 연소하면서 주 연소실로 분출되어 다시 여기서 연소되지 못한 연료가 새로운 공기와 만나면서 연소하는 형식이다. 와류실의 체적은 전체 압축체적의 50~60% 정도이다. 압축비는 15~17 : 1, 분사압력은 100 ~140 kgf/cm^{2}이다.

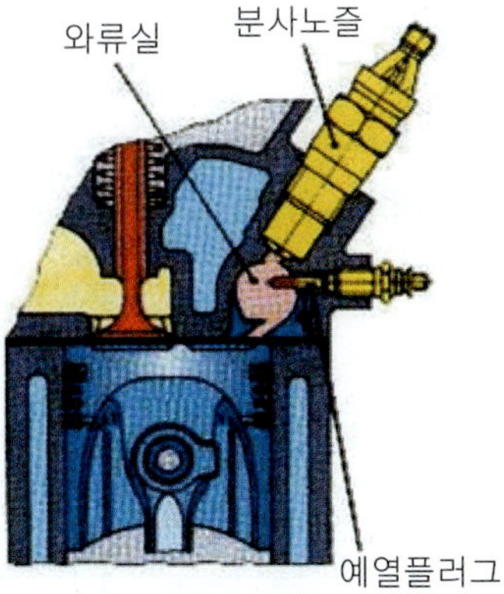

[그림 188] **와류실식 연소실**

(1) 와류실식 연소실의 장점

① 압축행정에서 발생하는 강한 와류를 이용하므로 회전속도 및 평균 유효압력이 높다.

② 분사압력이 낮아 연료 소비율이 비교적 적다.

③ 엔진 회전속도 범위가 넓고, 운전이 원활하다.

(2) 와류실식 연소실의 단점

① 실린더헤드의 구조가 복잡하다.

② 분출구멍의 조임 작용, 연소실 표면적에 대한 체적비율이 커 열효율이 낮다.

③ 저속에서 노크 발생이 크다.

④ 엔진을 시동할 때 예열플러그가 필요하다.

9.1.6. 기계식 디젤 엔진 연료공급 장치

연료 탱크 내 연료를 분사 펌프로 가압하여 분사노즐을 통해 실린더에 분사하는 장치며, 기계식 디젤 연료장치 에어빼기 작업은 공급펌프 → 연료여과기 → 분사펌프 순서로 빼며 플라이밍 펌프를 작동시키면서 벤트 플러그(vent plug)를 열고 기포가 없어질 때까지 작동한다. 이때 연료가 배출되기 시작하면 벤트 플러그를 잠그고 플라이밍 펌프를 고정한다. 구성은 다음과 같다.

연료 탱크 ⇨ 연료여과기 ⇨ 공급 펌프 ⇨ 연료여과기 ⇨ 분사파이프 ⇩ 연료여과기 ⇦ 분사 펌프 ⇦ 분사파이프 ⇦ 분사 노즐 ⇦ 연소실

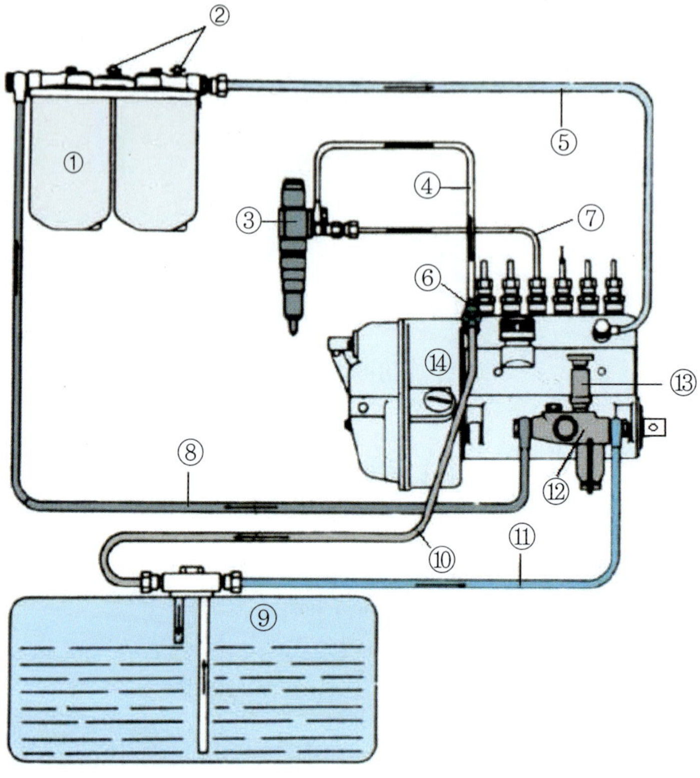

① 연료필터	② 공기빼기나사	③ 분사노즐
④ 리턴파이프	⑤ 연료 공급 파이프	⑥ 오버플로우 밸브
⑦ 연료분사 파이프	⑧ 연료공급 파이프	⑨ 연료 탱크
⑩ 리턴 파이프	⑪ 흡입 파이프	⑫ 연료공급 펌프
⑬ 플라이밍 펌프	⑭ 분사펌프	

[그림 189] 디젤 엔진 연료공급 장치

[1] 연료 공급 펌프(fuel feed pump)

공급 펌프는 연료탱크 내의 연료를 일정한 압력(2~3 kgf/cm^2)으로 압력을 가하여 분사 펌프로 공급하는 장치이며, 분사 펌프 옆에 설치되어 분사 펌프 캠축에 의하여 구동된다. 공급펌프에는 연료 공급계통의 공기빼기작업 및 공급 펌프를 수동으로 작동시켜 연료탱크 내의 연료를 분사 펌프까지 공급하는 플라이밍 펌프(priming pump)를 두고 있다.

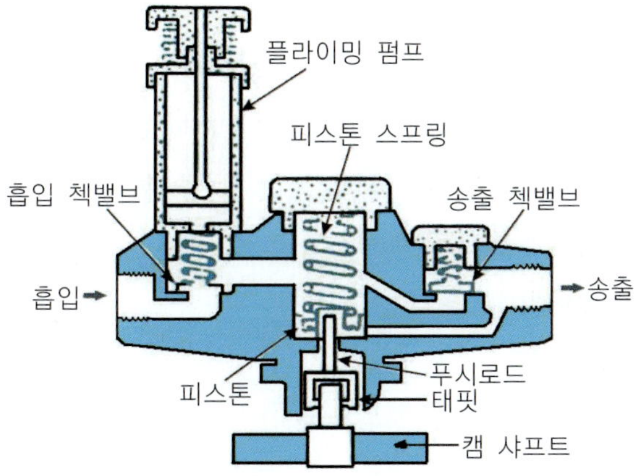

[그림 190] **연료 공급펌프**

[2] 연료 여과기(Fuel Filter)

연료 속의 먼지나 수분을 제거, 분리하며 여과기 내의 압력은 1.5 kgf/cm^2이다. 연료 여과기는 보디, 엘리먼트, 중심 파이프, 커버, 드레인 플러그 등으로 구성되며, 엘리먼트는 여과지식과 견포식이 있다.

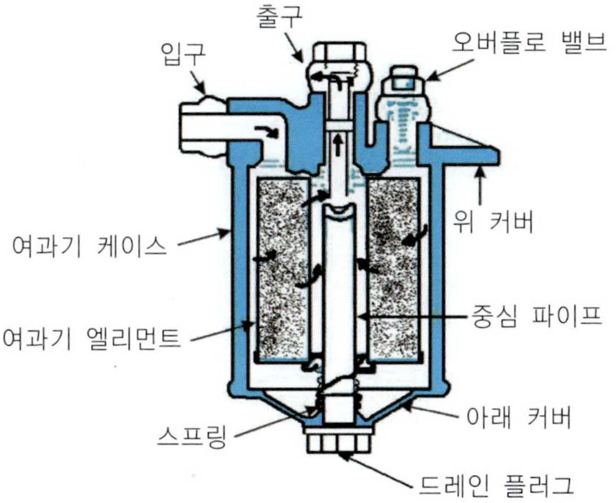

[그림 191] **연료 여과기**

오버 플로 밸브가 설치되어 송유 압력이 규정 압력 이상 시 탱크로 다시 보내지며, 디젤 연료는 분사 펌프의 플런저나 분사 노즐의 윤활도 겸하기 때문에 여과 성능이 좋아야 한다. 디젤엔진은 연료 공급계통에 공기가 침입하면 분사펌프에서 연료 압송이 불량해 노즐에서 분사상태가 불량해져 엔진의 회전상태가 불량하고, 진동이 발생한다. 심한 경우는 엔진의 작동이 정지된다.

[3] 분사 펌프

공급 펌프에서 송출된 연료를 고압으로 변환시켜 분사 파이프를 거쳐 분사 노즐에 보내는 일을 한다. 분사 펌프는 하우징, 캠축, 태핏, 펌프 엘리먼트, 제어 기구 등으로 구성된다. 분사 펌프의 형식에는 독립형, 분배형, 공동형 등이 있다.

(1) 펌프 하우징(pump housing)

펌프 하우징은 분사펌프의 주요 몸체부분이며, 위쪽에는 딜리버리 밸브와 그 홀더가 설치되어 있고, 중앙부분에는 플런저 배럴, 플런저, 제어래크, 제어 피니언, 제어 슬리브, 스프링, 태핏 등이, 아래쪽에는 캠축이 설치되어 있다

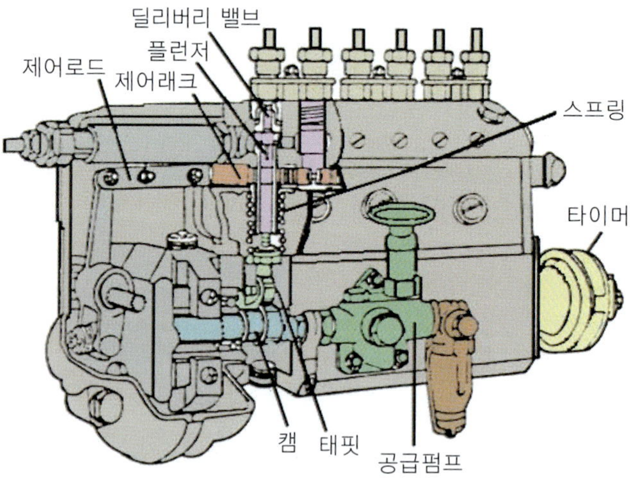

[그림 192] **독립형 분사펌프**

(2) 캠축과 태핏

① **분사펌프의 캠축**(cam shaft) : 분사펌프 캠축은 크랭크축에 구동되며 4행정 사이클 엔진은 크랭크축의 1/2로 회전하고, 2행정 사이클 엔진은 크랭크축 회전속도와 같다. 캠축에는 태핏을 통해 플런저를 작용시키는 캠과 공급펌프 구동용 편심륜이 있고, 캠의 수는 실린더 수와 같고 구동부분에는 타이머가, 반대쪽에는 조속기가 설치되어 있다.

② **분사펌프의 태핏**(tappet) : 태핏은 펌프 하우징 태핏구멍에 설치되어 캠에 의해 상하운동을 하여 플런저를 작동시킨다.

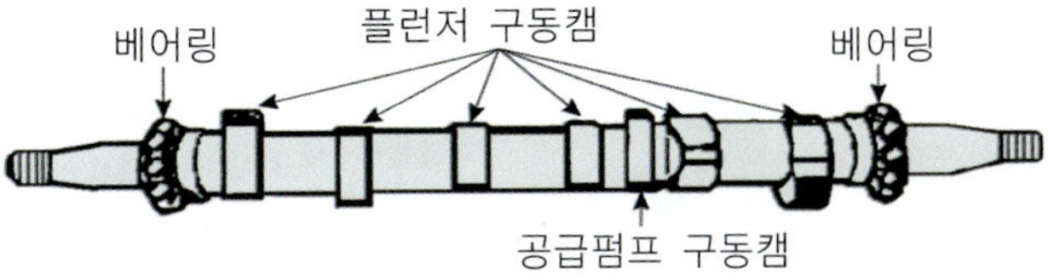

[그림 193] **캠축**

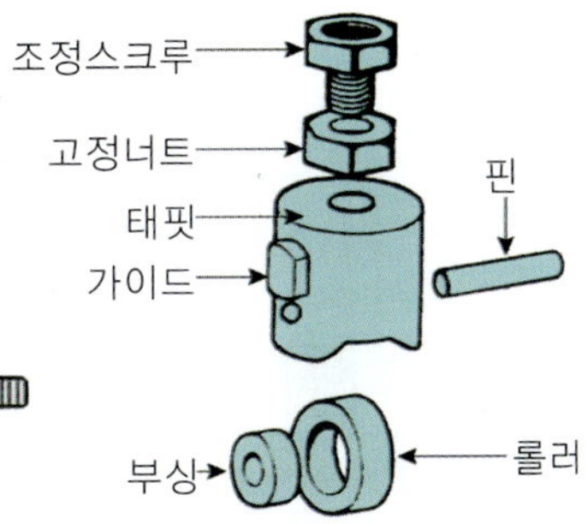

[그림 194] **태핏**

(3) 플런저 배럴과 플런저

펌프 하우징에 고정된 플런저 배럴 속을 플런저가 상하 운동하여 고압의 연료를 형성한다.

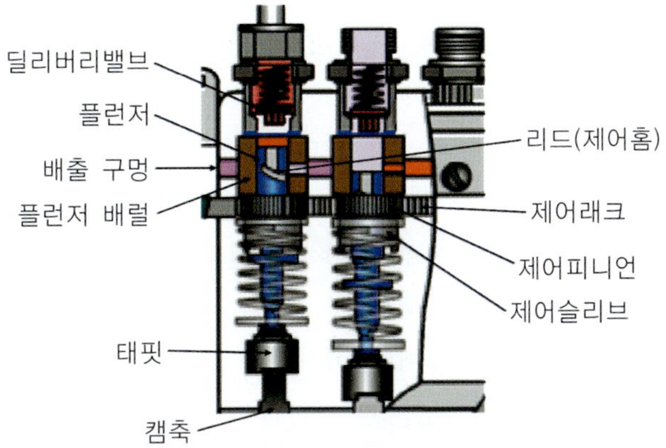

[그림 195] **플런저 구성부품**

① **플런저(plunger)** : 플런저에는 분사량 조절을 위한 리드(제어 홈)와 이것과 통하는 배출 구멍이 중심부분에 뚫어져 있다. 아래쪽에는 제어 슬리브(control sleeve)의 홈에 끼워지는 구동 플랜지와 플런저 아래 스프링 시트를 끼우기 위한 플랜지가 마련되어 있다.

② **플런저의 작용** : 플런저 바깥 둘레는 비스듬한 리드와 구멍을 뚫어 내부의 통로와 연결되어 있다. 이 리드가 비스듬하게 되어 있으므로 플런저를 돌리면 분사 끝의 시기가 달라져 분사량이 조절된다. 플런저의 회전은 랙의 이동으로 하며, 기어 작용으로 플런저의 플랜지를 슬리브가 돌린다. 플런저의 헤드가 흡입구로부터 아래의 위치에 있으며, 연료는 배럴에 흡입되어 상승해서 흡입구를 지나면 압축 작용이 시작된다(분사 시작). 또 상승하여 플런저 리드가 흡입구에 오게 되면 배럴 내의 연료는 플런저 내 통로를 역류 누출하여 압축 압력은 없어진다(분사 끝). 그 후 상사점까지 흡입구는 누출구로 하여 작용한다(분사 리턴). 하강하여 흡입구를 열면 연료가 유입하여, 압축행정으로 들어간다.

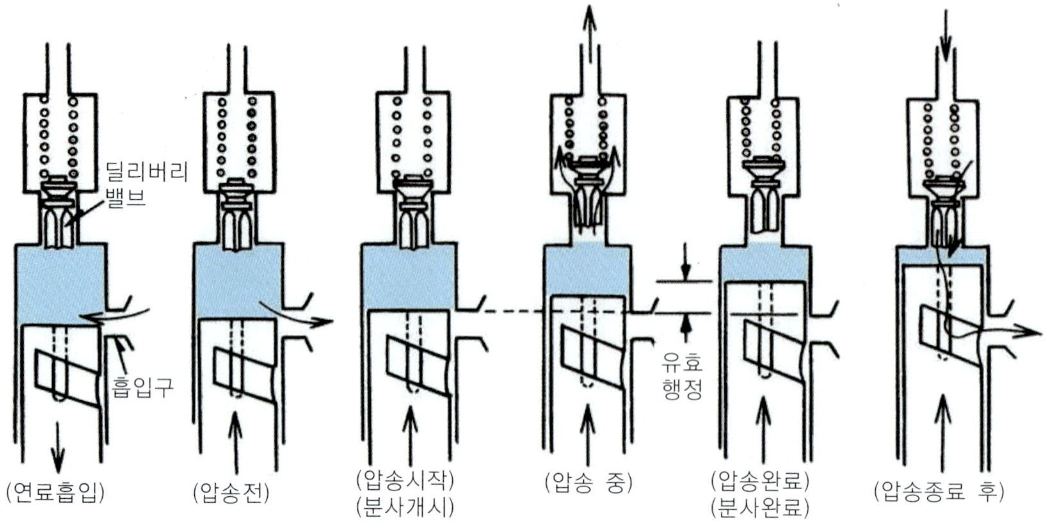

[그림 196] **플런저의 작동과정**

③ **플런저 예행정**(plunger pre stroke) : 플런저 예행정이란 플런저헤드가 하사점에서부터 상승하여 흡입구멍을 막을 때까지 플런저가 이동한 거리를 말한다.

④ **플런저 유효행정**(plunger available stroke) : 플런저 유효행정이란 플런저헤드가 연료공급을 차단한 후부터 리드가 플런저 배럴의 흡입구멍에 도달할 때까지 플런저가 이동한 거리이다. 즉, 플런저가 연료를 압송하는 기간이다. 연료의 분사량(토출량 또는 송출량)은 플런저의 유효행정으로 결정된다. 따라서 유효행정을 크게 하면 분사량이 증가한다.

(4) 리드 종류

① **정 리드형**(normal lead type) : 분사개시 때의 분사시기가 일정하고, 분사말기가 변화하는 리드이다.

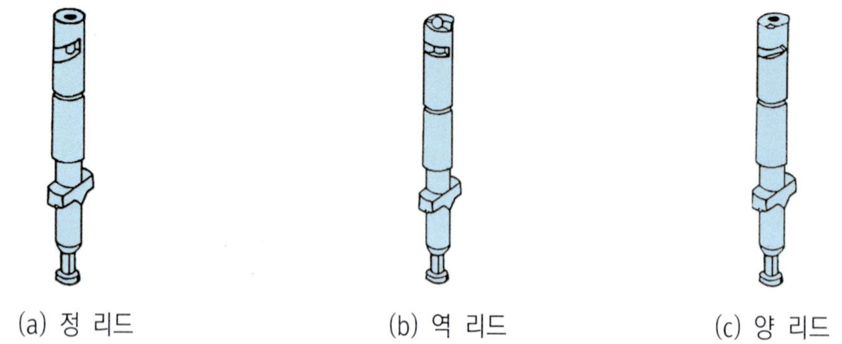

[그림 197] **리드 종류**

② 역 리드형(revers lead type) : 리드가 플런저헤드에도 파져 있으며, 분사개시 때의 분사시기가 변화하고 분사말기가 일정한 리드이다.

③ 양 리드형(combination lead type) : 상하로 리드를 파서 분사개시와 말기의 분사시기가 모두 변화하는 리드이다.

(5) 플런저 회전기구(분사량 조절기구)

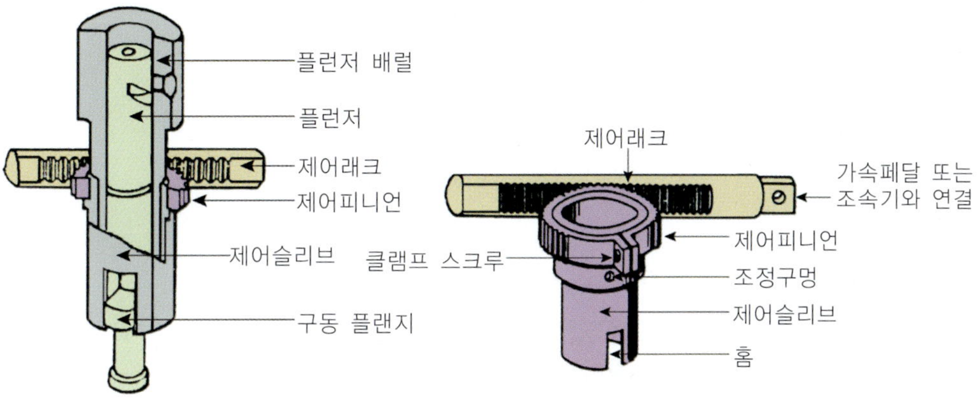

[그림 198] 플런저 회전기구

① 제어래크(control rack) : 제어래크는 슬리브에 끼워져 있는 피니언과 결합되어 있으며, 래크의 직선운동을 피니언의 회전운동으로 바꾸어 모든 플런저를 동시에 회전시키는 일을 한다. 제어래크의 한쪽 끝은 링크(link)나 핀(pin)으로 조속기에 연결되어 있어 가속페달의 조작은 모두 조속기를 거쳐 제어래크로 전달된다. 무송출에서 전송출까지의 제어래크 이동량은 21~25 mm이다.

② 제어 피니언(control pinion) : 제어 피니언은 래크와 결합되어 래크의 직선운동을 회전운동으로 바꾸어 슬리브를 회전시켜주며, 슬리브에 클램프 스크루로 설치되어 있어 제어 피니언과 슬리브의 관계위치를 변화시켜 각 플런저의 분사량을 조절할 수 있다.

③ 제어 슬리브(control sleeve) : 제어 슬리브는 아래 홈에 끼워진 플런저의 구동 플랜지를 통해 피니언의 회전운동을 플런저로 전달하여 플런저가 상하 운동을 하면서 연료의 분사량을 증감할 수 있도록 한다.

(6) 딜리버리 밸브(delivery valve : 토출밸브)

딜리버리 밸브는 플런저의 상승행정으로 배럴 내의 압력이 규정값(약 10 kgf/cm^2)에

도달하면 이 밸브가 열려 연료를 분사파이프로 압송한다. 그리고 플런저의 유효행정이 완료되어 배럴 내의 연료압력이 급격히 낮아지면 스프링 장력에 의해 신속히 닫혀 연료의 역류(분사노즐에서 펌프로의 흐름)를 방지하고 후적을 방지하며, 분사파이프 내에 잔압을 유지시킨다.

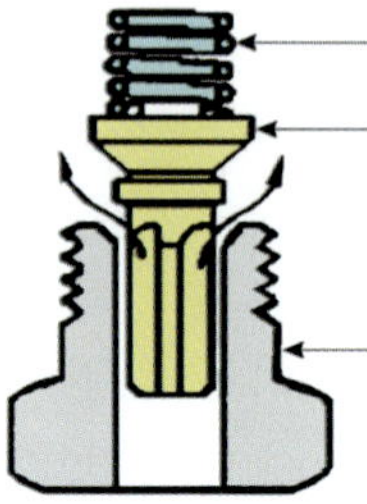

[그림 199] **딜리버리 밸브**

(7) 조속기(governor)

조속기는 디젤 엔진의 연료 분사량 제어를 적절이 증감해서, 엔진회전을 안정되게 하기 위한 장치이다. 안정된 분사를 항시할 수 있도록 거버너(조속기)를 설치하여, 엔진회전 상승시에는 분사량을 감소하여 과회전을 방지하고, 가속 페달을 놓더라도 자동적으로 분사량을 증가해서 공회전 상태를 유지하도록 하고 있다. 가속 페달은 제어 레버, 거버너를 거쳐서 분사량을 제어한다. 흡입 시의 유속 부압을 이용하는 공기식 거버너, 플라이 웨이트(원심추)의 원심력을 이용한 기계식 거버너, 이 양자를 조합시킨 복합식 거버너가 이용된다. 헌팅(hunting) 현상은 조속기 작용이 둔하여 공회전이 주기적으로 증감하는 진동으로서 회전수가 파상으로 변동하는 것이다.

(8) 앵글라이히장치

앵글라이히장치는 엔진의 모든 회전속도 범위에서 공기와 연료의 비율을 알맞게 유지하는 작용을 한다.

(9) 분사량 불균율

실린더 수가 많은 엔진에서 각 실린더마다 분사량의 차이가 생기면 폭발 압력의 차이가 발생하여 진동을 일으킨다. 불균율 허용범위는 전부하 운전에서는 ±3%, 무부하 운전에서는 10~15%이다. 분사량 불균율은 다음의 공식으로 산출한다.

$$(+)\text{불균율} = \frac{\text{최대 분사량} - \text{평균 분사량}}{\text{평균 분사량}} \times 100$$

$$(-)\text{불균율} = \frac{\text{평균 분사량} - \text{최소 분사량}}{\text{평균 분사량}} \times 100$$

(10) 타이머(timer)-분사시기 조정장치

엔진의 부하 및 회전 속도에 따라 분사시기를 자동적으로 조정하며 수동식과 자동식이 있다. 수동식은 조정 레버에 의해 스플라인 부시를 움직이면 플런저와 캠축 위치가 변화되어 진각하며, 자동식은 엔진 회전 속도가 증가되면 원심추의 작용으로 작동한다.

[4] 분사 파이프(injection pipe)

분사파이프는 분사펌프의 각 펌프 출구와 분사노즐을 연결하는 고압 파이프이며, 그 길이는 연료의 분사지연을 줄이기 위하여 가능한 한 짧은 것이 바람직하며 모든 실린더의 분사지연이 같아지도록 길이가 같다. 분사 파이프의 양끝에는 높은 압력의 연료가 누출되지 않도록 하기 위해 유니언 피팅(union fitting)으로 확실하게 결합한다.

[5] 분사 노즐(injection nozzle)

분사 펌프로부터 보내진 고압 연료를 미세한 안개 모양으로 연소실에 분사한다. 분사 노즐의 윤활은 디젤연료로 한다. 노즐의 요구 조건은 다음과 같다.

① 연료를 미세한 안개 모양으로 하여 쉽게 착화하게 할 것
② 분무를 연소실 구석구석까지 뿌려지게 할 것
③ 분사 끝을 완전히 차단해서 후적이 일어나지 않게 할 것
④ 고온 고압의 가혹한 조건 하에서 장시간 사용 가능할 것

(1) 분사노즐의 종류

분사노즐의 종류에는 개방형과 밀폐형(또는 폐지형) 노즐이 있으며, 밀폐형에는 구멍형, 핀틀형 및 스로틀형 노즐이 있다.

1) 구멍형(hole type) 분사노즐

구멍형 분사노즐은 니들 밸브 앞 끝이 원뿔 모양이며, 분사구멍은 볼록하게 된 노

즐 보디의 앞 끝에 노즐 중심선에 대하여 대칭으로 어떤 각도를 두고 1~8개 뚫어져 있다. 분사구멍의 지름은 0.2~0.4 mm이고, 분사개시 압력은 200~300 kgf/cm^2이며, 직접분사실식 연소실에서 사용한다. 이 형식은 분사구멍이 1개인 단공형과, 여러 개의 분사구멍이 있는 다공형이 있다. 구멍형 분사노즐의 장점은 분사압력이 높아 안개화가 좋고 엔진의 시동이 쉬우며, 연료가 완전 연소될 수 있어 연료 소비량이 적다. 단점은 분사구멍이 작아 가공이 어렵고 분사구멍이 막힐 염려가 있으며 분사압력이 높아 분사펌프, 노즐의 수명이 짧고 또 각 연결부분에서 연료가 누출되기 쉽다.

(a) 단공형 (b) 다공형

[그림 200] **구멍형 노즐**

2) 핀틀형(pintle type) 분사노즐

핀틀형 분사노즐은 원기둥 모양의 구멍과 구멍 보다 조금 작은 원기둥 모양의 니들 밸브 앞 끝 핀으로 구성되어 있으며, 고압의 연료에 의해 자동적으로 열려 4° 정도의 정각을 가지는 원뿔 모양으로 분사한다.

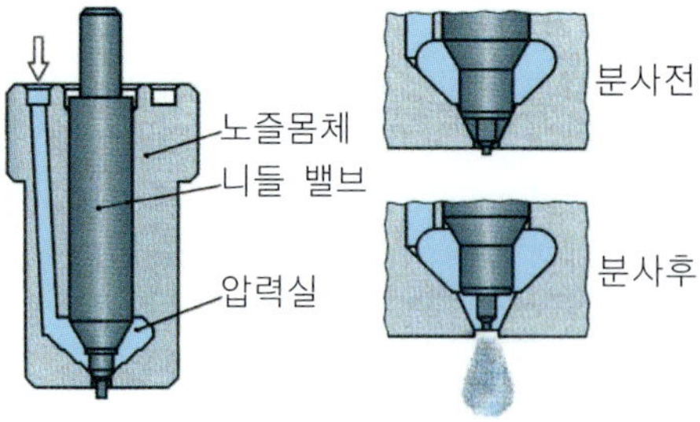

[그림 201] **핀틀형**

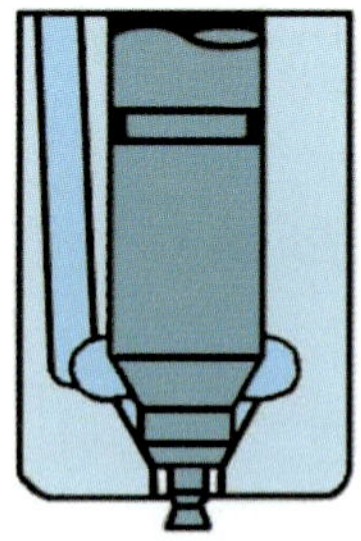

[그림 202] **스로틀형**

3) 스로틀형(throttle type) 분사노즐

스로틀형 분사노즐은 니들 밸브의 앞 끝 부분이 길고 나팔 모양으로 테이퍼 가공되어 있으며 노즐 보디에서 조금 돌출 되어 있다. 이 노즐은 핀틀형을 개량하여 분사개시 때 분사량을 적게 하고 잠시 후 많은 양의 연료를 분사시켜 디젤엔진 노크를 방지할 수 있다.

(2) 분사노즐의 구조

분사노즐은 노즐 홀더 보디(nozzle holder body)를 중심으로 옆쪽에는 분사펌프에서 보내준 높은 압력의 연료가 들어오는 입구 커넥터가 설치되고, 위쪽으로는 분사압력 조정용 스크루, 니들 밸브가 열릴 때 스프링을 밀어 올려 주는 푸시로드, 그리고 니들 밸브(needle valve)를 시트에 밀착시키는 스프링이 있다.

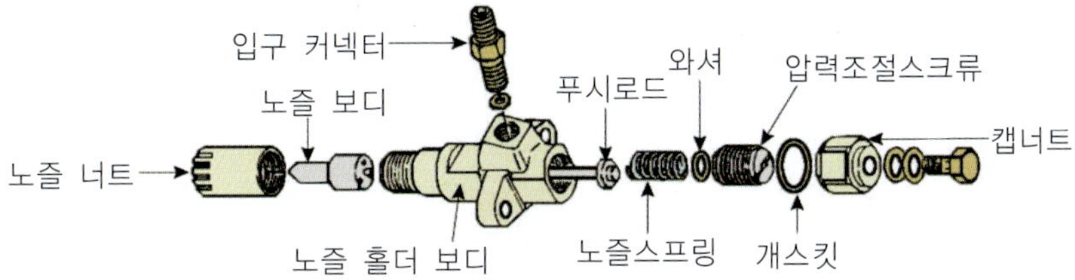

[그림 203] 분사노즐

(3) 분사노즐의 작동

분사노즐의 작동은 분사펌프에서 보내준 높은 압력의 연료가 입구 커넥터를 거쳐 노즐홀더 보디 내로 들어오면 스프링에 의해 시트에 밀착되어 있던 니들 밸브가 상승하여 연료가 연소실에 분사된다. 분사되는 동안 높은 압력의 연료 일부는 니들 밸브와 노즐 보디 사이에서 니들 밸브와 노즐 보디를 윤활하고, 푸시로드와 노즐홀더 보디 사이를 거쳐 연료탱크로 복귀한다. 니들 밸브와 노즐 보디 사이의 간극은 0.001~0.0015 mm 정도이다. 노즐 작동이 불량하면 연소불량, 노크현상, 회전이 고르지 못하고 출력감소와 카본 부착으로 배기의 매연이 증가한다.

(4) 연료 분무의 3대 요건

① 안개화(무화 : atomization)가 좋아야 한다.

② 관통력이 커야 한다.

③ 분포(분산)가 골고루 이루어져야 한다.

9.2. CRDI(CRDI : Common Rail Direct Injection) 연료분사 장치

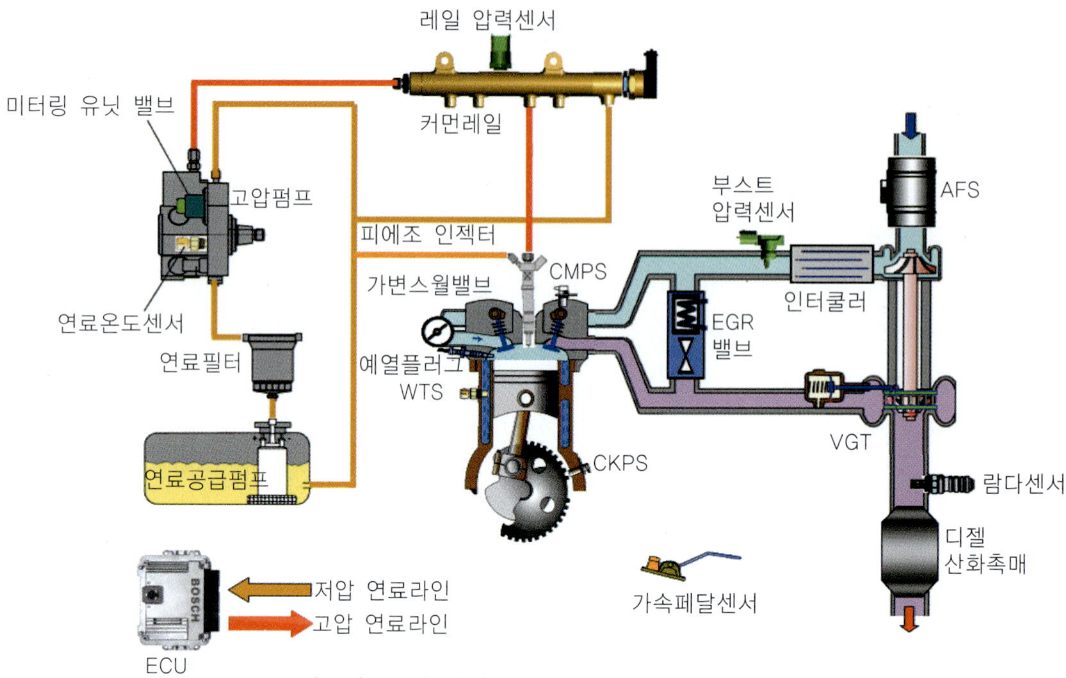

[그림 204] **커먼레일 연료분사장치의 구성도**

9.2.1. CRDI 연료분사장치의 개요

커먼레일 디젤 분사장치는 고압펌프와 커먼레일을 이용한 초고압분사 방식의 디젤연료 분사장치이다. 또한, 기존 인젝션펌프 디젤엔진에 비하여 약 20%의 출력향상과 약 15%의 연비향상을 얻어냈으며 유해 배출가스의 감소 및 디젤엔진에서의 차량 응답성 또한 많은 향상을 가져왔으나 커먼레일 디젤 엔진은 주요 구성부품들이 정밀도가 높기 때문에 부품의 수리나 교체에 드는 비용이 값이 비싸며 또한 연료품질에 민감하다.

9.2.2. 커먼레일 연료분사장치 엔진의 연소과정

[1] 파일럿 분사(Pilot Injection, 착화분사)

점화분사란 주 분사가 이루어지기 전에 연료를 분사하여 연소가 원활히 되도록 하기 위한 것이며, 점화분사 실시 여부에 따라 엔진의 소음과 진동을 줄일 수 있다.

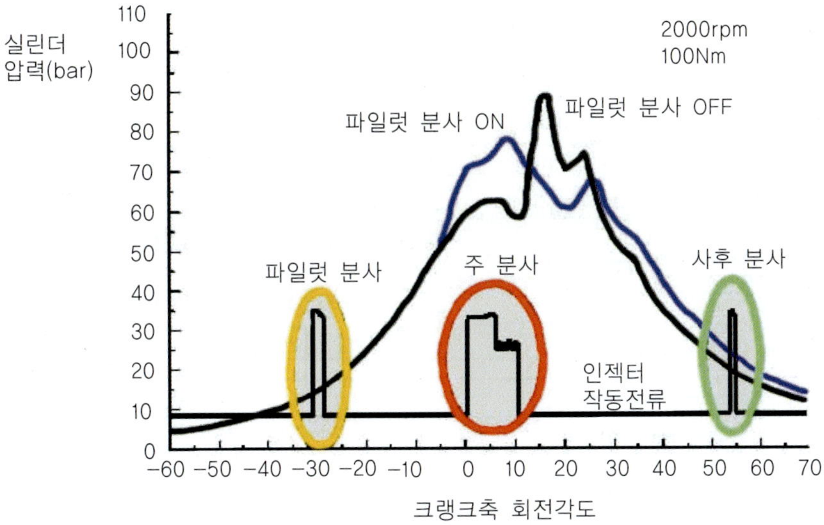

[그림 205] **커먼레일 연료분사장치 엔진의 연소과정**

[2] 주 분사(Main Injection)

엔진의 출력에 대한 에너지는 주 분사로부터 나온다. 주 분사는 점화분사가 실행되었는지 여부를 고려하여 연료 분사량을 계산한다. 주 분사의 기본 값으로 사용되는 것은 엔진 회전력의 양(가속페달 센서 값), 엔진 회전속도, 냉각수 온도, 흡입공기 온도, 대기압력 등이다.

[3] 사후 분사(Post Injection)

사후 분사는 배기가스 규제의 강화에 의해 사용되는 것이며, 이것은 연소가 끝난 후 인젝터를 작동시켜 배기 행정에서 연료를 연소실로 공급하여 배기가스를 통해 촉매변환기에 공급하기 위한 것이다.

9.2.3. 커먼레일 연료분사장치의 구성

커먼레일 연료분사장치 엔진은 연료탱크에서 고압펌프 입구까지 저압 연료계통, 고압 연료 펌프부터 인젝터까지 고압 연료계통 및 인젝터/고압 연료 펌프부터 연료탱크까지 복귀계통 등 3단계로 구분을 할 수 있다.

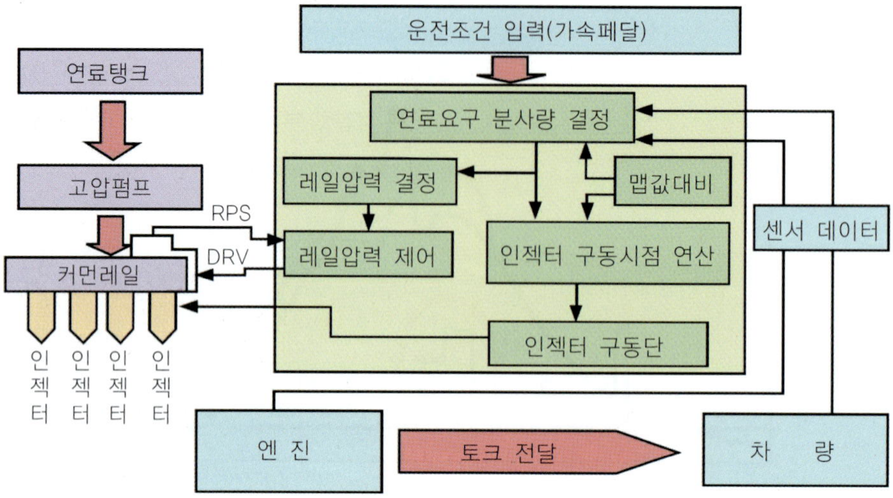

[그림 206] **연료장치의 전자제어의 개요도**

[1] 저압 연료계통

커먼레일 연료분사장치 엔진의 저압 연료장치는 연료탱크, 연료여과기, 저압 연료 펌프로 구성되어 있다.

(1) 연료여과기(Fuel Filter)

1차 연료여과기는 연료탱크에 내장되어 있으며, 그물망과 같은 형식으로 비교적 큰 이물질을 여과한다. 2차 연료여과기는 엔진 룸에 설치되어 연료 속의 이물질과 수분을 여과한다.

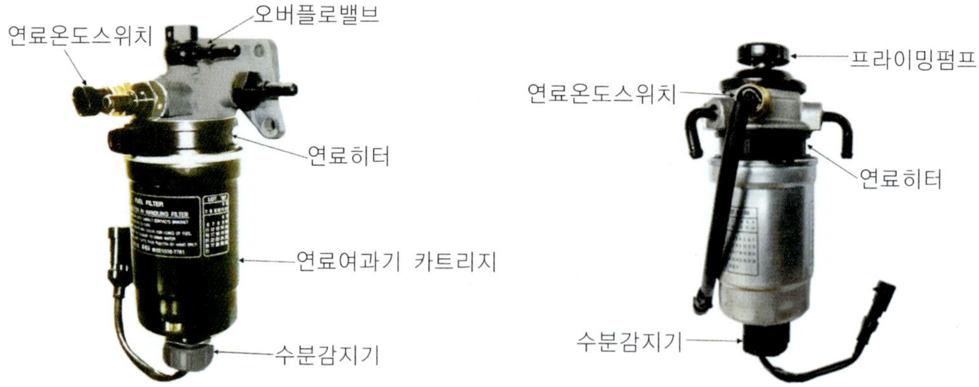

(a) 저압 연료 펌프 전동기 사용 시 여과기　　(b) 저압 연료 펌프 기계식 사용 시 여과기

[그림 207] **연료 여과기**

① **오버플로 밸브(Over Flow Valve)** : 연료압력을 일정하게 조정한다. 조절압력은 1.5~ 2.0 bar 정도이며, 일정한 유량을 바이패스 시킨다.

② **연료히터(Fuel Heater)** : 추운 지역에서 냉간된 상태의 엔진을 시동을 할 때 시동 성능 향상을 위해 연료여과기 중간에 설치되어 연료를 직접적으로 가열한다.

③ **프라이밍 펌프(Priming Pump)** : 저압 연료 펌프를 기계식 연료 펌프(기어펌프)를 이용하는 엔진에서 주로 사용하며 저압 연료계통에 공기가 침입하였을 경우 연료 계통의 공기빼기 작업을 한다.

(2) 저압 연료 펌프(Low Pressure Fuel Pump)

저압 연료 펌프(1차 연료공급 펌프)의 종류에는 기계식과 전동식이 있다.

1) 기계식 저압 연료 펌프

기계식 저압 연료 펌프는 기어펌프를 사용하며, 고압 연료 펌프와 일체로 구성되어 있어 엔진의 가동과 동시에 작동된다. 엔진이 가동되면 캠축이나, 타이밍체인과 연결된 구동축에 의해 작동을 시작하며, 연료탱크의 연료를 흡입하여 고압 연료 펌프로 공급한다.

[그림 208] **기계식 저압 연료 펌프의 구조**

2) 전동식 저압 연료 펌프

전동식의 저압 연료 펌프는 전자제어 가솔린엔진에서 사용하는 연료 펌프와 거의 같은 구조로 되어 있으며, 6.5~8.5bar의 연료를 고압 연료 펌프로 공급한다. 전동식 저압 연료 펌프의 작동은 엔진의 회전속도에 관계없이 연속적으로 작동하며, 과잉 공급된 연료는 오버플로 밸브를 거쳐 연료탱크로 복귀된다.

[2] 고압 연료계통

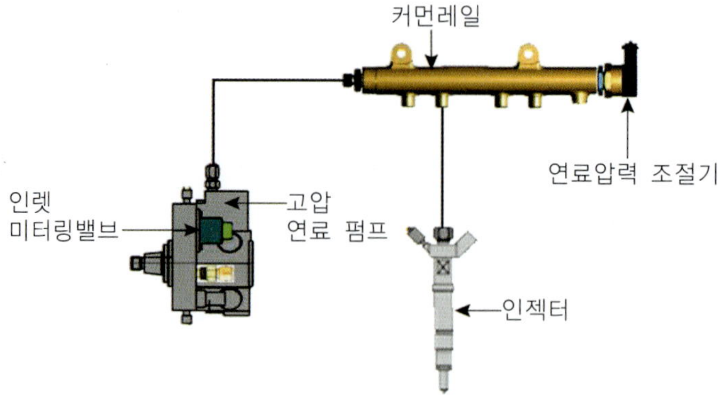

[그림 209] **고압 연료계통**

(1) 고압 연료 펌프(High Pressure Fuel Pump)

고압 연료 펌프는 엔진의 타이밍 체인(벨트)이나 캠축에 의해 구동되며, 저압 연료 펌프에서 공급된 연료를 높은 압력으로 형성하여 커먼레일로 공급한다. 공급된 연료압력을 연료압력 조절밸브에서 규정값으로 유지시킨다. 보통 작동 최고압력은 1,600bar 정도이고 ECU 제어 최고압력은 1,350bar 정도이다. 고압 연료 펌프 내에는 별도의 윤활 장치 없이 연료에 의해 이루어진다.

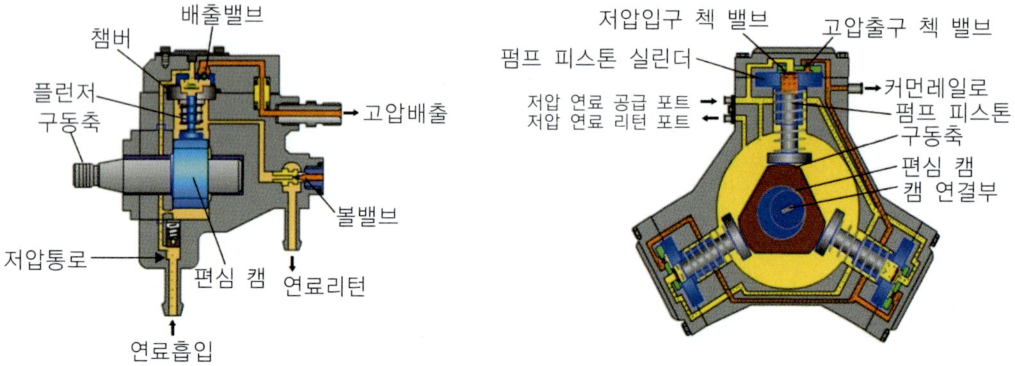

[그림 210] **고압 연료 펌프**

(2) 커먼레일(Common Rail, 고압 어큐뮬레이터)

커먼레일은 고압 연료 펌프에서 공급된 높은 압력의 연료가 저장되는 부분으로 모든 실린더에 공통적으로 연료를 공급하며 커먼레일 내의 연료압력을 일정하게 유지한다. 또 고압 연료 펌프에서 연료를 압송할 때 맥동이 발생하는 경우 맥동을 완화시킨다.

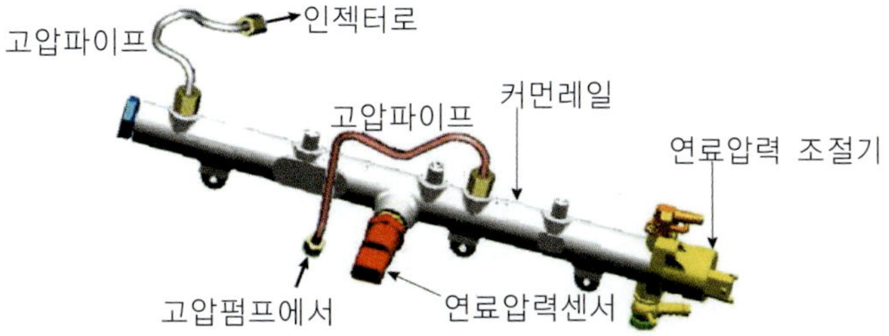

[그림 211] **커먼레일 및 구성품**

(3) 연료압력 조절밸브(Fuel Pressure Control Valve)

기계식 저압 연료 펌프를 사용하는 방식에서는 저압 연료 펌프와 고압 연료 펌프의 연료 통로 사이에 연료압력 조절밸브가 설치(입구제어방식)되며, 고압 연료 펌프로 보내지는 연료량을 제어하는 역할을 하는데, ECU로부터의 전기적 신호, 즉 전류제어로 연료압력을 조절한다.

전동식 저압 연료 펌프를 사용하는 경우에는 커먼레일에 연료압력 조절밸브(출구제어방식)가 설치되어 있다. 이 밸브는 고압 연료 펌프에서 높은 압력으로 된 연료를 복귀계통으로 배출하여 연료압력을 제어하는 방식이며, 시동스위치(키)를 OFF로 하면 항상 닫혀 있는 방식이다.

(4) 연료압력 제한밸브(Fuel Pressure Limited Valve)

연료압력 제한밸브는 안전밸브와 같은 역할을 하며 입구제어방식에서 사용한다. 입구제어방식에서 고압 연료 펌프에서 압력이 조절된 연료를 커먼레일로 공급하기 때문에 커먼레일에서는 복귀계통으로 연료를 보내지 못한다. 이에 따라 연료압력 조절에 문제가 있어 과도한 압력의 연료가 커먼레일로 공급된다면 고압 연료계통의 파손을 초래한다. 연료압력 제한밸브는 커먼레일 끝 부분에 설치되며, 연료압력이 한계(1,750bar)값 이상 되면 과잉압력의 연료는 복귀계통을 통하여 연료탱크로 돌아간다.

(5) 인젝터(Injector)

인젝터는 각 실린더 헤드에 장착되어 있으며, ECU의 제어 신호에 따라 커먼레일에 저장된 압축 연료를 실린더에 직접 분사하는 장치이다. 유로6 S2 엔진에는 기존 유로5 S2 엔진에 적용한 1,800 bar 피에조 인젝터를 그대로 적용해서 별다른 출력변화는 없는데 유로6 R엔진에는 2,000 bar 솔레노이드 인젝터가 적용되어 있다.

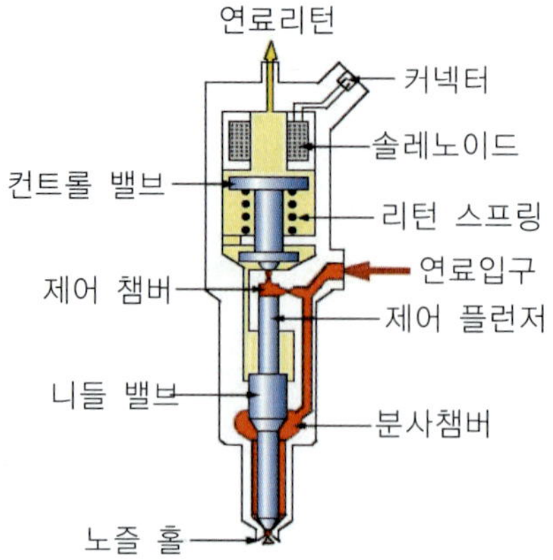

[그림 212] **인젝터 구조**

1) 점화분사 금지조건

점화분사의 기본 값은 냉각수 온도와 흡입공기량에 의해 조정되며, 그 밖의 제약에 따라 점화분사가 중단될 수 있다. 점화분사가 금지되는 조건은 다음과 같다.

① 점화분사가 주 분사를 너무 앞지르는 경우

② 엔진 회전속도가 3,200 rpm 이상인 경우

③ 연료 분사량이 너무 많거나 주 분사를 할 때 연료 분사량이 불충분한 경우

④ 연료압력이 최소값(약 100bar) 이하인 경우

⑤ 엔진 가동 중단에 오류가 발생한 경우

2) 인젝터 니들 밸브 닫힘

이 상태에서는 솔레노이드 밸브에 전류가 공급되지 않아 인젝터의 니들 밸브(Need Valve)가 닫혀있게 된다. 또 배출구멍이 닫힌 상태이기 때문에 커먼레일 내의 연료는 제어 챔버(Control Chamber)와 니들 밸브 아랫부분에 같은 압력이 형성되어 양쪽의 압력이 균형을 이룬 상태이므로 인젝터 니들 밸브는 리턴 스프링에 의해 닫혀 있는 위치를 유지한다.

3) 인젝터 니들 밸브 열림

인젝터가 닫힌 상태에서 솔레노이드 밸브에 전류가 공급되면 배출구멍이 열린다. 배출구멍이 열리면 제어 챔버에 있던 연료가 배출구멍을 통해 배출되므로 제어 챔버의 압력이 낮아져 제어 챔버와 인젝터 니들 밸브 아랫부분에 압력차이가 일어나 양쪽 압력의 균형이 깨진다.

이때 인젝터 니들 밸브 아랫부분의 압력이 높아지는 현상에 의해 리턴 스프링의 장력보다 높은 압력으로 니들 밸브를 들어올린다. 이에 따라 노즐의 분사구멍이 열린다.

9.2.4. 커먼레일 연료분사장치 엔진의 전자제어

커먼레일 연료분사장치 엔진의 전자제어가 가솔린엔진의 전자제어와 다른 점은 디젤엔진의 특성에 의해 전기 점화기능과 흡입 공기제어(공전할 때 흡입 공기제어)를 하지 않는다.

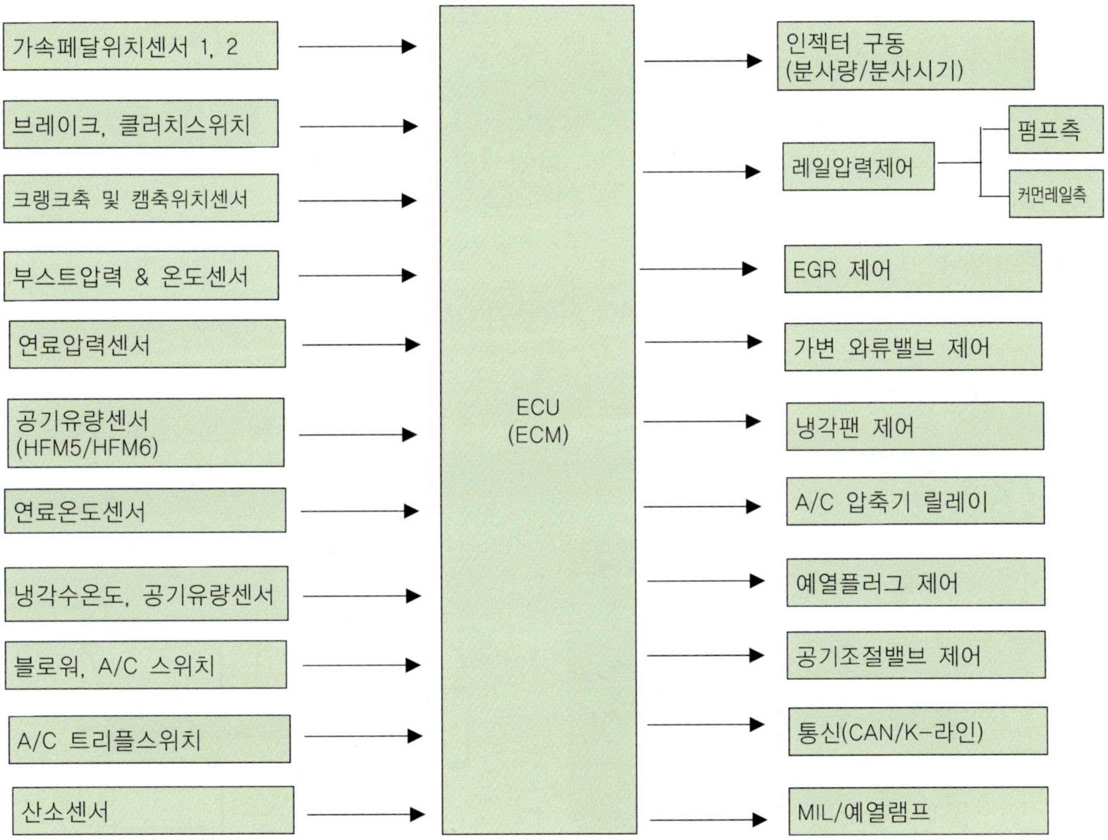

[그림 213] **커먼레일 연료분사장치 엔진의 입·출력도**

[1] 커먼레일 연료분사장치 엔진 ECM제어

ECM의 기능에는 기본적인 기능과 보조 제어기능이 있다. 기본적인 기능은 연료분사를 적절한 시간에 알맞은 양과 정확한 분사압력으로 제어하여 엔진을 원활하고 경제적으로 작동하도록 한다. 그리고 보조 제어기능은 유해 배기가스의 배출감소 및 연료소비율의 향상, 안전성, 승차감각, 편리성 향상을 위해 사용된다. 또 CAN(Control Area Network)통신을 사용하여 다른 전기계통(자동변속기와 ABS)과의 데이터 교환이 원활하도록 한다. ECU의 제어는 다음과 같다.

① 축전지 전압에 따른 공전제어
② 스모그(Smog)제어
③ 엔진 과열방지 제어
④ 연료압력 제어
⑤ 연료압력 모니터링
⑥ 연료분사 제어
⑦ 배기가스 재순환(EGR) 제어
⑧ 스로틀 플랩 제어(Throttle Flap Control)
⑨ VGT(Variable Geometry Turbo Charger)제어
⑩ 예열장치 제어
⑪ 보조히터 제어
⑫ 실린더 평형 제어(Cylinder Balance Control)

[2] ECM 입력요소

(1) 레일압력센서(RPS)

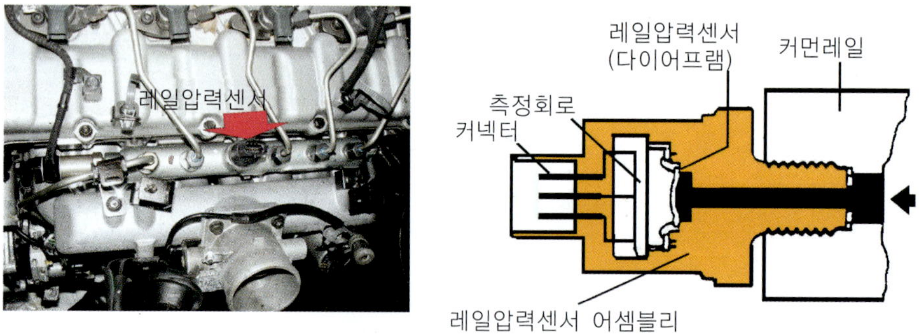

[그림 214] 레일압력센서 설치위치 및 구조

레일 압력센서는 커먼레일에 부착되며 커먼레일(Common Rail) 내의 연료압력을 측정하여 ECM으로 입력시키며, ECM은 이 신호를 받아 연료 분사량, 분사시기를 조정하는 신호로 사용한다. 레일 압력센서 내부는 피에조 압전 소자방식으로 되어 있다.

(2) 공기유량 센서(AFS) & 흡기온도 센서(ATS)

공기유량 센서는 열막(Hot Film)방식을 사용하며, 가솔린 엔진과는 달리 공기유량 센서의 주 기능은 EGR 피드백 제어이며, 또 다른 기능으로는 스모그 리미트 부스트 압력(Smog Limit Boost Pressure)제어용으로 사용된다. 흡기온도 센서는 부특성 서미스터 방식을 사용하며, 각종 제어(연료 분사량, 분사시기, 시동할 때 연료 분사량 제어 등)에 보정신호로 사용된다.

(3) 액셀러레이터 포지션 센서(APS) 1, 2

전자제어 가솔린엔진에서 사용하고 있는 스로틀 위치센서와 동일한 원리로, 가속페달 위치센서 1(주 센서)에 의해 연료 분사량과 분사시기가 결정된다. 센서 2는 센서 1을 검사하는 센서로 차량의 급출발을 방지하기 위한 것이다.

(4) 연료온도 센서(FTS)

연료온도 센서는 고압펌프 입구의 연료 온도를 감지한다. 수온센서와 동일한 부특성 서미스터이며, 연료온도에 따른 연료 분사량 보정신호로 사용된다. 연료온도가 높아지면 ECU는 연료 분사량을 감소시킨다.

(5) 수온센서(WTS)

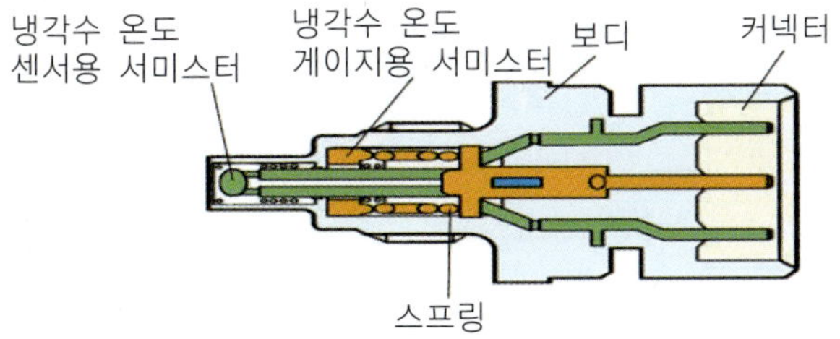

[그림 215] 수온센서의 구조

엔진의 냉각수 온도를 감지하여 냉각수 온도의 변화를 전압으로 변화시켜 ECU로 입력시키면 ECU는 이 신호에 따라 연료 분사량을 증감하는 보정신호로 사용되며, 열간 상태에서는 냉각 팬 제어에 필요한 신호로 사용된다.

(6) 크랭크축 위치센서(CPS, CKP)

크랭크축 위치센서는 마그네틱 인덕티브 방식(Magnetic Inductive Type)이며, 실린더블록 또는 변속기 하우징에 설치되어 크랭크축과 일체로 되어 있는 센서 휠(Sensor

Wheel)의 돌기를 검출하여 크랭크축의 각도 및 피스톤의 위치, 엔진 회전속도 등을 감지하여 연료 분사시기를 결정하는 데 중요한 역할을 한다.

(7) 캠 포지션 센서(CMP)

CMP센서는 홀 센서방식(Hall Sensor Type)이며, 캠축에 설치되어 캠축 1회전(크랭크축 2회전)당 1개의 펄스신호를 발생 시켜 ECU로 입력시킨다. ECU는 이 신호에 의해 1번 실린더 압축 상사점을 검출하게 되며, 연료분사의 순서를 결정한다.

(8) 부스터 압력 센서(BPS)

이 센서는 VGT(Variable Geometry Turbo Charger)가 설치된 엔진에 있는 센서이며, 실제 흡기다기관의 압력(부스터 압력 : 과급기 작동압력)을 계측하여 목표로 하는 부스터 압력으로 맞추도록 피드백 제어를 하기 위한 센서이다.

(9) 그 밖의 입력요소

① **클러치 스위치 신호** : 클러치 스위치는 접점 형이며, 스위치 신호에 따라 매연을 감소시킬 때 필요한 변속기어 단수 인식과 충격감소 보정용으로도 사용된다.

② **에어컨 스위치** : 에어컨이 작동할 때 엔진 회전속도가 낮아지는 것을 방지하기 위해 연료 분사량 보정신호로 사용된다.

③ **송풍기 모터 스위치** : 전기적인 부하에 따른 엔진 회전속도가 낮아지는 것을 방지하기 위해 연료 분사량 보정하는 신호로 사용된다.

④ **2중 브레이크 스위치** : 브레이크 신호는 가속페달 위치센서 고장여부 신호로 사용되는데 예를 들어 브레이크 신호 뒤에 가속페달 위치센서 신호가 낮게 들어오면 정상이나 가속페달 위치센서 신호가 높게 들어오면 가속페달 위치센서 고장이라고 판단한다.

[3] ECU의 출력요소

(1) 인젝터(Injector)

고압 연료를 연소실에 직접 분사하는 부품이다.

(2) 연료압력 조절밸브

커먼레일 내의 연료압력을 조정하는 밸브이다.

(3) 배기가스 재순환장치

배기가스 재순환 장치는 배기가스 일부를 흡기다기관으로 유입시키는 장치이다.

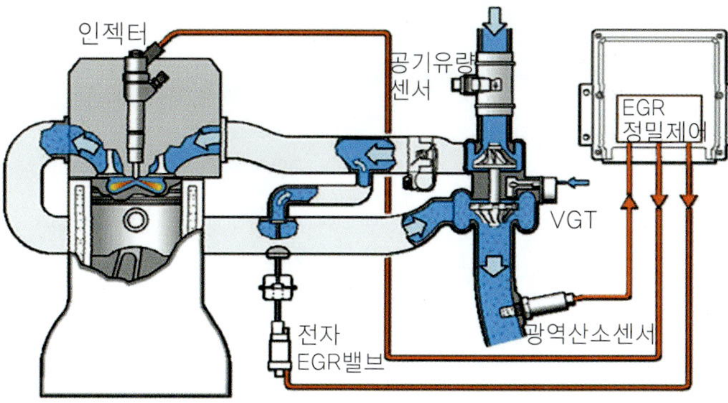

[그림 216] 배기가스 재순환 정밀 제어장치의 구성

(4) 프리 히터(Pre-Heater) 장치

커먼레일 연료분사장치 엔진에는 가열 플러그방식 히터, 열선을 이용하는 PTC히터 등이 있다. 가열 플러그 방식과 PTC 히터는 ECU에서 제어하고 또 예열장치의 제어가 완료되어야만 보조 히터장치가 작동한다.

1) 가열플러그방식

겨울철에 전류에 의한 발열로 엔진의 냉각수를 가열하여 실내 히터 열 교환기로 보내는 장치이다.

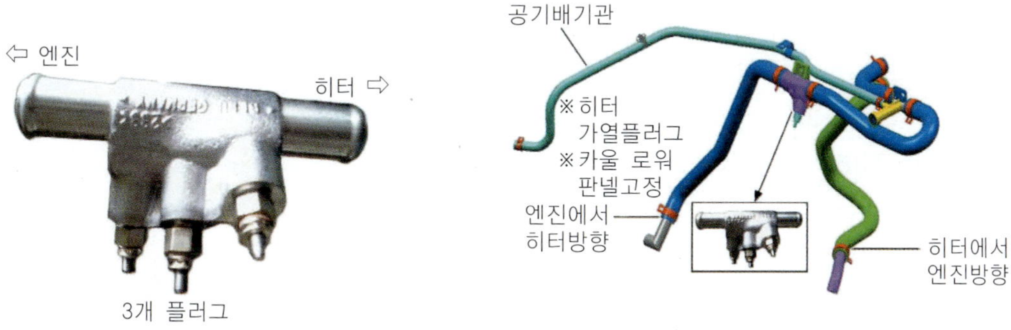

(a) 구조 (b) 라인

[그림 217] 가열플러그의 구조 및 라인

2) PTC(Positive Temperature Coefficient) 히터

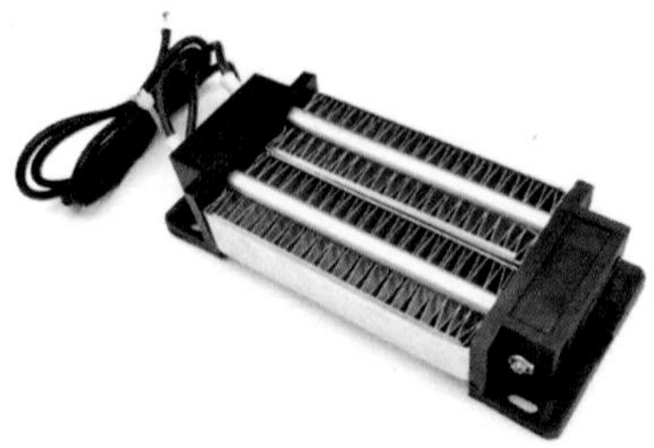

[그림 218] PTC 히터

PTC 서미스터를 이용한 전기발열체 소자로 히터 라디에이터 뒤쪽에 설치되어 있어 공기를 직접 가열하여 난방을 향상시킨다.

(5) 예열장치

엔진이 냉간된 상태에서 시동이 원활히 하기 위한 장치이며 이것은 배기가스와 매우 밀접한 관계가 있다. 예열장치는 냉각수 온도와 엔진 회전속도에 의해 제어된다.

① **프리 글로(Pre-Glow)** : 프리 글로 단계는 컴퓨터에 전원공급과 동시에 개시된다. 수온센서 값에 따라 프리 글로 제어시간이 변경된다.

② **스타트 글로(Start-Glow)** : 스타트 글로는 60℃ 이하인 경우 매번 실시되며 엔진 회전속도 45 rpm과 480 ms 이상을 초과할 때 실시한다. 또한, 스타트 글로는 스타트 글로 시간 15초 경과 후, 냉각수 온도가 60℃ 이상일 때는 종료한다.

③ **포스트 글로(Post-Glow)** : 포스트 글로시간은 냉각수온도에 따라 결정되며, 전원공급 후 단 1회만 실시하고, 연료량이 75 mm^3를 초과할 때, 엔진 회전속도가 3,500 rpm 이상일 때는 종료한다.

(6) 냉각 팬 제어

① 에어컨 압축기 Cut Off 온도 : 115℃

② **수온 센서 고장일 때** : 콘덴서 팬, 냉각 팬 High 구동

③ 에어컨 ON조건은 압축기 스위치 신호기준이며, 압축기 ON, OFF는 관계가 없다.

10 자동차 배출가스와 그 대책

10.1. 가솔린엔진의 배출가스

10.1.1. 배기가스(exhaust gas)의 개요

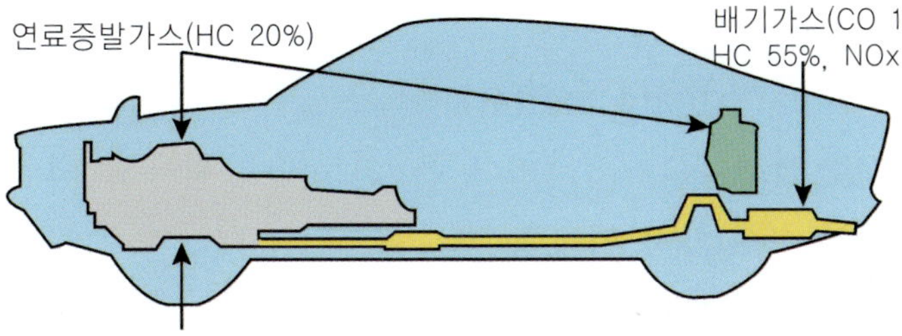

[그림 219] 자동차에서 발생되는 유해 배출가스

자동차에서 발생되는 배출 가스는 주로 배기파이프에서 배출되는 배기가스(exhaust gas), 엔진 크랭크케이스에서의 블로바이가스 및 연료탱크나 연료라인에서 발생되는 연료증발가스(fuel evaporation gas)가 있다. 일반적으로 자동차의 배출가스 중 배기가스는 약 60%, 크랭크실 블로바이가스는 약 25%, 그리고 연료 증발가스는 약 20%의 비율을 가진다.

10.1.2. 배기가스(exhaust gas)

[1] 일산화탄소(CO : carbon monoxide)

연소 시 산소의 공급이 불충분하면 불완전연소를 하여 일산화탄소가 발생된다. 이 일산화탄소는 무색, 무취로써 인체에 흡수되면 산소 대신 적혈구에 흡수되어 산소부족현상이 발생하며 소량일 경우 두통, 현기증이 발생하나 대량이 흡수될 경우 사망을 초래한다. 일산화탄소의 배출량은 엔진에 공급되는 혼합기의 공연비에 좌우하며 희박공연비일 경우 CO 농도는 낮으나 농후공연비일 경우 높아진다.

[2] 탄화수소(HC : unburned hydro carbon)

탄화수소는 공기부족에 의한 불완전 연소 시에 주로 발생되는데 실린더 또는 연소실 벽쪽은 저온이므로 이 부분에서는 연소온도에 이르지 못하고 화염이 전달되지 못하므로 미연소 HC가 발생되게 된다.

[3] 질소산화물(NO_x : nitrogen oxide)

공기 중에는 질소가 70% 이상이므로 연소 시 질소와 산소가 반응하여 질소산화물을 배출시킨다. 질소산화물은 2000℃ 이상의 고온, 고압 하에서는 산화되어 발생량이 증대된다. 이 질소산화물 발생은 최고연소온도에 좌우되며 연소온도의 상승과 함께 급격히 증가하나 역으로 최고 연소온도를 다소 낮추면 급격히 하락된다.

[4] 입자상 물질(PM : particulate matter)

이들은 주로 불완전 연소 시 발생하며 나쁜 연료와 윤활유도 원인이다. 입자상 물질의 입자는 75% 이상이 직경 1μm 이하의 미세입자이기 때문에 기관지 등에 장기간 잠재하며 특히 폐암의 원인으로 판명되고 있어 위해성에 대한 논란이 가중되고 있다.

[5] 아황산가스(SO_2 : sulfur dioxide)

화석 연료의 연소과정에서 유황성분이 산화한 것으로 대부분 SO_2로 배출되고 1~2%는 불꽃 중에서 산화하여 SO_3(삼산화황 : sulfur trioxide)로 배출된다.

10.1.3. 배기가스 발생량에 영향을 미치는 요소

[1] 압축비

압축비가 높으면 엔진 출력이 증가하고 열효율이 향상되며 연료 소비율이 향상되나 노크 위험성이 증가하고 배기가스 발생량이 증가한다.

[2] 밸브 오버랩(valve over lap)

밸브 오버랩이 너무 길면 흡입 행정에서 배기가스 일부가 다시 연소실로 유입되어 혼합기가 희박해져 내부 EGR효과로 인하여 연소 온도가 저하되어 궁극적으로 질소산화물의 감소를 가져온다. 그러나 공전에서 밸브 오버랩을 너무 크게 하면 탄화수소(HC) 발생량이 증가하고 혼합기가 희박해져 엔진 부조현상이 일어나므로 공전에서는 밸브 오버랩을 작게 하고, 고속에서는 크게 한다.

[3] 워밍업(warming up, 난기 운전) 시간

자동차에서 발생하는 상당량의 배기가스는 워밍업 동안 발생하므로 가능하면 빠른 시간 내에 워밍업을 마쳐야 한다.

[4] 점화 시기

① **점화 시기가 빠를 때 :** 연소실 온도상승으로 질소 산화물(NOx) 발생량은 증가하는 반면 배기가스의 온도 저하로 탄화수소(HC)의 재연소가 일어나지 않아 탄화수소(HC) 발생량은 증가한다.

② **점화 시기가 늦을 때 :** 연소가 완만하여 최고 연소온도가 저하되어 질소 산화물(NOx) 발생량은 감소하는 반면 동력 및 배기 행정에서 가스 온도가 상승되어 탄화수소(HC)의 재연소가 촉진되어 탄화수소(HC) 발생량도 감소된다.

[5] 공연비(혼합비)

공연비는 공기량(g)을 연료량(g)으로 나눈 것으로 공연비가 작으면 혼합기 상태가 농후하고(rich), 공연비가 크면 혼합기 상태가 희박(lean)한 것이다.

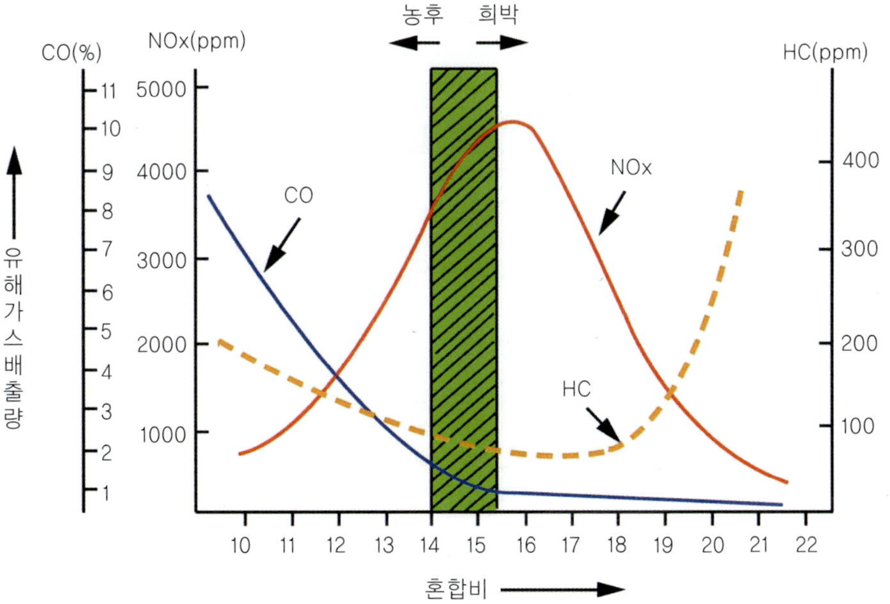

[그림 220] **혼합비와 유해가스 배출량의 관계**

10.1.4. 배출가스 제어시스템

[1] 블로바이가스 제어

실린더벽과 피스톤 사이에 완전한 밀봉은 불가능하다. 따라서, 압축행정이나 폭발 행정 시 발생하는 압력으로 인하여 혼합기나 미연가스가 피스톤링 틈새를 거쳐 크랭크케이스로 유입되며 이를 블로바이가스(blow by gas)라 한다.

블로바이가스를 제어하는 PCV밸브는 흡기다기관의 부압에 의해 작동되며 엔진의 작동 조건에 따른다. 엔진의 작동이 정지된 경우에는 PCV밸브가 가동하지 않으며, 진공 통로는 닫히게 된다.

공회전 및 감속할 때에는 진공도가 매우 높으므로 PCV밸브는 완전히 열리고 진공 통로는 작아진다. 엔진이 정상 작동할 때에는 PCV밸브는 적당히 작동하며 진공 통로는 커진다. 가속 또는 고부하 영역에서는 흡기다기관 진공도가 작아지므로 PCV밸브는 조금 작동하고 진공 통로는 완전히 열린다.

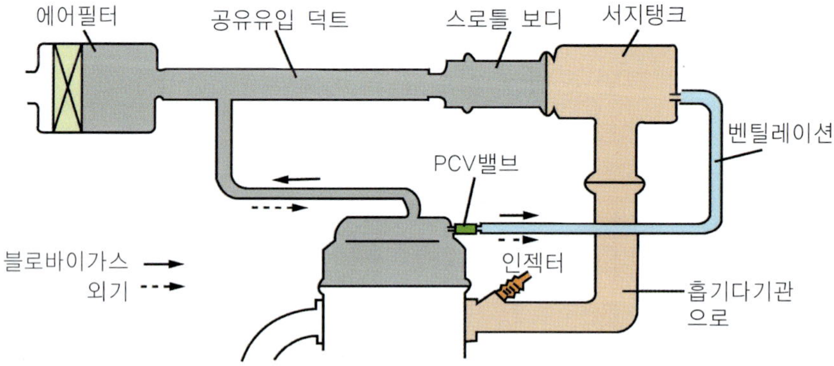

[그림 221] 밀폐식 PCV시스템

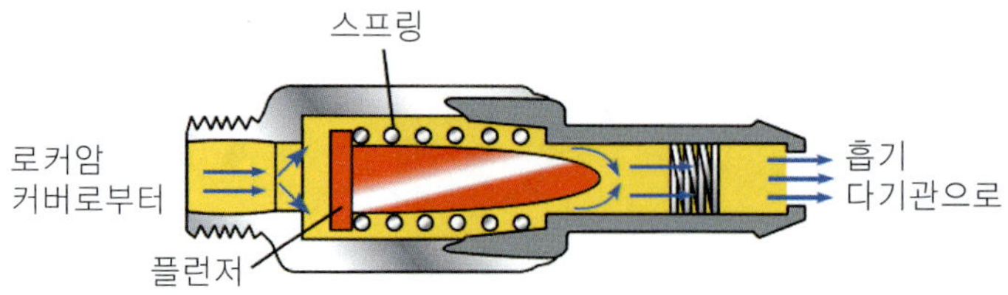

[그림 222] PCV밸브의 구조

[2] 배기가스 재순환 제어(EGR)

일반적으로 배기가스 재순환율은 5~15% 정도의 소량 배기가스 재순환을 하는 경우에는 기계적인 방식을 채용하고, 배기가스 재순환율이 15~35% 정도의 대량 배기가스 재순환을 하는 경우에는 전자제어 방식을 사용한다.

가속 시 또는 냉각수온에 따라 EGR량을 보정하며 공회전 시나 감속 시 EGR을 정지시키도록 하고 있다. EGR을 하게 되면 NOx는 저감되나 착화성이나 엔진의 출력이 저하되므로 차속이나 엔진의 부하상태에 따라 적절한 EGR량을 제어할 필요가 있다.

EGR제어량의 지표로써 EGR율(EGR rate)이 사용되며 다음과 같이 정의된다.

$$\text{EGR율} = \frac{\text{EGR량}}{\text{흡입공기량} + \text{EGR량}} \times 100(\%)$$

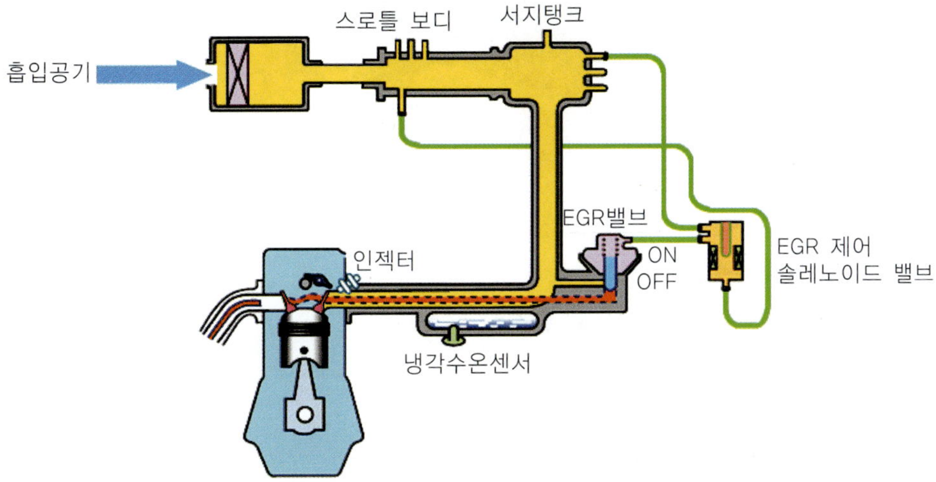

[그림 223] **배기가스 재순환장치의 구성부품**

(1) EGR(Exhaust Gas Recirculation) 밸브

EGR밸브는 배기가스 중의 일부분을 다시 흡기 매니폴드로 유입하여 재연소시켜 엔진에서 배출되는 가스 중 질소산화물(NOx) 배출을 억제하기 위한 밸브이다.

(a) 진공식 EGR 밸브

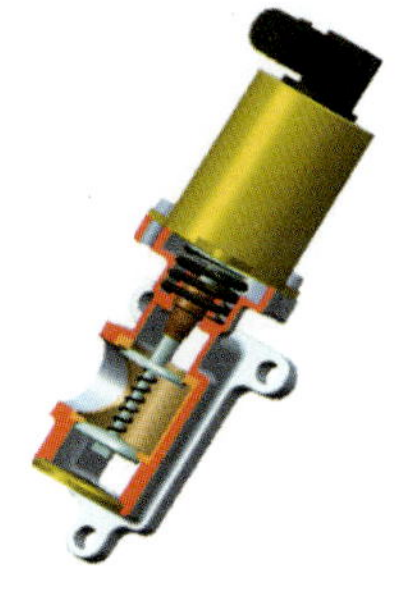

(b) 전자식 EGR 밸브

[그림 224] **EGR 밸브**

(2) EGR 솔레노이드 밸브

EGR 솔레노이드 밸브는 ECU에서 계산된 값을 PWM방식으로 제어하며, 제어 값에 따라 EGR 밸브 작동량이 결정이 되는데 각종 입력되는 값과 흡입 공기량을 계산하여 실제 제어 값을 출력하도록 되어 있다.

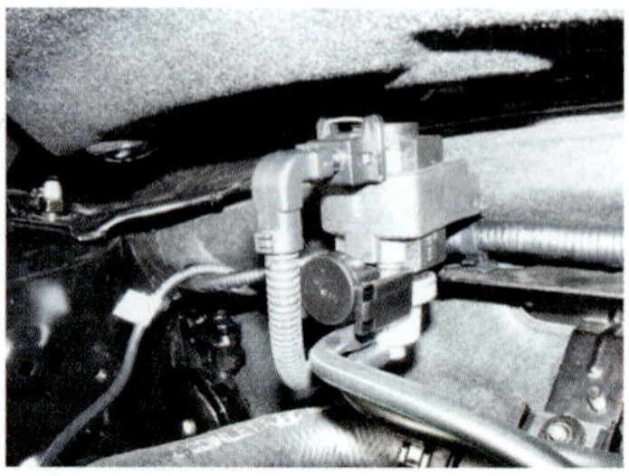

[그림 225] EGR 솔레노이드 밸브 설치위치

[3] 연료증발가스 제어

자동차에서 연료증발가스는 연료탱크 등의 연료계통에서 발생하며, 주요성분은 탄화수소(HC)이다. HC를 캐니스터에 포집한 후 퍼지 컨트롤 솔레노이드 밸브의 조절에 의하여 흡기다기관을 통하여 연소실로 보내어 연소 시킨다.

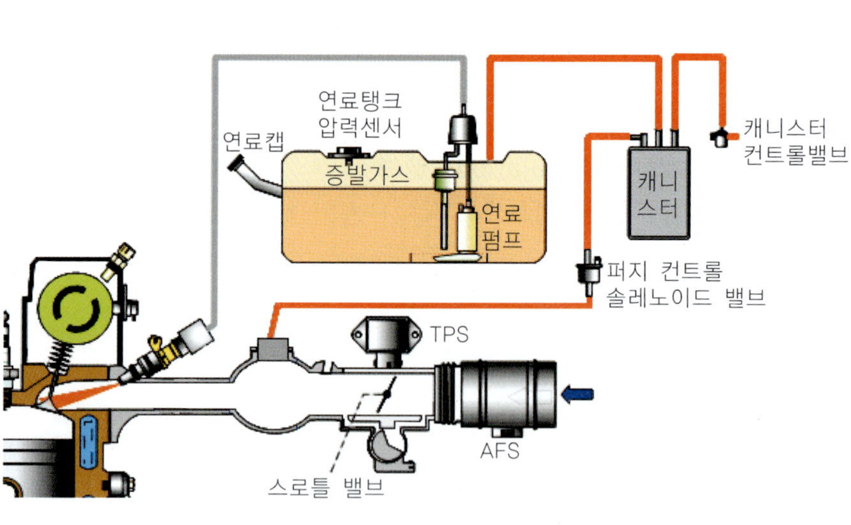

[그림 226] 연료 증발가스 제어장치의 구성 예

[4] 공기비 제어(λ closed loop control)

산소센서는 전압신호를 ECU에 전달한다. 제어기준 조건이 충족된 상태이면 ECU는 산소센서의 전압신호에 따라 혼합비를 희박하게, 또는 농후하게 할지의 여부를 결정한다. λ =1에 대한 기준전압이 450 mV일 경우, 산소센서로부터 발생된 전압이 기준전압보다 낮으면(=혼합기 희박) 분사량을 증량하고, 센서전압이 기준전압보다 높으면(혼합기 농후) 분사량을 감소시킨다.

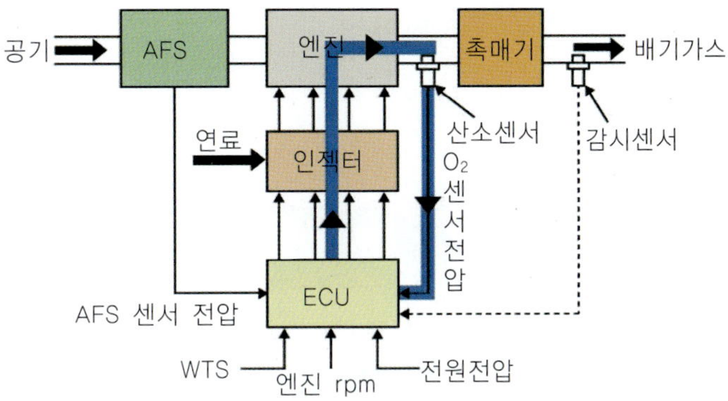

[그림 227] **공기비제어 블록선도**

그리고 시동 시, 난기운전 시, 가속 시, 전 부하 시 등에는 농후한 혼합기를 공급해야 하므로, 이때는 공기비 제어 시스템의 제어기능은 일시적으로 중단된다. 그러면 엔진은 공연비 제어 시스템에 의해 결정된 연료 분사량을 공급받게 된다.

공기비제어의 전제 조건은 다음과 같다.

① 센서온도가 적정온도 이상이어야 한다. 지르코니아 센서는 300℃ 이상, 티타니아 센서는 600℃ 이상, 광대역 센서는 700℃ 정도이어야 한다.

② 엔진이 공전영역 또는 부분부하영역에서 운전되고 있어야 한다.

③ 엔진 냉각수 온도가 40℃ 이상이어야 한다.

10.2. 디젤엔진 배출가스

10.2.1. 배기가스 후처리장치

기존의 산화촉매와 함께 배기 통로에 배기가스 후처리장치(CPF : Catalyzed Particulate Filter or DPF : Diesel Particulate Filter)를 설치하여 매연을 포집하여 연소 시켜 매연을 현저하게 감소시키는 장치이다.

[그림 228] **배기가스 후처리장치의 내부 구조**

배기가스 후처리 장치는 CPF(Catalyzed Particulate Filter)를 비롯하여 산화촉매, 차압센서, 배기 온도센서 1, 2로 구성되어 있다.

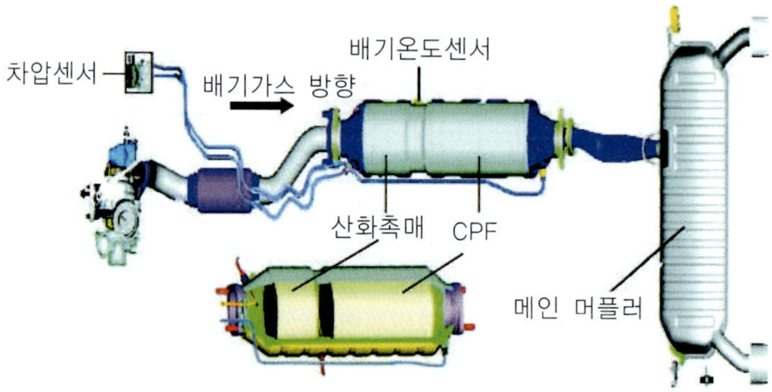

[그림 229] **배기가스 후처리장치의 구성**

① **CPF(Catalyzed Particulate Filter)** : CPF는 산화촉매 뒤쪽에 설치되어 있으며, 엔진에서 발생한 고체의 입자상물질을 포집 및 재생하는 장치이다.

② **산화촉매** : 산화촉매는 CPF 앞쪽에 설치되어 있으며, 엔진에서 발생한 일산화탄소와 탄화수소를 산화작용을 통해 이산화탄소와 물로 변환시키는 역할을 하고, 또 CPF가 재생할 때 촉매의 온도를 높이기 위한 발열작용을 한다.

③ **차압센서** : 차압센서는 촉매 앞뒤의 압력 차이를 검출하는 센서이며, 엔진 연소과정에서 발생한 입자상물질이 CPF에 축적된 정도를 측정한다.

④ **배기 온도센서 1과 2** : 배기 온도센서 1과 2는 센서가 설치된 부분의 배기가스 온도를 측정하여 엔진 ECM으로 입력시킨다. 센서 1은 VGT(가변용량 터보차저)에 설치되고, 센서 2는 CPF와 산화촉매 사이에 설치되어 CPF가 재생할 때 온도를 피드백 제어한다.

[그림 230] **배기 온도센서 설치위치**

10.2.2. SCR(Selective Catalytic Reduction)

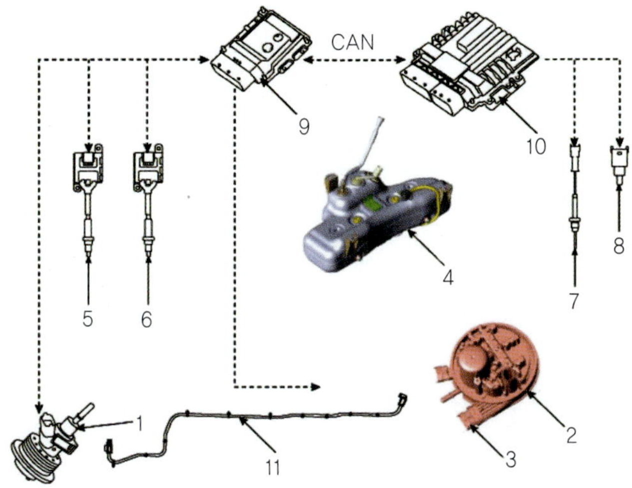

1. 도징 인젝터 2. 서플라이 모듈 3. 요소수 온도 센서 4. 요소수 탱크 5. PM 센서 (프론트) 6. NOx 센서 (리어) 7. 배기가스 온도 센서 8. 실외 온도 센서 9. 도징 컨트롤 유닛(DCU) 10. ECM 11. 열선 튜브

[그림 231] **유로 6 SCR 구성부품**

[1] SCR 시스템 개요 및 작동원리

SCR은 LNT(Lean NOx Trap), EGR과 같이 질소산화물을 줄이기 위한 장치로 불완전 연소를 의도적으로 만들어 질소산화물을 줄이던 EGR과는 달리 엔진에 공급되는 산소 농도를 높이고 이어서 연소 온도를 높여 완전연소하게 만들어 미세먼지, 매연은 줄이지만 연소 온도가 높기 때문에 다량으로 만들어진 질소산화물에 요소수로 부르기도 하는 NH_3(암모니아)수 또는 우레아(Urea : $NH_2(2CO)$)수용액을 전용 분사 제어장치를 통해 분사한 후 질소산화

물(NOx)과 반응을 일으켜 물과 질소로 변환시키는 촉매장치이다. SCR 구성은 다음과 같다.

엔진 → DOC(디젤산화촉매) → DPF(디젤매연필터) → DM(도징모듈) → SCR(선택적 환원촉매)

[2] SCR 시스템 구성

도징 컨트롤 유닛(DCU)은 SCR시스템에서 필요한 양의 요소수를 분사하기 위해 도징 인젝터를 제어한다. 도징 컨트롤 유닛의 기능은 도징 인젝터 제어, 열선 튜브 제어, 외부 센서의 측정, 모니터링 기능, OBD 기능 등이 있다.

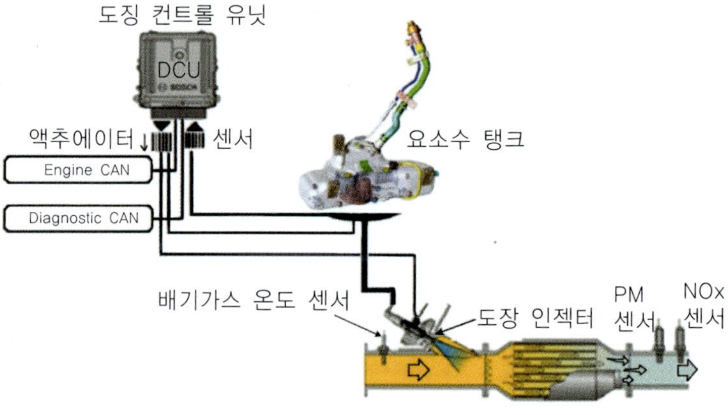

[그림 232] **도징 컨트롤 유닛 및 작동원리**

(1) 도징 모듈(Dozing Control Unit)

① 인젝터는 배기 파이프 안으로 요소수를 분사하는 역할을 한다.
② 매 도징 밸브의 작동마다 전류의 변화는 두 단계로 구성된다.
③ 영구 전류의 흐름은 코일이 과열될 수 있는 위험요소를 방지한다.

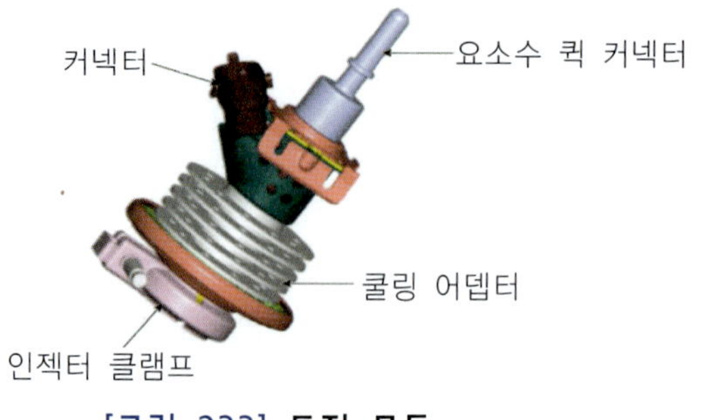

[그림 233] **도징 모듈**

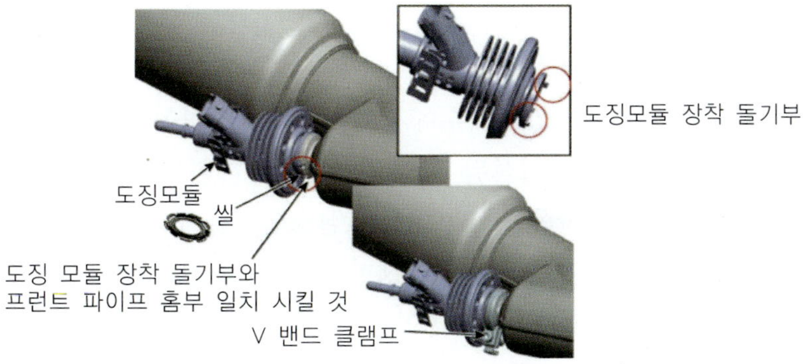

[그림 234] **도징 모듈 장착 위치**

④ 요소수 없이는 도징 인젝터의 작동을 허용하지 않는다. 건조 상태에서의 작동은 마모와 분사 오차를 악화시키기 때문이다.

⑤ **스위치 ON 전류는 공급전압에 따른다** : 16 V 이상의 배터리 전압의 경우, 전압은 반드시 최대 16 V일 때의 전류에 해당하는 방식으로 제어해야 한다.

(2) 서플라이 모듈(SM, Supply Module)

요소수 저장 탱크로부터 요소수를 펌핑하여 도징 모듈로 요소수를 공급한다.

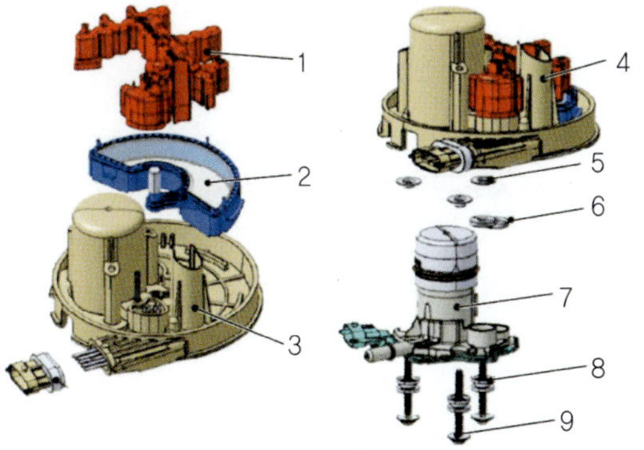

1. 히터 2. 필터 3. 레벨 센서 4. 스탠다드 탱크 유닛(STU, Standard Tank Unit)
5. 슬리브 6. 씰 7. 펌프 모듈(PM : Pump Module) 8. 댐퍼 9. 스크류

[그림 235] **서플라이 모듈 구성부품**

(3) 히팅 튜브

열선 라인은 전기로 작동되며 겨울철 요소수 라인의 동결을 예방한다.

(4) 요소수

요소수란 요소를 물에 녹이는 방식으로 요소와 초순수를 혼합한 화학물질로 무독, 무색, 무취인 수용석 물질이다. 요소 수에서 요소가 차지하는 비율은 31.8~33.3% 정도이다. 요소는 암모니아(NH_3)가 희석된 형태로 열을 가하면 다시 암모니아로 변한다. 암모니아는 질소산화물과 화학반응을 일으키며 질소산화물을 질소와 물로 환원한다. SCR 장치는 이 원리를 응용해 자동차에서 발생한 질소산화물을 정화시킨다. SCR 장치를 통해 줄어드는 질소산화물은 약 70~90%이며 매연이나 일산화탄소 등의 유해가스를 저감하는 효과도 있다.

[그림 236] **요소수 잔량 표시**

10.2.3. 희박 질소 촉매(LNT : Lean NOx Trap)

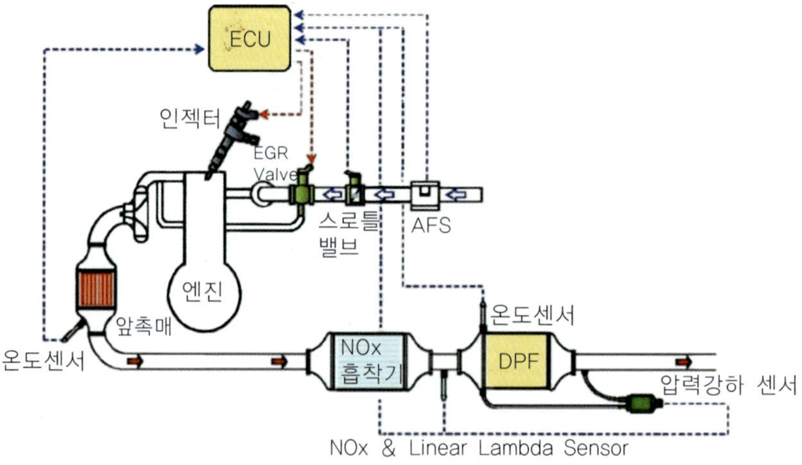

[그림 237] **LNT 시스템**

LNT 방식은 NOx의 일부를 내보내지 않고 필터에 묶어두는 방식이다. 이후 연료를 과잉으로 내보내 필터에 쌓인 NOx를 다시 태워 필터를 환원한다. LNT은 질소산화물을 정화하기 위한 촉매로 주행 중 백금, 팔라듐, 바륨 등의 귀금속으로 코팅된 필터에 NOx를 흡장(Occlusion)하고 정화 시에는 DPF 재생 때와 마찬가지로 후 분사를 통해 NOx를 탈장한다. 연소 시켜서 없애는 방식이어서 연료효율이 떨어지는 단점이 있다.

[1] 구성

기존의 DPF 장치 내부 DOC를 LNT가 대체하면서 전단에는 배기가스 온도센서, 전·후방에는 람다센서가 추가되었다. 오염된 배기가스가 촉매(필터)를 거치면서 물과 이산화탄소 등으로 정제된다.

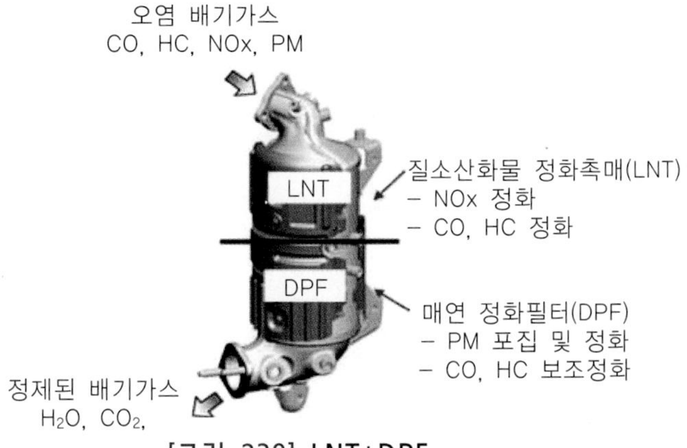

[그림 238] LNT+DPF

[2] 제어(정화) 원리

LNT는 흡장과 탈장을 반복하면서 NOx를 저감한다.

① **일반주행(λ 〉1)** : 디젤 엔진은 대부분의 운전 영역에서 희박 연소가 진행되기 때문에 CO, HC보다 NOx가 많이 생성되며, 생성된 NOx는 백금, 팔라듐, 바륨 등의 귀금속이 코팅된 촉매에 흡장된다.

② **NOx 정화(λ 〈1)** : NOx 정화 시에는 LNT 촉매에 흡장된 NOx를 환원시키기 위해 후 분사를 실시한다.

[3] 재생

① **NOx 흡장량 계산** : 엔진의 운전 조건에 따른 NOx 발생량을 계산하여 흡장량이 설정치보다 높은지 비교한다.

② **NOx 재생** : 운전 중 후 분사를 통해 농후한 연소를 만든다. 이때 LNT 전단의 람다 센서의 값을 읽는다.

③ **NOx 탈장량 계산** : 전 · 후방의 람다 센서를 이용해 LNT 촉매에 흡장된 NOx량을 계산한다.

[4] 탈황

LNT는 황산화물에 특히 취약해서 필터 내부에 황산화물을 제거하기 위해 역시나 후분사를 실시하여 600℃ 이상의 고온 상태를 만들어 내부의 황산화물을 제거한다.

Chapter

2

전기(ELECTRICITY)

01 전기·전자 기초 이론

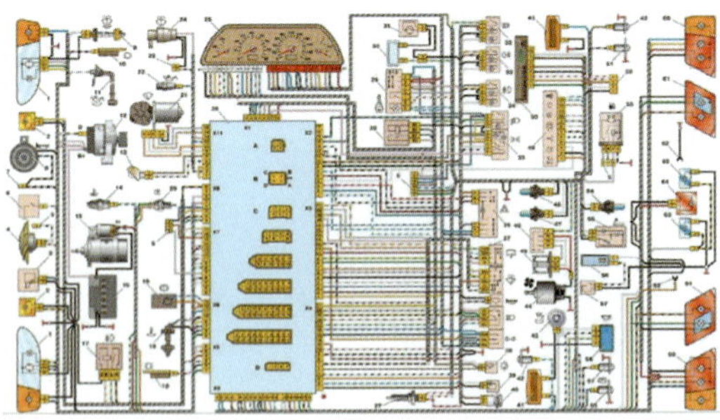

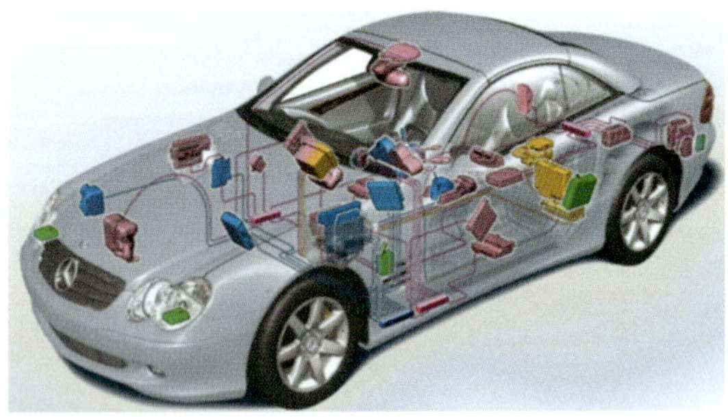

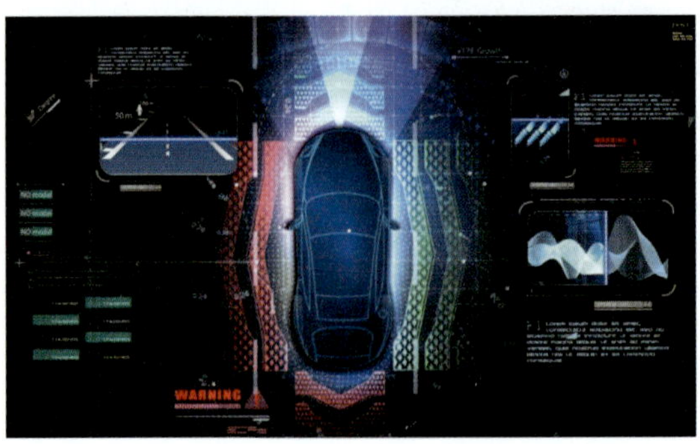

1.1. 전기의 성질

모든 물질은 기계적으로 더 이상 쪼갤 수 없는 최소 단위인 분자 그리고 이들 분자들은 다시 화학적으로 더 이상 쪼갤 수 없는 원자(原子 : atom, 10-10m)들로 구성되어 있다. 원자의 구조는 양(+)전하를 띠고 있는 원자핵과 음(-)전하를 지니는 전자로 구성되어 있으며 일반적으로 중성인 상태에서는 물질내부의 양(+)전하와 음(-)전하의 양이 같기 때문에 서로 잡아당기는 성질을 지니고 있어 전기적 특성을 나타내지 않는다. 이를 중성상태라고 한다. 이들 사이에 평형이 이루어지지 않으면 전기적인 성질을 나타낸다.

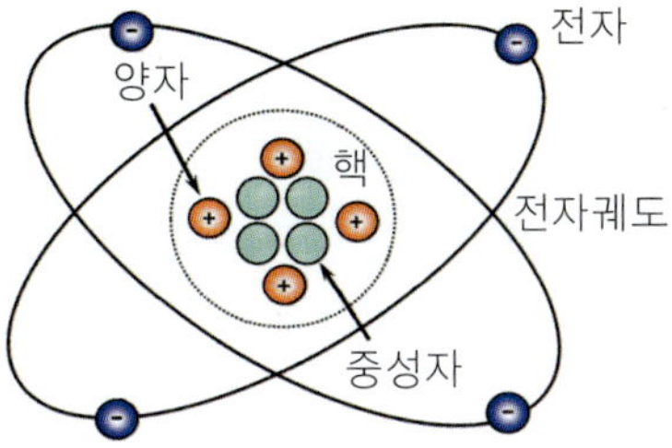

[그림 1] **원자의 구조**

① **양자(proton)** : 최소량의 (+)전기를 가지고 있으며, 질량은 전자의 약 1,840배이고, 중성자와 함께 핵을 구성한다.

② **중성자(neutron)** : 질량은 양자와 거의 같으나, 전기적으로는 중성이며, 양자와 함께 핵을 구성한다.

③ **전자(electron)** : 최소량의 (-)전기를 가지고 있으며, 원자핵의 주위를 원형 또는, 타원형 궤도를 따라 빛의 1/10 정도의 속도로 운동한다.

④ **자유전자(Free electron)** : 원자핵으로부터 인력이 약해 궤도를 이탈하는 전자

⑤ **정공(hole)** : 전자가 이탈하게 되면 전자가 빠져나간 자리

1.2. 전기 기초 이론

1.2.1. 정전기(static electricity)

전기를 발생시키기 위해서는 일정한 형태의 에너지를 사용하여 전자의 작용을 일으키게 한다. 정전기란 전기가 물질에 정지한 상태에 있는 경우이다. 이 정전기는 방전할 때 순간 전류가 되므로 에너지원으로 사용을 하지 못한다.

[1] 마찰전기

어떤 물질들이 서로 마찰을 하면 마찰에 의해 열이 발생된다. 이것은 핵 주변에 전자들이 자유롭게 튀어나가 전기적 균형을 이루던 원자는 전자를 잃고 양(+)전하를 띤다.

예를 들어 건조한 유리막대를 명주로 마찰하면 유리막대와 명주는 종이조각이나 작은 나무 조각 등의 물체를 잡아당긴다. 이 경우 유리막대 또는 명주에 전하(electric charge)가 발생하였다거나 또는 대전하였다고 하며, 이 전기를 마찰전기라 부른다.

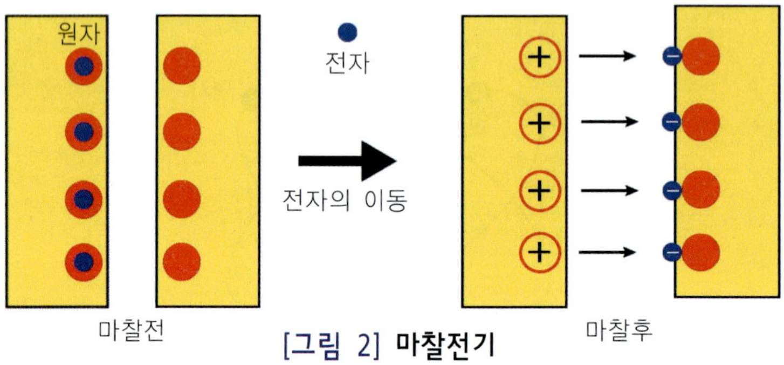

[그림 2] **마찰전기**

[2] 정전유도

도체의 정전유도는 그림 3과 같이 절연되고, 전기적으로 중성인 도체 A에 음전하를 가지는 대전체 B를 접근시키면, A도체 내의 자유전자는 B의 음전하에 반발되어, 그림과 같이 B로부터 먼 한 끝에는 음전하가 모이고, B로부터 가까운 끝에는 양전하를 가지게 된다. 이와 같이 도체에 대전체를 접근시켰을 때 대전체에 가까운 곳에는 대전체와 다른 종류의 전하가 생기고, 먼 곳에는 같은 종류의 전하가 생기는 현상을 정전유도라 한다.

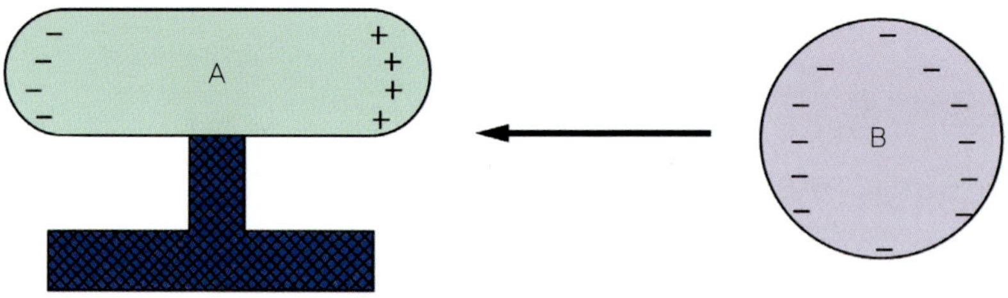

[그림 3] **도체의 정전유도**

[3] 콘덴서(condenser, 축전기)

(1) 축전기의 작동과 구조

축전기란 절연체를 사이에 두고 2장의 얇고 평평한 금속판 A, B를 매우 가까이 한 후 각각의 전원에 (+), (-)를 연결하고 전압을 가하면 전원으로부터 2장의 금속판으로 (+), (-)의 전하가 이동하여 A판의 (+)전하와 B판의 (-)전하가 서로 흡인하기 때문에 전기를 저장해 둘 수 있다.

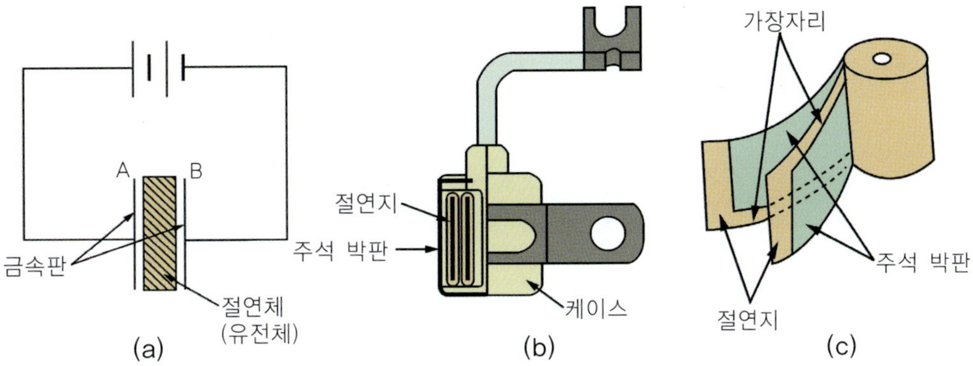

[그림 4] **축전기의 작동과 구조**

(2) 축전기의 특성

축전기가 설치된 회로에 직류(DC)전압을 공급하면 축전기에는 짧은 시간 동안 충전이 되며, 충전이 완료된 후에는 직류전류는 더 이상 흐르지 못하고 차단이 된다. 이때 축전기의 저항은 무한대에 가깝다.

충전할 때 전원은 축전기의 한쪽 금속판으로부터 전자를 흡인하여 반대쪽 금속판으로 보낸다. 즉, 2장의 금속판 중 하나는 전자 과잉상태가 되고 반대쪽은 전자부족 상태로 되어 2장의 금속판 사이에 전압이 저장된다. 이 상태에서 전원을 제거하여도 2장의 금속판에는 전압이 그대로 유지된다. 다음에 회로를 단락회로(short circuit)로 하면 축전기에 충전되어 있던 전하가 방전이 된다. 그리고 축전기의 2장의 금속판에 가하는 전압을 점차 증가시켜 일정수준 이상이 되면 절연체가 손상되고 축전기는 통전된다. 이것을 절연파괴라 한다.

(3) 축전기의 종류

축전기는 용량의 가변성 여부에 따라 고정형과 가변형으로 분류되며, 자동차에서는 주로 고정형을 사용한다. 절연체의 종류에 따라 종이축전기, 운모축전기, 세라믹 축전기, 전해(電解)축전기 등이 있다.

(4) 축전기의 정전용량

축전기에 저장되는 전기량을 쿨롱(coulomb)이라 하며, Q로 표시하고 쿨롱 Q는 가해지는 전압 E에 비례한다. 즉, 전압이 높을수록 많은 양의 전기를 저장할 수 있고, 이들 사이에 다음과 같은 관계가 있다.

$$Q = CE$$

Q : 축전기에 저장되는 전기량(coulomb), C : 정전용량, E : 축전기에 가해지는 전압

1.2.2. 동전기(dynamic electricity)

움직이는 상태에 있는 전기(전류)를 말한다. 동전기에는 가정 전기나 공장 전기와 같은 교류 전기와, 건전지, 충전지, 자동차 배터리 등과 같은 직류 전기가 있다.

[1] 전자와 전류

전자는 작은 입자 중에서 음(−)전하를 지니는 질량이 매우 작은 입자로 모든 물질의 구성요소로 정지 질량은 9.107×10^{-28}g이고, 전하는 1.6021×10^{-19}C이며, 전류란 (+) 대전체와 (−)대전체 사이를 도체로 연결하면 (+)쪽에서는 도체 내의 전자를 흡인하고, (−)쪽에서는 전자가 반발 당하여 도체 내부로 들어가므로 도체 내에 있는 전자는 (−)쪽에서 (+)쪽으로 이동한다. 이때 전자는 중화되며 전자의 이동을 전류라 한다.

전류의 측정 단위는 암페어(A : ampere)이며 1A는 도체 단면의 임의의 한 점을 매초 1 쿨롱(C : coulomb)의 전하가 이동하고 있을 때의 전류의 크기를 말한다. 전류는 발열작용, 화학작용, 자기작용 등 3대 작용을 한다.

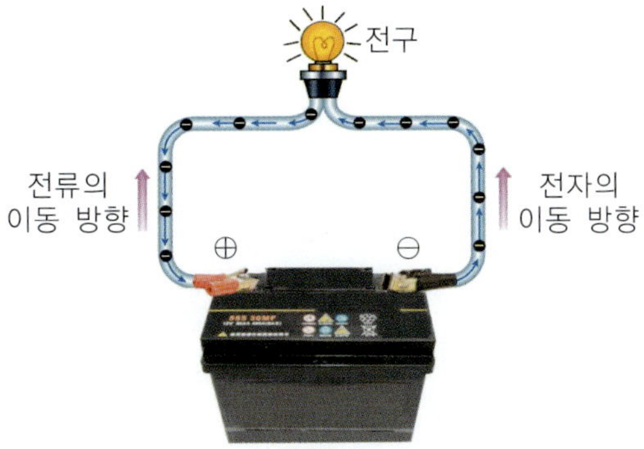

[그림 5] **전자와 전류의 이동**

[2] 전압(전위차)

전압이란 전류가 흐를 수 있도록 하는 전기적인 압력을 말하며, 측정 단위는 볼트(V : voltage)이다. 전압차이가 클수록 큰 전류가 흐르며, 1V란 1옴(Ω)의 도체에 1A의 전류를 흐르게 할 수 있는 전기적인 압력을 말한다.

[3] 저항

저항이란 물질 속을 전류가 흐르기 쉬운가, 또는 어려운가를 표시하는 것이다.

(1) 저항의 단위

측정 단위는 옴(ohm : Ω)이다. 1옴(Ω)이란 1 A의 전류를 흐르게 할 때 1 V의 전압을 필요로 하는 도체의 저항으로 표시한다. 저항에는 다음과 같은 것들이 있다.

(2) 물질과 고유저항의 관계

물질의 고유저항(비저항)은 물체 자체가 지니고 있는 고유한 전기저항이며 길이 1 m, 단면적 1 m^2인 도체 두 면 사이의 저항 값을 비교한 것을 그 물체의 고유저항 또는 비저항이라 한다. 측정 단위는 옴 미터(Ω · m), 옴 센티미터(Ω · cm)이나 실용상의 단위로는 마이크로 옴 센티미터(μ Ω · cm)를 사용하고 있다.

[표 1] 도체의 고유저항

금속 명칭	고유저항(μ Ω·cm)20℃	금속 명칭	고유저항(μ Ω·cm)20℃
은	1.62	니 켈	6.90
구 리	1.69	철	10.0
금	2.40	강	20.6
알루미늄	2.62	주 철	57～114
황 동	5.70	니켈-크롬	100～110

(3) 단면적과 길이에 따른 저항의 관계

도체의 저항은 단면적과 길이에 따라 다르며, 도체의 저항은 길이에 비례하고 단면적에 반비례한다.

도체의 단면 고유저항을 ρ(Ω ·cm), 단면적을 A(cm^2), 도체의 길이를 ℓ(cm)인 도체의 저항을 R(Ω)이라 하면

$$R = \rho \frac{\ell}{A} (\Omega)$$

(4) 접촉저항

접촉저항이란 도체와 도체를 연결할 때 접촉면에서 발생하는 저항이며, 접촉저항을 감소시키는 방법은 다음과 같다.

① 접촉면적과 접촉압력을 크게 한다.
② 같은 굵기의 전선을 사용한다.
③ 전선을 연결할 경우 납땜을 한다.
④ 단자에 볼트·너트로 체결할 경우에는 조임을 확실히 한다.
⑤ 점점은 깨끗이 청소한다.

(5) 온도와 저항의 관계

물질의 저항은 대부분 온도나 습도, 압력 등에 따라 변화한다. 도체의 온도가 변화함에 따라 저항이 증가하는 것(PTC : positive temperature coefficient)과 역으로 감소하는 것(NTC : negative temperature coefficient)이 있다. 보통의 도체는 온도가 상승하면 원자들의 움직임이 활발하여 도체를 통과하는 전자들이 원자들과 잦은 충돌을

하게 되므로 저항도 상승한다. 대부분의 금속이 여기에 해당되며, 온도가 높을 때보다는 낮을 때 전류가 잘 흐른다. 한편 탄소, 게르마늄이나 실리콘을 포함한 대부분의 반도체, 그리고 황산이나 물과 같은 전해질 용액 등은 온도가 상승하면 저항이 감소한다. 온도가 1℃ 상승하였을 때 저항값이 어느 정도 크게 되었는가의 비율을 표시하는 것을 그 "저항의 온도계수"라 한다.

(6) 절연체의 누설전류

절연체의 전기저항은 양도체의 저항에 비하여 대단히 크기 때문에 실용단위로 메거 옴(MΩ)을 사용하며 절연저항이라고 부른다. 절연저항은 절연체를 사이에 두고 고전압을 가하면 절연체의 절연저항 정도에 따라 매우 적은 양이기는 하지만 전류가 흐르게 되므로 이 전류를 전류계로 측정하여 다음의 공식으로 산출한다. 이때 흐르는 전류를 누설전류라 한다.

1.3. 전기의 기본법칙

1.3.1. 옴의 법칙(ohm'law)

전압에 의하여 전류가 흐르며, 저항은 전류의 흐름을 방해하므로 전류, 전압 및 저항 사이에는 밀접한 관계가 있다. 즉, 도체에 흐르는 전류(I)는 전압(E)에 정비례하고, 그 도체의 저항(R)에는 반비례한다. 이와 같은 관계는 옴의 법칙이라 부른다.

$$I=\frac{E}{R},\quad E=IR,\quad R=\frac{E}{I},$$

I : 전류(A), E : 전압(V), R : 저항(Ω)

1.3.2. 저항의 접속방법

[1] 직렬 접속방법

이 접속방법은 몇 개의 저항을 한 줄로 연결하는 것이며, 다음과 같은 특징이 있다.

① 어느 저항에서나 똑같은 전류가 흐른다.

② 전압이 나누어져 저항 속을 흐른다.

③ 각 저항에 가해지는 전압의 합은 전원 전압의 합과 같다.

④ 합성저항(전체 저항)은 다음과 같이 나타낸다.

$$R=R_1+R_2+R_3+\cdots\cdots+Rn$$

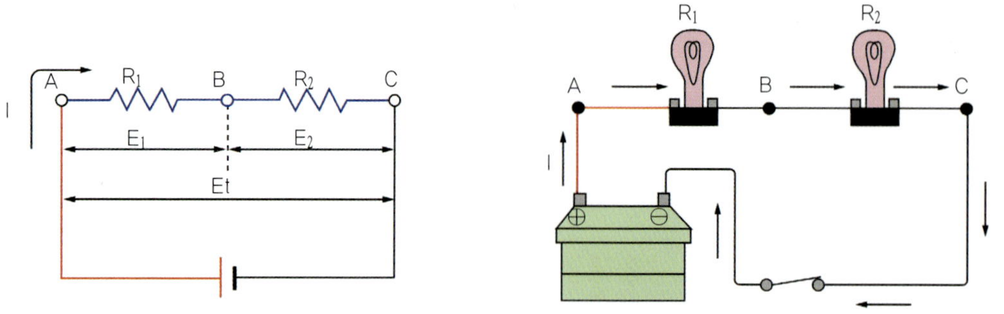

[그림 6] 저항의 직렬 접속방법

[2] 병렬 접속방법

이 접속방법은 모든 저항을 두 단자에 공통으로 연결하는 것이며, 작은 저항을 얻고자 할 때 사용하는 것으로 다음과 같은 특징이 있다.

① 어느 저항에서나 동일한 전압이 흐른다.

② 병렬접속 합성 저항은 각각의 저항의 역수의 합 분의 1이다.

③ 저항이 감소하는 것은 전류가 나누어져 저항 속을 흐르기 때문이다.

④ 전원에서의 전류는 각 전장 부품을 흐르는 전류의 합이 되므로 병렬 접속하는 전장 부품이 많을 경우에는 용량이 큰 전원을 사용하여야 한다.

⑤ 합성저항(전체 저항)은 다음과 같이 나타낸다.

$$R = \frac{1}{\frac{1}{R_1} + \frac{1}{R_2} + \frac{1}{R_3} + \cdots\cdots + \frac{1}{R_n}}$$

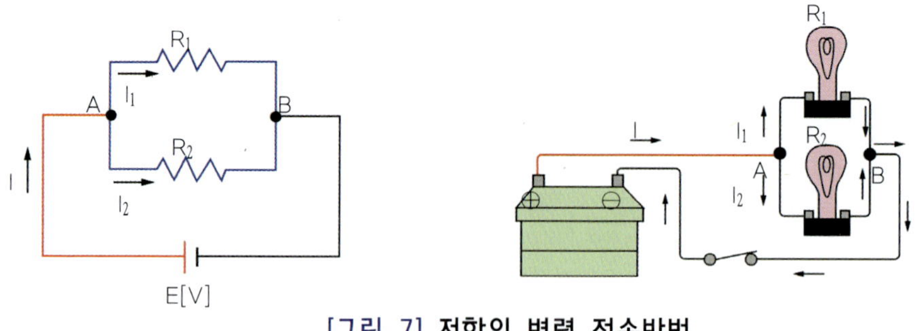

[그림 7] 저항의 병렬 접속방법

[3] 전압강하(voltage drop)

전기회로에서 사용하고 있는 전선의 저항이나 회로 접속부분의 접촉저항 등에 소모되는 전압을 그 저항에 의한 전압강하라 한다.

1.3.3. 키르히호프의 법칙(kirchhoff's law)

[1] 키르히호프의 제1법칙

이 법칙은 전류의 법칙으로 회로 내의 "어떤 한 점에 들어온 전류의 총합과 나간 전류의 총합은 같다"는 법칙이다.

$$(I_1 + I_3 + I_4) - (I_2 + I_5) = 0 \qquad \therefore \Sigma I = 0$$

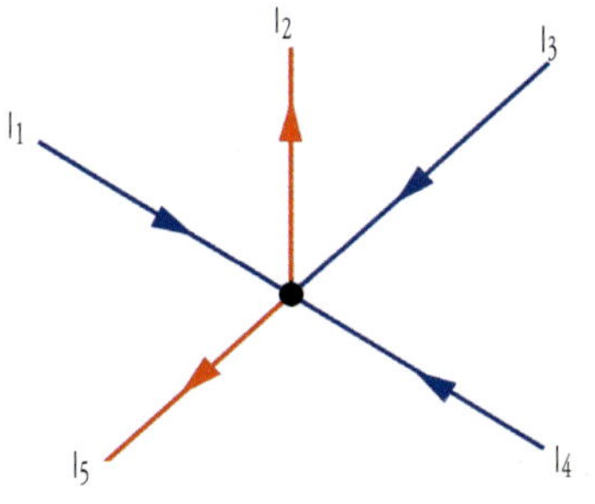

[그림 8] 키르히호프의 제1법칙

[2] 키르히호프의 제2법칙

이 법칙은 전압의 법칙으로 "임의의 폐회로에 있어서 기전력의 총합과 저항에 의한 전압 강하의 총합은 같다" 따라서 키르히호프의 제2법칙은 에너지 보존법칙으로 임의의 한 폐회로에서 소비된 전압강하의 총합과 기전력의 총합과 같다. 즉 전압강하의 총합은 기전력의 총합이다.

$$V_T - (V_1 + V_2 + V_3) = 0, \qquad \therefore \Sigma V = 0$$

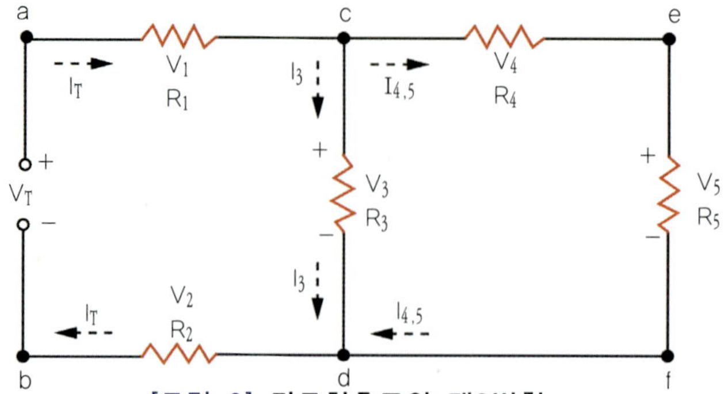

[그림 9] 키르히호프의 제2법칙

1.3.4. 전력과 전력량

[1] 전력

전력이란 전기가 단위시간 동안에 한 일의 양이며 전등, 전동기 등에 전압을 가하여 전류를 흐르게 하면 기계적 에너지를 발생시켜 여러 가지 일을 할 수 있도록 하는 것을 말한다. 전력(P)는 전압(E)과 전류(I)를 곱한 것에 비례하고 전력의 측정단위는 와트(W)나 킬로와트(kW)를 사용한다.

$$P = EI,\quad P = I^2R,\quad P = \frac{E^2}{R}$$

[2] 전력량

전력량이란 전류가 어떤 시간 동안에 한 일의 총량을 말한다. 따라서 전력(P)을 t초 동안에 사용하였을 때 전력량 W는 P×t로 표시된다. I(A)의 전류가 R(Ω)의 저항 속을 t초 동안 흐를 경우에는 $W=I^2Rt$로 표시한다. 그리고 전력량의 측정 단위로는 WS 또는 kW/h이다.

1.3.5. 퓨즈(fuse)

퓨즈는 단락(short)으로 인하여 전선이 타거나 과대 전류가 부하로 흐르지 않도록 하는 안전장치이며, 퓨즈의 접촉이 불량하면 전류의 흐름이 저하되고 끊어진다. 퓨즈는 회로에 직렬로 연결되며, 재료는 납+주석+창연+카드뮴의 합금이다.

1.4. 반도체

게르마늄(Ge)이나 실리콘(Si) 등은 도체와 절연체의 중간인 고유저항을 지니고 있으므로 반도체라 부르며 반도체는 온도에 의한 저항 값의 변화가 금속과는 반대이다. 반도체에는 진성 반도체와 불순물 반도체가 있다.

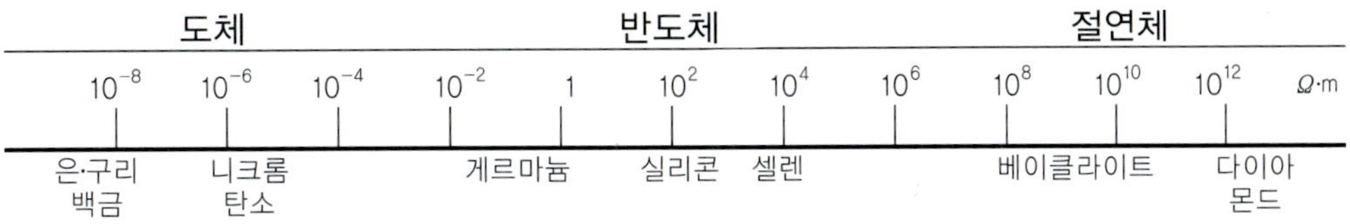

[그림 10] **각 물질의 고유저항**

1.4.1. 진성 반도체(intrinsic semiconductor)

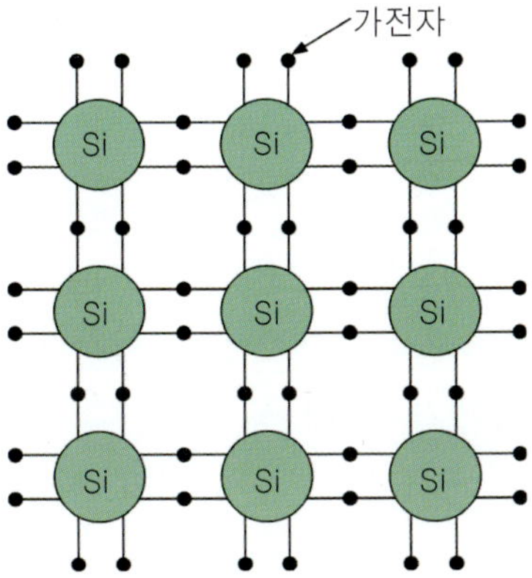

[그림 11] **진성 반도체 실리콘의 공유결합**

진성 반도체란 불순물을 첨가하지 않은 순수한 반도체로(실리콘 결정의 순도는 99.9999999999%) 도체의 결정에 불순물이 없거나, 있더라도 매우 적고 게르마늄이나 실리콘은 결정이 같은 수의 전자와 홀(hole, 정공(+)전기가 남아 있는 빈자리)이 있는 반도체이며 절연체에 가까워 원자핵에 결합되어 있는 전자가 움직일 수 없기 때문에 외부에 전압을 걸어도 전류는 흐르지 않는다.

1.4.2. 불순물 반도체(impurity semiconductor)

진성 반도체에 미량의 불순물을 혼입하여 만든 반도체로 전압이나 온도에 대하여 민감한 반도체 성질을 얻는 것을 불순물 반도체라고 한다. 이 불순물 반도체에는 P형과 N형이 있다.

[1] P(positive)형 반도체

자유전자보다 정공을 증가시킨 반도체이다. 진성 반도체에 정공을 증가시키기 위해 불순물인 3가 원소(알루미늄(Al), 붕소(B), 갈륨(Ga), 인듐(In))를 첨가 한다. 규소의 가전자는 4개이고 갈륨은 3개이므로 공유결합하기 위해서는 가전자 1개가 부족하다. 이때 전자가 부족한 곳이 정공이 되고, 전체의 캐리어(carrier)는 자유전자보다 정(positive)의 전기를 갖는 정공 쪽이 많아지게 되고 positive의 머리문자를 따서 P형 반도체라 한다.

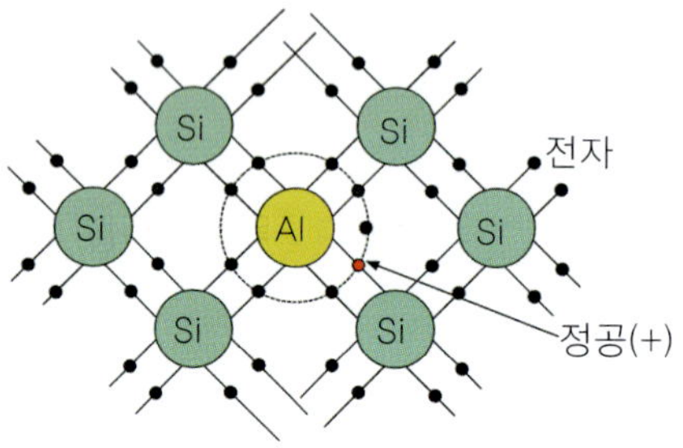

[그림 12] P형 반도체

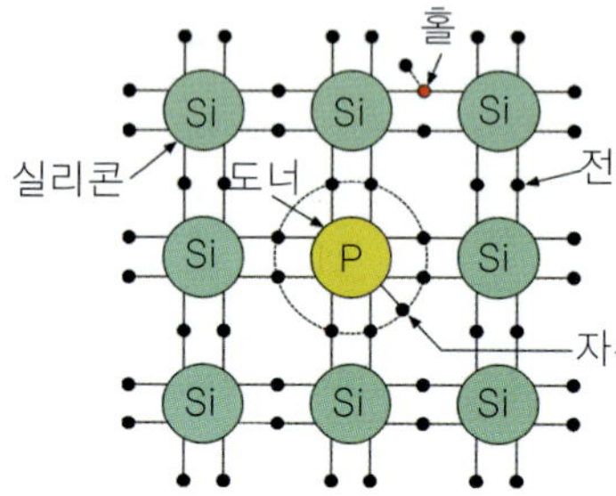

[그림 13] N형 반도체

[2] N(negative)형 반도체

실리콘에 5가의 원소인 비소(As), 안티몬(Sb), 인(P) 등의 원소를 조금 섞으면 5가의 원자가 실리콘 원자 1개를 밀어내고 그 자리에 들어가 실리콘 원자와 공유결합을 한다. 이때 5가의 원자에서는 전자 1개가 남게 되며 이 경우 전기의 캐리어(carrier : 운반자)가 전자이므로 (−)라는 의미에서 N형 반도체라 한다. 전자를 만들어 주는 불순물 원자를 도너라 부른다.

1.4.3. 다이오드(diode)

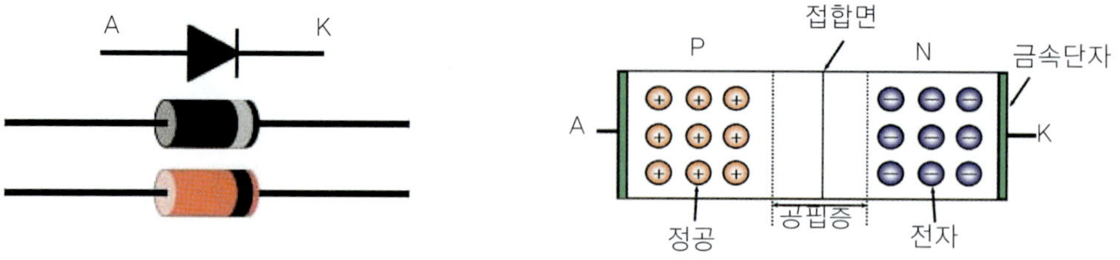

(a) 기호 및 모형

(b) 다이오드 구조

[그림 14] 다이오드

한쪽 방향으로만 전류가 흐르기 쉬운 성질을 이용한 정류용이나 검파용의 것을 말하며, 다이오드는 P형 반도체와 N형 반도체를 마주 대고 접합한 것이며, P형 부분에는 애노드(A), N형 부분에는 캐소드(K)의 전극이 양 끝에 설치되어 있고, P형 부분과 N형 부분이 접하고 있는 면을 접합면이라 한다. 접합면 부근은 캐리어가 결핍한 층이 발생되는데 이것을 공핍층이라 한다.

[1] 다이오드의 정류작용

(1) PN접합에 순방향 전압을 가한 경우

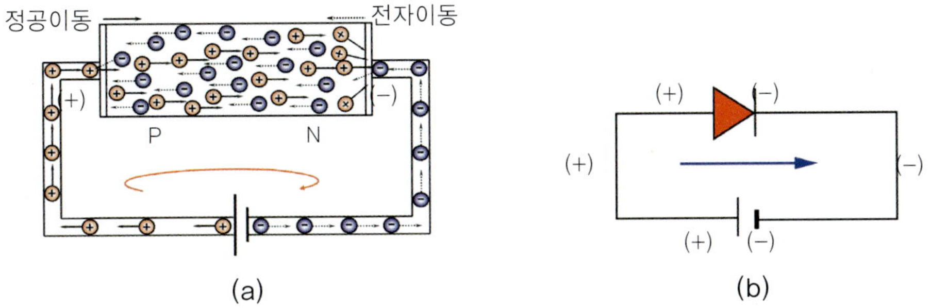

[그림 15] 순방향(전류가 흐를 때)흐름

전원을 P형에는 (+)을, N형에는 (−)을 접속하면 P형의 홀은 (+)극에 반발하여 N형으로 유입되고, N형의 전자는 (−)극에 반발하여 P형 속으로 유입된다. 이에 따라 다이오드에는 전류가 흐르며 이러한 상태를 순방향 흐름이라 한다.

(2) PN접합에 역방향 전압을 가한 경우

P형 부분에 음(−)전압, N형 부분에 양(+)전압을 가하면 P형 부분의 정공은 음극에, N형 부분의 전자는 양극에 끌려가며, 전위 장벽은 높아지고 더욱 공핍층의 폭도 넓어진다. 따라서 캐리어의 이동이 되지 않으므로 전류는 흐르지 않는다.

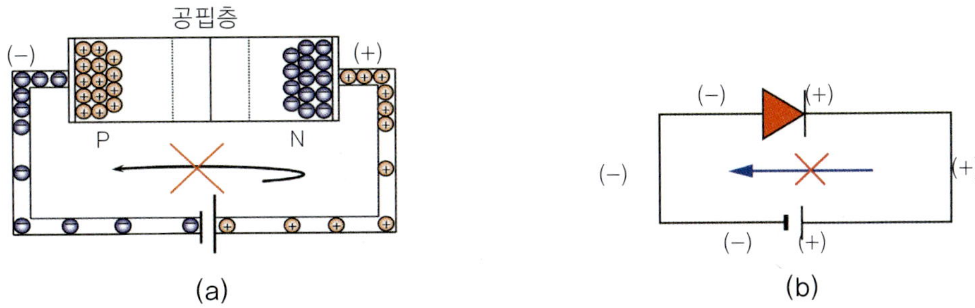

[그림 16] 역 방향(전류가 흐르지 않을 때)흐름

[2] 제너 다이오드(zanier diode)

역 방향으로 가해지는 전압이 어떤 값에 도달하면 순방향 흐름과 같이 급격히 전류를 흐르게 한다. 이때의 전압을 제너 전압(브레이크 다운 전압 : brake down voltage)이라 부른다. 또 역 방향 전압이 점차 감소하여 제너 전압 이하가 되면 역방향 전류가 흐르지 못한다.

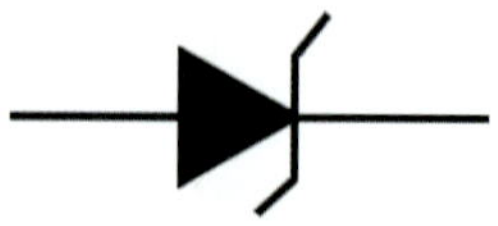

(a) 기호

(b) 모형

[그림 17] **제너 다이오드**

[3] 발광 다이오드(LED : light emission diode)

발광 다이오드는 순방향으로 전류를 흐르게 하면 빛이 발생되는 것이며, 가시광선으로부터 적외선까지 다양한 빛을 발생한다. 용도는 각종 파일럿램프, 배전기의 크랭크 각 센서와 상사점(TDC)센서, 차고 센서, 조향핸들 각속도 센서 등에서 사용한다.

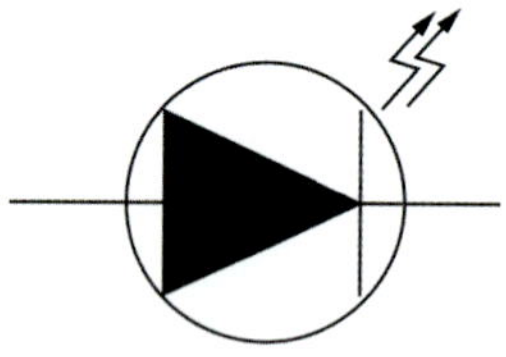

(a) 기호

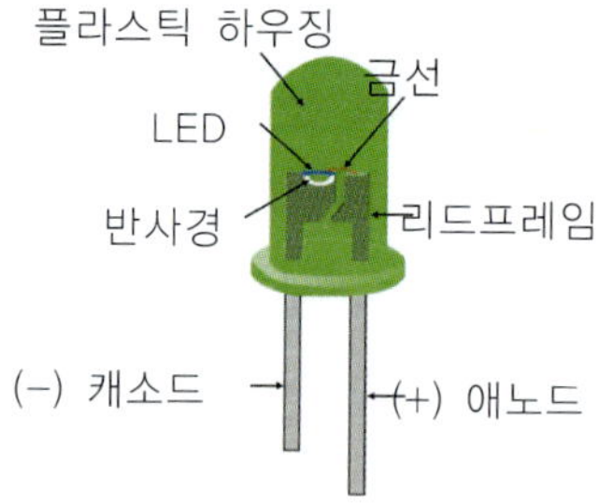

(b) 구조

[그림 18] **발광 다이오드**

[4] 포토 다이오드(photo diode)

포토다이오드에 역방향 전압을 가하고, PN접합부에 빛을 비추면 접합부에 있는 전자는 빛에너지에 의해 가속 공유결합으로 부터 이탈하여 자유전자가 되고 그 자리에 같은 수의 정공이 발생한다. 빛의 양에 의해 자유전자, 정공이 활성화된다. 용도는 배전기 내의 크랭크 각 센서와 상사점(TDC) 센서에서 사용한다.

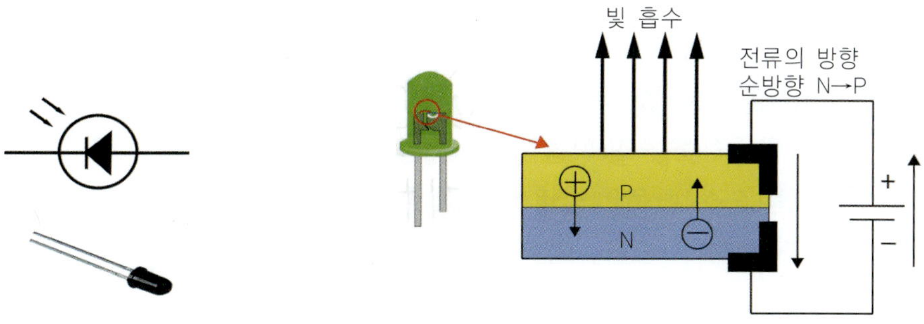

(a) 기호 및 모형 (b) 원리

[그림 19] **포토 다이오드**

1.4.4. 트랜지스터(transistor)

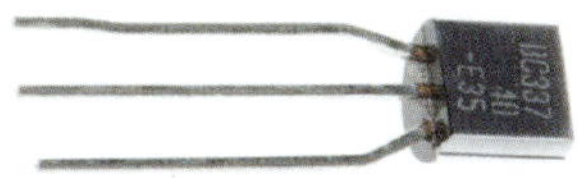

[그림 20] **트랜지스터**

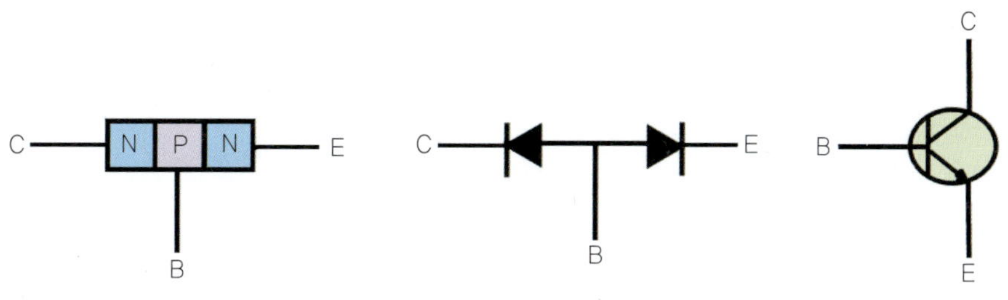

(a) NPN형

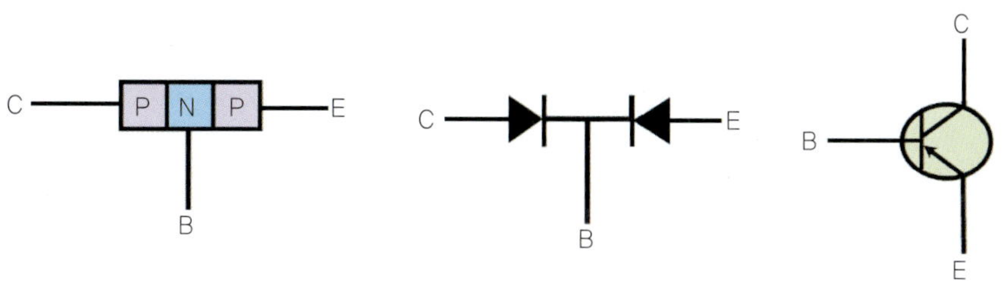

(b) PNP형

[그림 21] **트랜지스터의 구조 및 기호**

트랜지스터는 PN형 다이오드의 N형 쪽에 P형을 덧붙인 PNP형과, P형 쪽에 N형을 덧붙인 NPN형이 있으며, 3개의 단자 부분에는 인출선이 붙어 있다. 중앙부분을 베이스(B, base : 제어부분), 양쪽의 P형 또는 N형을 각각 이미터(E : emitter) 및 컬렉터(C : collector)라고 한다. PNP형은 이미터에서 베이스로 전류가 흐르고, NPN형은 베이스에서 이미터로 전류가 흐른다. 트랜지스터의 대표적인 작용으로는 스위칭작용, 증폭작용 및 발진작용 등이 있다.

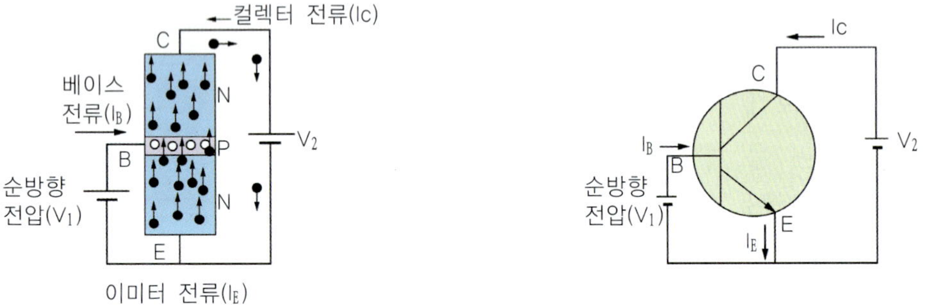

[그림 22] 베이스 전류가 흐를 때(트랜지스터에 전압을 가하는 방법)

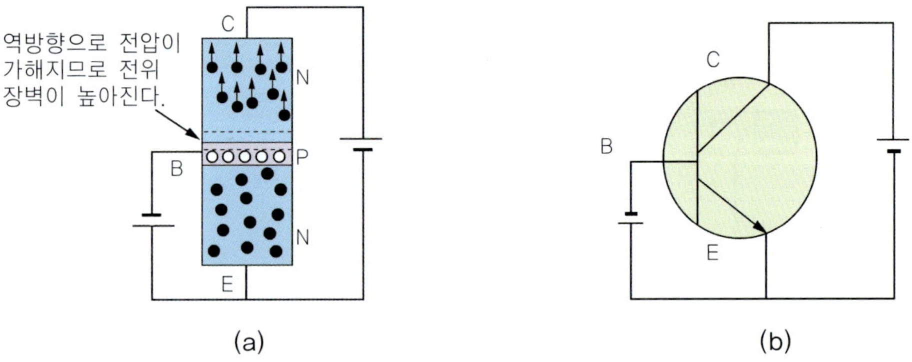

[그림 23] 베이스 전류가 흐르지 않을 때

1.4.5. 포토 트랜지스터(photo transistor)

이것은 PN접합부에 빛을 쪼이면 빛 에너지에 의해 발생한 전자와 홀이 외부로 흐른다. 입사광선에 의해 전자와 홀이 발생하면 역 전류가 증가하고, 입사광선에 대응하는 출력 전류가 얻어지는데 이를 광전류라 한다. 빛이 베이스 전류 대용으로 사용되므로 전극이 없고 빛을 받아서 컬렉터 전류를 제어한다.

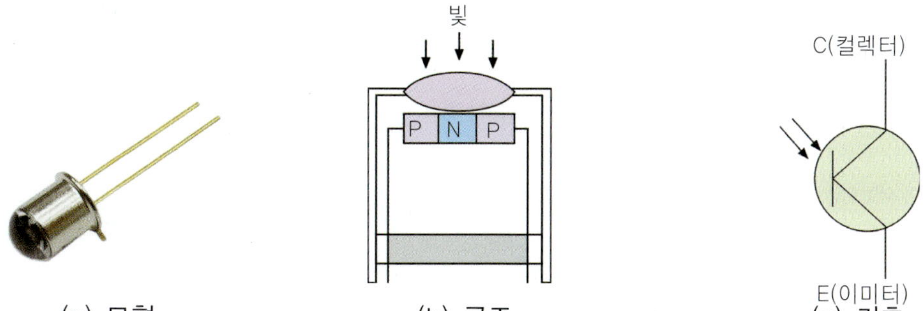

(a) 모형 (b) 구조 (c) 기호

[그림 24] **포토 트랜지스터의 구조 및 기호**

1.4.6. 사이리스터(thyrister)

SCR(silicon control rectifier)이라고도 하며 PNPN 또는 NPNP 접합으로 되어 있으며 스위칭 작용을 한다. 사이리스터는 일반적으로 단방향 3단자를 사용한다. (+)쪽을 애노드(anode), (−)쪽을 캐소드(cathode), 제어 단자를 게이트(gate)라 부른다. 애노드에서 캐소드로의 전류가 순방향 흐름이며, 캐소드에서 애노드로 전류가 흐르는 방향을 역 방향 흐름이라 한다.

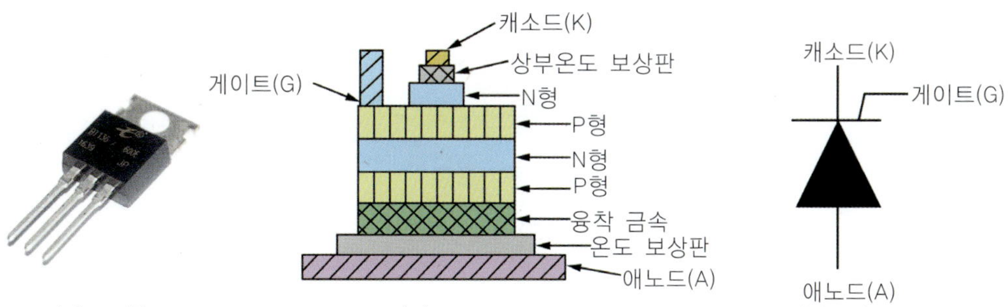

(a) 모형 (b) 구조 (c) 기호

[그림 25] **사이리스터**

1.4.7. IC(집적 회로 : integrated circuit)

IC는 한 개의 기판에 여러 개의 트랜지스터와 저항 등의 회로 소자를 결합하여 고체화시킨 전기회로이다. IC는 반도체의 급속한 발달에 따라 초소형, 신뢰 성능, 내 진동 성능, 내구 성능, 경제성 등이 우수하고 대량 생산에 알맞으나 큰 저항이나 축전기를 얻기가 어렵고, 회로의 선택 설계의 자유가 어렵다. IC에는 반도체 IC, 다이어프램 IC 그리고 이 2가지를 병용한 혼성 IC 등이 있다.

1.4.8. 컴퓨터의 논리회로

[1] OR회로(논리합회로)

입력 A, B 중 최소한 어느 한쪽의 입력이 1이면, 출력이 1이 되는 회로이다.

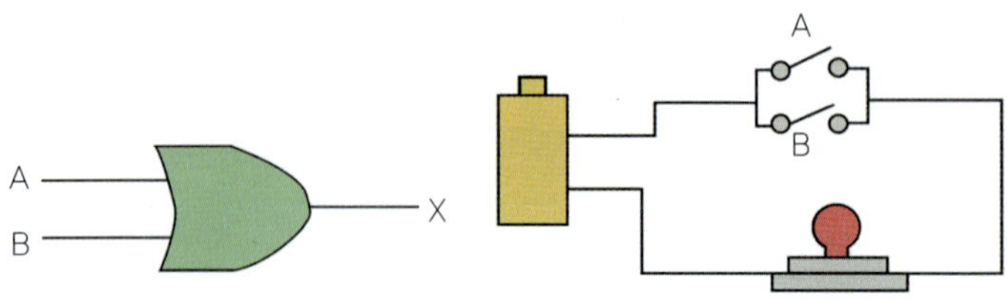

(a) 기호 (b) 등가회로

A	B	X(출력)
0	0	0
0	1	1
1	0	1
1	1	1
X= A+B		

(c) 진리값표

[그림 26] OR회로

[2] AND회로(논리적회로)

모든 입력이 1일 때에만 출력에 1을 출력하고 그 이외는 0을 출력하는 회로이다.

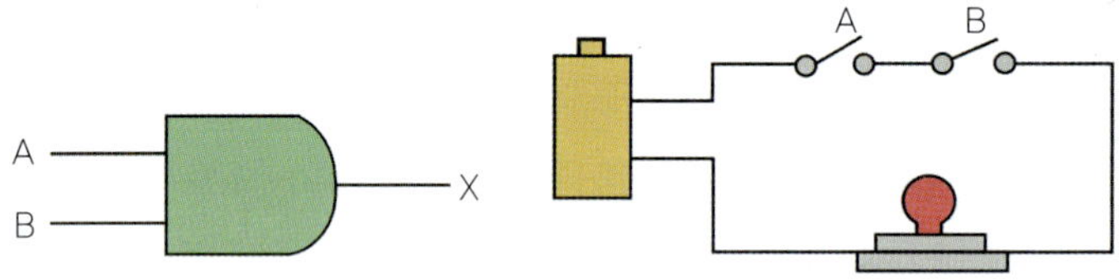

(a) 기호 (b) 등가회로

A	B	X(출력)
0	0	0
0	1	0
1	0	0
1	1	1
X = A · B		

(c) 전리값표

[그림 27] AND회로

[3] NOT회로(부정회로)

입/출력 신호가 서로 정반대일 경우 즉, 입력이 1일 때 출력은 0, 입력이 0일 때 출력은 1이 되는 회로이다.

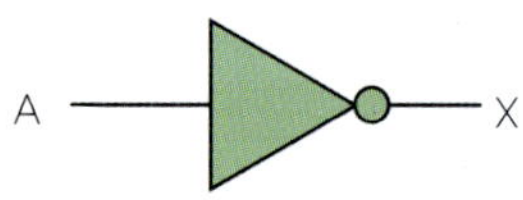

(a) 기호

입력	출력
0	1
1	0
$X = \bar{A}$	

(b) 전리값표

[그림 28] NOT회로

[4] NOR회로(부정 논리합회로)

모든 입력 단자에 "0"이 입력되었을 때에만 출력 단자에 "1"을 출력하는 회로이다.

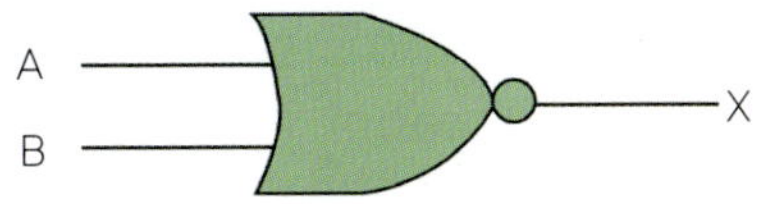

(a) 기호

A	B	X(출력)
0	0	1
0	1	0
1	0	0
1	1	0

$X = \overline{A + B}$

(b) 진리값표

[그림 29] NOR회로

[5] NAND회로(부정 논리적회로)

2개 이상의 입력 단자와 1개의 출력 단자가 있어 적어도 1개의 입력 단자에 입력 "1"이 가해졌을 때 출력단자에 "1"이 나타나고 또한 어느 쪽의 입력 단자도 "0"일 때에는 출력단자에 "1"이, 역으로 어느 쪽의 입력 단자도 "1"일 때에는 출력단자에 "0"이 나타나도록 한 회로이다.

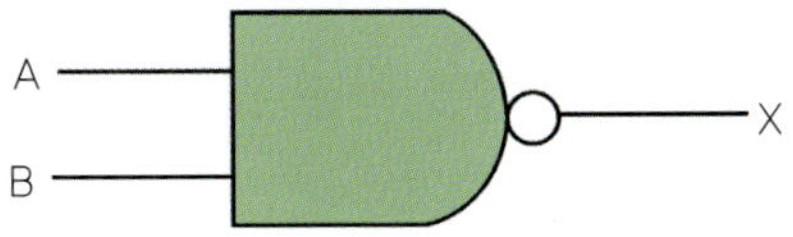

(a) 기호

A	B	X(출력)
0	0	1
0	1	1
1	0	1
1	1	0

$X = \overline{A \cdot B}$

(b) 진리값표

[그림 30] NAND회로

1.4.9. 반도체의 성질과 장·단점

[1] 반도체의 성질

① 다른 금속이나 반도체와 접속하면 정류작용(다이오드), 증폭작용 및 스위칭 작용(트랜지스터)을 한다.

② 빛을 받으면 고유저항이 감소한다(포토다이오드 및 포토트랜지스터).

③ 열을 받으면(온도가 상승하면) 전기 저항 값이 변화하는 지백(zee back)효과를 나타낸다(서미스터).
④ 압력을 받으면 전기가 발생하는 피에조(piezo)효과를 나타낸다(압전소자).
⑤ 자기(磁氣)를 받으면 통전성이 변화하는 홀(hall)효과를 나타낸다.
⑥ 전류가 흐르면 열을 흡수하는 펠티어(peltier)효과를 나타낸다.

[2] 반도체의 장점 및 단점

(1) 반도체의 장점

① 매우 소형이고, 가볍다.
② 내부 전력 손실이 매우 적다.
③ 예열시간을 필요로 하지 않고 곧 작동한다.
④ 기계적으로 강하고, 수명이 길다.

(2) 반도체의 단점

① 온도가 상승하면 그 특성이 매우 나빠진다(게르마늄은 85℃, 실리콘은 150℃ 이상 되면 파손되기 쉽다).
② 역내압이 매우 낮다.
③ 정격 값 이상 되면 파괴되기 쉽다.

02 축전지(Battery)

2.1. 축전지의 개요

축전지는 전극의 작용물질과 전해액이 가지는 화학적 에너지를 전기적 에너지로 변환시키는 역할(방전)을 하며, 반대로 전기적 에너지를 공급하면 다시 화학적 에너지로 변환(충전)된다. 이와 같이 충전과 방전이 반복되는 전지를 2차전지라고 한다. 1차 전지는 충전과 방전이 반복되지 않는다.

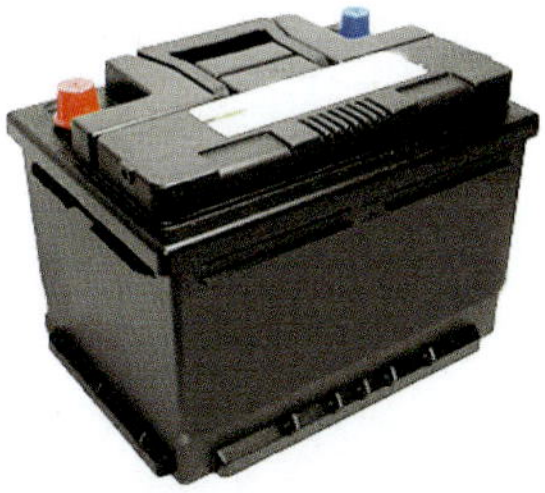

(a) 내연기관 납산 배터리

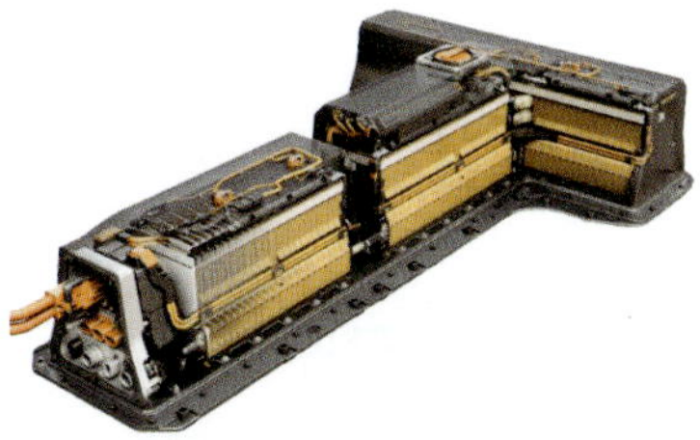

(b) 전기자동차 리튬이온 배터리 팩

[그림 31] 축전지

2.1.1. 내연기관 축전지의 구비조건

① 소형·경량이고 수명이 길어야 한다.

② 심한 진동에 견딜 수 있어야 하며, 다루기가 쉬워야 한다.

③ 전기 부하의 증가에 따라 용량이 크고, 가격이 저렴하여야 한다.

④ 고온 내구성이 있어야 한다.

2.1.2. 내연기관 축전지의 기능

① 시동장치의 전기적 부하를 부담한다.

② 발전기가 고장할 때 주행을 확보하기 위한 전원으로 작동한다.

③ 주행상태에 따른 발전기의 출력과 부하와의 불균형을 조정한다.

2.2. 납산축전지의 구조와 작용

2.2.1. 납산축전지의 구조

12V 축전지의 경우에는 케이스 속에 6개의 셀(cell)이 있고, 이 셀 속에 양극판, 음극판 및 전해액이 들어 있으며 이들이 화학적 반응을 하여 셀 마다 약 2.1V의 기전력을 발생시킨다. 그리고 양극판이 음극판보다 더 활성적이므로 양극판과의 화학적 평형을 고려하여 음극판을 1장 더 둔다.

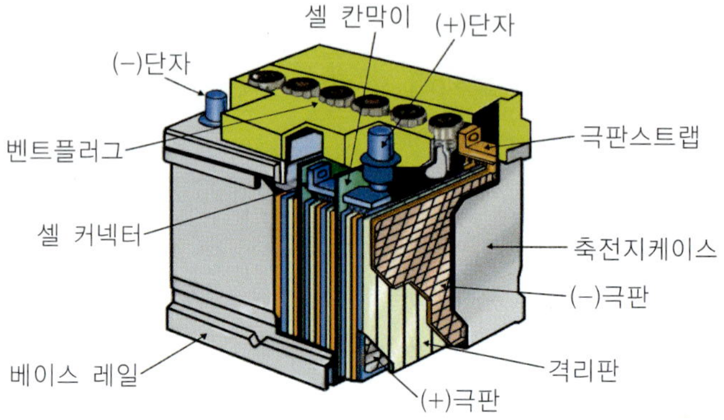

[그림 32] 납산 축전지의 구조

[1] 납산 축전지의 극판

극판에는 양극판과 음극판이 있으며 격자(grid)에 납 분말이나 산화납을 묽은 황산으로 반죽하여 양극판은 과산화납으로 음극판은 해면상납으로 한 것이다.

격자는 과산화납이나 해면상납의 탈락을 방지하고 외부와 작용물질과의 전기전도 작용을 하며, 재질은 납과 안티몬의 합금을 사용하였다.

[2] 납산축전지의 격리판

격리판은 양극판과 음극판 사이에 끼워져 양쪽 극판의 단락을 방지하는 일을 하며, 격리판은 플라스틱(합성수지)을 주로 사용한다. 그리고 격리판의 구비조건은 다음과 같다.

① 비 전도성 일 것

② 구멍이 많아서 전해액의 확산이 잘 될 것

③ 기계적 강도가 있고, 전해액에 부식되지 않을 것

④ 극판에 좋지 못한 물질을 내 뿜지 않을 것

[3] 납산 축전지의 극판군

극판군은 몇 장의 극판을 조립하여 접속 편에 용접하여 1개의 단자(terminal post)와 일체가 되도록 한 것이다. 이와 같이 하여 만든 극판 군을 1셀(cell)이라 하며, 완전 충전되었을 때 약 2.1 V의 기전력을 발생한다. 따라서 12 V 축전지의 경우에는 6개의 셀이 직렬로 연결되어 있다. 그리고 극판의 장수를 늘리면 축전지 용량이 증가하여 이용 전류가 많아진다.

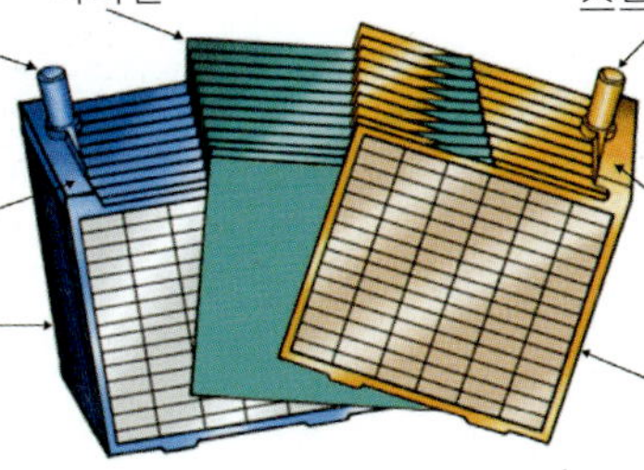

[그림 33] 극판군의 구조

[4] 납산축전지의 커버(cover)와 케이스(case)

커버와 케이스는 플라스틱으로 제작하며 접착제로 접착하여 기밀을 유지한다. 12V 축전지의 것은 6칸으로 나누어져 있다. 각 셀의 밑 부분에는 극판의 작용물질의 탈락이나 침전물 축적에 의한 단락을 방지하기 위한 엘리먼트 레스트(element rest)가 마련되어 있다. 커버 가운데에는 전해액이나 증류수를 주입하기 위한 벤트 플러그(vent plug)가 있으며 이 플러그의 중앙이나 옆에는 축전지 내부에서 발생한 산소와 수소가스를 방출한다. 축전지의 커버와 케이스의 청소는 탄산소다(탄산나트륨)와 물 또는 암모니아수로 한다.

[5] 납산 축전지의 단자(terminal post)

단자는 납 합금이며, 외부회로와 확실하게 접속되도록 하기 위해 테이퍼(taper)되어 있다. 양극단자는 양극판이 과산화납이므로 쉽게 산화가 발생되어 부식되기 쉽다. 만약 부식되었을 경우에는 깨끗이 세척한 후 그리스(greese)를 얇게 발라 준다. 그리고 양극과 음극단자에는 문자, 색깔 및 크기 등으로 표시하여 잘못 접속되는 것을 방지하고 있다.

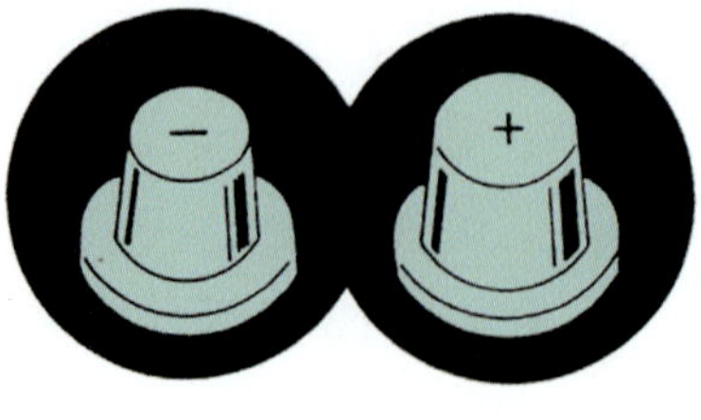

[그림 34] 단자와 접지 단자

[6] 납산 축전지의 전해액(electrolyte)

전해액은 순도가 높은 묽은황산(H_2SO_4)을 사용한다. 전해액은 극판과 접촉하여 충전을 할 때에는 전류를 저장하고, 방전될 때에는 전류를 발생시켜 주며, 셀 내부에서 전류를 전도하는 작용도 한다. 전해액의 비중은 20℃에서 완전 충전되었을 때 1.260~1.280이다.

전해액이 표준 비중일 때 황산의 도전성이 가장 높다. 또 완전 방전되었을 경우에는 비중이 1.050 정도이다. 그리고 전해액은 온도가 상승하면 비중이 작아지고, 온도가 낮아지면 비중은 커진다. 전해액 비중은 온도 1℃ 변화에 대하여 0.0007이 변화한다.

$$S_{20} = St + 0.0007 \times (t - 20)$$

S_{20} : 표준 온도 20℃로 환산한 비중, St : t℃에서 실제 측정한 비중,
t : 측정할 때의 전해액 온도

(1) 전해액 비중과 충전상태

전해액의 비중은 방전량에 비례하여 저하된다. 비중이 1.200(20℃) 정도 되면 보충충전을 실시하여야 하며, 축전지를 사용하지 않고 보관 중일 경우에는 15일(MF축전지는 약 1개월)에 1번씩 보충 충전을 하여야 한다. 전해액의 비중을 측정하여 축전지 충전여부를 판단할 수 있으며 비중계로 측정한다.

1Ah의 방전량에 대해 전해액 중의 황산(H_2SO_4)은 3.660g 소비되며, 0.67g의 물이 생성된다. 또 같은 1Ah의 충전량에 대해서도 0.67g의 물이 소비되고 3.660g의 황산이 생성된다. 1.280(20℃)의 묽은 황산 1ℓ 에 약 35%의 황산과 65%의 물(증류수)이 포함되어 있다.

[표 2] **전해액 비중과 잔존 용량]**

전해액 비중		잔존용량(%)
A	B	
1.280	1.260	100
1.230	1.210	75
1.180	1.160	50
1.130	1.110	25
1.080	1.060	0

주) A : 완전히 충전되었을 때의 비중이 1.280(20℃)의 축전지 경우

B : 완전히 충전되었을 때의 비중이 1.260(20℃)의 축전지 경우

(2) 극판의 영구 황산납(유화, 설페이션)

축전지의 방전상태가 일정 한도 이상 오랫동안 진행되어 극판이 결정화되는 현상을 말하며 그 원인은 다음과 같다.

① 전해액의 비중이 너무 높거나 낮다.

② 전해액이 부족하여 극판이 노출되었다.

③ 불충분한 충전이 되었다.

④ 축전지를 방전된 상태로 장기간 방치하였다.

2.2.2. 납산 축전지의 화학작용

양극판		전해액		음극판		양극판		전해액		음극판
PbO_2	+	$2H_2SO_4$	+	Pb	방전 ⇄ 충전	$PbSO_4$	+	$2H_2O$	+	$PbSO_4$
과산화납		묽은황산		해면상납		황산납		물		황산납

[1] 방전 중의 화학작용

축전지를 방전시키면 방전이 진행됨에 따라 극판과 황산이 화합하여 양극판의 과산화납과 음극판의 해면상납 모두 황산납이 된다. 한편, 전해액인 묽은 황산 속의 수소는 양극판 내의 산소와 화합하여 물을 만든다. 따라서 전해액의 비중은 방전이 진행됨에 따라 점차 낮아진다.

[2] 충전 중의 화학작용

방전된 축전지에 발전기나 충전기를 접속하여 축전지로 전류가 흐르도록 하면 극판의 표면에 붙어 있던 황산납이 분해되어 전해액 중으로 방출된다. 이에 따라 양극판은 다시 과산화

화납으로, 음극판은 해면상납으로 환원되고 전해액은 극판에서 황산이 나오므로 그 비중은 점차 증가하고, 전압도 상승한다. 양극판에서는 산소를, 음극판에서는 수소를 발생시킨다.

2.3. 납산 축전지의 여러 가지 특성

2.3.1. 축전지의 기전력

축전지 셀당 기전력은 2.1V이며, 이것은 전해액의 비중, 온도, 방전 정도에 따라서 조금씩 다르다. 기전력은 전해액 온도저하에 따라 낮아진다. 전해액의 온도가 낮아지면 축전지 내부의 화학반응이 늦어지고, 전해액의 고유저항이 증가하기 때문이다.

2.3.2. 방전 종지전압(방전 끝 전압)

축전지는 어느 정도 방전되면 그 후의 전압강하가 매우 급격한데 이 급격히 떨어지는 전압 이후로 방전시키면 축전지에 재생불능의 악영향을 줄 수 있는데 이 한계를 방전종지 전압이라 한다. 20시간율 방전의 경우 방전종지 전압은 셀 당 1.75 V이다.

2.3.3. 축전지 용량

축전지 용량이란 완전 충전된 축전지를 일정한 전류로 연속 방전하여 방전 중의 단자 전압이 규정의 방전 종지 전압이 될 때까지 방전시킬 수 있는 용량이다. 축전지 용량의 단위는 암페어시 용량(AH : ampere hour rate)으로 표시하며 이것은 일정 방전전류(A)×방전 종지 전압까지의 연속 방전시간(H)이다. 그리고 축전지 용량의 크기를 결정하는 요소에는 극판의 크기(또는 면적), 극판의 수, 전해액의 양 등이 있다.

2.4. 축전지의 자기방전

충전된 축전지를 사용하지 않고 방치해 두면 조금씩 자연 방전하여 용량이 감소되는 현상을 자기방전(자연방전)이라 한다. 자기 방전량은 24시간 동안 실제 용량의 0.3~1.5%이다. 자기 방전량은 전해액의 온도가 높고, 비중 및 용량이 클수록 크다.

온도(℃)	자기 방전량(1일당 %)
30	1.0
20	0.5
5	0.25

자기방전의 원인은 다음과 같다.

① 음극판의 작용물질(해면상납)이 황산과의 화학작용으로 황산납이 되면서 자기방전 되며 이때 수소가스를 발생시킨다. - 구조상 부득이한 경우이다.

② 불순물이 유입되어 국부 전지가 형성되어 방전된다.

③ 탈락한 극판의 작용물질이 축전지 내부의 밑이나 옆에 퇴적되거나 격리 판이 파손 되어 양쪽 극판이 단락되어 방전된다.

④ 축전지 커버 위에 부착된 전해액이나 먼지 등에 의한 누전으로 방전된다.

2.5. 납산 축전지 충전

충전 방법에는 새 것의 축전지를 제조한 후 처음 사용할 때 전해액을 넣고 최초로 하는 충전인 초 충전과 자기 방전 또는 사용 도중에 소비된 용량을 보충시키기 위해 충전하는 보 충전이 있으며 보 충전 종류는 다음과 같다.

① **정전류 충전** : 충전의 시작에서 끝까지 전류를 일정하게 하고, 충전을 하는 과 충전의 전체 기간을 일정한 전압으로 충전한다. 정전류 충전은 표준은 축전지 용량의 10%, 최대 20%, 최소 5%이다.

② **정전압 충전** : 충전의 전체기간을 일정한 전압으로 충전하는 것

③ **단별 전류충전** : 충전 중의 전류를 단계적으로 감소시킨다.

④ **급속충전** : 시간적 여유가 없을 때 하는 충전이며, 급속충전 전류는 축전지 용량의 50%이다.

축전지를 충전할 때 주의사항은 다음과 같다.

① 충전하는 장소는 반드시 환기장치를 하여야 한다.

② 축전지는 방전 상태로 두지 말고 즉시 충전한다.

③ 충전 중 전해액의 온도를 45℃ 이상으로 상승시키지 않는다.

④ 충전 중인 축전지 근처에서 불꽃을 가까이해서는 안 된다(수소가스가 폭발성 가스이다).

⑤ 축전지를 과다 충전 시켜서는 안 된다.(양극판 격자의 산화가 촉진된다)

⑥ 축전지를 2개 이상 동시에 충전할 때에는 반드시 직렬 접속하여야 한다.

⑦ 축전지와 충전기를 서로 역 접속해서는 안 된다.

⑧ 암모니아수 및 탄산소다 등의 중화제를 준비해 둔다.

⑨ 축전지를 자동차에서 떼어내지 않고 급속충전을 할 경우에는 반드시 축전지의 ⊖ 케이블을 분리하여야 한다(전자부품 및 AC발전기 다이오드를 보호하기 위함이다).

⑩ 각 셀의 벤트 플러그를 열어 놓는다.

2.6. MF축전지(Maintenance Free Battery)

MF축전지 격자의 재질은 안티몬 함량이 적은 납-저 안티몬 합금이나 납-칼슘 합금으로 자기방전 비율이 매우 적고, 장기간 보관이 가능하며, 또 전해액의 증류수를 보충하지 않아도 되는 방법으로는 전기 분해할 때 발생하는 산소와 수소가스를 촉매를 사용하여 다시 증류수로 환원시키는 촉매 마개를 사용하고 있다.

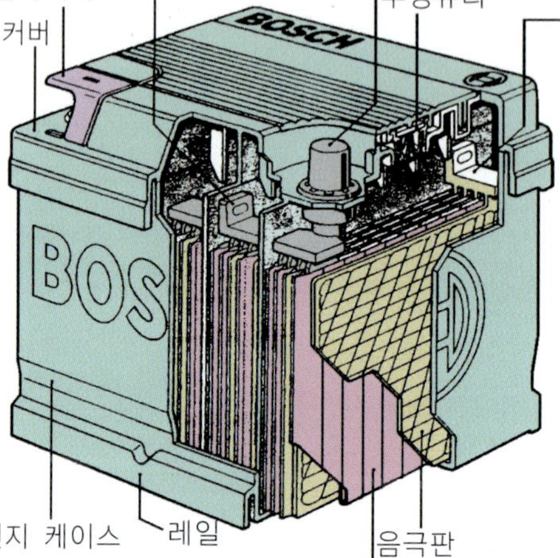

[그림 35] MF 축전지의 구조

2.7. AGM 배터리(Absorbent Glass Mat Battery)

배터리 내에 AGM이라는 흡수성 유리 섬유 격리판에 전해액을 흡수함으로써 전해액을 비유동적으로 조절하며, 배터리 상단에 밸브를 적용하여 충전 중 발생한 가스가 전조 밖으로 빠져 나가지 못하고 방전 중에 재결합하여 전해액으로 다시 돌아가기 때문에 가스방출을 최소화시켜준다.

AGM 배터리는 진동 저항성이 뛰어나며, 완전히 밀봉되어 있고 배터리에 압력이 가해져 파손이 되더라도 전해액이 흘러내리지 않는다. 또한 특수 유리섬유 격리 기판에 전해액을 흡수시켜 전해액 유동을 방지한다. 극판 사이에 매트가 삽입된 형태로 punch 기판을 적용하고 고밀도 배합 흡습성 격리판을 설치하여 긴압 강화가 가능하며, 온도차에 의한 성층 화 방지가 가능하다.

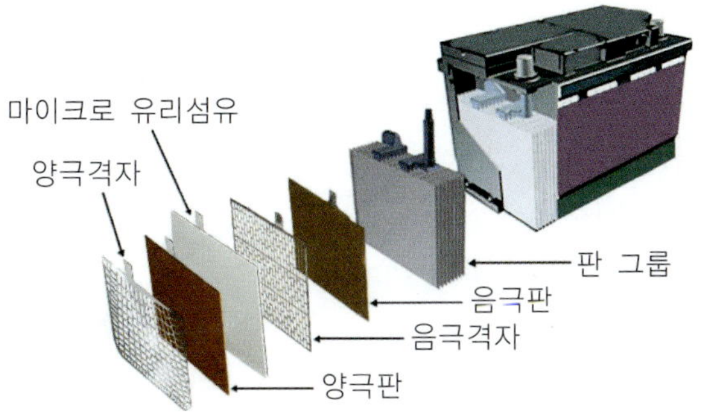

[그림 36] AGM 배터리 구조 및 각부 명칭

2.8. 배터리 센서 (IBS : Intelligent Battery Sensor)

배터리 상태(충전 상태, 노화 상태, 시동 능력 등)를 계산한 후 엔진 ECU로 전송하여 최종적으로 연비 향상을 위한 발전제어 시스템으로 ISG(Idle Stop &Go) 시스템에 적용되는 부품이다.

IBS는 배터리의 전압, 전류, 온도 값을 표출해 차량의 엔진 ECU로 보내면 ECU에서는 그 정보를 바탕으로 발전기(alternaor)에서 배터리를 충전할지 말지를 결정을 하게 된다. 배터리의 (-)극에 IBS를 연결하고 전압, 전류, 온도 3가지의 양을 이용하여 현재 배터리의 충전량을 계산하고 ECU는 그 계산된 충전량을 바탕으로 적정한 충전량이라 판단을 하게 되면 발전기의 내부에 있는 코일을 자석으로 만들지 않아 배터리 충전을 하지 않는 원리이다.

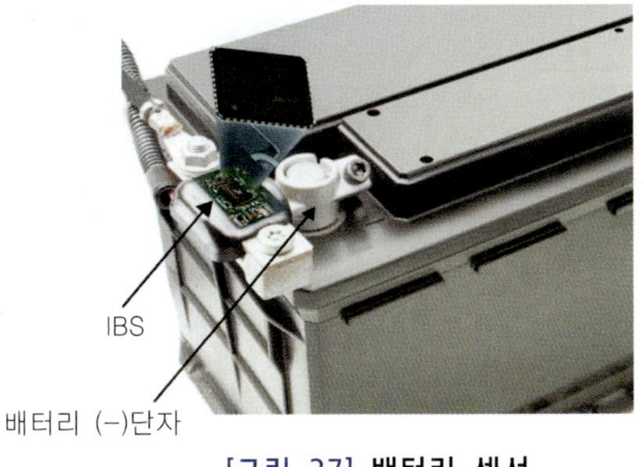

[그림 37] 배터리 센서

03 시동장치

3.1. 시동장치의 개요

내연기관은 자기 기동(self-starting)을 하지 못하므로 별도의 시동장치에 의해 시동되어야만 한다. 가솔린엔진은 시동하기 위해서는 기동전동기의 출력이 0.5~0.6 PS이고, 100 rpm 이상으로 회전하여야 하며, 디젤기관은 출력이 3~10 PS이고, 180 rpm 이상으로 회전하여야 한다.

$$\text{기동 전동기의 필요 회전력} = \frac{\text{피니언의 잇수} \times \text{회전 저항}}{\text{링 기어의 잇수}}$$

[그림 38] 시동장치의 구성

3.2. 기동전동기의 원리

기동 전동기의 원리는 플레밍의 왼손법칙(fleming′ left hand rule)으로 왼손의 엄지, 인지, 중지를 서로 직각이 되게 펴고 인지를 자력선의 방향으로, 중지를 전류의 방향에 일치시키면 도체에는 엄지의 방향으로 전자력이 작용한다는 법칙이며 계자 철심 내에 설치된 전기자에 전류를 공급하면 전기자는 플레밍의 왼손법칙에 따르는 방향의 힘을 받는다. 이 원리에 따라 전기자에 전류를 흐르게 하면 전기자 양쪽의 전류 방향이 역으로 되므로 회전력이 작용하여 회전운동을 발생시킨다. 기동 전동기, 전류계, 전압계 등의 원리이다.

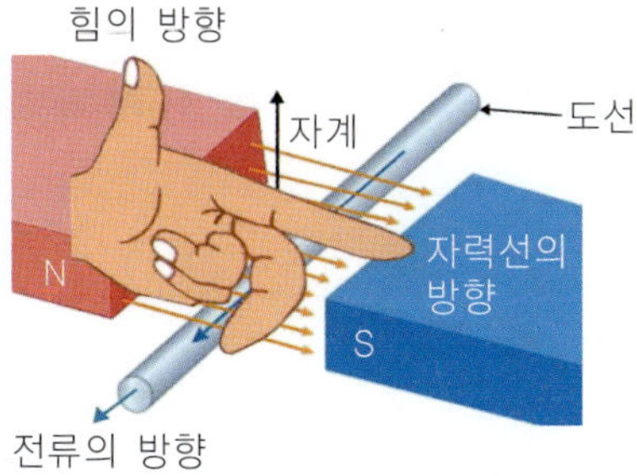

[그림 39] 플레밍의 왼손법칙과 전동기의 원리

3.3. 기동전동기의 종류와 특징

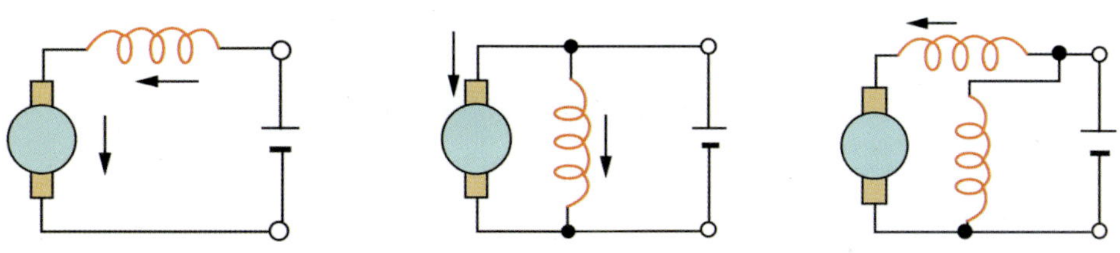

[그림 40] 전동기의 종류

3.3.1. 직권전동기

전기자 코일과 계자코일이 직렬로 접속된 것이다. 특징은 기동 회전력이 크고, 부하가 증가하면 회전속도가 낮아지고 흐르는 전류가 커지는 장점이 있으나 회전속도 변화가 크다.

3.3.2. 분권전동기

이 전동기는 전기자와 계자 코일이 병렬로 접속된 것이다. 특징은 회전속도가 일정한 장점이 있으나 회전력이 작은 단점이 있다. 분권전동기는 자동차용 직류 발전기에서 사용하였다.

3.3.3. 복권전동기

이 전동기는 전기자 코일과 계자 코일이 직·병렬로 접속된 것이다. 특징은 회전력이 크며, 회전속도가 일정한 장점이 있으나 구조가 복잡한 단점이 있다. 복권전동기는 윈드 실드 와이퍼 전동기로 사용된다.

3.4. 기동전동기의 구조와 기능

3.4.1. 전동기부분

전동기부분은 회전운동을 하는 부분(전기자와 정류자)과 고정된 부분(계자코일, 계자철심, 브러시)으로 구성되어 있다.

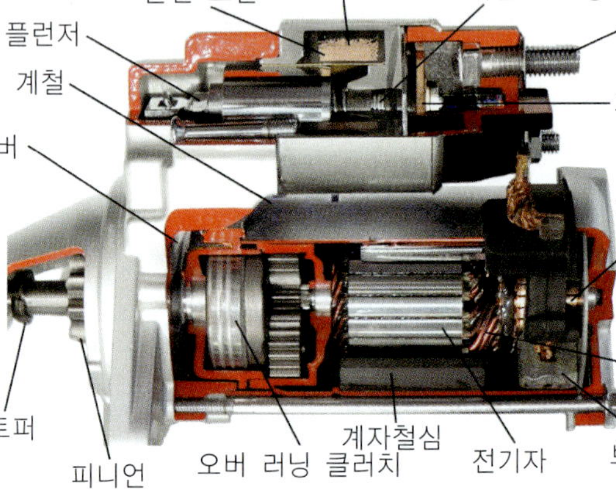

[그림 41] **기동전동기의 구조**

[1] 회전운동을 하는 부분

(1) 전기자(armature)

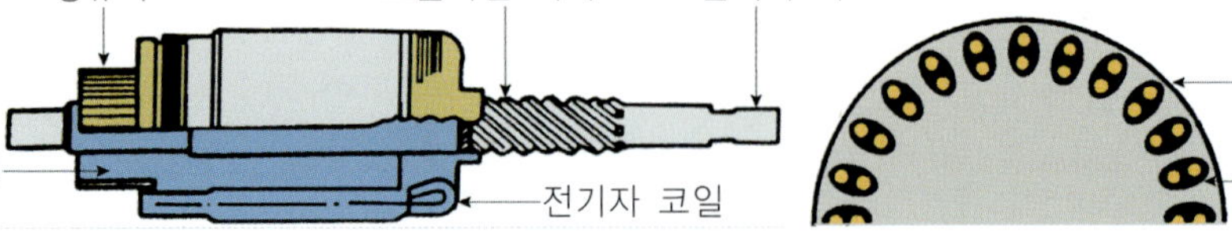

[그림 42] **전기자 및 전기자 철심의 구조**

전기자는 축, 철심, 전기자 코일 등으로 구성되어 있으며, 전기자축 앞쪽의 피니언 미끄럼 운동부에는 스플라인이 파져 있다. 전기자철심은 자력선을 잘 통과시키고 맴돌이 전류를 감소시키기 위해 얇은 규소 철판을 각각 절연하여 성층철심으로 하였으며, 바깥 둘레에는 전기자 코일이 들어가는 홈(slot)이 파져 있다.

(2) 정류자(commutator)

정류자는 경동(단단한 구리)으로 만든 정류자 편을 절연체로 감싸서 원형으로 제작한 것이며, 그 작용은 브러시에서의 전류를 일정한 방향으로만 전기자 코일로 흐르게 한다. 정류자 편 사이는 운모(mica)로 절연되어 있고, 정류자 면보다 0.5~0.8 mm(한계 0.2 mm) 정도 낮게 파져 있는데 이를 언더 컷(under cut)이라 한다.

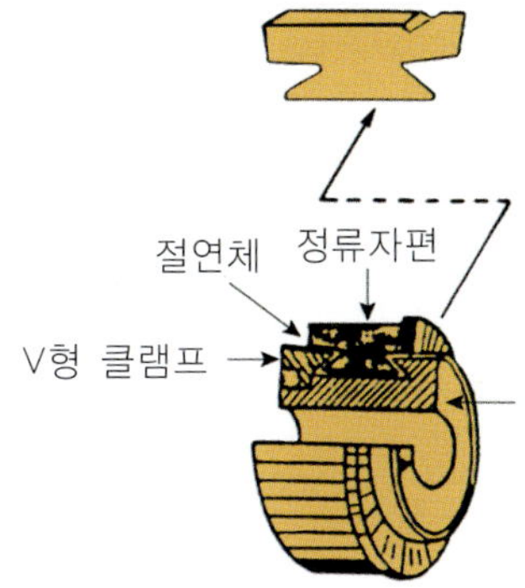

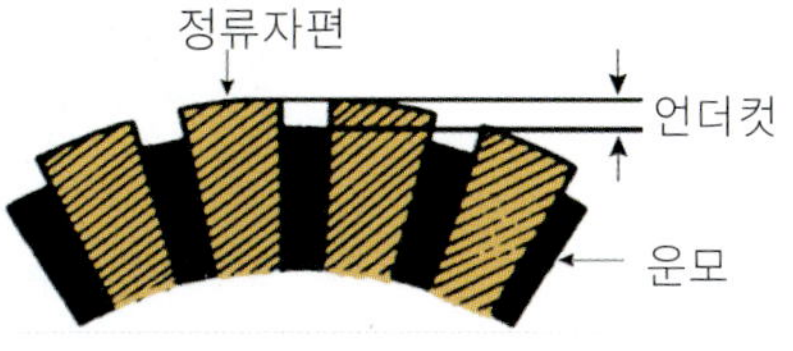

[그림 43] **정류자의 구조**

[2] 고정된 부분

(1) 계철과 계자철심(yoke & pole core)

계철은 자력선의 통로와 기동전동기의 틀이 되는 부분이며, 안쪽 면에는 계자코일을 지지하여 자극이 되는 계자철심이 나사로 고정되어 있다. 계자철심은 계자코일이 감겨져 있어 전류가 흐르면 전자석이 된다. 계자철심에 따라 전자석 수가 결정되며 4개면 4극이다.

(2) 계자코일(field coil)

이 코일은 계자철심에 감겨져 자력을 발생시키는 것이며, 큰 전류가 흐르므로 평각 구리선을 사용한다. 코일의 바깥쪽은 테이프를 감거나 합성수지 등에 담가 막을 만든다.

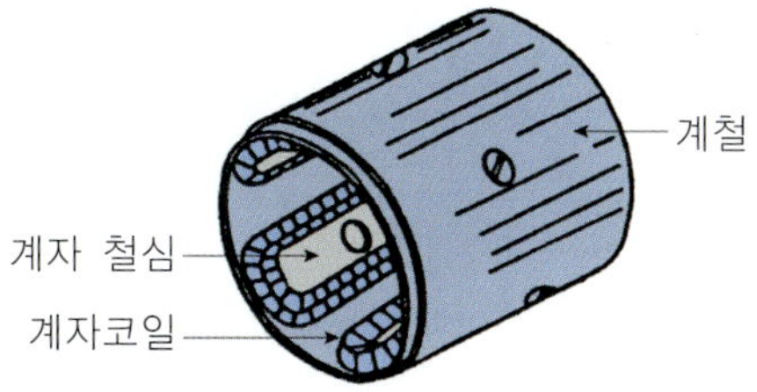

(a) 계자철심·계자코일

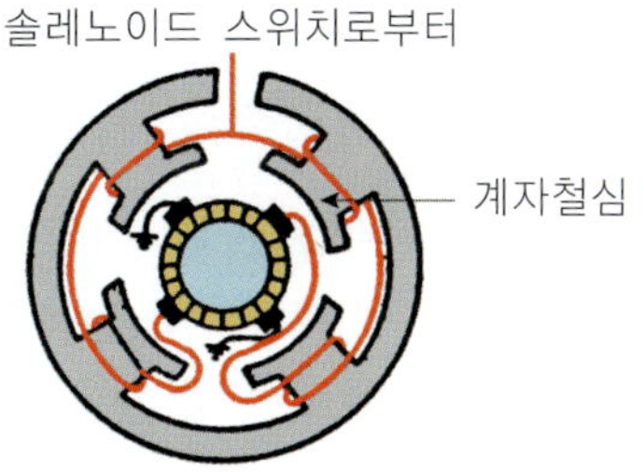

(b) 계자코일의 연결 상태

[그림 44] **계자철심과 코일의 구조**

(3) 브러시와 브러시 홀더(brush & brush holder)

브러시는 정류자를 통하여 전기자 코일에 전류를 출입시키는 일을 하며, 일반적으로 4개가 설치되는데 2개는 (+)이고, 2개는(-) 브러시이며, 스프링 장력에 의해 정류자와 접속되어 홀더 내에서 미끄럼 운동을 한다. 스프링 장력은 0.5~1.0 kgf/cm^{2}이다. 또 브러시가 표준 길이에서 1/3 정도 마멸되면 교환하여야 한다. 기동 전동기의 브러시는 큰 전류가 흐르므로 재질은 금속 흑연계열이다.

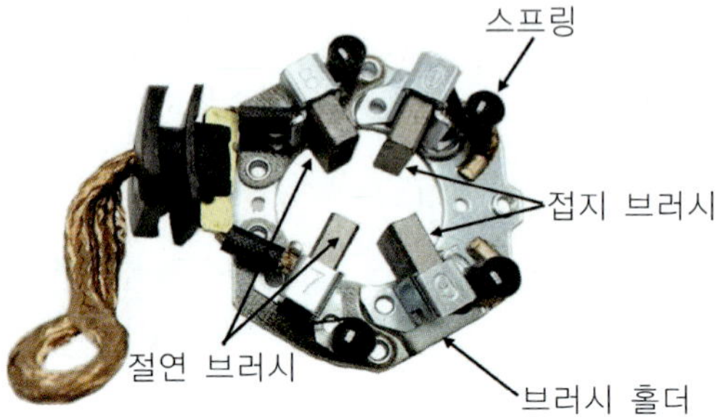

[그림 45] **브러시와 브러시 홀더의 구조**

3.4.2. 동력전달 기구

동력전달 기구는 기동 전동기에서 발생한 회전력을 엔진 플라이휠 링기어로 전달하여 크랭킹 시키는 부분이다. 플라이휠 링기어와 피니언의 감속비율은 10~15 : 1 정도이다.

[1] 벤딕스형(관성 섭동형)

이 형식은 피니언의 관성과 기동 전동기가 무부하에서 고속으로 회전하는 성질을 이용한 것이다. 작동은 기동전동기에 전류가 흐르면 전기자는 고속 회전을 한다. 그러나 피니언은 관성으로 인하여 전기자 축과 함께 회전하지 못하고 나사 슬리브 위를 회전하면서 축 방향으로 이동하여 정지되어 있는 플라이휠 링기어에 물린다.

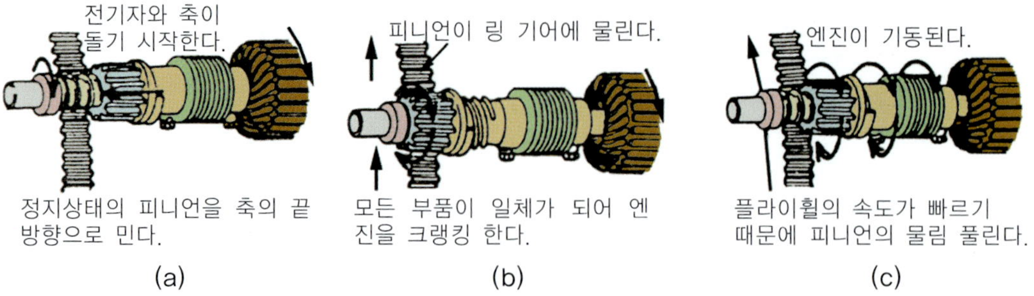

[그림 46] **벤딕스형 기동전동기의 작동원리**

엔진이 시동되면 피니언이 플라이휠 링기어에 의해 회전하므로 나사 슬리브 위를 반대방향으로 미끄럼 운동하여 양쪽 기어의 물림이 풀리고 피니언은 제자리로 복귀한다. 따라서 오버러닝 클러치(over running clutch)를 필요로 하지 않는다.

[2] 피니언 섭동형

(1) 전자식 피니언 섭동형의 구조

이 형식은 피니언의 미끄럼 운동과 기동 전동기 스위치의 개폐를 전자력으로 하는 솔레노이드 스위치(solenoid switch)를 둔 것이며, 솔레노이드 스위치는 시프트 레버(shift lever)를 잡아당기는 전자석과 여자 코일로 구성되어 있다.

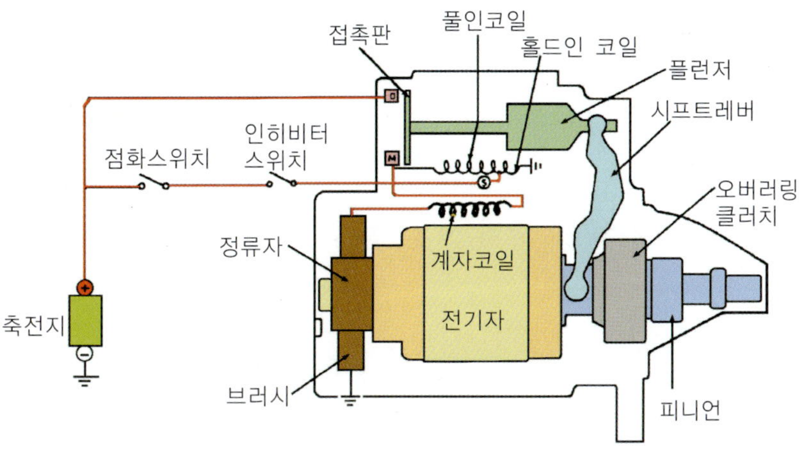

[그림 47] **전자 피니언 섭동형식의 구조**

(2) 솔레노이드 스위치의 구조

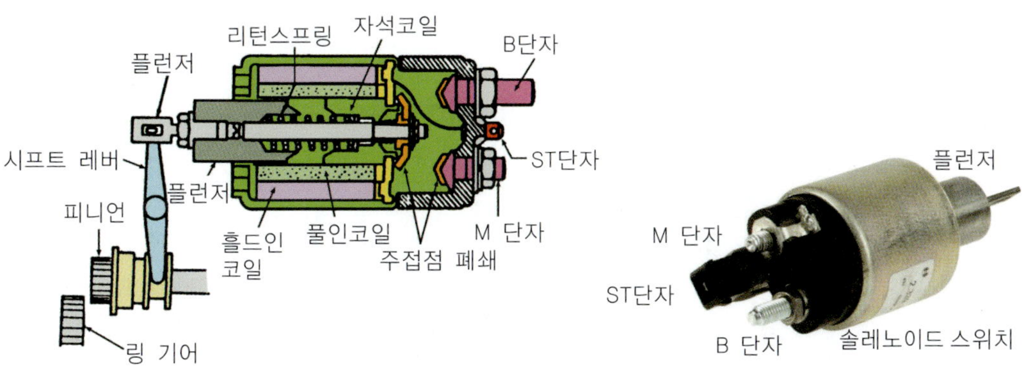

[그림 48] **솔레노이드 스위치의 구조**

솔레노이드 스위치는 마그넷 스위치(magnet switch)라고도 부르며 전자력으로 작동하는 기동 전동기용 스위치이다.

구조는 철심, 철심 위에 감겨져 있는 풀인 코일과 홀드인 코일, 플런저, 접촉판, 2개의 접점(B단자와 M단자)으로 되어 있다. 풀인 코일은 솔레노이드 스위치 ST단자(시동 단자)에서 감기 시작하여 M단자(전동기 단자)에 접속되어 있고, 홀드인 코일은 ST단자에서 감기 시작하여 솔레노이드 스위치 몸체에 접지 되어 있다. 플런저를 잡아당기는 풀인 코일은 축전지와 직렬 접속되어 있으며, 잡아당긴 상태를 유지해 주는 홀드 인 코일은 병렬로 접속되어 있다.

(3) 기동전동기의 작동

점화(시동)스위치를 시동위치로 하면 솔레노이드 스위치의 풀인 코일과 홀드인 코일이 축전지에서의 전류로 강력한 전자석이 되어 플런저를 잡아당긴다. 플런저는 시프트 레버를 잡아당겨 피니언을 플라이 휠 링기어에 물린다. 이 물림이 완료되는 순간부터 기동전동기 스위치(솔레노이드 스위치의 B단자와 M단자)가 닫혀 기동전동기에 축전지 전류가 흘러 강력한 회전을 시작하여 기관을 크랭킹시킨다. 이 형식은 기동 전동기 스위치가 닫혀 있는 동안 피니언과 링기어가 물려 있으므로 오버러닝 클러치를 필요로 한다.

[3] 전기자 섭동방식

이 형식은 계자철심의 중심과 전기자 중심이 일치되지 않고 약간의 위치 차이를 두고 조립되어 있다. 따라서 계자 코일에 전류가 흐르면 자력선의 성질(자력선은 가장 가까운 거리를 통과하려는 성질이 있음)에 의해 전기자가 미끄럼 운동을 하여 피니언이 플라이 휠 링기어에 물리게 된다. 기관이 시동된 후 점화스위치를 놓으면 전기자는 리턴스프링의 장력으로 제자리로 복귀하고 이때 기동 전동기 피니언과 플라이 휠 링기어의 물림이 풀린다. 전기자 이동형은 다판 클러치 형식의 오버러닝 클러치를 사용한다.

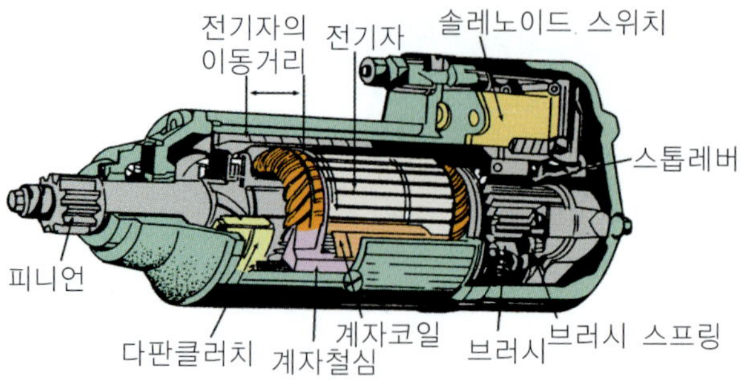

[그림 49] 전기자 섭동방식의 구조

[4] 유성기어식 시동전동기

근래에는 시동전동기의 소형 경량화 추세에 부합하기 위해 유성기어식 시동전동기를 많이 사용한다. 링 기어를 시동전동기의 하우징을 이용하여 고정시키고 전기자를 고속으로 회전시켜 4.5 : 1 정도로 감속시키는데 피니언과 링 기어사이의 감속비까지 감안하면 총 감속비가 70 : 1에 이른다. 계자코일을 전자석을 이용하지 않고 영구자석을 사용하는 시동전동기에서도 이 방식을 많이 사용하고 있다. 동일한 출력을 내는 직접구동 방식에 비해 중량이 거의 60% 정도 감소된다.

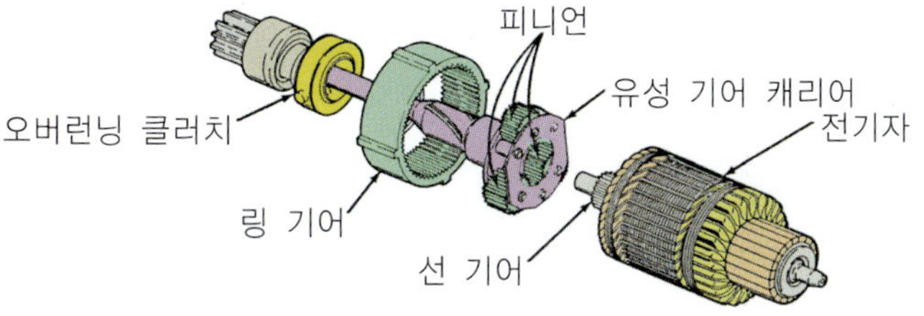

[그림 50] **유성 기어식 시동전동기**

3.4.3. 오버러닝 클러치(over running clutch)

오버러닝 클러치는 엔진이 시동되면 기동 전동기 피니언과 엔진의 플라이 휠 링기어가 물린 상태이므로 이번엔 반대로 엔진에 의해 기동 전동기가 고속으로 구동되어 전동기가 손상된다. 이를 방지하기 위해 엔진이 시동된 후 피니언이 공전하여 기동전동기가 구동되지 않도록 하는 기구이다. 오버러닝 클러치에는 롤러방식 오버러닝 클러치, 스프래그 방식 오버러닝 클러치, 다판 클러치방식 등이 있다.

04 점화장치

4.1. 점화장치의 개요

점화장치는 연소실에 설치된 점화플러그를 통하여 전기불꽃을 발생시켜서 혼합가스를 적정 시기에 연소시키는 장치이다.

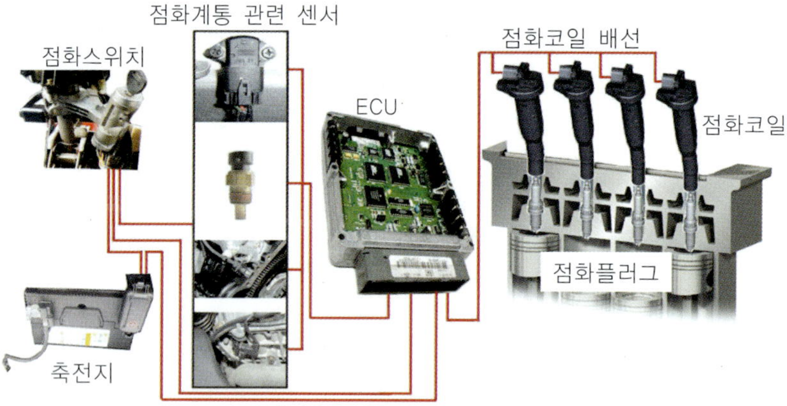

[그림 51] 전자 점화장치의 구조

4.2. 고압 발생원리

4.2.1. 자기유도 작용(self induction action)

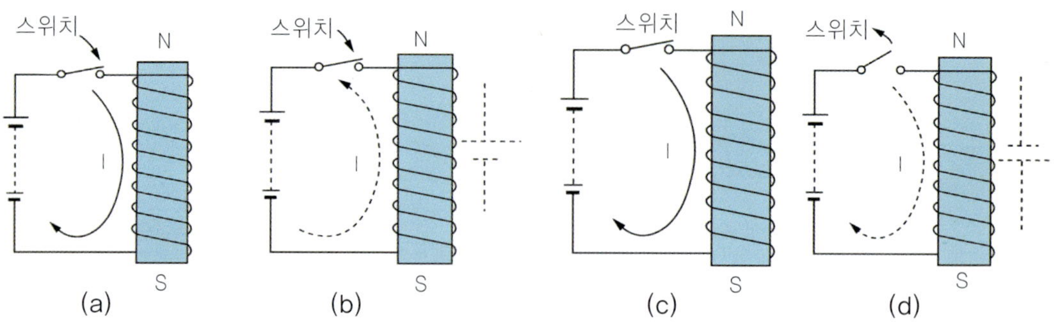

[그림 52] 자기유도 작용

자기유도 작용이란 스위치를 닫아 철심에 감은 코일에 전류를 공급하면 철심에 자력선이 형성되는 순간 코일에는 철심에 자력선이 형성되는 것을 방해하는 방향으로 전류가 흘러 전압이 유기 된다. 즉, 스위치를 닫으면(ON으로 하면) 전류가 흐르는 방향과 반대방향으로 유도 기전력이 유기 된다.

4.2.2. 상호유도 작용(mutual induction action)

2개의 코일 중에서 한 쪽에 흐르는 전류의 크기나 방향을 변화시키면 철심에 형성되는 자력선의 방향도 변화되기 때문에 다른 코일에는 전압이 유기된다. 이와 같이 하나의 전기 회로에 자력선의 변화가 생기면 그 변화를 방해하려고 다른 전기회로에 기전력이 발생되는 현상을 코일의 상호유도 작용이라 한다.

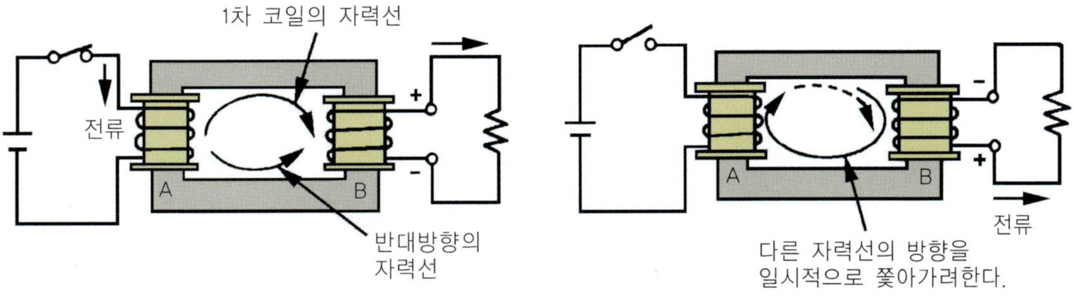

(a) 스위치 OFF → ON (b) 스위치 ON → OFF

[그림 53] 상호유도작용

점화코일에서 높은 전압을 얻도록 유도하는 공식은 다음과 같다.

$$E_2 = \frac{N_2}{N_1} \times E_1$$

E_2 : 2차 코일의 유도 전압, E_1 : 1차 코일의 유도 전압
N_1 : 1차 코일의 권수, N_2 : 2차 코일의 권수

4.3. 컴퓨터 제어방식의 점화장치

4.3.1. 컴퓨터 제어방식 점화장치의 개요

엔진의 작동상태(회전속도·부하 및 온도 등)를 각종 센서로 검출하여 컴퓨터(ECU)에 입력시키면 컴퓨터는 점화시기를 연산하여 1차 전류의 차단 신호를 파워 트랜지스터로 보내어 점화코일의 2차 코일에서 높은 전압을 유기하는 방식이다. 컴퓨터가 점화시기를 제어하며, 점화코일도 폐자로형(몰드형)을 사용한다. 종류에는 HEI와 DLI(또는 DIS)가 있으며, 다음과 같은 장점이 있다.

① 저속·고속 운전영역에서 매우 안정된 점화 불꽃을 얻을 수 있다.
② 노킹이 발생할 때 점화시기를 자동으로 늦추어 노킹 발생을 억제한다.
③ 엔진의 작동상태를 각종 센서로 검출하여 최적의 점화시기로 제어한다.
④ 높은 출력의 점화코일을 사용하므로 완벽한 연소가 가능하다.

4.3.2. HEI(high energy ignition : 고강력 점화방식)의 구조와 작동

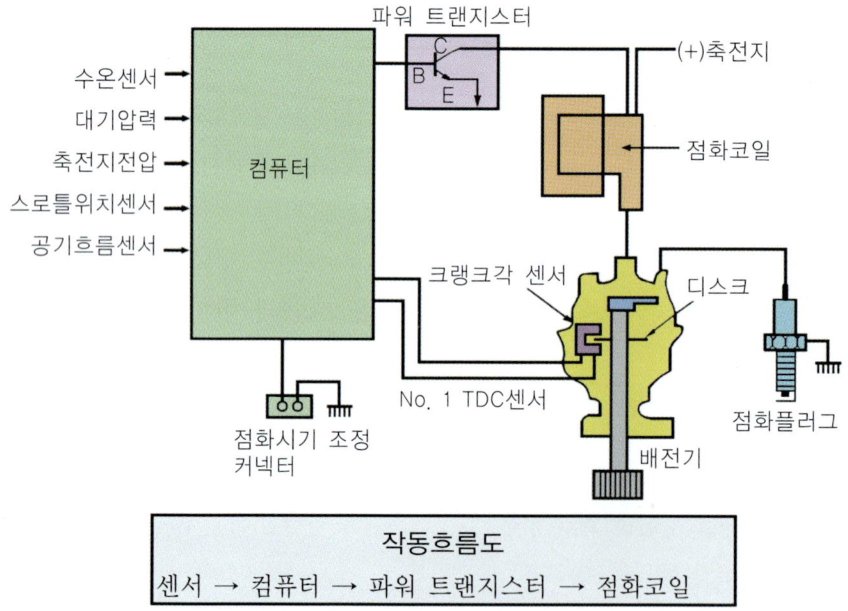

[그림 54] HEI의 구성도

[1] 파워 트랜지스터(power TR)

파워 트랜지스터는 컴퓨터로부터 제어신호를 받아 점화코일에 흐르는 1차 전류를 단속하는 역할을 하며, 구조는 컴퓨터에 의해 제어되는 베이스(base), 점화코일 1차 코일의 (-)단자와 연결되는 컬렉터(collector), 그리고 접지되는 이미터(emitter)로 구성된 NPN형이다. 파워 트랜지스터의 작용은 다음과 같다.

[그림 55] **파워 트랜지스터**

[2] 점화코일(ignition coil)

폐자로형 점화코일은 4각 철심의 안쪽에 1차 코일을 감고 바깥쪽에 2차 코일을 감아 있다. 이것은 자속의 경로가 대기로 개방되어 있는 개자로형과는 달리 4각의 철심으로 자로(磁路)를 만들었기 때문에 철심만을 통해 돌아오도록 소형화된 것이 특징이며, 개자로형 점화코일에서는 보통 20,000~25,000 V의 고전압을 얻는데 비하여 폐자로형 점화코일에서는 30,000 V 이상의 고전압을 얻을 수 있는 장점이 있다.

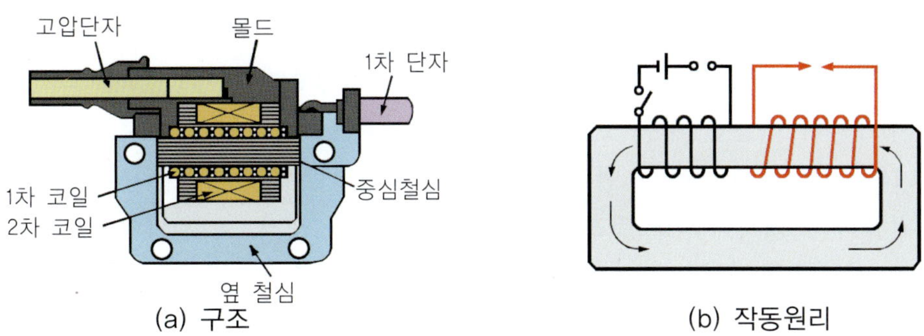

[그림 56] **폐자로형 점화코일의 구조와 작동**

[3] 크랭크 각 센서와 상사점 센서

크랭크 각 센서는 각 실린더의 크랭크 각을 검출하여 신호를 ECU에 보낸다. ECU는 이 신호를 이용하여 엔진의 회전속도 및 1행정당의 흡입공기량과 점화진각을 연산하여 점화코일의 1차 전류 단속신호를 파워 트랜지스터에 보낸다. TDC센서는 No.1 실린더의 압축 상사점을 검출하여 ECU에 보내며 ECU는 이 신호를 기초로 연료분사 신호와 점화할 실린더를 결정한다.

[4] 점화시기 보정

(1) 점화시기 보정요소

엔진의 점화시기의 가장 큰 변화요인은 엔진 회전속도 변화와 부하 변화이며, 그 밖에 엔진의 난기상태, 대기압력 상태 및 연료 등이 약간의 영향을 준다.

점화시기 = 초기기준 점화시기 + 기본점화 진 각 도 + 냉각수 온도보정 진 각 도 + 고지보정 진 각 도

⇩ 5° 상사점 전　　⇩ 부하 및 회전속도에 의한 진각

전자제어장치에서는 크랭크 각 센서(crank angle sensor)로 엔진 회전속도를 측정하고, 공기유량 센서(air flow sensor)를 이용하여 흡입공기량을 측정한 후 기본 점화시기를 결정한 다음, 엔진의 각종 상태를 보정하여 가장 적절한 점화시기를 결정한다.

(2) 점화시기 제어기구

점화시기를 제어하기 위해서는 각종센서, 컴퓨터, 액추에이터의 3부분으로 나눌 수 있으며, 액추에이터 부분인 파워 트랜지스터를 제어하여 이 파워 트랜지스터가 ON-OFF됨에 따라 1차 전류를 ON-OFF 한다. 파워 트랜지스터를 제어하기 위해서는 기관의 각종 상황을 검출하는 센서, 즉 크랭크 각 센서, 공기유량 센서, 수온센서, 차속센서 등으로 검출한 후 컴퓨터(micro computer)에 입력하여 차량 운전조건에 가장 적절한 점화시기 값을 연산하여 파워 트랜지스터를 제어한다. 여기서 점화시기 제어에 가장 기초가 되는 것은 흡입공기량의 측정(공기유량 센서)과 크랭크 각 센서에서 입력되는 120° 및 1° 신호에 의해, 엔진 회전속도 및 피스톤 위치가 판독된다.

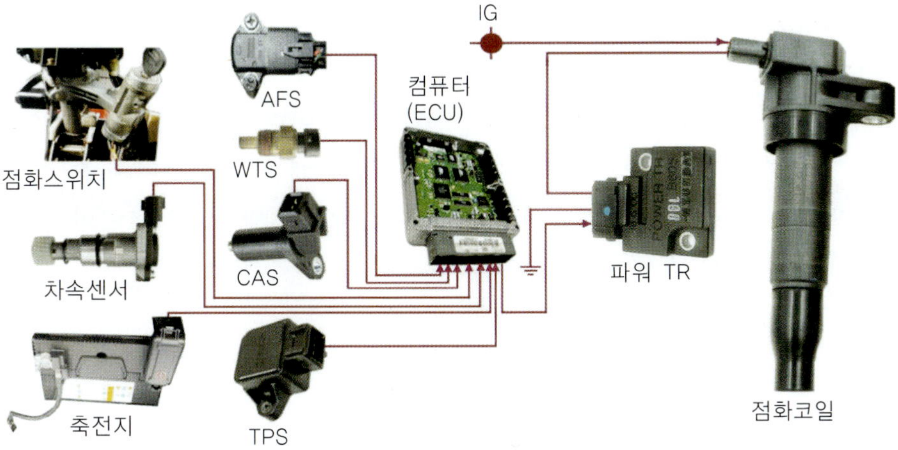

[그림 57] **점화시기 제어의 구성**

[5] 고압케이블(high tension cable)

고압케이블은 점화코일의 2차 단자와 점화플러그를 연결하는 절연전선이다. 고압케이블의 한 쪽 끝은 황동제의 태그(tag)를 통하여 점화플러그 단자에 끼워지고 다른 한 쪽은 점화코일의 점화플러그 단자에 끼워진 후 수분이 들어가지 못하도록 고무제의 캡이 씌워져 있다.

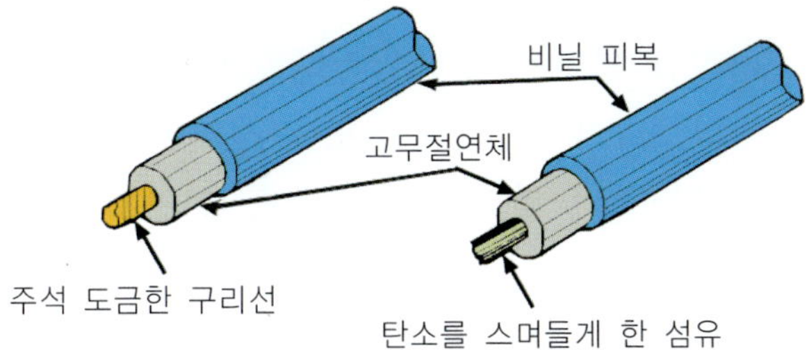

[그림 58] **고압케이블의 종류**

구조는 중심부분의 도체를 고무로 절연하고 다시 그 표면을 비닐 등으로 보호하고 있다. 고압케이블 종류에 따라 중심도체에는 구리선을 몇 가닥 합친 것과 섬유에 탄소를 침투시켜 균일한 저항을 둔 것을 TVRS(television radio suppress ion)케이블이 있으며 이 TVRS케이블은 점화회로에서의 고주파 발생에 따른 잡음을 방지하기 위해 케이블 전체에 약 10㏀ 정도의 저항을 두고 있다.

[6] 점화플러그(spark plug)

(1) 점화플러그 개요

점화플러그(spark plug)는 실린더 헤드에 설치되어 있으며, 실린더 내의 압축된 혼합가스에 고압 전기로 불꽃을 일으키는 역할을 한다. 이때 불꽃에너지(높은 전압)는 점화코일에서 발생하여 고압케이블(high tension cable)을 통해 각 실린더의 점화플러그에 공급된다.

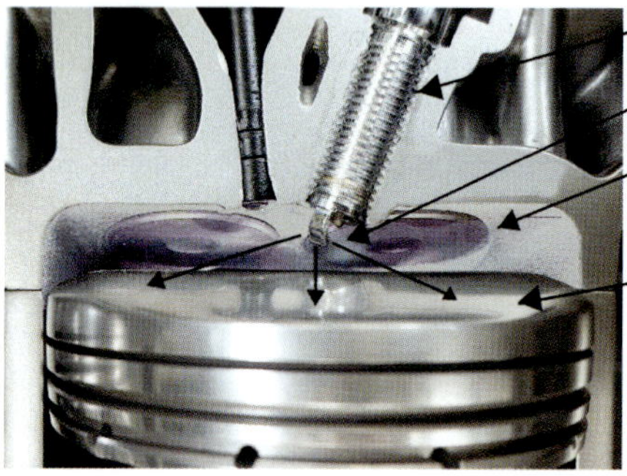

[그림 59] **점화플러그의 설치상태 및 구조**

점화플러그는 엔진성능에 직접 영향을 준다. 점화플러그는 하우징(housing), 절연체(insulator), 전극(electrode)의 3가지 주요부분으로 구성되어 있다.

① **하우징(housing)** : 점화플러그의 외곽을 구성하며, 절연체의 지지 및 실린더 헤드에 설치되는 부분이다.

② **절연체(insulator)** : 절연체는 높은 온도에서도 높은 절연저항을 유지해야 하고 열전도성, 기계적 강도 등이 커야 한다. 따라서 현재는 세라믹(ceramic)을 주로 사용한다.

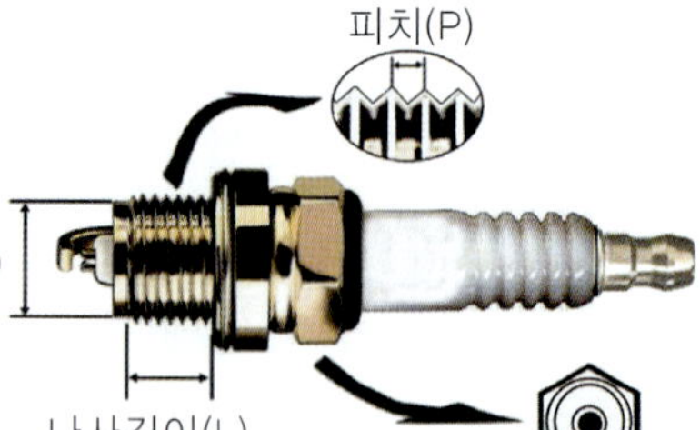

[그림 60] **점화플러그 설치부분의 규격**

③ **전극(electrode)** : 전극은 중심전극과 접지전극으로 되어 있으며, 접지전극은 금속 셀(shell)에 부착되어 있다. 전극간극은 0.7~1.1 mm 정도의 간극을 두고 불꽃을 일으킨다. 중심전극은 니켈-망간합금, 철-크롬합금, 백금 등을 사용한다.

(2) 점화플러그 열값에 따른 분류

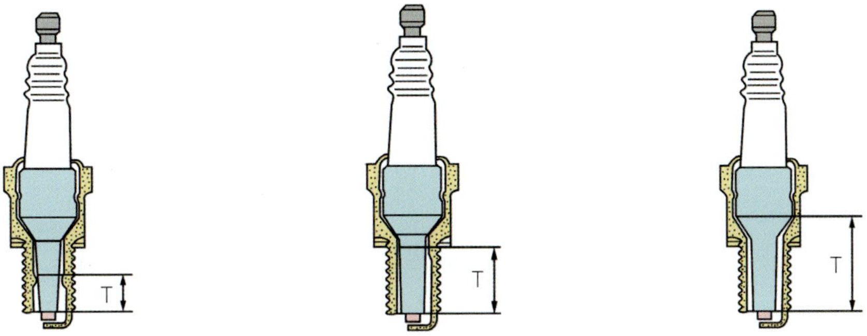

(a) 냉형 (b) 표준형 (c) 열형

[그림 61] **점화플러그의 열값에 따른 분류**

① **열형 플러그(hot type plug)** : 절연체의 노스(nose) 면적이 넓어 더 많은 열을 흡수하므로 열 분산이 낮다.

② **표준형 플러그(standard type plug)** : 절연체 노스(nose) 면적이 열형보다 작아 열 흡수가 더 낮으며, 열 분산은 더 높다.

③ **냉형 플러그(cold type plug)** : 절연체 노스(nose) 면적이 작아 열을 거의 흡수하지 못하며, 짧은 열전도 통로를 통한 열 분산성이 우수하다.

(3) 점화플러그의 구비조건

① 전기 절연성이 좋을 것

② 내열성이 클 것

③ 열전도율이 클 것

④ 기계적인 강도가 클 것

⑤ 기밀유지가 잘 될 것

⑥ 내구성이 좋을 것

⑦ 내 오손성이 클 것

⑧ 불꽃 방전성이 좋을 것

⑨ 착화성이 좋을 것

(4) 자기 청정온도(self cleaning temperature)

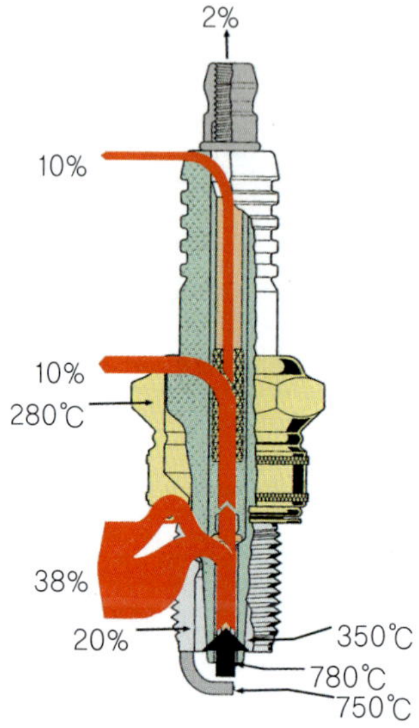

[그림 62] 점화플러그의 열전도 및 방열

점화플러그의 전극부분 자체의 온도에 의해 카본 등에 의한 오손을 청소하는 작용을 자기청정 작용이라 하고, 그 청정작용이 완전히 이루어지는 온도를 자기청정 온도라 한다. 자기청정 온도는 500℃부터 시작하여 950℃ 이하의 범위가 이 자기청정 온도에 해당한다.

(5) 저항 점화플러그(resistor spark plug)

가솔린 엔진의 점화장치에서는 고압전기에 의한 불꽃 발생으로 매우 많은 전파 잡음이 발생한다. 고압전기에 의한 불꽃은 단위시간 당 전류변화량이 매우 크고 전파의 발생량도 비례하여 증가한다. 이러한 전기 불꽃에 의한 잡음전파는 다양한 주파수를 포함하고 있어 차량의 AM·FM라디오, TV, 무전기, 내비게이션(navigation) 등에 악영향을 준다.

이러한 잡음 전파를 방지하기 위한 방법으로 고압케이블의 재료를 실리콘을 사용하거나 저항을 넣은 저항 고압케이블을 사용하여 잡음 전파방지 등의 방지기로 사용되기도 하며, 점화플러그의 내부에 저항(10,000Ω)을 넣은 저항 점화플러그를 사용하기도 한다.

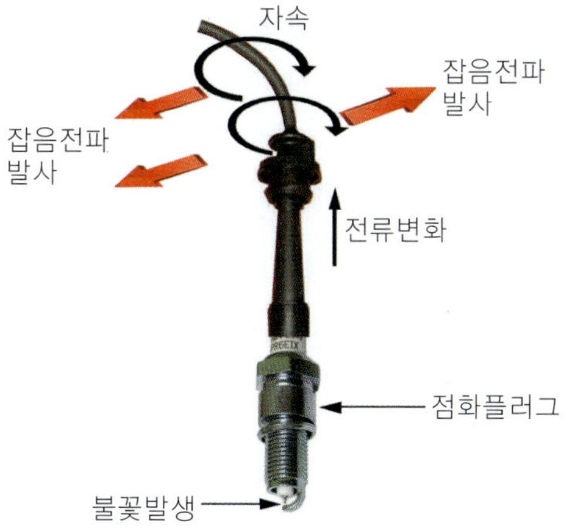

[그림 63] 고압케이블의 잡음 전파 발사

(6) 점화플러그의 형식

점화플러그의 형식은 BP5ES—11, PFR5A—11, BRE527Y—11 등으로 표시하며 형식에 따른 세부 내용은 아래 표와 같다.

[표 3] 점화플러그 형식

B	P	5	E	S	-11
나사지름	구조/특징	열 가	나사길이	구조/특징	플러그 간극
A ··············18 mm B ··············14 mm C ··············12 mm D ··············10 mm E ··············18 mm BC ···········14 mm	P 절연체 (돌출타입) R 저항타입 U Semi—연면 (연면 방전타입)	2 열형 4 5 ↑ 6 7 8 ↓ 9 10 11 12 13 냉형	E 19.0 mm H 12.7 mm	S 표준타입 Y V-파워플러그 V V 플러그 VX VX 플러그 K 외측 2극전극 M 2극 로타리용 전극 Q 4극 로타리용 전극 B CVCC 기관용 J 2극 사방전극 C 사방전극	9 ······0.9 mm 10 ··· 1.0 mm 11 ··· 1.1 mm 13 ··· 1.3 mm -L ···중간열가 -N ···외측전극

B	R	E	5	2	7	Y	-11
나사지름	저항형식	나사길이	열가	절연체 돌출지수	발화위치	중심전극	플러그간극
				(2:2.5M)	(7:7.0 mm) (9:9.5 mm)	(선단 V홈)	(11:1.1 mm)

P	F	R	5	A	-11
플러그 종류	나사지름	저항형식	열가	추가기호	플러그간극
P : 백금 플러그 Z : 돌출형 플러그	육각대변치수 F :Ø14×19 mm 육각대변 16.0 mm G :Ø14×19 mm 육각대변 20.6 mm J :Ø12×19 mm 육각대변 18.0 mm F :Ø10×12.7 mm 육각대변 16.0 mm	R : 저항타입	5 열형 6 ↕ 7 냉형	A, B, C···	−11: 1.1 mm

4.3.3. 전자배전 점화장치(DLI : Distributor Less Ignition)

[1] 전자배전 점화장치의 종류

전자배전 점화장치는 DIS(direct ignition system) 또는 무배전기 점화장치라고도 부른다. 자동차 제작회사마다 다르지만 기본 형식에 따라 다음과 같이 나눌 수 있다.

- 전자배전 점화장치
  - 코일분배 방식
    - 동시 점화방식
    - 독립 점화방식
  - 다이오드 분배 방식 - 동시 점화방식

코일 분배방식은 높은 전압을 점화코일에서 점화플러그로 직접 배전하는 방식이며, 1개의 점화코일이 2개의 실린더에 동시에 점화를 시키는 동시 점화방식과 1개의 코일이 1개의 실린더에 점화시키는 독립 점화방식이 있다. 다이오드 분배방식인 경우는 고압 전류의 방향을 다이오드에 의해 제어하는 방식을 말하며 동시 점화방식이다.

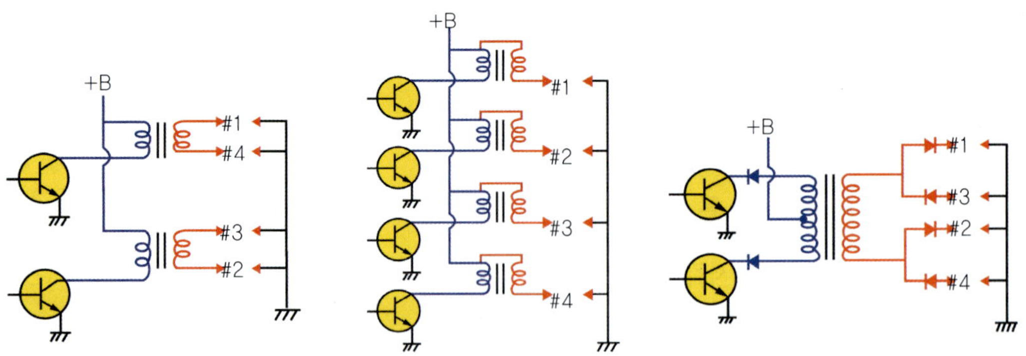

(a) 동시(듀얼) 점화방식 (b) 독립 점화방식 (c) 동시(다이오드분배) 점화방식

[그림 64] 점화방식의 종류

(1) 동시 점화방식

이 방식은 듀얼 점화방식(dual ignition type) 이라고도 하며, 2개의 실린더에 1개의 점화코일로 압축상사점과 배기상사점에 있는 각각의 점화플러그에 동시에 점화시키는 장치이다. 4번 실린더는 배기상사점에 1번 실린더는 압축상사점에 점화시켰지만 4번은 압축압력이 낮기 때문에 방전에너지도 작게 되어 점화플러그의 불꽃은 약하고 공회전과 저속 운전시의 토크 변동이 억제되는 등의 운전성이 향상된다.

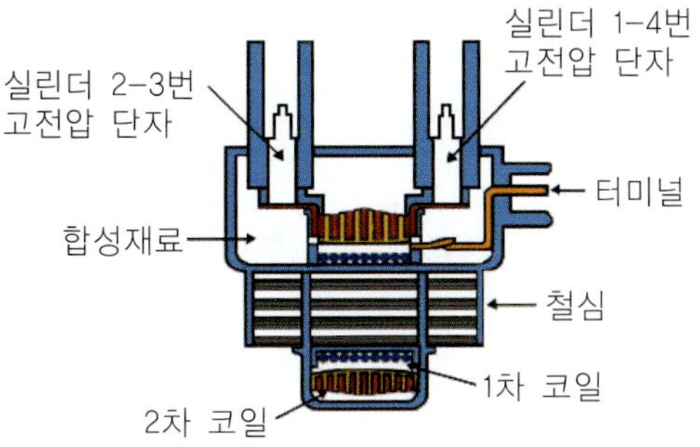

(a) 구조

(b) 외형

[그림 65] 듀얼 스파크 점화코일 구조 및 외형

(2) 독립 점화방식

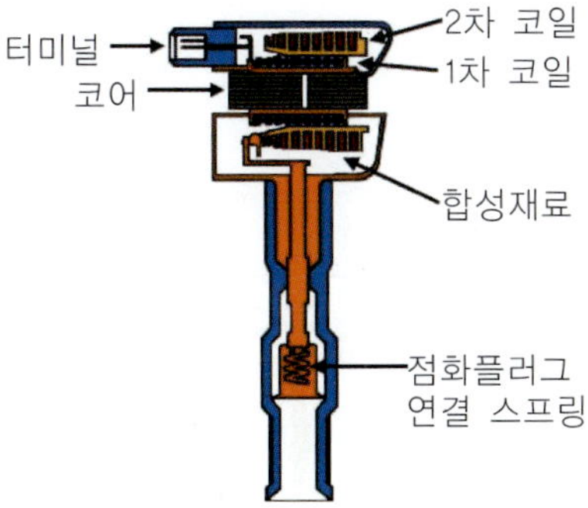

(a) 구조

(b) 외형

[그림 66] 싱글 스파크 점화코일 구조 및 외형

이 방식은 각 실린더마다 1(점화코일)+1(점화플러그)방식에 의해 직접 점화하는 장치이며, 고압케이블이 없기 때문에 에너지의 손실이 거의 없고 각 실린더 별로 점화시기 제어가 가능하기 때문에 연소제어가 쉽다.

(3) 동시(다이오드분배) 점화장치

대부분 DLI장치의 점화코일은 폐자로(閉磁路)형으로 소형 경량화 하였고, 1개의 점화코일로 2개의 실린더에 동시에 점화하는 동시 점화방식을 사용한다. 즉, 점화코일의 1차 전류가 파워 트랜지스터에서 차단될 때, 2차 쪽에는 (+)와 (–) 양극성의 높은 전압이 동시에 발생한다. 따라서 (+)출력 쪽에 다이오드가 조립되어 있다.

4.3.4. IGBT(Insulated Gate Bipolar Transistor) 점화장치

IGBT는 전력용 반도체의 일종으로 정확하게 고전력 스위칭용 반도체를 뜻한다. 바이폴라 트랜지스터가 베이스 전류를 통해 컬렉터 전류를 제어하는 전류 구동형 소자인데 비해 IGBT는 게이트 전압을 통해 컬렉터 전류를 제어하는 전압 구동형 소자이다.

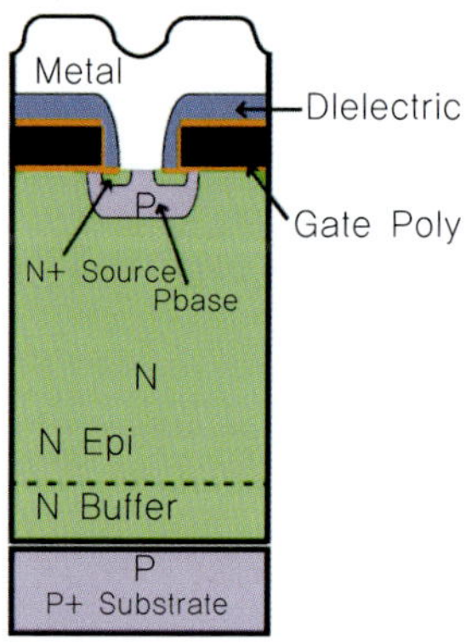

[그림 67] IGBT

턴오프 시간이 1 μs로 초당 15,000번 이상 스위칭이 가능하다. 최대 정격은 1.2 kV, 400 A이다. 현재 주로 사용하고 있는 유도방전 점화장치에서 일어나는 큰 변화는 파워 트랜지스터가 고속 스위칭 소자인 IGBT로 바뀌고 있다는 것이다. 물론, ECM은 IGBT 드라이브를 통해 IGBT를 제어한다. 특히 클램핑회로가 들어가 있어 1차 전압을 300~600V로 제한하여 IGBT와 코일의 절연성을 높이고 있다.

점화장치의 고장진단은 과거에는 주로 페일러 센서를 사용하였으나 근래에는 ECM의 실화모니터링(Misfire Monitoring)기능으로 실화되는 실린더를 특정할 수 있다.

IGBT점화장치는 ECM, 구동드라이브, IGBT, 점화코일 그리고 점화플러그로 되어 있다.

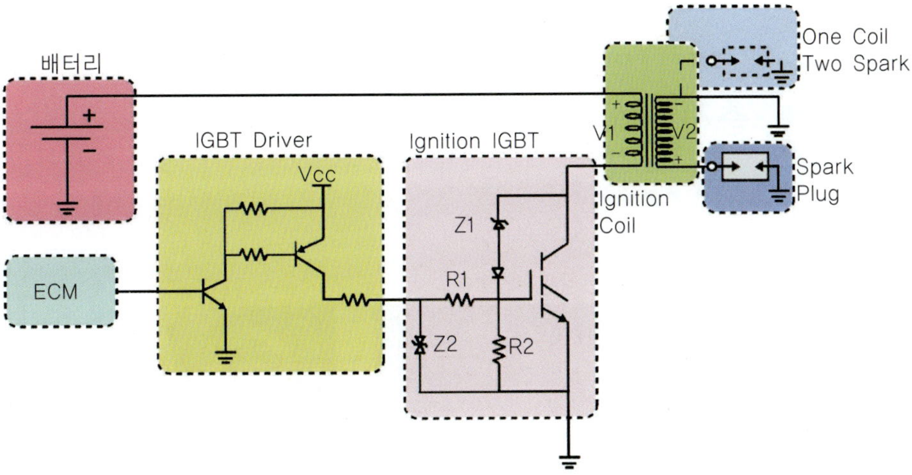

[그림 68] IGBT 점화장치 구성도

05 충전장치

[그림 69] 충전장치의 구성

자동차에 부착된 모든 전장부품은 발전기나 축전지로부터 전력을 공급받아 작동한다. 그러나 축전지는 방전량에 제한이 따르고, 엔진 시동을 위해 항상 완전 충전상태를 유지하여야 한다. 이를 위해 설치된 발전기를 중심으로 한 일련의 장치들을 충전장치라 한다. 교류발전기(alternator)의 특징은 다음과 같다.

① 저속에서도 충전이 가능하다.
② 회전부분에 정류자가 없어 허용 회전속도 한계가 높다.
③ 실리콘 다이오드로 정류하므로 전기적 용량이 크다.
④ 소형·경량이며, 브러시 수명이 길다.
⑤ 전압 조정기만 필요하다.
⑥ 발전기 자체에는 극성을 주지 않아도 된다.

5.1. 발전기(alternator)의 원리

5.1.1. 플레밍의 오른손법칙

유도기전력의 방향은 (+), (-)도체를 움직이는 운동의 방향과 자력선의 방향에 따라서 결정이 되는데 이들 방향의 관계는 다음과 같다.

오른손 엄지손가락, 인지, 장지를 서로 직각이 되게 하고 인지를 자력선의 방향에, 엄지손가락을 도체의 운동방향에 일치시키면 장지가 유도 기전력방향을 표시한다. 이 법칙을 플레밍의 오른손법칙이라 한다. 도체에 전류계를 접속한 후 도체를 상하로 움직이면 전류계의 지침은 좌우로 흔들리며, 도체의 움직임이 빠르면 빠를수록 전류계의 지침이 크게 흔들리게 되는데 이것은 기전력이 발생하기 때문이다.

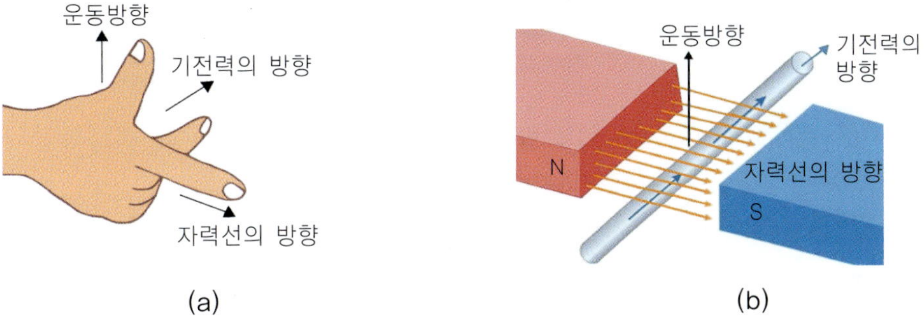

[그림 70] **플레밍의 오른손법칙**

5.1.2. 발전기와 렌츠의 법칙(lenz's law)

발전기의 이론은 렌츠의 법칙을 통해서도 알 수 있다. 전기 회로에서 발생하는 유도기전력은 폐회로를 통과하는 자속의 변화에 반하는 유도 자기장을 만드는 방향으로 발생한다. 아래그림과 같이 자석을 오른쪽으로 회전시키면 자력선은 자석을 왼쪽으로 회전시키려고 한다.

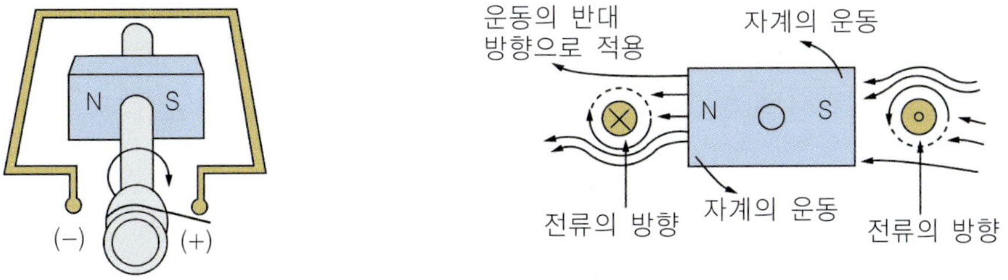

[그림 71] **렌츠의 법칙에 의한 발전기의 원리**

5.2. 교류발전기의 구조

교류 발전기는 고정부분인 스테이터(고정자), 회전하는 부분인 로터(회전자), 로터의 양끝을 지지하는 엔드 프레임(end frame) 그리고 스테이터 코일에서 유기된 교류를 직류로 정류하는 실리콘 다이오드로 구성되어 있다.

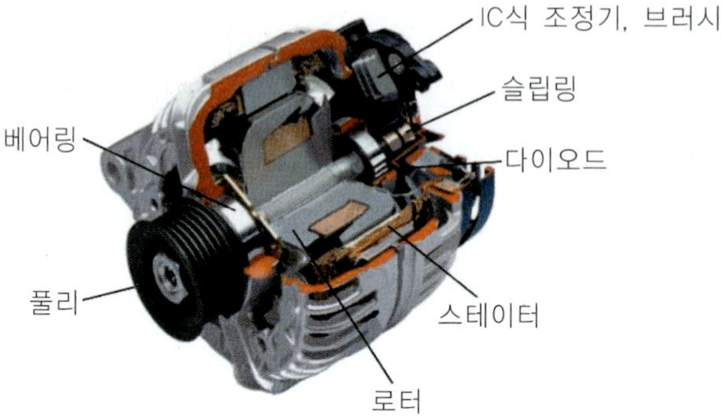

[그림 72] **교류 발전기**

5.2.1. 스테이터(stator)

스테이터에는 독립된 3개의 코일이 감겨져 있고 여기에서 3상 교류가 유도된다. 스테이터 코일의 접속방법에는 Y결선(또는 스타 결선)과 삼각형결선(델타결선)이 있으며, Y결선이 삼각형 결선에 비하여 선간 전압이 각 상 전압의 $\sqrt{3}$배가 높아 엔진이 공전할 때에도 충전 가능한 전압이 유도된다.

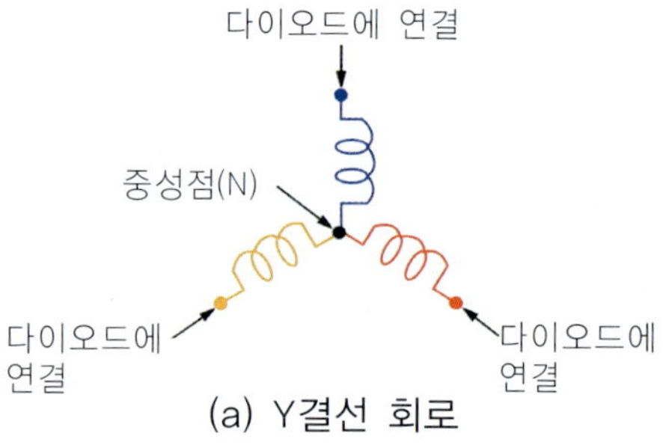

(a) Y결선 회로

(b) Y결선 스테이터

[그림 73] Y 결선

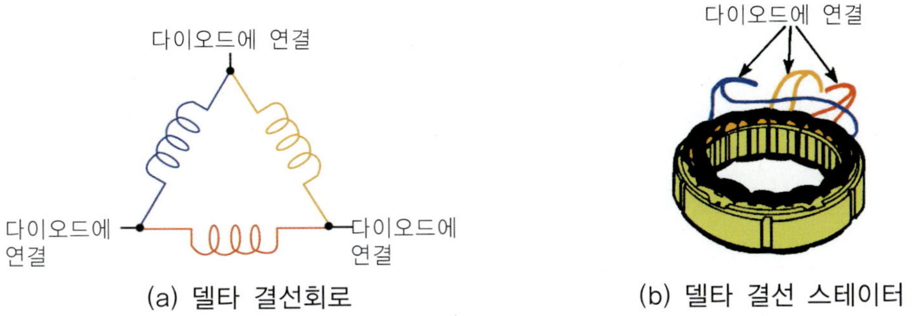

[그림 74] **삼각형 결선**

5.2.2. 로터(rotor)

로터는 자극을 형성한다. 코일에 여자 전류가 흐르면 N극과 S극이 형성되어 자화되며, 로터가 회전함에 따라 스테이터 코일의 자력선을 차단하므로 전압이 유도된다. 그리고 슬립 링(slip ring)은 축과 절연되어 브러시가 미끄럼 운동하면서 로터 코일에 여자 전류를 공급한다.

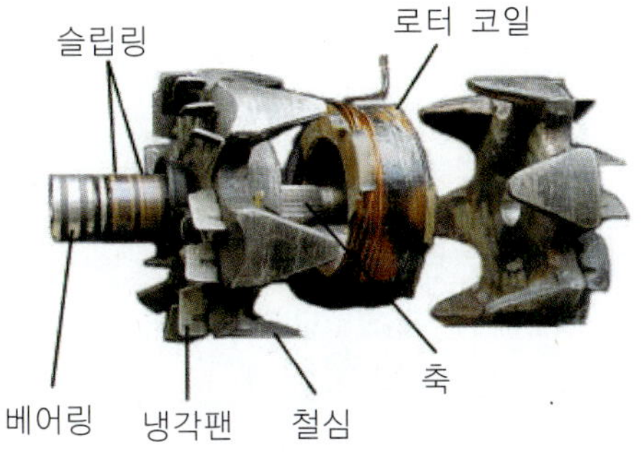

[그림 75] **로터의 구조**

5.2.3. 정류기(rectifier)

교류발전기에서는 실리콘 다이오드를 정류기로 사용한다. 교류 발전기에서 다이오드의 기능은 스테이터 코일에서 발생한 교류를 직류로 정류하여 외부로 공급하고, 또 축전지에서 발전기로 전류가 역류하는 것을 방지한다. 다이오드 수는 (+)쪽에 3개, (−)쪽에 3개씩 6개를 두며, 여자 다이오드를 3개 더 두고 있다. 그리고 다이오드의 과열을 방지하기 위해 엔드 프레임에 히트 싱크(heat sink)를 두고 있다.

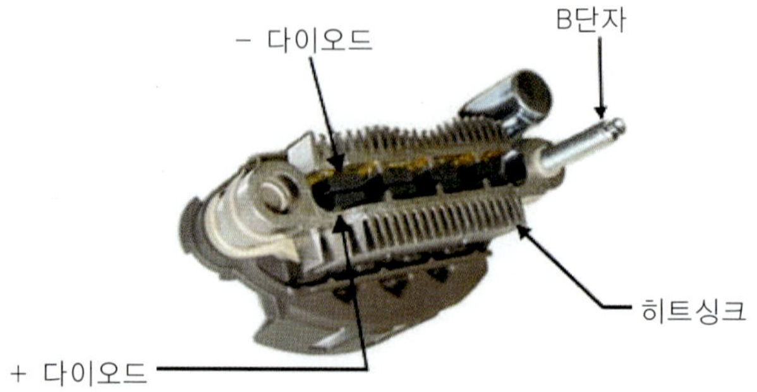

[그림 76] **다이오드의 구조**

5.2.4. 브러시(brush)

브러시의 재질은 내마모성이 우수하고 전압강하가 낮으며, 슬립링을 마모시키지 않는 조건이어야 한다. 일반적으로 슬립링의 재질이 구리인 경우에는 전기흑연 또는 금속흑연이 스테인리스인 경우에는 금속흑연이 사용된다. 브러시 홀더는 합성수지 성형부품이 사용되며, 전압조정기를 발전기 내부에 내장하는 경우에는 브러시홀더와 전압조정기를 일체로 하는 경우가 많다.

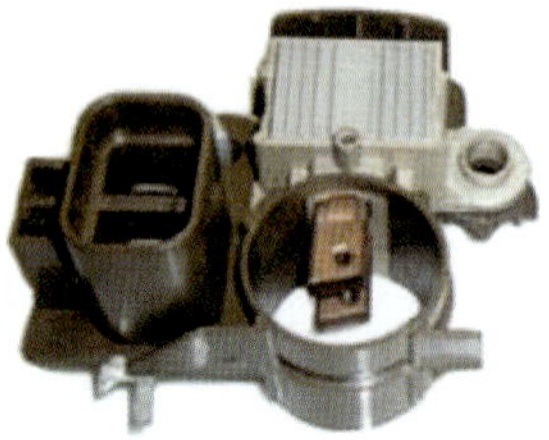

[그림 77] **브러시와 전압조정기**

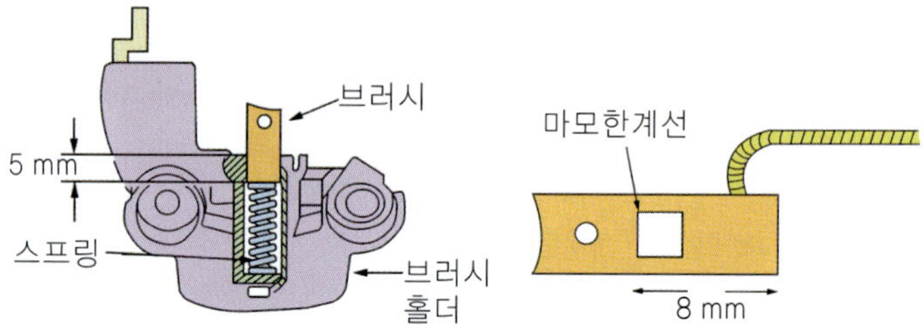

[그림 78] **브러시의 구조**

5.2.5. 교류발전기 조정기

발전기의 출력은 스테이터 코일의 권수, 로터의 세기, 단위 시간당 자속을 자르는 횟수에 따라 결정된다. 따라서 엔진의 회전속도가 증가하면 발전기의 발생전압과 전류가 모두 증가한다.

이에 따라 발전기 조정기가 필요하며, 교류발전기의 조정기는 전압조정기만 필요하다. 전압조정기는 발전기의 발생전압을 일정하게 유지하기 위한 장치이다.

5.3. 시동 발전기(HSG : Hybrid Starter Generator)

하이브리드 자동차는 2종류의 배터리를 사용한다. 하나는 일반 차량과 같은 납산 배터리이며 나머지 하나는 리튬이온 고전압 배터리를 사용한다. 시동발전기를 사용하지 않는 차량은 납산 배터리의 전원을 이용해 스타터 모터로 시동을 걸지만 엔진과 벨트로 연결된 시동발전기 설치 차량은 고전압 배터리의 전기에너지를 이용하여 엔진 시동을 걸어주고 고전압 배터리의 충전율 저하시 엔진의 동력을 이용하여 발전하고 고압 배터리에 전기 에너지를 공급시킨다. 시동발전기는 영구자석형 동기모터(PMSM : Permanent Magent Synchronous Motor)로 수냉식이다.

[그림 79] 시동 발전기(HSG)

5.3.1. HSG 특징

① 하이브리드 차량에서 납산 배터리(시동배터리)의 역할은 각종 제어기(ECU, HPCU 등), 오디오, 등화류, 도어록, 썬루프 등에 사용된다.

② 엔진 시동은 납산 배터리(시동배터리)가 아닌 리튬이온 배터리로 전원을 공급받아 HSG(일반 차량의 스타트 모터 역할)가 시동을 건다. 역으로 리튬이온 배터리 충전이 필요한 상황에서는 엔진의 힘으로 HSG가 역회전하며 알터네이터 처럼 작동하여 리튬배터리로 충전을 한다. 리튬이온 배터리는 정차 시 히터의 온수공급을 위한 펌프, 에어컨 컴프레서, 자동변속기 오일펌프, 브레이크 유압을 만드는데도 사용된다.

③ HSG를 구동하고 제어하는 것은 HPCU(hybrid power control unit)가 담당을 하는데 HPCU는 납산 배터리(시동배터리)로 전원을 공급받기 때문에 납산 배터리(시

동배터리) 방전시 하이브리드 차량도 시동이 불가하다.

④ HPCU 내부에 LDC(DC-DC컨버터)가 리튬이온 배터리의 고압전기를 변환시켜 납산 배터리(시동배터리)를 충전시킨다.

5.3.2. HSG 작동

[1] 첫 시동 후 저속주행(모터로만 주행)

① 납산 배터리의 전력을 통해서 HPCU를 가동한다.

② HCPU가 리튬전지를 제어한다.

③ 리튬이온 전지는 납산 배터리를 충전하는 동시에 변속기 내부의 구동 모터에 전력을 공급한다.

④ 구동모터는 차량의 바퀴를 구동시킨다.

[2] 가속 혹은 언덕 등판시

① 가속을 시작하여 엔진과 모터 모두 자동차를 움직인다.

② 첫 시동 후 저속주행(모터로만 주행)은 유지된다.

③ 리튬이온 배터리가 HSG에 전력을 공급한다.

④ HSG가 엔진을 스타트(일반 내연기관 차량의 스타터 모터 역할) 한다.

⑤ 엔진이 바퀴를 함께 움직인다.

[3] 정속 주행시

① 정속 주행으로 엔진이 차량 구동과 리튬이온 배터리 충전을 진행 한다.

② HPCU와 납산 배터리(시동 배터리)는 동일하게 역할 한다.

③ 엔진의 구동력을 통해서 HSG 회전하며 내연기관 차량의 발전기 역할을 한다.

④ HSG로 발전된 전력으로 리튬이온 전지를 충전한다.

[4] 악셀 오프시

① 악셀을 땐 상황에서 차량의 타력(관성)을 통한 회생제동과 엔진에 의한 발전이 동시 작동 중이다.

② 엔진의 구동으로 HSG가 회전하므로 리튬전지를 충전시킨다.

③ 차량의 타력(관성)으로 구동모터를 회전 시킨다.

④ 바퀴가 구동모터를 회전시키므로 회생제동으로 전기에너지를 리튬전지를 충전시킨다.

[5] 엔진 정지 후 회생제동 단독 작동

① 차량의 타력(관성)으로 구동모터를 회전 시킨다.

② 바퀴가 구동모터를 회전시키므로 회생제동으로 전기에너지를 리튬이온 전지를 충전 시킨다.

③ 엔진과 HSG 작동은 중지된다.

06 차체 전기장치

6.1. 자동차용 전선

자동차 전기회로에서 사용하는 전선은 피복선과 비피복 선이 있으며, 비피복 선은 접지용으로 일부 사용되며 특히 고압 케이블은 내 절연성이 매우 큰 물질로 피복되어 있다. 전선을 구분하기 위한 전선의 색깔은 전선 피복의 바탕색, 보조 줄무늬 색깔의 순서로 표시한다.

6.1.1. 전선의 온도에 따른 분류

① AV(automotive vinylon) : 80℃(자동차용 저압전선)

② AVX(automotive vinyl extra) : 90℃(내열 자동차 비닐)

③ AEX(automotive polyethylene extra) : 110℃(고압전선)

6.1.2. 전선의 피복색깔

도체는 순도 99.9%이상의 전기용 황 인동선을 가공한 전기용 연동선이나 주석도금 연동선을 주로 사용한다. 절연체는 사용 환경 및 특성에 맞는 재질을 도체 위에 동심원상으로 피복한다. 전선을 구분하기 위한 전선의 색깔은 전선 피복의 바탕색, 보조 줄무늬 색깔의 순서로 표시한다.

AVX-0.5GR(Y)

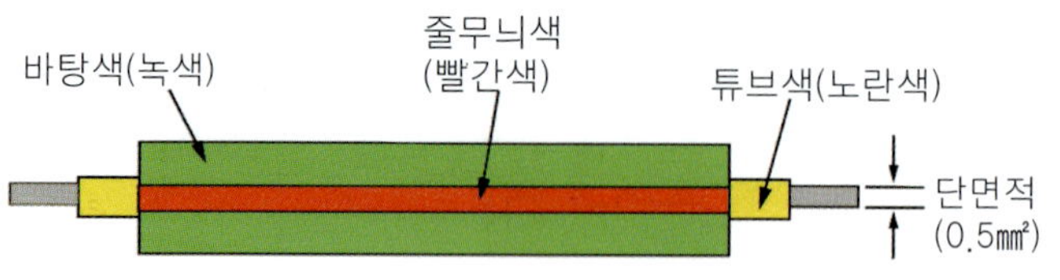

AVX : 내열 자동차용 배선

G : 바탕색(녹색)

0.5 : 전선 단면적(0.5mm^2)

R : 줄무늬 색(빨간색)

Y : 튜브 색(노란색)

[그림 80] 전선의 피복 색깔 표시

[표 4] **전선의 피복 색깔 기호**

기 호	영 문	색	기 호	영 문	색
B	BLACK	검정색	O	ORANGE	오렌지색
Be	BEIGE	베이지색	P	PINK	분홍색
Br	BROWN	갈색	Pp	RURPLE	자주색
G	GREEN	녹색	R	RED	빨간색
Gr	GRAY	회색	T	TAWNY	황갈색
L	BLUE	청색	W	WHITE	흰색
Lg	LIGHT GREEN	연두색	Y	YELLOW	노란색
Ll	LIGHT BLUE	연청색			

그리고 배선방법에는 단선방식과 복선방식이 있으며, 단선 방식은 부하의 한끝을 자동차 차체에 접지하는 방식이며 접지 쪽에서 접촉 불량이 생기거나 큰 전류가 흐르면 전압 강하가 발생하므로 작은 전류가 흐르는 부분에서 사용한다. 복선방식은 접지 쪽에도 전선을 사용하는 방식으로 주로 전조등과 같이 큰 전류가 흐르는 회로에서 사용된다.

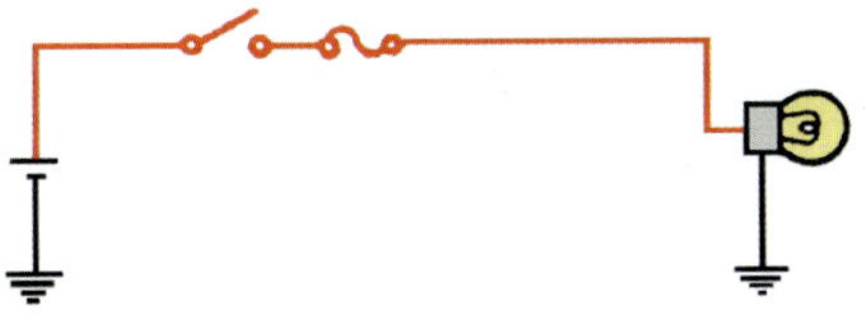

(a) 단선방식

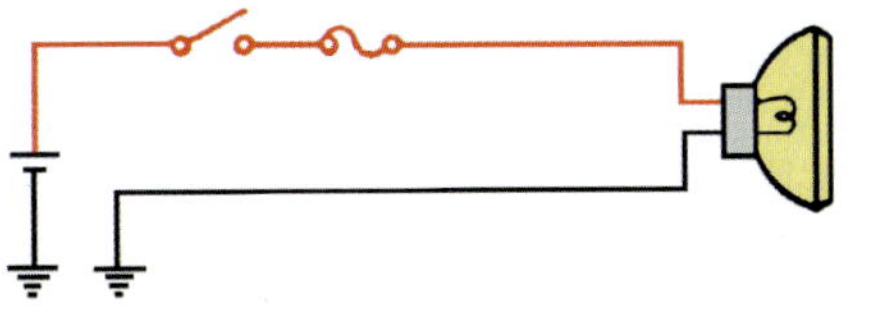

(b) 복선방식

[그림 81] **배선방법**

6.1.3. 하니스 종류

① **메인 하니스** : 실내 C/PAD에 장착되며 실내 및 트렁크까지의 전원공급 및 오디오 클러스터, 각종 UNIT류의 작동을 지원한다.

② **프런트 하니스** : 엔진룸 전방에 위치하며 차량의 모든 전원공급 및 램프 류나 차량 냉각 성능 작동을 지원한다.

③ **플로워 L/H 하니스** : 실내 운전석 카페트 밑에 배선되며 트렁크 및 리어 도어 측에 장착되는 전장품을 동작지원 한다.

④ **플로워 R/H 하니스** : 실내 조수석 카페트 밑에 배선되며 트렁크 및 리어 도어 측에 장착되는 전장품을 동작 지원한다.

⑤ **컨트롤 하니스** : 엔진룸 중 엔진 및 TM에 배선되며 엔진 가동과 관련된 각종센서 및 ECU/TCU측에 동작 지원한다.

⑥ **에어백 하니스** : 실내 및 엔진룸에 장착된 에어백 관련센서 및 UNIT를 동작 지원하며 하니스 색은 노란색(SAFETY 부품)이다.

⑦ **루프 하니스** : ROOF에 배선되며 선루프 및 각종 실내 LP 동작을 지원한다.

⑧ **트렁크 리드 하니스** : TRUNK OPEN 관련 차체에 배선되며 TAIL/STOP/RR FOG LP등을 동작 지원한다.

⑨ **도어 하니스** : 차량 도어에 장착되며 P/WDW, DR LOCK, O/S MIRROR 등과 같은 전장품의 동작을 지원한다.

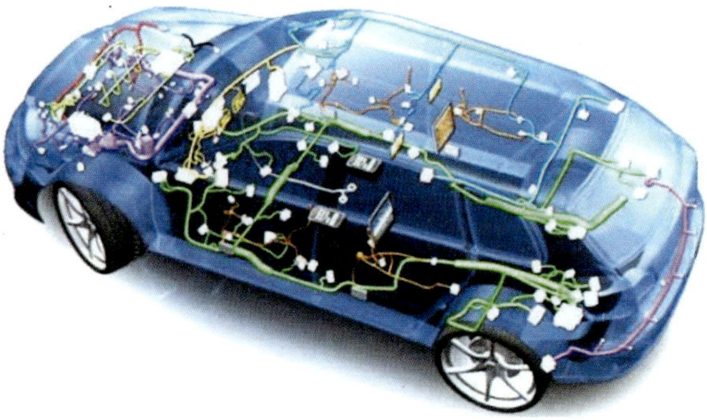

[그림 82] **자동차 하니스**

6.2. 등화장치

6.2.1. 조명의 용어

① **광속** : 광속이란 광원(光源)에서 나오는 빛의 다발을 말하며, 단위는 루멘(lumen, 기호는 lm)이다.

② **광도** : 광도란 빛의 세기를 말하며 단위는 칸델라(candle, 기호는 cd)이다. 1 칸델라는 광원에서 1 m 떨어진 $1m^2$의 면에 1m의 광속이 통과하였을 때의 빛의 세기이다.

③ **조도** : 조도란 빛을 받는 면의 밝기를 말하며, 단위는 룩스(lux, 기호는 Lx)이다. 빛을 받는 면의 조도는 광원의 광도에 비례하고, 광원의 거리의 2승에 반비례한다. 즉, 광원으로부터 r(m)떨어진 빛의 방향에 수직한 빛을 받는 면의 조도를 E(Lx), 그 방향의 광원의 광도를 I(cd)라고 하면 다음과 같이 표시한다.

$$E = \frac{I}{r^2}(Lux)$$

6.2.2. 전조등

[1] 전조등(head light) 방식

전조등에는 실드 빔 방식과 세미 실드 빔 방식이 있다. 전구(lamp)는 먼 곳을 비추는 하이 빔(high beam : 상향등)과 시내를 주행하거나 교행할 때 대향 자동차나 사람이 현혹되지 않도록 광도를 약하게 하고, 동시에 빔을 낮추는 로우 빔(low beam : 하향등)이 있다.

(1) 실드 빔 방식(sealed beam type)

이 방식은 반사경에 필라멘트를 붙이고 여기에 렌즈를 녹여 붙인 후 내부에 불활성 가스를 넣어 그 자체가 1개의 전구가 되도록 한 것으로 특징은 다음과 같다.

① 대기의 조건에 따라 반사경이 흐려지지 않는다.

② 사용에 따르는 광도의 변화가 적다.

③ 필라멘트가 끊어지면 렌즈나 반사경에 이상이 없어도 전조등 전체를 교환하여야 한다.

(2) 세미 실드빔 방식(semi sealed beam type)

렌즈와 반사경은 녹여 붙였으나 전구는 별개로 설치한 것이다. 필라멘트가 끊어지면 전구만 교환하면 된다. 그러나 전구 설치부분으로 공기유통이 있어 반사경이 흐려지기 쉽다.

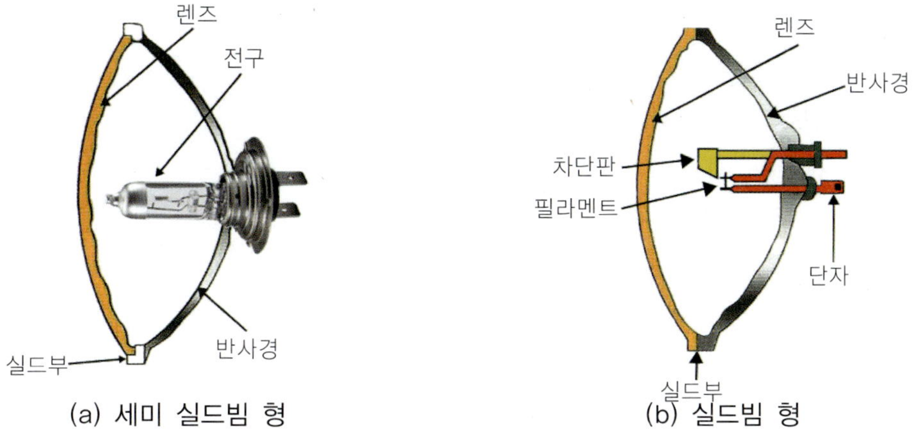

[그림 83] 세미 실드빔 형 및 실드빔 형

(3) 할로겐램프

필라멘트에 전류가 흐르면 열이 발생되는데 이 열이 빛으로 변한다. 이때 필라멘트는 높은 온도로 증발되기 때문에 전구 내면에 침착되어 검은색을 띠어 광도를 저하시킨다. 이러한 현상을 방지하고 필라멘트의 수명을 증대시키기 위해 전구 내부를 진공으로 하고 할로겐 가스를 주입한다.

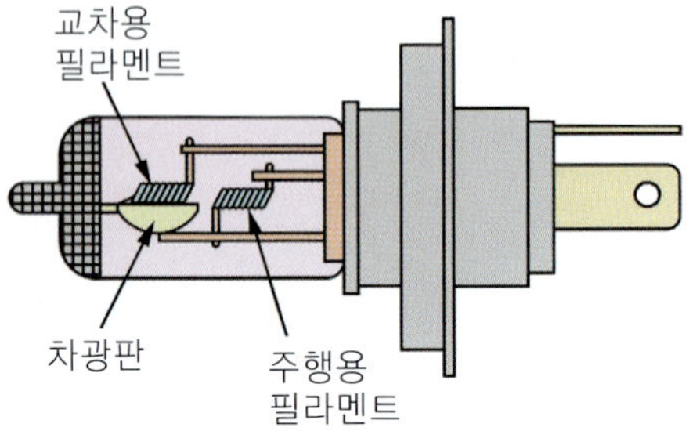

(a) 구조

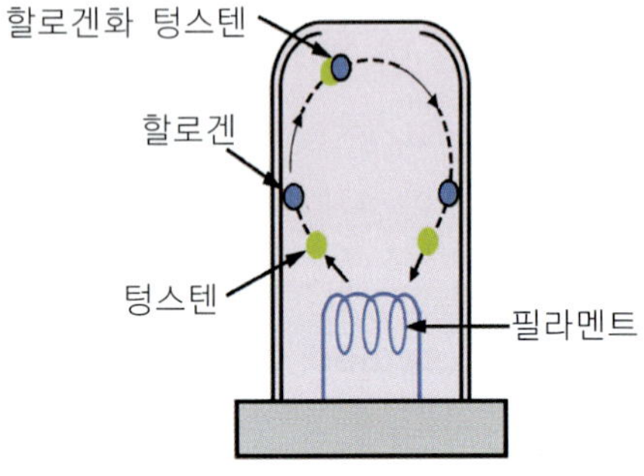

(b) 할로겐화 사이클

[그림 84] **할로겐램프**

할로겐은 비활성 기체이므로 다른 물질과 반응을 잘하지 않는다. 텅스텐 필라멘트가 증발하면 텅스텐 증기는 할로겐과 결합하여 열운동에 의해 전구 내를 떠돌아다니다가 다시 필라멘트에서 할로겐과 텅스텐이 분리되어 텅스텐에 달라붙는 할로겐화 사이클을 통해 흑화현상을 방지하는 기능이 있다. 이러한 이유로 할로겐램프는 다른 전구에 비해 수명이 길다.

(4) 방전 헤드램프(HID : Hight Intensity Discharge)

방전 헤드램프는 최근에 많이 사용되는데 구조는 필라멘트 대신 텅스텐 전극이 설치되어 있으며, 전구(발광 관)내에 크세논(Xe)가스, 금속 할로겐화물(metal halide)이 봉입되어 있다. 전조등 제어용 컴퓨터가 축전지로부터 12V를 받아 승압시켜 텅스텐 전극 사이에 순간적으로 약 20,000V 이상의 펄스를 발생시키면 먼저 크세논가스가 활성화되면서 청백색의 빛을 발생시킨다. 이 상태에서 전구 내의 온도가 더욱 더 상승하면 수은이 증발하여 아크방전이 일어나고, 더욱 더 온도가 상승하면 금속 할로겐화물이 증발하면서 유리전자가 발생되는데, 이 유리전자가 금속원자와 충돌하면서 높은 휘도의 빛을 발생시킨다.

이러한 이유로 고휘도 방전 전조등(HID : Hight Intensity Discharge)이라고도 한다. 할로겐램프에 비해 약 2배 정도 밝으며, 태양광선에 가까운 백색의 자연광선을 얻을 수 있을 뿐만 아니라 소비전력은 이전의 약 1/2 정도이며, 수명은 필라멘트에 비해 2배 정도이나 텅스텐 전극에 높은 전압을 안정적으로 공급하기 위해 전조등 제어용 컴퓨터가 필요하다.

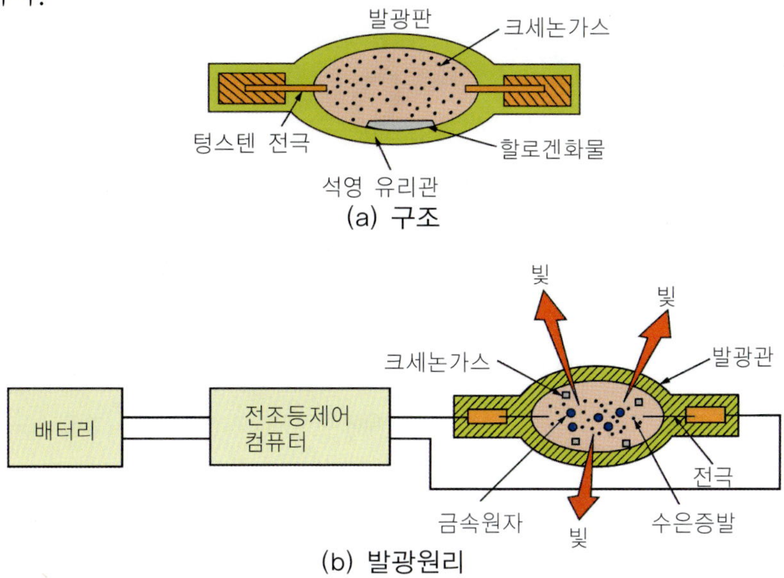

[그림 85] 방전 헤드램프의 발광원리

(5) LED 전조등

LED 전조등은 보다 나은 시야를 확보해 주고, 눈부심 현상 감소는 물론 색온도 조작도 가능해 태양광과 거의 근접한 환경을 조성할 수 있는 기능성과 안전성을 갖고 있으며, 14W LED 램프는 65W 표준 할로겐램프와 대등한 밝기 성능을 갖고 있기 때문에 에너지 절감 측면에서도 뛰어난 성능을 가지고 있다. 또한 LED의 최대 수명이 10만 시간으로 자동차 수명보다 길고, 오랫동안 광량을 유지할 수 있는 내구성을 갖고 있어 광원을 교체할 필요도 없고, 광원의 교체를 고려한 공간 설계도 필요 없으며, 헤드램프 내부에 LED 광원을 매립해 넣을 수도 있게 되었다.

[2] 오토라이트(auto light)

오토라이트는 운전자가 직접 라이트 스위치를 작동시키지 않아도 조도센서를 이용하여, 주위 조도변화에 따라 오토모드(auto mode)에서 자동적으로 미등 및 전조등을 점등시켜주는 장치이다. 주행 중 주위의 조도가 변화하면 작동한다. 오토라이트 장치는 크래쉬 패드 상단(조수석)에 센서와 유닛으로 주위의 조도변화를 감지한다.

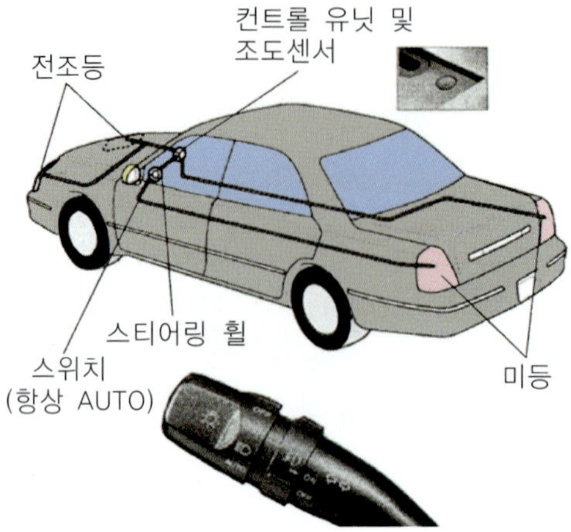

[그림 86] 오토라이트시스템의 구성도

입력	제어	출력
• 오토라이트 스위치 • 점화스위치(시스템전원) • 검출조도 조정용 입력 → 미등용 → 전조등 접지	• 오토라이터 • 제어유닛 • CPU • TR1 작동 • TR2 작동	• 미등 릴레이작동 → 미등점등 • 전조등 릴레이작동 → 전조등접지

[그림 87] 입·출력 다이어그램

6.3. 안전장치

6.3.1. 방향 지시등

[1] 방향지시등의 개요

방향지시등은 자동차의 진행 방향을 바꿀 때 사용하는 것이며 플래셔 유닛(flasher unit)을 사용하여 램프에 흐르는 전류를 자동차 안전 기준상 매분 당 60회 이상 120회 이하로 단속·점멸하여 전구를 점멸시키고 등광색은 황색 또는 호박색으로 1등당 광도는 50~1,050cd의 범위에 있어야 한다.

[2] 전자 열선식 플래셔 유닛

전자 열선방식 플래셔 유닛은 열에 의한 열선(heat coil)의 신축(伸縮)작용을 이용한 것이며, 중앙에 있는 전자석과 이 전자석에 의해 끌어 당겨지는 2조의 가동접점으로 구성되어 있다. 방향지시기 스위치를 좌우 어느 방향으로 넣으면 접점 P_1은 열선의 장력에 의해 열려지는 힘을 받는다.

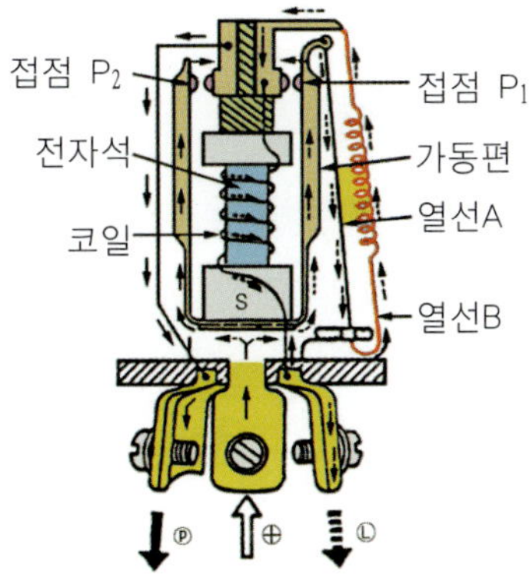

[그림 88] **전자 열선식 플래셔 유닛의 구조**

6.3.2. 안개등(fog lamp)

전조등의 빛이 안개 속에서는 산란되어 먼 거리까지 도달하지 못하지만, 안개등은 빛의 파장이 길어 일반적인 빛에 비하여 산란이 적어 같은 조건에서 빛이 멀리까지 비춰지기 때문에 악천후 속에서 자신의 위치를 알리기 위한 것이다.

6.3.3. 미등(tail lamp)

미등은 야간에 주행하거나 정지하고 있을 때 자동차가 있는 것을 뒤차에 알리는 표시등이다. 미등은 미등으로만 사용하는 단독방식과 제동등과 겸용으로 사용하는 겸용방식이 있으며, 겸용방식의 전구에는 2개의 필라멘트가 있으며, 제동등을 작동시킬 때는 그 광도가 3배 이상 증가되어야 한다.

6.3.4. 번호등(license plate lamp)

번호등은 자동차의 뒷면에 설치된 번호판을 조명하는 것으로 전조등 스위치의 조작으로 점등되어야 하며 광원이 눈에 직접적으로 보여서는 안 되며, 등록번호 숫자 위의 어느 부분에서도 8룩스(Lux) 이상이어야 한다.

6.3.5. 제동등(stop lamp)

제동등은 브레이크 페달을 밟았을 때 뒤차에 제동함을 알리는 것으로 제동장치의 작동에 따라 점등되며, 제동등 스위치는 브레이크 페달을 밟으면 스위치의 접점이 접속되어 점등되는 기계방식과 마스터 실린더안의 유압이 높아지면 유압에 의하여 다이어프램(diaphragm)이 밀려서 접점이 접속되는 유압방식이 있다.

[그림 89] **제동등 스위치 설치위치 및 제동등 스위치**

6.3.6. 윈드 실드 와이퍼(wind shield wiper : 창닦이기)

[1] 와이퍼 전동기(wiper motor)

와이퍼 전동기는 직류 복권전동기(전기자코일과 계자코일이 직·병렬 연결된 것)를 사용하며, 블레이드가 항상 창유리 아래쪽으로 내려갔을 때 정지되도록 하기 위한 자동 정위치 정지장치 등과 저속에서 블레이드 작동 속도를 조절하는 타이머 등이 함께 조립되어 있다.

[그림 90] **와이퍼 전동기의 구조**

[2] 링크기구

링크기구는 좌우의 와이퍼 블레이드를 연동시키는 것이며, 전동기 회전축이 회전하는 경우에는 전자식 왕복운동으로 변환시키는 작용도 한다.

[3] 와이퍼 암 및 블레이드

와이퍼 암은 그 한 끝에 지지된 와이퍼 블레이드를 유리면에 접촉시키고, 프로텍션 박스(protection box)를 통하여 링크 또는 전동기 구동축과 결합하는 역할을 한다. 와이퍼 블레이드 재질은 천연고무나 클로로플랜 합성고무는 발포고무, 실리카 고무제품 등 다양한 재질이 사용되고 있으며, 평면 유리용과 곡면 유리용이 있다.

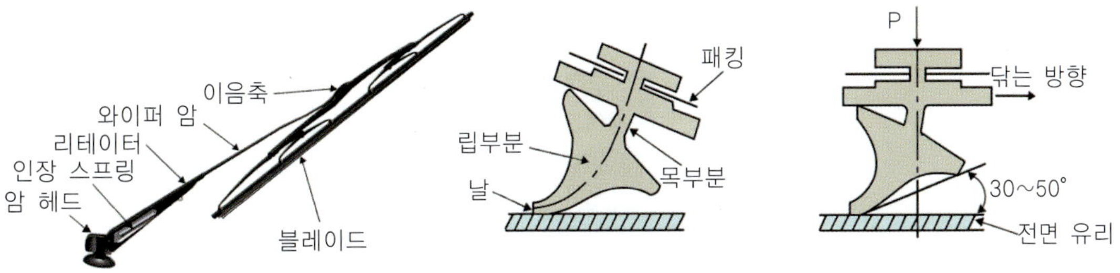

[그림 91] **와이퍼 암 및 와이퍼 블레이드 각도**

6.3.7. 경음기

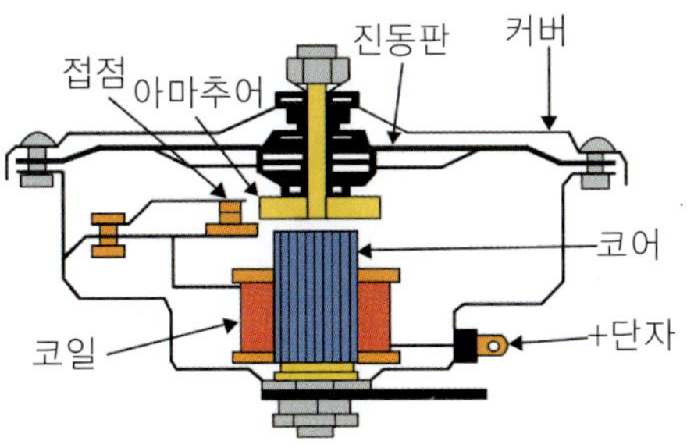

[그림 92] **평형 경음기**

경음기는 전기식과 공기식으로 구분되며, 공기식은 공기압축기를 두고 있는 대형 자동차에서 사용된다. 일반 자동차에서는 전기식을 주로 사용하며, 전기식의 종류에는 맴돌이형, 나팔형, 마이크폰형 등이 있다. 최근에는 자동차의 고속 주행화에 따라 지향성(指向性)이 크고 멀리까지 소리가 퍼지며, 소형·경량으로 제작하기 쉬운 평형 경음기가 많이 사용된다.

6.4. 지능형 안전시스템

6.4.1. 스마트 크루즈 컨트롤(SCC : Smart Cruise Control)

스마트 크루즈 컨트롤(SCC)은 전방의 센서가 선행 차량을 인식, 운전자가 미리 지정한 속도를 조절하며 차간거리를 유지시켜 주행하는 능동적인 정속주행 장치이다. 가다서다를 반복(Stopand-Go)하는 상황에서도 운전자가 지정한 속도 유지가 가능하고 선행차가 감속하면 레이더, 적외선 탐지 빔 또는 광선레이더를 이용하여 앞차의 속도가 느려짐을 감지하면 자동으로 속도를 줄여 앞차와의 간격을 유지한다. 일정속도 이하까지 속도가 떨어지면 기능이 해제된다.

6.4.2. 차선 이탈 경보장치(LDWS : Lane Departure Warning System)

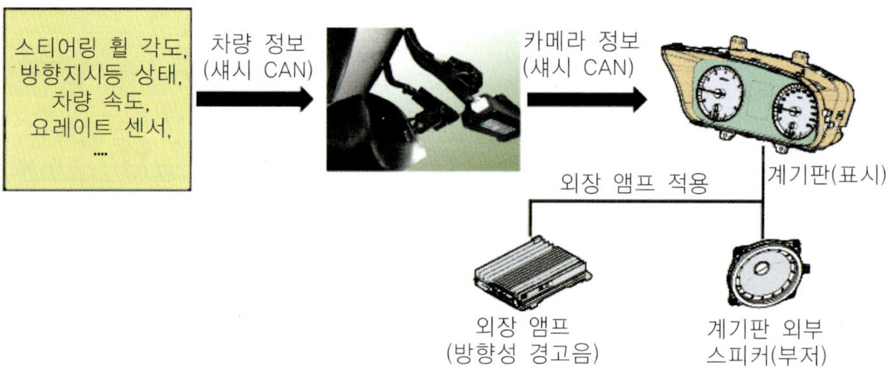

[그림 93] 차선 이탈 경보장치 시스템

차선 이탈 경보 시스템(LDWS)은 전방 카메라 영상과 차량 신호 정보를 이용하여 운전자의 부주의에 의하여 일정 이상인 상황에서 방향지시등 벗이 차선 이탈 여부를 판단하여 차선 이탈 위험이 예측되는 경우 경보를 울려 사고가 발생하는 것을 방지해주고 또한, 일정 속력 이상 주행 시 경고등이 울리도록 할 수 있고, T/S((Turn Signal)케이블이나 OBDⅡ를 연결한 상태에서 방향 지시등을 켜면서 차선을 변경하면 신호가 울리므로 차선을 바꿀 때마다 무분별하게 신호가 울리는 일은 발생하지 않는다.

6.4.3. 차선유지 보조 시스템(LKAS, Lane Keeping Assist System)

LDWS보다 한 단계 진화된 LKAS는 경고 신호를 보내는 것만이 아닌 자동차가 주행에 개입하는 차선 유지 보조 시스템이다. 이 기능을 활성화하면 자동차 스스로가 스티어링 휠을 조향해 주행하던 차선을 유지해 준다.

6.4.4. 어라운드 뷰 모니터링(AVM, Around View Monitoring)

어라운드 뷰 모니터링(AVM) 시스템은 차량 주변 360도 상황을 차량 위에서 내려다 본 듯한 화면을 실시간 영상으로 제공하는 주차지원 시스템이다. 차량의 전방, 양 측면, 후방에 각 1개씩(총 4개)의 초 광각 카메라로부터 입력된 영상을 왜곡 보정, 시점변환 및 영상 합성 기술을 기반으로 차량 주변의 360도 조감도를 위에서 아래로 내려다 본 영상 및 다양한 뷰 모드를 제공한다.

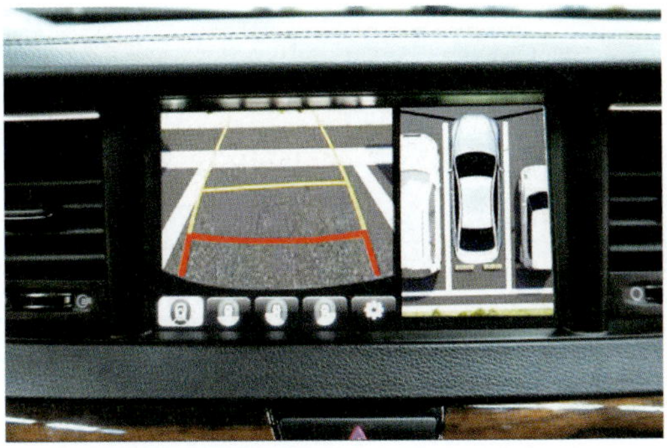

[그림 94] **어라운드 뷰 모니터링**

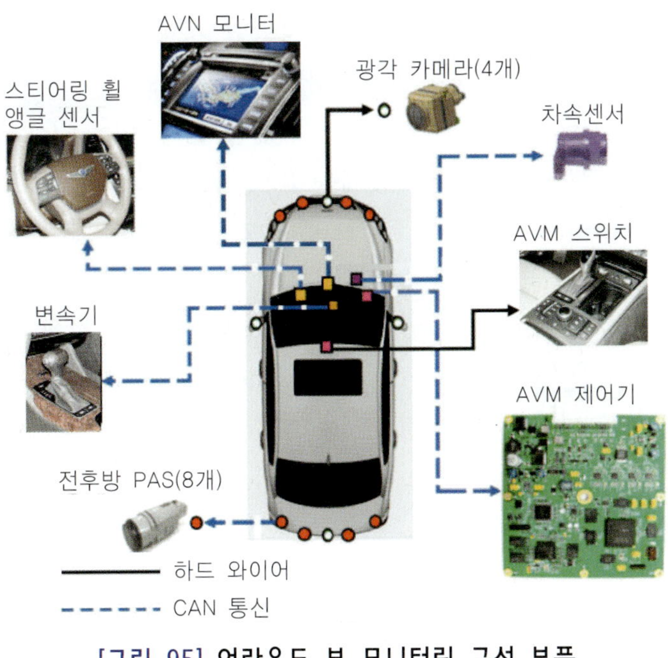

[그림 95] **어라운드 뷰 모니터링 구성 부품**

6.4.5. 후 측방 경보 시스템(BCW, Blind-Spot Collision Warning System)

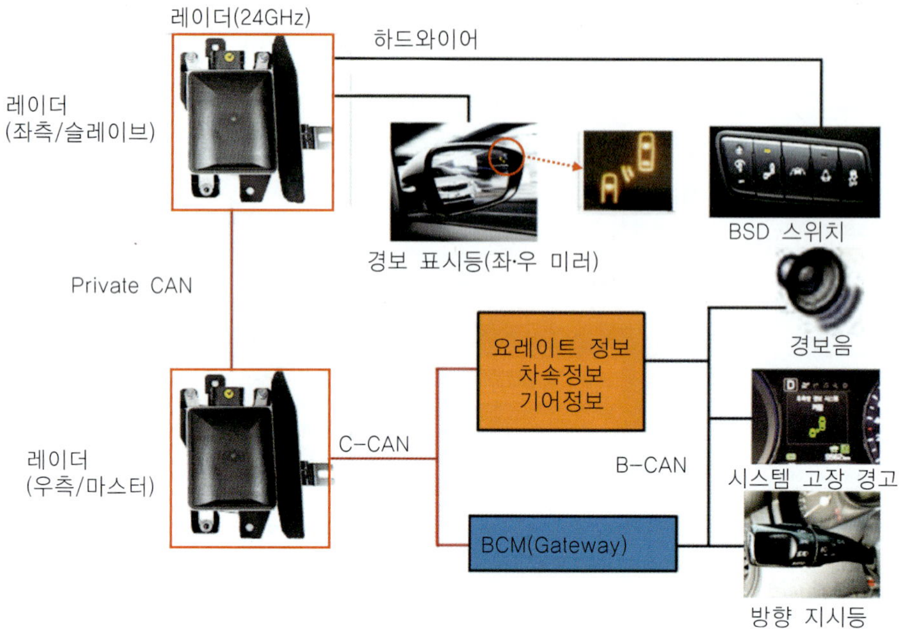

[그림 96] **후 측방 경보 시스템 구성부품**

후 측방 경보 시스템은 레이더에 물체가 감지되면 사이드 미러에 경보 인디케이터를 작동시키거나 부저를 울리는 것이다. 야간이나 우천 시에도 제 성능을 낼 수 있기 때문에 후행 차량과의 거리 및 속도를 측정하여 주행 중 후 측방 사각 지역 장애물을 감지 및 경보(시각, 청각)를 제공한다. 주행 중에는 30~145 km/h에서 작동하는 것이 일반적이며, 후진 시에도 기능을 갖고 있다. 후 측방 경보 시스템은 사각지대 경보 시스템 외에도 다음과 같은 3대 기능을 보유하고 있다.

① 사각 지대 차량 정보(BSD, Blind Spot Detection)

② 후방 고속 접근 차량 경보(LCA, Lane Change Assist)

③ 후진 시 측면 접근 차량 경보(RCTA, Rear Cross Traffic Alert)

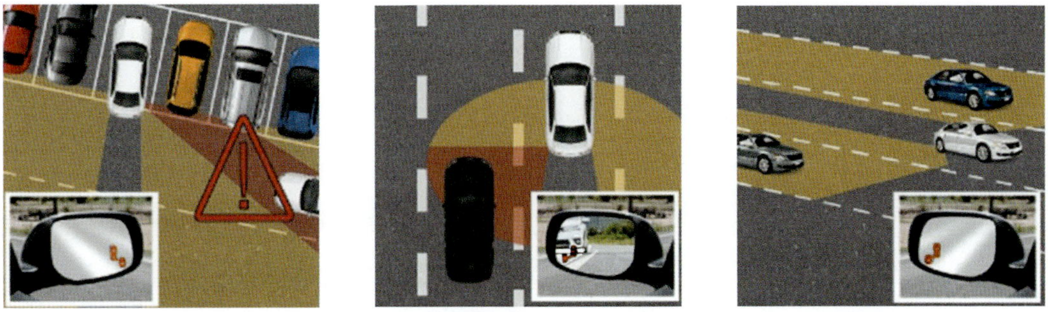

(a) BSD (b) LCA (c) RCTA

[그림 97] **후 측방 경보 시스템 3대 기능**

6.4.6. 전방추돌 경고 시스템(FCWS, Forward Collision Warning System)

전방추돌 경고 시스템은 FCA(Forward Collision Alert) 용어로 표현되기도 한다. 전방추돌 경고 시스템 기능은 운전자 차량과 앞차 간의 안전거리가 확보되지 않을 경우 장치에서 이를 감지하여 운전자에게 알려준다. 앞차와의 간격이 너무 가까우면 경고음이 울리고 화면에 경고가 표시되고 주행 차선 앞쪽 차량과 간격을 인식하여 전방 차량과의 간격이 너무 좁거나 추돌 위험이 있다고 판단될 때 헤드업 LED경고등 및 경고음을 발생시켜 사고 위험을 알려주는 기능이다.

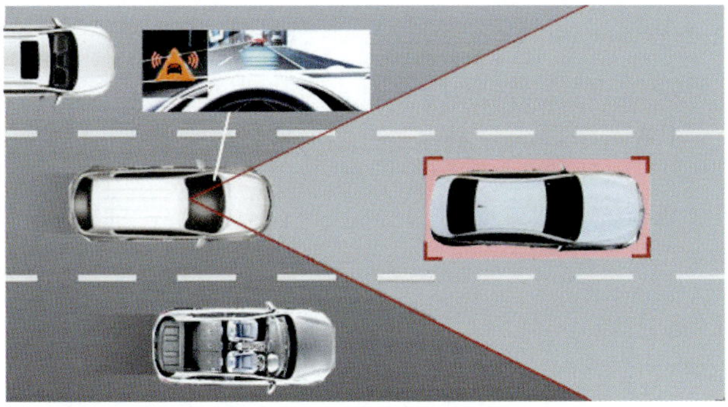

[그림 98] **전방추돌 경고 시스템**

6.4.7. 사각 경보 시스템

BLIS(Blind Spot Information System), BSM(Blind Spot Monitor), BSW(Blind Spot Warning) 등과 같은 용어는 간단하게 사각경보 시스템으로 불리고 있다. 경차도 적용될 정도로 보편적인 안전장치기도 하다. 이름 그대로 주행 중 운전자 시야에 보이지 않는 사각지대의 차량 존재 여부를 탐색해 운전자에게 알려주는 기능을 한다.

6.5. 계기장치

교통안전을 도모하고 쾌적한 운전할 수 있도록 하기 위하여 운전 중인 차량상황을 알기 쉽도록 계기판(instrumental panel)에 계기를 부착한다. 주요 계기에는 속도계, 엔진 속도계, 전류계(또는 충전 경고등), 유압계(또는 유압 경고등), 연료계, 수온계 등이 있으며, 그밖에 차량 종류에 따라서는 운행기록계 등이 있다.

[그림 99] 계기판

6.5.1. 디스플레이장치

디스플레이(display : 표시)장치는 전자장치 중에서 가장 중요한 구성요소의 하나이며, 차량의 전자장치의 디스플레이는 측정결과를 운전자에게 읽기 쉽고 알기 쉬운 형태로 표시하여야 한다. 초기 차량의 디스플레이는 전기-기계적이었다. 즉, 속도계, 전류계 및 연료계 등이 기계형식의 것이다. 그 후 제작비 절감을 위해서도 계기 대신에 경고등을 쓰기 시작하게 되었고 경고등은 일종의 전기-광(光)방식의 디스플레이라 생각할 수 있다.

6.5.2. 트립 정보 컴퓨터

차량의 전자장치 중 가장 널리 알려진 것으로 트립 정보장치가 있다. 이 장치는 대단히 많은 기능을 가지고 있으며 다음과 같은 유용한 정보를 표시할 수 있다.

① 현재 연료 소비율
② 평균 연료 소비율
③ 평균 주행속도
④ 현재 위치(전 여행 거리에 대한)
⑤ 현재까지의 여행 시간

⑥ 연료 보유량
⑦ 주행 가능 거리
⑧ 도착 예상 시간
⑨ 현재 시각
⑩ 엔진 회전속도
⑪ 엔진 냉각수 온도
⑫ 주행 거리 당 평균 연료비용

6.5.3. 계기장치

[1] 속도계(Speed Meter)

속도계에는 자동차의 시간당 주행속도(km/h)를 나타내는 속도지시계와 총 주행거리를 나타내는 적산거리계(total counter), 일정한 주행거리를 측정할 수 있는 구간거리계(trip counter) 등이 같이 조립되어 있으며, 그 종류에는 자기방식 속도계, 전기방식 속도계, 전자방식 속도계가 있다.

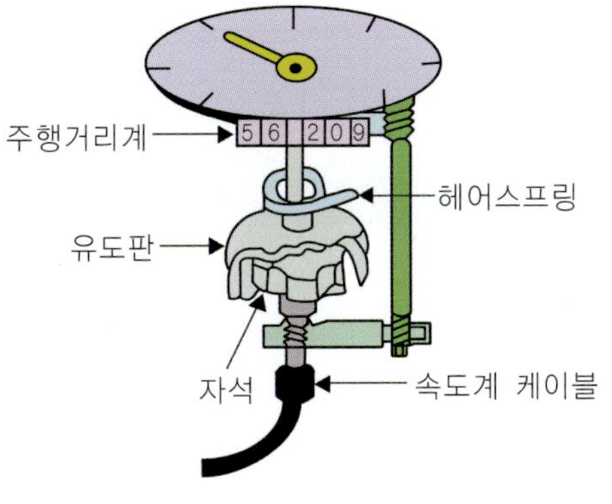

[그림 100] 속도계

(1) 적산거리계(Total Counter)

적산거리계는 구동축의 회전을 받아 웜과 웜기어에 의하여 적산회전계에 전달된다.

적산 링의 회전 순서는 가장 낮은 자리(1눈금 100m)의 링이 1회전하면 다음 숫자 링의 1눈금인 1 km를 적산하며, 일반적으로 6개의 숫자 링으로 주행거리를 적산하도록 되어 있다. 적산거리계에 나타난 주행 총거리는 자동차의 수명, 중고차를 구입할 때의 예측판단, 주행거리에 의한 점검 및 부품교환 시기를 파악하는데 이용된다.

[그림 101] **적산거리계의 종류**

(2) 구간 거리계(Trip Counter)

구간 거리계는 숫자 링이 4자리로서 구조는 적산 거리계와 같고 구동방식도 적산거리계와 같이 웜 기구로 구동된다. 구간 거리계는 어느 구간 또는 어느 기간에 주행한 거리를 알고 싶을 때 사용한다. 출발 또는 시작 시점에 임의의 손잡이를 돌리거나 캠을 누르면 적산계는 0으로 돌아와 다시 새로운 거리를 적산하도록 되어 있다.

[2] 냉각수 온도계

온도계는 엔진이 작동하고 있는 동안의 온도를 표시하는 계기이며, 여기서는 현재 사용하고 있는 밸런싱 코일 방식에 대해 설명한다.

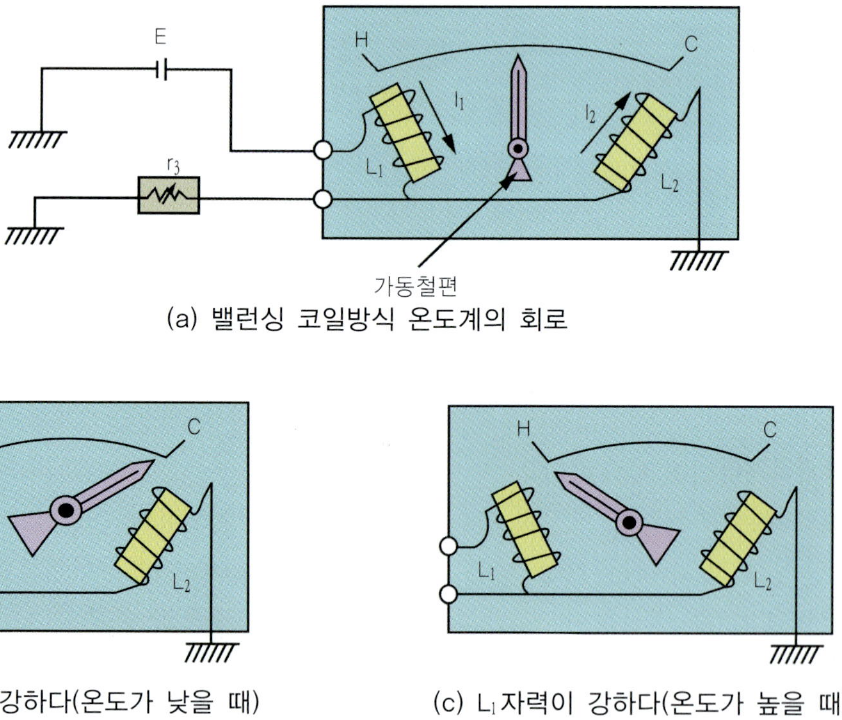

[그림 102] **밸런싱 코일방식**

밸런싱 코일방식의 수신부분은 2개의 코일과 가동철편 및 지침으로 되어 있고 송신부분은 서미스터를 사용한다. 이 방식은 L_1, L_2 두 코일에서 각각 발생하는 자기력의 균형점에 가동철편이 위치하게 되어 냉각수 온도가 높을 때에는 서모 유닛의 r_3 저항 값은 낮아지고 전류 I_1은 커지며(L_1의 자기력증가) I_2는 감소(L_2의 자기력 감소)하게 된다. 따라서 가동철편은 L_1쪽으로 끌리게 되고 지침은 H(high)점을 가리키게 된다. 반대로 냉각수 온도가 낮을 때에는 서모유닛의 r_3 저항 값은 높아지고 전류 I_1은 감소하며(L_1의 자기력 감소) 전류 I_2는 증가(L_2의 자기력 증가)한다. 따라서 가동철편은 L_2쪽으로 끌리며 이로 인하여 지침은 C(cool)점을 지시하게 된다.

[3] 연료계

연료계는 연료탱크 내의 연료보유량을 나타내는 계기이다.

(1) 밸런싱 코일방식

밸런싱 코일방식은 L_1, L_2 두 코일에서 각각 발생하는 자기력의 균형점에 가동철편이 위치하게 되어 연료보유량이 많을 때 뜨개가 뜨고 가변저항 값은 낮아지고 L_1의 자기력이 증가, L_2의 자기력이 감소하게 된다. 따라서 가동철편은 L_1쪽으로 끌리게 되고 지침은 F(Full)점을 가리키게 된다. 반대로 연료보유량이 적을 때에는 뜨개의 뜨임이 적어 가변저항 값은 높아지고 L_1의 자기력이 감소, L_2의 자기력이 증가한다. 따라서 가동철편은 L_2쪽으로 끌리며 이로 인하여 지침은 E(Empty)점을 지시하게 된다.

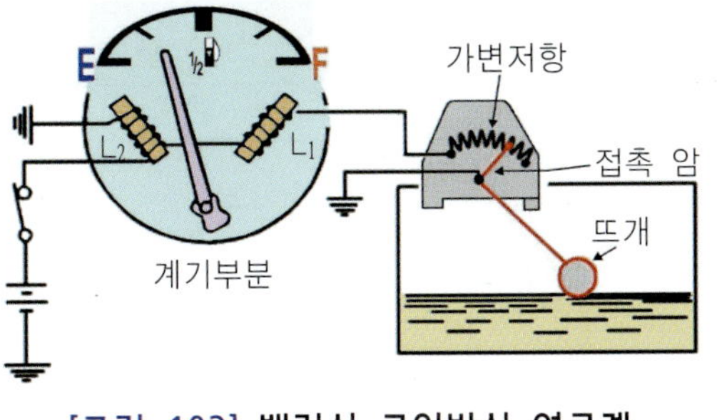

[그림 103] 밸런싱 코일방식 연료계

(2) 연료 경고등

연료 경고등은 연료계와 병렬로 형성되어있으며, 연료보유량이 규정값 이하가 되면 서미스터가 작동하여 경고등이 점등된다. 서미스터가 연료 속에 잠겨 있을 때에는 저항이 커 점등되지 않으며, 연료가 부족하여 서미스터가 노출이 되면 기화열에 의하여 저항값이 작아져서 경고등이 점등된다.

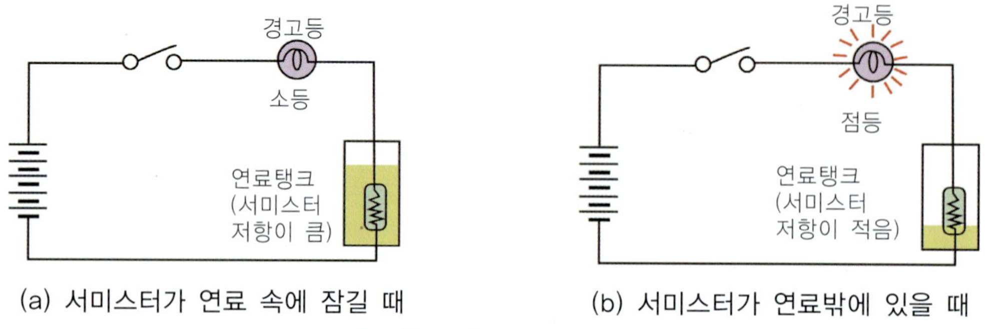

[그림 104] 연료 경고등

[4] 유압계와 유압경고등

(1) 밸런싱 코일방식

밸런싱 코일방식은 가변 저항방식이라 하며, 송신부분은 유압에 의한 다이어프램의 위치에 따라 저항이 변화하는 가변저항기 부분이고 수신부분은 가동철편에 지침이 고정되며, 2개의 전자석 코일로 구성되어 두 코일에 흐르는 전류 값에 의하여 지침이 움직이면서 유압을 지시한다.

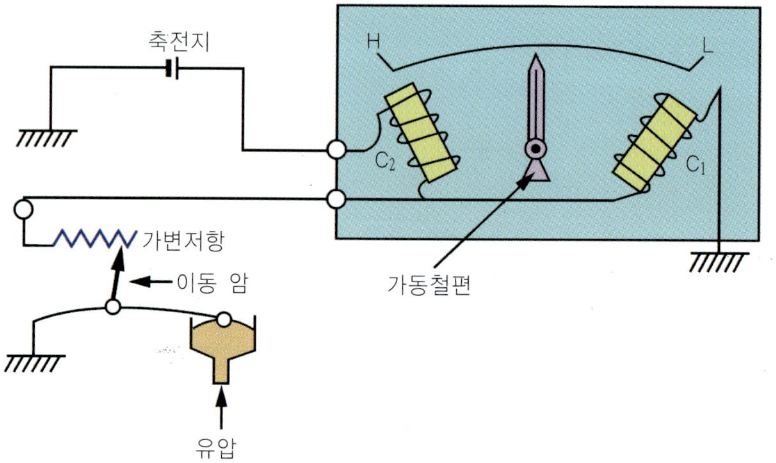

[그림 105] 밸런싱 코일방식 유압계

(2) 유압 경고등

유압 경고등은 압력스위치 내에는 유압으로 작동되는 다이어프램과 접점이 있다. 유압이 높아 규정압력이 되면 다이어프램은 스프링을 밀어 올려 접점을 열기 때문에 경고

등이 소등되고, 반대로 유압이 낮으면 스프링의 장력이 다이어프램이 밀어 올리는 힘보다 약하기 때문에 접점이 닫혀 경고등이 점등된다.

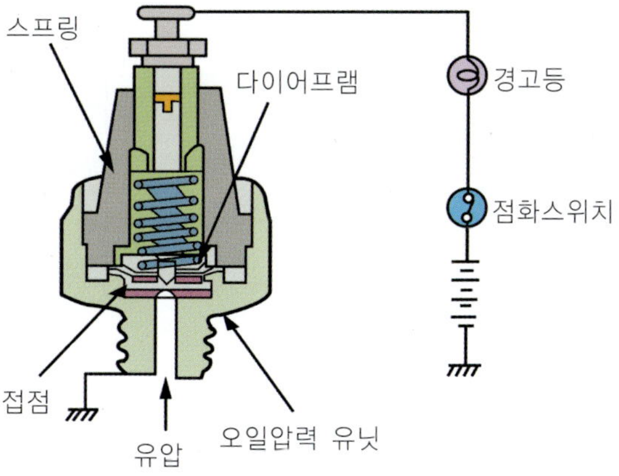

[그림 106] **유압 경고등**

[5] 브레이크액 경고등

브레이크 오일탱크(tank) 내에 있는 리드 스위치와 뜨개에 의해서 경고등이 작동한다. 이 등은 주차 브레이크 지시등과 공용으로 되어 있다. 이 경고등은 주차 브레이크 레버를 당겼을 때 점검할 수 있으며, 그때 등에는 불이 들어온다.

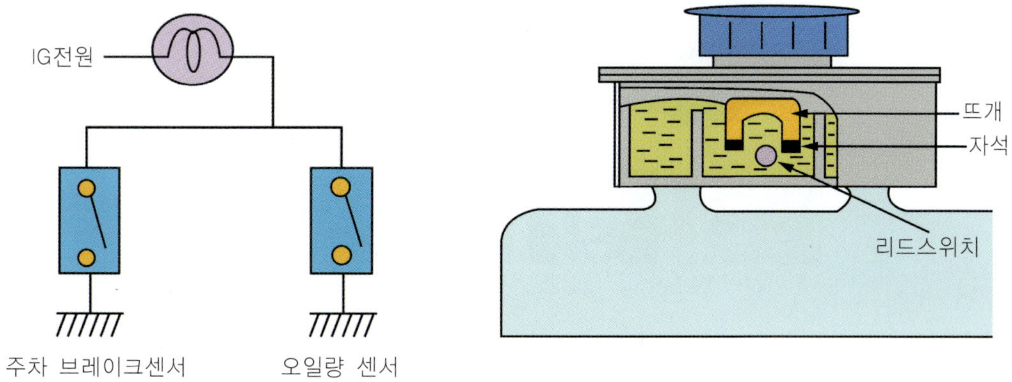

[그림 107] **브레이크액 경고등**

[6] 와셔액 경고등

브레이크액 경고등과 같은 방법을 사용하며, 뜨개와 리드스위치가 사용된다.

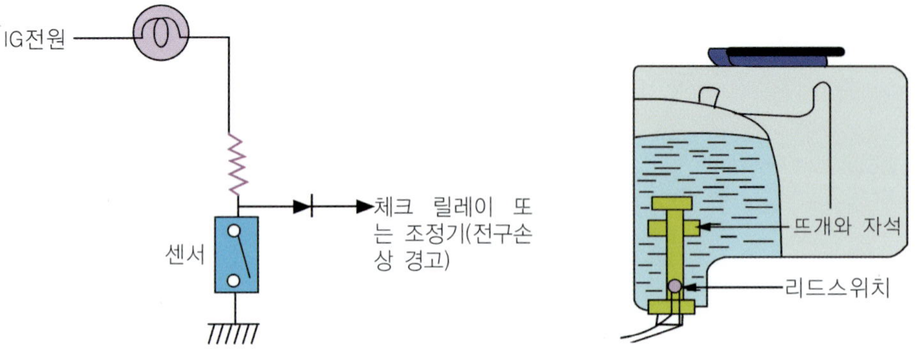

[그림 108] 와셔액 경고등

6.6. 종합 경보장치(ETACS : Electronic Time Alarm Control System)

[그림 109] ETACS의 역할

6.6.1. 종합 경보장의 개요

ETACS는 electronic time alarm control system의 머리글자를 하나씩 따서 만들어진 합성어이며 이 합성어를 소리 나는 대로 읽으면 에탁스라는 말이 된다. 이 단어들을 그대로 풀이하면 전자(electronic), 시간(time), 경보(alarm), 제어(control), 장치(system)

란 뜻이 되며, 여기서 알 수 있듯이 차량 전기장치중 시간에 의하여 동작하는 장치 또는 경보를 발생시켜 운전자에게 알려주는 통합장치라 할 수 있다.

6.6.2. 종합 경보장치의 기능 및 작동조건

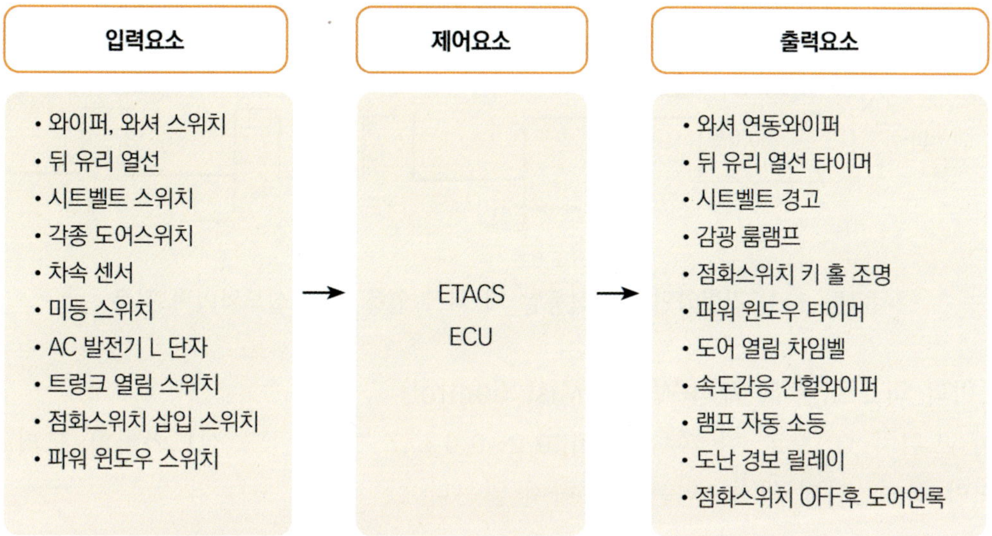

[1] 와셔 연동 윈드 실드와이퍼 제어

① 와셔 연동 윈드 실드와이퍼 제어는 그림 9에 나타낸 바와 같이 와셔 스위치를 작동시켰을 때 0.6초 후에 윈드 실드와이퍼에 출력을 보내어 2회 작동시킨다. 또 와셔 스위치가 OFF되면 2.5~3.8초 동안 윈드 실드와이퍼를 작동시킨다.

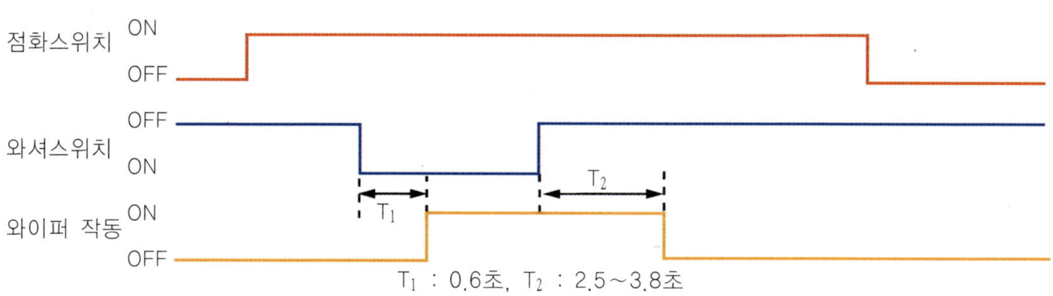

[그림 110] 와셔 연동 윈드 실드와이퍼 작동

② 간헐 와이퍼작동 중에 와셔 스위치를 0.6초 이상 ON으로 하면 와셔와 연동하는 윈드 실드와이퍼의 출력을 실행한다. 그러나 와셔 스위치 ON시간이 0.2~0.6초로 짧으면 윈드 실드와이퍼 작동을 1회만 실행시킨다.

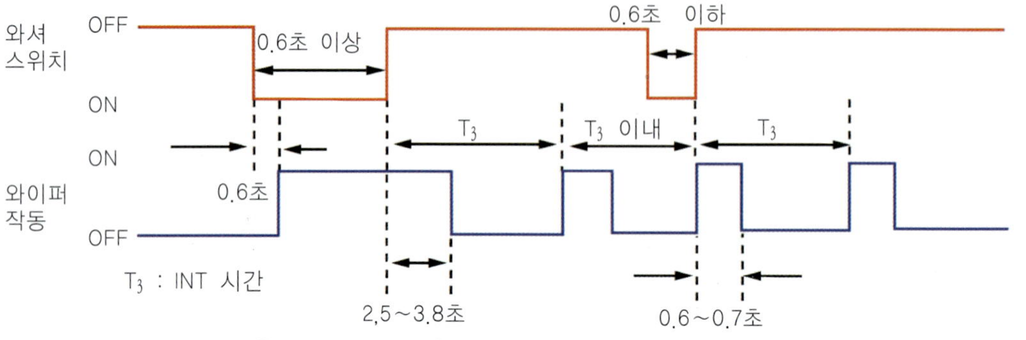

[그림 111] **간헐와이퍼가 작동할 때 와셔 연동 윈드 실드와이퍼 작동**

[2] 와이퍼 미스트(안개) 제어(Wiper Mist Control)

와셔 스위치 ON으로 한 후 시간이 0.2~0.6초일 경우 윈드 실드와이퍼 모터구동을 단 1회만 하며, 이때 와셔모터는 작동하지 않는다.

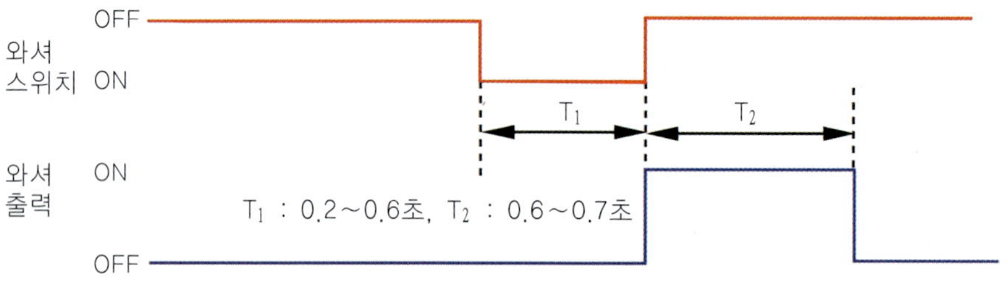

[그림 112] **와이퍼 미스트 제어**

[3] 열선 타이머 제어(사이드 미러 열선 포함)

① 교류발전기 “L” 단자 ON 후 열선 스위치를 ON하면 열선이 약 15분간 작동된다.

② 열선 스위치는 원터치 방식이기 때문에 열선 출력 중 다시 열선 스위치를 ON으로 하면 열선작동이 정지된다.

③ 열선 출력 중 점화스위치를 OFF로 하면 열선 작동도 정지된다.

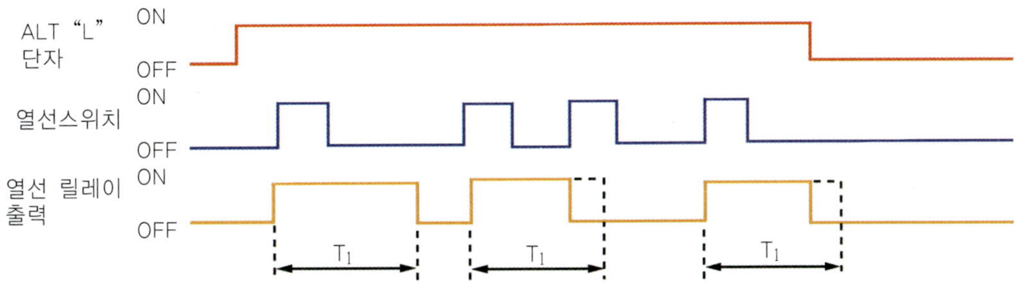

[그림 113] 열선 타이머 제어

[4] 안전벨트 경고 제어(Seat Belt Warning Control)

① 점화스위치를 ON으로 하면 종합 경보장치는 안전벨트 경고램프를 0.6초 주기로 차임벨은 0.9초 주기로 듀티율 50%로 6초 동안 경고등을 작동한다.

② 6초 이내에 점화스위치를 OFF했을 때 경고램프와 차임벨은 정지된다.

③ 6초 이내에 안전벨트 스위치가 OFF되면 즉, 안전벨트를 착용하면 차임벨은 즉시 멈추고 계기판의 안전벨트 경고램프는 잔여시간 동안 점등 후 소등된다.

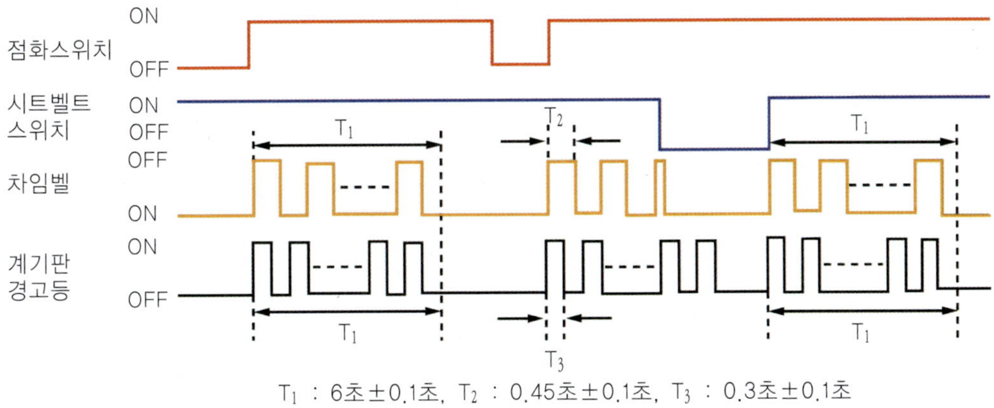

[그림 114] 안전벨트 경고 제어

[5] 감광형 룸램프 제어

① 도어가 열리면 도어스위치가 ON되고, 룸램프가 점등된다.

② 룸램프 점등상태에서 도어가 닫히면 도어스위치는 OFF되고, 즉시 75% 정도 서서히 감광하여 5~6초 후에 소등된다.

③ 감광 작동 중 점화스위치를 ON으로 하면 즉시 룸램프는 소등된다.

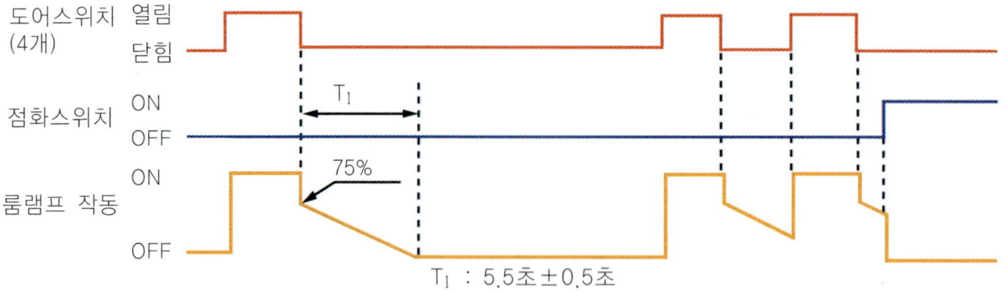

[그림 115] 감광형 룸램프 제어

[6] 점화스위치 키 홀 조명

① 점화스위치를 OFF로 한 상태에서 운전석도어를 열면 키 홀에 조명등이 점등된다.

② 점화스위치 키 홀 조명이 작동된 상태에서 운전석 도어를 닫으면 10초간 키 홀 조명 후 소등된다.

③ 위 ①, ② 작동 중 점화스위치를 ON하면 즉시 키 홀 조명을 OFF시킨다.

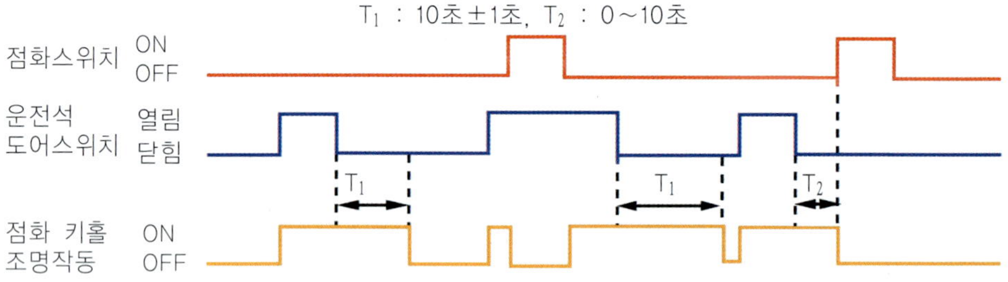

[그림 116] 점화스위치 키 홀 조명 제어

[7] 파워 윈도우 제어

① 점화스위치를 ON으로 하면 파워 윈도우 릴레이에 출력을 보낸다.

② 점화스위치를 OFF하면 파워 윈도우 릴레이 출력을 30초 동안 유지하여 점화스위치를 빼낸 후에도 파워윈도를 작동시킬 수 있다.

③ 위 조건 내에서 운전석 도어 또는 조수석 도어를 열면 파워 윈도우 릴레이 출력을 30초 동안 연장한다.

④ 작동 중 운전석 도어 또는 조수석 도어를 닫을 경우 파워 윈도우 릴레이 출력을 즉시 정지시킨다.

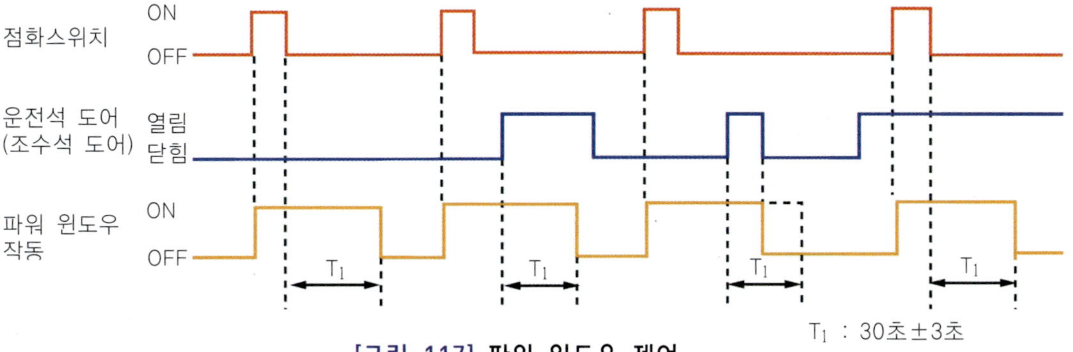

[그림 117] 파워 윈도우 제어

[8] 차속 감응형 간헐 윈드 실드와이퍼 제어

차속센서의 신호를 입력받아 주행속도의 변화에 따라 간헐 윈드 실드와이퍼의 간헐시간을 제어하여 주행 중 빗물을 정확히 제어한다. 즉, 주행 중 와이퍼 스위치를 간헐(INT) 위치에 두고 주행하면 주행속도에 따라 간헐시간을 연산하여 윈드 실드와이퍼 작동시간을 변화시킨다.

[9] 도어 록 제어(Door Lock Control)

(1) 자동 도어 록 제어

① 점화스위치 ON에서 주행속도 40 km/h 이상의 상태를 2~3초 이상 계속 유지하고 전 도어 중 하나라도 언록(unlock : 해제)상태일 경우 모든 도어를 록 시킨다.

② 40 km/h 이상으로 주행 중 언록 조작을 하여도 자동적으로 도어를 록 시킨다.

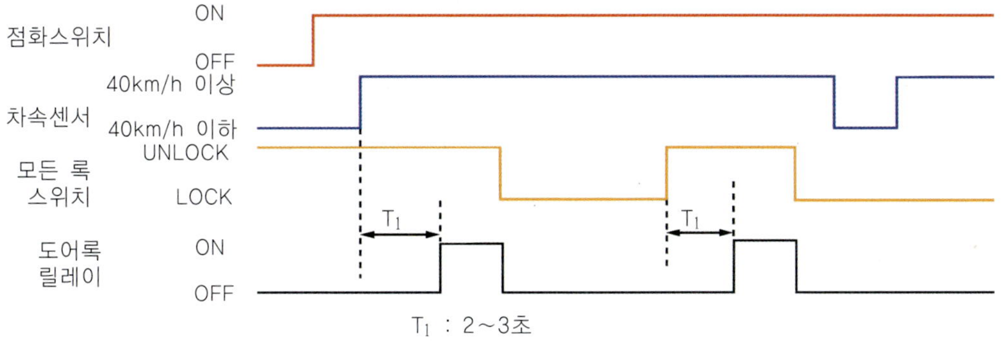

[그림 118] 자동 도어 록 제어

(2) 점화스위치 OFF 후 언록 제어

점화스위치를 OFF하면 모든 도어 중 하나라도 록 상태일 경우 전체 도어를 언록 시킨다.

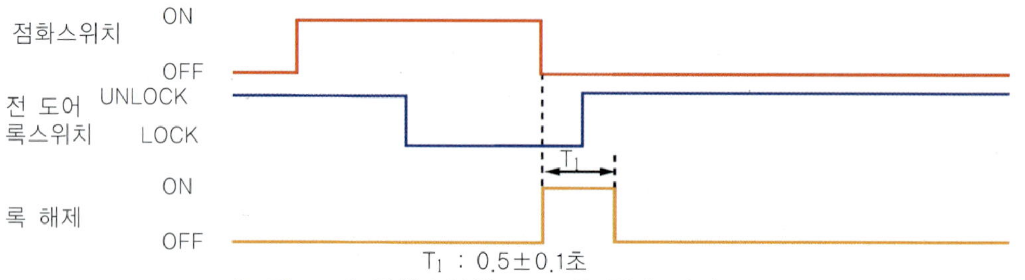

[그림 119] 점화스위치 OFF 후 해제 제어

(3) 자동 도어 언록 기능

자동차 주행 중 도어 록 상태에서 충돌이 발생할 경우 자동으로 언록 시켜 신속하게 부상자를 구호할 수 있도록 하는 기능이다

① 자동차가 충돌을 하였을 때 에어백 컴퓨터(ECU)로부터 에어백 전개신호를 입력받아 즉시 언록 출력을 실행한다.

② 자동 도어 언록 기능은 모든 도어 록 조건에 우선하여 처리한다.

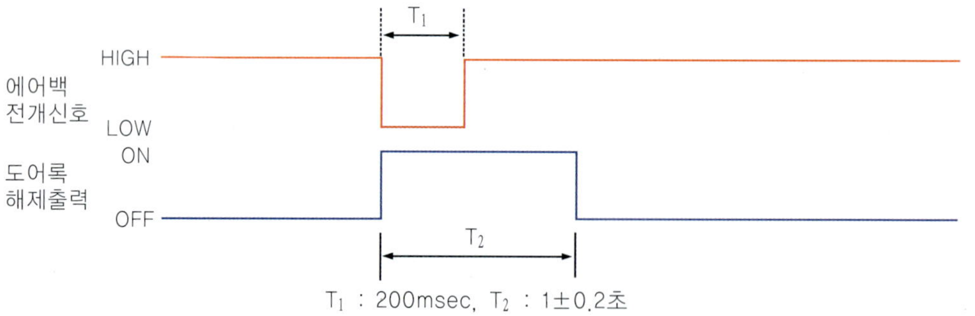

[그림 120] 자동 도어 언록 기능

[10] 미등 자동소등(Lamp Auto Cut)

운전자가 미등을 점등시킨 상태에서 점화스위치를 OFF로 한 후 자동차에서 내리면 자동적으로 미등을 소등시켜 축전지가 방전되는 것을 방지하는 기능이다.

① 미등스위치가 점등된 상태에서 점화스위치를 OFF하고, 운전석 도어를 열면 미등은 자동적으로 소등된다.

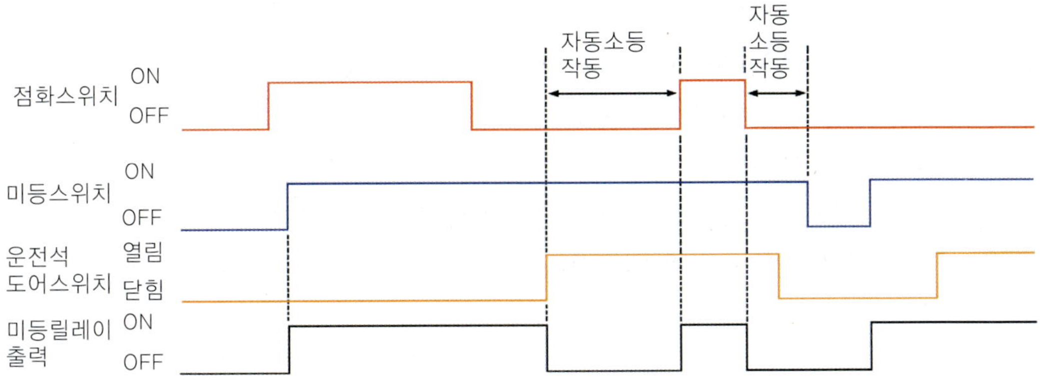

[그림 121] **미등 자동소등 제어**

② 점화스위치가 ON된 상태에서 운전석 도어를 연후 점화스위치를 OFF시키면 미등은 자동적으로 소등된다.

③ 자동소등 후 다시 미등스위치를 OFF 후 ON으로 하면 미등은 점등이 되고 자동소등 기능은 해제된다.

[11] 점화스위치 회수기능(Reminder Control)

① 점화스위치를 키 홀에 삽입한 상태에서 운전석 도어를 열고 LOCK할 경우 5초 동안 UNLOCK 출력시켜 도어 록이 불가능하게 하여 점화스위치가 꽂힌 상태에서 도어 록을 작동시키는 것을 방지한다.

② 작동해제는 점화스위치를 빼거나 운전석 도어를 닫으면 출력은 정지한다.

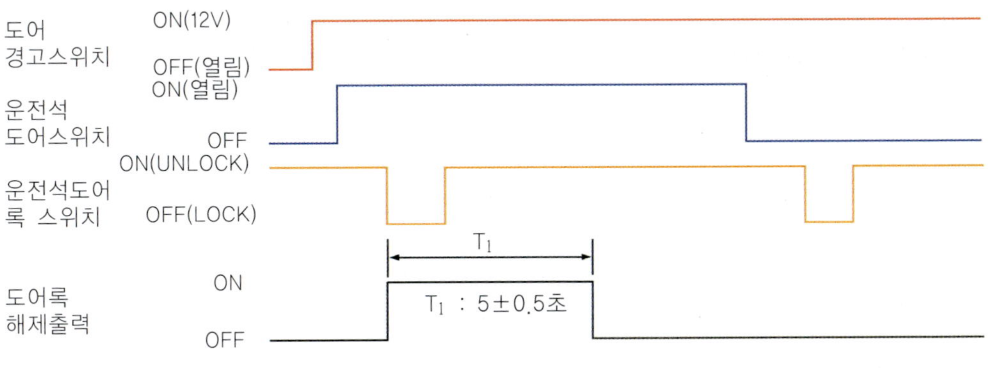

[그림 122] **점화스위치 회수기능**

[12] 도어 열림 경고 제어

① 점화스위치를 키 홀에 삽입한 상태에서 운전석 도어를 열면 버저 출력을 0.9초 주기 DUTY 50%로 계속 출력시킨다.

② 점화스위치를 키 홀에서 빼내거나 운전석 도어를 닫으면 출력은 즉시 멈춘다.

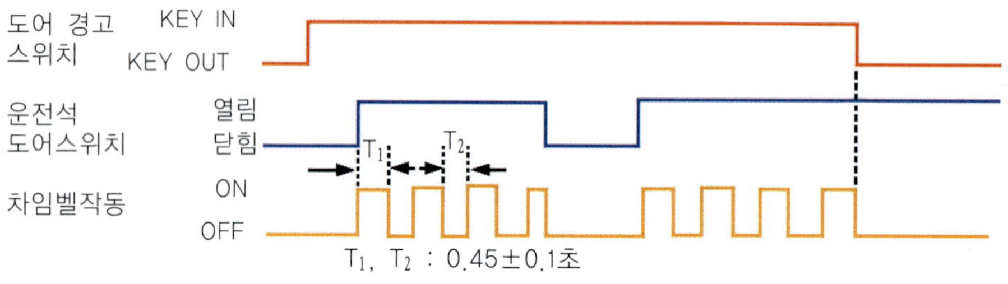

[그림 123] 도어 열림 경고 제어

[13] 버글러 알람기능

(1) 경계(ARM) 기능

① 점화스위치를 키 홀로부터 빼내고 모든 도어가 닫힌 상태에서 리모컨의 LOCK신호를 수신하면 도어 록 출력을 ON하고, 도어 록 확인 후 비상 경고등 2회 점멸 및 버저를 0.1초로 1회 출력하면서 경계상태로 된다.

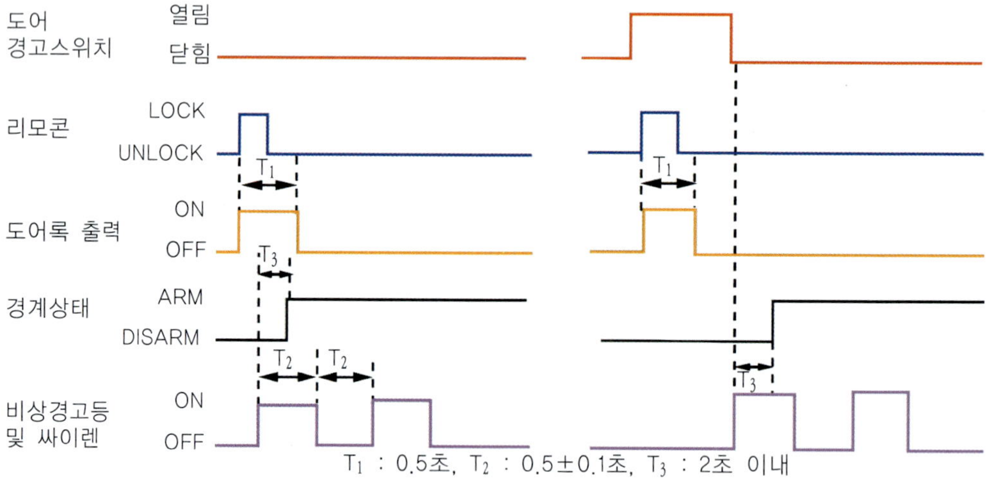

[그림 124] 버글러 알람기능

② 도어 후드, 트렁크 중 어느 하나라도 열림 상태에서 리모컨의 록 신호를 수신한 경우 도어 록 출력만 ON하고, 비상 경고등 및 버저 출력은 발생하지 않는다.

③ 위 ②항 후 열림 상태에 있는 것을 닫을 경우 비상 경고등을 2회 출력 및 버저 1회 출력한 후 경계상태로 된다.

④ 경계상태 진입은 리모컨의 록 신호를 수신한 경우에만 가능하고 도어 키에 의해 록을 한 경우에는 경계상태로 되지 않는다.

(2) 경계 해제(Disarm)기능

리모컨(TX)의 언록 신호를 수신한 경우 도어 언록 출력을 ON하고, 비상 경고등을 1회 출력한 후 경계 해제상태가 된다(싸이렌 출력 없음).

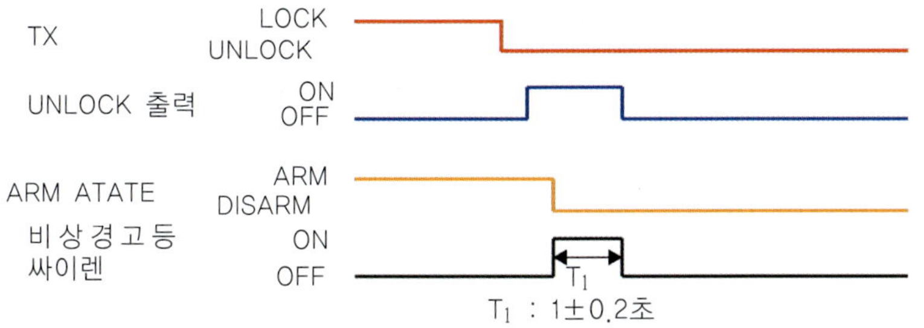

[그림 125] 버글러 알람기능

(3) 경보(Alarm) 기능

① 경계모드에서 각종 도어 중 1개 이상이 열림이 발생할 경우 버글러 알람 릴레이를 ON하여 점화스위치에 의한 기관의 시동을 금지하고, 비상 경고등 및 버저 출력을 27초 ON, 10초 OFF를 3회 작동한다.

② 경보 중에 도어가 닫힌 상태가 되어도 잔여 시간동안 계속 경보하며, 다시 열린 경우에는 다시 3회 경보한다.

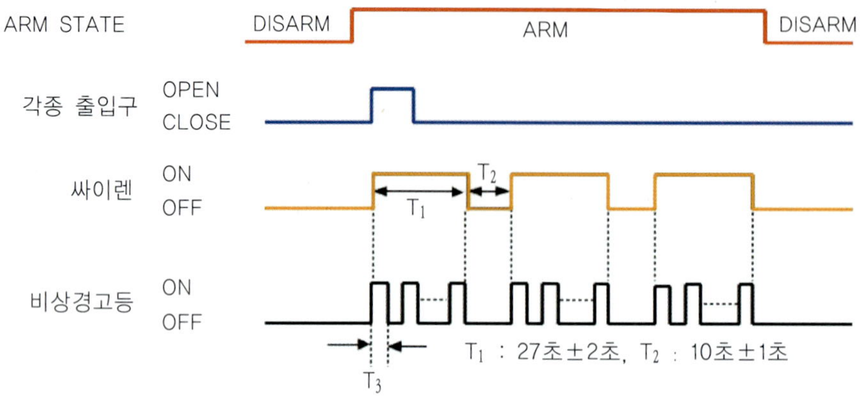

[그림 126] **버글러 경보기능**

(4) 경보 조건

① **경보 중 새로운 경보조건이 발생한 경우 :** 버글러 알람 릴레이는 ON상태를 유지하면서 비상 경고등 및 사이렌 경보는 기존 잔여 시간만 출력한다.

② **경보 중 리모컨에 의한 언록할 경우 :** 도어 언록 출력을 0.5초 ON하고 비상 경고등, 사이렌 및 버글러 알람 릴레이 출력을 OFF하고 경계 해제상태로 된다.

③ 경보 중 열린 도어를 닫힘 상태에서 리모컨으로 록할 경우 경계상태 진입하는 조건과 동일하게 경계상태로 진입한다.

④ 경보 중 도어 열림 상태에서 리모컨으로 LOCK할 경우

㉮ 경보 중 도어가 열림 상태에서 리모컨의 록을 수신한 경우 록 출력을 0.5초 ON한 후 도어 록 상태를 확인하고 비상 경고등, 버저 및 버글러 알람 릴레이 출력을 OFF한다.

㉯ 열려있는 도어를 닫을 경우 비상 경고등 2회, 버저 1회 출력 후 경계상태로 된다.

⑤ 경보 중 점화스위치를 ON하면 30초 후에 경보를 해제한다.

⑥ 경보 3회 출력 후 각종 도어가 닫힘 상태, 도어 록 상태에서 도어가 다시 열릴 때에는 부저 경보 3회 다시 출력하고 버글러 알람 릴레이는 ON상태를 유지한다.

⑦ 경보 3회 출력 후 각종 도어가 닫힘 상태에 있고 도어 언록 상태에서 도어가 열릴 때에는 비상 경고등과 부저는 출력은 하지 않으나 버글러 알람 릴레이는 ON상태를 유지한다.

⑧ 축전지를 떼어낼 때

㉮ 후드 열림 상태에서 축전지를 떼어낸 후 다시 설치할 경우 버글러 알람 릴레이는 ON되며 버저 경보를 3회 출력한다.

㉯ 후드 닫힘 상태에서 축전지를 설치할 경우 버글러 알람 릴레이는 ON상태를 유지하고 버저 경보는 출력은 하지 않는다.

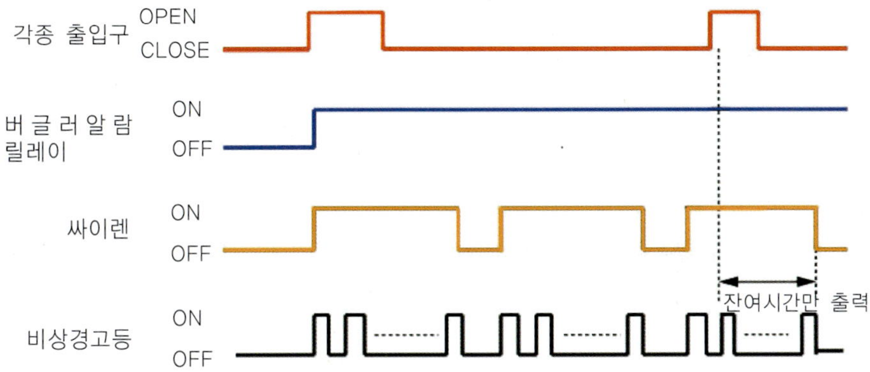

[그림 127] 버글러 경보조건

[14] 키 리스 엔트리(Key Less Entry)기능

점화스위치를 사용하지 않고 리모컨으로 도어를 록/언록 시키는 기능이다.

(1) 작동조건

점화스위치가 키 홀로부터 분리된 후 리시버의 기억위치 스위치가 OFF의 위치에 있는 상태로서 송신기로부터 록/언록 신호를 수신하여 도어 록/언록 출력을 한다.

(2) 송신기로부터의 신호

송신기의 스위치를 누르면 송신신호(송신 FRAME)를 6회 송신한다.

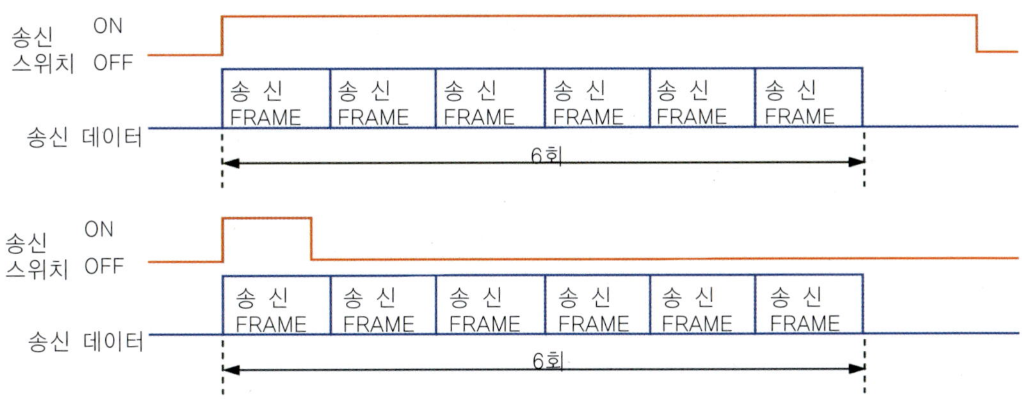

[그림 128] 키 리스 엔트리 송신기 신호

(3) 송신기(TX) 스위치별 신호

도어의 록/언록 스위치를 동시 작동할 때는 록 스위치를 우선으로 한다.

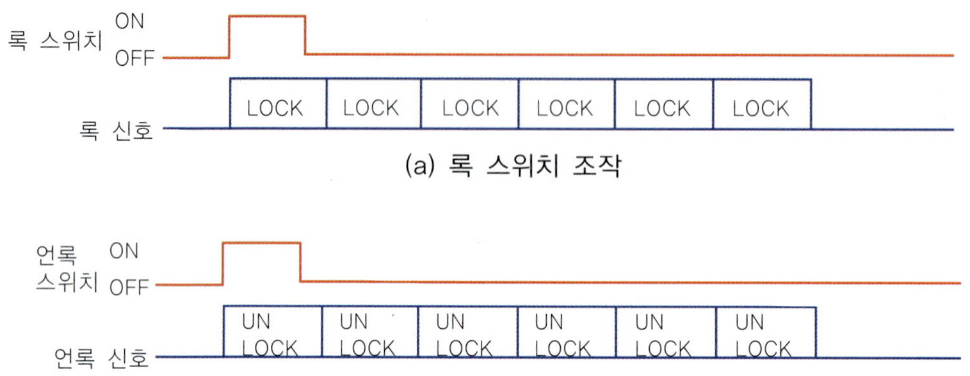

[그림 129] **키 리스 엔트리 송신기 스위치별 신호**

6.7. 스마트키 시스템(SMK : Smart Key System)

6.7.1. 스마트키 시스템 개요

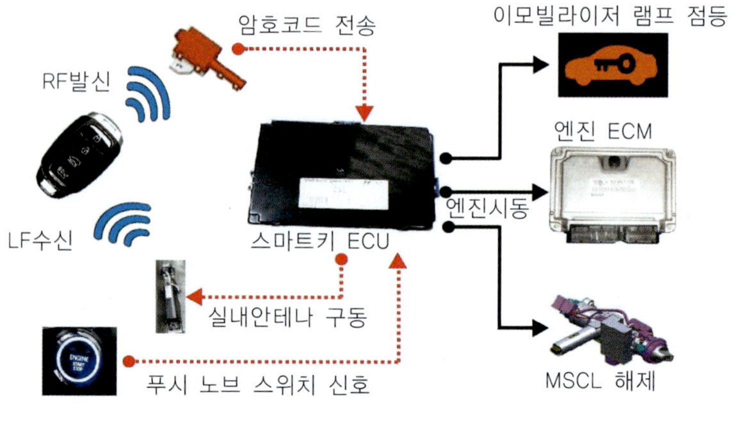

[그림 130] **스마트키 개요**

스마트키 시스템이란 자동차 리모컨 시스템과 시동 시스템을 통합한 시스템을 말한다. 스마트키를 소지한 사용자가 스마트키를 소지한 상태에서 차량 근처에 가면 별도의 키 삽입이나 조작 없이도 차량 도어를 개폐하거나 엔진을 시동시킬 수 있는 방식으로, 고유 식별 정보를 내장하고 있는 스마트키가 차량에 설치된 전자제어장치로 상기 고유 식별 정보를 전송하고 상기 스마트키 전자제어장치는 수신된 상기 고유 식별 정보를 판독하여 사용자 인증 절차를 확인하고 운전자가 도어 손잡이를 당기면 자동으로 도어록이 해제되어 도어를 열수 있으며, 운전석에 앉아 버튼을 누르기만 하여도 시동이 가능하도록 스마트키 전자제어장치는 차량의 도어 개폐 또는 엔진 제어 명령을 수행할 수 있다.

6.7.2. 스카트키 시스템의 구성품

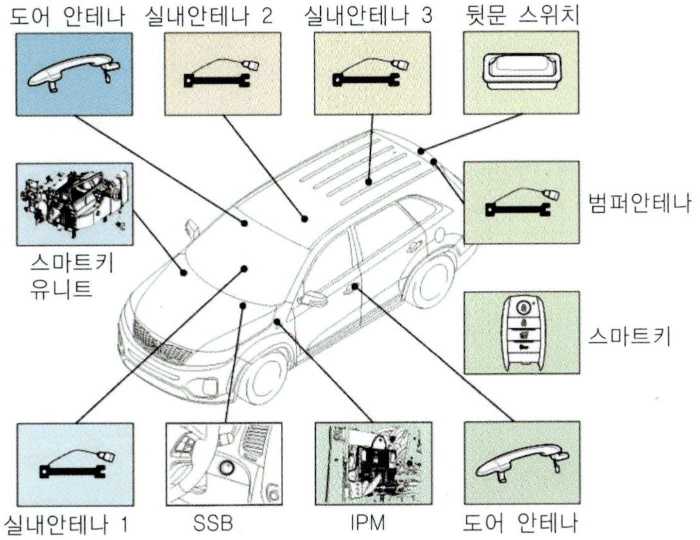

[그림 131] **스마트키 시스템 구성도**

[1] PIC(personal IC card) ECU

[그림 132] **PIC ECU**

[그림 133] **스마트키**

PIC ECU는 "PASSIVE ACCESS", "PASSIVE UNLOCKING", "PASSIVE 인증"등 모든 기능을 관리한다. PIC ECU는 커패시티브(capacitive)센서, 록 버튼, 브레이크 페달

신호, KEY IN CONTACT등의 입력을 받고, 외부 안테나와 내부 안테나를 같이 출력 제어하며 차량의 다른 부품들과 CAN통신을 한다.

PIC FOB와의 통신에서는 PIC ECU 내부에서 변조된 FOB확인 요구 신호를 송신하고 FOB로 부터의 응답 신호를 수신하는 수신기로부터 FOB학인 신호를 수신한다.

[2] PIC FOB

스마트키에는 스마트 IC, 트랜스폰더가 내장 되어 있어 리모컨 기능을 한다. PIC FOB시스템에서는 FOB는 두 개이며, 기능은 다음과 같다.

① **수동적인 동작** : FOB 확인(challenge) 요구 신호를 PIC ECU로부터 수신하면 자동적으로 응답 신호를 송신한다.
② 3가지 기능의 푸쉬 버튼(록/언록/트렁크)
③ 비상시 도어 개폐용 기계적인 키
④ 배터리 불량이나 통신 장애시 사용하는 자동 응답 장치(transponder)

[3] 안테나(antennas)

(1) 내부 및 외부 안테나

차량 실내 및 외부에 인덕티브(inductive) 안테나가 장착되어 있다. 안테나는 PIC ECU의 안테나 구동 전류를 자기장의 변화로 변형시켜 PIC의 확인 요구 신호를 수신한다. 차량 외부에는 3개의 안테나가 장착되어 있고, 이중 도어핸들(운전석, 조수석)의 2개 안테나는 프런트 도어 주변 2곳을 담당하며, 리어 범퍼에 장착된 안테나는 트렁크 주변을 담당한다. 차량 실내와 트렁크 부분에는 5개의 실내 안테나가 있으며, 2개의 안테나는 passenger, 다른 2개의 안테나는 hat shelf(뒤선반), 그리고 1개는 트렁크 부분을 담당한다.

(2) 이모빌라이저 백업 안테나

비상시 트랜스폰더(transponder)를 확인하기 위해 자성의 확인(challenge) 요구 신호를 출력 및 수신한다.

(3) 외부 수신기

PIC FOB의 확인(transponder) 신호가 PIC ECU 외부에 장착되어 있는 수신기에서 수신되고, 이는 시리얼 통신으로 PIC ECU에 전달된다.

[4] 도어핸들(door handle)

프런트 도어의 도어 핸들(운전석, 조수석)은 주파수 신호를 출력하도록 페라이트 안테나가 적용되어 있으며, 커패시티브 센서와 록(lock)기능을 수행하기 위한 버튼이 장착되어 있다.

[5] 메카트로닉 스티어링 록(MSL : Mechatronec Steering Lock) 장치

MSL은 차량의 허가를 받지 않은 사용을 금지할 때 스티어링 휠을 블로킹(blocking)하기 위해 필요하다. 엔진 시동시 페일 세이프 기능은 트랜스폰더가 장착된 스마트키로 수행할 수 있다. 스마트키가 MSL에 삽입되었을 때, BCM이 스마트키가 차량에 적합한 것으로 인증하게 되면, MSL 장치의 잠김을 해제하게 된다. 그러나 PIC의 경우 키를 직접 삽입하여 돌리지 않고 passive start 기능을 수행하여야 하기에 무선 통신에 의한 사용자 확인 및 이모빌라이저 기능이 필수적이다.

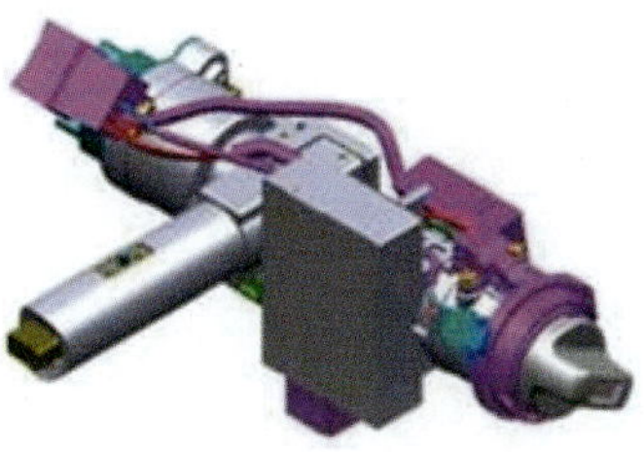

[그림 134] MSL

[6] 인터페이스 유닛(IFU : Inter Face Unit)

IFU는 PIC인증 데이터로 엔진시동 명령을 수행하며 통신에 의한 엔진시동 불가시 스마트키 삽입 후 트랜스폰더 인증으로 MSL 록 해제 및 시동 인증이 가능하다. 또한 리모컨에 의한 록, 언록, 트렁크 열림 작동시 받은 데이터를 번역 중계하여 BCM으로 전달한다.

6.7.3. 스마트키 기능

[1] 도어 언록(passive access or passive entry) 기능

PIC 스마트키는 자유공간의 외부 안테나로부터 최소 0.7m에서 최대 1m 범위 안에서, 도어 핸들에 부착된 외부 안테나를 통해 차량으로부터 송신된 스마트키 요구 신호를 수신하고 이를 해석한다.

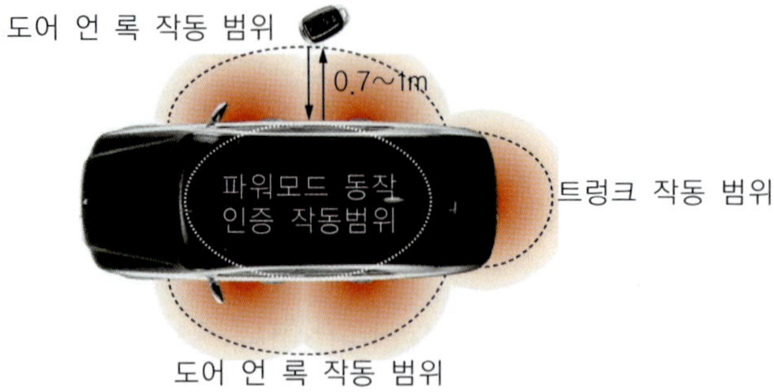

[그림 135] **스마트키 작동범위**

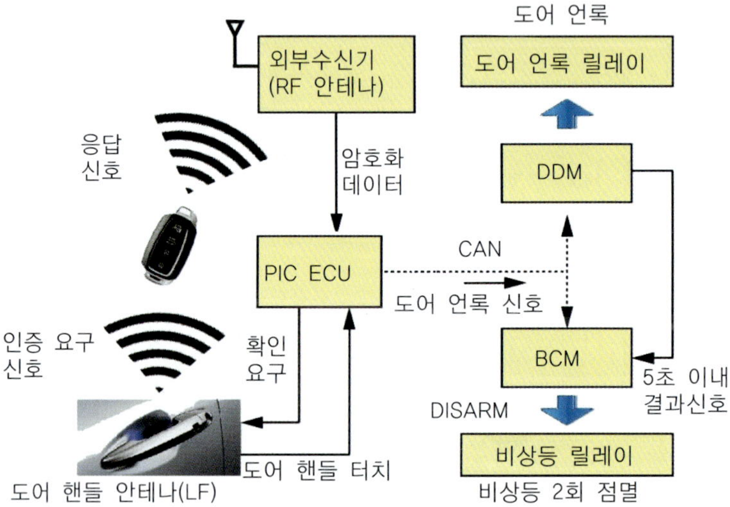

[그림 136] **도어 언록 작동 다이어그램**

[2] 도어 록(passive locking, exit)

운전자가 PIC 스마트키를 가지고 있다면 간단한 조작으로 도어록 및 도난경계 진입이 가능하다. 록 버튼을 누르는 것은 운전자가 차량을 잠그기 위한 의도를 나타내며 이는 시스템 트리거(trigger)신호로 인식된다.

즉, 전 도어가 닫힌 상태(OFF)에서 도어 핸들에 있는 록 버튼을 누르면 도어 핸들은 PIC ECU로 신호를 보낸다. 신호를 받은 PIC ECU는 다시 도어핸들의 안테나를 통해 PIC스마트키 확인 요구 신호를 무선으로 보내게 되고, PIC 스마트키는 응답 신호를 외부 수신기로 보낸다.

신호를 받은 외부 수신기는 유선(시리얼 통신)으로 PIC ECU에게 데이터를 보내게 되고 PIC ECU는 차량에 맞는 스마트키라고 인증을 한다.

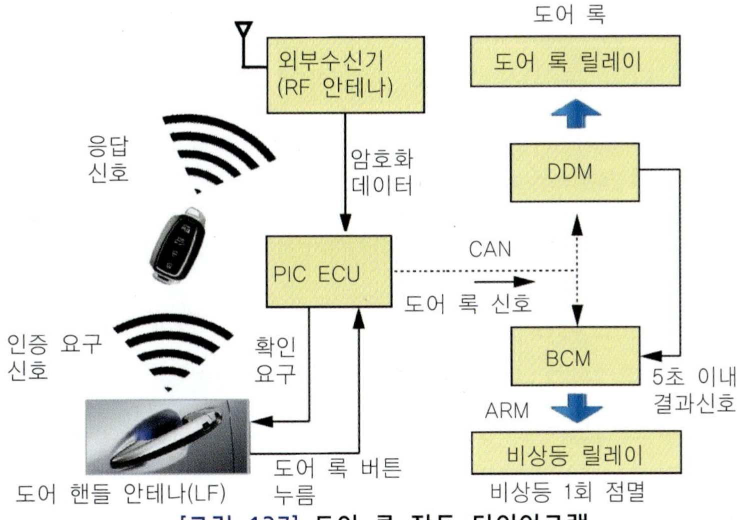

[그림 137] **도어 록 작동 다이어그램**

[3] 트렁크 오픈(passive access trunk)

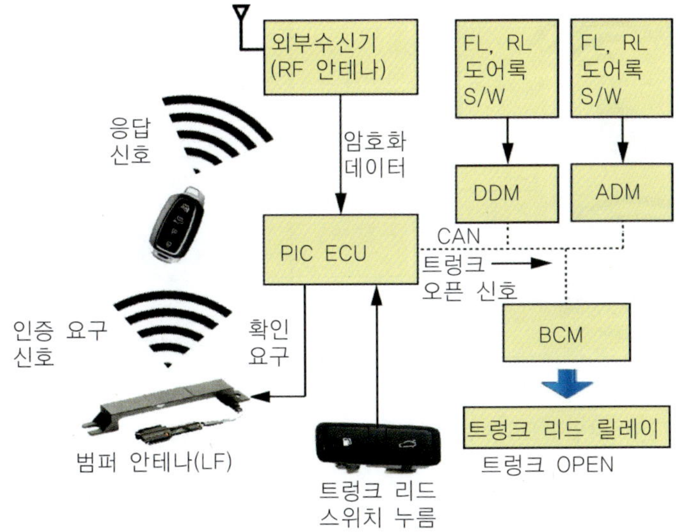

[그림 138] **트렁크 오픈 작동 다이어그램**

트렁크 리드 스위치를 누르는 것은 운전자가 차량의 트렁크를 열기 위한 의도를 나타내며 이는 시스템 트리거(trigger)신호로 인식된다. 즉, 트렁크 리드 스위치 버튼을 누르면 리드 스위치는 PIC ECU에게 신호를 보낸다. 신호를 받은 PIC ECU는 다시 범퍼 안테나를 통해 PIC 스마트키 확인 요구 신호를 무선으로 보내게 되고, PIC 스마트키는 응답 신호를 무선으로 외부 수신기로 데이터를 보낸다. 데이터를 받은 외부 수신기는 응답이 맞으면 유선(시리얼 통신)으로 PIC ECU에게 데이터를 보내게 되고 PIC ECU는 차량에 맞는 스마트키라고 인증을 한다.

인증이 되면 PIC ECU는 CAN 통신을 통해 트렁크 오픈 메시지를 BCM으로 보낸다. BCM은 트렁크 리드 릴레이를 구동하여 트렁크를 오픈한다.

[4] 파워모드 동작을 위한 스마트키 인증(ignition, stop)

파워모드 스위치 동작은 이그니션 스위치를 통해 수행한다. PIC 시스템은 PIC ECU에 의해 메카트로닉 스티어링 록 장치(MSL : Mechatronic Steering Lock)가 해제된 후에 운전자에게 엔진시동(크랭킹)과 정지(시동 OFF) 뿐만 아니라 파워모드의 조작(OFF, ACC, IG)을 허용한다.

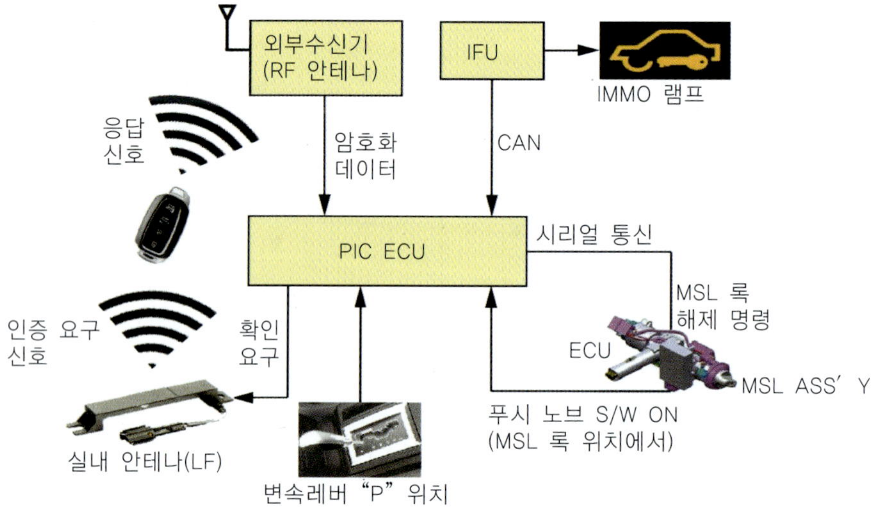

[그림 139] 파워모드 동작을 위한 스마트키 인증 작동 다이어그램

[5] 파워모드 동작을 위한 스마트키 인증(시동)

이 기능은 MSL 노브 해제 상태에서 노브를 IG로 돌리면 인증된 스마트키의 경우 시동이 가능하고, 그렇지 않은 경우 시동이 되지 않는 기능이다. 일반적인 이모빌라이저 기능과 같다.

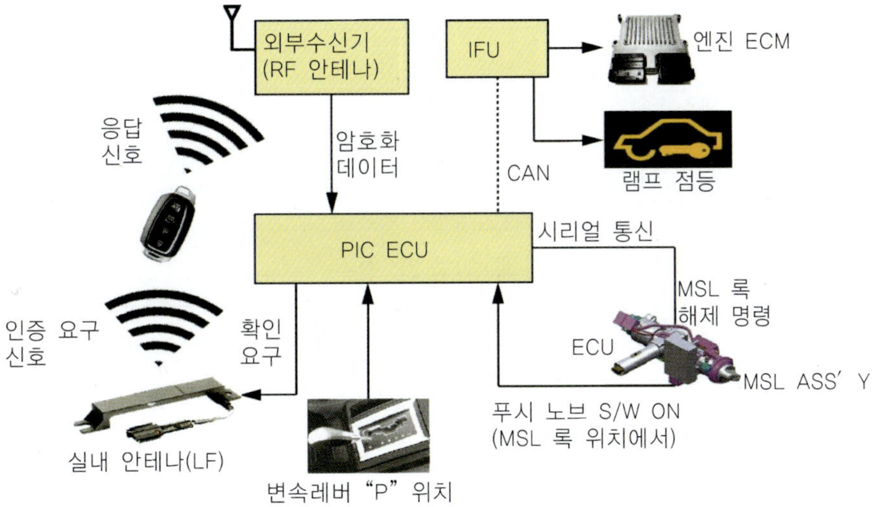

[그림 140] **파워모드 동작을 위한 스마트키 인증(시동) 작동 다이어그램**

[6] 림프홈(limp home)

이 기능은 "limp home 시동"이라 불리는 기능이며, 스마트키의 배터리 방전이나, 외부 수신기 등의 불량으로 인한 MSL 록 해제 및 시동 불가시 스마트폰키를 노브의 홈에 삽입 또는 별도의 스마트키 삽입구에 스마트키를 삽입함으로서, MSL 해제는 물론 시동도 가능하게 하는 일종의 보완 기능이다.

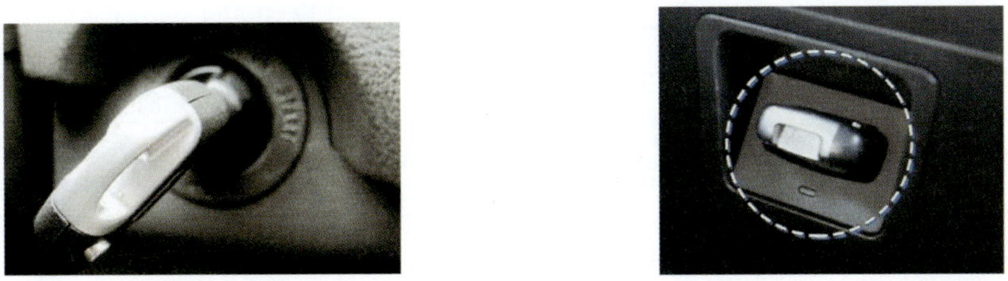

(a) 노브에 삽입방식 (b) 별도의 스마트키 삽입구에 삽입 방식

[그림 141] **스마트키 불량으로 인한 스마트키 삽입**

[7] 경고등 제어

(1) 램프모드 상태

이모빌라이져 램프 구동은 시스템의 상태에 따라 BCM 또는 IFU가 ON/OFF 제어한다.

(2) 램프 표시에 따른 시스템 상태

1) 정상적인 경우

① 트랜스폰더에 의해 인증된 경우

조 건	IG OFF인 경우	IG ON시 인증 실패
램프 상태	최대 10초간 점등	2초간 점등

② 스마트키(PIC 리모컨)에 의해 인증된 경우

조 건	IG OFF인 경우	IG ON시 인증 실패
램프 상태	최대 10초간 점등	2초간 점등

③ 빠른 재시동 : IG OFF중에 10초간 램프 점등

④ 도어를 열고 닫을 경우

조 건	IG OFF인 경우	IG ON시 인증 실패
램프 상태	10초간 다시 점등	이전 램프 상태 유지

2) 비정상인 경우

① 트랜스폰더에 의한 인증 실패 : 깜박거림

② PIC 리모컨에 의한 인증 실패 : 깜박거림, IG ON시 깜박거림은 IG OFF시에도 계속되며 새로운 IG OFF/ON시 인증이 실패하면 깜박거림은 다시 시작한다.

③ 재시동 시간 초과

조 건	BCM 시간 초과	인증요구 취소
램프 상태	OFF	OFF

④ 도어열림/닫힘시 PIC 리모컨 이탈(out)발생

조 건	IG OFF인 경우	IG ON시 인증 실패
램프 상태	램프 OFF/부저 OFF	기존램프 상태 유지/부저ON

⑤ 트랜스폰더 키 out : OFF(인증요구 취소)

⑥ 포브로 ACC OFF : OFF(인증요구 취소)

⑦ 브레이크 해제하고 포브로 10초 이내에 ACC ON : OFF(인증요구 취소)

⑧ MSL 과열 또는 MSL 해제 안됨(통신 문제로 인한) : OFF(인증요구 취소)

3) IG ON으로 전환

① IG ON 시 인증 성공 : 램프 ON

② IG ON 시 인증 실패 : 램프 깜박거림

③ IG ON 시 인증 성공 및 EMS 통신 실패 : 2초 후 램프 OFF(빠른 재시동 진행 중일 경우에도 2초 후 램프 OFF)

6.8. 자동차 통신

6.8.1. 자동차 통신의 종류

[1] LAN(Local Area Network)

LAN은 비교적 가까운 거리에 위치한 소수의 장치들을 서로 연결한 네트워크를 말한다. 일반적으로 하나의 사무실, 하나 또는 몇 개의 인접한 건물을 연결한 네트워크이다. 랜은 버스형, 링 또는 루프형, 스타형의 3종류로 크게 나눌 수 있다. 전송매체로는 페어케이블, 동축 케이블, 광섬유 케이블 등을 사용하고 있는데, 광섬유 케이블의 경우는 데이터뿐만 아니라 음성도 전송할 수 있는 장점이 있다.

[2] LIN(Local Interconnect Nnetwork)

LIN은 주로 ECU와 능동센서 및 능동 액추에이터 간의 데이터 전송에 사용된다. LIN은 간단하며, 느린 12V, 단선 버스이다. LIN은 마스터-슬레이브(master-slave) 원리에 따라 작동한다. 신호형태 및 프로토콜(protocol, 컴퓨터 간에 정보를 주고받을 때의 통신방법에 대한 규칙과 약속)은 표준화되어 있다.

LIN은 CAN이 적용되는 부분 중에서 데이터 전송량이 적은 바디의 서브 통신용으로 적용되고 있으며, 한 가닥의 일반 전선으로 최대 20Kbps의 전송 속도와 최대 64개의 노드를 지원할 수 있다.

[3] CAN(Controller Area Network)

CAN 통신은 주로 자동차 안전시스템, 편의사양 시스템들의 ECU들 간의 데이터 전송 그리고 정보 및 통신 시스템과 엔터테인먼트 시스템의 제어 등에 사용되며, CAN은 고장방지기능을 지원하는 Low Speed CAN과 High Speed CAN으로 꼬여 있거나 또는 피복에 의해 차폐되어 있는 2가닥 데이터 배선을 통해 데이터를 전송하고 최대 통신 속도는 1Mbps이며 125 Kbps를 기준으로 Low Speed CAN(차량 바디계)과 High Speed CAN(차량 제어계)로 나누어지며 여러 가지 ECU들을 병렬로 연결하여 우선순위대로 처리하는 방식이다.

[4] MOST(Media Oriented Systems Transport)

MOST는 환경에 강하면서도 비용대비 효과가 높은 통신으로 네트워크가 필요한 자동차 멀티미디어 네트워크용으로 모든 종류의 자동차 멀티미디어 애플리케이션(오디오, 비디오, 네비게이션)을 위한 차량 내부 통신 프로토콜이다.

현재 광통신을 이용하여 25 Mbps의 전송속도와 64개의 노드를 지원하고, 현재 150 Mbps까지 전송속도를 확대하기 위한 개발을 진행 중에 있다. 그리고 상대적으로 고가인 광케이블을 대체하기 위하여 일반 전선으로도 통신이 가능하도록 개발 중에 있다. MOST는 멀티미디어와 인포테인먼트 애플리케이션을 위한 멀티미디어 네트워크이다.

6.8.2. 통신 프로토콜과 통신 방법의 종류

자동차에서 정보를 공유하는 것은 자동차 내의 여러 개의 ECU 등이 자신이 필요한 신호, 정보 등을 배선을 통해서 주고받는 것이다. 자동차에서 사용하고 있는 통신의 방법은 다음과 같다.

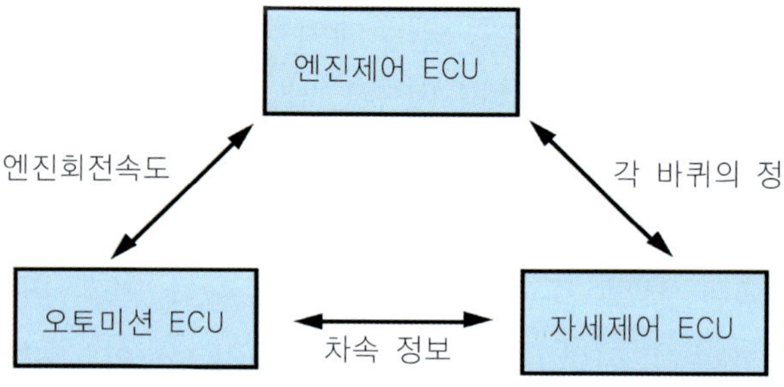

[그림 142] 자동차에서의 정보의 공유

[1] 직렬통신과 병렬통신

(1) 직렬통신

컴퓨터에서 주변장치와 통신하는 방식으로 순서에 따라서 순차적으로 데이터를 주고 받는 통신 방법이다.

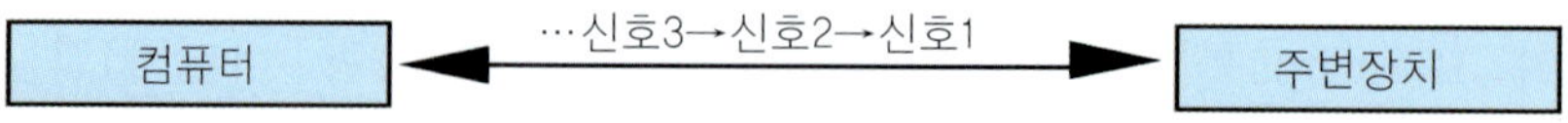

[그림 143] 직렬통신

(2) 병렬통신

한번에 여러 개의 데이터를 전송할 수 있는 방법이다. 데이터를 몇 개의 회로로 나누어서 동시에 전송하므로 빠르게 전송할 수 있으나 설치비용이 비싼 단점이 있다.

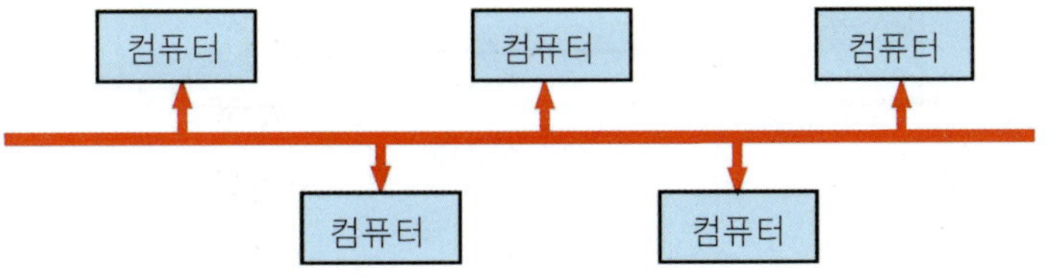

[그림 144] 병렬통신

[2] 비동기통신과 동기통신

(1) 비동기통신

정보를 전달할 때 고정된 속도를 갖지 않고 약정된 신호를 기준으로 속도나 시기를 맞추는 통신 방법으로 전압의 저하 또는 방해를 받아서 데이터가 손실될 수 있다. 따라서 오류를 검출하는 패리티체크를 반드시 한다.

(2) 동기통신

송수신할 때 주파수와 위상을 맞추어서 송신하는 통신방법이다. 통신데이터 사이의 시간적 차이를 없애기 위해 별도의 클럭선을 설치하거나 데이터 정보 내에 클럭 정보를 포함시킨다.

[3] 단방향통신과 양방향통신

(1) 단방향통신

정보의 흐름이 한 방향으로만 일정하게 전달되는 통신방법으로 라디오, 텔레비전 등이 이에 해당된다.

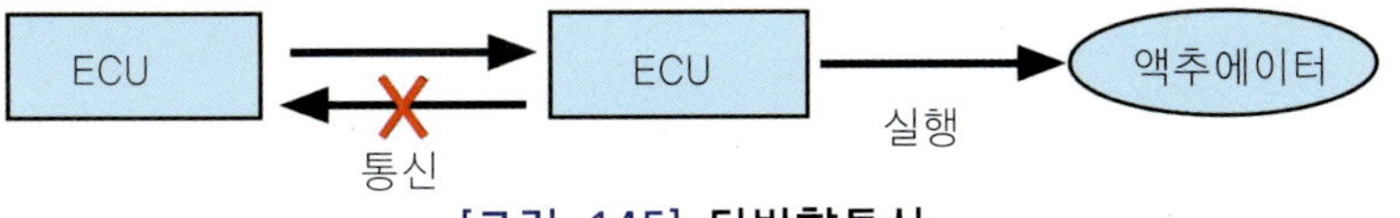

[그림 145] 단방향통신

(2) 양방향통신

정보의 흐름이 양방향으로 동시에 전달되는 통신으로 전화기 등이 이에 해당된다.

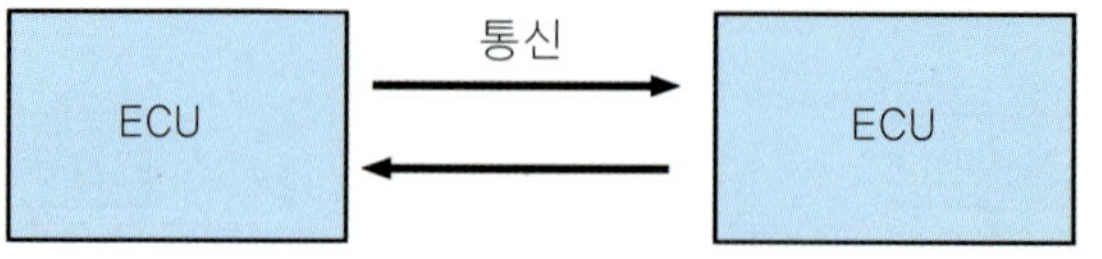

[그림 146] **양방향 통신**

(3) 반이중통신

정보의 흐름을 교환은 할 수 있지만 동시에 통신할 수는 없는 통신으로 무전기 등이 이에 속한다.

(4) 시리얼통신

단방향, 양방향통신이 모두 가능하지만 동시에 출력되지는 않고 순차적으로 출력되는 방식이다. 자동차의 자기진단기 통신이 이에 해당된다.

07 난방장치 및 냉방장치

7.1. 난방·냉방장치의 개요

온도, 습도 및 풍속을 쾌적 감각의 3요소라고 하며, 이 3요소를 제어하여 안전하고 쾌적한 자동차 운전을 확보하기 위해 설치한 장치를 난방·냉방장치라고 한다. 그리고 자동차의 열 부하에는 환기부하, 관류부하, 복사부하, 승원부하 등이 있다.

7.2. 난방장치(heater)

자동차에서 사용하는 난방장치는 실내를 따뜻하게 하고 동시에 앞면 창유리가 흐려지는 것을 방지하는 장치(디프로스터 : defroster)도 겸하게 되어 있다. 난방장치는 주로 온수(溫水)난방을 사용하며 이것은 엔진의 냉각수를 이용하는 방식이다.

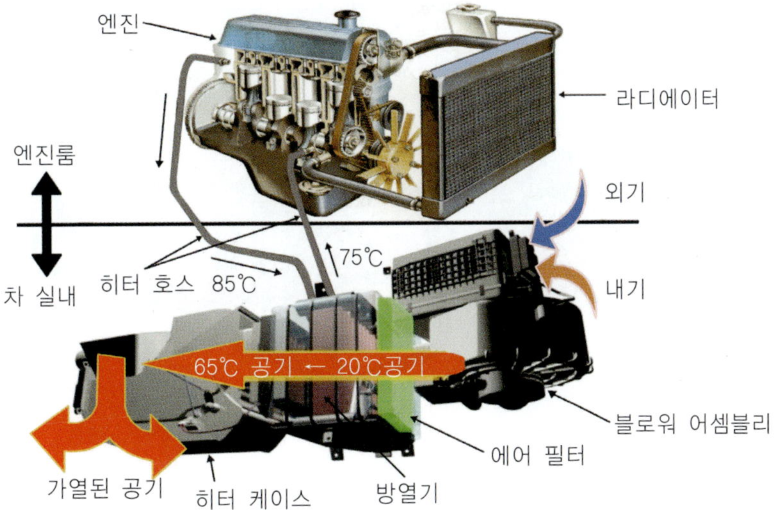

[그림 147] 온수방식 난방장치의 개념도

구조는 히터 유닛을 중심으로 하여 엔진의 냉각수를 유입하고, 또 히터 유닛에서 엔진으로 배출하기 위한 호스 및 냉각수 유통을 차단하기 위한 밸브 등으로 구성되어 있다. 또 엔진에서의 냉각수 출구는 수온 조절기의 작동과 관계없는 곳에 설치되며, 입구는 물 펌프의 입구 근처에 설치되어 있다. 온수식 회로는 라디에이터 회로와 병렬로 접속되어 있다.

7.3. 에어컨

7.3.1. 에어컨의 개요

에어컨은 에어컨디셔너(air conditioner)의 줄임말이며, 공기 조화장치(냉·난방장치)를 의미한다. 이것은 "일정한 공간의 요구에 알맞은 온도·습도 및 청결도 등을 동시에 조절하기 위한 공기 취급 과정"이라고 정의된다. 공기 조화장치를 작동시키는 장치에는 다음과 같은 것들이 있다.

① 온도 조절장치(냉·난방장치)
② 습도 조절정치
③ 공기를 청정 및 정제시키는 여과장치
④ 공기를 이동 및 순환시키는 장치

[그림 148] **에어컨 구성품**

7.3.2. 냉동원리

물질의 상태(고체·액체 및 기체)변화는 열의 변화와 밀접한 관계가 있으며, 열의 출입에 의해 그 상태가 변화한다. 일반적으로 냉동 기구는 그 내부에서 상태가 변화하면서 주위의 열을 흡수하는 냉매에 의하여 냉각작용을 한다.

7.3.3. 에어컨의 종류

[1] 수동 에어컨(manual air con)

냉방 유닛(cooling unit)이 독립적으로 가동된다. 수동 에어컨은 바깥 공기의 유입이나 히트 믹싱(heat mixing)기능이 없는 방식과 대시보디 내부에 설치되어 바깥 공기의 유입이나 히트 믹싱은 가능하나 레버와 케이블에 의해 수동으로 조작되는 방식이 있다.

[2] 반자동 에어컨(semi auto air con)

반자동 에어컨은 전자동 에어컨의 제어 중에서 공기의 흡입구와 배출구 제어를 수동으로 실행하는 것이다. 배출 온도·풍량 및 압축기의 제어를 자동화한 것이다.

[3] 전자동 에어컨(FATC : full auto air con)

전자동 에어컨은 온도 제어 다이얼을 희망하는 온도에 맞추면 햇빛의 유무·차량 실내 온도 및 바깥 온도 등의 변화에 대해 자동적으로 실내 온도를 설정 온도에 일정하게 유지되도록 다음과 같이 제어를 한다. 공기의 흡입구, 배출온도, 풍량, 압축기 ON/OFF 등과 같은 자동 제어는 전자 제어로 컴퓨터에 의한 제어 또는 진공 제어에 의해 항상 쾌적한 실내 환경을 유지한다.

7.3.4. 냉매

냉매란 냉동 사이클 속을 순환하여 열을 이동시키는 매개체가 되는 물질이며 냉매의 구비 조건은 다음과 같다.

① 무색·무미 및 무취일 것

② 가연성·폭발성 및 사람이나 동물에 피해가 없을 것

③ 낮은 온도와 대기압력 이상에서 증발하고, 여름철 뜨거운 공기 중의 저압에서 액화가 쉬울 것

④ 증발 잠열이 크고, 비체적이 적을 것

⑤ 임계온도가 높고, 응고점이 낮을 것

⑥ 화학적으로 안정이 되고, 금속에 대해 부식성이 없을 것

⑦ 사용온도 범위가 넓을 것

⑧ 가스누출 발견이 쉬울 것

[1] R-134a의 장점

① 오존을 파괴하는 염소(Cl)가 없다.
② 다른 물질과 쉽게 반응하지 않는 안정된 분자 구조로 되어 있다.
③ 열역학적 성질은 R-12와 비슷하다.
④ 불연성이며, 독성이 없다.

[2] R-134a의 단점

① R-12와 같은 응축 온도에서 냉동 능력이 떨어진다. 따라서 R-12와 동일한 냉방 성능을 얻기 위해서는 응축 온도를 낮추어야 한다.
② 고무 및 플라스틱 제품의 상용성에 문제점이 있다.
③ 기존에 사용 중인 압축기 오일과 불 용해성의 문제점이 있다.
④ 온실 효과가 있으므로 회수 및 재생에 문제점이 있다.
⑤ 냉동유의 흡수성에 문제점이 있다.

7.3.5. 에어컨의 구조

[1] 압축기(compressor)

엔진에 의해 V벨트로 구동되며 저온, 저압가스냉매를 고온, 고압가스로 만들어 콘덴서로 보낸다. 컴프레서를 제어할 수 있는 마그네틱 클러치가 설치되어 있다.

[그림 149] 사판 방식 압축기의 구조

[2] 응축기(콘덴서 : condenser)

라디에이터 앞에 설치되어 있으며 차량속도와 냉각팬에 의해 고온, 고압 기체상태의 냉매를 응축시켜 고온, 고압의 액상 냉매로 만든다.

[3] 리시버드라이어(receiver drier : 건조기)

냉매속에 포함되어 있는 수분을 흡수하여, 냉매를 원활하게 공급할 수 있도록 냉매를 저장한다.

[그림 150] 응축기

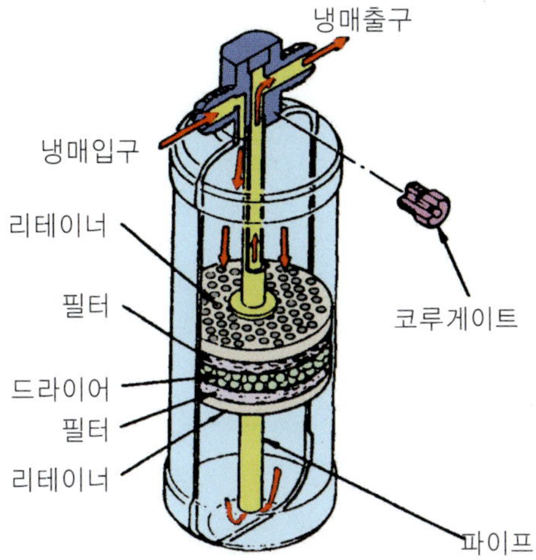

[그림 151] 리시버 드라이어의 구조

[4] 팽창밸브(expansion valve)

고압 및 저압 냉매 사이의 경계이며 응축기에서 나온 고온, 고압 액체상태의 냉매를 팽창하여 순간적으로 온도를 낮추고 증발기로 유입되는 냉매의 흐름을 조절한다.

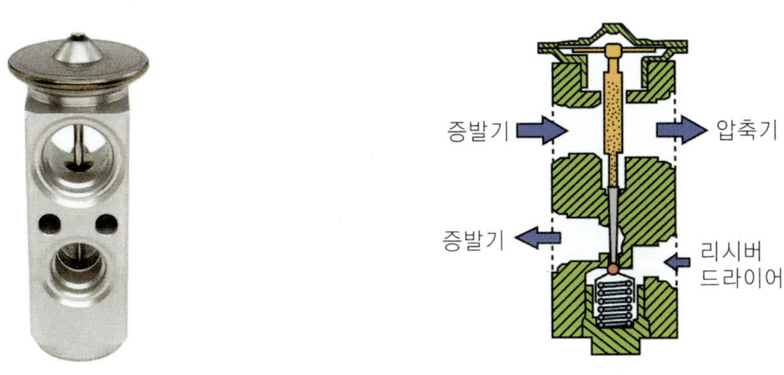

(a) 외관 (b) 내부구조

[그림 152] 블록형 팽창밸브의 구조

[5] 증발기(evaporator : 에바퍼레이터)

증발기 내부를 통과하는 저온·저압의 냉매에 의해 표면에 접촉하고 있는 고온의 실내 공기에서 열을 빼앗아 실내 공기를 냉각시키는 열 교환기이다.

[6] 서미스터(thermistor)

서미스터는 에바센서 또는 핀 써모센서라고도 하며 에바퍼레이터 코어 평균 온도가 검출되는 부위에 삽입되어있으며 이 부위의 온도를 감지해 자동으로 에어컨 ECU로 입력시키는 역활을 한다. NTC(Negative Temperature Coefficient)으로 일정한 온도범위에서 온도의 상승에 대하여 저항값이 비교적 비례적으로 감소하는 부특성 서미스터이다.

자동 에어컨 ECU는 에바퍼레이터 온도가 0.5℃ 이하로 감지되면 컴프레서 구동 출력을 OFF 시키며 3℃ 이상이면 컴프레서를 구동시킨다.

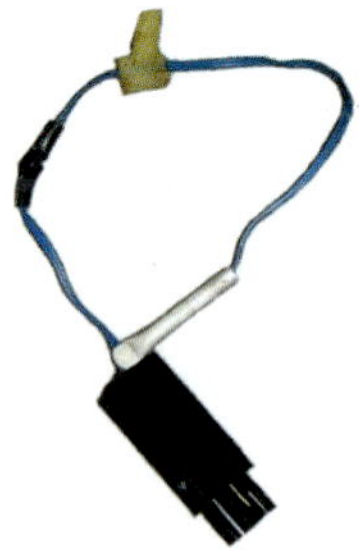

(a) 서미스터

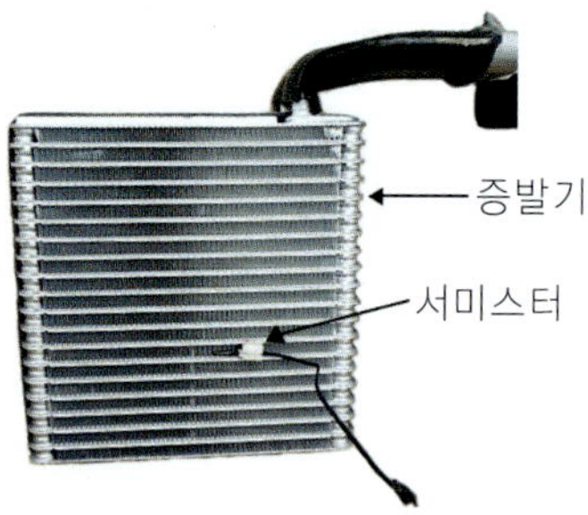

(b) 증발기 및 서미스터 설치상태

[그림 153] 서미스터 및 증발기

[7] 듀얼 압력 스위치

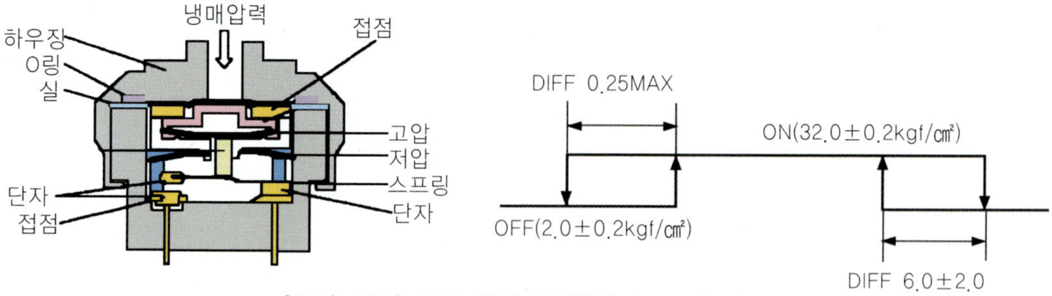

[그림 154] 듀얼 압력스위치의 구조 및 작동

듀얼 압력스위치는 리시버 드라이어 위쪽에 설치되어 있으며, 안전장치로서 에어컨 사이클 내의 냉매압력에 의해 작동되며, 2개의 압력 설정 값(저압 및 고압)을 지니고 1개의 스위치로 저압 보호기능과 고압 보호기능을 수행한다.

[8] 에어컨 릴레이(air con relay)

에어컨 릴레이는 압축기에 전원을 공급하는 것이며, 작동 전원은 에어컨 스위치, 서모스위치, 듀얼 압력스위치를 통하여 공급된다.

7.3.6. 전자동 에어컨(FATC)

전자동 에어컨은 희망하는 온도를 한번 지정하여 놓으면 외부 조건의 변화에 관계없이 에어컨 장치 자체가 냉방 능력을 조절하여 항상 지정한 온도로 실내 온도를 유지한다. 자동적으로 조절하기 위하여 컴퓨터 및 센서가 사용된다.

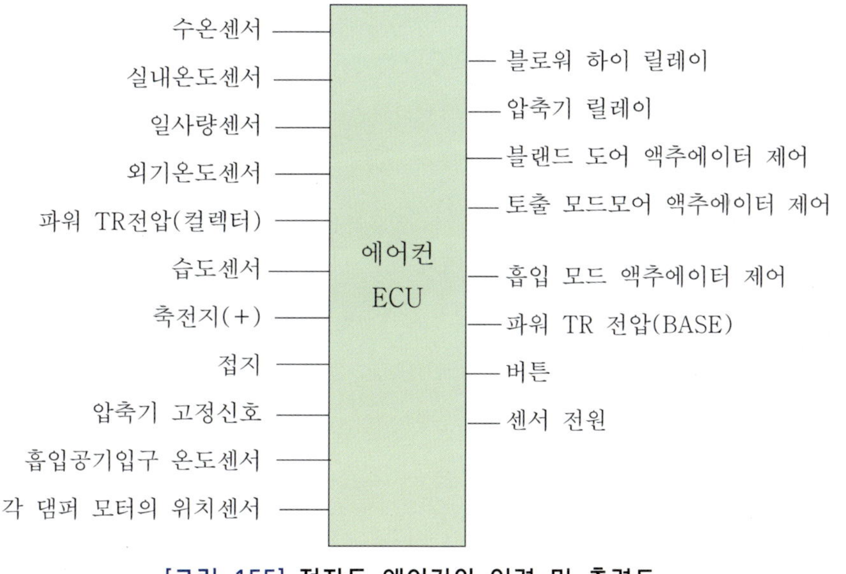

[그림 155] 전자동 에어컨의 입력 및 출력도

[1] 일사량(일광) 센서

일사량 센서는 포토 다이오드를 사용하며 포토 다이오드는 빛의 양에 따른 일종의 가변 전원이다. 포토 다이오드의 고유 저항이 클 때에는 전류의 흐름이 작아지기 때문에 저항 값은 고정된 상태에서 전류의 변화는 전압 변화에 큰 영향을 미친다.

[2] 실내 온도센서

자동차 실내의 온도를 검출하여 컴퓨터로 입력시키며, 이 값에 의해 블로워 모터의 회전속도를 제어한다. 실내 온도 센서는 부특성 서미스터를 이용한 것으로 온도가 상승하면 저항 값이 감소하고, 온도가 낮으면 저항 값이 증가한다.

[3] 외기 온도센서

외기 온도센서는 바깥온도를 검출하여 컴퓨터로 입력시키며, 이 신호에 의해 컴퓨터는 부하량을 감지한다. 이 센서도 부특성 서미스터를 사용하며 온도 변화에 따른 저항 값의 변화는 실내 온도 센서와 약간의 차이는 있으나 원리는 같다.

[4] 습도 센서

습도 센서는 자동차 실내의 습도를 검출하여 컴퓨터로 입력시키며, 컴퓨터는 실내의 습도, 실내온도 및 내부 공기순환, 외부 공기순환 모드 상태에 따라 자동차 실내의 습도를 조절한다.

Chapter

3

섀시(CHASSIS)

01 동력전달 장치

자동차를 구성하고 있는 부분을 크게 나누면 차체(body)와 섀시(chassis)로 분리할 수 있다. 섀시를 구성하는 각 장치는 자동차가 주행하는데 필요한 장치들로 이루어져 있고, 자동차의 성능을 좌우하는 주된 역할을 한다. 섀시에서 동력전달장치(power train)는 동력발생장치에서 발생한 동력을 주행상황에 맞게 적절한 상태로 변화를 주어 바퀴에 전달하는 장치이다. 동력전달 방식에는 앞 엔진 뒷바퀴 구동방식(FR), 앞 엔진 앞바퀴 구동방식(FF), 뒤 엔진 뒷바퀴 구동방식(RR), 4바퀴 구동방식(4WD)등이 있으며, 구성은 클러치, 변속기(트랜스 액슬), 드라이브 라인, 종감속기어, 차동장치, 차축 및 구동바퀴 등으로 되어 있다.

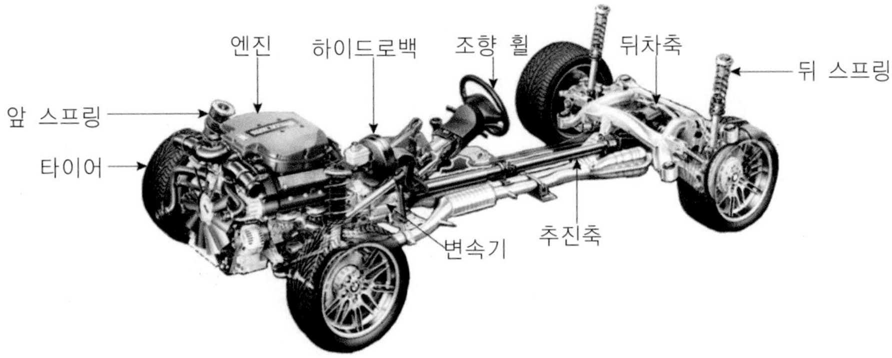

[그림 1] **섀시의 구성(FR 구동방식)**

1.1. 클러치(clutch)

클러치(clutch)는 엔진 플라이휠과 변속기 입력 축 사이에 설치되며, 엔진의 동력을 변속기에 전달하거나 차단하는 역할을 한다. 엔진 시동을 걸때나 기어를 변속할 때는 동력을 끊고, 출발할 때에는 엔진의 동력을 서서히 연결하는 일을 하며, 그 조작은 운전석에서 페달을 사용하여 조작할 수 있도록 되어 있다.

1.1.1. 클러치의 필요성

① 엔진을 시동할 때에는 엔진을 무부하 상태로 하기 위해

② 변속기의 기어를 변환할 때 엔진의 회전력을 일시 차단하기 위해

③ 자동차를 관성운전을 하려면 엔진과의 연결을 차단하기 위해

1.1.2. 클러치의 구비조건

① 회전관성이 적어야 한다.
② 동력을 전달할 때에는 미끄럼을 일으키면서 서서히 전달되고, 전달된 후에는 미끄러지지 않아야 한다.
③ 회전부분의 평형이 좋아야 한다.
④ 냉각이 잘 되어 과열하지 않아야 한다.
⑤ 구조가 간단하고, 다루기 쉬우며 고장이 적어야 한다.
⑥ 단속 작용이 확실하며, 조작이 쉬워야 한다.

1.1.3. 클러치의 작동(단판 클러치의 경우)

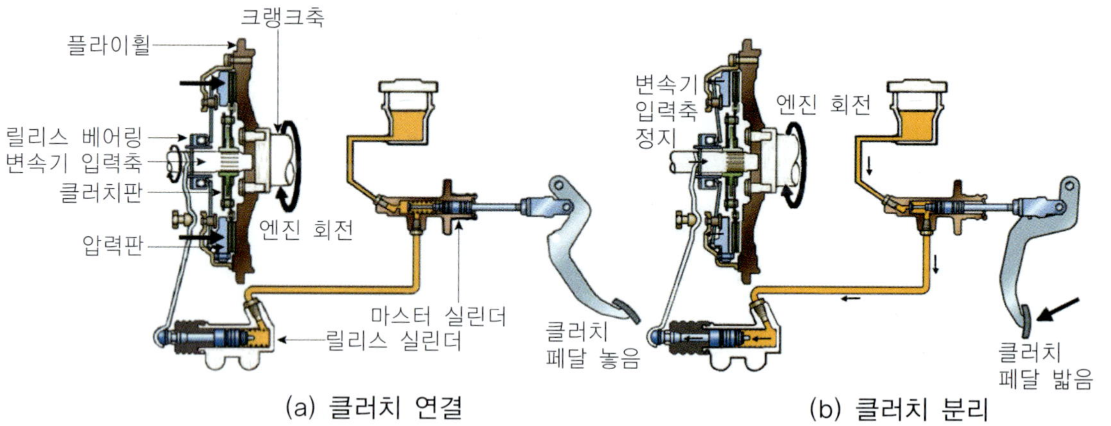

[그림 2] **클러치 작동**

[1] 클러치 페달을 밟지 않은 경우

클러치 페달을 놓으면 클러치 스프링(또는 다이어프램 스프링)의 장력에 의하여 압력판이 클러치판을 플라이휠에 압착시켜 플라이휠과 함께 회전한다. 클러치판은 변속기 입력축의 스플라인에 설치되어 있으므로 클러치판이 회전하면 엔진의 동력이 변속기로 전달된다.

[2] 클러치 페달을 밟은 경우

클러치 페달을 밟으면 릴리스 베어링이 릴리스 레버(다이어프램 스프링)를 밀게 되므로 압력판이 뒤쪽으로 이동한다. 이에 따라 압착되어 있던 클러치판이 플라이휠과 압력판에서 분리되어 있으므로 엔진의 동력이 변속기로 전달되지 않는다.

1.1.4. 클러치의 종류 그 특징

[1] 코일 스프링 클러치(coil spring clutch)

이 클러치는 몇 개의 코일 스프링을 클러치 압력판과 커버 사이에 설치한 것이며, 스프링의 크기와 수는 클러치 용량이나 설계에 따라서 다르나 약 6~12개로 되어 있다.

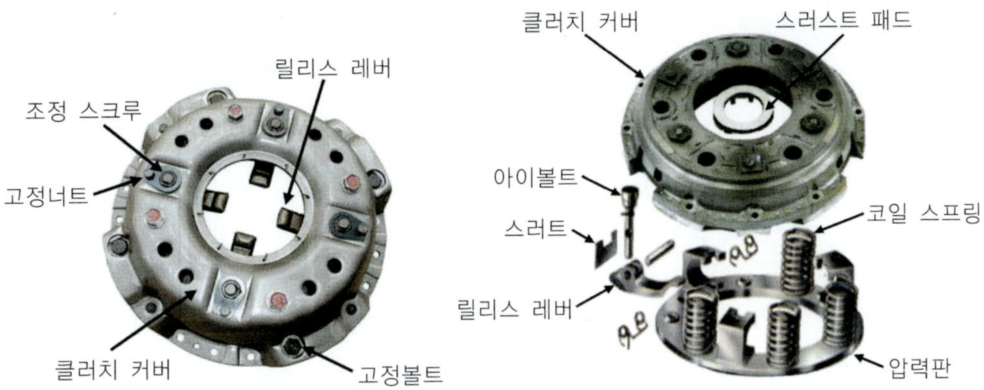

[그림 3] **코일 스프링 클러치의 구조**

[2] 다이어프램 스프링 클러치 작동

다이어프램이 클러치 스프링의 작용과 릴리스 레버의 작용을 겸하는 방식이며, 다이어프램 스프링은 원둘레 방향으로 놓여진 피벗 링(pivot ring)에 의해 클러치 커버에 결합되어 있다. 따라서 다이어프램 스프링은 피벗 링을 지점으로 하여 스프링 둘레의 끝 부분으로 압력판을 누르고 있다. 클러치 페달을 밟으면 릴리스 베어링에 의해 스프링 핑거 부분에 압력이 가해져 전체 다이어프램 스프링이 안쪽으로 구부러지면서 압력판을 뒤로 잡아당겨 클러치판을 플라이휠로부터 분리시킨다. 클러치 페달을 놓아 핑거부분의 압력이 풀리면 다이어프램 스프링이 원위치로 돌아가 클러치판이 플라이휠에 압착된다. 다이어프램 스프링 클러치의 특징은 다음과 같다.

① 클러치를 구성하는 부품이 원판형이므로 평형을 잘 이룬다.
② 압력판에 작용하는 압력이 균일하다.
③ 고속회전에서 원심력을 받아도 스프링장력의 감소가 적다.
④ 클러치판이 어느 정도 마모되어도 압력판에 가해지는 압력 변화가 적다.
⑤ 클러치 페달을 밟는 힘이 적어도 된다.
⑥ 클러치의 구조와 다루기가 간단하다.

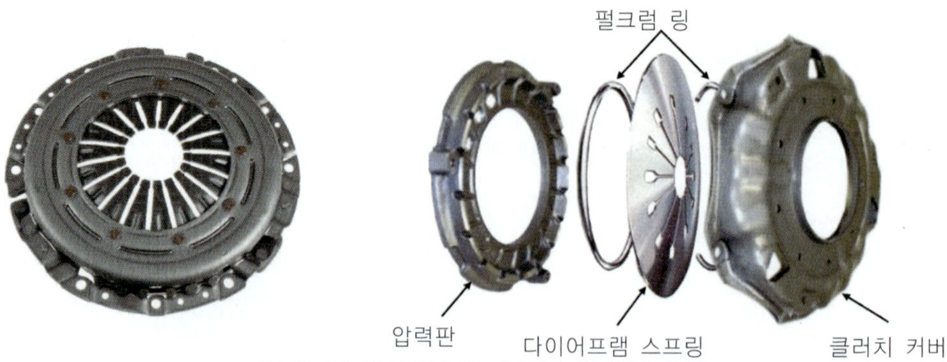

[그림 4] **다이어프램 스프링 클러치 구조**

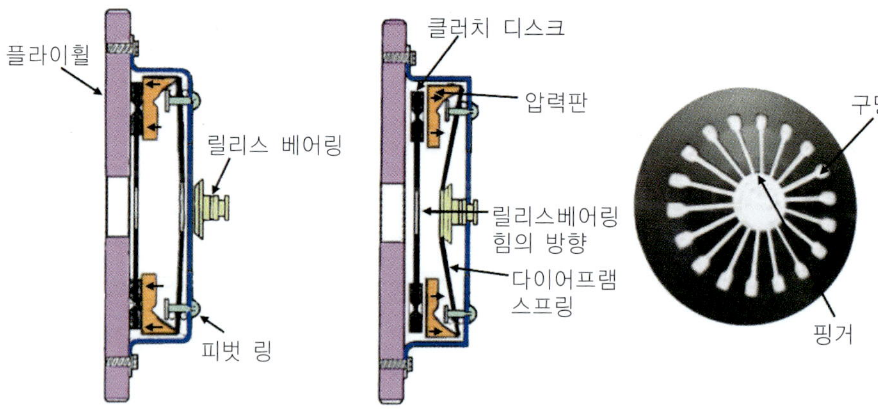

(a) 클러치 연결 (b) 클러치 차단 (c) 다이어프램 스프링

[그림 5] **다이어프램 스프링 클러치의 작동**

1.1.5. 클러치의 구조

[1] 클러치판(클러치 디스크 : clutch plate)

클러치판은 플라이휠과 압력판 사이에 끼워져 있으며 엔지의 동력을 변속기 입력축을 통하여 변속기로 전달하는 마찰판이다.

그 구조는 원형 강철판의 가장자리에 마찰물질로 된 라이닝(페이싱)이 리벳으로 설치되어 있고, 중심부분에는 허브(hub)가 있으며 그 내부에 변속기 입력축을 끼우기 위한 스플라인(spline)이 파져 있다.

비틀림 코일스프링은 클러치판이 플라이휠에 접속될 때 회전충격을 흡수하는 일을 하고, 쿠션 스프링은 클러치를 급속히 접속시 클러치판의 편마모, 변형, 파손 등의 방지하는 역할을 한다. 라이닝은 대부분 석면을 주재료로 한 것을 사용하고 있으나 최근에는 금속제 라이닝을 사용하기도 한다. 라이닝의 마찰계수는 0.3~0.5 정도이다.

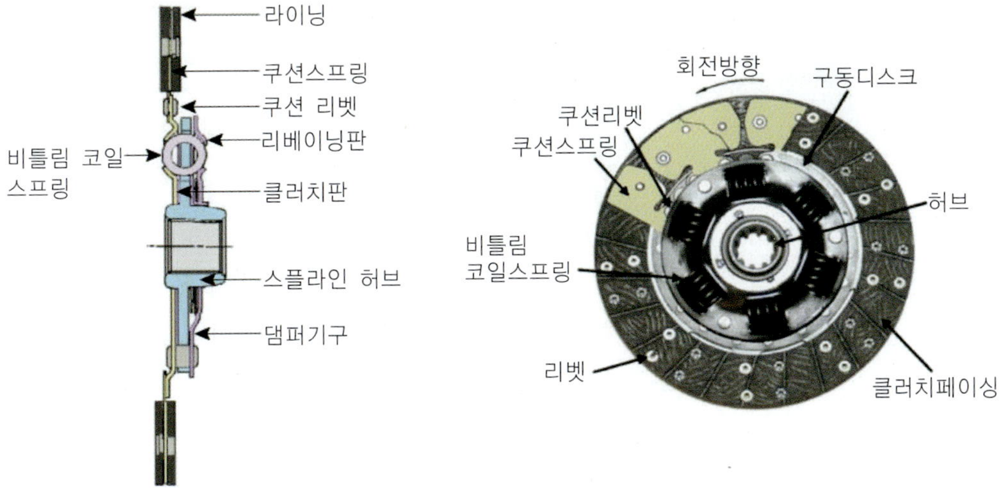

[그림 6] **클러치판의 구조**

[2] 변속기 입력축(클러치 축)

변속기 입력축은 클러치판이 받은 엔진의 동력을 변속기로 전달하며, 축의 스플라인 부분에 클러치판 허브의 스플라인이 끼워져 길이 방향으로 미끄럼운동을 한다.

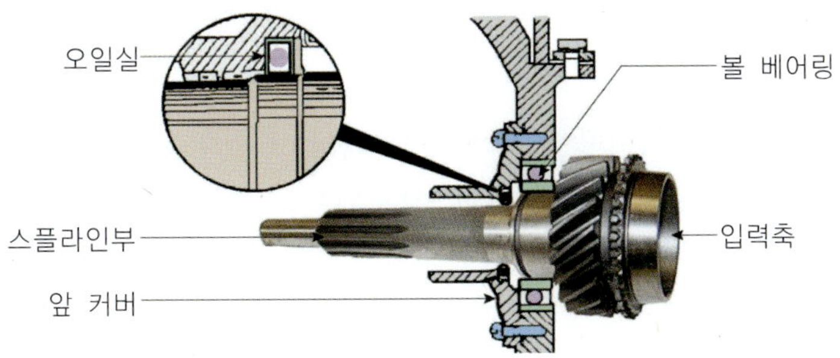

[그림 7] **변속기 입력축의 구조**

[3] 클러치 압력판

압력판은 다이어프램 스프링(또는 클러치 스프링)의 힘으로 클러치판을 플라이휠에 밀착시키는 작용을 한다. 클러치를 접촉할 때에는 클러치판과의 사이에 미끄럼이 발생하므로 내마모성, 내열성능이 좋고, 열전도성이 큰 특수주철을 사용한다.

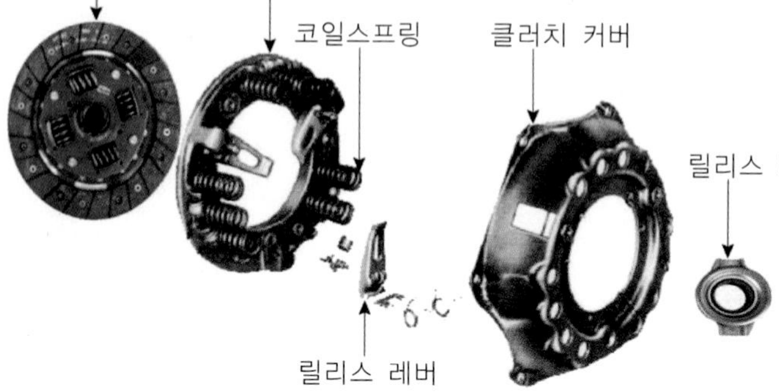

[그림 8] **코일 스프링 클러치의 압력판**

[4] 릴리스 레버(release lever)

릴리스 레버는 코일 스프링형식에서 릴리스 베어링의 힘을 받아 압력판을 움직이는 작용을 한다.

[5] 클러치 스프링(clutch spring)

클러치 스프링은 클러치 커버와 압력판 사이에 설치되어 있으며, 압력판에 압력을 발생시키는 작용을 한다.

[6] 클러치 커버(clutch cover)

클러치 커버는 압력판, 다이어프램 스프링(코일 스프링형식에서는 릴리스 레버, 클러치 스프링) 등이 조립되어 플라이휠에 함께 설치되는 부분이다.

1.1.6. 클러치 조작기구

[1] 클러치 페달(clutch pedal)

클러치 페달은 조작력을 감소시키기 위해 지렛대 원리를 이용하며, 그 설치방법에 따라 펜던트형(pendant type)과 플로어형(floor type)이 있다.

(1) 클러치 페달의 자유간극(유격)

자유간극(또는 유격)이란 클러치 페달을 밟은 후부터 릴리스 베어링이 다이어프램 스프링(또는 릴리스 레버)에 닿을 때까지 페달이 이동한 거리를 말하며, 클러치의 미끄러짐을 방지할 목적으로 둔다.

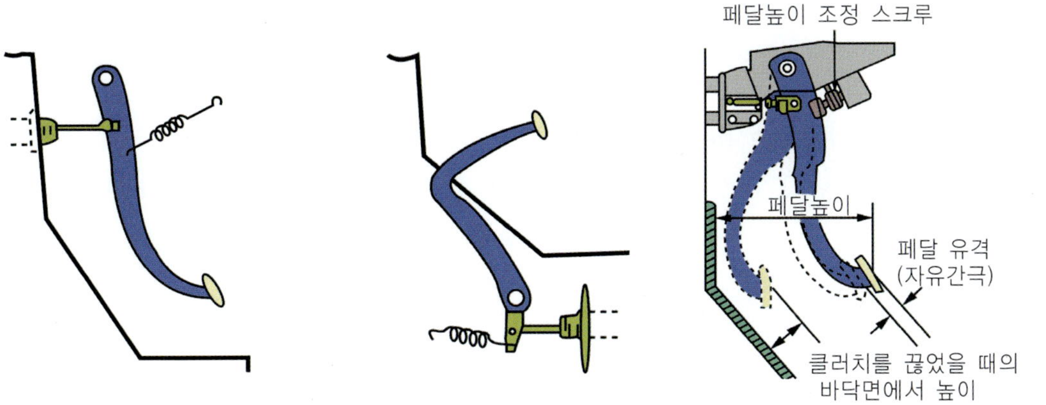

(a) 펜던트식 (b) 플로어식 (c) 클러치 페달의 자유간극

[그림 9] **클러치 페달의 종류와 자유간극**

페달의 자유간극은 기계 조작방식의 경우는 20~30 mm, 유압조작 방식은 6~10 mm 정도이며, 자유간극 조정은 클러치 링키지에서 한다.

(2) 자유간극이 너무 적을 때의 영향

자유간극이 규정 값보다 작으면 클러치가 미끄러지며, 이 미끄럼으로 인하여 클러치판이 과열되어 손상된다.

(3) 자유간극이 너무 클 때의 영향

자유간극이 규정 값보다 너무 크면 페달을 밟아 클러치를 차단할 때 차단이 불량하여 변속기의 기어를 변속할 때 소음이 발생하고 기어가 손상된다.

[2] 릴리스 포크(release fork)

릴리스 포크는 주철이나 강철판의 프레스 제품이며, 릴리스 베어링 칼라가 끼워지는 요크(yoke)부분과 클러치 커버에 설치하기 위한 핀 구멍부분, 레버 등으로 되어 있다.

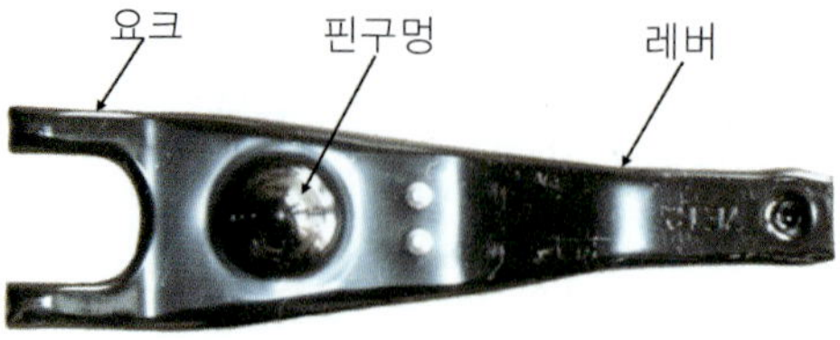

[그림 10] **릴리스 포크의 구조**

[3] 릴리스 베어링(release bearing)

릴리스 베어링은 릴리스 포크에 의해 변속기 입력축의 길이 방향으로 작동하며, 회전 중인 릴리스 레버를 눌러 동력을 차단하는 작용을 한다. 이 베어링은 스러스트 볼 베어링(thrust ball bearing)이 들어 있는 케이스로 되어 있으며 베어링 칼라에 끼워져 있다.

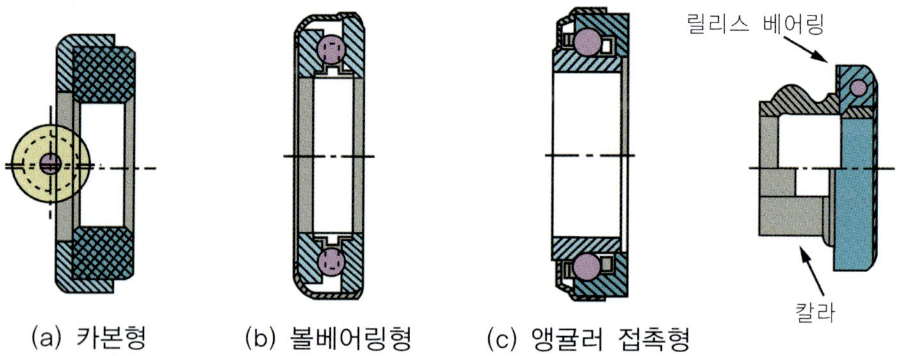

[그림 11] **릴리스 베어링의 종류와 형상**

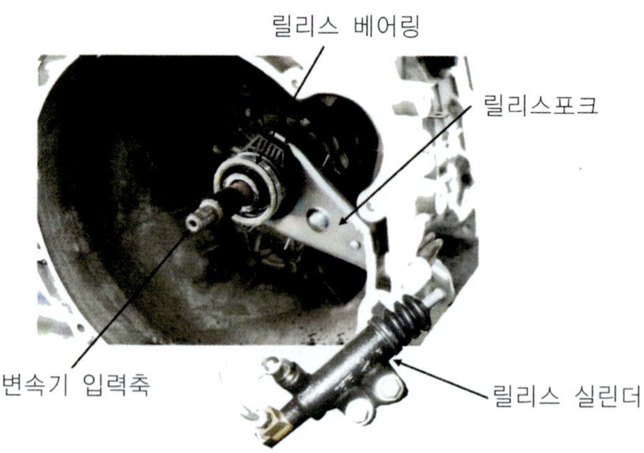

[그림 12] **릴리스 베어링 설치상태**

릴리스 베어링의 종류에는 앵귤러 접촉형(angular contact type), 볼 베어링형(ball bearing type), 카본형(carbon type) 등이 있다. 카본형은 구리 또는 납을 포함한 특수한 흑연을 사용한다. 최근에는 영구 주유 베어링을 주로 사용하며 이러한 베어링은 주유를 하지 않는다. 따라서 솔벤트 등의 세척제 속에 넣고 세척해서는 안 된다.

1.1.7. 클러치 조작방식

[1] 기계식의 클러치

이 방식은 클러치 페달의 조작력을 케이블이나 로드를 통하여 릴리스 포크로 전달하여 릴리스 베어링을 작동시키는 것이며, 비교적 구조가 간단하지만 페달의 조작력이 커야하기 때문에 최근에는 거의 사용하지 않는다.

[2] 유압식 클러치

유압식 클러치 조작기구는 클러치 페달을 밟으면 마스터 실린더에 유압이 발생하고 이 유압은 파이프를 통해 릴리스 실린더에 압송된다. 릴리스 실린더는 이 유압에 의해 릴리스 레버를 밀게 되어 클러치의 작동이 이루어진다.

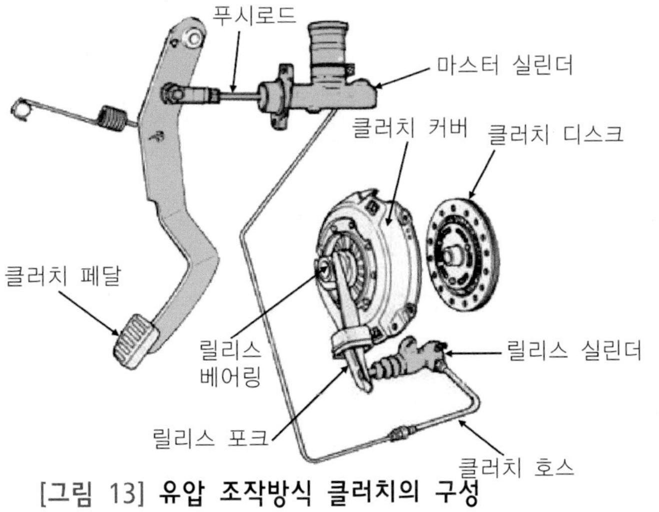

[그림 13] **유압 조작방식 클러치의 구성**

(1) 마스터실린더(master cylinder)

마스터실린더의 실린더는 주철이나 알루미늄합금이며, 클러치 페달을 밟으면 푸시로드가 피스톤을 밀어 유압을 발생시켜 릴리스 실린더로 보낸다.

[그림 14] **마스터 실린더의 구조**

(2) 릴리스 실린더(release cylinder : 슬레이브 실린더)

릴리스 실린더는 마스터 실린더에서 보내 준 유압을 피스톤과 푸시로드에 작용하여 릴리스 포크를 미는 작용을 한다. 또 릴리스 실린더에는 유압 회로 내에 침입한 공기를 배출시키기 위한 공기빼기용 나사가 있다.

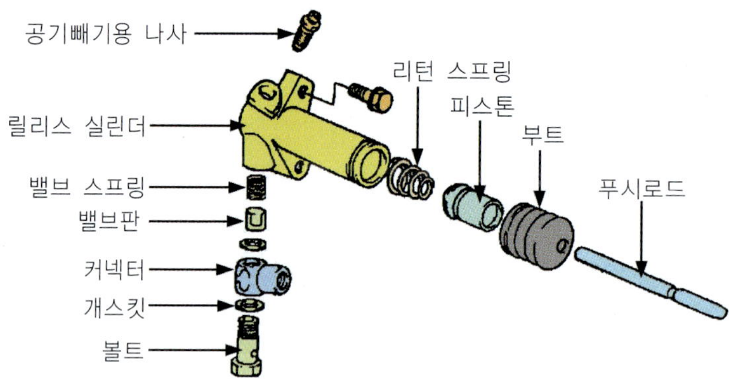

[그림 15] **릴리스 실린더**

1.1.8. 클러치 용량

클러치 용량이란 클러치가 전달할 수 있는 회전력의 크기이며, 일반적으로 사용 엔진 회전력의 1.5~2.5배 정도이다. 클러치 용량이 너무 크면 클러치가 엔진 플라이휠에 접속될 때 엔진이 정지되기 쉬우며, 반대로 너무 작으면 클러치가 미끄러져 클러치판의 라이닝 마멸이 촉진된다.

[1] 클러치가 미끄러지지 않을 조건

$$P\mu\, r(\text{클러치 용량}) \geq T$$

P : 클러치 스프링 장력(kgf)　　μ : 클러치판과 압력판 사이의 마찰계수
r : 클러치판의 평균 반지름(m)　　T : 엔진 회전력(kgf · m)

[2] 클러치의 전달효율

$$\text{전달효율} = \frac{\text{클러치에서 나온 동력}}{\text{클러치로 들어간 동력}} \times 100[\%]$$

또, 회전 동력은 회전속도의 곱에 비례하기 때문에 위 공식은 다음과 같이 된다.

$$\eta = \frac{T_2 \times N_2}{T_1 \times N_1}$$

T_1 : 엔진의 발생 회전력(kgf · m) T_2 : 클러치의 출력 회전력(kgf · m)
N_1 : 엔진의 회전속도(rpm) N_2 : 클러치의 출력 회전속도(rpm)

1.1.9. 듀얼 클러치 변속기(DCT : dual clutch transmission)

듀얼 클러치는 건식 듀얼 클러치와 습식 듀얼 클러치로 나눌 수 있다. 건식 DCT는 단판 클러치로 클러치가 작동할 때 오일이 개입하지 않는 방식으로 작고 무게가 가볍다. 반면 클러치가 마찰에 노출되기 때문에 열이 많이 발생하고 내구성이 취약하다. 따라서 높은 토크를 내는 엔진에 사용하기 어렵고 변속충격이 강하여 승차감이 떨어진다.

습식 DCT는 클러치 작동에 있어 오일이 개입하는 방식으로 판이 여러 개인 다판 클러치 방식으로 부드러운 변속이 가능하다. 오일이 마찰면의 윤활제 역할을 하고 쿨러로 가열된 오일을 쿨링 하는 방식으로 강한 내구성이 있어 높은 토크의 엔진에도 사용할 수 있어 고출력 차량에 주로 사용된다. 오일이 많이 사용되므로 미션 오일을 자주 교환해 주어야 하고, 오일을 제어할 오일펌프 및 솔레노이드 밸브, 쿨러 등의 추가 부품이 들어가기 때문에 연비도 떨어진다.

(a) 건식 (b) 습식

[그림 16] 듀얼클러치

[1] DCT의 장·단점

(1) 장점

① 매우 빠르고 부드러운 변속

② 동력손실이 매우 적고 자동변속기 대비 6~10% 이상 연비가 좋다.

③ 일반 자동변속기와 같이 편리하다.

(2) 단점

① 구조상 공간이 협소하여 클러치의 마찰 면을 싱글 클러치만큼 크게 할 수가 없다.

② 허용 토크값이 낮다.

③ 미션이 차지하는 공간과 무게가 크다.

[2] 듀얼 클러치 변속기의 작동

운전자가 가속 페달을 조작하면 컴퓨터가 최적의 변속시점을 판단하여 자동으로 변속된다. 듀얼 클러치 변속기는 클러치가 2개이고, 톱니바퀴가 배열된 회전축이 2개이다. 즉, 듀얼 클러치 변속기는 각 단을 2개의 축으로 구분하여 배열하고(1-3-5, 2-4-6), 2개의 축을 각각 담당하는 클러치를 2개를 둠으로써 다음 변속을 최대한 빠르게 한 변속기이다.

하나의 회전축은 1-3-5단을 담당하고 다른 회전축은 2-4-6단을 담당하되, 클러치와 연결된 회전축선은 하나이지만 안쪽과 바깥쪽으로 구분하여 회전축을 구동한다. 즉, 1-3-5단이 물릴 때는 안쪽 회전축이 회전하고, 2-4-6단이 물릴 때는 바깥쪽 회전축이 회전한다.

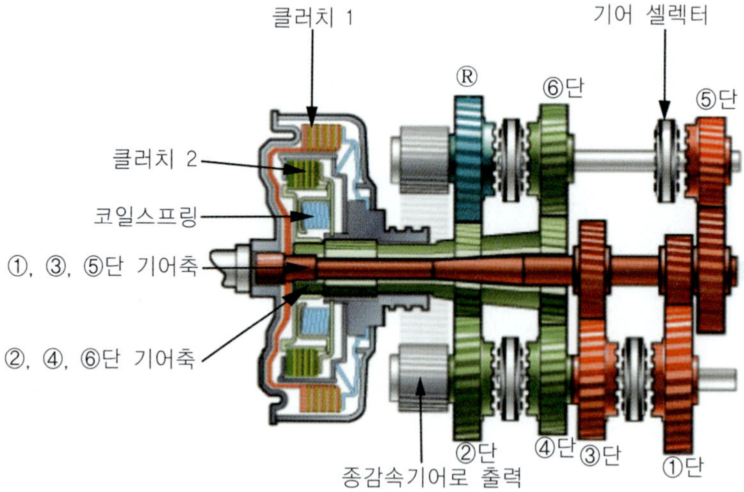

[그림 17] DCT의 구조

[3] 주요 구성부품

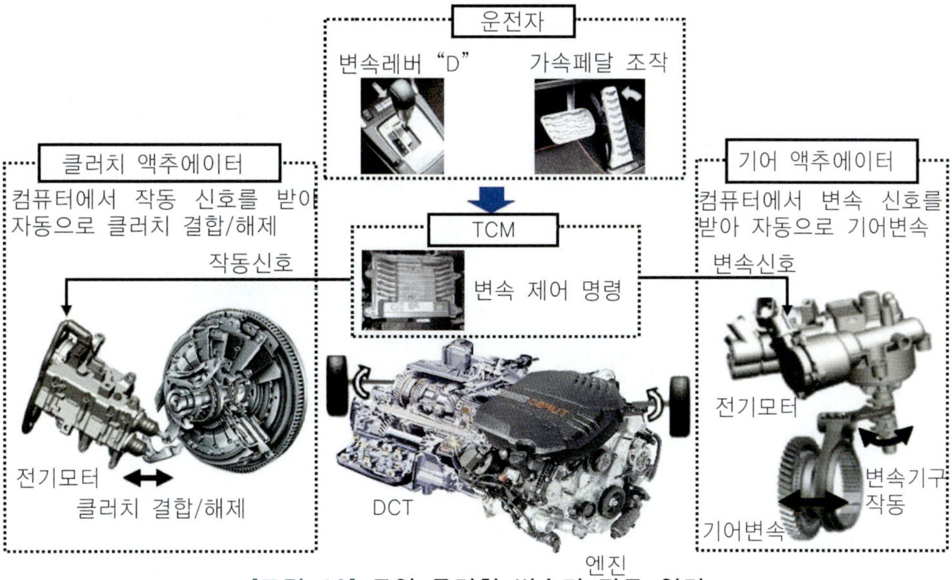

[그림 18] **듀얼 클러치 변속기 작동 원리**

(1) 클러치 액추에이터 어셈블리

클러치 액추에이터는 트랜스미션 컨트롤 모듈(TCM)으로부터 신호를 받아, 클러치를 결합 및 해제하는 역할을 한다.

(2) 기어 액추에이터 어셈블리

기어 액추에이터는 시프트 모터와 셀렉트 솔레노이드로 구성되어 있으며 TCM의 신호를 받아 시프트 모터와 셀렉트 솔레노이드를 제어한다.

(3) 입력축 속도센서 1, 2

입력축 속도 센서는 변속기 입력축 회전수를 감지하여 TCM으로 전달하는 입력센서이며, 이 출력 센서는 전자제어에 있어 중요한 입력 정보로 피드백 제어, 변속단 설정 제어 기타 센서 고장 판정 기준 등 모든 작동 범위에서 필요한 정보이다.

1.2. 수동변속기(MT : Manual Transmission)

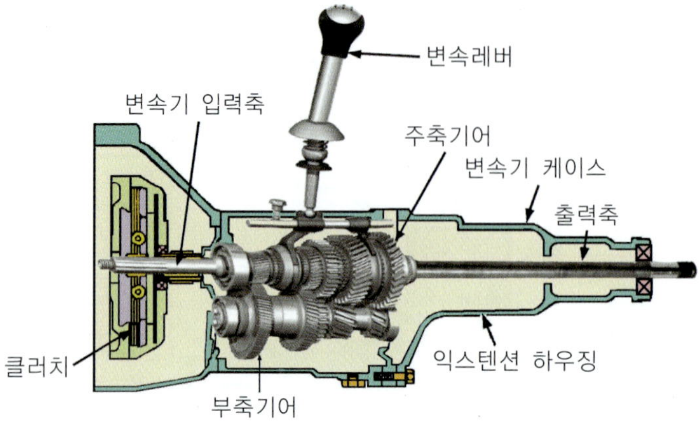

[그림 19] **수동(FR)변속기**

1.2.1. 변속기의 필요성과 구비조건

[1] 변속기의 필요성

① 엔진과 차축사이에서 회전력을 증대시킨다.

② 엔진을 시동할 때 엔진을 무부하 상태로 한다(변속레버 중립위치에서).

③ 자동차를 후진시키기 위하여 필요하다.

[2] 변속기의 구비조건

① 소형 · 경량이고, 고장이 없으며 다루기 쉬워야 한다.

② 조작이 쉽고, 신속, 확실, 정숙하게 작동되어야 한다.

③ 단계가 없이 연속적으로 변속이 되어야 한다.

④ 전달효율이 좋아야 한다.

[3] 자동차 구동력(tractive force)

자동차의 구동력은 구동바퀴가 자동차를 미는 힘이며, 다음 공식으로 나타낸다.

$$F = \frac{T}{R}$$

F : 자동차의 구동력(kgf), T : 축의 회전력(kgf · m), R : 구동바퀴의 반지름(m)

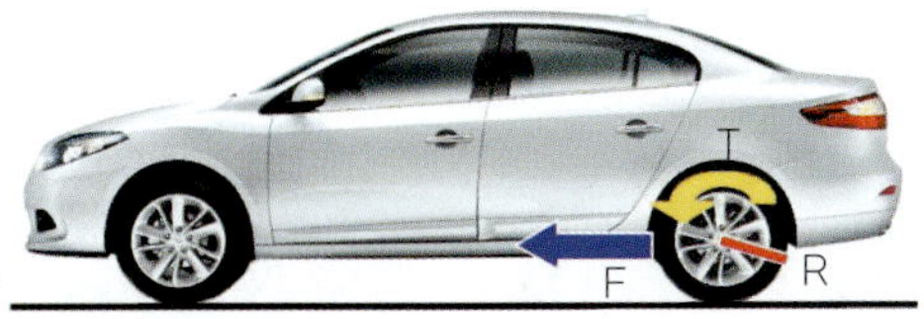

[그림 20] 구동력과 축 회전력과의 관계

1.2.2. 변속기의 분류

[1] 점진기어 형식 변속기

이 변속기는 운전 중 제1속에서 직접 톱 기어(top gear)로 또는 톱 기어에서 제1속으로 변속이 불가능한 형식이다.

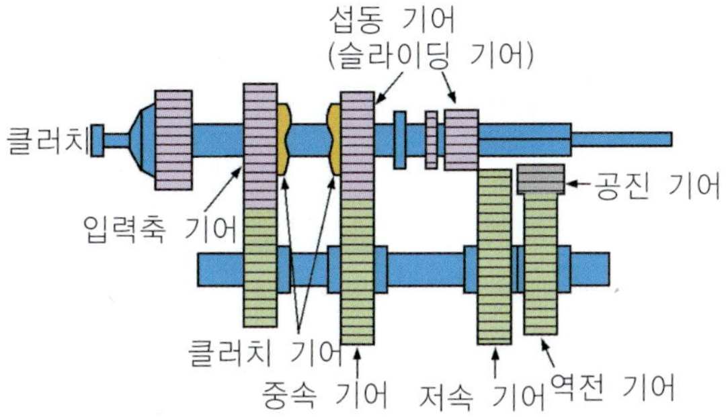

[그림 21] 점진기어 형식 변속기

[2] 선택기어 형식 변속기

(1) 활동(섭동)기어 형식(sliding gear type)

이 변속기는 주축과 부축이 평행하며 주축에 설치된 각 기어는 스플라인에 끼워져 축 방향으로 미끄럼운동을 할 수 있다. 변속을 할 때에는 변속레버의 조작으로 주축에 설치된 기어 중에서 1개를 선택하여 미끄럼운동을 시켜서 부축기어에 물려 동력을 전달한다. 기어와 주축의 회전속도 차이를 맞추기 어려워 기어가 파손되기 쉽다.

(2) 상시 물림형식(constant mesh type)

이 변속기는 주축기어와 부축기어가 항상 물려 있는 상태로 작동하며, 주축에 설치된 모든 기어는 공전을 한다. 변속을 할 때에는 주축의 스플라인에 설치된 도그 클러치(dog clutch or clutch gear)가 변속레버에 의하여 이동해 공전하고 있는 주축기어 안쪽의 도그 클러치에 끼워져 주축과 기어에 동력을 전달한다.

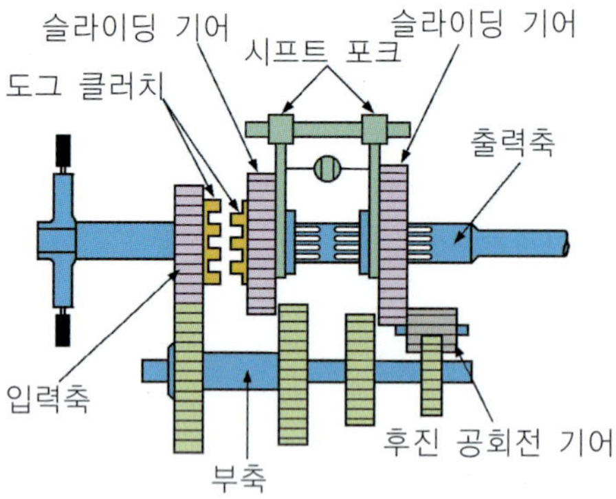

[그림 22] **섭동 기어형식 변속기**

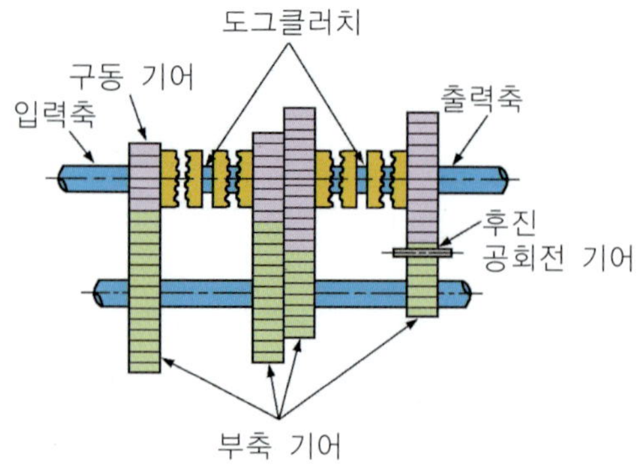

[그림 23] **상시 물림형식 변속기**

(3) 동기 물림형식(synchro mesh type)

동기 물림형식은 주축 위를 항상 공전하고 있는 변속기어와 주축 및 스플라인에 의해 결합된 허브기어 사이에 원추형의 마찰 면을 가진 싱크로나이저 링(클러치)과 슬리브를 이용한 것이다. 변속할 때 변속레버로 슬리브를 움직이면 싱크로나이저 링이 작용하고, 이 링의 마찰력에 의해 주축과 변속되는 기어가 부드럽게 물리게 되므로 조용하게 변속을 시킬 수 있다.

[그림 24] **동기 물림장치의 구성**

① **클러치 허브(clutch hub)** : 클러치 허브는 안쪽에 있는 스플라인에 의해 변속기 주축의 스플라인에 고정되어 주축의 회전속도와 동일한 회전을 하며 그 바깥둘레에 싱크로나이저 키가 3개 설치되어 있다. 바깥둘레에는 스플라인을 통하여 클러치 슬리브가 설치되어 있다.

② **클러치 슬리브(clutch sleeve)** : 클러치 슬리브는 바깥둘레에는 시프트 포크(shift fork)가 끼워지는 홈이 파져 있고, 안쪽의 스플라인을 통해 클러치 허브에 끼워져 변속레버의 작동에 의해서 앞·뒤로 미끄럼 운동을 하여 싱크로나이저 키를 싱크로나이저 링 쪽으로 밀어 줌으로써 주축 기어와 주축을 연결하거나 차단하는 작용을 한다.

③ **싱크로나이저 링(synchronizer ring)** : 싱크로나이저 링은 주축기어의 원뿔부분(cone)에 끼워져 있으며, 기어를 변속할 때 시프트 포크가 클러치 슬리브를 미끄럼 운동시키면 원뿔 부분과 접촉하여 클러치 작용을 한다. 클러치 작용이 유효하게 이루어지도록 안쪽 면에 나사 홈이 파져 있다.

④ **싱크로나이저 키(synchronizer key)** : 싱크로나이저 키는 뒷면에 돌기가 있고, 클러치 허브에 마련된 3개의 홈에 끼워져 키 스프링의 장력으로 클러치 슬리브 안쪽에 압착되어 있다. 또 그 양끝은 일정한 간극을 두고 싱크로나이저 링에 끼워지며 클러치 슬리브를 고정시켜 기어 물림이 빠지지 않도록 한다.

1.2.3. 변속기 조작기구

[1] 직접 조작방식 변속기

직접 조작방식(floor shift type)은 변속레버는 변속기의 뒷부분에 부착되어 변속레버에 의해 시프트 포크(shift fork)가 선택되고, 각 시프트 포크는 시프트 레일(shift rail)과 함께 앞뒤로 작동하며, 시프트 레일에 고정된 시프트 포크가 싱크로나이저 슬리브 홈에 들어가서 슬리브를 작동시킨다.

[2] 원격 조작방식 변속기

(1) 컬럼형(column type) 원격 조작방식

이 방식은 로드(rod)를 이용한 것이며, 변속레버를 움직이면 로드가 이동하여 시프트 포크가 작동하여 변속이 이루어진다.

(2) 플로어형(floor type) 원격 조작방식

이 방식은 운전석 옆에 있는 변속레버의 동작에 따라 시프트 케이블(shift cable)과 셀렉터 케이블(selector cable)이 움직이고, 2개의 케이블은 시프트 레버와 셀렉터 레버를 움직여 변속이 이루어진다.

1.2.4. 인터록 플런저와 포핏 스프링(록킹볼)

① **인터록 플런저(inter-lock plunger)** : 기어가 변속될 경우, 동시에 2중으로 변속이 이루어지지 않도록 2중 물림방지를 한다.

② **포핏 스프링(록킹볼)** : 포핏 스프링은 볼을 일정한 힘으로 밀어 시프트 레일의 헐거운 움직임을 제한하는 역할을 한다.

1.2.5. 변속비와 주행속도

변속비(또는 기어비)는 엔진의 회전수(또는 입력축 구동 기어의 회전수)와 추진축(또는 변속기 주축)의 회전수와의 비를 말한다.

$$\text{기어비} = \frac{\text{카운터 기어(부축기어) 잇수}}{\text{입력축 기어 잇수}} \times \frac{\text{변속단 출력축 기어 잇수}}{\text{변속단 카운터 기어 잇수}}$$

자동차의 주행속도는 주행 저항을 계산에 넣지 않는다면 엔진의 회전수, 변속비, 종감속비 및 바퀴 크기에 따라 정해진다.

$$V_1 = \pi D \frac{N}{r_t r_f}(m/\min) = \pi D \times \frac{N}{r_t r_f} \times \frac{60}{1000}(km/h)$$

N : 엔진회전수(rpm), r_t : 변속기의 기어비, r_f : 종감속비, D : 바퀴직경(m)

1.2.6. 수동 트랜스액슬(trans axle)

트랜스액슬은 앞 엔진 앞바퀴 구동방식(FF) 자동차에서 종감속 기어와 차동장치를 일체로 제작한 것이다. 조작방법, 구조 및 작동은 뒷바퀴 구동방식과 거의 같으며 특징은 다음과 같다.

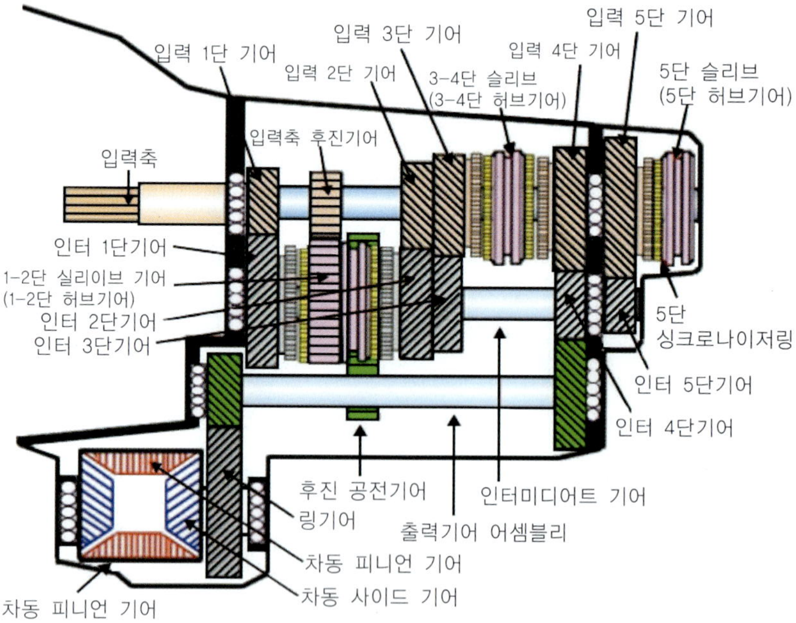

[그림 25] 트랜스액슬의 단면도

① 실내 유효공간이 넓다.
② 자동차의 경량화로 인해 연료 소비율이 감소한다.
③ 가로방향에서 받는 바람에 대한 안전성 및 직진 성능이 좋다.
④ 방향 안전성이 우수하며, 험한 도로를 주행할 때 안전성이 좋다.
⑤ 제동할 때 안전성이 우수하다.

1.3. 자동 변속기(AT : Automatic Transmission)

자동변속기는 클러치 조작 기구를 조작하지 않아도 쉽게 운전할 수 있는 장치로 운전자의 가속페달에 의해 엔진에서 발생한 동력을 자동으로 회전속도와 회전력을 변화시켜 바퀴를 구동하는 장치로 구조는 토크 컨버터, 변속제어 기구(유압제어, 전자제어), 유성기어장치, 작동기구(클러치, 브레이크)가 있다.

1.3.1. 자동변속기의 장·단점

[그림 26] **자동변속기의 구조**

[1] 장점

① 주행 중 빈번하게 변속레버를 조작하지 않아도 되므로 운전이 편리하다.
② 클러치 페달을 조작하지 않아도 되므로 운전 피로를 줄일 수 있다.
③ 조작 실수로 인한 엔진의 가동정지가 없다.
④ 동력전달을 오일로 하기 때문에 진동과 충격을 흡수하여 부드러운 출발과 감속을

할 수 있어 엔진과 동력전달장치를 보호할 수 있다.

⑤ 출발할 때 토크컨버터의 회전력 증대작용으로 가속성능이 우수하다.

[2] 단점

① 구조가 복잡하고, 값이 비싸며, 연료소비율이 크다.

② 밀거나 끌어서 엔진을 시동할 수 없다.

③ 다이내믹한 운전이 어렵다.

1.3.2. 유체 클러치(fluids clutch)

[1] 유체 클러치의 작동원리

유체 클러치는 2개의 날개차 사이에 오일을 가득 채운 후 한쪽의 날개차를 회전시키면 오일은 원심력에 의해 상대편 날개차를 회전시킬 수 있다. 이 원리를 이용하여 엔진의 동력을 오일의 운동에너지로 바꾸고, 이 에너지를 다시 회전력으로 바꾸어 변속기로 전달하는 장치이다.

[2] 유체 클러치의 구조

유체 클러치는 엔진 크랭크축에 펌프를, 변속기 입력축에 터빈을 설치하고, 오일의 맴돌이 흐름(와류)을 방지하기 위한 가이드 링을 두고 있다.

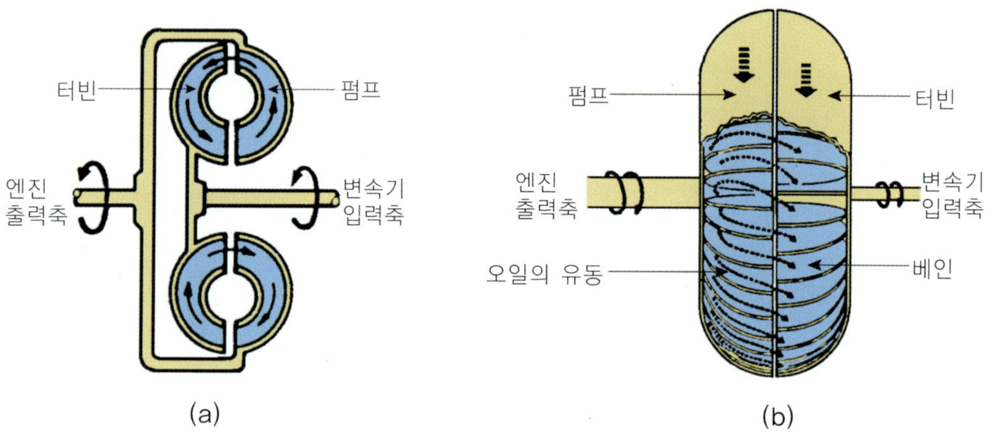

[그림 27] **유체 클러치의 구조**

1.3.3. 토크 컨버터(torque converter)

[1] 토크 컨버터의 개요

토크 컨버터는 그 내부에 오일 가득 채워져 있고 자동차의 주행저항에 따라 자동적, 연속적으로 구동력을 변환시킬 수 있으며 그 기능은 다음과 같다.

① 엔진의 회전력을 변속기에 원활하게 전달하는 기능

② 회전력을 변환시키는 기능

③ 회전력을 전달할 때 충격 및 크랭크축의 비틀림 완화 등의 기능을 한다.

토크컨버터의 터빈과 펌프와의 회전속도 비율[$\frac{\text{터빈의 회전속도}}{\text{펌프의 회전속도}}$]에 대하여 그 회전력 변환비율[$\frac{\text{터빈의 회전력}}{\text{펌프의 회전력}}$] 및 동력 전달효율[회전속도 비율×회전력 변환비율]을 표시한다. 회전력은 회전속도 비율 0에서 최대가 되며, 이 점을 스톨 포인트(stall point)라 한다. 또 회전력 변환비율은 회전속도 비율이 높아짐에 따라 감소하며 어떤 회전속도 비율에서는 회전력 변환비율이 1이 된다. 이 점을 클러치 점(clutch point)이라 한다. 그 이상의 회전속도 비율에서는 회전력 변환비율이 1이하가 된다.

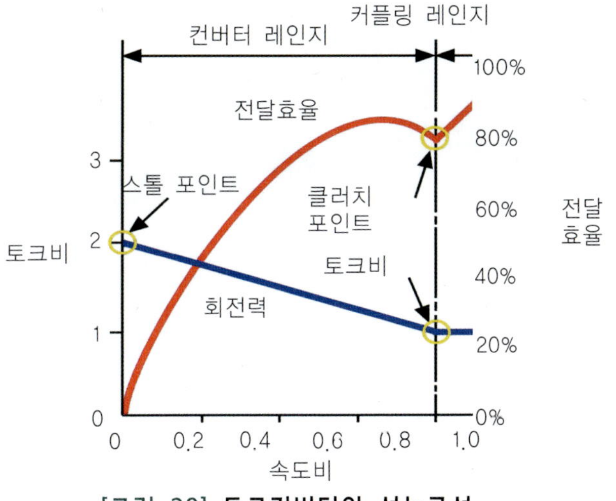

[그림 28] **토크컨버터의 성능곡선**

동력 전달효율은 스톨 포인트에서는 0이 되고 회전속도 비율이 높아짐에 따라 증가하는데 일반적으로 클러치 점보다 낮은 회전속도 비율에서 최대가 되고 이후에는 급격히 낮아진다. 그 이상에서는 토크컨버터의 일반적인 특성으로 회전력 변환비율 1의 클러치 점에서는 유체클러치로 변환한다. 따라서 스테이터와 프레임사이에 원웨이 클러치(one way clutch, 일방향 클러치)를 설치하고 있는데 이 원웨이 클러치에 의하여 클러치 점에 도달하면 지금까지 작동을 멈추고 있던 스테이터 날개의 뒷면에 오일이 작용하기 때문에 스테이터가 회전하기 시작하여 유체클러치와 같은 작용(동력만 전달)을 한다. 그리고 유체클러치는 토크 변환율 1 : 1이지만 토크컨버터 토크 변환율은 약 2~3 : 1 정도이다.

[2] 토크 컨버터의 구조

① **펌프** : 엔진의 기계적 에너지를 유체의 유동 에너지로 바꾼다.

② **터빈** : 유체의 유동에너지를 기계적 에너지로 바꾼다.

③ **스테이터** : 유체의 유동방향을 변환시켜 터빈 출력 토크를 증대 시키며, 유체의 유동방향 변환시에는 토크 컨버터 영역이고 스테이터가 회전을 하면 유체커플링 영역이다.

④ **토크컨버터 베인 형상** : 유체 운동에너지를 이용하여 토크로 변환하며 3요소(펌프, 터빈, 스테이터) 1단(터빈의 수) 2상형(토크 컨버터 영역, 유체 커플링 영역)이다.

[그림 29] **토크 컨버터**

1.3.4. 유성기어 장치

[1] 유성기어장치의 구성

① **포워드 선 기어(forward sun gear)** : 전진용 선 기어이며, 리어 클러치 허브를 통하여 구동력이 전달되면 포워드 선 기어는 숏 피니언을 구동한다.

② **리버스 선 기어(reverse sun gear)** : 후진용 선 기어이며, 프론트 클러치 리테이너에 설치되어 프론트 클러치가 작동할 때 킥다운 드럼의 중계로 구동력이 리버스 선 기어에 전달되어 롱 피니언을 구동한다.

③ **유성 캐리어(planetary carrier)** : 유성 캐리어는 로 & 리버스 브레이크 허브 및 원웨이 클러치 아웃 레이스와 일체로 되어 있으며, 4단 자동 변속기에서 엔드 클러치 축의 중계로 엔드 클러치와 연결되어 있으며, 엔드 클러치가 작동될 때 구동력을 링 기어로 전달한다.

④ **링 기어(ring gear or annulus gear)** : 출력 플랜지와 연결되어 있으며, 출력 플랜지에 설치된 트랜스퍼 구동 기어로 구동력을 전달한다.

[그림 30] **유성기어 구성**

[2] 유성기어 변속장치의 작용

유성기어 변속장치는 유압에 따라 변속 제어장치에 의하여 자동차의 주행속도에 따라 자동 변속이 이루어진다. 이것에 의하여 토크 컨버터의 회전력 변환능력 부족분량을 보충하여 자동차의 구동력을 증대시키고 또 후진할 때 회전방향을 변환하여 자동변속기의 기능이 충분히 발휘되도록 한다. 유성 기어장치의 작동은 다음과 같다.

(1) 증속시킬 경우

① 링기어를 증속시키고자 할 경우에는 선기어를 고정시키고, 유성 캐리어를 구동하면 증속되며, 링기어의 증속은 다음 공식으로 산출된다.

$$N = \frac{A + D}{D} \times n$$

N : 링 기어의 회전　　A : 선 기어 잇수
D : 링 기어 잇수　　n : 유성 캐리어의 회전수

② 선기어를 증속시키고자 할 경우에는 링기어를 고정시키고, 유성 캐리어를 구동하면 증속된다.

(2) 감속시킬 경우

① 선기어를 고정시키고 링기어를 구동하면 유성 캐리어가 감속한다.

② 링기어를 고정시키고 선기어를 구동하면 유성 캐리어가 감속한다.

(3) 후진(역회전)시키고자 할 경우

① 유성 캐리어를 고정하고 선기어를 회전시키면 링기어가 역전 증속한다.

② 유성 캐리어를 고정하고 링기어를 회전시키면 선기어가 역전 감속한다.

(4) 직결시킬 경우

선기어, 유성 캐리어, 링기어의 3요소 중에서 2요소를 고정하면 동력은 직결(top gear)된다. 또, 유성기어를 자동변속기의 보조 변속기로 사용하는 이유는 다음과 같다.

① 유성기어 트레인의 각 기어는 항상 물려 있기 때문에 동력전달 중에도 기어의 변속이 가능하다.

② 1세트의 유성기어 트레인로 2가지의 변속비율 얻을 수 있다. 가령 2세트의 유성 기어세트인 경우 전진 3단, 후진 1단의 변속 비율을 얻을 수 있다.

③ 수동 변속기에 비해 소형화할 수 있다.

1.3.5. 유압 제어장치

자동변속기는 유압 제어장치에 의해 자동차의 주행속도에 따라 자동적으로 유성 기어장치의 브레이크 밴드와 클러치를 결합시키기도 하고 해제하기도 한다.

[1] 오일펌프(oil pump)

오일펌프는 유압 제어장치의 유압 발생원으로 적당한 유압과 유량을 공급한다. 오일펌프는 내접기어형이며, 구동기어와 피동기어로 되어있고, 초승달 모양의 크레센트(crescent)를 사이에 두고 서로 맞물려 있으며 엔진 시동과 동시에 유압을 발생한다.

[2] 거버너 밸브(governor valve)

이 밸브는 유성 기어장치의 변속이 그 때의 주행속도에 적응되도록 한다. 작동은 오일펌프에서 유압을 받아 이를 주행속도에 비례하는 유압(이것을 거버너 압력이라 함)으로 조정하여 최종적으로 이 유압을 밸브 보디 내의 시프트 밸브(shift valve)의 끝 부분에 작용시킨다.

이 유압에 의해 시프트 밸브가 이동하여 오일회로가 열리면서 주 라인압력이 클러치,

브레이크 밴드로 송출되어 클러치 또는 브레이크 밴드가 작용하여 유성 기어장치가 변속된다. 즉 거버너 밸브에 의하여 시프트 업이나 시프트 다운이 자동적으로 이루어진다.

[3] 밸브보디(valve body)

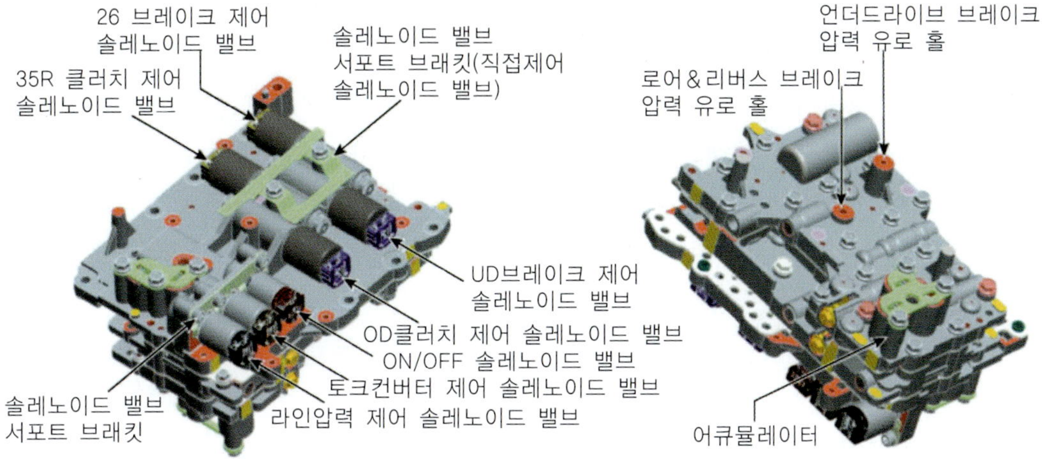

[그림 31] **밸브 보디의 구조**

밸브바디는 변속기 내부에 장착되어 있고, 밸브바디는 자동변속기 제어의 중추적인 구성 품으로 오일펌프에서 공급되는 유체를 제어하는 각종 밸브가 내장되어 있다. 압력을 조절하는 레귤레이터 밸브, 오일의 방향을 바꿔주는 변환 밸브, 변속을 실행하는 시프트 밸브, 변속레버와 연결된 매뉴얼 밸브 등이 있다. 밸브 바디 몸체에는 전자 솔레노이드 밸브가 장착되어 있어 최상의 변속 감을 실행시킨다.

1.3.6. 댐퍼 클러치(록업 클러치 : damper clutch or lock up clutch)

[1] 댐퍼 클러치의 기능

수동 변속기에 비해 자동변속기가 연료 소비율이 높았던 것은 동력전달 손실이 큰 것이 그 원인이며, 회전력 변환비율이 1에 가까운 구간에서는 마찰클러치와 같은 직결상태로 하여 동력전달 손실을 최소화하는 것이 댐퍼 클러치이다.

[2] 댐퍼 클러치가 작동하지 않는 범위

① 제1속 및 후진할 때

② 엔진 브레이크가 작동할 때

③ 변속할 때

④ 브레이크 스위치가 ON 상태일 때

⑤ 엔진이 공전할 때

⑥ 냉각수 온도 50℃, 오일 온도 60℃ 이하 시

1.3.7. 전자제어 자동변속기용 센서

① **스로틀 위치 센서(TPS)** : 스로틀 밸브 열림 정도에 따른 변속시기를 결정한다.

② **수온 센서(WTS)** : 엔진 냉각수 온도가 50℃ 미만에서는 OFF되고, 그 이상에서는 ON으로 되어 컴퓨터(TCU)로 입력시킨다.

③ **오일온도(유온)센서** : 자동변속기 오일(ATF)의 온도에 따라 점도 특성 변화를 참조하기 위해 설치한다.

④ **펄스 제너레이터 A&B(pulse generator A&B)** : 펄스 제너레이터 A는 킥다운 드럼의 회전속도를, 펄스 제너레이터 B는 트랜스퍼 피동 기어의 회전속도를 검출하여 Na/Nb를 컴퓨터에서 연산하여 자동적으로 변속 단수를 결정한다.

⑤ **가속페달 스위치(accelerator pedal S/W)** : 가속페달을 밟으면 OFF, 놓으면 ON으로 되어 이 신호를 컴퓨터로 보내며 주행속도 7 km/h 이하, 스로틀밸브가 완전히 닫혔을 때 크리프(creep)량 이 적은 제2단으로 유도하기 위한 검출기구이다. 또 스로틀밸브가 완전히 닫힌 상태에서는 ON이나 조정 불량 등으로 OFF가 되면 복잡한 작동을 하게 된다.

⑥ **차속센서** : 변속기 속도계 구동기어의 회전속도(주행속도)를 펄스 신호로 검출하여 펄스 제너레이터 B에 이상이 있을 때 페일 세이프 기능을 갖도록 한다.

⑦ **컴퓨터(TCU : transmission control unit)** : 컴퓨터는 각종 센서에서 보내 온 신호를 받아서 댐퍼클러치 제어 솔레노이드밸브(DCCSV), 변속제어 솔레노이드밸브(SCSV), 압력제어 솔레노이드밸브(PCSV) 등을 구동하여 댐퍼 클러치의 작동과 변속 조절을 한다.

⑧ **인히비터 스위치(inhibitor S/W)** : 변속레버를 P(주차) 또는 N(중립) 레인지 위치에서만 기관 시동이 가능하도록 하고, 그 외의 위치에서는 시동이 불가능하게 하며 R(후진)레인지에서는 후퇴등(back up lamp)이 점등되게 한다.

1.3.8. 변속레버

[1] 기계식 변속 레버(SBC : shift by cable)

기계식 변속 레버의 작동은 운전자의 의지를 반영하는 변속 레버와 자동변속기에 장착된 인히비터 스위치를 연결하는 케이블에 의해 이루어진다. 운전자가 변속 레버를 조작하게 되면 변속 레버와 케이블로 연결된 인히비터 스위치는 변속기 내부의 밸브 바디 유로 흐름을 변경하게 되고, 이 정보는 TCU가 판단하여 자동차의 변속 상태를 만들어 낸다.

(a) 노멀형 6위치 변속레버　　(b) 스포츠 모드 4위치 변속레버

[그림 32] **기계식 변속레버**

(1) 노멀형(normal type) 6위치 변속레버

① P(Parking)레인지 : P 레인지는 자동차의 주차기능이며, 엔진을 시동할 수 있다. 정차할 때에는 반드시 P 레인지를 선택하여야 한다.

② R(Reverse) 레인지 : R 레인지는 자동차의 후진 시 위치이며, 엔진 시동은 불가능하다.

③ N(Neutral) 레인지 : N 레인지는 자동차의 프리휠링(free wheeling) 상태이다. P레인지와 함께 엔진 시동이 가능하다.

④ D(Drive) 레인지 : D 레인지는 주행을 위한 위치이며, 제1속부터 4속까지 변속이 가능하다. 그리고 D 레인지 제1속 에서는 엔진 브레이크가 작동하지 않는다.

⑤ 3 레인지 : 3 레인지는 1속부터 3속 까지 변속이 가능하며, 3 레인지 제1속 에서는 엔진 브레이크가 작동하지 않는다.

⑥ L(Low) 레인지 : L 레인지는 제 1속 고정이며, 엔진 브레이크 효과를 얻을 수 있다.

(2) 스포츠 모드(sports mode) 4위치 변속레버

① P(Parking)레인지 : P 레인지는 자동차의 주차기능이며, 엔진을 시동할 수 있다. 정차할 때에는 반드시 P 레인지를 선택하여야 한다.

② R(Reverse) 레인지 : R 레인지는 자동차의 후진 시 위치이며, 엔진 시동은 불가능하다.

③ N(Neutral) 레인지 : N 레인지는 자동차의 프리휠링(free wheeling) 상태이다. P레인지와 함께 엔진 시동이 가능하다.

④ D(Drive) 레인지 : D 레인지는 주행을 위한 위치이며, 제1속부터 4속까지 변속이 가능하다. 그리고 D 레인지 제1속 에서는 엔진 브레이크가 작동하지 않는다.

⑤ 스포츠모드(+) : 스포츠모드 (+)는 운전자의 의지대로 수동으로 변속할 수 있으며 (+)쪽으로 한번 밀면 현재 변속단계에서 1단 상향 변속(up shift) 된다.

⑥ 스포츠모드(–) : 스포츠모드 (–)는 운전자의 의지대로 수동으로 변속할 수 있으며 (–)쪽으로 한번 밀면 현재 변속단계에서 1단 하향 변속(down shift) 된다.

[2] 전자식 변속 레버(SBW : Shift By Wire)

SBW는 자동변속기와 변속 레버가 CAN 통신 제어로 변속되는 시스템으로, 변속 레버 조작에 따른 진동이 없고 작은 조작력과 동선만으로 변속이 가능하여 편의성이 뛰어나다. 전자 제어에 의한 변속이 가능하기 때문에 자율 주행 자동차를 구현하는데 필수적이다.

[그림 33] 전자식 변속 레버

전동식 전자식 변속 레버는 변속 버턴 또는 레버 조작 시 전기 신호에 따라 모터의 회전을 이용하여 P/R/N/D 변속을 가능하게 한다. 하지만 차종의 종류에 따라 제어 방법의 차이가 있다. 제어 방법의 차이는 동력을 전달하는 매개체인 감속기/변속기에 따라 달라지게 된다.

변속기의 포지션 스위치(인히비터 스위치)와 변속 레버 간 연결되어 있던 시프트 케이블은 SBW 타입에서는 삭제되고, 시프트 케이블 브래킷 및 시프트 레버 역시 불필요하기 때문에 삭제된다. 또한 차량의 변속을 기계적인 움직임 대신 통신으로 제어하는데, 이를 위한 SCU(SBW Control Unit)가 추가된다. SCU는 SBW, TCU, ECU등 각종 제어기와 CAN통신을 하며, SBW 액추에이터와 Hard wire로 연결되어 있다.

전동식 SBW에 적용되는 포지션 센서는 기존 자동변속기의 인히비터 스위치(포지션 센서) 역할을 하는 부품으로써, 변속기 내부를 P/R/N/D 위치로 바꾸게 되는 역할을 한다. 포지션 센서는 총 4핀으로 센서접지, 센서전원, Signal 1, Signal 2로 구성되는데 이중 Signal 1과 Signal 2의 PWM값이 변속단을 결정하는 신호값이다.

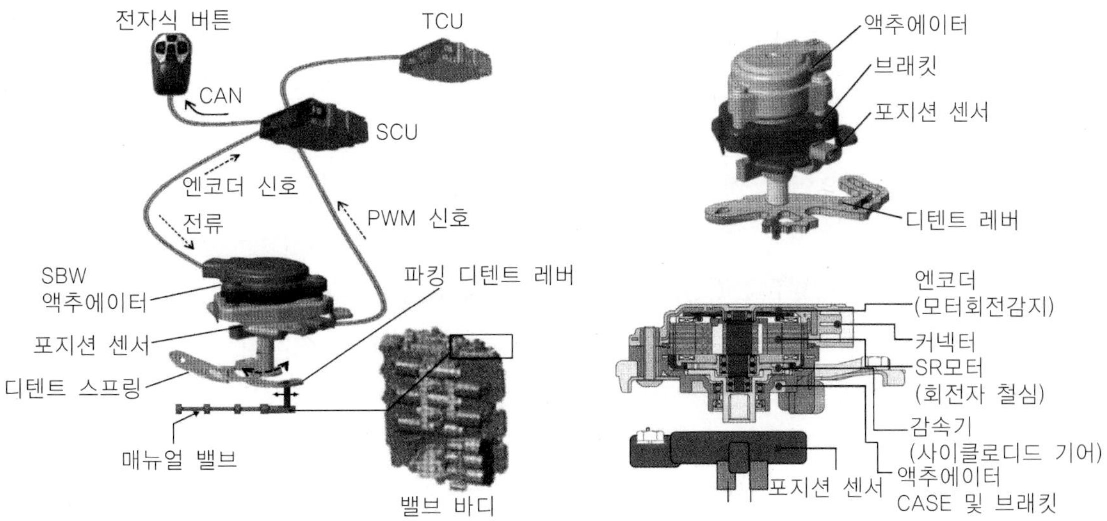

(a) 전동식 SBW 구성도 (b) 전동식 SBW 측면부 단면도

[그림 34] **전동식 SBW**

1.3.9. 자동변속기 오일

[1] 자동변속기 오일의 구비조건

① 기포가 생기지 않을 것

② 저온 유동성이 좋을 것

③ 점도 변화가 적을 것

④ 방청성이 있을 것

⑤ 마찰계수가 클 것

⑥ 고착 방지성과 내마모성이 있을 것

[2] 자동변속기 오일 상태 점검 방법

① 오일량 점검은 평탄한 곳에서 실시한다.

② 오일을 작동온도 상태에서 변속레버를 움직여 클러치나 서보에 오일을 충분히 채운 다음 오일량을 점검한다.

③ 오일량은 COLD와 HOT의 중간 부위에 있어야 한다.

④ 오일이 부족하면 자동변속기 오일(ATF)을 보충한다.

[3] 자동변속기 오일 색깔

① **정상** : 투명도가 높은 붉은 색

② **갈색 또는 니스 모양** : 장시간 고온에 노출되어 열화 발생

③ **투명도가 없는 검은 색** : 클러치판의 마멸 분말에 의한 오일의 오손, 부싱 및 기어가 마모된 경우

④ **백색** : 수분이 유입된 경우

1.4. 무단 변속기(CVT : Continuously Variable Transmission)

무단 변속기란 연속적으로 가변 시키는 장치이다. 무단 변속기의 최대 장점은 무단으로 변속을 실행하므로 변속기에서 발생할 수 있는 변속 충격방지 및 연료 소비율 향상과 가속성능이 우수한 점이다. 무단 변속기는 엔진을 항상 최적 운전상태로 유지할 수 있어 효율이 10~20% 정도 높아진다. 무단 변속기의 특징은 다음과 같다.

① 가속성능이 향상된다.

② 연료 소비율이 향상된다.

③ 변속 충격이 감소한다.

④ 무게가 감소한다.

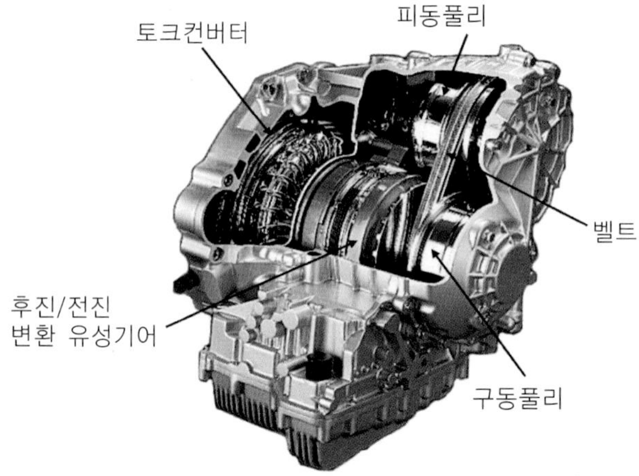

[그림 35] **무단변속기**

1.4.1. 무단 변속기의 구성별 분류

[1] 변속방식에 의한 분류

(1) 벨트 구동방식

① **고무벨트 방식** : 고무벨트는 알루미늄합금 블록의 측면 즉, 변속기 풀리와의 접촉면이 내열 수지로 성형되어 있다.

② **금속벨트 방식** : 금속벨트 방식은 두께 0.2 mm의 금속밴드를 12장씩 겹친 밴드 사이에 끼워 넣은 상태의 금속 V-벨트이며 특이한 점은 고무벨트는 인장력으로 동력을 전달하지만 금속벨트 방식은 금속블록사이의 압축력에 의해서도 동력을 전달한다.

③ **금속 체인방식** : 금속벨트와 비슷한 구조이다.

(a) 고무벨트　　(b) 스틸벨트　　(c) 체인벨트

[그림 36] **CVT 벨트**

(2) 익스트로이드 방식

익스트로이드 방식의 작동원리는 입력축과 출력축 원판에 하중을 작용시키고 롤러가 회전함에 따라 접촉 반지름이 변화하여 이것의 반지름 비율에 의해 변속이 된다. 익스트로이드 방식은 구동 원리상 뒷바퀴 구동 차량에 사용할 수 있는 구조를 지녔으며 현재 뒷바퀴 구동 차량에 설치되고 있다.

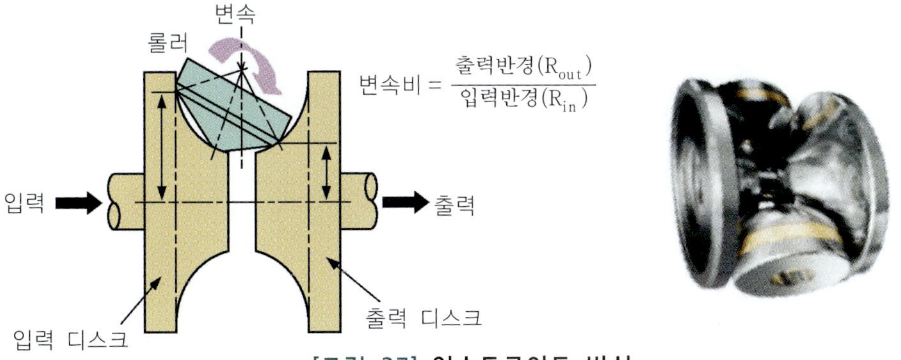

[그림 37] **익스트로이드 방식**

(3) 유압모터 · 펌프의 조합방식

유압펌프와 유압모터로 이루어져 있으며 펌프에서 만들어진 동력은 기계적인 동력으로 바꾸어지는 유압식 변속기 구조이다.

[2] 동력 전달방식에 의한 분류

(1) 토크 컨버터 방식

토크 컨버터 방식에서 사용하는 무단 변속기의 토크 컨버터는 자동 변속기에서 사용하는 토크 컨버터와 같다. 그러나 무단변속기 특성상 록 업(lock up) 구간(댐퍼 클러치 제어 영역)을 자동 변속기에 비해 작동영역을 크게 할 수 있어 연료 소비율 개선에 큰 효과를 볼 수 있다.

(2) 전자 클러치방식(전자 분말방식)

전자 클러치방식(electronic clutch type)은 구동판(drive plate)에 볼트로 고정되어 있으며, 변속기 입력 축과 연결된 로터(rotor), 구동판과 연결된 클러치 하우징의 요크(yoke) 및 코일(coil) 등으로 구성되어 있다.

컨트롤러(controller)에서 브러시(brush)에 전류를 공급하면 슬립 링(slip ring)을 통해 코일이 자화되어 요크와 로터사이에 있는 자석 성분의 분말이 연속적으로 연결된다. 이 결합력에 의해 요크와 변속기 입력축과 연결된 로터가 연결되어 동력을 전달한다. 이 결합력은 전류의 세기에 비례하며 컨트롤러에서 전류를 차단하면 분말의 연결 상태가 해제되어 클러치가 분리되므로 동력이 차단된다.

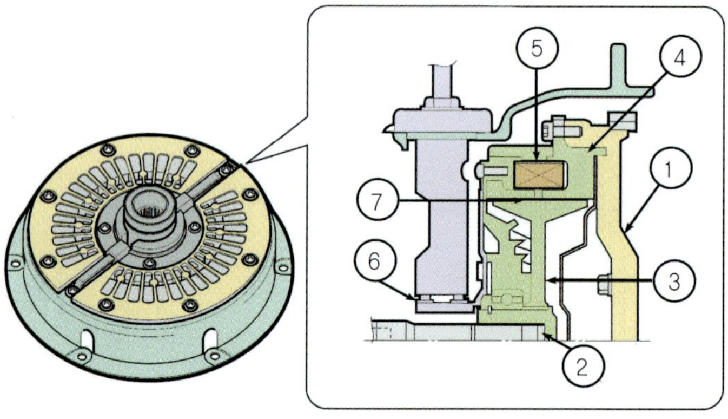

1. 드라이브 플레이트 2. 변속기 입력축 3. 로터 4. 클러치 하우징의 요크
5. 코일 6. 슬립링 7. 자석성분의 파우더

[그림 38] **전자 분말 클러치 방식의 구조**

1.4.2. 무단 변속기의 구성요소와 작동

[1] 토크 컨버터(torque converter)

토크 컨버터는 기관의 동력을 변속기로 전달해 주는 유체 동력학적 동력 전달장치이다. 무단 변속기용 토크 컨버터는 록업(lock up)클러치의 강성화와 정숙성 확보, 록업 영역의 확대로 낮은 연료 소비율 실현 및 출발성능 등이 향상 되었다.

[2] 오일펌프(oil pump)

오일펌프는 항상 기관에 의해 구동되는데 토크 컨버터의 뒤쪽에 설치될 경우 토크 컨버터의 펌프커버 허브에 의해 구동되며, 변속기 케이스 뒤쪽이나 밸브보디 내에 설치될 경우에는 토크 컨버터 커버와 연결된 별도의 오일펌프 구동축에 의해 구동된다.

[3] 전·후진장치

무단 변속기를 설치한 차량도 후진을 하여야 한다. 이를 위해 전 · 후진장치를 두고 있다. 전 · 후진장치의 작동은 유성 기어장치를 사용하며, 유성 기어장치의 구성은 링기어 유성 캐리어, 선기어, 더블 피니언(double pinion) 등이다. 이것은 전진에서 후진으로의 동력 전달방향을 변환할 때 회전방향을 바꾸기 위한 기구이다.

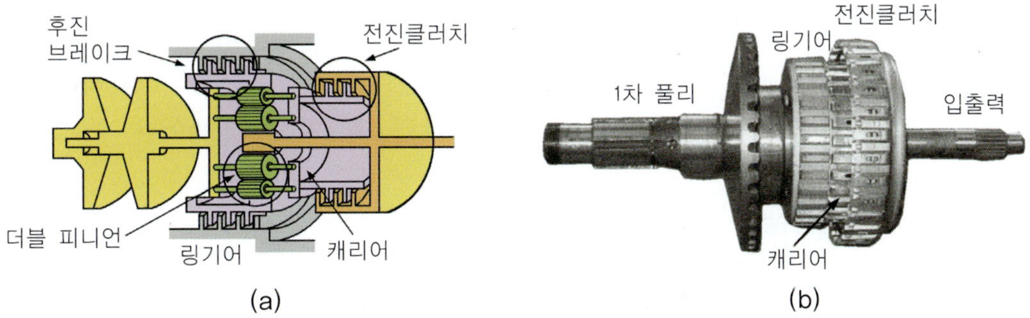

[그림 39] **전 · 후진장치의 구성**

그리고 유성 기어장치를 제어하기 위한 클러치 및 브레이크가 있으며, 전진할 때 유성 캐리어를 직접 구동하기 위한 전진 클러치 1세트와 후진에서 링기어를 케이스에 고정하기 위한 후진 브레이크 1세트가 마련되어 있다.

[4] 가변 풀리

무단 변속기에서 변속비율이 제어되는 곳이 가변 풀리이다. 즉 지름이 다른 풀리 2개가 벨트를 통하여 연결되어 있으며, 각 풀리는 벨트가 설치되어 지름을 변경할 수 있도록 되어 있다. 풀리의 지름 변경은 1차 풀리 피스톤과 2차 풀리 피스톤에 의한다. 각 풀리 장치 즉, 구동과 피동 풀리는 고정 및 이동 시브(sheave)로 구성되어 있다. 고정 시브와 이동 시브 사이에는 볼 스플라인(ball spline)을 사용하여 축 방향 이동은 자유스럽지만 회전운동은 제한을 받는다.

이렇게 이동 시브가 축 방향으로 이동함에 따라 벨트의 접촉 반지름이 바뀌게 되어 풀리 비율이 변화한다. 벨트의 접촉력을 발생시키는 유압실은 피스톤, 이동 풀리 및 풀리 커버로 구성되어 있다.

(1) 1차 풀리

1차 풀리 즉, 구동 풀리는 더블 피스톤을 사용한다. 이것은 1차 풀리의 역할이 구동 중 변속비율 제어와 관련이 있다. 저속 단계로 운행 중인 자동차를 고속 단계로 변속을 하기 위해서는 1차 풀리의 유압 실에 유압을 가하게 되는데 이때 벨트는 가장 안쪽에 위치하고 있다가 바깥쪽으로 이동을 한다. 이때 벨트가 위치해 있는 풀리의 지름 비율이 곧 변속 비율이 된다.

(2) 2차 풀리

2차 풀리의 내부 구조 및 원리는 1차 풀리와 거의 비슷하다. 그러나 1차 풀리가 변속비율 제어가 주 역할이었다면 2차 풀리는 벨트의 장력 제어가 주 역할이다.

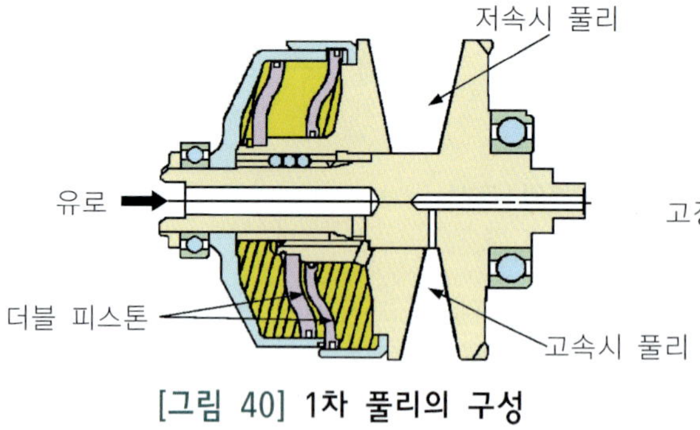

[그림 40] 1차 풀리의 구성

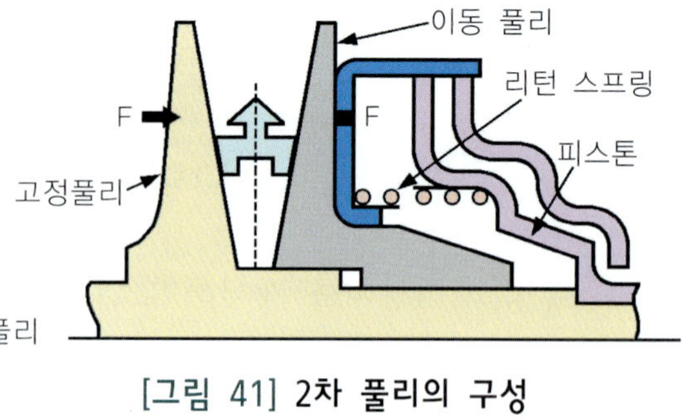

[그림 41] 2차 풀리의 구성

1.4.3. 무단 변속기의 전자제어

[1] 각종 액추에이터와 센서의 구성 및 작동원리

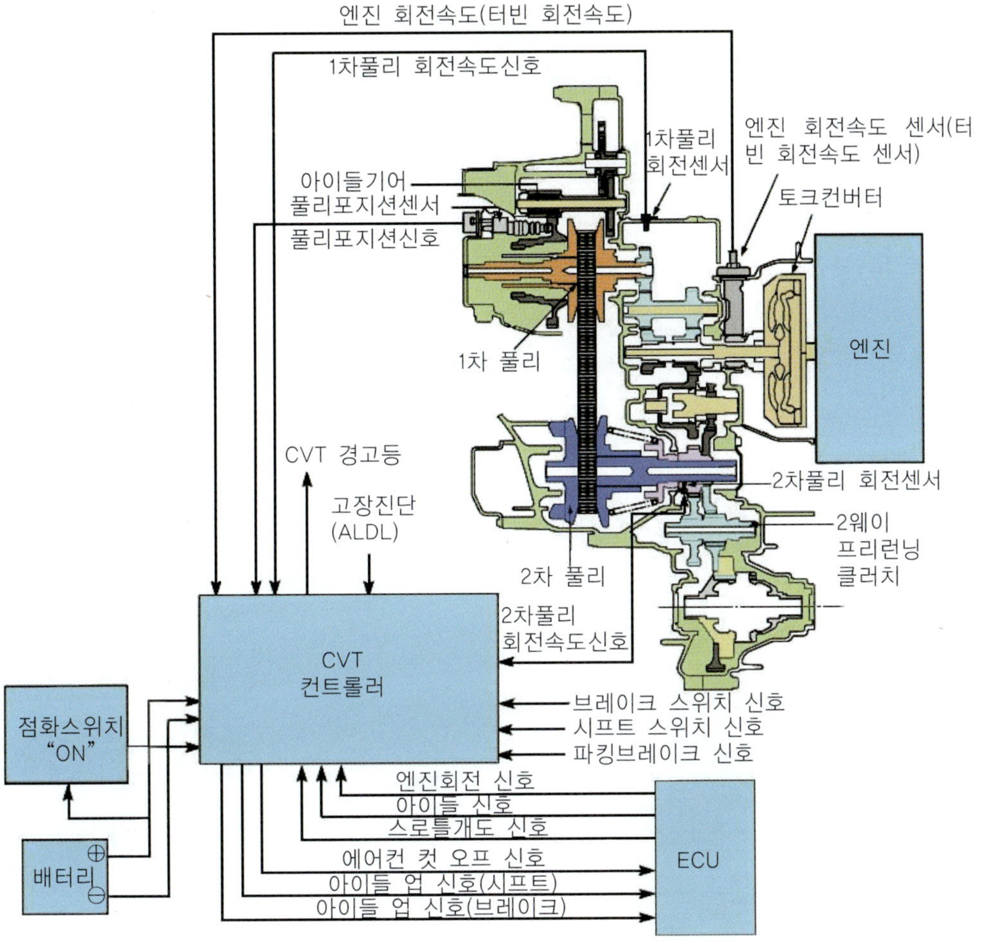

[그림 42] **무단 변속기 전자제어 구성도**

(1) 솔레노이드밸브

솔레노이드밸브는 컴퓨터의 작동신호를 받아 작동하며 그 종류에는 댐퍼클러치 컨트롤 솔레노이드밸브, 클러치 압력 컨트롤 솔레노이드밸브, 라인압력 컨트롤 솔레노이드밸브, 시프트 컨트롤 솔레노이드밸브 등이 있다.

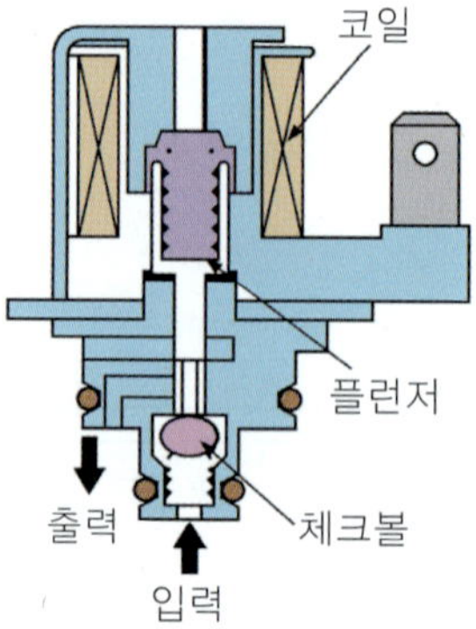

[그림 43] 솔레노이드밸브의 구조

(2) 오일온도(유온) 센서

변속기 오일의 온도를 서미스터로 검출하여 댐퍼 클러치 작동 및 미 작동영역을 검출하고 변속할 때 유압제어 정보 등으로 사용한다.

(3) 유압센서

무단 변속기의 유압센서는 라인압력 또는 1차 풀리쪽 압력 검출용과 2차 풀리쪽 압력 검출용 2개가 설치된다.

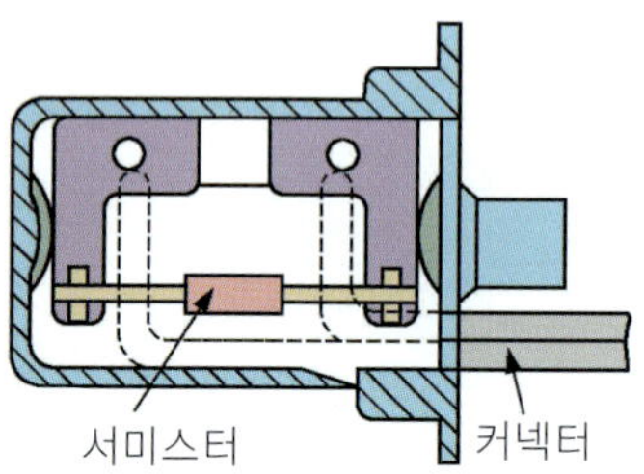

[그림 44] 오일온도 센서의 구조

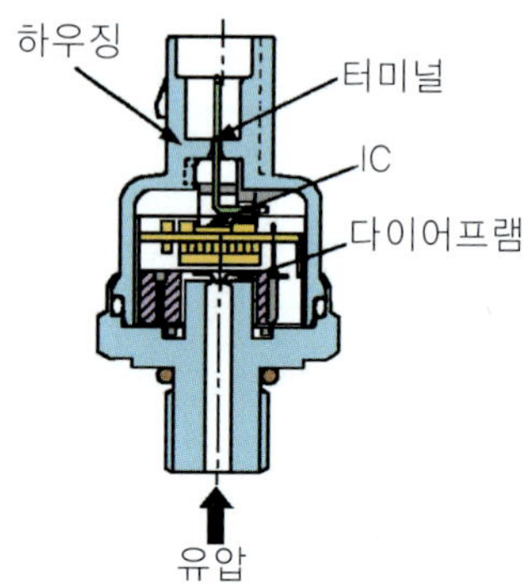

[그림45] 유압센서의 구조

(4) 회전속도 센서

회전속도 센서의 종류에는 터빈 회전속도 센서, 1차 풀리 회전속도 센서, 2차 풀리 회전속도 등 3가지가 있으며, 1, 2차 풀리 회전속도 센서는 공용화가 가능하다. 회전속도 센서는 홀 센서(hall sensor)형식이다.

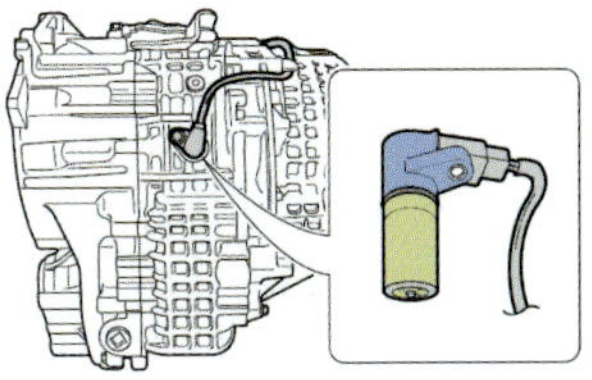

[그림 46] **1차 풀리 회전센서**

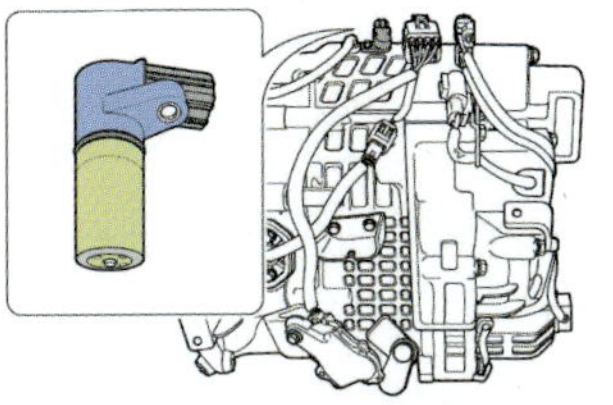

[그림 47] **2차 풀리 회전센서**

(5) 풀리 포지션 센서

풀리 포지션 센서는 1차 풀리의 가동 풀리 측면에 설치되어 있으며 가동 풀리의 이동량을 감지하여 신호를 CVT 컨트롤러로 전송한다. CVT 컨트롤러에서 DC모터를 제어함에 따라 액추에이터 기어가 구동하면 가동 풀리가 축 방향으로 이동되며, 이 이동값은 풀리포지션 센서 내부의 로드가 움직임으로서 변화된 저항값을 CVT 컨트롤러로 전송되어 변속비를 검출한다.

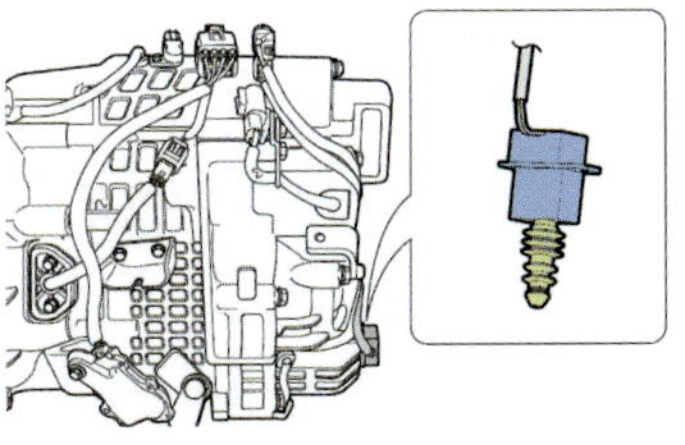

[그림 48] **풀리 포지션 센서**

(6) 브레이크 스위치

주 브레이크 신호를 CVT 컨트롤러에 전송하며 CVT 컨트롤러는 크리프 상태와 같이 클러치를 제어하는 신호로 사용한다.

(7) 파킹브레이크 스위치

파킹브레이크 신호를 CVT 컨트롤러에 전송한다. 파킹브레이크 신호는 무단변속기 결함코드를 소거하는 기능을 한다.

(8) 스로틀 개도 신호

스로틀 개도 신호는 엔진 제어의 주요소가 될 뿐만 아니라, 무단변속기가 원활한 무단변속을 하기 위한 중요한 신호가 된다. ECU는 스로틀 포지션 센서에서 스로틀개도량에 대응한 전압신호를 검출하여 이 신호를 듀티비로 전환하여 CVT 컨트롤러로 출력한다. CVT 컨트롤러는 이 신호를 연산 처리하여 변속제어를 한다.

(9) 아이들 신호

엔진 ECU는 스로틀 포지션 센서에서 스로틀 개도에 대응한 전압신호를 검출하여 이 신호로부터 액셀페달을 밟고 있는지 또는 밟고 있지 않는지를 ON/OFF 신호로 변환하여 CVT 컨트롤러로 출력하고 있다.

(10) 에어컨 컷오프 신호

아이들 신호가 "ON"이고 차속이 약10 km/h이상이며 셀렉터버를 D에서 Ds로 전환 하거나 또는 차속이 20 km/h 이하이고 스로틀개도가 40° 이상인 상태에서 CVT 컨트롤러는에어컨 컷오프 신호를 ECU로 보내면 ECU는 4초간 에어컨 작동을 차단한다.

[2] 유압 제어장치

유압 제어장치는 유압을 발생시키는 오일펌프, 컴퓨터(CVT 컨트롤 유닛)의 전기 신호를 받아 유압을 조절하는 솔레노이드 밸브, 솔레노이드 밸브에서의 제어압력을 기초로 작동하는 컨트롤 밸브 및 라인 압력을 일정한 압력으로 조정하는 레귤레이터 밸브 그리고 이들을 구성하는 밸브 보디 등으로 구성되어 있다. 컴퓨터는 각 센서 정보에서 신호를 받아 4개의 솔레노이드 밸브를 구동하고 주행 조건에 대한 제어를 실행한다. 유압 제어에는 라인압력 제어, 변속비율 제어, 출발 제어, 클러치 압력 제어 등이 있다.

1.5. 드라이브 라인, 뒷차축 어셈블리 및 바퀴

1.5.1. 드라이브 라인(drive line)

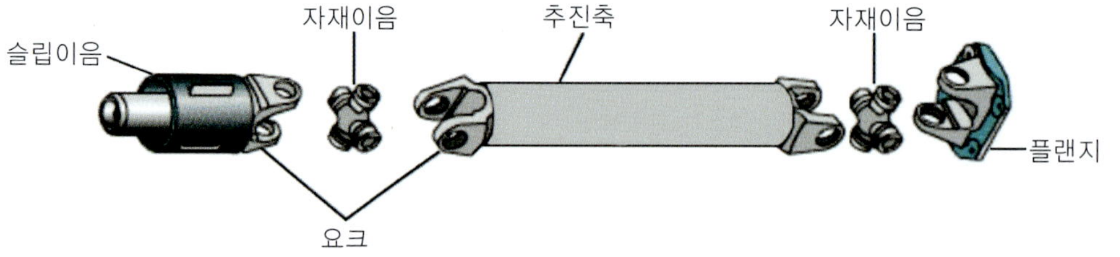

[그림 49] 드라이브 라인의 구성

드라이브 라인은 앞 엔진 뒷바퀴 구동(FR)차량에서 변속기의 출력을 종감속 기어로 전달하는 부분이며 슬립이음, 자재이음 및 추진축 등으로 구성되어 있다.

[1] 슬립이음(slip joint)

슬립이음은 변속기 주축 뒤끝에 스플라인을 통하여 설치되며, 뒷차축의 상하운동에 따라 변속기와 종감속 기어 사이에서 길이 변화를 가능하도록 하기 위해 두고 있다.

[2] 자재이음(universal joint)

자재이음은 변속기와 종감속 기어 사이의 구동각도 변화를 주는 장치이며, 종류에는 십자형 자재이음, 플렉시블 이음, 볼엔드 트러니언 자재이음, 등속도 자재이음 등이 있다.

(1) 십자형 자재이음(훅 조인트)

이 형식은 중심부분의 십자 축과 2개의 요크(yoke)로 구성되어 있으며 십자 축과 요크는 니들 롤러베어링을 사이에 두고 연결되어 있다. 설치 각도는 12~18° 이하로 하여야 한다.

[그림 50] **십자형 자재이음**

(2) 플렉시블 이음(flexible joint)

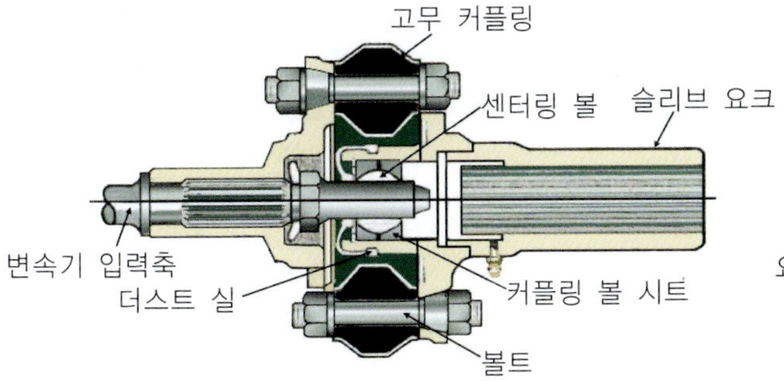

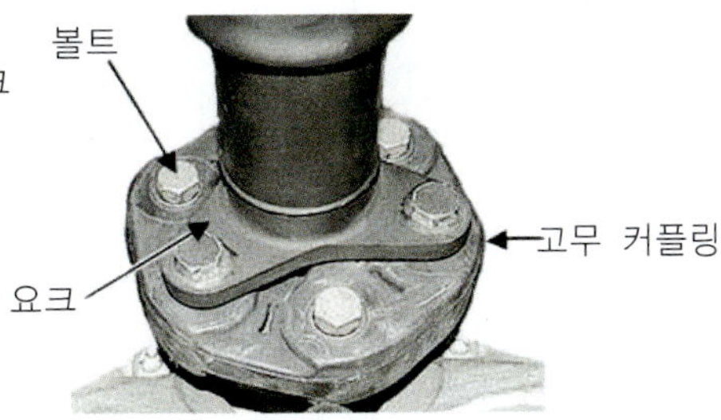

[그림 51] **플렉시블이음**

이 형식은 3가닥의 요크 사이에 가죽이나 경질 고무로 만든 커플링(coupling)을 끼우고 볼트로 조인 것이다. 설치 각도는 3~5° 이상 되면 진동을 일으키기 쉽다.

(3) 등속도(CV) 자재이음

등속도 자재이음은 주로 앞바퀴 구동방식(FF) 차량의 차축에서 사용된다. 종류에는 트랙터형, 벤딕스 와이스형, 제파형, 파르빌레형, 이중 십자이음 등이 있다.

이 중에서 파르빌레 형(parville type)은 구조가 간단하고 용량이 커 앞바퀴 구동 차량에서 주로 사용하며, 변속기 쪽에 있는 것을 더블 오프셋 이음(double off-set joint), 바퀴 쪽에 있는 것을 버필드 이음(birfield joint)라 부른다.

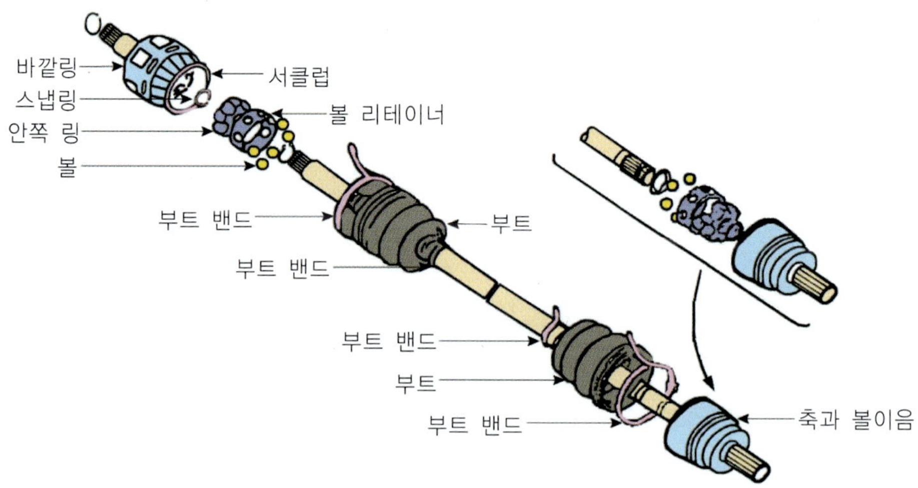

[그림 52] **더블 오프셋 이음**

[3] 추진축(propeller shaft)

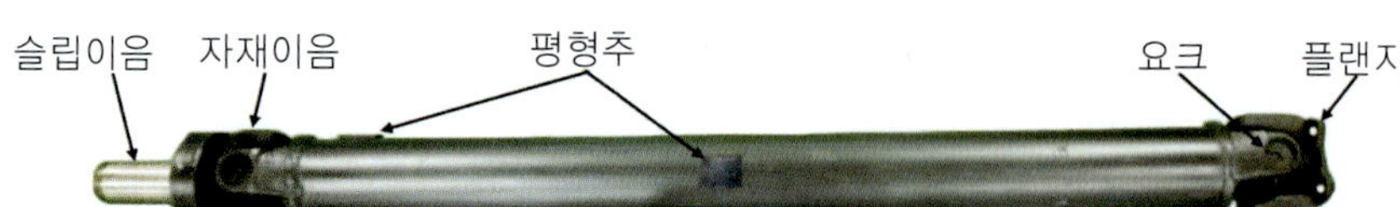

[그림 53] **추진축**

추진축은 강한 비틀림을 받으면서 고속 회전하므로 이에 견딜 수 있도록 속이 빈 강관(steel pipe)을 사용한다. 회전평형을 유지하기 위해 평형추가 부착되어 있으며, 그 양쪽에는 자재이음의 요크가 있다. 축간거리가 긴 자동차에서는 추진축을 2~3개로 분할하고, 각 축의 뒷부분을 센터 베어링으로 프레임에 지지하고, 대형 자동차의 추진축에는 비틀림 진동을 방지하기 위한 토션 댐퍼(torsional damper)를 두고 있다.

1.5.2. 종감속 기어와 차동장치

[1] 종감속 기어(final reduction gear)

[그림 54] **종감속 기어의 구조**

종감속 기어는 추진축의 회전력을 직각으로 전달하며 기관의 회전력을 최종적으로 감속시켜 구동력을 증가시킨다. 구조는 구동 피니언과 링기어로 되어 있으며, 종류에는 웜과 웜 기어, 베벨 기어, 하이포이드 기어가 있으며 현재는 주로 하이포이드 기어를 사용한다.

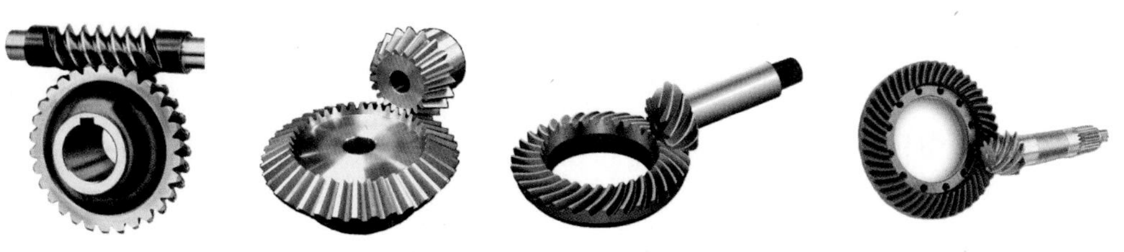
(a) 웜과 웜기어 (b) 스퍼 베벨 기어 (c) 스파이럴 베벨 기어 (d) 하이포이드 기어

[그림 55] **종감속 기어의 종류**

하이포이드 기어(hypoid gear)는 링기어의 중심보다 구동 피니언의 중심이 10~20% 정도 낮게 설치된 스파이럴 베벨기어의 전위(off-set) 기어이며 그 장·단점은 다음과 같다.

(1) 하이포이드 기어의 장점

① 구동 피니언의 오프셋에 의해 추진축 높이를 낮출 수 있어 자동차의 중심이 낮아져 안전성이 증대된다.

② 동일 감속비, 동일 치수의 링 기어인 경우에 스파이럴 베벨 기어에 비해 구동 피니언을 크게 할 수 있어 강도가 증대된다.

③ 기어 물림률이 커 회전이 정숙하다.

(2) 하이포이드 기어의 단점

① 기어 이의 폭 방향으로 미끄럼 접촉을 하므로 압력이 커 극압 윤활유를 사용하여야 한다.

② 제작이 조금 어렵다.

또, 링 기어의 잇수와 구동 피니언의 잇수 비율을 종감속비라 한다.

$$종감속비 = \frac{링\ 기어의\ 잇수}{구동\ 피니언의\ 잇수}$$

종감속비는 나누어서 떨어지지 않는 값으로 하는데 그 이유는 특정의 이가 항상 물리는 것을 방지하여 편마멸을 방지하기 위함이다. 또 종 감속비는 기관의 출력, 차량중량, 가속성능, 등판능력 등에 따라 정해지며, 종감속비를 크게 하면 가속성능과 등판능력은 향상되나 고속성능이 저하한다. 그리고 변속비×종감속비를 총 감속비라 한다. 이에 따라 변속기어가 톱기어(top gear)이면 기관의 감속은 종감속 기어에서만 이루어진다.

(3) 구동 피니언과 링 기어의 접촉상태

① **정상접촉** : 구동 피니언과 링 기어의 접촉이 링 기어의 중심부 쪽으로 50~70% 정도 물리는 상태의 접촉이다.

② **힐(heel) 접촉** : 기어 잇면의 접촉이 힐쪽(기어 이빨이 넓은 바깥쪽)으로 치우친 접촉이며, 수정방법은 구동 피니언을 밖으로 이동시켜야 한다.

③ **페이스(face) 접촉** : 기어의 물림이 잇면의 끝 부분에 접촉하는 것이며, 수정 방법은 구동 피니언을 안으로 이동시켜야 한다.

④ **토우(toe) 접촉** : 기어 잇면의 접촉이 토우 쪽(기어 이빨이 좁은 안쪽)으로 치우친 접촉이며, 수정방법은 구동 피니언을 안으로 이동시켜야 한다.

⑤ **플랭크(flank) 접촉** : 기어의 물림이 이뿌리 부분에 접촉하는 것이며, 수정방법은 구동 피니언을 밖으로 이동시켜야 한다.

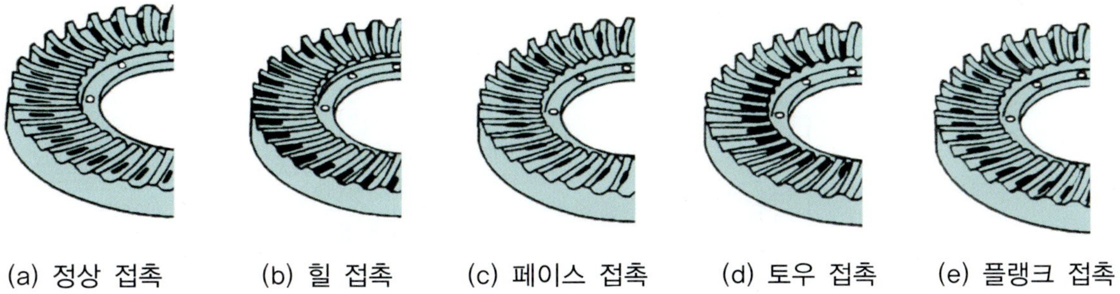

[그림 56] **구동 피니언과 링 기어의 접촉상태**

[2] 차동장치(differential)

(1) 차동장치의 개요

차동장치는 자동차가 선회할 때 양쪽 바퀴가 미끄러지지 않고 원활하게 선회하려면 바깥쪽 바퀴가 안쪽바퀴보다 더 많이 회전하여야 하며, 또 울퉁불퉁한 노면을 주행할 때에도 양쪽 바퀴의 회전속도가 달라져야 한다. 즉, 차동장치는 노면의 저항을 적게 받는 구동바퀴 쪽으로 동력이 더 많이 전달될 수 있도록 하며 차동 사이드 기어, 차동 피니언, 피니언축 및 케이스로 구성되어 있다.

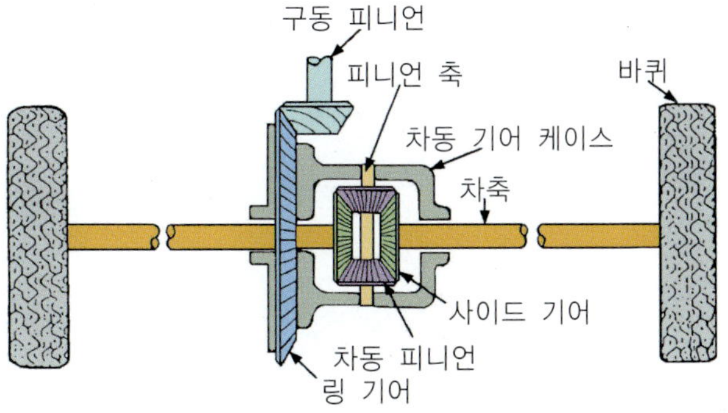

[그림 57] **차동장치의 구성도**

(2) 차동장치의 작용

차동 장치의 원리는, 움직이는 2개의 랙 (Rack)사이에 피니언을 결합하여 피니언을 위로 끌어올릴 경우 양쪽 랙에 무게가 같은 추를 올려놓았을 때는 피니언의 좌우에 걸리는 저항이 같기 때문에 피니언은 자전할 수 없고, 양쪽 랙은 함께 끌려 올라간다. 그러나 어느 한쪽의 랙의 무게를 가볍게 한 상태에서는 피니언을 끌어올리면 좌우의 뒤차축을 연결하여 피니언을 종감속 기어에 의해 공전하도록 한 것이다.

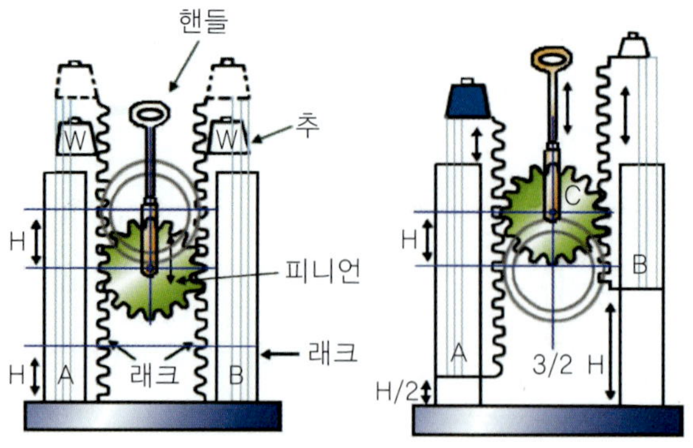

[그림 58] **차동장치의 작용**

평탄한 길을 직진할 때는 좌우 구동 바퀴의 회전 저항이 같기 때문에 차동 피니언의 공전에 따라 사이드 기어는 같은 회전수로 움직여 전체가 1개의 블록이 되어 회전한다.

선회시에는 차동 피니언이 공전하려면 고정되어 있는 사이드 기어 위를 굴러가야 하기 때문에 자전을 시작하여 회전하려는 바깥쪽 사이드 기어를 구동하게 되며, 결국 회전하는 바깥쪽 사이드 기어는 차동 피니언의 공전의 2배의 회전수로 구동하게 되어 원활한 선회 주행을 할 수 있게 된다.

[3] 자동 제한 차동장치(LSD : Limited Slip Differential)

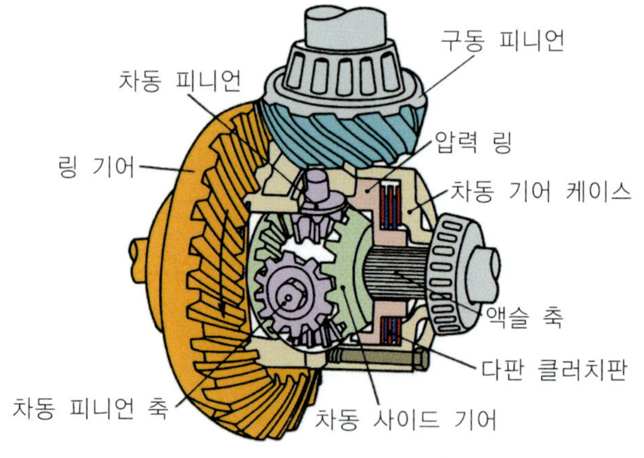

[그림 59] **자동 제한 차동장치의 단면도**

일반적인 차동장치는 커브 길을 선회하거나 미끄럼이 생기기 쉬운 도로에서는 노면의 저항이 작은쪽 바퀴가 공전하여 구동력이 감소되고, 반대쪽 구동 바퀴는 저항이 증가되어 회전을 하지 못한다. 이것을 방지하기 위해 미끄럼으로 공전하고 있는 바퀴의 구동력을 감소시키고 반대쪽 저항이 큰 구동바퀴에 공전하고 있는 바퀴의 감소된 분량만큼의 동력을 더 전달시킴으로서 미끄럼에 따른 공전 없이 주행할 수 있도록 하는 장치이다. 이 장치의 장점은 다음과 같다.

① 미끄러운 노면에서 출발이 쉽다.
② 미끄럼이 방지되어 타이어 수명을 연장할 수 있다.
③ 고속 직진주행을 할 때 안전성이 좋다.
④ 울퉁불퉁한 노면을 주행을 할 때 뒷부분의 흔들림을 방지할 수 있다.

1.5.3. 차축(axle shaft) 어셈블리

[1] 앞바퀴 구동(FF)방식의 앞차축

등속도(CV)자재이음을 설치한 구동축과 조향 너클, 차축 허브, 허브 베어링 등으로 구성되어 있다. 동력의 전달은 앞바퀴 구동방식은 트랜스 액슬에서 직접 앞 차축으로 보내지며, 4바퀴 구동방식에서는 트랜스퍼 케이스 → 앞 추진축 → 앞 종감속 기어를 통하여 양끝에 등속도 자재이음이 설치된 앞차축과 차축 허브를 거쳐 앞바퀴로 보내진다. 차량의 하중은 바퀴에서 차축 허브를 거쳐 허브 베어링에 전달된 반력 조향 너클과 현가 스프링을 통하여 차체에 전달되므로 서 지지된다.

[2] 뒷바퀴 구동(FR)방식의 뒷차축 지지방식

이 방식은 차동장치를 거쳐 전달된 동력을 뒷바퀴로 전달하며 뒷차축의 끝 부분은 스플라인을 통하여 차동 사이드 기어에 끼워지고, 바깥쪽 끝에는 구동바퀴가 설치된다. 뒷차축의 지지 방식은 다음과 같다.

① **전부동식** : 이 방식은 안쪽은 차동 사이드 기어와 스플라인으로 결합되고, 바깥쪽은 차축허브와 결합되어 차축허브에 브레이크 드럼과 바퀴가 설치된다. 차축은 동력만 전달하며 바퀴를 빼지 않고도 차축을 빼낼 수 있다. 자동차에 가해지는 하중 및 충격과 바퀴에 작용하는 작용력 등은 차축 하우징이 받는다.
② **반부동식** : 이 방식은 구동바퀴가 직접 차축 바깥에 설치되며, 차축의 안쪽은 차동 사이드 기어와 스플라인으로 결합되고 바깥쪽은 리테이너로 고정시킨 허브 베어링과 결합된다. 이에 따라 내부 고정 장치를 풀지 않고는 차축을 빼낼 수 없다. 뒷바퀴 구동방식 승용 자동차에서 많이 사용된다. 반부동 방식은 자동차 하중의 1/2을 차축이 지지한다.
③ **3/4부동식** : 이 방식은 차축 바깥쪽 끝에 차축허브를 두며, 차축 하우징에 1개의 베어링을 두고 허브를 지지하는 방식이다. 3/4 부동방식은 차축이 자동차 하중의 1/3을 지지한다.

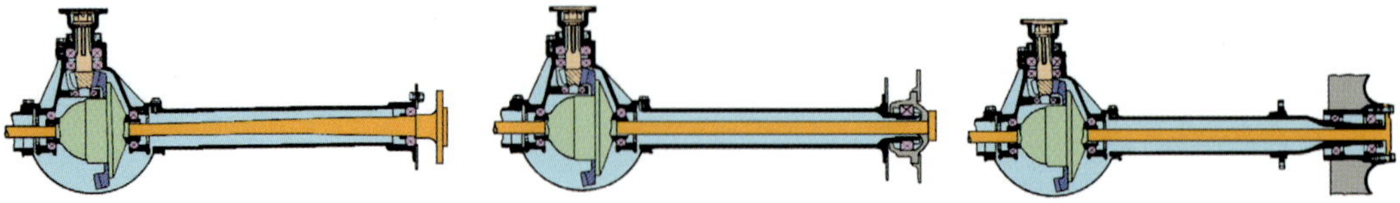

(a) 반 부동식　　(b) 3/4 부동식　　(c) 전 부동식

[그림 60] **FR구동방식의 뒷차축 지지방식**

[3] 차축 하우징(axle housing)

차축 하우징은 종감속 기어, 차동장치 및 뒷차축을 포함하는 튜브모양의 고정축이며 중간에는 종감속 기어와 차동장치의 지지를 위해 둥글게 되어 있고, 양끝에는 플랜지 판이나 현가스프링 지지부분이 마련되어 있다. 차축하우징의 종류에는 벤조형, 분할형, 빌드업형 등 3가지가 있다.

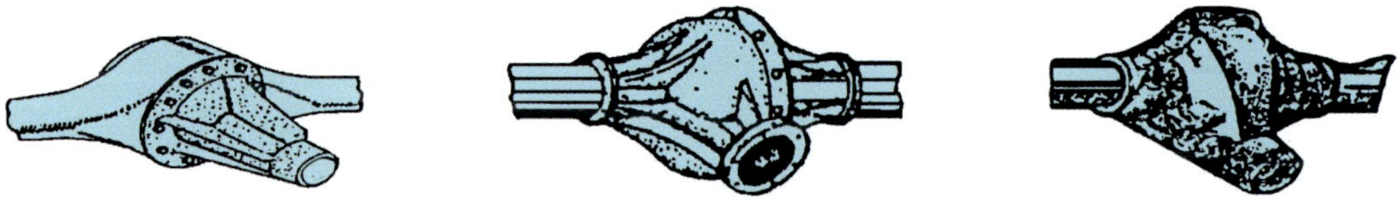

(a) 벤조형　　(b) 스플릿형　　(c) 빌드업형

[그림 61] **차축 하우징의 종류**

1.5.4. 바퀴

[그림 62] **휠(wheel)과 타이어(tire)**

바퀴는 휠(wheel)과 타이어(tire)로 구성되어 있다. 바퀴는 차량의 하중을 지지하고, 제동 및 주행할 때의 회전력, 노면에서의 충격, 선회할 때의 원심력, 차량이 경사졌을 때의 옆 방향 작용을 지지한다. 휠은 타이어를 지지하는 림(rim)과 휠을 허브에 지지하는 디스크(disc)로 되어 있으며 타이어는 림 베이스(rim base)에 끼워진다.

[1] 휠의 종류

휠의 종류에는 연한 강철판을 프레스 성형한 디스크를 림과 리벳이나 용접으로 접합한 디스크 휠(disc wheel), 림과 허브를 강철 선의 스포크로 연결한 스포크 휠(spoke wheel) 및 방사선 상의 림 지지대를 둔 스파이더 휠(spider wheel)이 있다.

[2] 림의 분류

림은 타이어를 지지하는 부분으로 그 종류에는 2분할 림(two splat rim), 드롭 센터 림(drop center rim), 광폭 드롭 센터 림(wide base drop center rim), 세미 드롭 센터 림(semi drop center rim), 인터 림(inter rim), 안전 리지 림(safety ridge rim) 등이 있다.

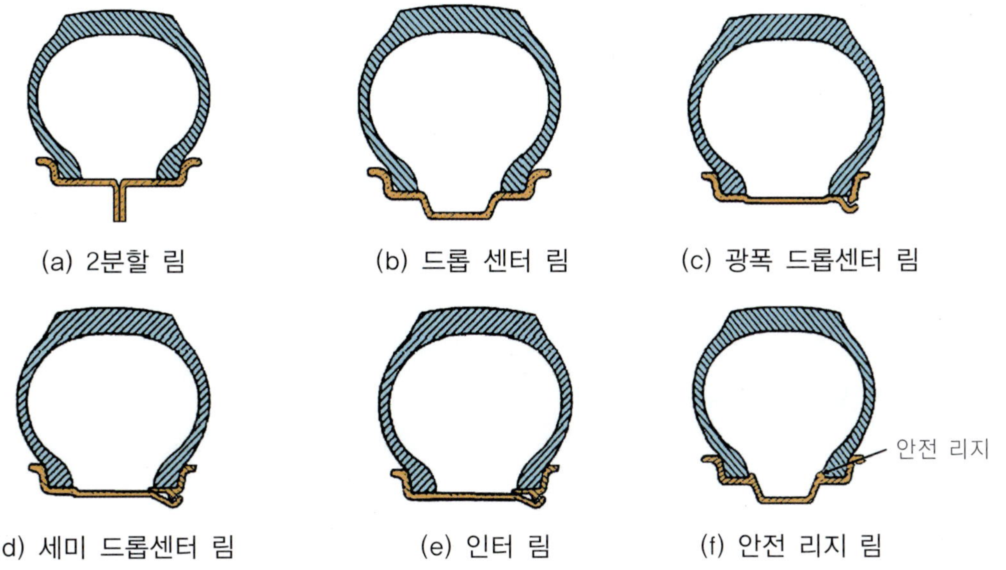

[그림 63] **림의 종류**

[3] 림의 표시기호 및 호칭

림은 너비(인치로 표시), 플랜지 형상, 림 지름(인치로 표시), 림의 종류로 표시한다.

① **림 폭** : 휠의 양쪽 림 가장 자리의 타이어 접촉 표면 사이의 거리

② **림 직경** : 휠의 크기를 나타낼 때 사용하고 단위는 인치로 표시한다.

③ **플랜지 형상** : 타이어 측면 비드부가 림에 압착하는 부분

④ **오프 셋** : 휠 림의 중심선으로부터 디스크 휠의 안쪽 접촉면(휠 설치 평면)까지의 거리

⑤ **PCD** : 휠 볼트 구멍의 피치원 직경 휠 볼트 개수를 4~5개 정도로 표시된다.

⑥ **림의 표시** : 6.0 J 16 ET35 114.3/ 5

[그림 64] **림의 표시**

[4] 타이어(tire)

(1) 타이어의 분류

① 타이어는 사용 공기압력에 따라 고압타이어, 저압타이어, 초저압 타이어 등이 있다.

② 튜브(tub)유무에 따라 튜브 타이어와 튜브리스 타이어가 있으며, 튜브리스 타이어의 특징은 다음과 같다.

㉮ 튜브가 없어 조금 가벼우며, 못 등이 박혀도 공기누출이 적다.

㉯ 펑크 수리가 간단하고, 고속 주행을 할 때에도 발열이 적다.

㉰ 림이 변형되어 타이어와의 밀착이 불량하면 공기가 새기 쉽다.

㉱ 유리 조각 등에 의해 손상되면 수리가 어렵다.

(2) 타이어 형상에 따른 분류

1) 바이어스 타이어

이 타이어는 카커스 코드(carcass cord)를 빗금방향으로 하고, 브레이커(breaker)를 원둘레 방향으로 넣어서 만든 것이다.

2) 레이디얼(radial) 타이어

이 타이어는 카커스 코드를 단면방향으로 하고, 브레이커를 원둘레 방향으로 넣어서 만든 것이다. 따라서 반지름 방향의 공기압력은 카커스가 받고, 원둘레 방향의 압력은 브레이커가 지지한다.

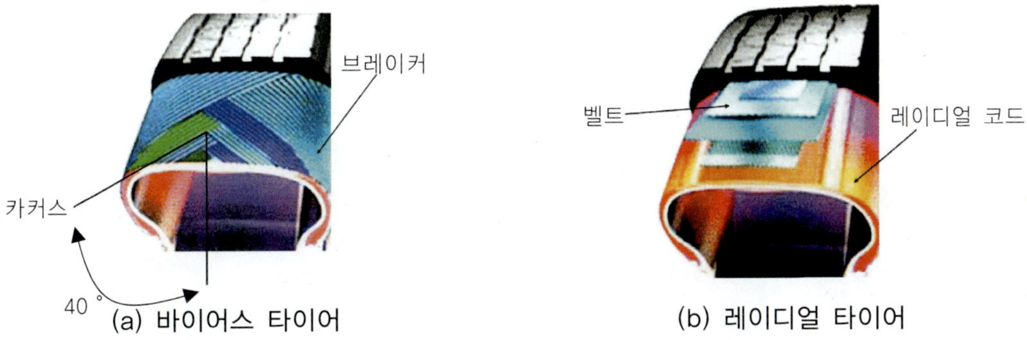

[그림 65] **바이어스 타이어와 레이디얼 타이어**

3) 스노(snow)타이어

이 타이어는 눈길에서 체인을 감지 않고 주행할 수 있도록 제작한 것이며, 중앙부분의 깊은 리브 패턴이 방향성을 주고, 러그 및 블록 패턴이 견인력을 확보해준다. 그리고 스노타이어를 사용할 때 주의할 사항은 다음과 같다.

① 바퀴가 고정(lock)되면 제동거리가 길어지므로 급제동을 하지 말 것
② 스핀(spin)을 일으키면 견인력이 급격히 감소하므로 출발을 천천히 할 것
③ 트레드 부분이 50% 이상 마멸되면 체인을 병용할 것
④ 구동바퀴에 걸리는 하중을 크게 할 것

4) 편평 타이어

이 타이어는 타이어 단면의 가로, 세로비율을 적게 한 것이며, 타이어 단면을 편평하게 하면 접지면적이 증가하여 옆방향 강도가 증가한다. 또 제동 출발 및 가속을 할 때 등에서 내 미끄럼 성능과 선회성능이 좋아진다.

승용차용 타이어 편평 비율은 $\frac{\text{타이어 높이}}{\text{타이어 폭}}$로 나타내며, 편평 비율이 0.6일 때 60 시리즈(60 series)라 하며 이것은 폭이 100일 때 높이가 60인 타이어를 말한다.

(3) 타이어의 구조

1) 트레드(tread)

트레드는 노면과 직접 접촉하는 고무부분이며, 카커스와 브레이커를 보호하는 부분이다. 트레드 패턴의 필요성은 다음과 같다.

① 타이어의 사이드슬립이나 전진방향의 미끄럼을 방지한다.
② 타이어 내부에서 발생한 열을 방산한다.

③ 트레드에서 발생한 절상의 확산을 방지한다.

④ 구동력이나 선회성능을 향상시킨다.

(a) 리브형 패턴

(b) 러그형 패턴

(c) 리브-러그 패턴

(d) 블록형 패턴

(e) 비대칭 패턴

[그림 66] 트레트 패턴의 종류

2) 브레이커(breaker)

브레이커는 트레드와 카커스 사이에 있으며, 몇 겹의 코드 층을 내열성의 고무로 싼 구조로 되어 있으며 트레드와 카커스의 분리를 방지하고 노면에서의 완충작용도 한다.

3) 카커스(carcass)

카커스는 타이어의 뼈대가 되는 부분이며, 공기압력을 견디어 일정한 체적을 유지하고 하중이나 충격에 따라 변형하여 완충작용을 한다. 카커스를 구성하는 코드 층의 수를 플라이 수(ply rating, PR)라 한다.

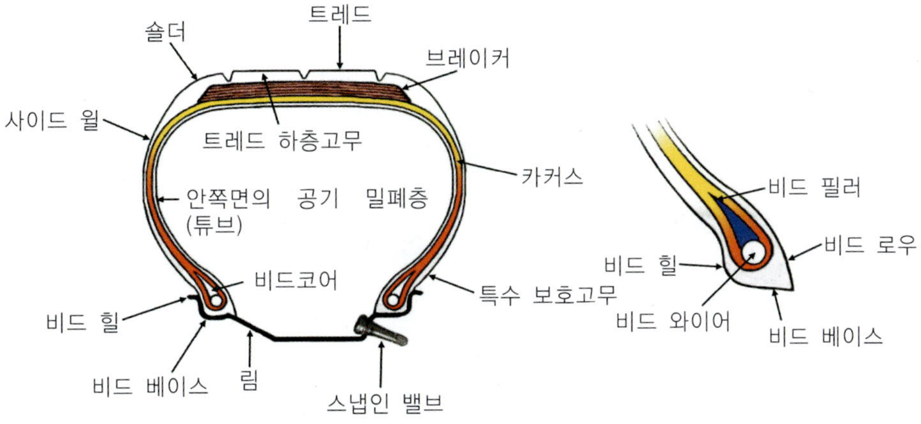

[그림 67] **타이어의 구조**

4) 비드부분(bead section)

비드부분은 타이어가 림과 접촉하는 부분이며, 비드 부분이 늘어나는 것을 방지하고 타이어가 림에서 빠지는 것을 방지하기 위해 내부에 몇 줄의 피아노선이 원둘레 방향으로 들어 있다.

5) 사이드 월(Side Wall)

트레드에서 비드부 까지의 카커스를 보호하기 위한 고무 층이며, 노면과는 직접 접촉하지 않는다. 그러나 하중이나 노면으로부터의 충격에 의하여 계속적인 굴곡운동을 하게 되므로 굴곡성 및 내 피로성이 높은 고무이어야 하며, 규격, 하중, 공기압 등 타이어의 기본 정보가 문자로 각인된 부위이다.

(4) 타이어의 호칭치수

① **고압 타이어의 호칭 치수** : 바깥지름(inch) × 폭(inch) - 플라이 수(ply rating)

② **저압 타이어의 호칭 치수** : 폭(inch) - 안지름(inch) - 플라이 수

③ **레이디얼 타이어** : 레이디얼 타이어는 가령 165/70 SR 13 인 타이어는 폭이 165 mm, 편평 비율이 0.7, 안지름이 13inch이며, 허용 최고속도가 180 km/h 이내에서 사용되는 타이어란 뜻이다. 여기서 S 또는 H는 허용 최고속도표시 기호이며 R은 레이디얼의 약자이다.

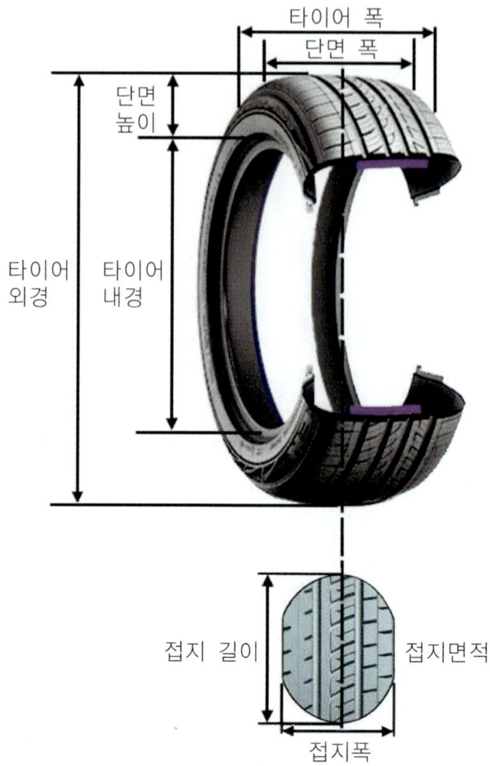

[그림 68] **타이어 치수**

(5) 타이어에서 발생하는 이상현상

1) 스탠딩 웨이브 현상(standing wave)

이 현상은 고속으로 달리는 타이어의 접지부 뒤쪽에 나타나는 파상(波狀)의 변형을 말한다. 스탠딩 웨이브가 발생하면 타이어 내부의 고열로 인해 트레드 부분이 원심력을 견디지 못하고 분리되며 파손된다. 스탠딩 웨이브의 방지방법은 타이어 공기압력을 표준보다 15~20% 높여 주거나 강성이 큰 타이어를 사용하면 된다. 타이어의 임계 온도는 120~130℃이다.

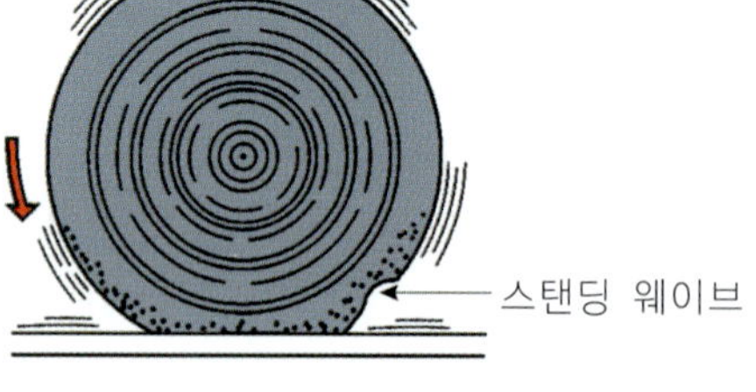

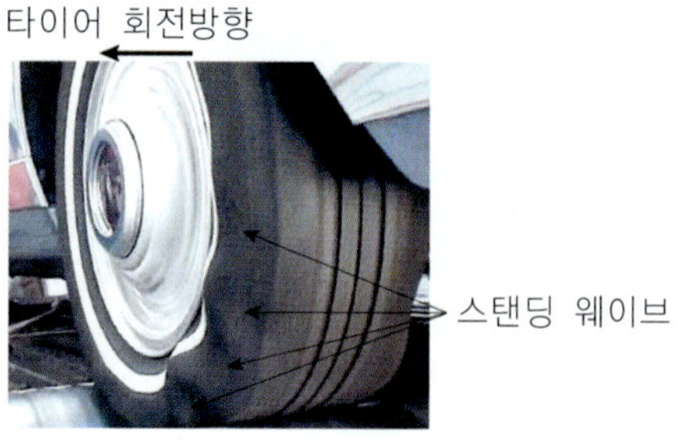

[그림 69] **스탠딩 웨이브 현상**

2) 하이드로 플래닝(hydro planing : 수막현상)

이 현상은 물이 고인 도로를 고속으로 주행할 때 일정 속도 이상이 되면 타이어의 트레드가 노면의 물을 완전히 밀어내지 못하고 타이어는 얇은 수막에 의해 노면으로부터 떨어져 제동력 및 조향력을 상실하는 현상이다. 이를 방지하는 방법은 다음과 같다.

① 트레드 마멸이 적은 타이어를 사용한다.

② 타이어 공기압력을 높이고, 주행속도를 낮춘다.

③ 리브 패턴의 타이어를 사용한다. 러그 패턴의 경우는 하이드로 플래닝을 일으키기 쉽다.

④ 트레드 패턴을 카프(calf)형으로 세이빙(shaving)가공한 것을 사용한다.

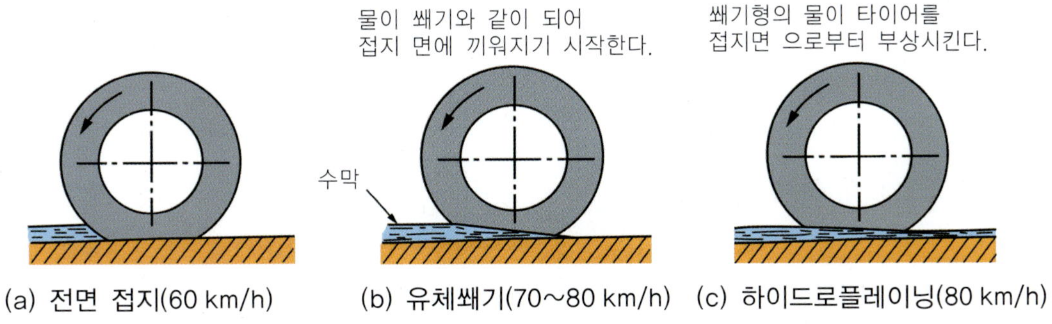

[그림 70] **하이드로 플래닝 현상**

(6) 바퀴평형(wheel balance)

① **정적평형** : 타이어가 정지된 상태의 평형이며, 정적 불평형에서는 바퀴가 상하로 진동하는 트램핑(tramping바퀴의 상하 진동)현상을 일으킨다.

② **동적평형** : 회전 중심축을 옆에서 보았을 때의 회전 상태의 평형, 동적 불평형이 있으면 바퀴가 좌우로 흔들리는 시미(shimmy바퀴의 좌우 진동)현상이 발생한다.

1.5.5. TPMS(TPMS : Tire pressure Monitoring System)의 개요

타이어 공기압 경보 장치 TPMS는 안전운행에 영향을 줄 수 있는 타이어 압력 변화를 경고하기 위해 타이어 내부의 휠에 탑재된 개별 센서로부터 타이어 내부압력을 측정하여 이를 실시간 무선송신하고 수신모듈에서 압력저하 감지 시 이를 클러스터에 표시하여 운전자에게 경고해주는 시스템이다.

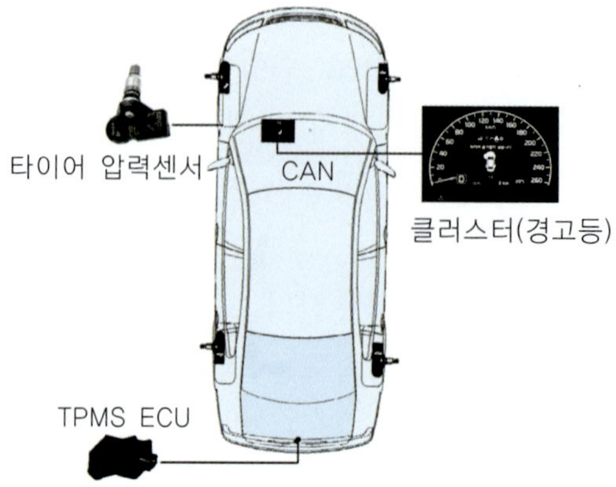

[그림 71] **TPMS의 구성**

1.6. 4WD(4wheel drive)

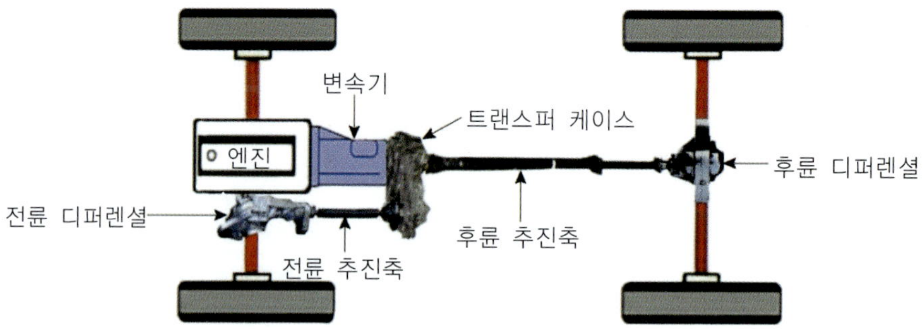

[그림 72] **4바퀴 구동장치의 구성**

1.6.1. 4WD의 개요

4WD는 앞뒤 4바퀴에 모두 엔진의 동력을 전달하는 방식이다. 2WD(2바퀴 구동방식)에 비해 추진력이 매우 크기 때문에 험한 도로, 경사가 매우 가파른 도로 및 도로면이 미끄러운 곳을 주행할 때 효과적이다. 4WD는 파트타임방식, 풀타임(TOD)방식, AWD(all wheel drive)방식 등이 있다. 4WD의 장점은 다음과 같다.

① 험한 도로를 주행할 때 한쪽 바퀴가 구동력을 상실하더라도 동력전달이 가능하다.

② 눈길이나 모래 길에서도 부드러운 주행이 가능하다.

③ 경사가 심한 언덕길이나 내리막길을 주행할 때 차량무게 중심변동에 따른 대응능력을 향상시킨다.

④ 4바퀴 구동력 배분으로 미끄러운 도로면에서의 타이어 점착력을 향상시켜 직진성

능이 향상된다.

⑤ 4바퀴 구동력 배분으로 큰 사이드 포스(side force)를 발생시켜 선회할 때에 유리하다.

1.6.2. 파트타임(part time) 전자제어 4WD

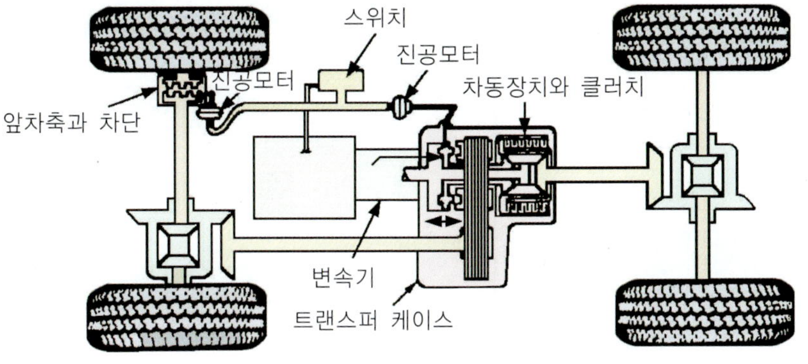

[그림 73] **파트타임 4WD의 구성부품**

[1] 파트타임 전자제어 4WD의 개요

파트타임 4WD는 평상시에는 2WD(뒷바퀴)로만 주행하다가 운전자의 필요에 따라 4WD로 전환하는 방식이다.

중앙 차동장치가 없기 때문에 선회할 때 앞바퀴와 뒷바퀴의 회전반경이 차이를 보정하지 못하므로 타이트 코너 브레이크(tight corner braking) 현상이 발생한다. 타이트 코너 브레이크 현상이란 건조하고 포장된 도로에서 급선회시 앞·뒷바퀴의 선회 반지름 차이가 타이어의 회전속도 차이 및 구동축의 회전 속도 차이 앞바퀴는 브레이크가 걸린 느낌이고, 뒷바퀴는 공전하는 느낌이 드는 현상이다.

[2] 파트타임 4WD의 구성 및 작동원리

전자제어 파트타임 4WD는 입력부분, 제어부분, 출력부분으로 분류되며, 각종센서로부터 입력된 정보를 바탕으로 TCCU(transfer case control unit)가 제어 연산하여 출력부분인 시프트 모터(shift motor)를 작동시킨다. 이때 중요한 입력신호는 차량의 변속상태, 주행속도 그리고 스위치의 위치 등이다.

TCCU는 시프트 모터를 구동하고 시프트 모터의 작동여부를 알려주는 MPS(motor position sensor)에 의해 피드백(feed back) 받아 작동여부를 확인한다.

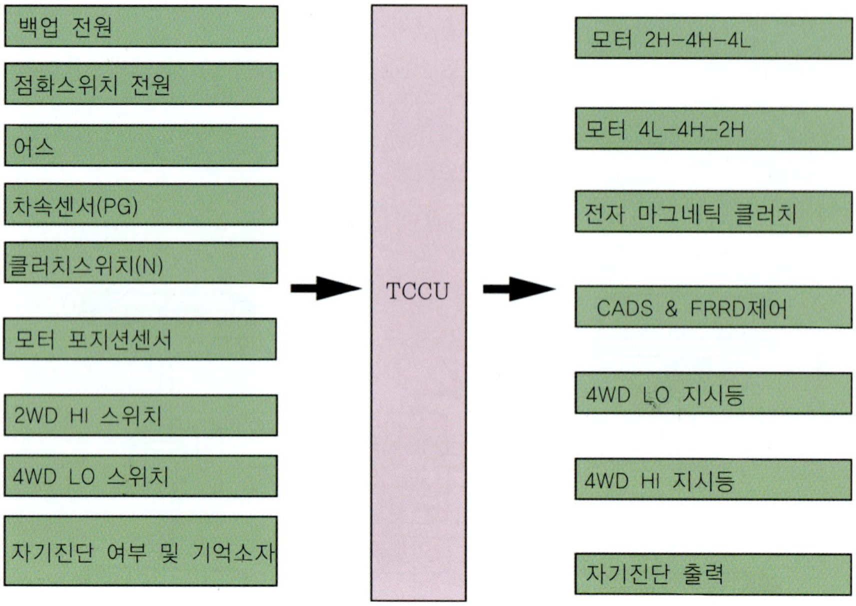

[그림 74] **파트타임 4WD 전자제어 입·출력도**

(1) TCCU(transfer case control unit)

TCCU는 운전석 시트 아래쪽에 설치되어 있으며, 운전자의 스위치 조작에 따라 주행 중에도 2WD → 4WD HIGH로 변환이 가능하도록 하고, 4WD → 4WD LOW은 차량을 일단정지 시킨 후 변환시켜주는 기능뿐 아니라 고장이 발생하였을 때 진단기능도 한다.

(2) 시프트 모터(shift motor)

① **시프트 모터의 기능** : 이 모터는 직류(DC)모터이며, TCCU에 의해 제어된다. 2H-4H- 4L모드로 변환할 때 시프트 모터를 회전시키면 모터와 연결된 전자 축(electronic shaft)과 축의 캠(shaft cam)이 회전하여 감속 시프트 포크(reduction shift fork)와 록업 포크(lock up fork)를 제어하여 4WD로 변환시키는 역할을 한다.

② **시프트 모터의 구성 회로도** : 2H-4H-4L 모드로 제어할 때는 컴퓨터 ①번과 ②번 단자에 "B+"가 출력되어 ⑯, ⑰번 단자 쪽으로 접지된다. 4L-4H-2L 방향으로 제어할 때는 극성이 바뀌어 ⑯, ⑰번 단자에 "B+"가 ①번과 ②번 단자에는 (-)로 제어하도록 되어 있다.

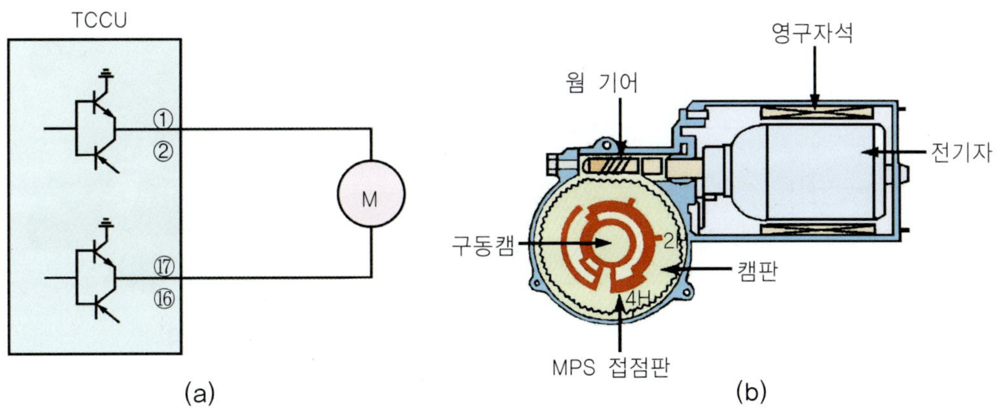

[그림 75] **시프트 모터 회로구성**

(3) MPS(motor position sensor or position encoder)

MPS는 시프트 모터의 회전방향과 위치를 인코더(encoder)를 이용한 4개의 스위치 신호를 시프트 모터의 작동을 TCCU로 전달하는 센서이다.

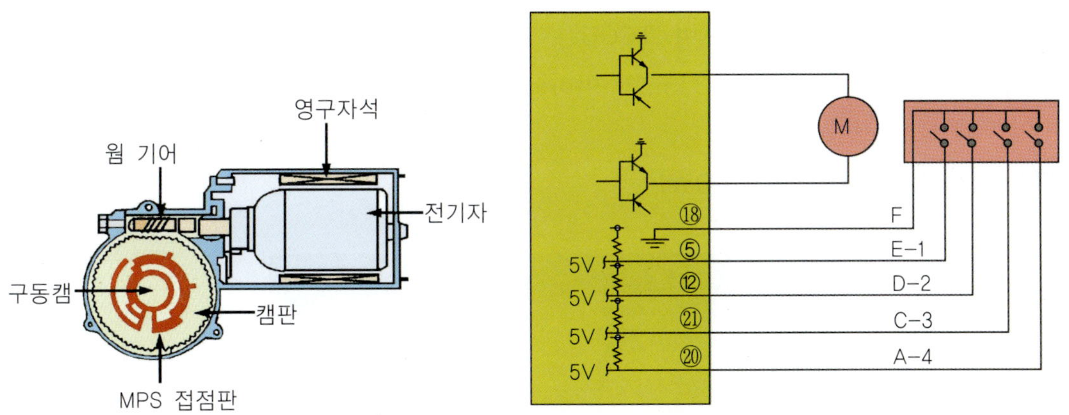

[그림 76] **MPS 회로구성**

(4) 전자 다판 클러치(magnetic clutch)

전자 다판 클러치는 4WD HIGH모드에서 시프트 모터에 의해 작동된 록업 포크(lock up fork)가 록업장치를 일정한 위치까지 이동시키면 이때부터 출력축의 구동기어와 록업장치의 피동기어를 연결시킬 때 작동되어 기어를 물림시킨다. 전자 다판 클러치는 TCCU에 의해 작동된다(4WD HIGH, LOW모드에서 작동).

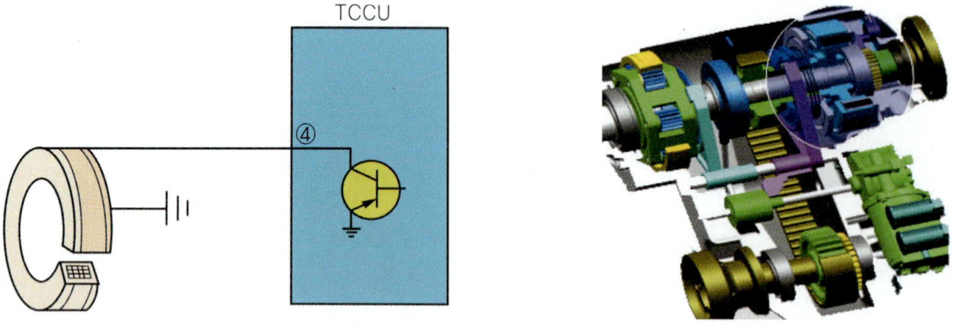

(a) (b)

[그림 77] **전자 다판 클러치**

(5) 차속센서(vehicle speed sensor)

차속센서는 코일이 감긴 영구자석 양극사이에서 전자 다판 클러치가 회전하면 철심에 인가되었던 영구자석의 자속에 변화가 생기고 이 자속의 변화에 의해 교류전압이 발생된다. 이 교류전압은 전자 다판 클러치의 회전속도에 비례하여 주파수가 변화하기 때문에 TCCU가 센서로부터 시간당 주파수를 검출하여 차량의 주행속도를 검출한다. 트랜스퍼 케이스 하우징에 설치되어 있으며 TCCU는 이 센서를 이용하여 주행속도를 검출하여 4WD LOW모드로 변환할 때 0~3 km/h 이하에서만 작동여부를 결정한다.

(6) 지시등(4WD HIGH, 4WD LOW)

[그림 78] **4WD 지시등**

지시등은 4WD HIGH와 4WD LOW 지시등이 계기판에 설치되어 있으며, 운전자의 선택스위치 선택에 따라 점등 및 소등된다. 또 4WD에 고장이 발생하면 4WD HIGH와 4WD LOW지시등을 동시에 점등시켜 장치이상 여부를 알려준다.

(7) 4WD 선택스위치

이 스위치는 운전자의 의지에 따라 4WD HIGH, 4WD LOW, 2WD HIGH 모드 선택여부를 TCCU로 입력시킨다.

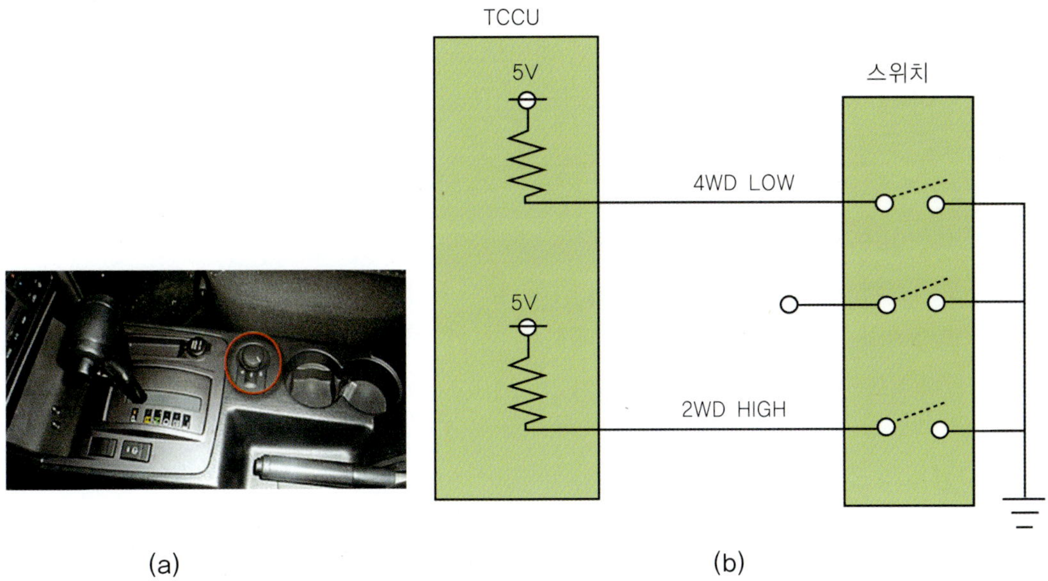

[그림 79] 4WD 선택스위치

1.6.3. 풀타임 전자제어 4WD

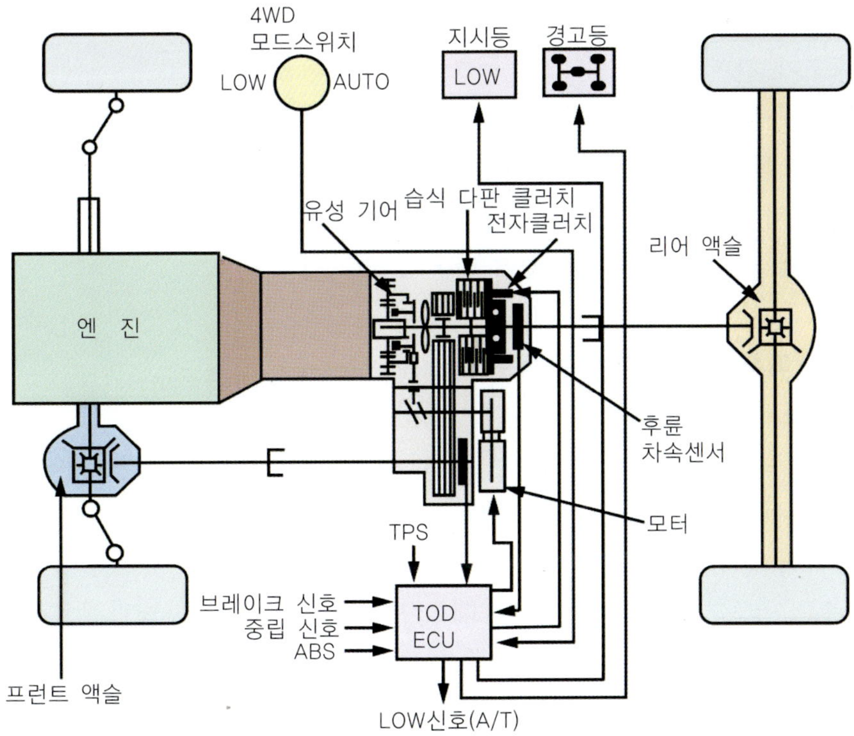

[그림 80] 풀타임 4WD 구성도

풀타임방식은 상시 4WD를 의미하며, 뒷바퀴 구동(FR)차량의 TOD(torque on demand) 방식과 앞바퀴 구동(FF)차량의 ITM(interactive torque management system)방식으로 나누어진다.

[1] TOD(torque on demand)방식

TOD 트랜스퍼 케이스는 전자제어에 의해 앞바퀴와 뒷바퀴로 동력을 분배한다. 즉, 일률적으로 앞바퀴와 뒷바퀴로 동력을 분배하는 것이 아니라, 도로조건이나 차량 주행상태에 따라서 앞바퀴와 뒷바퀴로의 동력분배가 0 : 100~50 : 50까지 자동으로 수시로 변경된다.

(1) TOD장치의 장점

① 동력이 앞바퀴와 뒷바퀴로 분배되어 4WD구동상태에서 연료소비율이 향상된다.

② 동력이 앞바퀴와 뒷바퀴로 조건에 따라 적절히 분배되므로 각 바퀴가 최적의 접지력을 발휘한다. 이것은 최적의 주행성능 유지, 선회할 때 안정성유지, 브레이크를 작동할 때 효율향상 등의 효과가 있음을 의미한다.

③ 도로면 변화에 따른 반응이 신속하다.

④ 기존의 장치보다 경량화가 가능하다.

⑤ 내부 구조가 간단하다.

⑥ 컨트롤 유닛에 의해 자동 제어되므로 작동이 쉽고, 편리하다.

⑦ 비포장도로 및 포장도로에서의 직진안정성 및 주행성능이 우수하다.

⑧ 주행 중 차량 조향핸들의 조작이 편리하다.

⑨ ABS와 연계 및 조화가 쉬워, ABS 작동이 효과적이다.

(2) 도로조건에 따른 앞 · 뒷바퀴 동력분배

① **포장도로에서 저 · 중속으로 주행할 때** : TOD장치에서는 타이트 코너 브레이킹(tight corner braking)이 현상이 일어나지 않고, 뒷바퀴 구동 주행이 가능하다.

② **포장도로에서 고속으로 주행을 할 때** : 포장도로에서 고속주행을 할 때는 뒷바퀴가 주 구동바퀴가 된다(약 85%).

③ **마찰계수가 낮은 도로에서 선회할 때** : 비포장도로, 눈길, 빙판길, 진흙길 등에서 선회할 때 필요한 동력을 앞바퀴에도 분배한다.

④ **마찰계수가 낮은 도로에서 등판주행 또는 출발할 때** : 비포장도로, 눈길, 빙판길, 진흙길 등에서 등판주행 또는 출발을 할 때에는 필요에 따라 50 : 50의 동력을 앞 · 뒷바퀴에 분배하여 4WD 최대 접지력과 구동력을 발휘할 수 있다.

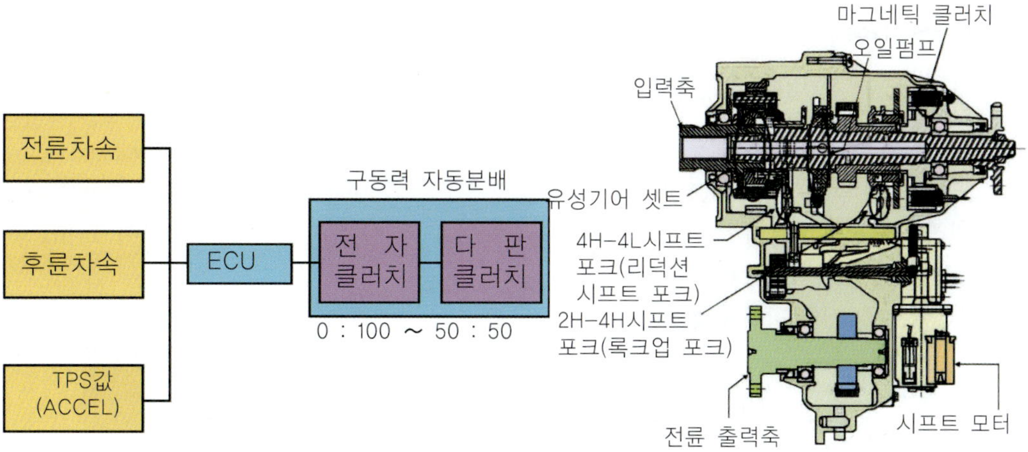

[그림 81] TOD의 구동력 자동분배

(3) TOD 전자제어장치의 기능 및 작동

① TOD 선택모드 스위치 : TOD는 AUTO 및 LOW 2가지 모드가 있다.

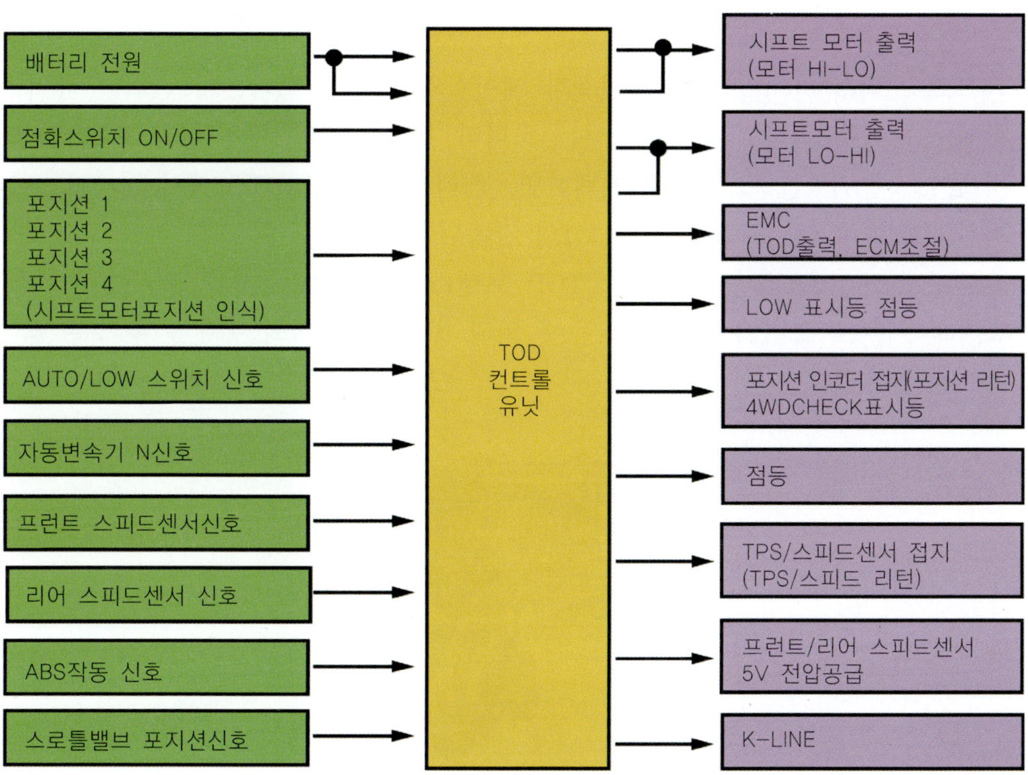

[그림 82] TOD 전자제어 입 · 출력 회로도

㉮ **AUTO모드를 선택할 때의 기능** : TOD는 클러치의 메커니즘을 전자 제어하여 앞뒤 추진축의 출력 회전속도를 검출하고, 그 차이가 설정된 값 이상일 경우 초과된 속도를 미리 계산한 후 그에 상응하는 동력을 전자 다판 클러치(EMC)를 통해 앞바퀴로 전달한다.

㉯ **LOW모드를 선택하였을 때의 기능** : 모드 스위치(mode switch)를 "LOW"로 선택하면, 4WD 저속상태로 선택된다. 추진축의 동력비율은 1 : 1에서 2.48 : 1로 변환된다.

(a)

(b)

[그림 83] **TOD 선택 스위치 설치위치**

② **시프트 모터(shift motor)** : 트랜스퍼 케이스의 시프트 모터는 트랜스퍼 케이스 뒤쪽에 설치되어 있다. 시프트 모터는 로터리 헬리컬 캠을 구동한다. 모드 선택스위치에서 구동위치를 "LOW"로 선택하면, 헬리컬 캠이 "AUTO"에서 "LOW" 위치로 회전하면서 시프트 포크가 2.48 : 1의 감속위치로 된다.

③ **트랜스퍼 케이스(trance case)** : TOD 트랜스퍼 케이스는 "AUTO"/"LOW" 스위치 조작과 시프트 모터의 전기적 작동에 의해 변속기로부터의 동력을 뒤차축 및 앞차축으로 분배한다.

[그림 84] **트랜스퍼케이스의 구조**

④ **뒤 스피드센서(rear speed sensor)** : 뒤 스피드센서는 홀 효과를 이용한 센서(hall effect sensor)이며, 30개의 이(tooth)를 가진 휠의 회전에 따라 0~5Vdc의 사각파형(square wave)을 발생시킨다. 이의 수가 30개인 휠은 트랜스퍼 케이스 내부에 설치되어, 뒤 추진축과 결합되어 있으며, 뒤 추진축이 회전하면 1회전 당 휠의 잇수 만큼의 스피드 센서 펄스신호가 발생한다.

⑤ **앞 스피드센서(front speed sensor)** : 앞 스피드센서는 뒤 스피드센서와 동일하며, 앞 추진축과 결합되어 있다.

⑥ **전자 다판 클러치(EMC : electromagnetic clutch)** : 전자 다판 클러치는 도로조건 및 차량의 주행상태에 따라 요구되는 양 만큼의 동력을 앞 추진축에 적용하기 위해 사용된다.

[2] ITM(Interactive Torque Management)방식

ITM방식의 4WD는 주로 앞바퀴 구동형 즉 온 로드(on road)용 자동차에서 사용하는 상시 4WD TOD와 함께 풀타임 방식이라 부른다. 앞에서 설명한 트랜스퍼 케이스 형식과 달리 매우 간단한 장치로 구성되어 있다. ITM는 견인력을 향상시키며, 선회 주행에서의 안정성, 그 밖의 주행안정성에 효과가 우수하다.

(1) ITM방식의 작동 개요

앞바퀴 구동형 자동변속기에서 뒷바퀴 쪽으로 동력을 인출하는 트랜스퍼 케이스를 거친 동력은 추진축으로 전달되고 추진축과 종감속기어 사이에 설치된 ITM에서 전기적으로 동력을 전달하면 4WD가 되고 동력을 차단하면 2WD로 작동한다.

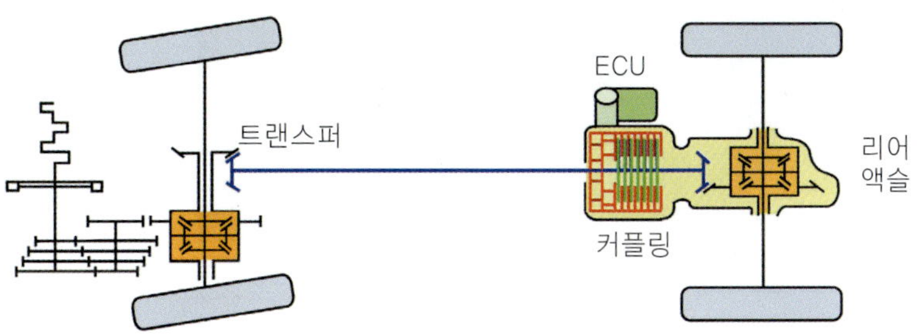

[그림 85] ITM 작동 계통도

(2) ITM의 작동원리

ITM 컨트롤 유닛이 4WD 작동영역을 판단하면 ITM에 설치된 전자 다판 클러치(EMC) 코일을 작동시켜 ITM 내의 클러치판을 압착시킨다. 이에 따라 추진축으로부터 전달된 동력이 뒤 종감속기어를 거쳐 뒷바퀴로 전달된다.

(3) ITM 전자제어 입 · 출력 구성도

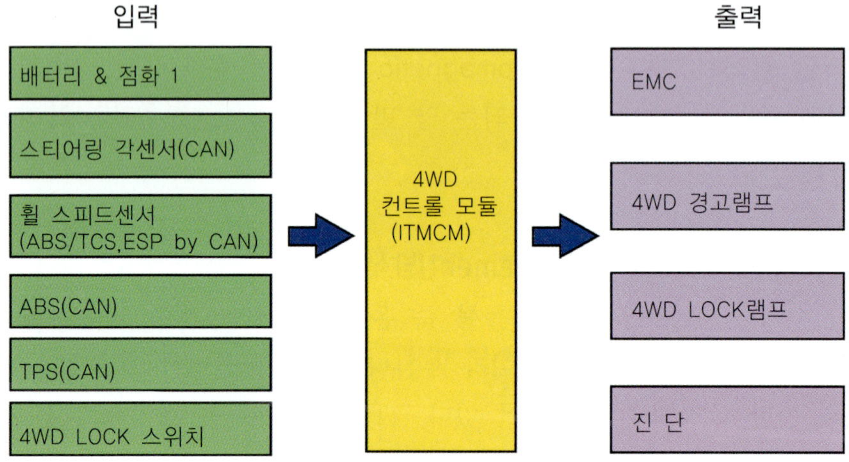

[그림 86] **ITM 전자제어 입 · 출력도**

① **조향핸들 각속도 센서** : 조향핸들 각속도 센서는 조향핸들의 조향정도를 파악하여 선회주행을 할 때 4WD 구동력을 조절하여 안정된 선회가 가능하도록 유도한다.

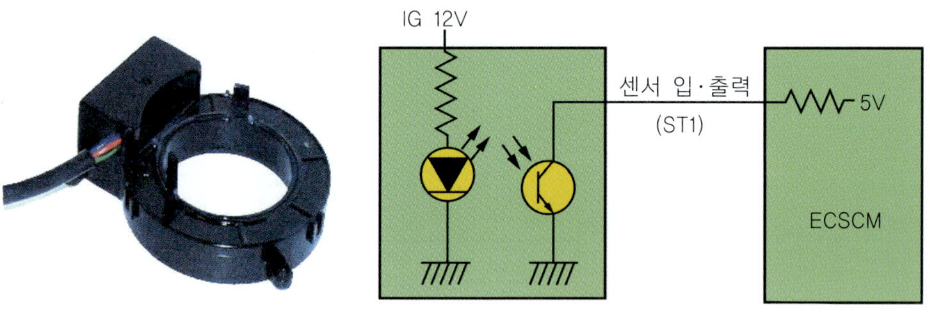

(a) (b)

[그림 87] **조향핸들 각속도 센서**

② **휠 스피드 센서** : 휠 스피드 센서는 각 바퀴의 회전속도를 판단하여 ITM 컨트롤유닛으로 보내준다.

③ CAN 데이터 : ITM 컨트롤 유닛은 CAN라인으로부터 스로틀 위치센서(TPS) 값과 ABS 작동여부 신호를 입력받는데, 먼저 스로틀 위치센서는 운전자의 가속의지를 확인하여 제어에 활용한다.

④ 4WD 록(LOCK) 스위치 : 차량이 습지대에 빠졌거나 그밖에 상시 4WD가 필요할 경우 이용하는 스위치이며, 이 스위치를 ON하면 상시 4WD로 동작한다. 4WD LOCK 스위치를 ON한 상태로 고속으로 주행하면 자동으로 록이 해제된다.

(a) 4WD LOCK 스위치

(b) 4WD LOCK 램프

[그림 88] 4WD 록(lock) 스위치

⑤ 전자 다판 클러치(EMC)코일 출력제어 : ITM 컨트롤유닛은 ITM 작동조건이 각종 센서로부터 입력되면 EMC 코일을 듀티제어하여 4바퀴를 제어한다.

1.7. 주행저항

1.7.1. 자동차 주행저항의 개요

자동차가 주행할 때는 저항을 받게 되어 있는데 이것을 주행저항(running resistance)이라 하며 이 저항이 커지면 큰 출력이 필요하고, 반대로 저항이 적으면 작은 출력으로도 주행이 가능하다. 주행저항은 차량 주행을 방해하는 쪽으로 작용하는 힘의 총칭으로 구름저항, 공기저항, 등판저항, 가속저항의 4가지로 구성된다.

1.7.2. 구름저항(rolling resistance, Rr)

바퀴가 수평 노면을 굴러가는 경우 발생하는 저항으로 노면의 굴곡, 타이어 접지부분의 변형, 타이어와 노면의 마찰손실에서 발생하며 바퀴에 걸리는 차량 하중에 비례한다. 즉 바퀴가 수평 노면을 전동하는 경우 발생하는 저항과 에너지 손실에 의한 것으로 다음과 같은 저항 및 손실로 표현된다.

① 타이어 접지부분의 변형에 의해 발생하는 저항

② 노면이 변형하기 때문에 발생하는 저항
③ 노면이 평탄하지 않는 경우에 생기는 저항
④ 타이어에서 발생하는 소음 등에 의한 손실
⑤ 베어링 등의 마찰에 의한 저항

구름 저항은 다음 공식으로 나타낸다.

$$구름저항\ Rr = \mu r \times W$$

Rr : 구름저항(kgf), μ_r : 구름저항 계수, W : 차량 총중량(kgf)

1.7.3. 공기저항(air resistance, Ra)

자동차의 주행을 방해하는 공기의 저항으로 대부분 압력저항이며, 차체의 형상에 따라 기류의 박리에 의해 발생하는 맴돌이 형상 저항과 자동차가 양력에 의한 유도저항이다. 공기저항은 자동차의 앞면 투영면적과 주행속도의 곱에 비례한다. 공기 저항은 다음 공식으로 나타낸다.

$$공기저항\ Ra = \mu a \times A \times V^2 = Cd \times \left(\frac{\rho}{2}\right) \times A \times V^2$$

Ra : 공기저항(kgf), μ_a : 공기저항 계수, A : 앞면 투영면적(m^2),
C_d : 공기저항 계수, V : 주행속도(km/h)

1.7.4. 등판저항(gradient resistance, Rg)

자동차가 경사면을 올라갈 때 차량 중량에 의해 경사면에 평행하게 작용하는 분력의 성분이다. 경사각도를 경사면 구배율 %로 표시하면 된다. 경사면의 수직 성분 $W \times \cos\theta$에 구름저항 계수 μr을 곱한 것은 등판할 때 구름저항 계수가 되지만 그 수직 값이 일반적으로 작기 때문에 구름저항의 구배에 의한 값은 무시하는 것이 일반적이다.

내리막길에서는 등판저항이 반대로 되며, 구름저항이나 공기저항보다 등판저항의 절대값이 크게 되면 자동차 주행속도도 빨라지게 된다. 등판저항은 다음 공식으로 나타낸다.

$$등판저항\ Rg = W \times \sin\theta$$

Rg : 등판 저항(kgf), W : 차량 중량(kgf), θ : 각 면의 경사각(deg)

1.7.5. 가속저항(acceleration resistance, Ri)

자동차의 주행속도를 변화시키는데 필요한 힘을 가속저항이라 하며, 자동차의 관성을 이기는 힘이므로 "관성 저항"이라고도 할 수 있다.

① 자동차 구동계통 회전부분의 회전속도를 상승시키는 힘

② 회전부분을 제외한 자동차의 가속 부분만 고려한 힘

회전부분 상당중량은 변속비율에 따라 다르며, 저속에서 중요한 인자가 된다. 가속저항은 다음 공식으로 나타낸다.

$$\text{가속 저항 } R_i = \left(\frac{\alpha}{g}\right) \times (1+\varepsilon) \times W$$

R_i : 가속 저항(kgf), W : 차량 중량(kgf), α : 가속도(m/s^2),
ε : 회전부분 상당 관성계수, g : 중력 가속도(m/s^2)

1.7.6. 전체 주행저항(total running resistance, Rt)

자동차의 주행저항은 주행조건에 따라 여러 가지 상태로 나타낼 수 있으며 구분은 다음과 같다.

① **평탄한 도로 등속주행** : 전체 주행저항 = 구름저항 + 공기저항

② **경사로 등속주행** : 전체 주행저항 = 구름저항 + 공기저항 + 등판저항

③ **평탄한 도로 등 가속주행** : 전체 주행저항 = 구름저항 + 공기저항 + 가속저항

④ **경사로 등 가속주행** : 전체 주행저항 = 구름저항+공기저항+가속저항 + 등판저항

02 현가장치

2.1. 현가장치(suspension system)의 개요

현가장치는 차축과 차체를 연결하여, 주행할 때 차축이 노면에서 받는 진동이나 충격이 차체에 직접 전달되지 않도록 하여 차체나 화물의 손상을 방지하고 승차 감각을 향상시키는 장치이다.

현가장치는 코일스프링, 판스프링, 쇽업소버, 토션바 스프링, 에어스프링 등이 있으며, 현재는 마이크로컴퓨터를 이용한 전자제어 현가장치(ECS)도 실용화되어 사용되고 있다. 현가장치의 구비조건을 들면 다음과 같다.

① 도로 면에서 받는 충격을 완화하기 위해 상 · 하방향의 연결이 유연하여야 한다.
② 바퀴에 발생하는 구동력, 제동력 및 선회할 때의 원심력 등을 이겨낼 수 있도록 수평 방향의 연결이 튼튼하여야 한다.
③ 가벼워야 한다(스프링 질량의 절반은 스프링 아래질량(unspring mass)으로 취급한다).
③ 설치공간을 적게 차지해야 한다.
④ 정비가 쉬워야 한다.
⑤ 적차 또는 공차상태를 막론하고 가능한 차체의 고유진동수가 같도록 해야 한다.
⑥ 적차 또는 공차상태에도 차체의 최저 지상고는 가능한 한 변화가 적어야 한다.

2.2. 현가장치용 스프링

2.2.1. 판 스프링(leaf spring)

판 스프링은 스프링 강을 적당히 구부린 띠 모양으로 된 것을 몇 장 겹쳐서 그 중심에서 센터볼트(center bolt)로 조인 것이다. 맨 위쪽에 길이가 가장 긴 주 스프링 판의 양 끝에는 스프링 아이(spring eye)를 두고 섀클 핀을 통하여 차체에 설치하게 되어 있다.

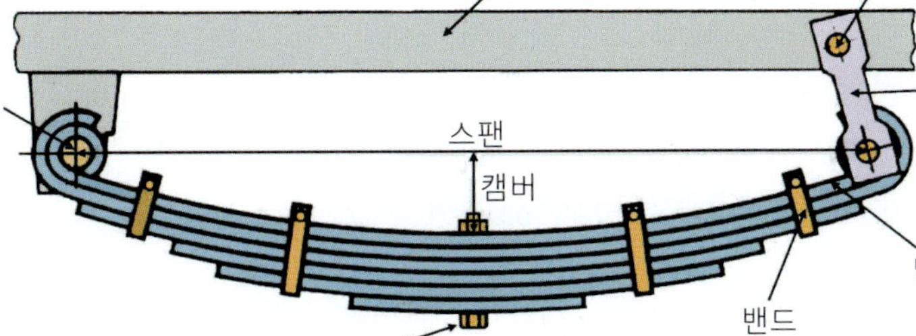

[그림 89] **판스프링의 명칭**

스프링 아이 중심 사이의 거리를 스팬(span), 판스프링의 휨 양을 캠버(camber)라 한다. 판 스프링을 차체에 설치한 부분을 브래킷 또는 행거(bracket or hanger)라 하며, 다른 끝은 섀클(shackle)이라 한다. 섀클은 스팬의 길이 변화를 위하여 설치하며 사용되는 부싱에 따라 고무 부싱 섀클, 나사 섀클, 청동 부싱 섀클 등이 있다.

2.2.2. 코일 스프링(coil spring)

코일 스프링은 스프링 강을 코일 모양으로 제작한 것이며, 외부의 힘에 의해 변형되는 경우 판 스프링은 구부러지면서 응력을 받으나 코일 스프링은 코일 1개 단면마다 비틀림에 의해 응력을 받는다. 미세한 진동에도 민감하게 작용하므로 현재의 승용차에서는 앞 · 뒷차축에서 모두 사용되고 있다.

[그림 90] **코일 스프링 설치상태**

2.2.3. 토션바 스프링(torsion bar spring)

토션바 스프링은 스프링 강의 막대(torsion bar)로 만든 것이며, 스프링 강은 바(Bar)의 길이 및 단면적에 따라 결정되고, 코일 스프링과 마찬가지로 진동의 감쇠 작용이 없기 때문에 쇽업소버를 사용해야 한다.

토션바 스프링은 단위 무게에 대한 에너지 흡수원이 다른 스프링에 비해 크기 때문에 가볍고 구조도 간단하게 할 수 있는 장점이 있으며, 그 설치 방법은 차체와 수평으로 설치하는 세로 설치 방식과 차체와 직각으로 설치하는 가로 설치 방식이 있다. 또한 좌우의 것이 구분되어 있다.

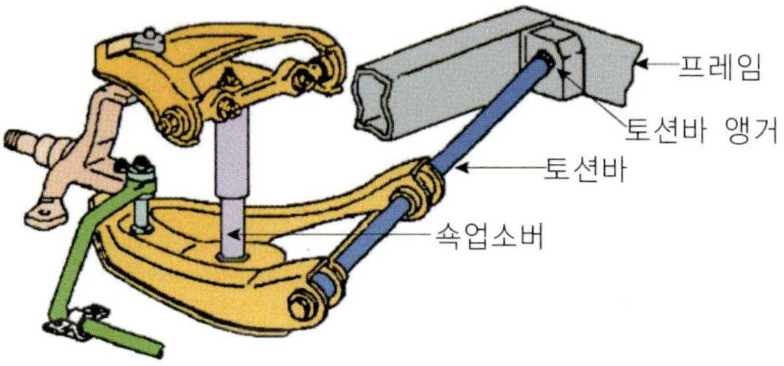

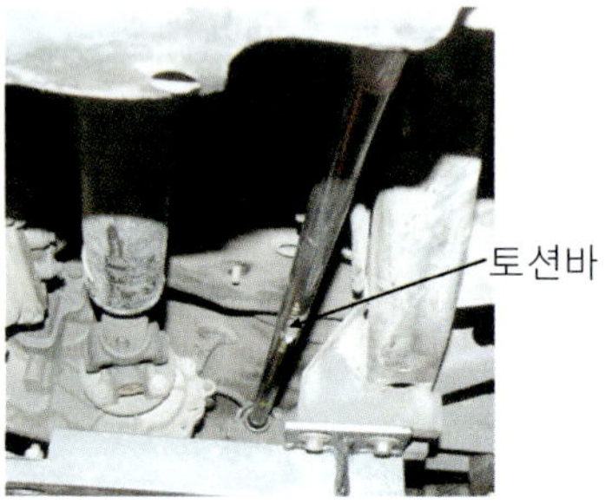

[그림 91] **토션 바 스프링**

2.3. 쇽업소버(shock absorber)

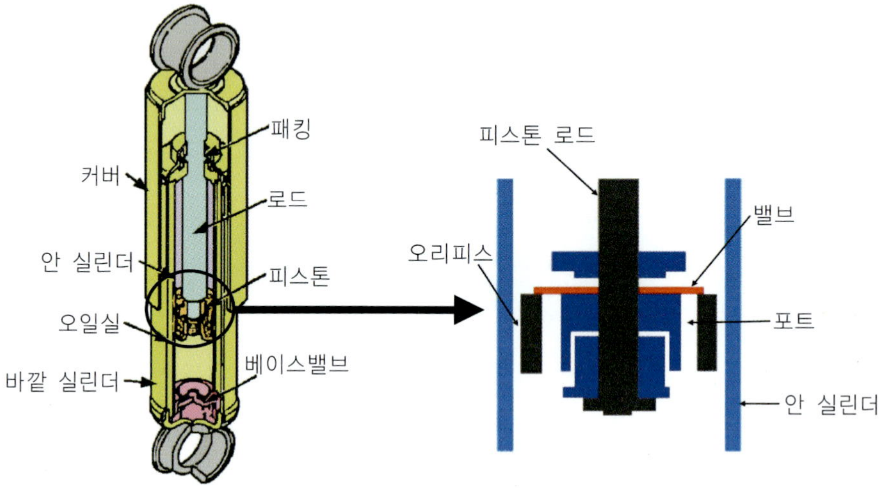

[그림 92] **쇽업소버의 구조**

쇽업소버는 도로 면에서 발생한 스프링의 진동을 흡수하여 승차 감각을 향상시키고 동시에 스프링의 피로를 감소시키기 위해 설치하는 기구이다. 쇽업소버는 스프링이 압축될 때에는 급격히 압축되고 늘어날 때는 천천히 작용하여 스프링의 상하 운동에너지를 열에너지로 변환시키는 일을 한다.

2.3.1. 단동형과 복동형

[1] **단동형**(mono tube)

단동형은 스프링이 늘어날 때에는 통과하는 오일의 저항으로 진동을 조절하고, 스프링이 압축될 때에는 오일이 저항 없이 통과하도록 하여 차체에 충격을 주지 않으므로 좋지 못한 곳에서 유리하다.

[2] **복동형**(double tube)

복동형은 스프링이 늘어날 때와 압축될 때 모두 저항이 발생되는 형식이며, 출발할 때 노스업(nose up)이나 제동할 때 노스다운(nose down)을 방지할 수 있다.

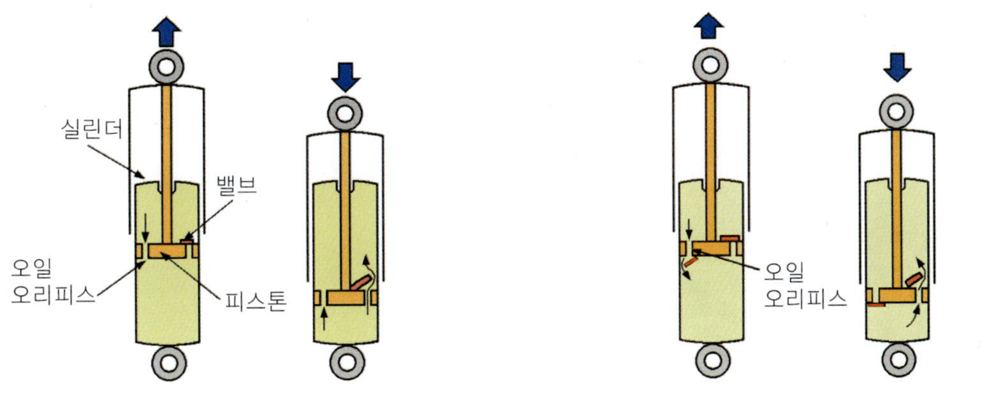

[그림 93] **단동형과 복동형 쇽업소버**

2.3.2. 드가르봉식(가스 봉입) 쇽업소버

드가르봉식은 유압식의 일종이며 프리 피스톤(free piston)을 더 두고 있으며, 프리 피스톤의 위쪽에는 오일이 들어 있고, 아래쪽에는 고압(30 kgf/cm^2)의 질소가스가 봉입되어 내부에 압력이 걸려 있고 1개의 실린더가 있다. 드가르봉식 쇽업소버의 특징은 다음과 같다.

① 구조가 간단하다.
② 작동할 때 오일에 기포발생이 없어 장시간 작동하여도 감쇠 효과의 감소가 적다.
③ 실린더가 1개이므로 냉각 성능이 크다.
④ 내부에 압력이 걸려 있어 분해하는 것은 위험하다.

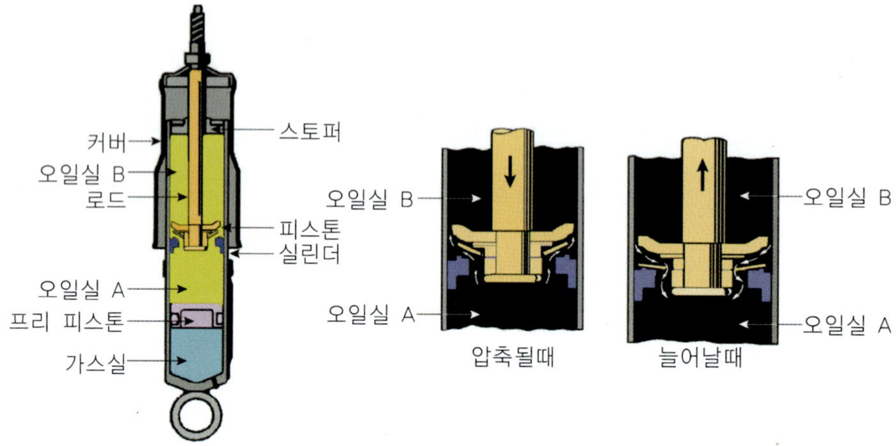

[그림 94] **드가르봉식**

2.4. 스테빌라이저(stabilizer)

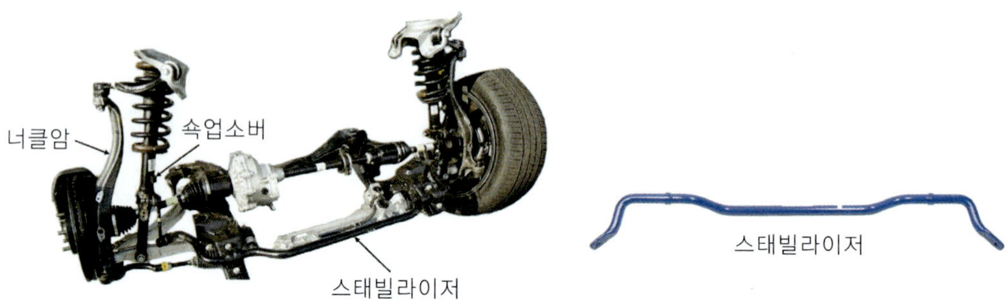

[그림 95] **스태빌라이저 설치상태 및 스태빌라이저**

스테빌라이저는 토션바 스프링의 일종이며, 양끝이 좌우의 컨트롤 암에 연결되며, 중앙부분은 차체에 설치되어 커브 길을 선회할 때 차체가 롤링(rolling : 좌우 진동)하는 것을 방지하며, 차체의 기울기를 감소시켜 평형을 유지하는 기구이다.

2.5. 현가방식

2.5.1. 일체 차축 현가방식(solid axle suspension)

일체 차축 현가방식은 일체로 된 차축에 양쪽 바퀴가 설치되고 다시 이것이 스프링을 거쳐 차체에 설치된 형식으로 판스프링이 주로 사용되며, 그 배치에 따라 평행 판스프링 형식과 옆방향 판스프링 형식이 있다.

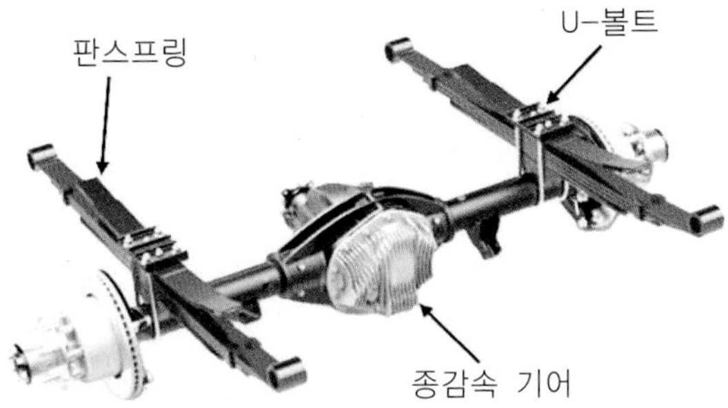

[그림 96] **일체차축 현가방식**

[1] 일체 차축 현가장치의 장점

① 휠 얼라인먼트 변화와 타이어 마모가 적다.

② 강도가 크고 부품수가 적어 구조가 간단하고, 가격이 싸다.

③ 공간을 적게 차지하여 차체 바닥(floor)을 낮게 할 수 있다.

④ 선회할 때 차체의 기울기가 적다.

[2] 일체 차축 현가장치의 단점

① 스프링 하중이 무겁고 좌우 바퀴 한쪽이 충격을 받아도 연동되거나 가로방향 진동이 생겨 승차감각과 조종 안정성이 나쁘다.

② 휠 얼라인먼트의 설계 자유도가 적고 조종 안정성 튜닝 여지가 적다.

③ 스프링 밑 질량이 커 승차감각이 불량하다.

④ 앞바퀴에 시미발생이 쉽고, 스프링 정수가 너무 적은 것은 사용하기 어렵다.

2.5.2. 독립 현가방식(Independent Suspension)

[그림 97] **독립 현가방식**

독립 현가방식은 차축을 분할하여 양쪽 바퀴가 서로 관계없이 움직이게 하며 승차감각이나 안정성이 향상되게 하는 것으로서 위시본(wishbone)형식과 맥퍼슨(macpherson)형식이 있다.

[1] 독립 현가방식의 장점

① 스프링 밑 질량이 작아 승차 감각이 좋다.
② 무게중심이 낮아 안전성이 향상된다.
③ 옆 방향 진동에 강하고 타이어의 접지 성능 양호하다.
④ 휠 얼라인먼트 자유도가 크고 튜닝 여지가 많다.
⑤ 현가 암 등을 이용하여 방진을 할 수 있어 소음방지에도 유리하다.
⑥ 바퀴의 시미현상이 적으며, 로드 홀딩(road holding)이 우수하다.
⑦ 스프링 정수가 작은 것을 사용할 수 있다.

[2] 독립 현가방식의 단점

① 부품수가 많고 높은 정밀도가 요구되므로 가격이 비싸고 정비 면에서 불리하다.
② 휠 얼라인먼트 변화에 따른 타이어 마모가 크다.
③ 쇽업소버, 링크 등을 함께 설치해야 하므로 설치 공간을 크게 차지한다.
④ 바퀴의 상하운동에 따라 윤거(tread)나 휠 얼라인먼트가 틀려지기 쉬워 타이어 마멸이 크다.

⑤ 앞뒤의 강성을 낮게 하기 어렵기 때문에 소음이 발생하기 쉽다.

⑥ 볼 이음 부분이 많아 그 마멸에 의한 휠 얼라인먼트가 틀려지기 쉽다.

2.6. 독립 현가방식의 종류

2.6.1. 위시본 형식(wishbone type)

위시본 방식의 현가장치는 상하 2개의 현가 암인 위·아래의 컨트롤 암(upper & low control arm)이 축에 의해 프레임에 장착되며, 아래 컨트롤 암과 프레임 사이에 설치되어 완충작용을 하는 코일 스프링과 볼 조인트에 의해 상하 운동과 조향을 위한 회전운동을 할 수 있는 조향너클(steering knuckle) 등으로 구성되어 있어 바퀴가 스프링에 의해 완충되면서 상하운동을 하게 되어 있다.

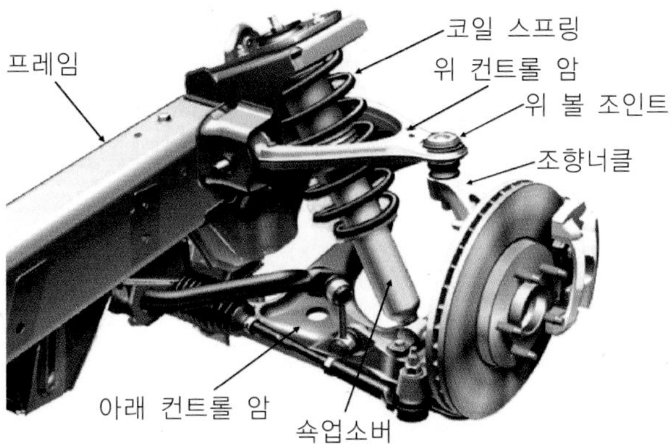

[그림 98] **위시본 형식**

[1] 평행사변형 형식(parallelogram type)

평행사변형 형식은 위·아래 컨트롤 암을 연결하는 4점이 평행사변형을 이루고 있다. 따라서 바퀴가 상하운동을 하면 조향너클과 연결되는 2점이 평행 이동을 하게 되어 윤거가 변화하기 때문에 타이어 마멸이 촉진된다. 그러나 캠버가 변화하지 않기 때문에 커브 길 주행에서 안전성이 증대된다. 토(toe)는 약간 변화한다.

[2] SLA형식(short long arm type)

SLA형식은 아래 컨트롤 암이 위 컨트롤 암보다 길게 되어 있다. 따라서 위 컨트롤 암은 비교적 작은 원호를 그리고, 아래 컨트롤 암은 큰 원호를 그리게 되어 윤거의 변화가 일어나지 않는다. 그러나 컨트롤 암이 상·하로 움직일 때마다 캠버(camber)와 토(toe)가 변화하는 결점이 있다.

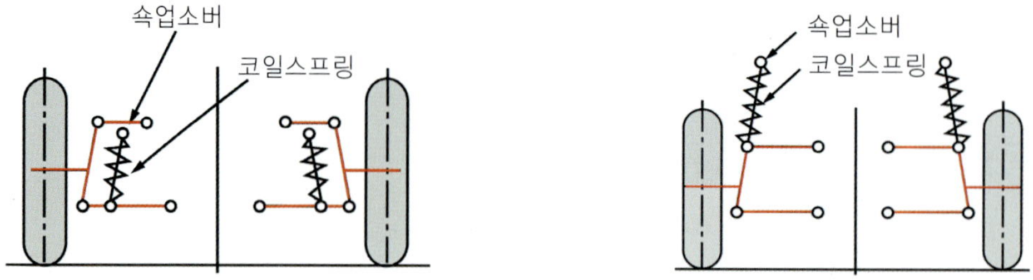

(a) SLA형식 (b) 평행사변형 형식

[그림 99] **위시본형식의 종류**

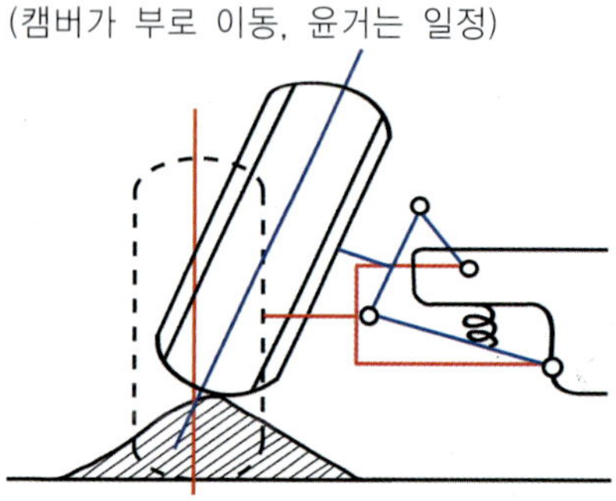

[그림 100] **SLA형식**

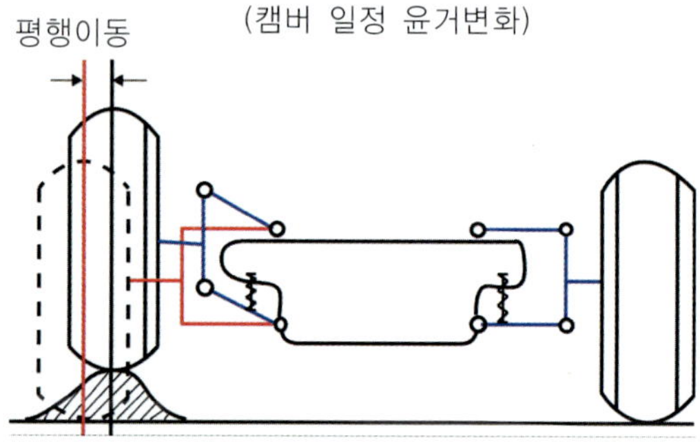

[그림 101] **평행사변형 형식**

[3] 더블 위시본방식(double wishbone type)

더블 위시본 형식은 위시본 형식의 단점을 보완한 것으로, 일반적인 구조는 위시본 형식과 비슷하나 엔진실의 공간을 효율적으로 활용할 수 있다. 작동은 2개의 위아래 컨트롤 암이 평행사변형 형식의 상하운동을 하는 원리이다.

2.6.2. 스윙 차축(swing axle)방식

좌우 각각의 차축이 중심부근에서 결합되어 독립적으로 상하운동하며 이 차축 위에 쇽업소버와 스프링을 설치하는 형식으로 차축이 상하로 움직임에 따른 수평방향의 각도 변화가 곧바로 타이어의 캠버 변화로 이어진다.

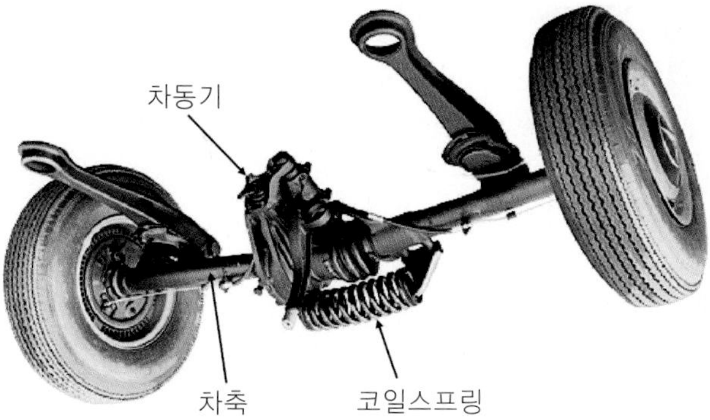

[그림 102] **스윙 차축형식**

2.6.3. 세미 트레일링 암(semi trailing arm)방식

뒷바퀴 전용 현가방식으로 차축 앞쪽에서 차체의 피벗(pivot)과 차축을 A형의 암으로 결합하는 형식을 트레일링 방식이라 하는데 이중 암 회전축이 비스듬하게 설정된 것을 세미 트레일링 암 방식이라 한다. 최근에는 뒷바퀴 구동방식의 감소와 더불어 사용되지 않고 있다.

2.6.4. 스트럿 방식(strut type : 맥퍼슨형식)

쇽업소버를 바퀴의 위치를 결정하는 스트럿(strut : 기둥)으로 이용하는 형식으로서 승용차의 앞바퀴 현가장치로 사용되며, 뒷바퀴 현가장치로도 이용된다.

이 형식은 쇽업소버가 내부에 들어 있는 스트럿 및 볼 이음, 컨트롤 암, 스프링으로 구성되어 있다. 스트럿 위쪽에는 현가 지지를 통하여 차체에 설치되며 현가 지지에는 스러스트 베어링(thrust bearing)이 들어 있어 스트럿이 자유롭게 회전할 수 있다. 그리고 아래쪽에는 볼 이음을 통하여 현가 암에 설치되어 있다. 코일 스프링을 스트럿과 스프링 시트 사이에 설치하며, 스프링 시트는 현가 지지의 스러스트 베어링과 접촉되어 있다. 따라서 차량 중량은 현가 지지를 통하여 차체를 지지하고 조향할 때에는 조향 너클과 함께 스트럿이 회전한다.

[1] 스트럿 방식의 장점

① 공간을 적게 차지하여 실내 공간을 크게 할 수 있다.
② 스프링 무게가 가벼워 승차 감각과 접지성능이 양호하다.
③ 차체 측의 피벗(pivot)점의 간격이 커 강도 면에서 유리하다.
④ 휠 얼라인먼트의 제조 오차가 적다.
⑤ 구조가 간단하고 가볍고 가격이 싸다.
⑥ 구조가 간단해 마멸되거나 손상되는 부분이 적으며 정비작업이 쉽다.
⑦ 스프링 밑 질량이 작아 로드 홀딩이 우수하다.
⑧ 엔진실의 유효 체적을 크게 할 수 있다.

[2] 스트럿 방식의 단점

스트럿 축과 하중 축이 어긋나 스트럿에 휘어지는 모멘트가 발생하며, 이 모멘트가 쇽업소버의 미끄럼운동 부분의 마찰을 발생시켜 승차 감각을 저하시킨다.

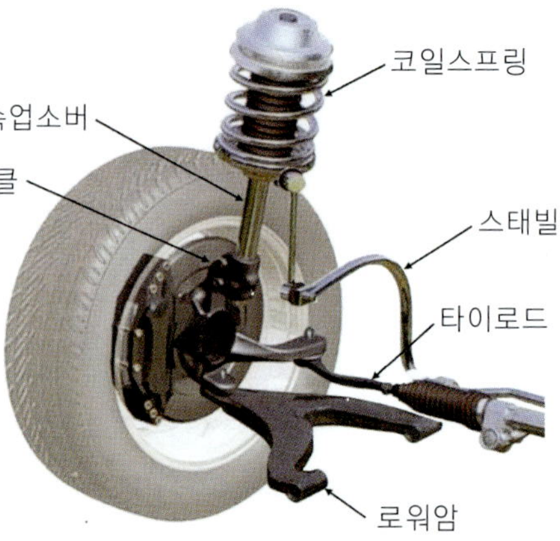

[그림 103] **맥퍼슨(스트럿)형식**

2.7. 공기 현가장치

2.7.1. 공기 현가장치의 개요

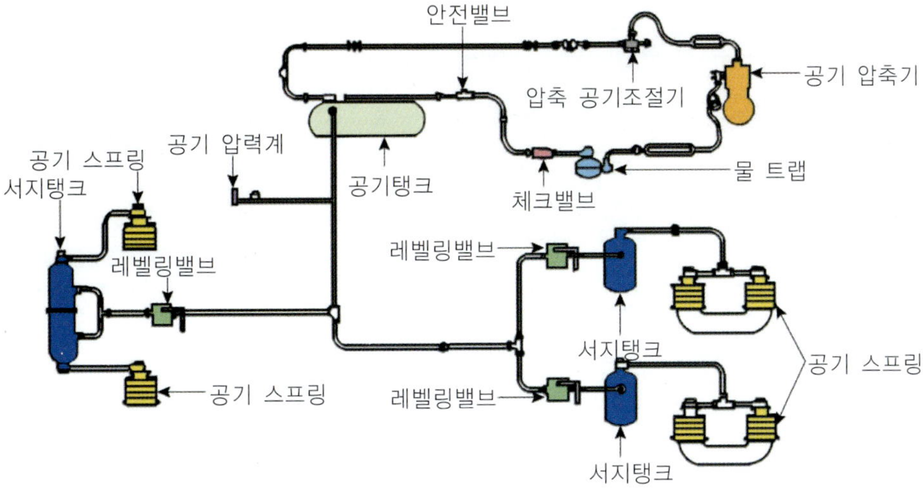

[그림 104] **공기 현가장치 구성도**

공기 현가장치는 압축공기의 탄성을 이용한 것이며, 공기 스프링, 레벨링 밸브, 공기 탱크, 공기 압축기로 구성되어 있다. 이 형식의 특징은 다음과 같다.

① 하중 증감에 관계없이 차체 높이를 항상 일정하게 유지하며 앞뒤, 좌우의 기울기를 방지할 수 있다.

② 스프링 정수가 자동적으로 조정되므로 하중의 증감에 관계없이 고유 진동수를 거의 일정하게 유지할 수 있다.

③ 고유 진동수를 낮출 수 있으므로 스프링 효과를 유연하게 할 수 있다.

④ 공기 스프링 자체에 감쇠성이 있으므로 작은 진동을 흡수하는 효과가 있다.

2.7.2. 공기 현가장치의 구조 및 기능

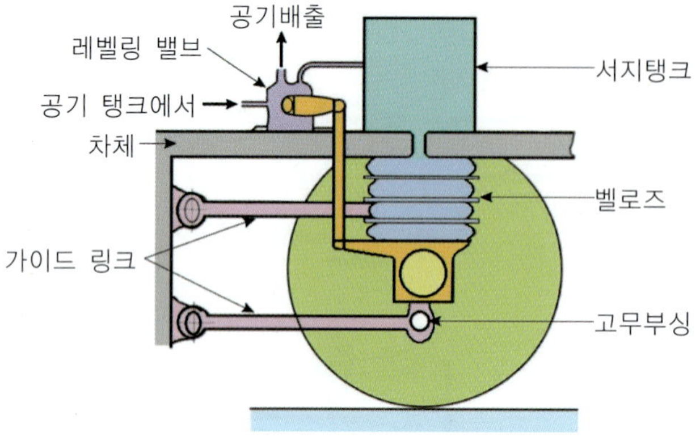

(a) 공기 스프링의 구조

(b) 공기 스프링

[그림 105] **공기 스프링의 구조 및 공기 스프링**

① **공기압축기(air compressor)** : 엔진의 크랭크축에 의해 V벨트로 구동되며 압축공기를 생산하여 공기탱크로 보낸다.

② **서지탱크(surge tank)** : 공기스프링 내부의 압력 변화를 완화하여 스프링작용을 유연하게 해주는 것이며, 각 공기스프링마다 설치되어 있다.

③ **공기 스프링(air spring)** : 공기 스프링에는 벨로즈형(bellows type)과 다이어프램형(diaphragm type)이 있으며, 공기탱크와 스프링사이의 공기 통로를 조정하여 도로 상태와 주행속도에 가장 적합한 스프링 효과를 얻도록 한다.

④ **레벨링 밸브(leveling valve)** : 공기탱크와 서지탱크를 연결하는 파이프 도중에 설치된 것이며, 자동차의 높이가 변화하면 압축공기를 스프링으로 공급하거나 배출시켜 차량 높이를 일정하게 유지시킨다.

2.8. 자동차 진동 및 승차감각

2.8.1. 자동차 진동

자동차는 현가스프링에 의해 지지되는 스프링 위 질량과 타이어와 현가장치사이에 있는 스프링 아래질량으로 분류되며 각각의 고유 진동에는 다음과 같은 것들이 있다.

[1] 스프링 위 질량진동

① 바운싱(bouncing : 상하진동) : 차체가 Z축 방향과 평행운동을 하는 고유 진동

② 피칭(pitching : 앞뒤진동) : 차체가 Y축을 중심으로 하여 회전운동을 하는 고유 진동
③ 롤링(rolling : 좌우진동) : 차체가 X축을 중심으로 하여 회전운동을 하는 고유 진동
④ 요잉(yawing : 차체 뒷부분 진동) : 차체가 Z축을 중심으로 하여 회전운동을 하는 고유 진동

[2] 스프링 아래 질량진동

① 휠 홉(wheel hop) : 차축이 Z방향의 상하 평행운동을 하는 고유진동이다.
② 휠 트램프(wheel tramp) : 차축이 X축을 중심으로 하여 회전운동을 하는 고유진동이다.
③ 와인드 업(wind up) : 차축이 Y축을 중심으로 회전운동을 하는 고유진동이다.

(a) 위 질량

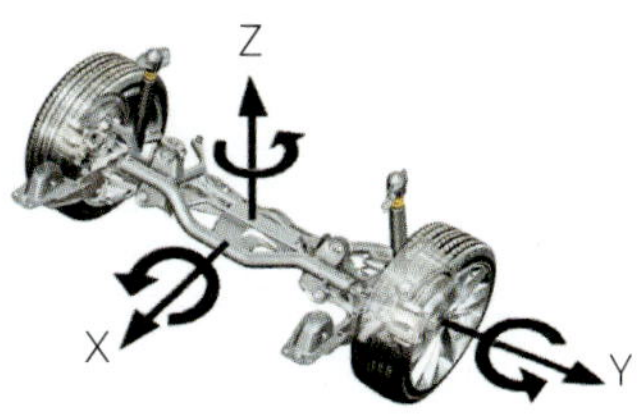

(b) 아래 질량

[그림 106] **스프링 질량 진동**

2.8.2. 진동수와 승차 감각

사람이 걸어갈 때 머리의 상하진동은 60~70 cycle/min이고 뛰어갈 때는 120~160 cycle/min이라고 하며 일반적으로 60~120 cycle/min의 상하진동을 할 때 가장 좋은 승차 감각을 얻을 수 있다고 한다. 진동수가 120 cycle/min을 넘으면 딱딱해지고, 45cycle/min 이하에서는 멀미를 느끼게 된다.

2.9. 전자제어 현가장치(ECS : Electronic Control Suspension System)

컴퓨터(ECU), 각종 센서, 액추에이터 등을 설치하고 노면의 상태, 주행 조건, 운전자의 선택 등과 같은 요소에 따라서 자동차의 높이와 현가 특성(스프링 정수 및 감쇠력)이 컴퓨터에 의해 자동적으로 조절되는 현가장치로 급제동을 할 때 노스다운(nose down)을 방지하고, 급선회를 할 때 원심력에 대한 차체의 기울어짐을 방지한다. 노면으로부터의 차량 높이를 조절할 수 있어 노면의 상태에 따라 승차 감각을 조절할 수 있다.

[그림 107] **전자제어 현가장치의 구성**

2.9.1. 기능

① 급제동을 할 때 노스다운(nose down)을 방지한다.

② 급선회 또는 급회전을 할 때 원심력에 의한 자동차의 기울어짐 현상을 방지한다.

③ 노면으로부터의 자동차 높이를 조정 한다.

④ 노면상태에 따라 승차감을 조절한다.

2.9.2. ECS의 장점

① 고속으로 주행할 때 차체의 높이를 낮추어 공기저항을 감소시키므로 안정성이 있다.

② 조향할 때 차체가 쏠리는 현상이 적어 조종 안정성을 향상시킨다.

③ 노면으로부터의 충격을 감소하므로 승차감이 좋다.

④ 굴곡이 심한 장파형의 노면을 주행할 때 흔들림이 적은 평행한 승차감을 실현한다.

⑤ 스프링 상수 및 감쇄력(댐핑력)을 제어한다.

2.9.3. 전자제어 현가장치의 종류

[1] 반 능동형 현가장치(Semi-Active Suspension System)

반 능동형 현가장치는 쇽업소버의 운동특성을 가변시켜 주행안정성 및 승차감을 향상시킨 것이다. 반 능동형 현가장치는 일반적으로 4바퀴의 감쇠력을 독립적으로 제어하여 독립 현가장치의 장점을 최대한 보완한 장치이며, 각 바퀴의 위쪽 차체에 설치한 상하 가속도(G)센서로 바퀴의 작동상태를 검출하여 독립적인 제어를 가능하게 한다.

[2] 능동형 현가장치(Full-Active Suspension System)

능동형 현가장치는 반 능동형 보다 진보된 형태의 전자제어 현가장치이며, 외부에서 에너지를 공급하여 스프링상수나 감쇠력을 주행조건에 대응하여 적절하게 조절하는 장치이다.

[3] 도로면 감지(프리뷰 제어)능동형 현가장치

도로면 감지 능동형 현가장치는 초음파 펄스방식의 프리뷰센서(preview sensor)와 수신센서 등을 이용하여 도로면의 상태를 사전에 검출하여 빠른 시간 내에 쇽업소버의 감쇠력을 바꾸거나 공기스프링의 압력조정 등을 통하여 충격을 훨씬 부드럽게 하여 승차감을 향상시킬 수 있는 장치이며, 프리뷰 제어(preview control)라 한다.

[그림 108] **도로면 감지 능동형 현가장치**

2.9.4. 구성부품 및 작용

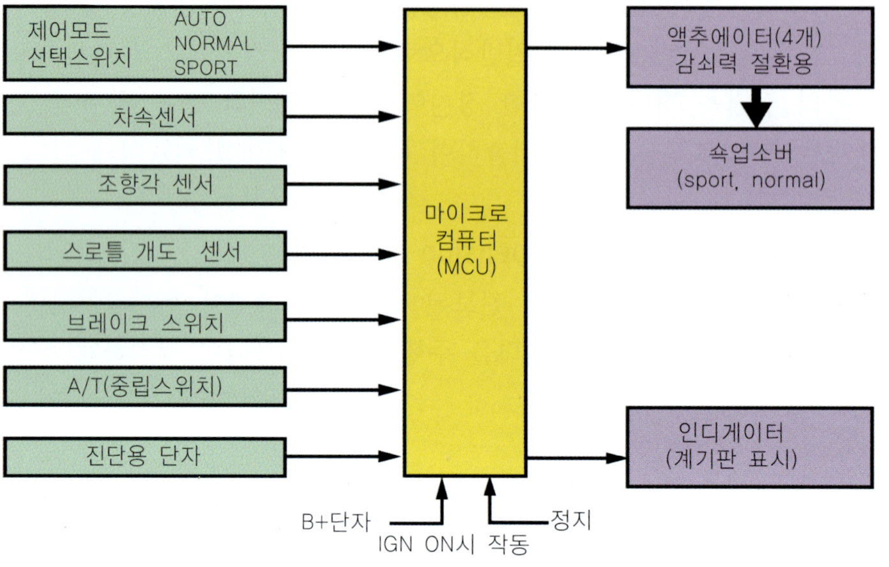

[그림 109] **전자제어 현가장치의 제어도**

[1] 전자제어 현가장치 입력요소

(1) 차속 센서

변속기 주축이나 속도계(speed meter) 구동축에 설치되어 있으며, 자동차 주행속도를 검출하여 컴퓨터로 입력시킨다. 컴퓨터는 차속센서의 신호를 기준으로 자동차가 선회할 때 롤(roll) 정도를 예측하고, 제동할 때 차체가 앞쪽으로 기울어지는 다이브(dive) 현상을 방지하는 앤티-다이브(anti-dive)제어, 출발할 때 차체의 앞쪽이 들리는 스쿼트(squat) 현상을 방지하는 앤티-스쿼트(anti-squat)제어 및 고속안정성을 제어한다.

(2) 차고센서

자동차 높이 변화에 따른 보디(body차체)와 차축의 위치를 검출하여 컴퓨터로 입력시키는 일을 하는 것이다. 앞뒤 차축에 1개씩 두고 있다. 작동은 레버의 회전량이 센서 보디로 전달되므로 차고 변화에 따른 보디와 차축의 위치를 검출한다.

(a) 프런트 차고센서

(b) 리어 차고센서

[그림 110] **차고센서**

(3) 조향핸들 각 속도 센서

조향핸들의 조작 정도를 검출하는 것으로, 2개의 광 단속기와 1개의 디스크로 구성되어 있으며 광 단속기는 조향 칼럼 스위치의 보디에, 디스크는 조향축에 고정되어 조향핸들과 함께 회전한다. 이때 조향핸들을 일정하게 돌리면 컴퓨터는 롤(roll) 상태로 판단하여 앤티-롤(anti-roll)제어를 한다.

(a) 장착위치

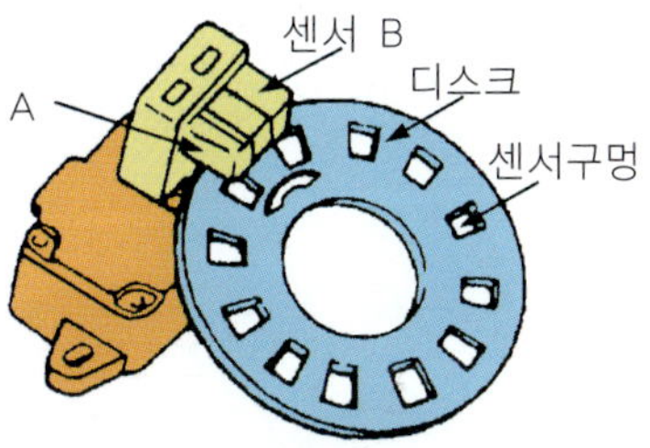

(b) 구조

[그림 111] **조향핸들 각 속도 센서**

(4) 스로틀 위치센서(TPS)

엔진의 급가속 및 감속상태를 검출하여 컴퓨터로 보내면 컴퓨터는 이 신호를 기준으로 운전자의 가감속 의지를 판단하고 급 가속할 때 차체의 앞쪽이 들리는 스쿼트(squat) 현상을 방지하는 앤티-스쿼트(anti-squat) 제어의 주 신호로 사용된다.

(5) G(gravity)센서

G센서(가속도 센서)는 자동차 선회시 G센서 내부의 철심이 자동차가 기울어진 쪽으로 이동하면서 유도되는 전압이 변화되는데 ECU는 유도되는 전압의 변화량을 검출하여 차체의 기울어진 방향과 기울어진 양을 검출하여 안티 롤(anti roll)을 제어할 때 보정신호로 사용한다.

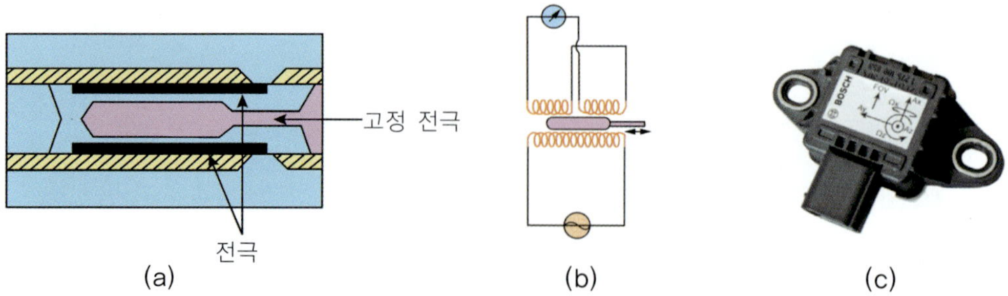

[그림 112] G센서(가속도센서)

(6) 뒤 압력센서(Rear Pressure Sensor)

뒤 압력센서는 뒤쪽 쇽업소버 내의 공기압력을 검출하는 역할을 한다. 뒤쪽 쇽업소버 내의 공기압력은 뒷좌석의 승차인원이나 트렁크의 화물 적재량에 따라 많은 변화가 일어난다.

ECU는 뒤 압력센서의 신호로 자동차 뒤쪽의 무게를 감지하여 무게에 따라 뒤 쇽업소버의 공기스프링에 급·배기를 할 때 급기시간과 배기시간을 다르게 한다. 또 승차인원이 과다하거나 화물의 적재량이 많아서 뒤 쇽업소버 공기스프링 내의 공기압력이 규정압력 이상으로 높아지면 자세를 제어할 때 뒤쪽 제어를 금지한다.

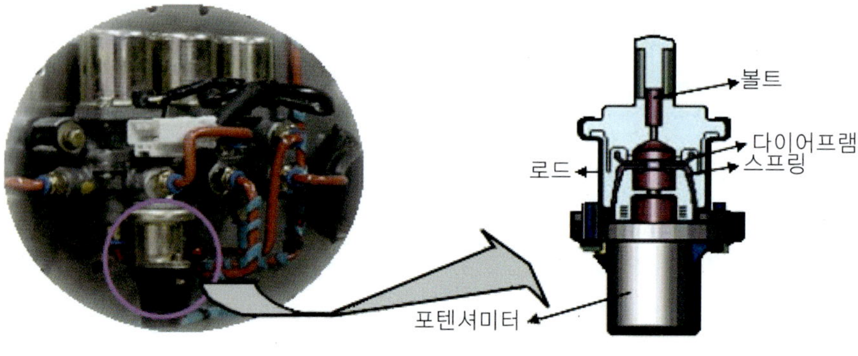

[그림 113] 뒤 압력센서

(7) 전자제어 현가장치 모드 선택스위치

전자제어 현가장치 모드 선택스위치는 운전자가 주행조건이나 도로면 상태에 따라 쇽업소버의 감쇠력 특성과 자동차 높이(차고)를 변화시키고자 할 때 사용한다. 액티브 현가장치용은 하이(HIGH)모드를 선택하면 계기판의 하이(HIGH)램프가 점등되면서 자동차 높이(차고)가 하이(HIGH)위치로 상승된다.

감쇠력 가변용은 감쇠력 가변 현가장치용으로 오토(AUTO) 모드를 선택하면 쇽업소버의 감쇠력이 주행조건이나 도로면 상태에 따라 자동적으로 제어되며, 이때 계기판의 오토(AUTO) 램프가 점등된다.

(a) 액티브 현가장치용

(b) 감쇠력 가변용

[그림 114] **전자제어 현가장치 스위치**

(8) 각종 스위치

① **브레이크 스위치** : 브레이크 스위치 신호는 브레이크 페달을 밟았을 때 다이브 제어(dive control)의 기준신호로 사용한다.

② **자동변속기 인히비터 스위치** : 자동변속기 인히비터 스위치 신호는 변속할 때 진동을 억제하기 위해 감쇠력 제어하는 앤티 시프트 스쿼트 제어(anti shift squat control)의 기준신호로 사용한다.

(a) 브레이크 스위치

(b) 전조등 스위치

(c) A/T장착용 인히비터 스위치

(d) 도어스위치

[그림 115] **현가장치에 사용되는 스위치**

③ **전조등 스위치** : 전조등 스위치는 주행 중 전조등을 점등하였을 때 앞 · 뒤 자동차 높이(차고)를 모두 로우(Low)로 내려 전조등의 광도가 변화하는 것을 방지한다.

④ **도어 스위치 신호** : 도어 스위치 신호는 승 · 하차 여부를 판단하여 승 · 하차를 할 때 차체의 흔들림을 방지하기 위해 쇽업소버의 감쇠력을 제어한다.

⑤ **공전스위치(idle switch) 신호** : 공전스위치(idle switch) 신호는 가속페달의 조작여부를 검출하는 스위치이며, 출발할 때 차체의 앞쪽이 들리는 스쿼트 현상을 방지하기 위한 앤티 스쿼트(anti squat)제어와 변속레버를 조작할 때 차체의 진동이 발생되는 현상을 방지하기 위한 앤티 시프트 스쿼트(anti shift squat)제어를 실행한다.

(9) 프리뷰센서(Preview Sensor)

프리뷰센서는 초음파에 의해 차체 앞쪽의 도로면에 있는 돌기 및 단차를 검출하는 기능을 하며, 앞 범퍼 안쪽의 좌 · 우에 설치되어 있다.

[2] 전자제어 현가장치 출력요소

(1) 스텝모터(Step Motor)

스텝모터는 각각의 쇽업소버 위쪽에 설치되며, ECU의 신호로 작동된다. ECU는 자동차 운행 중 쇽업소버의 감쇠력을 변화시켜야 할 조건이 되면 스텝모터를 회전시키고 스텝모터가 회전하여 스텝모터와 연결된 컨트롤 로드(control rod)가 회전하면서 쇽업소버 내부의 오일회로가 크게 변화되어 감쇠력이 가변된다.

(2) 전자제어 현가장치 지시등

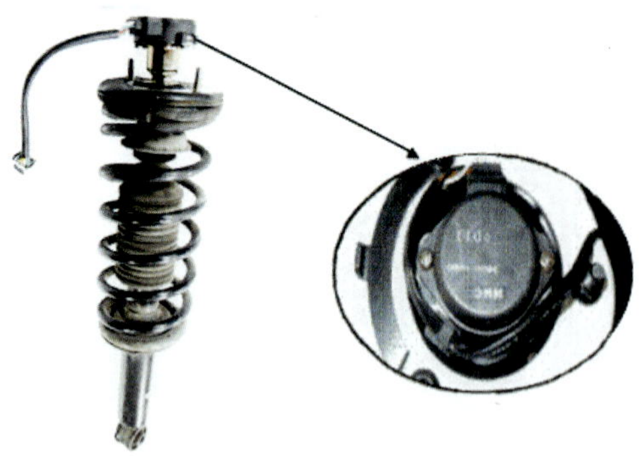

[그림 116] **스텝모터**

[그림 117] **전자제어 현가장치 지시등**

오토(AUTO) 모드일 때에는 소등되며, 운전자가 스포트(SPORT) 모드를 선택하면 ECU는 계기판에 스포트(SPORT) 모드 표시등을 점등시켜 운전자에게 알려준다. 또 장치에 고장이 발생하면 ECU는 "SPORT" 표시등을 점멸시켜 고장을 알려 준다.

[3] 컴퓨터(ECU) 제어기능(자세제어)

컴퓨터는 각종 센서들로부터 보내 온 신호들을 이용하여 쇽업소버 감쇠력 제어용 액추에이터를 작동시킨다. 컴퓨터로 입력되는 신호에는 주행속도, 조향핸들 각속도, 브레이크 압력 스위치 신호, 전조등 릴레이, 도어(door)스위치, 스로틀위치 센서 등이 있다.

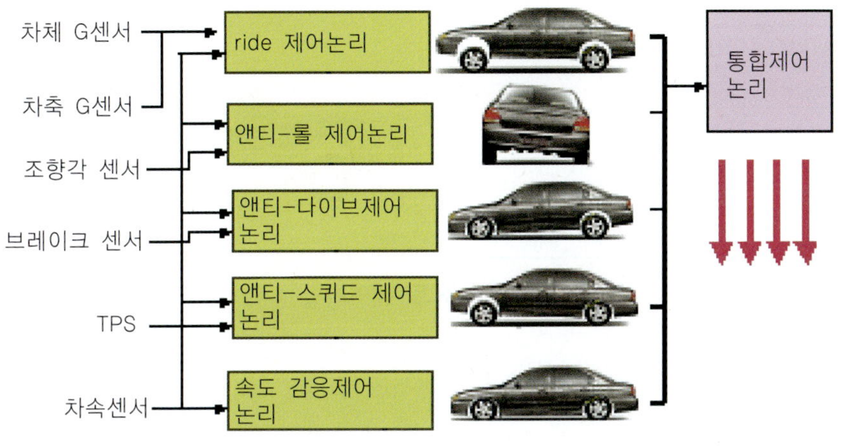

[그림 118] **감쇠력 가변장치의 제어기능**

(1) 앤티 롤(Anti-Roll)제어

롤(roll)은 자동차가 주행 중 조향 휠을 조작하여 선회할 때 차체가 좌·우로 흔들리는 현상이며, 원심력에 의해 선회하는 차체의 안쪽은 올라가고 바깥쪽은 내려간다. 이로 인하여 차체는 안쪽으로 더욱 쏠리게 되어 조향성능이 불량해진다.

감쇠력	AUTO	MEDIUM 또는 HARD
	SPORT	HARD
급·배기	개시	바깥쪽 바퀴 : 공기공급, 안쪽 바퀴 : 공기배출
	복귀	좌우 공기통로 연결

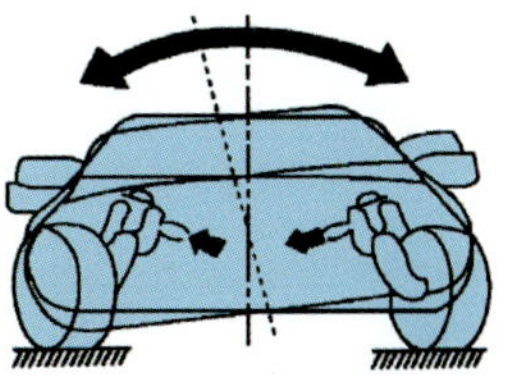

[그림 119] **앤티 롤 제어방법**

이때 ECU는 조향 휠 각속도 센서, 차속센서, G센서의 신호를 기초로 하여 자동차의 주행속도와 조향 휠의 조작속도, 차체에 발생되는 쏠림 정도(G)를 판단하여 아래와 같이 쇽업소버의 감쇠력 변환과 공기스프링에 공기를 공급하거나 배출시켜 롤을 방지한다.

(2) 앤티 스쿼트(Anti-Squat)제어

자동차를 출발하거나 가속을 하기 위해 가속페달을 급격하게 밟으면 자동차의 무게 중심이 뒤쪽으로 이동하면서 앞쪽은 올라가고 뒤쪽은 내려간다. 이러한 차체자세를 스쿼트라 하며, 이로 인해 앞바퀴 구동형의 자동차인 경우 접지 구동력이 감소하여 미끄럼이 발생될 수 있으며, 급 가속할 때 바퀴의 접지력 부족으로 조향 안정성이 저하될 수 있다.

감쇠력	AUTO	MEDIUM 또는 HARD
	SPORT	HARD
급배기	개시	앞바퀴 : 공기 배출 뒷바퀴 : 공기 공급
	복귀	앞바퀴 : 공기 공급 뒷바퀴 : 공기 배출

[그림 120] **앤티 스쿼트 제어방법**

이때 ECU는 차속센서의 신호와 스로틀 위치센서(TPS)의 신호를 기초로 급출발 또는 급가속이 판단되면 앞바퀴 공기스프링에서는 공기를 배출하고 뒷바퀴 공기 스프링에는 공기를 공급하며, 쇽업소버의 감쇠력은 미듐(medium) 또는 하드(hard)로 변환시켜 스쿼트 현상을 방지한다.

(3) 앤티 다이브(Anti-Give)제어

다이브는 자동차 주행 중 브레이크 페달을 밟으면 자동차의 무게 중심이 앞쪽으로 이동하면서 앞쪽은 내려가고 뒤쪽은 들리는 현상으로 노즈 다운(nose down)이라고도 한다.

감쇠력	AUTO	MEDIUM 또는 HARD
	SPORT	HARD
급배기	개시	앞바퀴 : 공기공급 뒷바퀴 : 공기배출기
	복귀	앞바퀴 : 공기배출 뒷바퀴 : 공기공급

[그림 121] **다이브 제어방법**

이때 ECU는 일정 주행속도 이상에서 브레이크 페달을 밟으면 브레이크 스위치 신호와 차속센서의 신호를 기초로 하여 감속도를 계산하여 앞바퀴 공기 스프링에는 공기를 공급하고 뒷바퀴 공기 스프링에서는 공기를 배출시키며, 쇽업소버의 감쇠력은 미듐(medium) 또는 하드(hard)로 변환하여 다이브 현상을 방지한다.

(4) 앤티 피칭, 바운싱(Anti-Pitching/Bouncing)

피칭은 스쿼트와 다이브 현상이 교대로 반복되는 현상이며, 바운싱은 차체가 전체적으로 균일하게 상하로 직진하는 진동현상으로 요철이 심한 도로를 주행하는 경우에 발생된다. 이때 ECU는 차고센서로 부터 행정(stroke) 주파수를 검출하면 행정 변화(피칭, 바운싱)에 대하여 쇽업소버의 감쇠력은 소프트(soft)에서 하드(hard)로 변환시키고 공기 스프링에는 공기공급 및 배출을 하여 앤티 피칭, 바운싱 제어를 실행한다.

감쇠력	AUTO	MEDIUM 또는 HARD
	SPORT	HARD
급배기	개시	신장 쪽 : 공기배출 수축 쪽 : 공기공급
	복귀	신장 쪽 : 공기공급 수축 쪽 : 공기배출

[그림 122] 앤티 바운싱 제어방법

(5) 앤티 시프트 스쿼트(Anti-Shift Squat)

자동변속기를 설치한 자동차가 정지 상태에서 승객의 승·하차나 변속레버를 조작할 때에 발생하는 자동차의 진동을 시프트 스쿼트라 한다. 이때 ECU는 자동변속기의 P, N 위치를 검출한다.

자동차의 정지상태에서 승객의 승·하차나 변속레버를 조작할 때에 발생할 수 있는 자동차의 진동을 예측하여 쇽업소버의 감쇠력을 소프트(soft)에서 하드(hard)로 변환시키며, 앞바퀴 공기 스프링에서는 공기를 배출하고 뒷바퀴 공기 스프링에는 공기를 공급한다.

자동차가 출발하여 규정 주행속도 이상이 되면 다시 쇽업소버의 감쇠력은 소프트(soft)로 복귀시키고 앞바퀴 공기 스프링에는 공기를 공급하고 뒷바퀴 공기 스프링에서는 공기를 배출시켜 시프트 스쿼트 제어를 실행한다.

감쇠력	AUTO	MEDIUM 또는 HARD
	SPORT	HARD
급배기	개시	앞바퀴 : 공기배출 뒷바퀴 : 공기공급
	복귀	앞바퀴 : 공기공급 뒷바퀴 : 공기배출

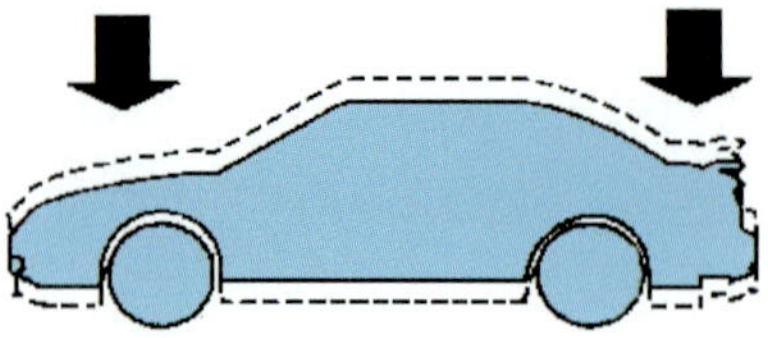

[그림 123] **시프트 스쿼트 제어방법**

(6) 차속 감응 제어(vehicle speed control)

자동차가 고속으로 주행할 때에는 차체의 안정성이 결여되기 쉬운 상태이므로 쇽업소버의 감쇠력은 소프트(soft)에서 미디움(medium)이나 하드(hard)로 변환된다.

(7) 앤티 쉐이크 제어(anti-shake control)

사람이 자동차에 승하차할 때 하중의 변화에 따라 차체가 흔들리는 것을 쉐이크라고 한다. 자동차의 속도를 감속하여 규정속도 이하가 되면 컴퓨터는 승차 및 하차에 대비하여 쇽업소버의 감쇠력을 Hard로 변환시킨다. 그리고 자동차의 주행속도가 규정 값 이상 되면 쇽업소버의 감쇠력은 초기 모드로 된다.

2.9.5. 자동차 높이 조절 공기회로 구성부품

[1] 쇽업소버(shock absorber)

쇽업소버는 공기실(air chamber)과 감쇠력 2단 변환밸브를 포함하고 있으며, 스프링 정수 및 감쇠력을 Hard 또는 Soft로 선택하는 기능과 차량 높이를 조절하는 스위칭 로드, 액추에이터 등이 부착되어 있다.

(1) 액추에이터(air actuator)

쇽업소버 위쪽에 설치되며 Hard-Soft 스위칭 로드를 규정 각도만큼 회전시켜 주는 부분이다. 공급밸브로부터 액추에이터로 공기가 들어오면 스프링 장력을 이기고, 피스톤이 작동하며 이에 따라 스위칭 로드가 회전하여 Hard나 Soft로 현가특성을 선택한다.

(2) 스위칭 로드(switching rod)

액추에이터에 의해 피스톤 내에서 약 60° 정도 회전하며 이 회전에 의해 스프링 정수와 쇽업소버 감쇠력이 Hard나 Soft로 변화한다.

(3) 공기실(air chamber)

공기실의 유동 부분에는 롤링 다이어프램(rolling diaphragm)이 설치되어 있으며 공기실 내의 공기는 스위칭 로드의 구멍을 거쳐 흡입 또는 배출되어 공기실의 체적이 증가하거나 감소하여 차고가 조절된다.

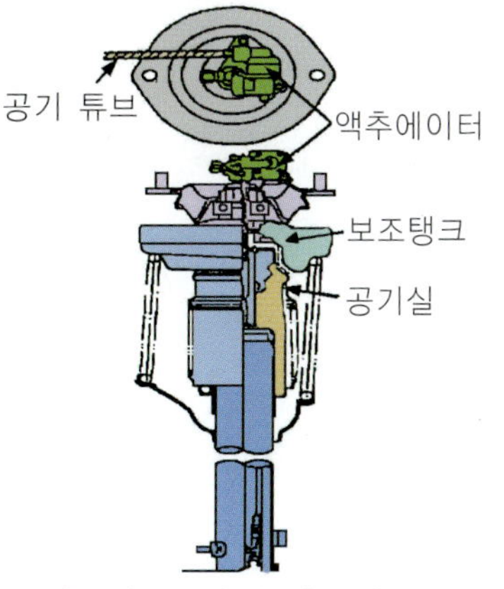

[그림 124] **쇽업소버**

[2] 공기 압축기와 릴레이

릴레이는 컴퓨터로부터 전원이 공급되면 전동기에 전원을 공급하여 공기 압축기에서 압축 공기를 생산하여 공기탱크로 보낸다.

[그림 125] **공기압축기**

[3] 공기탱크

압축기에서 생산된 압축 공기를 저장하며 드라이어(dryer), 어큐뮬레이터, 체크밸브, 압력 스위치, 공기 공급 솔레노이드밸브 등이 부착되어 있다.

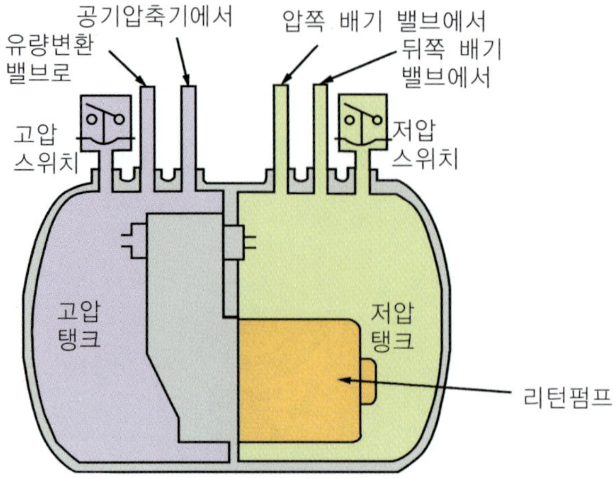

[그림 126] **공기탱크**

[4] 솔레노이드밸브(solenoid valve)

이 밸브는 쇽업소버에 부착되어 차고를 조정하거나 현가 특성을 Hard나 Soft로 변환하는 작용을 한다.

[5] 보조밸브 어셈블리

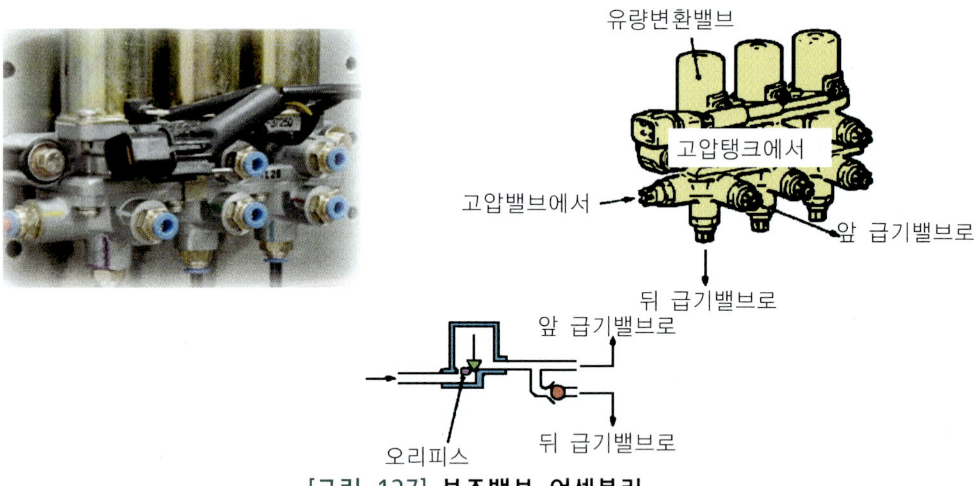

[그림 127] **보조밸브 어셈블리**

유량 제어밸브(자세제어, 급속하게 자동차 높이를 제어할 때 ON), 앞 배기밸브(앞쪽을 배기할 때 ON), 뒤 배기밸브(뒤쪽을 배기할 때 ON) 등으로 구성되어 있다.

[6] 앞 밸브 어셈블리

앞 공급밸브(자세를 제어할 때 좌우 공기스프링에 공기 공급), 앞 좌측 공급밸브, 앞 우측 공급밸브 등으로 구성되어 있다.

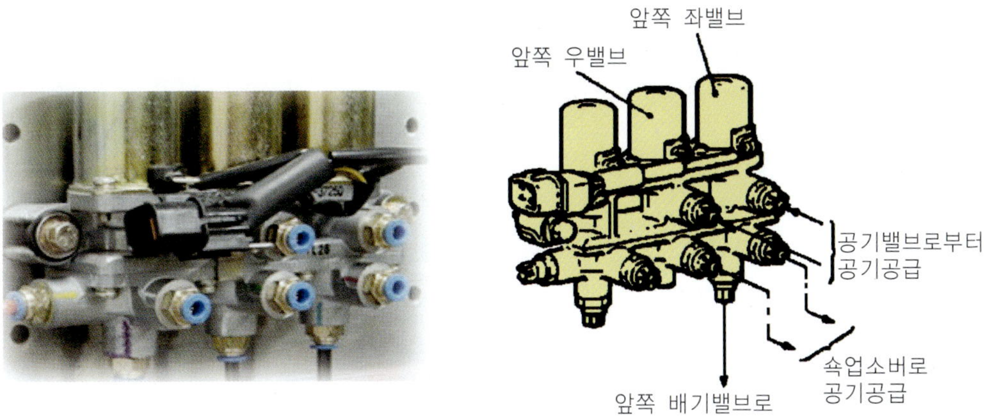

[그림 128] **앞 밸브 어셈블리**

[7] 뒤 밸브 어셈블리

뒤 공급밸브(자세를 제어할 때 좌우 공기스프링에 공기 공급), 뒤 좌측 공급밸브, 뒤 우측 공급밸브로 구성되어 있으며, 앞 밸브 어셈블리와 동일한 구조이나 뒤 압력센서가 설치되어 있다.

[8] 드라이어(dryer)

공기압축기와 공기탱크 사이에 설치되어 압축공기 중의 수분을 방습제에 의해 흡수하여 장치 내의 부식을 방지한다. 배기할 때의 건조한 공기에 의해 흡수한 수분을 방출하기 때문에 수명은 반영구적이다.

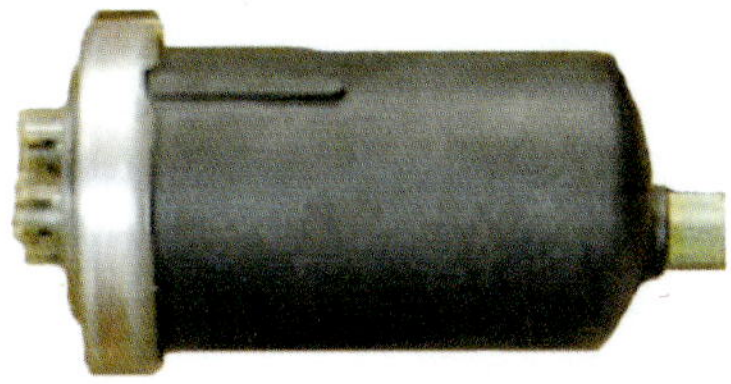

[그림 129] **드라이어**

[9] 전조등 릴레이

이것은 전조등의 ON, OFF상태를 컴퓨터로 입력시켜 차량 높이 조절에 사용된다.

[10] 발전기 L단자

발전기 L단자의 전압 발생신호에 의해 엔진의 작동여부를 감지하여 차량 높이 조절에 사용된다.

[11] 도어 스위치

모든 도어 스위치는 병렬로 연결되어 있으며 한쪽의 도어만 열려도 컴퓨터에 입력되며, 컴퓨터는 앤티 쉐이크 제어를 한다.

[12] ECS지시 패널

운전석 계기판에 있으며 운전자가 직접 선택하여 조작할 수 있으며, 현가 특성, 차량 높이 조절을 할 때 등에는 지시등이 점등되며 부저가 울려 작동을 표시한다.

03 조향장치

조향장치는 자동차의 진행방향을 운전자가 의도하는 바에 따라서 임의로 조작할 수 있는 장치이며 조향핸들을 조작하면 조향 기어에 그 회전력이 전달되며 조향 기어에 의해 감속하여 앞바퀴의 방향을 바꿀 수 있도록 되어 있다.

3.1. 조향장치의 원리

3.1.1. 애커먼-장토식(ackerman-jantoud type)

조향 각도를 최대로 하고 선회할 때 선회하는 안쪽 바퀴의 조향 각도가 바깥쪽 바퀴의 조향 각도보다 크게 되며, 뒷차축 연장선상의 한 점 E를 중심으로 동심원을 그리면서 선회하여 사이드슬립 방지와 조향핸들 조작에 따른 저항을 감소시킬 수 있는 방식이다.

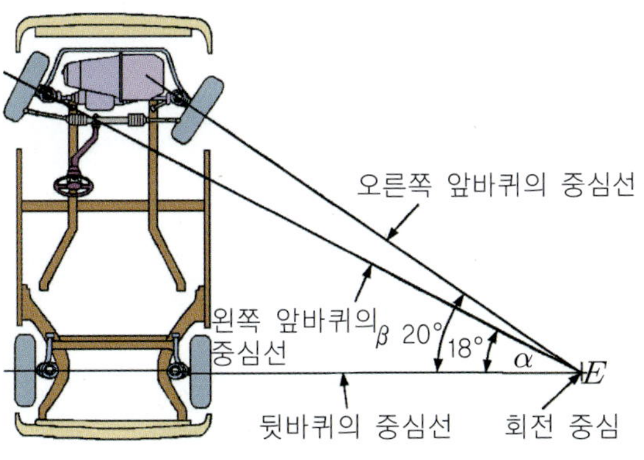

[그림 130] **조향원리(애커먼 장토식)**

3.1.2. 최소 회전반지름

조향각도를 최대로 하고 선회하였을 때 그려지는 동심원 중에서 가장 바깥쪽 바퀴가 그리는 원의 반지름을 말하며 다음의 공식으로 산출된다.

$$R = \frac{L}{\sin\alpha} + r$$

R : 최소 회전반지름, $\sin\alpha$: 가장 바깥쪽 앞바퀴의 조향각도
L : 축간 거리(축거 wheel base), r : 바퀴 접지면 중심과 킹 핀과의 거리

3.1.3. 조향장치의 구비조건

① 조향 조작이 주행 중의 충격에 영향을 받지 않을 것
② 조작이 쉽고, 방향 변환이 원활하게 행해질 것
③ 회전반지름이 작아서 좁은 곳에서도 방향 변환을 할 수 있을 것
④ 진행방향을 바꿀 때 섀시 및 보디 각 부에 무리한 힘이 작용되지 않을 것
⑤ 고속주행에서도 조향 핸들이 안정 될 것
⑥ 조향핸들의 회전과 바퀴 선회 차이가 크지 않을 것
⑦ 수명이 길고 다루기나 정비하기가 쉬울 것

3.1.4. 자동차의 조향특성

조향핸들의 조향각도를 일정하게 유지한 상태에서 일정한 속도로 주행하면 자동차는 선회 반지름이 일정한 원운동을 한다. 그러나 일정한 주행속도에서 서서히 가속을 하면 처음의 궤적에서 이탈하여 바깥쪽으로 벌어지거나 안쪽으로 들어가거나 또는 그대로 같은 궤적을 그리는 경우 등 여러 가지 형태로 나타날 수 있다.

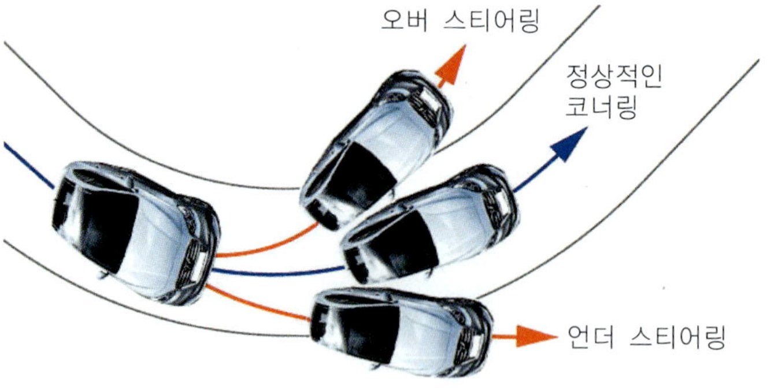

[그림 131] **자동차의 선회특성**

이것은 자동차가 지닌 고유의 조향특성이 되는데 바깥쪽으로 벌어지는 조향특성을 언더 스티어링(under steering), 안쪽으로 들어가는 조향 특성을 오버 스티어링(over steering)이라 하며, 그대로 같은 원의 궤적을 그리는 조향특성을 뉴트럴 스티어링(중립

조향, neutral steering)이라 한다. 일반적인 승용차의 경우는 완만한 언더 스티어링 조향 특성을 갖도록 설계되어 안전한 운전이 가능하도록 한다. 오버 스티어링 조향 특성은 스포츠 카 등에서 일부 사용한다.

3.2. 조향장치의 구조와 작용

3.2.1. 일체 차축방식의 조향기구

일체 차축방식의 조향기구는 조향 핸들, 조향축, 조향 기어 박스, 피트먼 암, 드래그 링크, 타이로드, 너클암 등으로 구성되어 있다. 작동은 조향핸들을 돌리면 그 조작력이 조향축을 거쳐 조향 기어 박스로 전달된다. 조향 기어박스에서는 감속하여 섹터축을 회전시키며, 섹터축이 회전하면 피트먼 암이 원호 운동을 하여 드래그 링크를 앞 뒤 방향으로 이동시킨다. 이에 따라, 오른쪽이나 왼쪽 바퀴가 조향 너클에 의해 선회하게 되고, 또 타이로드를 통해 반대쪽 바퀴를 선회시켜 진행 방향을 변환시킨다.

3.2.2. 독립 차축방식의 조향기구

독립 차축방식 조향기구에는 타이로드가 둘로 나누어져 있다. 구성은 조향핸들, 조향축, 조향기어 박스, 피트먼 암, 센터 링크, 타이로드, 너클 암 등으로 구성되어 있다.

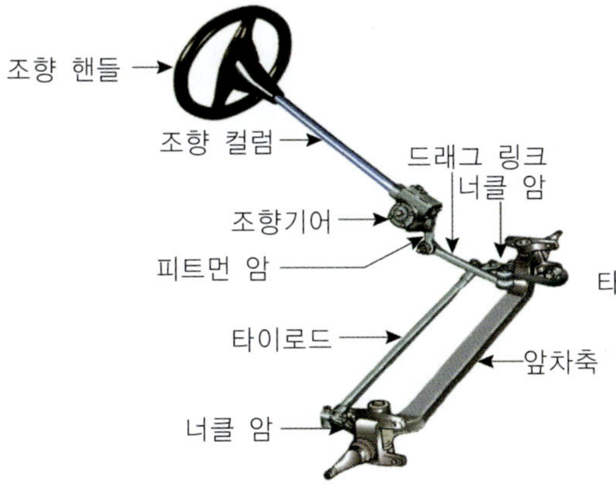

[그림 132] **일체 차축방식의 조향기구**

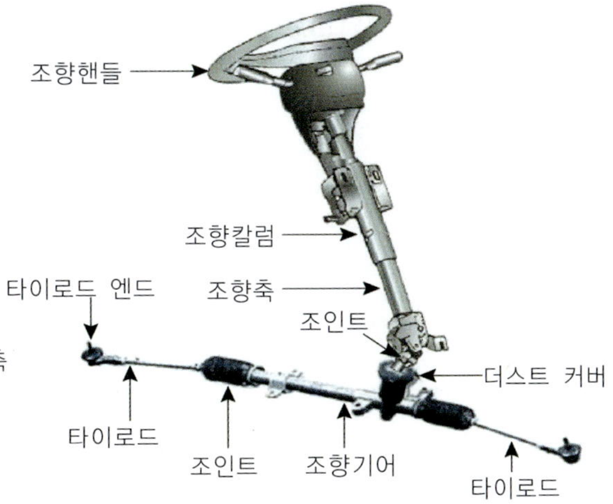

[그림 133] **독립 차축방식의 조향기구**

3.2.3. 조향기구

[1] 조향핸들(조향 휠)

조향핸들은 림(rim), 스포크(spoke) 및 허브(hub)로 구성되어 있으며 스포크나 림 내부에는 강철이나 알루미늄 합금 심으로 보강되고, 바깥쪽은 합성수지로 성형되어 있다. 조향핸들은 조향축에 테이퍼(taper)나 세레이션(serration) 홈에 끼우고 너트로 고정시킨다.

[그림 134] **조향핸들**

[2] 조향축(steering shaft)

조향축은 조향핸들의 회전을 조향 기어의 웜(worm)으로 전하는 축이며, 웜과 스플라인을 통하여 자재이음으로 연결되어 있다.

[3] 조향 기어 박스(steering gear box)

조향 기어는 조향 조작력을 증대시켜 앞바퀴로 전달하는 장치이며, 종류에는 웜 섹터형, 웜 섹터 롤러형, 볼 너트형, 캠 레버형, 래크와 피니언형, 스크루 너트형, 스크루 볼형 등이 있으며 현재 주로 사용되고 있는 형식은 볼 너트 형식과 래크와 피니언 형식이다.

(1) 볼-너트 형식(ball & nut type)

스크루와 너트 사이에 많은 볼이 들어 있어 조향핸들의 회전을 볼의 동력 전달 접촉으로 너트로 전달한다. 작동은 조향핸들이 회전하면 스크루 홈을 이동하여 너트의 한 끝에서 밖으로 나와 안내 튜브를 지나서 다시 스크루 홈으로 들어간다. 볼은 2줄로 나누어 순환하며, 이 순환 운동으로 너트는 직선운동을 하고 섹터는 원호운동을 한다.

(2) 래크와 피니언 형식(rack & pinion type)

이 형식은 조향핸들의 회전운동을 래크를 통해 직선운동으로 바꾸어 조향하도록 되어 있으며, 조향축 아랫부분에 피니언이 래크와 결합되어 있다.

따라서 래크는 피니언의 회전운동에 따라 조향 기어 박스 내에서 좌우로 직선운동을 하여 그 양끝의 타이로드를 거쳐 좌우의 너클암을 이동시켜 조향한다.

그리고 조향 기어 비율은 다음과 같이 나타낸다.

$$\text{조향 기어비} = \frac{\text{조향핸들이 움직인각}}{\text{피트먼암이 움직인각}}$$

이 조향 기어비의 값이 작으면 조향핸들의 조작은 신속히 되지만 큰 조작력이 필요하게 된다. 이에 따라 조향 기어에는 가역식, 반가역식, 비가역식 등의 형식으로 하고 있다.

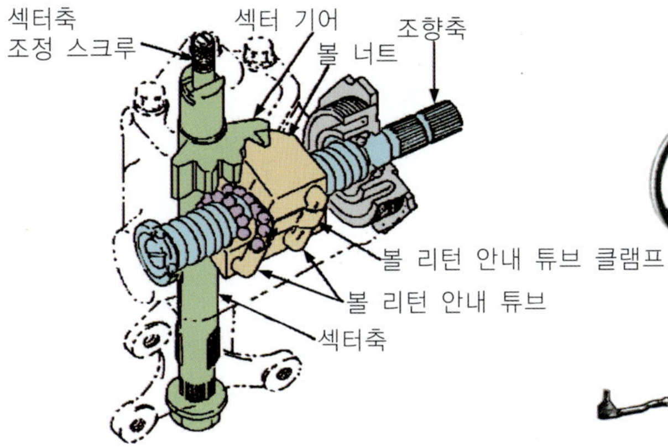

[그림 135] **볼-너트 형식**

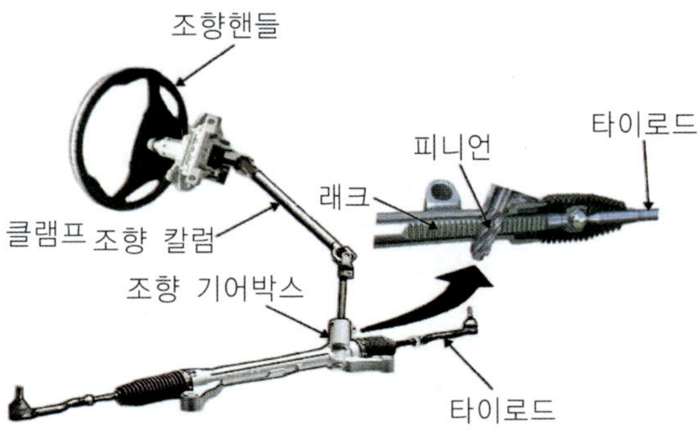

[그림 136] **래크와 피니언 형식**

[4] 피트먼 암(pitman arm)

조향핸들의 움직임을 일체 차축방식의 조향 기구에서는 드래그 링크로, 독립 차축방식의 조향기구에서는 센터 링크로 전달한다.

[그림 137] **피트먼 암**

[5] 드래그 링크(drag link)

일체 차축방식 조향기구에서 피트먼 암과 너클 암(제3암)을 연결하는 로드이다.

[6] 센터 링크(center link)

독립 차축방식 조향기구에서 피트먼 암과 볼 이음을 통하여 연결되며, 작동은 조향핸들을 회전시키면 피트먼 암으로부터의 힘을 타이로드로 전달한다. 그러나 래크와 피니언 형식의 조향 기어박스를 사용하는 독립 차축방식에서는 센터 링크를 두지 않아도 된다.

[7] 타이로드(tie-rod)

볼-너트 형식의 조향 기어박스를 사용하는 독립 차축 방식 조향 기구에서는 센터 링크의 운동을 양쪽 너클 암으로 전달하며, 래크와 피니언 형식에서는 래크축에 2개로 나누어져 볼 이음으로 각각 연결되어 있다. 타이로드의 길이를 조정하여 토인(toe-in)을 조정할 수 있다.

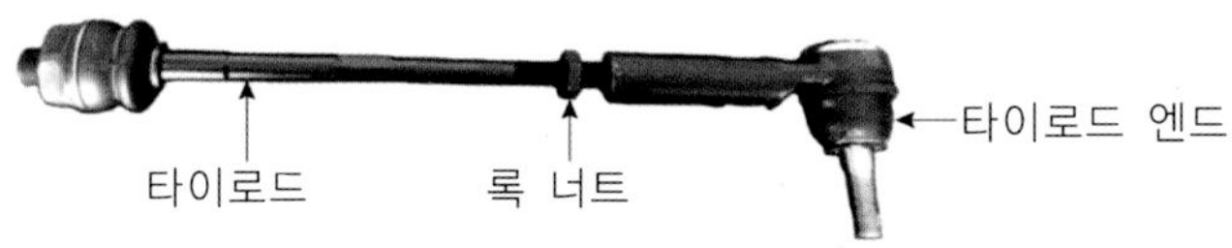

[그림 138] **타이로드**

[8] 너클 암(knuckle arm, 제3암)

일체 차축방식 조향기구에서 드래그 링크의 운동을 조향 너클에 전달하는 기구이다.

[9] 일체 차축방식 조향기구의 앞 차축과 조향 너클

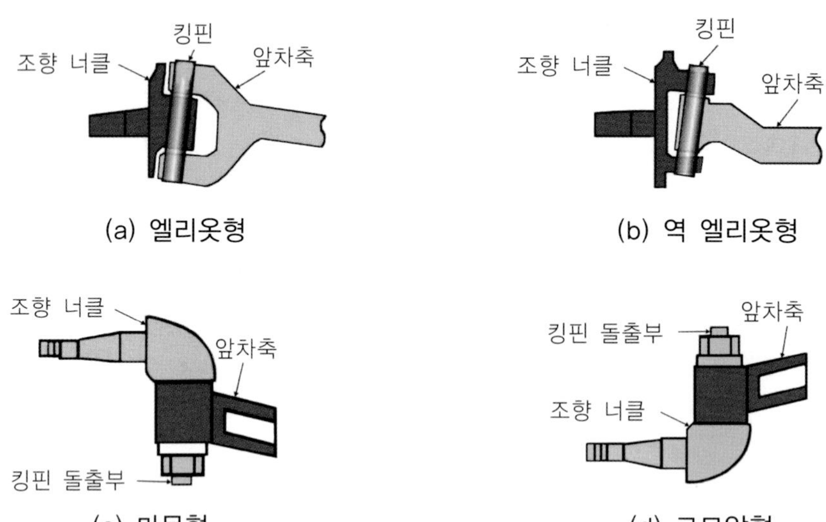

[그림 139] **조향 너클 설치방식**

일체 차축방식(ridge axle)의 앞 차축은 강철을 단조한 I 단면의 빔이며, 그 양쪽 끝에는 스프링 시트가 용접되어 있고, 킹핀 설치부분에는 킹핀을 통해 조향너클이 설치된다. 조향너클은 킹핀을 통해 앞 차축과 연결되는 부분과 바퀴 허브가 설치되는 스핀들(spindle)로 되어 있어 킹핀을 중심으로 회전하여 조향작용을 한다. 그리고 앞 차축과 조향너클의 설치 방식에는 엘리옷형, 역엘리옷형, 마몬형, 르모앙형 등이 있다.

[10] 킹핀(king pin)

일체 차축방식 조향기구에서 앞 차축에 대해 규정의 각도(킹핀 경사각)를 두고 설치되어, 앞 차축과 조향너클을 연결하며 고정볼트에 의해 앞 차축에 고정되어 있다.

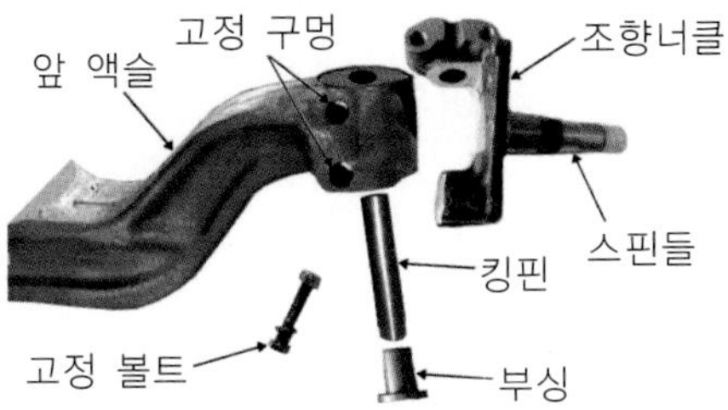

[그림 140] **킹핀**

3.2.4. 조향핸들의 이상증상 원인

[1] 조향핸들의 유격이 크게 되는 원인

① 볼 이음부분이 마멸되었다.

② 조향 너클이 헐겁다.

③ 앞바퀴 베어링이 마멸되었다.

④ 조향 기어의 백래시가 크다.

⑤ 조향 링키지의 접속부가 헐겁다.

⑥ 조향 너클의 베어링이 마모되었다.

[2] 주행 중 조향핸들이 한쪽 방향으로 쏠리는 원인

① 브레이크 라이닝 간극 조정이 불량하다.

② 휠이 불 평형하다.

③ 쇽업소버의 작동이 불량하다.

④ 타이어 공기압력이 불균일하다.

⑤ 휠 얼라인먼트가 불량하다.

⑥ 한쪽 휠 실린더의 작동이 불량하다.
⑦ 뒤 차축이 차량의 중심선에 대하여 직각이 되지 않는다.

[3] 주행 중 조향핸들이 떨리는 현상

① 휠 얼인먼트가 불량하다.
② 바퀴의 허브너트가 풀렸다.
③ 쇽업소버의 작동이 불량하다.
④ 조향기어의 백래시가 크다.
⑤ 브레이크 패드 또는 라이닝 간격이 과다 하다.
⑥ 앞바퀴의 휠 베어링이 마멸되었다.

[4] 주행 중 조향핸들이 무거워지는 이유

① 앞 타이어의 공기가 빠졌다.
② 조향기어 박스의 오일이 부족하다.
③ 볼 조인트가 과도하게 마모되었다.
④ 조향기어의 백래시가 작다.
⑤ 휠 얼라인먼트가 불량하다.
⑥ 타이어의 마모가 과다하다.

3.3. 동력 조향장치(power steering system)

3.3.1. 동력 조향장치의 개요

자동차의 대형화 및 저압 타이어의 사용으로 앞바퀴의 접지압력과 면적이 증가하여 신속하고 경쾌한 조향이 어렵다. 이에 따라 가볍고 원활한 조향 조작을 위해 엔진의 동력으로 오일펌프를 구동하여 발생한 유압을 이용하는 동력 조향장치를 설치하여 조향핸들의 조작력을 경감시키는 장치이다.

[1] 동력 조향장치의 장점

① 조향 조작력이 작아도 된다.
② 조향 조작력에 관계없이 조향 기어비를 선정할 수 있다.
③ 노면으로부터의 충격 및 진동을 흡수한다.
④ 앞바퀴의 시미현상을 방지할 수 있다.
⑤ 조향 조작이 경쾌하고 신속하다.

[2] 동력 조향장치의 단점

① 구조가 복잡하고 값이 비싸다.
② 고장이 발생한 경우에는 정비가 어렵다.
③ 오일펌프 구동에 엔진의 출력이 일부 소비된다.

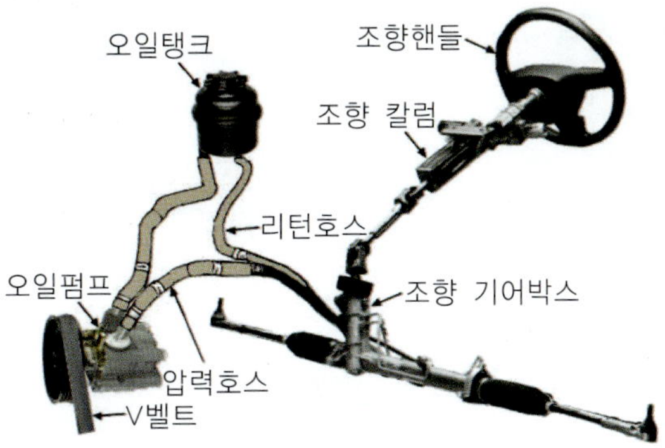

[그림 141] **동력 조향장치의 구조**

3.3.2. 동력 조향장치의 분류

[1] 링키지형(linkage type)

동력실린더를 조향 링키지 중간에 둔 것이며, 조합형과 분리형이 있다.

① **조합형**(combined type) : 이 형식은 동력 실린더와 제어밸브가 일체로 된 것이다.
② **분리형**(separate type) : 이 형식은 동력실린더와 제어밸브가 분리된 것이다.

[2] 일체형

동력실린더를 조향 기어 박스 내에 설치한 형식이며, 인라인형과 오프셋형이 있다.

① **인라인형**(in line type) : 이 형식은 조향 기어 박스와 볼 너트를 직접 동력기구로 사용하도록 한 것이며, 조향 기어 박스 상부와 하부를 동력실린더로 사용한다.
② **오프셋 형**(off-set type) : 이 형식은 동력 발생 기구를 별도로 설치한 형식이다.

3.3.3. 동력 조향장치의 구조

동력 조향장치는 작동부분, 제어부분, 동력부분의 3주요부와 유량 제어밸브 및 유압 제어밸브와 안전 체크밸브 등으로 구성되어 있다.

[1] 오일펌프 - 동력부분

오일펌프는 유압을 발생하며 엔진의 크랭크축에 의해 V벨트를 통하여 구동된다. 오일펌프의 형식은 주로 베인펌프(vane pump)를 사용한다.

[그림 142] 오일펌프

[2] 동력실린더 - 작동부분

동력실린더는 실린더 내에 피스톤과 피스톤 로드가 들어 있으며, 오일펌프에서 발생한 오일을 피스톤에 작용시켜서 조향방향 쪽으로 힘을 가해 주는 장치이다. 또 동력실린더는 피스톤에 의해 한쪽 방에 오일이 들어오면 반대쪽 방에서는 오일이 오일탱크로 복귀하는 복동식이다.

[3] 제어밸브 - 제어부분

제어밸브는 조향핸들의 조작력을 조절하는 기구이며, 조향핸들을 돌려 피트먼 암에 힘을 가하면 오일펌프에서 보내 준 오일을 조향방향으로 동력 실린더의 피스톤이 작동하도록 오일회로를 변환시킨다. 제어밸브는 밸브보디 안쪽에 3개의 홈과 오일펌프에서 보내 준 오일을 동력실린더 2개의 방으로 공급하기 위한 오일통로가 있다.

밸브 스풀(valve spool)에는 밸브 보디에 있는 3개의 홈에 대응하는 3개의 랜드(land)가 있어 밸브 스풀의 이동에 따라 밸브 보디의 오일 통로가 개폐된다.

[4] 안전 체크밸브(safety check valve)

제어밸브 속에 들어 있으며 엔진이 정지된 경우 또는 오일펌프의 고장, 회로에서의 오일 누출 등의 원인으로 유압이 발생하지 못할 때 조향핸들의 조작을 수동으로 할 수 있도록 해주는 밸브이다.

3.4. 전자제어 동력 조향장치(ECPS : Electronic Control Power Steering)

3.4.1. 차속 감응형 유량 제어방식의 작동

차속센서가 주행속도를 컴퓨터로 입력시키면 컴퓨터에서는 동력 실린더의 유압을 변화시킨다. 즉, 저속에서는 유압을 정상 값으로 하고 주행속도가 증가할수록 유압을 낮춘다.

유압제어는 동력 실린더 양쪽 체임버(chamber)를 연결하는 바이패스 회로에 솔레노이드밸브를 설치하여 솔레노이드밸브가 열리면 고압 쪽의 오일은 드레인에 연결된 저압 쪽으로 들어가 유압을 저하시켜 배력작용을 감소시키므로 저항력이 커진다.

3.4.2. 반력 제어방식의 작동

차속센서가 로터리형 유압 모터로 되어 있으며 통과하는 유량을 주행속도에 따라 조절하고 제어밸브의 움직임을 변화시켜 적절한 조향력을 얻도록 하고 있다. 제어밸브 양끝에는 롤러가 부착되어 있으며 여기에 반동 플런저가 설치되어 있다.

반동 플런저는 스프링의 장력과 반동실에 가해지는 유압을 받아 롤러를 가압한다. 이에 따라 제어밸브의 작동은 반동실에 가해지는 유압에 따라 변화하며 이 유압을 주행속도에 대응시키면 적절한 조향력을 얻을 수 있다. 차속센서에 작용하는 유압 모터의 유로는 동력실린더와 병렬로 연결되며, 반동실의 유압 제어는 컷 오프 밸브(cut-off valve)가 한다.

3.5. 전동형 동력 조향장치

3.5.1. 전동형 동력 조향장치의 구성

전동형 동력 조향장치는 차속센서, 회전력센서, 제어기구, 조향 기어박스. 전동기, 전동기 회전각도센서, 감속기구 등으로 구성되어 있다.

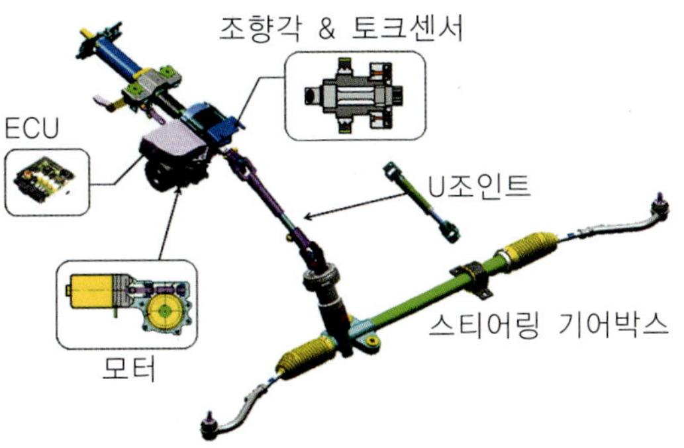

[그림 143] **전동형 동력 조향장치의 기본구성**

[1] 제어기구(controller)

제어기구는 회전력의 신호에 의해 최적의 배력(assist)을 실행하기 위하여 전동기를 제어한다. 또한 각종 신호를 검출하고, 고장이 발생하였을 경우에는 수동 상태로 하는 페일 세이프 기능을 지니고 있다.

[2] 3상 브러시 없는 전동기(중공 형식)

전동기의 스테이터 쪽에 코일을, 로터 쪽에 영구자석을 배치한 3상 직류 브러시 없는 전동기와 로터 안쪽에 래크축(rack shaft)과 볼-너트를 배치하고, 너트의 회전(전동기의 회전)에 의해 래크축과 일체의 볼-너트가 직선운동을 한다. 제어기구에서의 전류에 의해 배력을 발생시킨다.

[그림 144] 전동기의 구조

[3] 전동기 회전각도 센서

전동기의 로터 위치를 검출한다. 이 신호에 의해 컴퓨터가 전류 출력의 위상을 결정한다.

[4] 회전력 센서

이 센서는 비접촉형 센서이며, 운전자의 조향핸들 조작력을 검출한다.

[5] 차속센서

이 센서는 자동차의 주행속도를 검출한다.

[6] 조향 기어 박스

조향 기어 박스는 바퀴를 노면 반발력에 대항해 조향 시키는 액추에이터이며, 전동기에서 발생한 회전력을 증대시킨다. 조향력은 운전자로부터 기어의 입력 축으로 전달되고 토션 바에서 바퀴로 전달되며, 배력은 회전력 센서의 출력에 대한 제어 기구의 전류에 따라 전동기에서 발생시키는 힘이 볼-너트를 통해 증대되어 래크로 전달되고, 바퀴로 전달된다.

3.5.2. 제어회로의 구성과 작동

전동방식 동력 조향장치는 입력부분, 제어부분, 출력부분으로 구성되어 있다. 입력부분은 입력센서 신호로부터 운전상황을 판단하는 역할을 하며, 제어부분은 입력센서의 정보를 바탕으로 ECU에 설정된 제어로직에 따라 출력부분을 제어한다. 출력부분은 ECU의 신호를 받아 전동기를 구동하며 경고등, 아이들 업(idle up), 자기진단 기능을 수행한다.

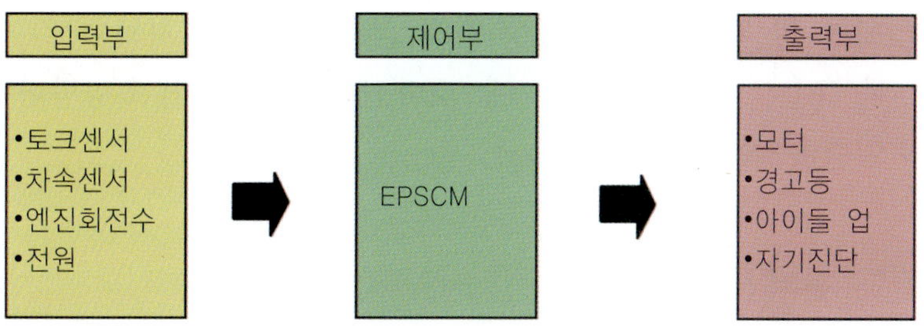

[그림 145] 출력 다이어그램

3.6. 4WS(4-wheel steering)

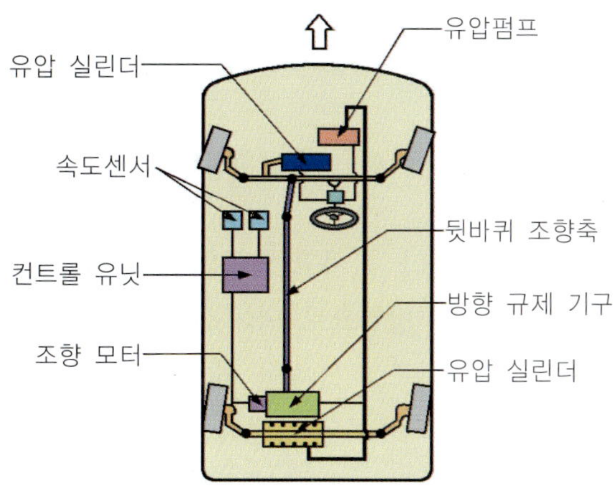

[그림 146] 4WS의 구성도

3.6.1. 4WS의 장점

① **고속 직진성능이 향상 된다.** : 직선도로를 고속주행 할 때도 운전자는 가로방향의 바람이나 노면의 요철 때문에 조향핸들을 조금씩 계속 움직여서 자동차의 궤적과 주행코스를 일치시키려고 노력하게 된다. 4WS는 이와 같은 작은 조향을 할 때에도 뒷바퀴를 앞바퀴와 같은 방향으로 조향시키므로 부드럽고 안정된 주행이 가능하다.

② **차로변경이 쉽다.** : 차로변경을 위해 앞바퀴를 작은 각도로 조향할 때 뒷바퀴도 거의 동시에 같은 방향으로 조향되므로 안정된 차로 변경이 가능해진다.

③ **쾌적한 고속 선회가 가능하다.** : 선회할 때 뒷바퀴도 앞바퀴와 같은 방향으로 조향되어 코너링 포스가 발생하므로 차체 뒷부분이 원심력에 의해 바깥쪽으로 쏠리는 스핀현상 없이 안정된 선회를 할 수 있다.

④ **저속에서 선회를 할 때 최소 회전반지름이 감소한다.** : 교차로와 같이 90°의 예각으로 선회할 때 또는, U턴 등을 할 때 뒷바퀴는 앞바퀴와 조향방향이 반대로 되어 최소 회전반지름을 작게 한다.

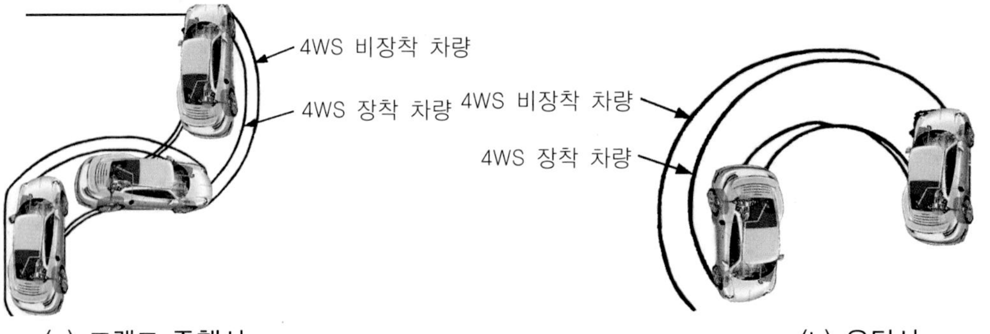

[그림 147] **4WS 차량의 궤적**

⑤ **차고주차 및 일렬주차가 편리하다.** : 차고에 주차를 할 때 저속으로 작은 곡률로 조향핸들을 움직이면 앞 · 뒷바퀴가 역 방향으로 되어 2WS보다 최소 회전반지름과 안쪽 바퀴의 차이가 작아져서 조향핸들의 반복을 조작을 줄일 수 있다. 또, 일렬로 주차할 때에도 앞 · 뒷바퀴가 역 방향으로 조향되므로 회전반지름이 감소하므로 주차 역시 용이해진다.

⑥ **미끄러운 도로를 주행할 때 안정성이 향상 된다.** : 빙판이나 눈길 또는 도로면이 미끄러운 도로에서 주행할 때 4WS는 뒷바퀴의 조향에 의해 차체 뒷부분의 미끄럼을 줄일 수 있어 주행 안정성이 향상된다. 그러나 타이어가 도로면과 마찰력을 상실하면 2WS나 4WS나 모두 아무런 효과를 기대할 수 없다.

3.6.2. 4WS의 작동원리

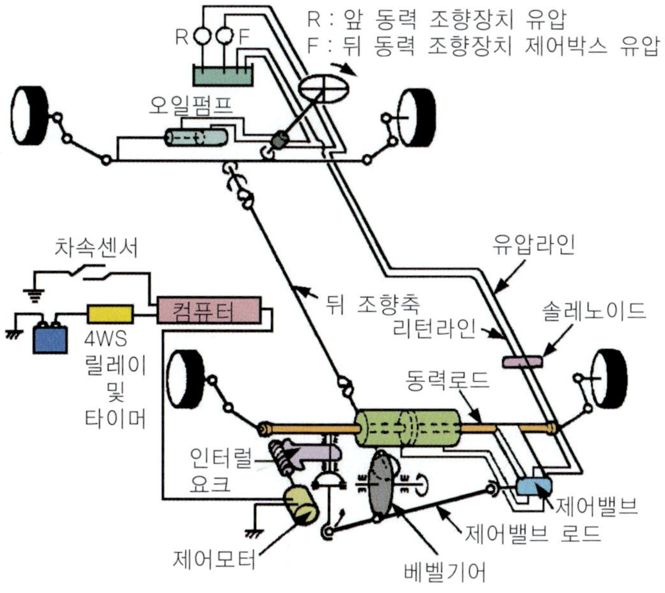

[그림 148] 차속 감응형 4WS 작동도

① 4WS 컴퓨터는 차속센서의 신호에 따라서 적합한 신호를 뒤 조향 컨트롤박스(rear steering control box)의 컨트롤 모터(조향모터)로 보내 컨트롤 요크를 회전시킨다.

② 앞바퀴 조향각에 따라 뒤 조향축이 뒤 조향 컨트롤박스내의 베벨기어를 회전시킨다.

③ 컨트롤 요크와 베벨기어의 회전이 위상제어기구 내에서 조합되어져서 컨트롤 밸브 로드(control valve rod) 의 행정(stroke) 량과 방향을 결정한다.

④ 컨트롤밸브 내에서 오일회로가 변환되어 파워 로드(power rod)가 뒷바퀴를 조향한다.

04 휠 얼라인먼트

4.1. 휠 얼라인먼트(wheel alignment)의 개요

자동차의 앞부분을 지지하는 앞바퀴는 어떤 기하학적인 관계를 두고 설치되어 있는데 이와 같은 앞바퀴의 기하학적인 각도 관계를 말하며 캠버, 캐스터, 토인, 조향축(킹핀) 경사각 등이 있다. 그리고 휠 얼라인먼트의 역할은 다음과 같다.

① 조향핸들의 조작을 확실하게 하고 안전성을 준다. - 캐스터의 작용
② 조향핸들에 복원성을 부여한다. - 캐스터와 조향축 경사각의 작용
③ 조향핸들의 조작력을 가볍게 한다. - 캠버와 조향축 경사각의 작용
④ 타이어 마멸을 최소로 한다. - 토인의 작용

4.2. 휠 얼라인먼트 요소의 정의와 필요성

4.2.1. 캠버(camber)

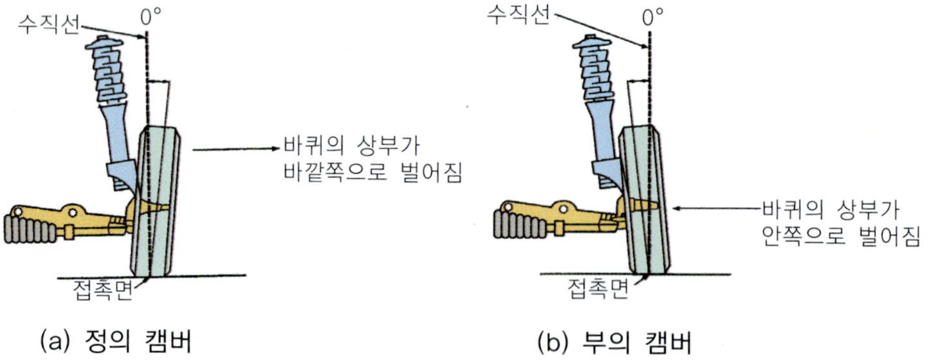

[그림 149] 캠버

자동차를 앞에서 보면 그 앞바퀴가 수직선에 대해 어떤 각도를 두고 설치되어 있는데 이를 캠버라 하며 그 각도를 캠버 각도라 한다. 캠버 각도는 일반적으로 0.5~1.5° 정도이다. 그리고 바퀴의 윗부분이 바깥쪽으로 기울어진 상태를 정의 캠버(positive camber),

바퀴의 중심선이 수직일 때를 0의 캠버(zero camber) 그리고 바퀴의 윗부분이 안쪽으로 기울어진 상태를 부의 캠버(negative camber)라 한다.

캠버의 역할은 다음과 같다.

① 수직방향 하중에 의한 앞차축의 휨을 방지한다.

② 조향핸들의 조작을 가볍게 한다.

③ 하중을 받았을 때 앞바퀴의 아래쪽(부의 캠버)이 벌어지는 것을 방지한다.

4.2.2. 캐스터(caster)

자동차의 앞바퀴를 옆에서 보면 조향 너클과 앞 차축을 고정하는 조향축(일체 차축 방식에서는 킹핀)이 수직선과 어떤 각도를 두고 설치되는데 이를 캐스터라 하며 그 각도를 캐스터 각도라 한다. 캐스터 각도는 일반적으로 1~3° 정도이다.

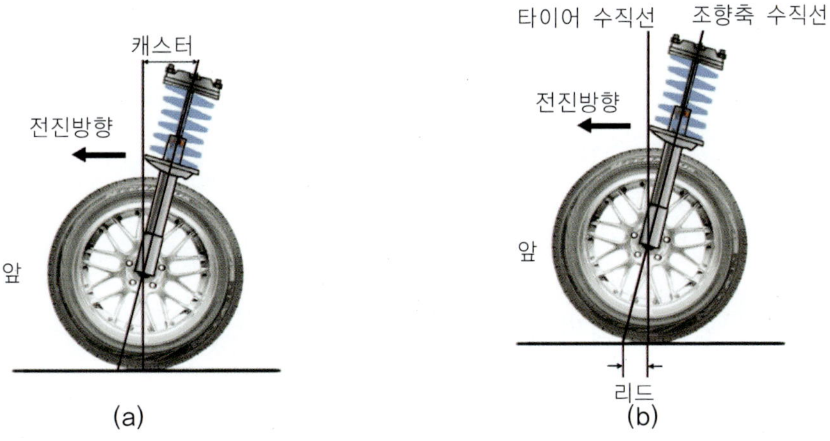

[그림 150] 캐스터

그리고 조향축 윗부분(또는 킹핀)이 자동차의 뒤쪽으로 기울어진 상태를 정의 캐스터, 조향축의 중심선(또는 킹핀)이 수직선과 일치된 상태를 0의 캐스터, 조향축의 윗부분(또는 킹핀)이 앞쪽으로 기울어진 상태를 부의 캐스터라 한다. 캐스터의 역할은 다음과 같다.

① 주행 중 조향 바퀴에 방향성을 부여한다.

② 조향하였을 때 직진방향으로의 복원력을 준다.

킹핀(또는 조향축)의 중심선과 바퀴 중심을 지나는 수직선이 노면과 만나는 거리를 리드 또는 트레일(lead or trail)라고 하며, 이것이 캐스터 효과를 얻게 한다. 캐스터 효과는 정의 캐스터에서만 얻을 수 있으며 주행 중에 직진 성이 없는 자동차는 더욱 정의 캐스터로 수정하여야 한다.

4.2.3. 토인(toe-in)

자동차 앞바퀴를 위에서 내려다보면 바퀴 중심선사이의 거리가 앞쪽이 뒤쪽보다 약간 작게 되어 있는데 이것을 토인이라고 하며 일반적으로 2~6 mm 정도이다. 토인의 역할은 다음과 같다.

① 앞바퀴를 평행하게 회전시킨다.

② 앞바퀴의 사이드 슬립(side slip)과 타이어 마멸을 방지한다.

③ 조향 링키지 마멸에 따라 토 아웃(toe-out)이 되는 것을 방지한다.

④ 토인은 타이로드의 길이로 조정한다.

(a) 토인 (b) 토 아웃

[그림 151] **토인과 토 아웃**

4.2.4. 조향축 경사각(킹핀 경사각)

자동차를 앞에서 보면 독립 차축방식에서의 위아래 볼 이음(또는 일체 차축방식의 킹핀)의 중심선이 수직에 대하여 어떤 각도를 두고 설치되는데 이를 조향축 경사(또는 킹핀 경사)라고 하며 이 각을 조향축 경사각이라 한다. 조향축 경사각은 일반적으로 7~9° 정도 둔다. 그리고 조향축 경사각의 역할은 다음과 같다.

① 캠버와 함께 조향 핸들의 조작력을 가볍게 한다.

② 캐스터와 함께 앞바퀴에 복원성을 부여한다.

③ 앞바퀴가 시미(shimmy)현상을 일으키지 않도록 한다.

4.2.5. 선회할 때의 토 아웃(toe-out on turning)

자동차가 선회할 때 애커먼 장토식의 원리에 따라 모든 바퀴가 동심원을 그리려면 안쪽 바퀴의 조향 각이 바깥쪽 바퀴의 조향 각보다 커야 한다. 즉, 자동차가 선회할 경우에는 토 아웃이 되어야 하며 이 관계는 너클암, 타이로드 및 피트먼 암에 의해 결정된다.

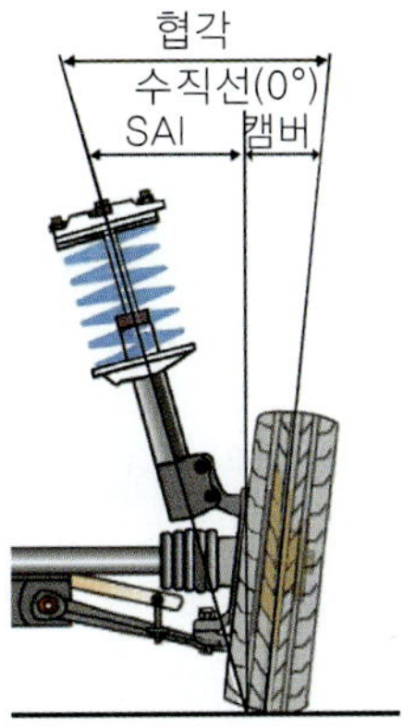

[그림 152] **조향축 경사각**

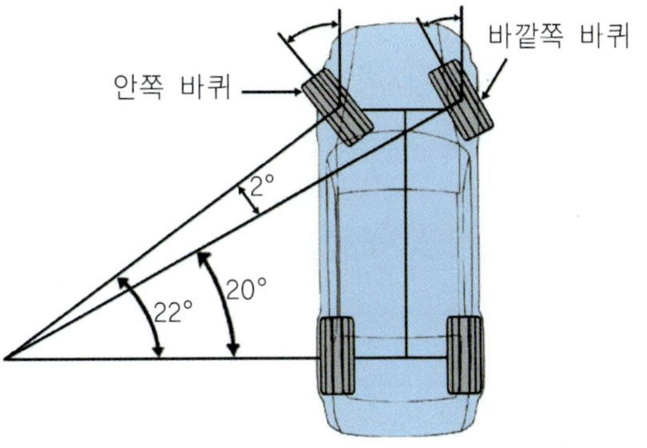

[그림 153] **선회할 때 토아웃**

4.2.6. 올 휠 얼라인먼트(all wheel alignment)

[1] 셋백(set back)

셋백은 앞 뒤 차축의 평행도를 나타내는 것으로 앞 차축과 뒤차축이 완전하게 평행 되는 경우를 셋백 제로라 한다. 그리고 셋백은 뒷차축을 기준으로 하여 앞 차축의 평행도를 각도로 나타낸다. 축간거리의 차이가 발생된 경우에는 조향핸들이 한쪽으로 쏠리는 원인이 된다.

[2] 뒷바퀴 정렬(rear wheel alignment)

뒷바퀴의 정렬은 캠버와 토(toe) 각도로 이루어진다. 캠버는 앞바퀴와 공통으로 하여야 하며, 토 각도에 대해서는 4바퀴 조향 자동차를 제외하고는 조향장치를 조작하기 때문에 앞바퀴의 안쪽을 분할하여 좌우에는 각각 독립된 수치가 주어야 한다. 뒷바퀴 얼라인먼트는 자동차의 진행방향을 결정하여 주행 안정성이나 앞바퀴 얼라인먼트에 영향을 미치지 않도록 한다.

[3] 차축 오프셋

앞뒤 차축을 평행하도록 하고 차량 중심선에 대하여 차축 중심선을 일치시키지 않고 서로 좌우로 엇갈리게 되어 있는 상태를 차축 오프셋이라 한다. 축간 거리의 차이가 발생된 경우에는 선회할 때 좌우 회전 반지름의 차이가 발생되어 앞지르기를 할 때 영향을 미친다.

[4] 스러스트 각도(thrust angle)

자동차 중심선과 바퀴의 진행선이 이루는 각도로 바퀴의 진행선은 뒷바퀴의 진행선은 뒷바퀴의 토인과 토 아웃에 의해서 결정된다. 뒤 좌우 바퀴의 토인과 토 아웃 차이의 크기가 커지는 정도에 따라서 스러스트 각도는 커지며 자동차의 기울기가 진행되는 것을 방지하고 스러스트 각도는 0을 요구할 때만 일반적으로 10° 이하로 설정되어 있다.

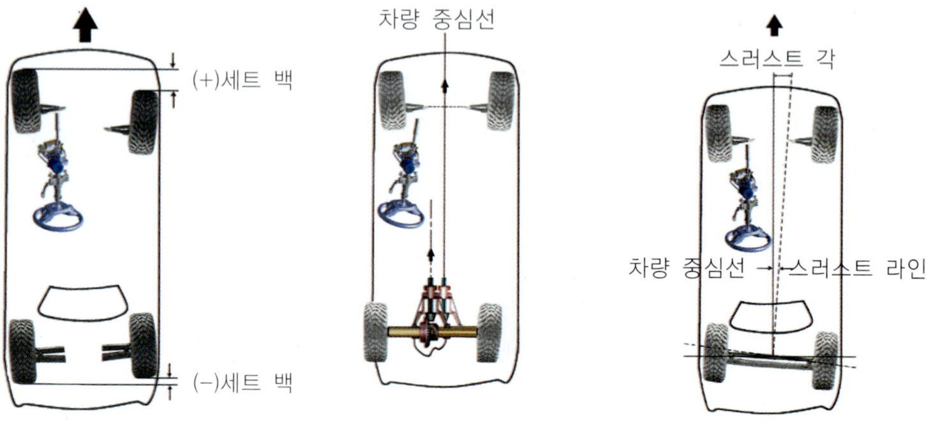

(a) 셋백 (b) 차축 오프셋 (c) 스러스트 각도

[그림 154] 올 휠 얼라인먼트

05 제동장치

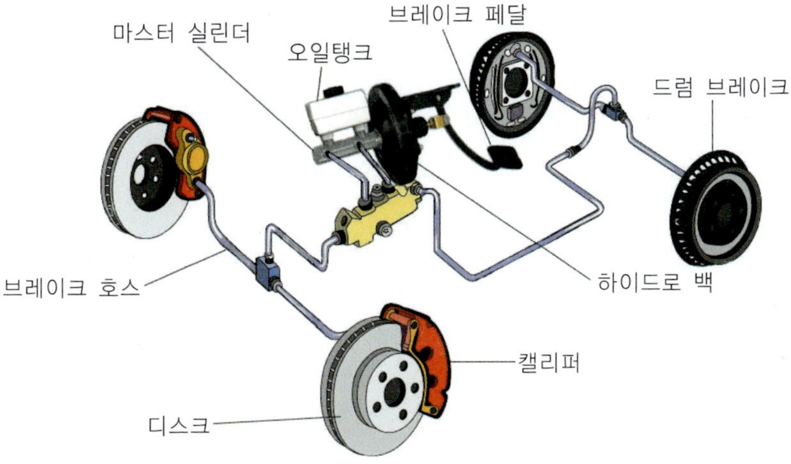

[그림 155] **제동 장치**

5.1. 제동장치(brake system)의 개요

제동장치는 주행 중인 자동차를 감속 또는 정지시키고, 또 주차 상태를 유지하기 위하여 사용되는 매우 중요한 장치이다. 제동장치는 마찰력을 이용하여 자동차의 운동 에너지를 열 에너지로 바꾸어 제동작용을 하며, 구비조건은 다음과 같다.

① 작동이 확실하고, 제동 효과가 클 것

② 신뢰성과 내구성이 클 것

③ 점검정비가 쉬울 것

5.2. 유압 브레이크

유압 브레이크는 파스칼의 원리를 응용한 것이며, 유압을 발생시키는 마스터 실린더, 이 유압을 받아서 브레이크 슈(또는 패드)를 드럼 (또는 디스크)에 압착시켜 제동력을 발생시키는 휠 실린더(또는 캘리퍼) 및 마스터 실린더와 휠 실린더 사이를 연결하여 오일 회로를 형성하는 파이프(pipe)나 플렉시블 호스 등으로 구성되어 있다.

5.2.1. 유압 브레이크의 구조

[1] 브레이크 페달(brake pedal)

브레이크 페달은 조작력을 경감시키기 위해 지렛대 원리를 이용하며, 펜던트형 브레이크 페달과 플로워형 브레이크 페달이 있다.

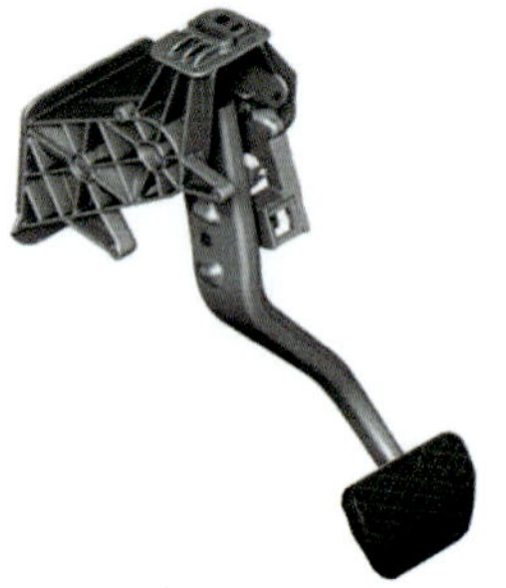

(a) 펜던트형 브레이크 페달

(b) 플로워형 브레이크 페달

[그림 156] **브레이크 페달**

[2] 마스터 실린더(master cylinder)

(1) 마스터 실린더 구조 및 작용

마스터 실린더는 브레이크 페달을 밟는 것에 의하여 유압을 발생시키는 일을 하며 그 구조는 실린더 보디, 오일탱크, 그리고 실린더 내에는 피스톤, 피스톤 컵, 체크밸브, 피스톤 리턴 스프링 등이 들어 있다. 마스터 실린더의 형식에는 피스톤이 1개인 싱글형과 피스톤이 2개인 탠덤형이 있으며 현재는 탠덤형을 사용하고 있다.

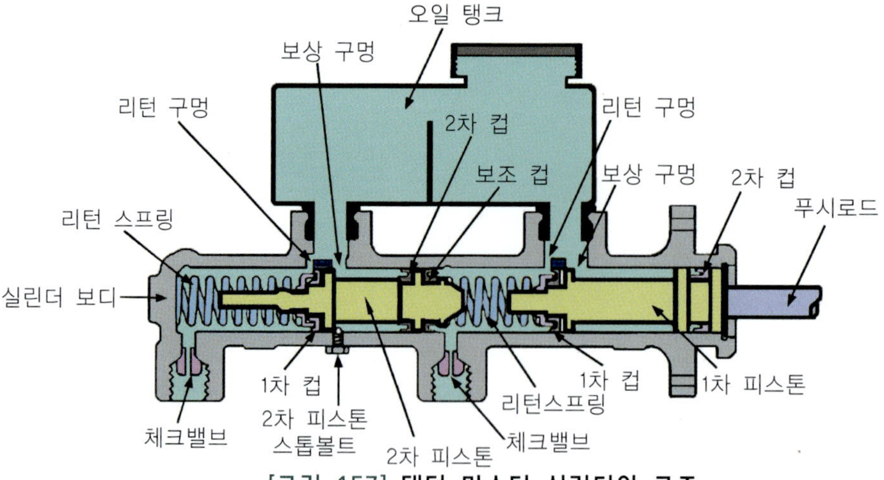

[그림 157] **탠덤 마스터 실린더의 구조**

(2) 탠덤 마스터 실린더의 작용

탠덤 마스터 실린더는 유압 브레이크에서 안정성을 높이기 위해 앞뒤 바퀴에 대하여 각각 독립적으로 작동하는 2계통의 회로를 두는 형식이다. 실린더 위쪽에 앞뒤 바퀴 제동용 오일탱크 속이 분리되어 있으며 실린더 내에 피스톤이 2개가 들어 있다. 이 경우 푸시로드 쪽의 피스톤이 뒷바퀴용이다. 각각의 피스톤은 리턴 스프링과 스토퍼(stopper)에 의해 그 위치가 결정되며 앞뒤 피스톤에는 리턴 스프링이 각각 설치되어 있고, 각각의 피스톤에 대응하는 보상구멍과 리턴구멍 및 체크밸브가 설치되어 있다.

작동은 페달을 밟으면 뒷바퀴 제동용 피스톤이 푸시로드에 의해 리턴 스프링을 압축시키면서 앞바퀴 제동용 피스톤과의 사이에 오일을 압축하여 뒷바퀴를 제동시킨다. 이와 동시에 앞바퀴 제동용 피스톤도 뒷바퀴 제동용 피스톤에 의해 발생한 유압으로 앞바퀴에 유압을 작동시킨다.

[3] 파이프(pipe)

브레이크 파이프는 강철제 파이프와 플렉시블 호스를 사용한다. 파이프는 진동에 견디도록 클립으로 고정하고 연결부분은 2중 플레어로 하며, 호스는 차축이나 바퀴와 연결하는 부분에서 사용하며 연결부분에는 금속제 피팅이 설치되어 있다.

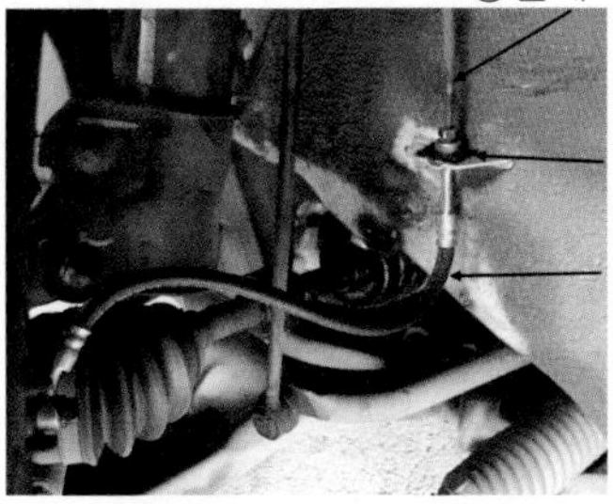

[그림 158] **브레이크 파이프**

[4] 휠 실린더(wheel cylinder)

휠 실린더는 마스터 실린더에서 압송된 유압에 의하여 브레이크 슈를 드럼에 압착시키는 일을 하며, 구조는 실린더 보디, 피스톤, 피스톤 컵 그리고 실린더 보디에는 파이프와 연결되는 오일 구멍과 회로 내에 침입한 공기를 제거하기 위한 블리더 스크루가 있고 실린더 내에는 확장 스프링이 들어 있어 피스톤 컵을 항상 밀어서 벌어져 있도록 한다.

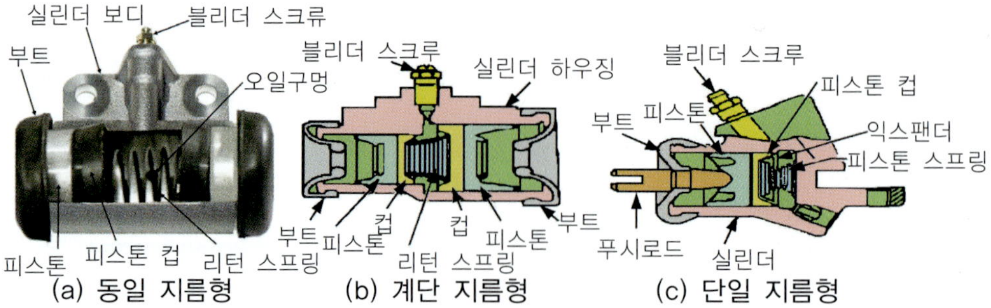

[그림 159] **휠 실린더의 종류**

[5] 브레이크 슈(brake shoe)

브레이크 슈는 휠 실린더의 피스톤에 의해 드럼과 접촉하여 제동력을 발생하는 부분이며, 라이닝이 리벳이나 접착제로 부착되어 있다.

그리고 슈에는 리턴스프링을 두어 마스터 실린더 유압이 해제되었을 때 슈가 제자리로 복귀하도록 하며, 홀드다운 스프링(hold down spring)에 의해 슈를 알맞은 위치에 유지시킨다. 라이닝의 종류에는 위븐 라이닝, 몰드 라이닝, 반금속 라이닝, 금속 라이닝 등이 사용되고 있다. 그리고 라이닝은 다음과 같은 구비 조건을 갖추어야 한다.

① 열에 견디는 성질이 크고, 페이드(fade) 현상이 없을 것
② 기계적 강도 및 마멸에 견디는 성질이 클 것
③ 온도의 변화, 물 등에 의한 마찰계수 변화가 적을 것

[그림 160] **브레이크 슈와 백 플레이트 및 드럼**

페이드(fade) 현상이란 브레이크 페달의 조작을 반복하면 드럼과 슈에 마찰열이 축적되어 제동력이 감소하는 현상이다. 원인은 드럼과 슈의 열팽창과 라이닝 마찰계수 저하에 있으며 방지 방법은 다음과 같다.

① 브레이크 드럼의 냉각성능을 크게 하고, 열팽창률이 적은 형상으로 한다.

② 브레이크 드럼은 열팽창률이 적은 재질을 사용한다.
③ 온도 상승에 따른 마찰계수 변화가 적은 라이닝을 사용한다.

[6] 브레이크 드럼(brake drum)

브레이크 드럼은 휠 허브에 볼트로 설치되어 바퀴와 함께 회전하며 슈와의 마찰로 제동을 발생시키는 부분이다. 또 열방산을 크게 하고 강성을 높이기 위해 원둘레 방향으로 핀(fin)이나 직각방향으로 리브(rib)를 두고 있다. 그리고 제동할 때 발생한 열은 드럼을 통하여 냉각되므로 드럼의 면적은 마찰 면에서 발생한 열방산 능력에 따라 결정된다. 드럼이 갖추어야 할 조건은 다음과 같다.

① 가볍고 강도와 강성이 클 것
② 정적 · 동적 평형이 잡혀 있을 것
③ 냉각이 잘되어 과열하지 않을 것
④ 마멸에 견디는 성질이 클 것

5.3. 브레이크 슈와 드럼의 조합

5.3.1. 자기작동 작용

자기작동 작용이란 회전 중인 드럼에 제동을 걸면 슈는 마찰력에 의해 드럼과 함께 회전하려는 경향이 발생하여 확장력이 커지므로 마찰력이 증대되는 작용이다. 한편, 드럼의 회전 반대방향 쪽의 슈는 드럼으로부터 떨어지려는 경향이 생겨 확장력이 감소된다. 이때 자기작동 작용을 하는 슈를 리딩 슈(leading shoe), 자기작동 작용을 하지 못하는 슈를 트레일링 슈(trailing shoe)라 한다.

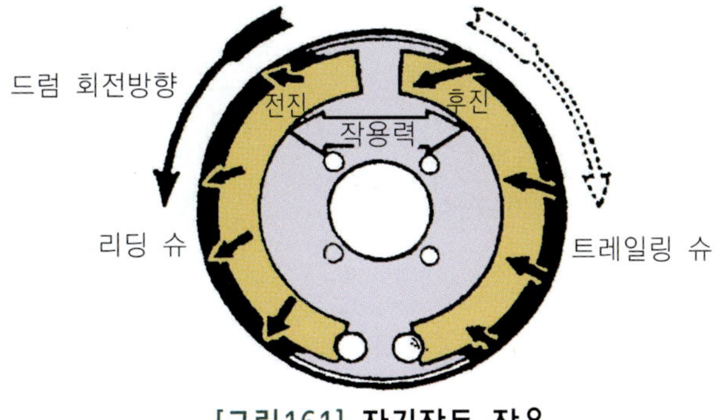

[그림161] **자기작동 작용**

5.3.2. 작동상태에 따른 분류

[1] 넌 서보 브레이크(non-servo brake)

브레이크가 작동될 때 자기작동 작용이 해당 슈에만 발생하게 된 것이며, 전진방향에서 자기작동 작용을 하는 슈를 전진 슈, 후진방향에서 자기 작동 작용을 하는 슈를 후진 슈라 부른다.

[2] 서보 브레이크(servo brake)

이 형식은 브레이크가 작동될 때 모든 슈에 자기작동 작용이 일어나는 것이며, 먼저 자기작동 작용이 일어나는 슈를 1차슈, 나중에 자기작동 작용이 일어나는 슈를 2차 슈라 부른다.

(1) 유니 서보형식(uni-servo type)

이 형식은 전진에서는 휠 실린더 피스톤에 의하여 1차 슈가 밀려지면 2차 슈에도 자기작동작용이 일어나 모든 슈가 리딩 슈가 되지만, 후진에서는 2개의 슈가 모두 트레일링 슈로 되어 제동력이 감소하는 것이다.

(2) 듀어 서보형식(duo-servo type)

이 형식은 슈가 드럼에 압착되어 있을 때 드럼의 회전방향에 따라 고정측이 바뀌어 전진 또는 후진에서 모두 자기 작동작용이 일어나 강력한 제동력이 발생한다.

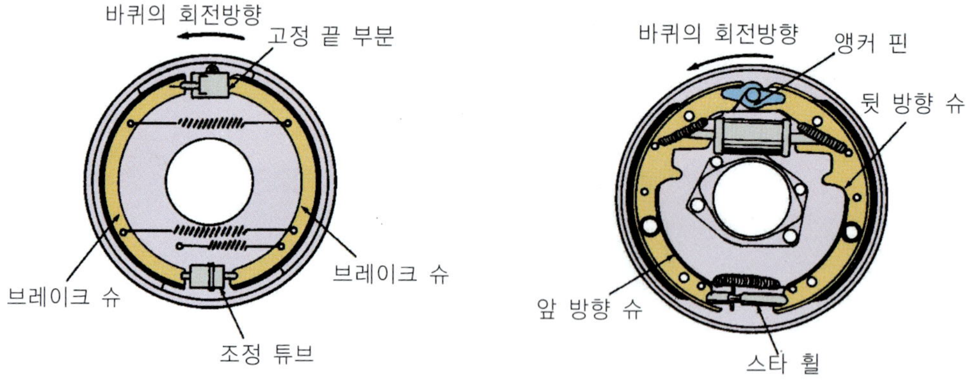

(a) 유니 서보형식 (b) 듀어 서보형식

[그림 162] 유니 서보형식과 듀어 서보형식

5.3.3. 자동 조정 브레이크

브레이크 라이닝이 마멸되면 라이닝과 드럼의 간극이 커지므로 페달 밟는 양이 증가한다. 이에 따라 필요할 때마다 라이닝 간극을 조정하여야 한다. 이 형식은 라이닝 간극조정이 필요할 때 후진에서 브레이크 페달을 밟으면 자동적으로 조정된다.

5.4. 브레이크 오일

브레이크 오일은 피마자기름에 알코올 등의 용제를 혼합한 식물성 오일을 사용하였으나, 지금은 합성유로 바꾸었으며 브레이크 오일은 글리콜(폴리 글리콜 에텔), 실리콘계, 광유계로 크게 구분을 할 수 있는데 이중에서 폴리 글리콜 에텔이 많이 사용되고 있다. 구비조건은 다음과 같다.

① 점도가 알맞고 점도지수가 클 것
② 윤활 성능이 있을 것
③ 빙점이 낮고, 비등점이 높을 것
④ 화학적 안정성이 클 것
⑤ 고무 또는 금속 제품을 부식, 연화, 팽창시키지 않을 것
⑥ 침전물 발생이 없을 것

5.5. 디스크 브레이크(disc brake)

5.5.1. 디스크 브레이크의 개요

디스크 브레이크는 마스터 실린더에서 발생한 유압을 캘리퍼로 보내어 바퀴와 함께 회전하는 디스크를 양쪽에서 패드(pad : 슈)로 압착시켜 제동을 시킨다. 디스크 브레이크는 디스크가 대기 중에 노출되어 회전하므로 페이드 현상이 작으며 자동 조정 브레이크 형식이다.

그리고 이 형식의 구성은 바퀴와 함께 회전하는 디스크, 디스크와 함께 제동력을 발생시키는 패드, 패드와 피스톤을 지지하며 스핀들이나 판에 고정된 캘리퍼 등으로 구성되어 있다. 디스크 브레이크의 장점 및 단점은 다음과 같다.

[1] 디스크 브레이크의 장점

① 디스크가 대기 중에 노출되어 회전하므로 냉각 성능이 커 제동성능이 안정된다.
② 자기작동 작용이 없어 고속에서 반복적으로 사용하여도 제동력 변화가 적다.
③ 부품의 평형이 좋고, 한쪽만 제동되는 일이 없다.

④ 디스크에 물이 묻어도 제동력의 회복이 크다.

⑤ 구조가 간단하고 부품수가 적어 차량의 무게가 경감되며 정비가 쉽다.

[2] 디스크 브레이크의 단점

① 마찰 면적이 적어 패드의 압착력이 커야 한다.

② 자기작동 작용이 없어 페달 조작력이 커야 한다.

③ 패드의 강도가 커야 하며, 패드의 마멸이 크다.

④ 디스크에 이물질이 쉽게 부착된다.

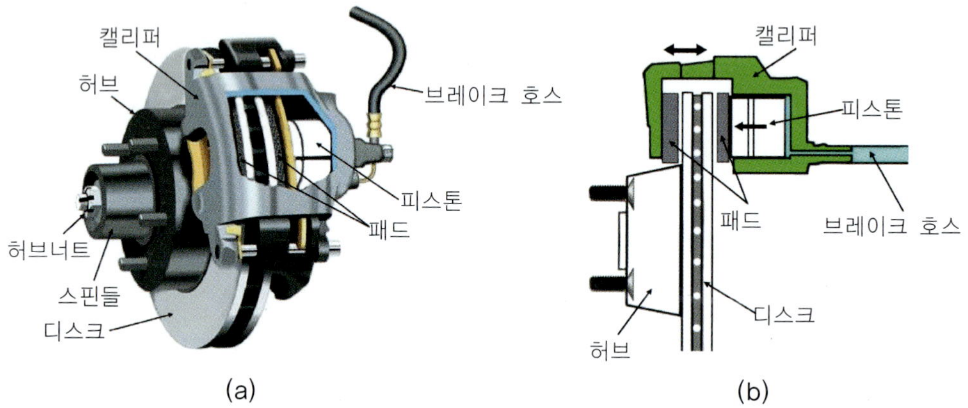

[그림 163] **디스크 브레이크**

5.5.2. 디스크 브레이크의 분류

[1] 부동 캘리퍼형

캘리퍼 한쪽에만 1개의 브레이크 실린더를 두고 마스터 실린더에서 유압이 작동하면 피스톤이 패드를 디스크에 압착하고, 이때의 반발력으로 캘리퍼가 이동하여 반대쪽 패드도 디스크를 압착하여 제동을 하는 것이다.

[2] 대향 피스톤형

브레이크 실린더 2개를 두고 디스크를 양쪽에서 패드로 압착시켜 제동을 하는 것이다.

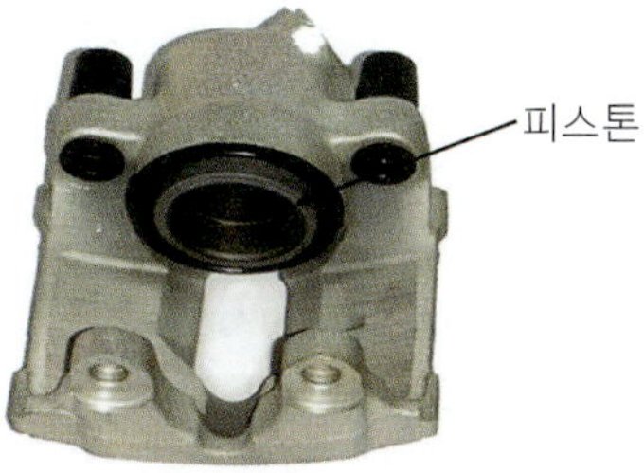

(a) 부동형 캘리퍼형

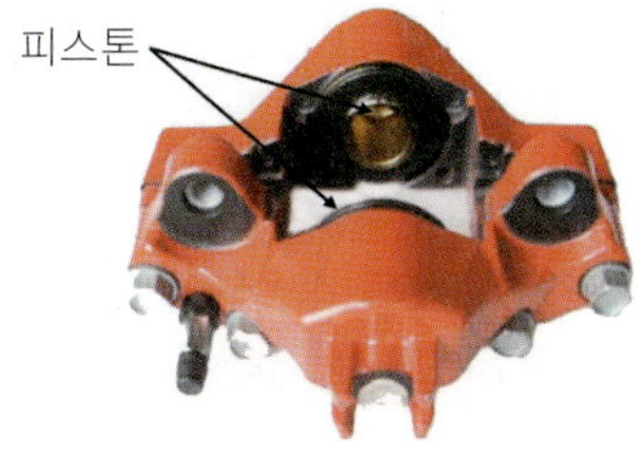

(b) 대향형 피스톤형

[그림 164] **디스크 브레이크 분류**

5.6. 배력 브레이크하이드로 백(hydro-vac)

5.6.1. 진공 배력방식의 원리

흡기다기관 진공과 대기압력과의 차이를 이용한 것이므로 배력장치에 이상이 발생하여도 일반적인 유압 브레이크로 작동할 수 있도록 하고 있다. 원리는 흡기 다기관에서 발생하는 진공이 50 cmHg이며, 대기압력이 76 cmHg이므로 이들 사이에는 76 cmHg~50 cmHg = 26 cmHg = 0.34 kgf/cm^{2}이다.

그러므로 대기 압력 1.0332 kgf/cm^2~0.34 kgf/cm^2 = 0.7 kgf/cm^{2}이 된다. 이 압력 차이가 진공 배력방식 브레이크를 작동시키는 힘이다.

5.6.2. 직접 조작형 - 마스터 백

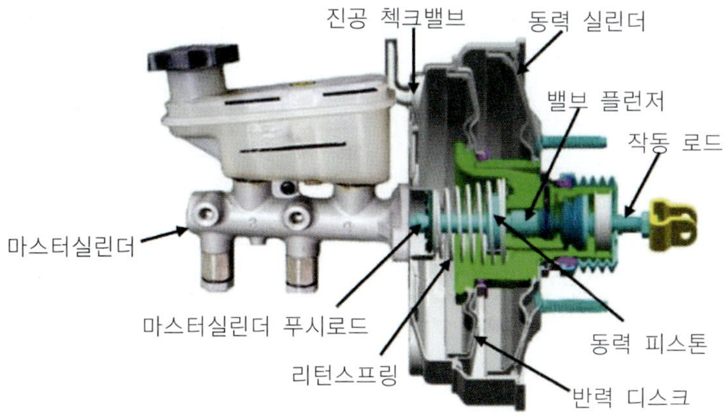

[그림 165] **직접 조작형**

브레이크 페달을 밟으면 작동 로드가 포핏과 밸브 플런저를 밀어 포핏이 동력 실린더 시트에 밀착되어 진공밸브를 닫으므로 동력실린더(부스터)에 진공도입이 차단된다. 동시에 밸브 플런저는 포핏으로부터 떨어지고 공기밸브가 열려 동력실린더 뒤쪽에 여과기를 거친 공기가 유입되어 동력 피스톤이 마스터 실린더의 푸시로드를 밀어 배력 작용을 한다.

그리고 페달을 놓으면 밸브 플런저가 리턴 스프링의 장력에 의해 제자리로 복귀됨에 따라 공기밸브가 닫히고 진공밸브를 열어 동력실린더 내의 압력이 같아지면 마스터 실린더의 반작용과 다이어프램 리턴 스프링의 장력으로 동력 피스톤이 제자리로 복귀한다. 이 형식의 특징은 다음과 같다.

① 진공밸브와 공기밸브가 푸시로드에 의해 작동하므로 구조가 간단하고 무게가 가볍다.
② 배력장치에 고장이 발생하여도 페달 조작력은 작동로드와 푸시로드를 거쳐 마스터 실린더에 작용하므로 유압 브레이크로 만으로 작동을 한다.
③ 페달과 마스터 실린더 사이에 배력장치를 설치하므로 설치 위치에 제한을 받는다.

5.7. 공기 브레이크

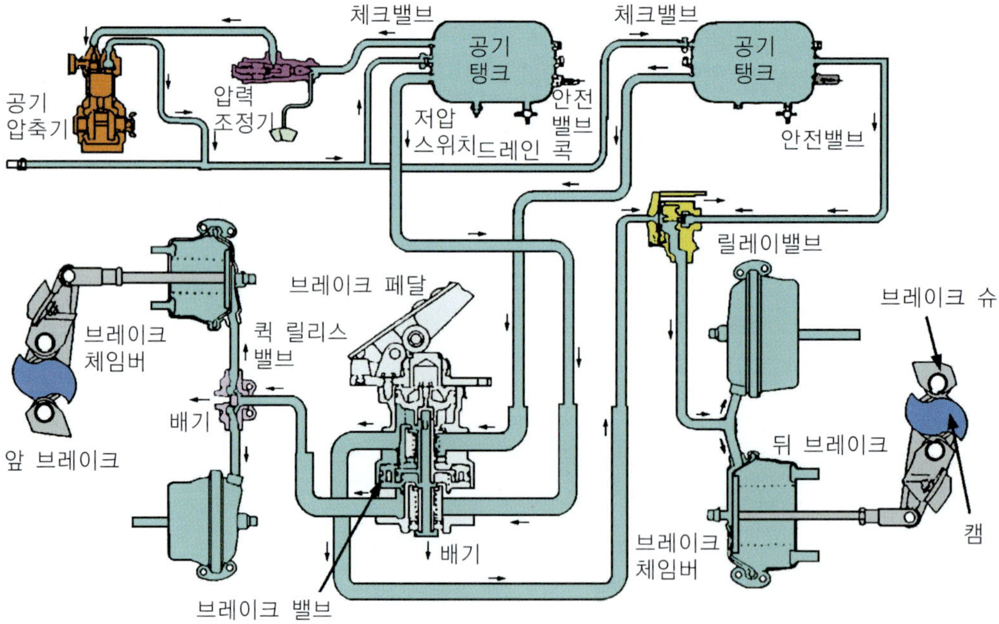

[그림 166] **공기 브레이크의 배관 및 구조**

5.7.1. 공기 브레이크의 개요

공기 브레이크는 압축공기의 압력을 이용하여 모든 바퀴의 브레이크 슈를 드럼에 압착시켜서 제동 작용을 하는 것이며, 브레이크 페달로 밸브를 개폐시켜 공기량으로 제동력을 조절하며 장단점은 다음과 같다.

[1] 공기 브레이크의 장점

① 차량 중량에 제한을 받지 않는다.

② 공기가 다소 누출되어도 제동 성능이 현저하게 저하되지 않는다.

③ 베이퍼 록 발생 염려가 없다.

④ 페달 밟는 양에 따라 제동력이 조절된다(유압식 페달 밟는 힘에 의해 제동력이 비례한다).

[2] 공기 브레이크의 단점

① 공기 압축기 구동에 기관의 출력이 일부 소모된다.

② 구조가 복잡하고 값이 비싸다.

5.7.2. 공기 브레이크의 구조

[1] 압축공기 계통

(1) 공기 압축기(air compressor)

이것은 기관의 크랭크축에 의해 V벨트로 구동되며, 압축공기를 생산한다. 공기 입구 쪽에는 언로더밸브가 설치되어 있어 압력 조정기와 함께 공기 압축기가 과다하게 작동하는 것을 방지하고, 공기탱크 내의 공기 압력을 일정하게 조정한다.

(2) 압력 조정기와 언로더 밸브

압력 조정기는 공기탱크 내의 압력이 5~7 kgf/cm^2 이상 되면 공기탱크에서 공기 입구로 들어온 압축 공기가 스프링 장력을 이기고 밸브를 밀어 올린다. 이에 따라 압축 공기는 공기 압축기의 언로더 밸브 위쪽에 작동하여 언로더 밸브를 내려 밀어 열기 때문에 흡입밸브가 열려 공기 압축기 작동이 정지된다. 또 공기탱크 내의 압력이 규정 값 이하가 되면 언로더 밸브가 제자리로 복귀되어 공기 압축 작용이 다시 시작된다.

(3) 공기탱크

이 탱크는 공기 압축기에서 보내 온 압축 공기를 저장하며 탱크 내의 공기 압력이 규정 값 이상이 되면 공기를 배출시키는 안전밸브와 공기 압축기로 공기가 역류하는 것을 방지하는 체크밸브 및 탱크 내의 수분 등을 제거하기 위한 드레인 코크가 있다.

[2] 공기 브레이크의 제동계통

(1) 브레이크 밸브(brake valve)

이 밸브는 페달에 의해 개폐되며 페달을 밟는 양에 따라 공기탱크 내의 압축 공기를 도입하여 제동력을 조절한다.

(2) 퀵 릴리스밸브(quick release valve)

이 밸브는 페달을 밟으면 브레이크 밸브로부터 압축 공기가 입구를 통하여 작동되면 밸브가 열려 앞 브레이크 체임버로 통하는 양쪽 구멍을 연다. 이에 따라 브레이크 체임버에 압축 공기가 작동하여 제동된다. 또 페달을 놓으면 브레이크 밸브로부터 공기가 배출됨에 따라 입구 압력이 낮아진다. 이에 따라 밸브는 스프링 장력에 의해 제자리로 복귀하여 배기 구멍을 열고 앞 브레이크 체임버 내의 공기를 신속히 배출시켜 제동을 푼다.

(3) 릴레이밸브(relay valve)

이 밸브는 페달을 밟아 브레이크 밸브로부터 공기 압력이 작동하면 다이어프램이 아래쪽으로 내려가 배기밸브를 닫고 공급밸브를 열어 공기탱크 내의 공기를 직접 뒤 브레이크 체임버로 보내어 제동시킨다. 또 페달을 놓아 다이어프램 위에 작동하던 브레이크 밸브로부터의 공기 압력이 감소하면 브레이크 체임버 내의 압력이 다이어프램 위에 작동하던 압력보다 커지므로 다이어프램을 위로 밀어 올려 윗부분의 압력과 평행이 될 때까지 밸브를 열고 공기를 배출시켜 신속하게 제동을 푼다.

(4) 브레이크 체임버(brake chamber)

브레이크 체임버는 페달을 밟아 브레이크밸브에서 조절된 압축 공기가 체임버 내로 유입되면 다이어프램은 스프링을 누르고 이동한다. 이에 따라 푸시로드가 슬랙 조정기를 거쳐 캠을 회전시켜 브레이크 슈가 확장하여 드럼에 압착되어 제동을 한다. 페달을 놓으면 다이어프램이 스프링 장력으로 제자리로 복귀하여 제동이 해제된다.

5.8. ABS(Anti Lock Brake System)

5.8.1. ABS의 개요

[1] ABS의 필요성

ABS란 주행 중 제동을 할 때 바퀴의 고착을 방지하는 것으로 급제동 또는 노면의 악조건 상태에서 제동을 할 때 바퀴의 고착으로 인하여 차량이 제어 불능상태로 진행되어 조향력 상실은 물론 제동거리 또한 길어지게 된다. ABS는 이러한 바퀴의 고착 현상을 미연에 방지하여 최적의 점착력을 유지하므로 사전에 사고의 위험성을 감소시키는 예방 안전장치이다.

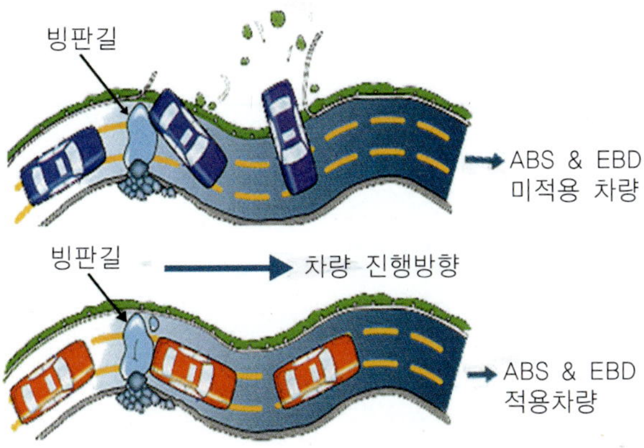

[그림 167] ABS를 설치한 자동차와 설치하지 않은 자동차의 빙판길 비교

[2] ABS의 설치 목적

① 방향 안정성 확보(stability) : 스핀(spin)방지

② 조정 성능 확보(steerability)

③ 제동거리 단축(stopping distance)

5.8.2. ABS의 제어 원리

[1] 슬립률과 노면과의 관계

주행 중 제동을 할 때 타이어와 노면과의 마찰력으로 인하여 타이어의 회전속도가 낮아진다. 이때 자동차 주행속도와 타이어 회전속도에 차이가 발생하는 것을 슬립현상이라고 하며, 그 슬립 량을 백분율로 표시하는 것을 슬립률(%)이라고 한다.

$$\text{슬립률} = \frac{V - Vw}{V} \times 100$$

V : 자동차 주행속도, Vw : 타이어의 회전속도

[2] 제동력 및 코너링 포스의 특성

아래 그림의 가로축은 타이어의 슬립률을 표시하고 0%는 타이어의 노면에 대하여 회전하는 상태를 나타내고 100%는 타이어가 고착된 상태이다. 브레이크 특성에 따라 슬립률이 약 20% 전후에 최대 마찰계수가 얻어지지만 이후에는 감소한다. 코너링 포스의 특성에 따라서는 슬립률이 증대하면 마찰계수는 감소하여 슬립률이 100%에서는 마찰계수가 0이 된다.

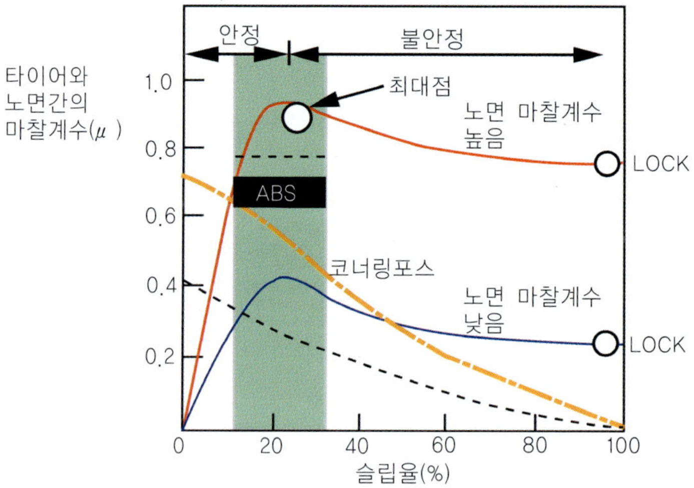

[그림 168] **제동력과 코너링포스의 특성**

5.8.3. ABS 제어채널 종류

ABS는 4개의 바퀴를 제어하는데 뒷바퀴의 경우는 공동 제어하는 경우도 있으며, 4바퀴의 회전속도를 검출하여 4바퀴를 각각 제어하면 4센서 4채널이 되는 것이다.

[1] 4센서 4채널

4센서 4채널은 4개의 센서와 4개의 제어채널을 가지고 있으며 각 바퀴를 개별적으로 제어하는 장치이다. 즉 브레이크 유압을 각 바퀴에 독립적으로 작용시키기 때문에 조향성능과 제동거리는 가장 우수하지만 비대칭 도로면(양쪽 바퀴가 놓여 있는 도로면의 마찰계수가 다른 도로면)에서는 방향안정성이 우수하지 못하다.

[2] 4센서 3채널

4센서 3채널 ABS 시스템은 앞바퀴는 개별적으로 제어하고, 뒷바퀴는 하나의 유닛으로 동일하게 관리한다. 즉, 휠 센서에 의해 각 바퀴는 독립적으로 속도가 측정되지만, 뒷바퀴중 하나의 타이어라도 Lock이 걸리게 되면 뒷바퀴 모두에 동일하게 브레이크 압력이 감소하게 된다. 이러한 시스템은 상대적으로 단순한 구조로 가격적인 장점을 가지지만 안전성과 조향력 컨트롤이 부족하다는 단점을 보인다.

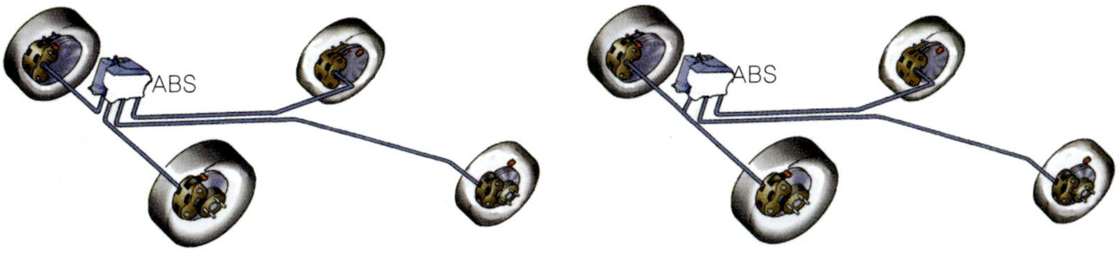

(a) 4센서 4채널 (b) 4센서 3채널

[그림 169] ABS 제어채널 종류

5.8.4. ABS의 구성

바퀴의 회전속도를 감지하는 휠 스피드 센서에서 고착 예정 상태를 판단하여 감압 및 증압 명령을 내리는 컴퓨터, 컴퓨터의 명령에 의하여 휠 실린더의 유압을 제어하는 하이드롤릭 유닛(hydraulic unit) 등이 주요 구성부품이다.

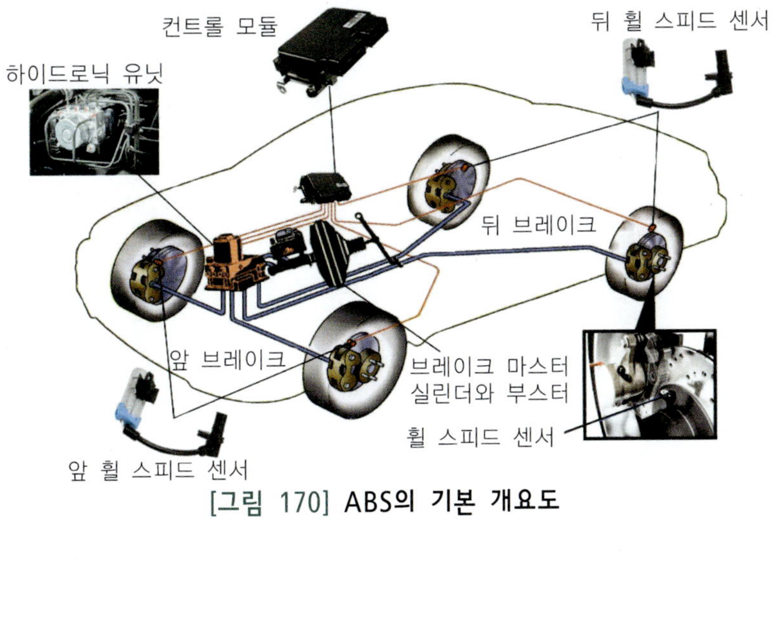

[그림 170] ABS의 기본 개요도

[1] 휠 스피드 센서(wheel speed sensor)

휠 스피드 센서는 마그네트와 코일로 구성되어 있으며, 톤 휠(tone wheel)은 휠 스피드 센서로 부터 나오는 자속이 변화하며 교류 전압이 발생한다. 이 교류 전압은 구동축의 회전속도에 비례하여 주파수가 변화하기 때문에 이에 의하여 4바퀴 각각의 회전속도를 검출한다.

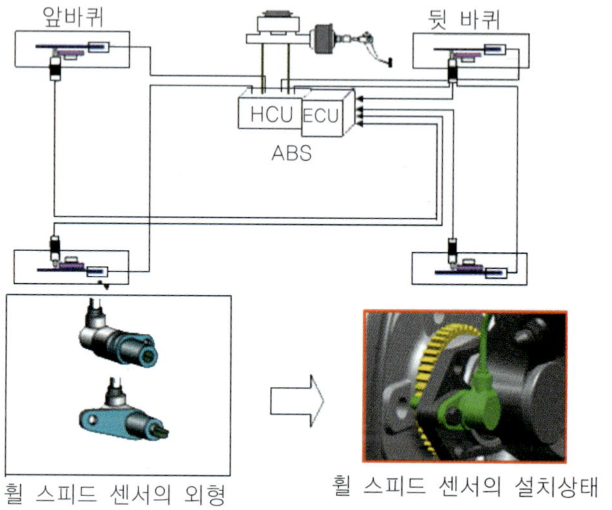

[그림 171] **휠 스피드센서의 구조**

[2] G-센서(4WD)

자동차 앞뒤 방향의 가속도를 검출하였을 때 전압 차이에 대응하는 신호를 컴퓨터로 입력시킨다.

[3] 하이드롤릭 유닛(유압 조절기 : HCU)

(a) HCU 설치상태

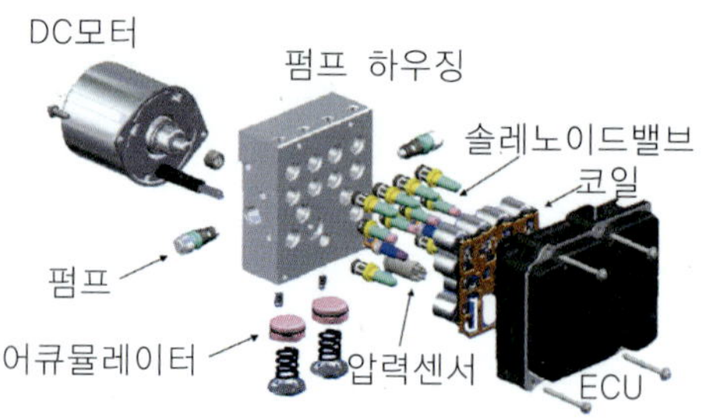

(b) HCU 구성도

[그림 172] **하이드로릭 유닛**

컴퓨터 제어 신호에 의해서 각 휠 실린더로 가는 유압을 조절하여 바퀴의 회전상태를 제동 제어한다.

① **솔레노이드 밸브** : 컴퓨터에 의해 전류가 ON일 때 코일에 발생된 자력에 의하여 플런저를 움직여 감압 모드를 수행하고 전류가 OFF되면 스프링 장력에 의하여 플런저가 다시 닫혀 증압 모드를 수행한다.

② **오일탱크** : 제동을 할 때 바퀴가 고착되기 직전에 컴퓨터의 신호에 의해 솔레노이드 밸브를 작동할 때 캘리퍼 내의 유압은 감압되며 이때 복귀된 브레이크 오일이 오일탱크로 들어가 저장된다.

③ **어큐뮬레이터** : ABS가 작동할 때 펌프로부터 토출된 고압의 브레이크 오일을 일시적으로 저장하여 유압의 맥동을 완화시키는 역할을 한다.

④ **펌프** : FL(front left)/RR(rear right), FR(front right)/RL(rear left)회로용 2개의 방사형 유압 발생 피스톤으로 구성되어 있으며, ABS가 작동할 때 유압을 발생시켜 압송하는 역할을 한다.

⑤ **모터** : 모터는 12V DC 4극으로 구성되어 있으며 모터 축에 압입된 편심 캠의 회전으로 피스톤 펌프를 작동시키는 역할을 한다.

[4] 컴퓨터

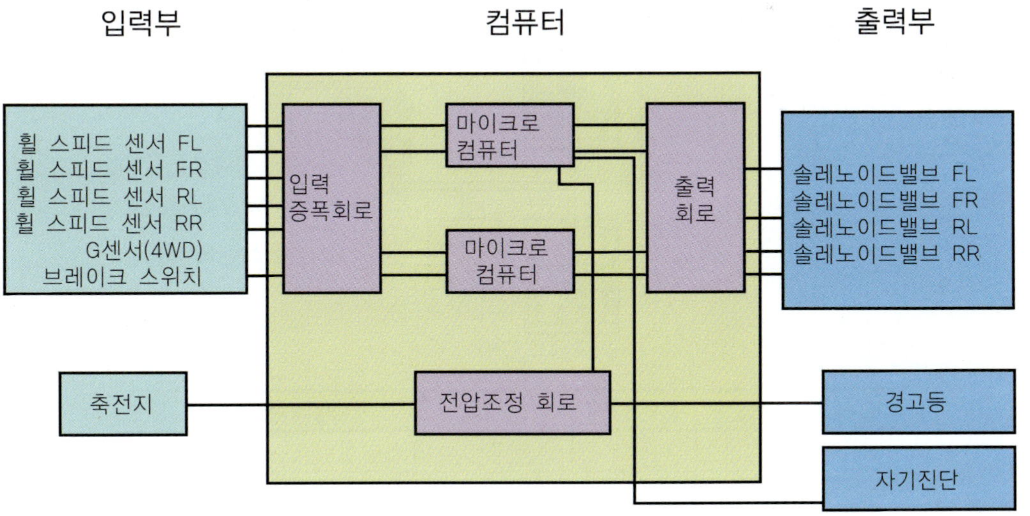

[그림 173] **입 · 출력 블록도**

컴퓨터는 ABS 제어기능을 실행하는 부분으로 안전성과 직접 연결되는 만큼 매우 높은 신뢰성이 요구된다. 휠 스피드 센서 신호를 입력 처리하는 입력 증폭회로, 제어를 위한 연산과 페일 세이프(fail safe)를 실행하는 ABS 제어 및 안전 회로 및 하이드롤릭 유닛의 구동을 실행하는 출력 회로, 전압을 일정하게 유지하는 전압 조정 회로 및 고장을 기억하는 페일 메모리(fail memory)회로 등으로 구성되어 있다. 고장이 발생한 경우에도 페일 세이프 기능이 작동하여 통상의 브레이크로 작동하도록 한다.

5.8.5. ABS 작동원리

[1] ABS가 작동하지 않을 때

ABS가 작동하지 않는 통상 브레이크의 경우에는 ABS-컴퓨터로부터 솔레노이드밸브 in, out에 통전이 되면 각 솔레노이드밸브는 off상태가 된다. 이때 솔레노이드밸브는 스프링의 작용에 따라 in은 열리고, out는 닫힌다. 브레이크 페달을 밟으면 마스터실린더의 유압은 솔레노이드밸브를 지나 캘리퍼에 도달하며 제동이 된다. 그 후에 브레이크 페달을 놓으면 마스터실린더내의 유압은 낮아지고 오일은 솔레노이드 in 및 체크밸브를 지나 마스터실린더로 돌아오면 제동이 해제된다.

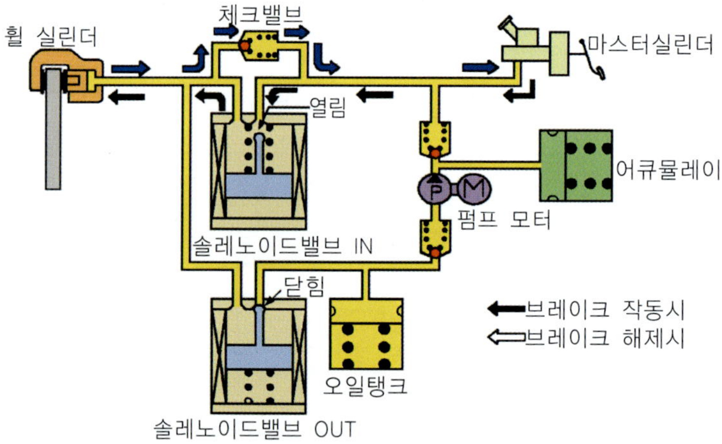

솔레노이드밸브	통전상태	밸브개폐	개폐 통로
in	off	열림	마스터실린더 ↔ 캘리퍼
out	off	닫힘	캘리퍼 ↔ 오일탱크

[그림 174] ABS가 작동하지 않을 때

[2] ABS작동(유압 감소)

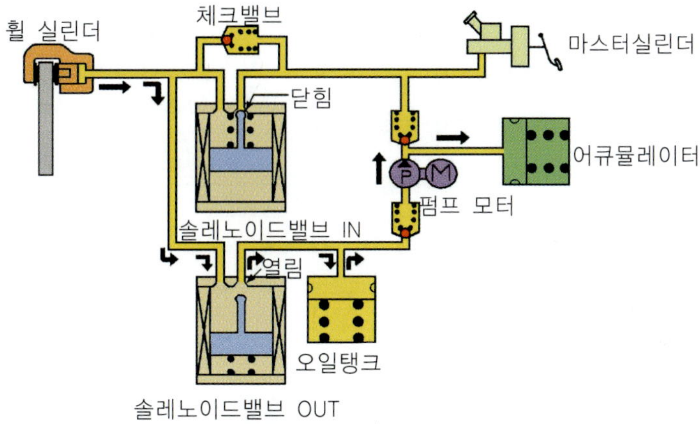

솔레노이드밸브	통전상태	밸브개폐	개폐 통로
in	on	닫힘	마스터실린더 ↔ 캘리퍼
out	on	열림	캘리퍼 ↔ 오일탱크

[그림 175] **유압감소**

급제동을 할 때 타이어가 고착되려고 하면 ABS-컴퓨터는 유압을 감압시키는 신호를 솔레노이드밸브에 출력시키므로 각 솔레노이드밸브는 on이 된다. 이때 솔레노이드밸브 in이 닫혀 마스터실린더로부터 오일회로를 차단한다. 또한 솔레노이드밸브 out는 열려 캘리퍼로 부터 오일탱크로의 오일회로를 연다. 따라서 캘리퍼 내의 유압은 솔레노이드밸브 Out를 지나 오일탱크에 도달하고 감압하게 된다.

[3] ABS작동(유압유지)

브레이크 캘리퍼의 유압이 최종적인 상태까지 유압이 감소되면 ABS-컴퓨터는 유압을 유지시키는 신호를 솔레노이드밸브에 출력시켜 솔레노이드밸브 in은 on이 되고, out은 off된다. 이때 솔레노이드밸브 in과 out은 모두 닫혀 오일 회로가 차단되기 때문에 캘리퍼 내의 유압은 유지가 된다.

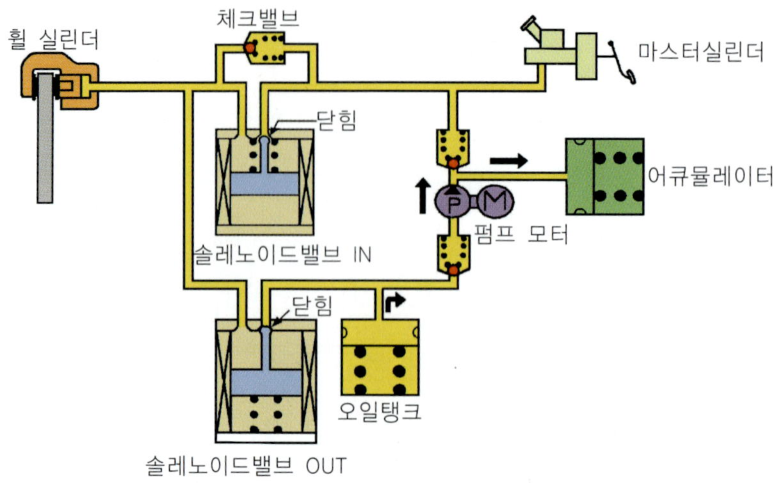

솔레노이드밸브	통전상태	밸브개폐	개폐 통로
in	on	닫힘	마스터실린더↔캘리퍼
out	off	닫힘	캘리퍼↔오일탱크

[그림 176] **유압유지**

[4] ABS작동(유압 증가)

ABS-컴퓨터가 타이어에 고착 현상이 없다고 판단되면 ABS-컴퓨터는 솔레노이드 밸브에 통전을 차단한다. 따라서 각 솔레노이드밸브는 off되고 펌프 모터에 의한 유압은 솔레노이드밸브 in을 거쳐 브레이크 캘리퍼에 도달하여 증압이 된다.

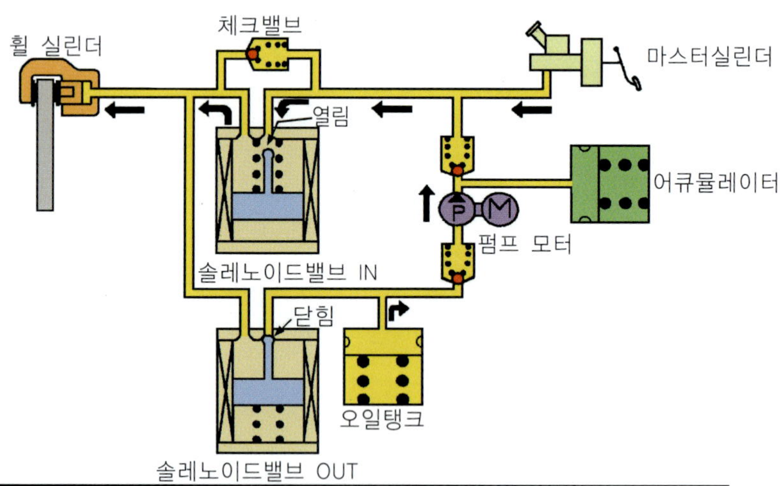

솔레노이드밸브	통전상태	밸브개폐	개폐 통로
in	off	열림	마스터실린더↔캘리퍼
out	off	닫힘	캘리퍼↔오일탱크

[그림 177] **유압 증가**

5.9. BAS(brake assist system), VDC

5.9.1. 브레이크 보조시스템(BAS)의 개요

BAS는 브레이크 보조 장치를 말하며, 자동차가 비상상태일 때 갑작스러운 브레이크 작동을 보정해 준다. 이 장치의 개발은 운전자들이 급제동을 하더라도 브레이크 페달을 약하게 밟는 경향이 많다는 것에서 착안하여 자동차의 상태가 비상 브레이크 상태임을 파악하면 브레이크 진공부스터의 모든 동력을 모아서 즉시 유압이 가해질 수 있도록 만든 것이다. 현재 사용되는 BAS는 기계방식과 전자방식이 있으며 기계방식은 진공부스터 안에 부품을 추가로 설치하였으며, 전자방식은 기존의 ABS/VDC에 소프트웨어만 추가하였다.

5.9.2. BAS의 장점 및 특징

[1] BAS의 장점

① 일정한 힘 이하로 브레이크페달을 밟는 힘이 약할 때 추가적으로 배력이 발생한다.
② 브레이크 페달을 밟는 힘이 부드럽다.
③ 2단계 배력비율이 발생한다.

[2] BAS의 특징

① BAS는 ABS를 설치한 자동차에만 사용된다.
② 일정한 페달 밟는 힘까지는 기존과 동일하다
③ 과도한 브레이크 사용에서는 빈번한 ABS작동이 나타날 수 있다.
④ 브레이크 효과는 기존과 같거나 또는 향상된다.

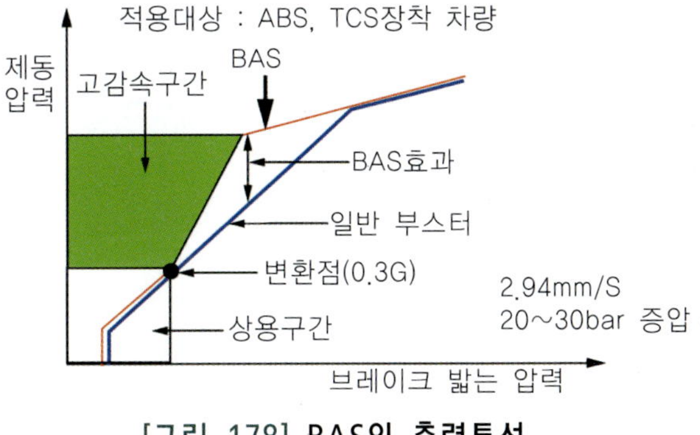

[그림 178] BAS의 출력특성

5.9.3. BAS의 종류

[1] 기계방식 BAS

기계방식 BAS는 기존에 진공부스터에 추가로 진공라인을 설치한 것이라고 보면 된다. 즉 기존의 진공부스터는 브레이크 페달을 밟기 전에는 진공 막을 사이에 두고 양쪽이 진공상태로 유지되다가 브레이크 페달을 밟으면 한쪽은 진공상태이고, 다른 한쪽은 대기가 통해 그 압력 차이에 의해서 브레이크에 배력효과를 준다. 기계방식 BAS의 구성부품은 다음과 같다.

① **플런저** : 브레이크가 작동될 때 작용하여 대기실과 진공실을 차단하는 포핏밸브를 밀어 포핏밸브에 의해 진공실과 대기실을 차단시킨다.

② **입력로드** : 브레이크 페달을 밟으면 푸시로드가 밀리며, 이 푸시로드가 입력로드를 밀고, 입력로드가 플런저를 민다.

③ **출력로드** : 입력로드에 의해 밀린 푸시로드가 끝가지 밀리면 마스터실린더에서 유압을 발생시키는데 일조한다.

④ **리액션 디스크** : 브레이크 페달을 놓을 때 작용하여 복귀를 원활히 한다.

⑤ **진공밸브** : 브레이크가 작동할 때 진공실에 진공이 유입되지 않도록 차단한다.

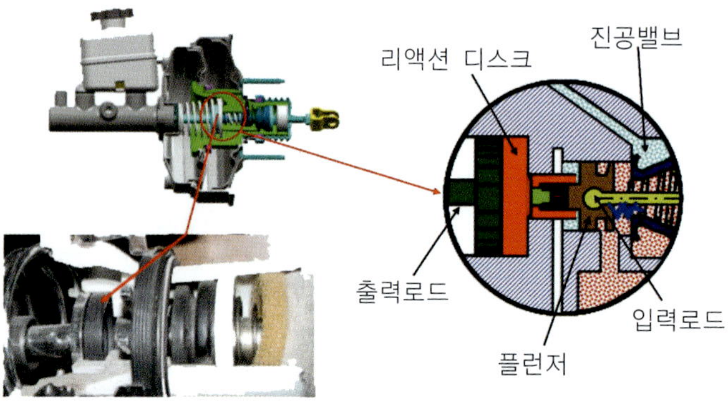

[그림 179] **기계식 BAS의 내부구조**

[2] 전자방식 BAS

전자방식 BAS는 HBA(hydraulic brake assist)라고도 부르며, VDS를 설치한 자동차에서만 사용된다. 즉, 기존에 VDS작용을 활용한 것으로 운행 중 긴박한 상황에서 VDS 스스로 브레이크 유압을 만들어내어 해당 바퀴에 브레이크를 작용시켰지만, 전자방식 BAS는 운전자가 급브레이크를 작동시켰는데도 원하는 시간에 브레이크 유압이 측정되지 않으면 내부적으로 설치된 제동유압 감지센서에 의해 급제동 여부를 판단하여 급제동일 경우 ESP의 HECU가 제동유압을 강제적으로 급격히 상승시킨다. 그리고 유압 피드백은 압력센서로부터 모니터링 한다.

(1) 전자식 BAS의 효과

① 제동거리를 단축시킬 수 있고 운전자별 제동거리 편차를 줄일 수 있다.
② 급브레이크를 작동시킬 때 브레이크 유압이 증가한다.
③ 소프트웨어(software)만 추가하면 사용이 가능하다.

(2) 전자식 BAS 압력변화

① 급브레이크에 필요한 유압 : 80 bar
② BAS 진입조건 : 0.7 bar/1ms의 기울기
③ 제어유압 : 40~80 bar
④ 증가유압 : 150 bar
⑤ 일반운전자가 페달을 밟았을 때의 유압 : 100~150 bar

(3) 마스터실린더 압력센서

① ESP작동 중에 운전자의 브레이크 답력을 감지
② 예비 브레이크 압력을 조절
③ 작동압력 : 저속 7 km/h & 20 bar 이상
④ 최대 측정압력 : max 170 bar
⑤ 작동시 : 1100 bar/sec

(a) ESP HECU

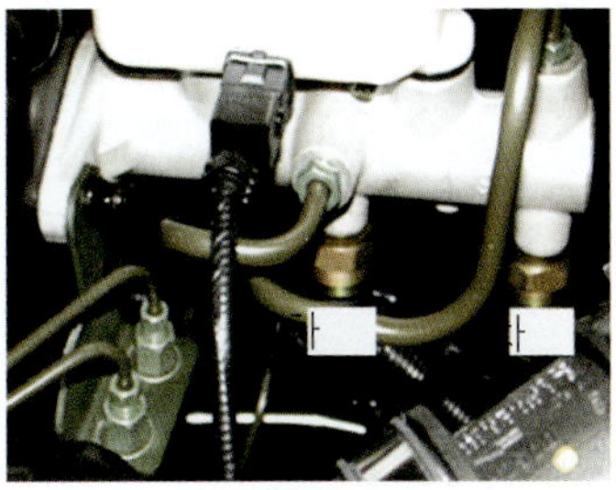

(b) 압력센서

[그림 180] 전자식 BAS

5.10. EBD(Electronic Brake-force Distribution control)

5.10.1. EBD의 필요성

주행 중 급제동을 하면 자동차 무게의 이동으로 인하여 뒷바퀴가 앞바퀴보다 먼저 고착되어 자동차 스핀발생으로 인한 사고를 일으킬 수 있다. 자동차가 스핀 하는 것을 방지하기 위해서 프로포셔닝 밸브(proportioning)를 설치하는데 이 프로포셔닝 밸브로는 부족하기 때문에 유압을 전자 제어하여 급제동에서 스핀을 방지할 수 있도록 뒷바퀴와 앞바퀴를 동일하게 제어하거나 또는 뒷바퀴가 늦게 고착되도록 ABS의 컴퓨터가 제어하는 방식을 EBD(전자 제동력 분배제어)라 한다.

5.10.2. EBD의 원리

기존의 P밸브 대신 ABS 컴퓨터에 논리(logic)를 추가하여 뒷바퀴 제동력을 요구 유압 분배곡선(이상 제동 배분곡선)에 가깝게 제어한다. 즉, 제동할 때 각각의 휠 스피드 센서로부터 슬립률을 연산하여 뒷바퀴 슬립률을 앞바퀴보다 항상 작거나 동일하게 유압을 제어한다. 따라서 뒷바퀴의 고착이 앞바퀴 보다 먼저 일어나지 않는다.

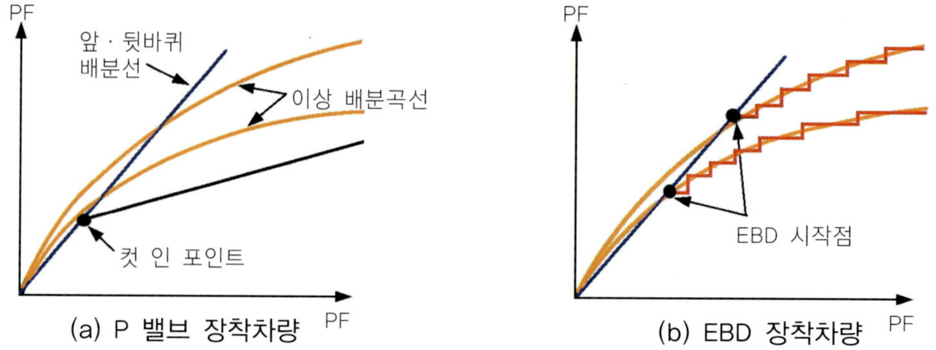

[그림 181] EBD의 원리

5.10.3. 작동과 효과

[1] EBD의 작동

뒷바퀴가 앞바퀴보다 먼저 고착되기 직전에 ABS 컴퓨터는 고착되려는 바퀴 쪽의 NC 밸브를 ON(열림)으로 하여 고착되려는 바퀴의 브레이크 유압을 감소시켜 고착을 방지한다. 이때 제동력이 감소하여 바퀴가 회전하면 다시 NC밸브를 OFF(닫음)하여 가해진 유압을 캘리퍼로 전달한다. 이때 모터펌프는 작동하지 않는다.

솔레노이드 밸브	NO	OFF
	NC	OFF
펌프 모터		OFF
※뒷바퀴 NC 밸브만 ON		

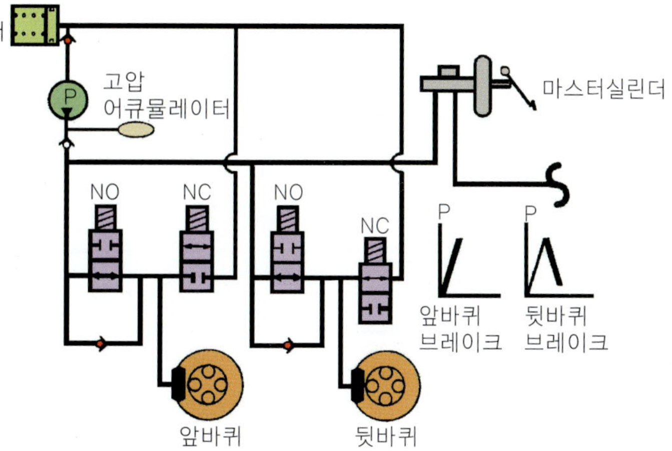

[그림 182] EBD의 작동

[2] EBD의 효과

기존의 P밸브보다 뒷바퀴의 제동력을 향상시키므로 제동 거리가 단축되며, 또한 뒷바퀴의 유압을 각각 독립제어가 가능하므로 선회하면서 제동할 때 안정성이 확보된다. 그리고 브레이크 페달 밟는 힘이 감소하며, 제동할 때 뒷바퀴의 제동 효과가 증가하므로 앞바퀴 브레이크 패드 마모 및 온도상승 등이 감소하여 안정된 제동효과를 얻을 수 있다. EBD만 설치한 경우와 EBD와 P밸브를 함께 설치한 경우의 효과는 다음과 같다.

	EBD만 설치한 경우	EBD와 P밸브를 함께 설치한 경우
일반 성능 비교	자동차의 무게가 무겁고, 고속인 상태에서 급제동을 하면 30 bar보다 훨씬 큰 압력 제어가 가능하므로 이상적인 뒤 브레이크 유압 분배가 가능하다.	자동차의 무게가 무겁고, 고속인 상태에서 급제동을 하면 30 bar보다 훨씬 큰 압력의 제어가 요구되지만 P밸브가 30 bar 정도의 압력에서 유지시키므로 EBD기능이 한정된다.
고장이 발생하였을 때	일반적인 브레이크로 전환되지만 P밸브가 없어 스핀발생이 염려된다.	일반적인 브레이크로 전환되며, P 밸브는 계속 작동되어 자동차의 스핀을 방지한다.

[3] EBD의 안정성

ABS의 고장원인 중 다음과 같은 사항에서도 EBD는 계속 작동하므로 ABS보다 고장률이 감소된다.

① 휠 스피드 센서 1개 고장

② 모터펌프 고장

③ 전압저하 고장

또한 P밸브가 고장을 일으켰을 때 운전자가 알 수 있는 경고장치가 없어 고장 여부를 알 수 없으며, 만약 고장인 상태에서 급제동을 하면 차체의 스핀이 발생할 수 있으나 EBD가 고장일 때에는 기존의 주차 브레이크 램프를 점등시켜 운전자에게 경고한다. 그리고 EBD의 페일 세이프(fail safe)는 다음과 같다.

고장 원인	EBD 제어 계통		경고등	
	ABS	EBD	ABS	EBD
none	작동	작동	OFF	OFF
센서 1개 고장	비 작동	작동	ON	OFF
모터 펌프 고장	비 작동	작동	ON	OFF
전압 저하 고장	비 작동	작동	ON	OFF
센서 2개 이상 고장 밸브 고장, 컴퓨터 고장 기타 고장	비 작동	비 작동	ON	ON

5.11. TCS(traction control system)

비에 젖은 노면이나 얼어붙은 노면과 같은 미끄러지기 쉬운 노면 위에서 출발하거나 가속할 때, 구동바퀴의 바퀴가 스핀하는 일이 있다. 이 때 앞바퀴 구동방식의 차량에서는 조향성, 뒷바퀴 구동의 차량에서는 안전성을 잃는다.

엔진의 출력을 저하시키거나, 구동 바퀴에 브레이크를 걸든지 하여, 바퀴와 노면과의 슬립율을 최적인 값으로 유지하는 제어를 하여, 구동바퀴가 스핀하지 않도록 최적의 구동력을 얻는 것이 TCS(구동력 제어장치)이다. 도로와 바퀴의 마찰 계수의 관계는 TCS에서도 마찬가지로 취급한다. 즉, 슬립율이 15~20%으로 되도록 구동력을 제어한다. TCS의 기능은 다음과 같다.

5.11.1. TCS의 주요 기능

① **구동 성능이 향상된다.** : 구동바퀴의 슬립(slip)이 제어되므로 차체의 흔들림이 적고 발진 성능가속 성능 및 등판능력이 향상된다.

② **선회 및 앞지르기 성능이 향상된다.** : 선회할 때 안전한 코너링 및 앞지르기가 가능해진다.

③ **조향 안전성이 향상된다.** : 조향핸들을 돌릴 때 구동력에 의한 가로방향의 작용력을 우선적으로 제어하므로 조향용이 용이하다.

5.11.2. TCS의 일반적인 기능

TCS는 엔진의 여유 출력을 제어하는 모든 장치를 말하며, 눈길 등의 미끄러지기 쉬운 노면에서 가속성 및 선회 안전성을 향상시키는 슬립 제어(slip control) 기능과 일반 도로에서의 주행 중 선회 가속을 할 때 자동차의 가로방향 가속도 과다로 인한 언더 또는 오버 스티어링을 방지하여 조향 성능을 향상시키는 트레이스 제어(trace control)가 있다. 슬립 또는 트레이스 제어 모두 엔진의 회전력을 저하시키는 방식을 채택하며 엔진 제어 방식은 다음과 같은 특징이 있다.

① 미끄러운 노면에서 발진 및 가속할 때 미세한 가속페달의 조작이 불필요하므로 주행 성능을 향상시킨다.

② 일반 노면에서 선회 가속할 때 운전자의 의지대로 가속을 보다 안정되게 하여 선회 성능을 향상시킨다. - 트레이스 제어

③ 선회 가속할 때 조향 핸들의 조작 량을 감지하여 가속페달의 조작 빈도를 감소시켜 선회 능력을 향상시킨다. - 트레이스 제어

④ 미끄러운 노면에서 뒷바퀴 휠 스피드 센서에서 구한 차체 속도와 앞바퀴 휠 스피드 센서로 구한 구동바퀴의 속도를 검출 비교하여 구동바퀴의 슬립률이 적절하도록 기관의 회전력을 감소시켜 주행 성능을 향상시킨다.

⑤ 일반 노면에서 운전자의 의지로 인한 가로방향 가속도가 규정 값을 초과할 경우 TCS의 컴퓨터가 운전자의 의지를 판단하여 기관 출력을 제어하므로 서 선회 안전성을 향상시킨다.

⑥ 운전자의 의지로 트레이스 제어 Off 또는 트레이스 제어와 슬립 제어 Off의 모드 선택으로 TCS를 부착하지 아니한 자동차와 동일한 작동이 가능하므로 스포티브 운전 및 다양한 운전 영역을 제공한다.

5.11.3. TCS의 종류

[1] 엔진 제어방식(engine control system)

(1) 흡입 공기량 제어방식

흡입 공기량 제어방식은 스로틀밸브로 흡입되는 공기량을 제어하여 엔진 출력을 제어하므로 엔진 출력의 절대량을 연속적으로 안정되게 조정이 가능한 반면 미세 슬립 영역에서는 충분한 기능 발휘가 어려운 결점이 있다.

(2) 엔진 조종방식(EM : engine management type)

이 방식은 전자제어 연료 분사장치 엔진에서 액추에이터의 추가 없이 소프트웨어만의 대응이 가능하여 연료분사 제어와 점화시기 제어방식이 있다.

(3) 브레이크 제어방식(brake control system)

브레이크 제어방식은 슬립이 발생하는 바퀴자체를 제어하는 방식이며, ABS의 액추에이터(모듈레이터)를 수정 보완한 것을 ABS와 함께 사용한다.

[2] 동력전달장치 제어방식

동력전달장치 제어방식에는 차동장치 제어방식과 4WD(4wheel drive) 및 클러치 제어방식이 있다. 차동장치 제어방식은 차동장치에 차동 제한장치(LSD)를 기계방식, 비스코스 커플링방식, 전자방식 등으로 작동시키는 것이다.

[3] 통합 제어방식

TCS의 통합 제어방식에는 스로틀밸브와 브레이크 제어를 복합한 방식, 엔진 조종과 브레이크 제어를 복합한 방식, 스로틀밸브와 브레이크 제어 및 차동 제한장치를 복합한 방식 등이 있다.

5.12. 차체자세제어장치(VDC : Vehicle Dynamic Control)

VDC는 EPS(Electronic Stability Program)이라고도 부르며, 스핀(spin) 또는 언더 스티어링(under steering) 등의 발생을 억제하여 이로 인한 사고를 미연에 방지하는 장치이다. 이 장치는 자동차에 스핀이나 언더 스티어링 등이 발생하면 자동적으로 안쪽바퀴나 바깥쪽 바퀴에 제동을 가하여 자동차의 자세를 제어하여 안정된 상태를 유지하며(ABS 연계 제어), 스핀 한계 직전에서 자동 감속하며(TCS 연계 제어) 이미 발생한 경우에는 각 바퀴 별로 제동력을 제어하여 스핀이나 언더 스티어링의 발생을 미연에 방지하여 안정된 운행을 도모한다.

VDC는 요 모멘트제어, 자동 감속제어, ABS(anti lock brake system) 및 TCS (traction control system)제어 등에 의하여 스핀방지, 오버 스티어링 방지, 굴곡도로를 주행을 할 때 요잉(yawing)발생 방지, 제동할 때 조정 안정성 향상, 가속할 때 조종 안정성을 향상 등의 효과가 있다. 이 장치는 브레이크 제어방식의 TCS에 요 레이트 센서(yaw rate sensor), G센서, 마스터실린더 압력센서 등을 추가시킨 것이다.

5.12.1. 차제자세 제어장치 제어이론

자동차가 주행할 때 발생되는 롤(roll), 피칭(pitch ing), 바운싱(bouncing), 요잉(yawing) 등을 포함한 그 밖의 차체변화에 대해 적극적으로 대응하여 항상 최적의 주행안정성을 확보하는 제어를 말한다.

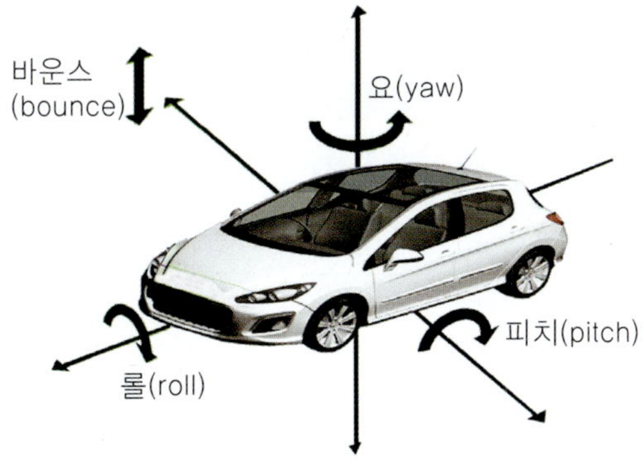

[그림 183] **주행 중 자동차의 자세변화**

5.12.2. 제어의 개요

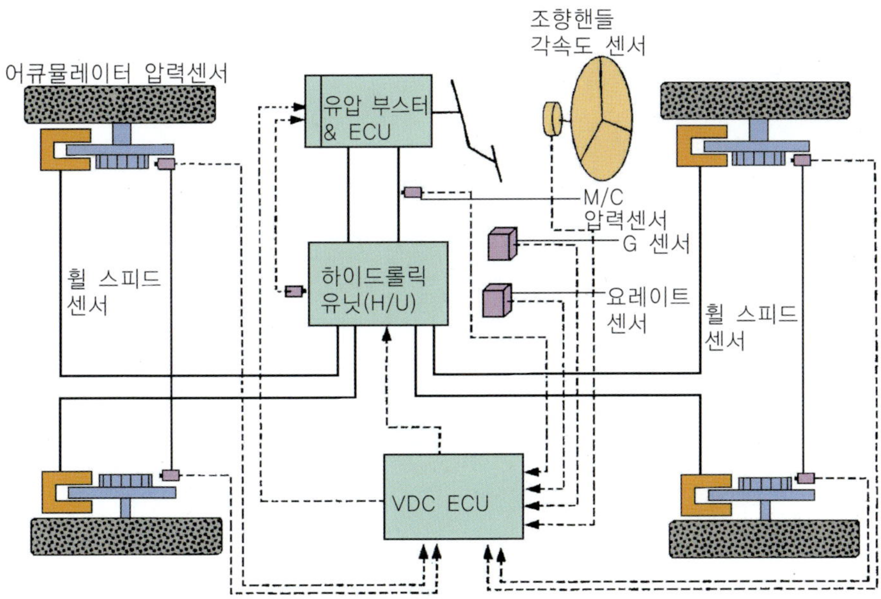

[그림 184] **제어의 개요도**

조향핸들 각속도 센서, 마스터실린더 압력센서, 차속센서, G센서 등의 입력 값을 연산하여 자세 제어의 기준이 되는 요 모멘트와 자동 감속제어의 기준이 되는 목표 감속도를 산출하여 이를 기초로 4바퀴의 각각 제동압력과 엔진 출력을 제어한다.

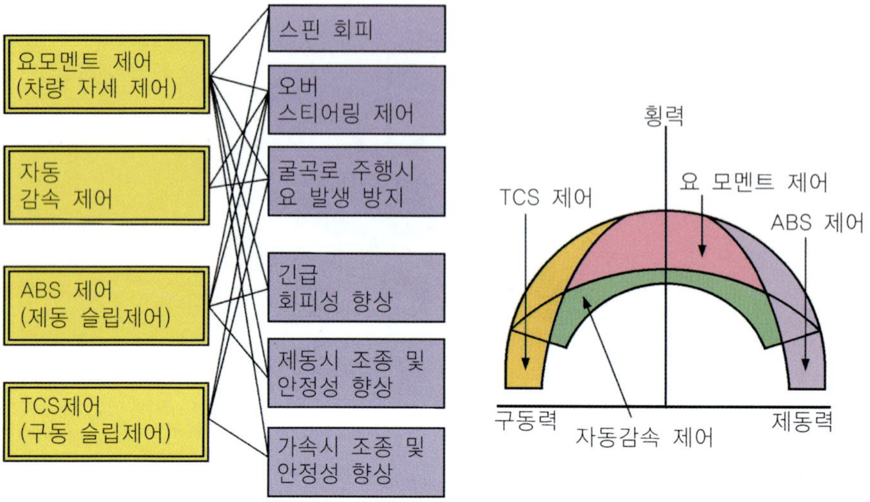

[그림 185] **제어의 종류**

5.12.3. VDC의 구조

[1] VDC의 구성도

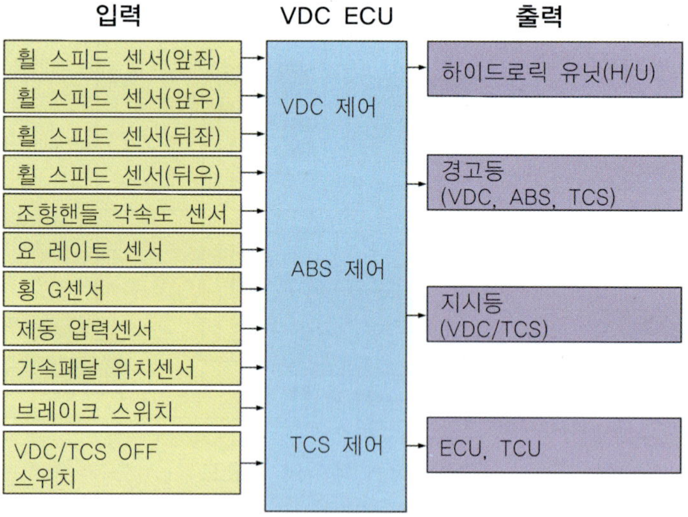

[그림 186] **입 · 출력도**

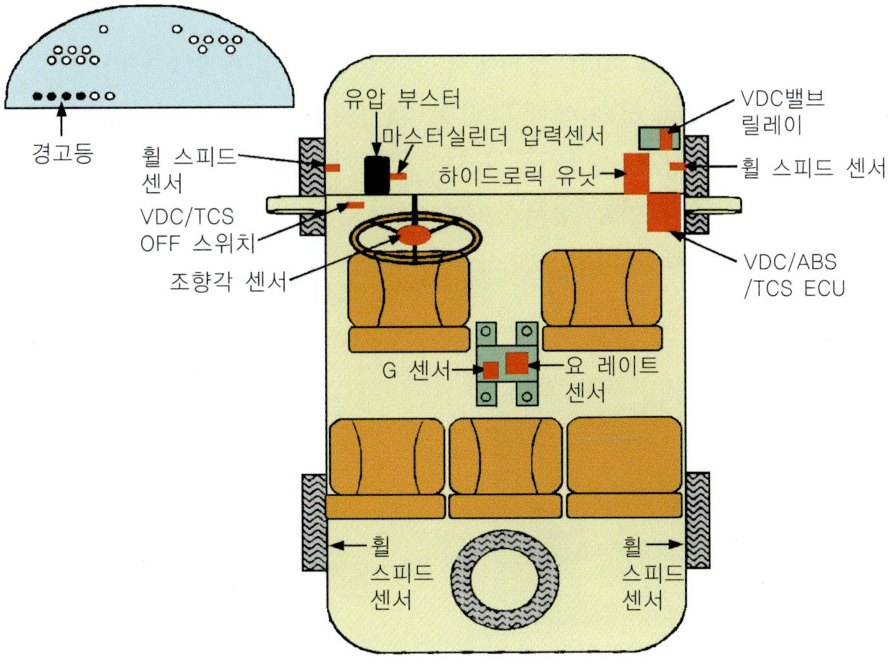

[그림 187] **VDC의 구성도**

① **휠 스피드 센서** : 이 센서는 각 바퀴 별로 1개씩 설치되어 있으며 바퀴 회전속도 및 바퀴의 가속도, 슬립률 계산 등은 ASC/TCS에서와 같다.

② **조향핸들 각속도 센서** : 이 센서는 조향핸들의 조작 속도를 검출하는 것이며, 3개의 포토트랜지스터로 구성되어 있다.

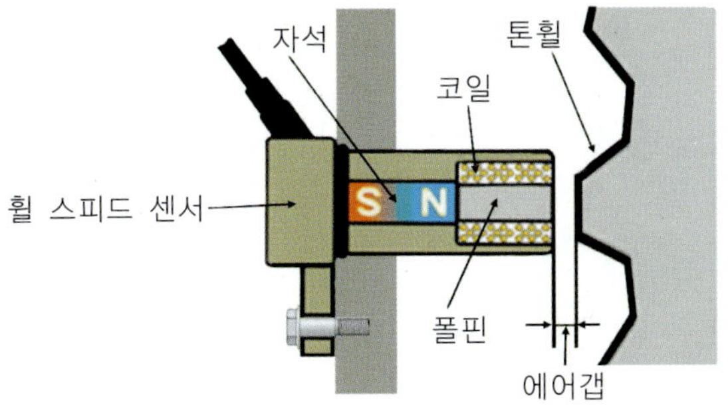

[그림 188] **휠 스피드 센서의 구조**

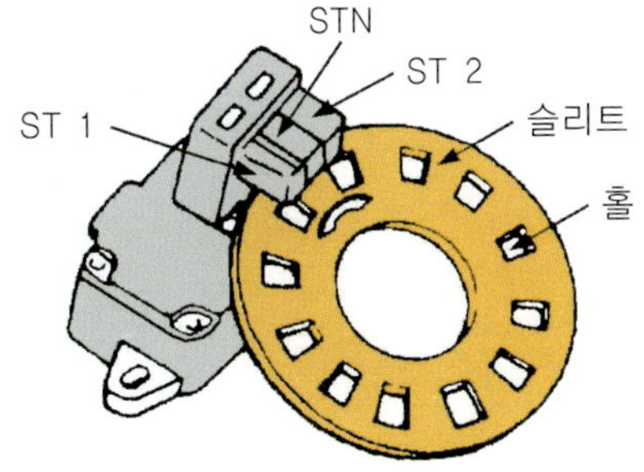

[그림 189] **조향핸들 각속도 센서의 구조**

③ **요 레이트 센서** : 센터 컨솔 아래쪽에 횡 G센서와 함께 설치되어 있다. 요 레이트 센서는 진동 빔에 회전이 가해지면 그 회전속도에 따라서 발생하는 횡력(橫力)을

검출하는 진동형 각속도 센서이다. 진동자는 사각 빔의 인접한 2면에 압전소자를 부착하여 진동에 의해서 접점에서 발생하는 전압이 변화한다.

④ 횡 G센서 : 센터 컨솔 아래쪽에 요 레이트 센서와 함께 설치되어 있다. 검출부분은 이동전극과 고정전극으로 구성되어 있으며, 횡 가속도가 가해지면 이동전극이 이동하여 고정전극과 이동 전극사이에 전위차가 발생하여 두 전극의 용량 차이가 발생한다. 이 차이의 크기로 가속도의 크기를 검출한다. 절대 값 검출형이며, 직류(DC) 출력의 검출이 가능하다.

[그림 190] **요레이트 센서**

[그림 191] **횡 G센서의 외관**

⑤ 하이드롤릭 유닛(hydraulic unit) : 엔진 룸 오른쪽에 부착되어 있으며 12개의 솔레노이드밸브가 들어있다.

⑥ 유압 부스터(hydraulic booster) : 흡기다기관 부압을 이용한 기존의 진공 배력식 부스터 대신 유압모터를 이용한 것이다. 유압 부스터는 액추에이터와 어큐뮬레이터에서 전동기에 의하여 형성된 중압 유압을 이용한다.

[그림 192] **유압부스터 및 유닛**

⑦ 마스터실린더 압력센서 : 제동시 마스터 실린더 내부에서 발생되는 압력을 검출하여 ECU로 보내면 VDC ECU는 이 신호를 기준으로 EBD 제어 여부를 판단하는데 쓰인다.

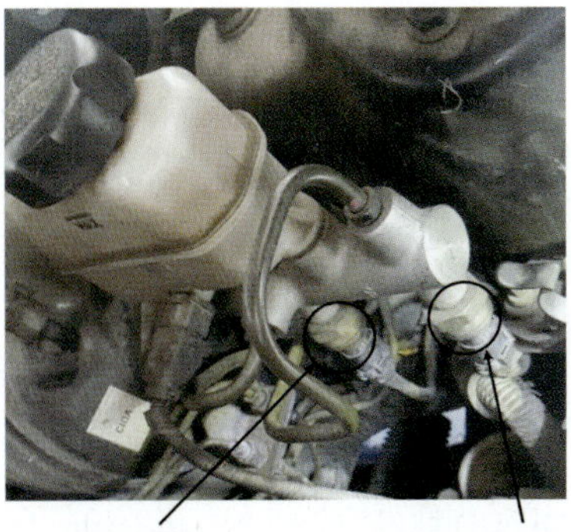

[그림 193] **마스터실린더 압력센서**

⑧ **VDC(ESP) OFF 스위치** : 이 스위치는 VDC기능을 OFF하는 스위치가 아니라 TCS 기능을 OFF하는 스위치이다. 출발을 하거나 코너링 주행할 때 등 TCS제어를 필요로 하지 않는 운전자를 위한 스위치이다. 이 스위치를 OFF하더라도 긴급한 상황에서는 VDC(ESP)는 작동되어야한다.

⑨ **제동등 스위치** : 제동 여부를 컴퓨터에 전달하여 VDC, ABS제어의 판단 여부를 결정하는 역할을 한다. ABS 및 VDC제어의 기본적인 신호로 사용된다.

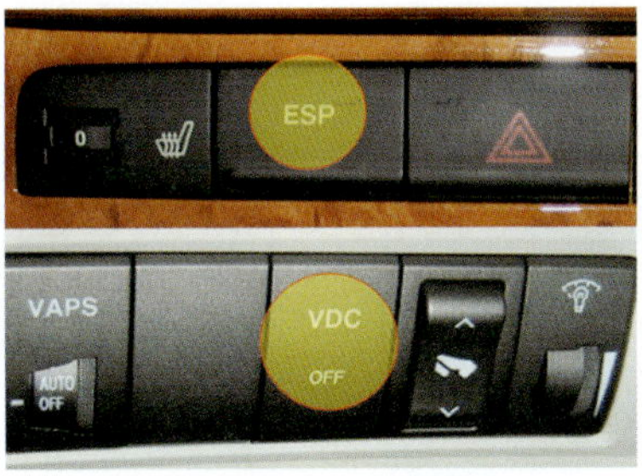

[그림 194] **TCS(VDC) OFF스위치의 설치위치**

[그림 195] **제동등 스위치**

⑩ **가속페달 위치 센서** : 가속페달의 조작상태를 검출하는 센서이며, VDC 및 TCS의 제어 기본 신호로 사용된다.

⑪ **경고등 및 지시등** : 초기 점검 중에 점등된다.

[그림 196] **경고등 및 지시등**

⑫ 컴퓨터(electronic control unit) : 승객석 오른쪽 아래에 설치되어 있으며, 2개의 CPU로 상호 점검하여 오작동을 감지한다. 시리얼(SCI)통신에 의해 컴퓨터 및 TCU와 통신을 한다.

⑬ CAN통신 : VDC ECU는 엔진 ECU와 자동변속기 TCU간 CAN통신을 통해 서로의 정보를 교환한다. VDC쪽에서는 TCS나 VDC를 제어할 때 엔진의 회전력 감소를 요구하여 TCS 및 VDC효과를 극대화 할 수 있도록 한다. 또 자동변속기에게는 현재 TCS나 VDC 작동상태를 알려 현재 변속단계를 유지하도록 요구한다. 그리고 엔진에서는 현재 엔진에 데이터인 엔진 회전력, 형식, TPS값 등의 정보를 전달하여 VDC제어를 극대화할 수 있게 도와준다.

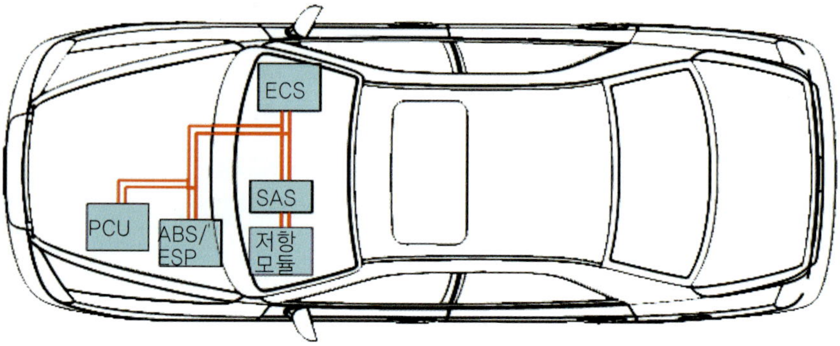

[그림 197] **CAN 라인구성**

5.13. IEB(Integrated Electronic Brake : 통합형 전동 브레이크)

운전자가 브레이크를 밟는 힘을 브레이크 액을 통해 전달하는 기존의 유압식과 달리 전동식 시스템은 전동모터로 직접 전달하기 때문에 제어 성능이 더 높다.

친환경차용 차세대 제동장치는 회생제동 브레이크시스템을 구성하는 압력공급부와 압력제어부를 하나의 전동식 시스템으로 통합해 차체 자세제어 시스템(ESC), ABS, 적응형

순항제어 시스템(ACC), 자동 긴급제동 시스템(AEB) 등 첨단 제동 기능들을 통합 구현할 수 있게 됐다.

5.13.1. IEB의 특징

① 압력 공급부 & 압력제어부(ESC) 통합 시스템
② 모터에서 발생된 제동 유압이 휠로 직접 제어
③ 제동시 필요한 만큼의 유압 생성(기존 : 상시 180bar의 유압 유지)
④ 제동시 필요한 만큼 모터 및 기어 셋트를 작동하여 유압 형성
⑤ 일반 차량에서 약 30kph주행 중 발생하는 HECU(모터 및 밸브 구동음)의 자기 진단음도 key On에서 실시하여 iEB는 작동음이 없다.

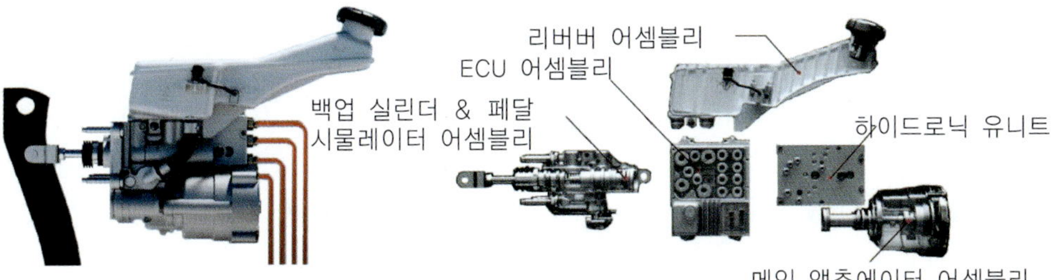

[그림 198] iEB(통합형 전동 브레이크) 구조

5.13.2. IEB의 작동원리

① 모터 작동 → 웜기어 → 피니언 기어(회전운동) → 랙(직선운동) → 피스톤 작동 → 유압 형성
② 조향 기어와 같은 원리(회전 운동 → 직선운동)로 유압 형성
③ 랙 기어를 좌/우로 작동하여 유압 가변 - 회생제동 협조 제어

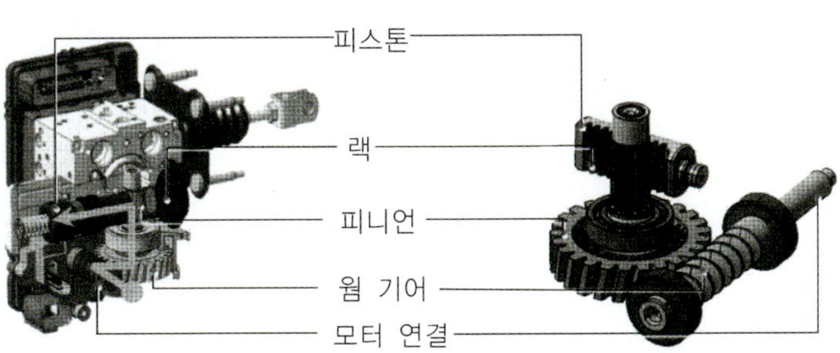

[그림 199] IEB(통합형 전동 브레이크) 작동원리

5.14. 제동성능

자동차는 도로를 주행함에 있어 주행저항을 이기고 주행하는데 필요한 충분한 구동력를 발휘해야하지만 이와 함께 필요시 최대한 짧은 거리 안에 정지하는 성능도 이에 못지않게 중요하다. 제동시의 자세변화로는 동력전달이 끊어진 상태에서 차량에 관성이 작용하고 차체의 무게중심보다 제동력의 작용점이 더 낮기 때문에 차체의 앞부분이 가라앉는 노스다운(nose-down) 혹은 다이브(dive)현상이 발생한다. 제동성능에는 제동시의 이러한 자세변화와 함께 정지거리가 주요 고려사항이 된다.

주행 중에 자동차가 가지고 있던 운동에너지는 제동과 동시에 차가 정지할 때까지 노면과 바퀴사이에서의 제동 마찰력에 의한 일로 소비된다. 이 관계에서 자동차의 제동 전 운동에너지와 제동시 소비된 일을 같게 놓음으로서 제동거리를 구할 수 있다.

5.14.1. 공주거리(S_1)

운전자가 장애물을 발견하고 가속페달에서 발을 뗴 브레이크 페달로 발을 옮겨 페달을 밟는 동안 경과한 시간을 공주시간이라 하는데, 이 공주시간은 사람에 따라 다르지만 대략 0.6~1.0초라고 한다. 이 공주시간 t초간 자동차가 주행한 거리 즉, 공주거리는 다음 식으로 구해진다.

$$\text{공주거리}(S_1) = \frac{V}{3.6} \cdot t$$

V : 제동초속도(km/h), t : 공주시간(sec)

5.14.2. 제동거리(S_2)

주행 중에 제동조작을 하면 각 바퀴의 접지 면에는 뒤로 향하는 제동력이 작용하여 자동차는 감속되면서 정지한다. 이와 같은 제동조작을 개시하여 제동력이 작용하기 시작한 다음에 정지할 때까지 자동차가 주행한 거리를 제동거리라고 한다. 이 경우 제동력은 제동기간 중 일정치를 유지한다고 간주하며 구름저항 및 공기저항 등은 고려하지 않는다.

제동거리를 산출할 때에도 가속저항과 마찬가지로 자동차가 감속하는 경우에도 회전체 부분의 관성저항을 이기는 힘이 필요하므로 회전부분 상당중량을 고려하여 다음 식과 같이 산출할 수 있다.

$$S_2 = \frac{1}{2} \cdot W \cdot \frac{(1+\epsilon)}{g} \cdot \left(\frac{V}{3.6}\right)^2 = \frac{W \cdot (1+\epsilon) \cdot V^2}{2 \times 9.8 \times 3.6 \times 3.6 \times F}$$

$$= \frac{V^2}{254} \cdot \frac{W(1+\epsilon)}{F}$$

S_2 : 제동거리(m)　　V : 제동초속도(km/h)

W : 차량 총중량(kgf)　　ϵ : 회전부분 상당 중량비(⊿W/W)

F : 제동력의 합계(kgf)

5.14.3. 정지거리(S)

정지거리 S는 공주거리와 제동거리의 값을 더한 것이다. 따라서 정지거리를 구하는 식은 다음과 같다.

$$S = S_1 + S_2 = \frac{V^2}{254} \cdot \frac{W(1+\epsilon)}{F} + \frac{V}{3.6} \cdot t$$

06 SRS 에어백

6.1. SRS 에어백의 개요

SRS(Supplement Restraint System)에어백은 자동차가 충돌하였을 때 충돌 조건에 따라 운전석, 조수석, 앞 뒤 및 옆쪽에 설치된 에어백을 작동시켜 운전자 및 승객을 부상으로부터 보호하기 위한 안전띠 보조장치이다.

SRS에어백은 조향 핸들 중앙에 설치한 운전자 에어백 모듈(DAB : Driver Air Bag module), 크래시 패드 위쪽에 설치한 조수석 에어백 모듈(PAB : Passenger Air Bag module), 운전석 및 조수석 안전띠에 부착한 프리 텐셔너(BPT : Belt Pre Detect) 센서, 에어백을 제어하는 센터 페이서 패널 안쪽에 위치한 제어 모듈(SRSCM : Supple ment Restraint System Codule), 조향 칼럼에 설치한 클럭 스프링(clock spring), 측면 충돌이 발생하였을 때 충격량을 감지하는 사이드 임펙트(side impact)센서, 인터페이스 모듈, 계기판에 설치한 SRS 경고등 및 에어백 배선 등으로 구성되어 있다. SRS 에어백은 제어 모듈에 내장된 전자제어 가속센서에 의하여 충격 신호를 받았을 때 작동한다.

에어백 배선은 황색 튜브에 싸여 있어 다른 장치의 배선과 구분된다. 또한 운전석, 조수석, 측면 에어백 및 안전띠 프리 텐셔너의 커넥터 내부에는 단락 바가 들어있어 커넥터가 분리되었을 때 점화회로를 단락시켜 에어백 모듈을 정비할 때 우발적인 작동(폭발)을 방지할 수 있다.

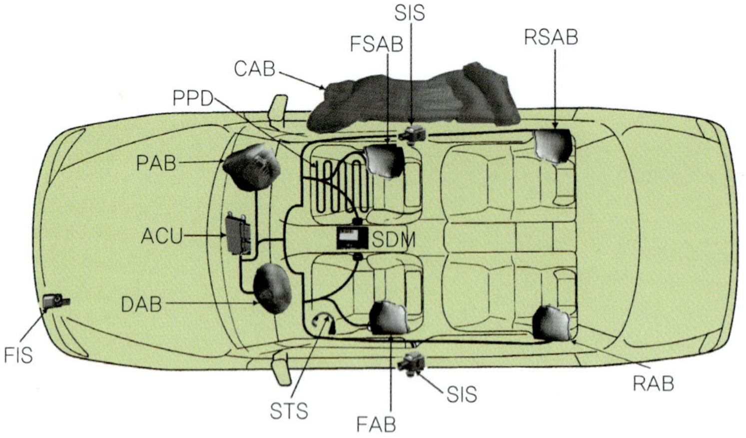

[그림 200] 에어백 설치 위치

① DAB : 운전석 에어백(drive air bag)
② PAB : 승객석 에어백(passenger air bag)
③ SPT : 안전벨트 프리텐셔너(pre tensioner)
④ FSAB : 앞 측면 에어백(front side air bag)
⑤ RSAB : 뒤 측면 에어백(rear side air bag)
⑥ CAB : 커튼 에어백(curtain air bag)
⑦ PPD : 승객유무 검출센서(passenger presence detect)
⑧ ACU : 에어백 컨트롤 유닛(air bag control unit)
⑨ RAB : 뒤 에어백(rear air bag)
⑩ FIS : 전방충돌 검출센서(front impact sensor)
⑪ SIS : 측면충돌 검출센서(side impact sensor)
⑫ STS : 시트위치센서(seat track position sensor)
⑬ SDM : 센서진단 모듈(sensor diagnostic module)

6.2. SRSCM(보조 안전장치 제어모듈)

SRSCM은 내부에 설치된 센서에 의해 검출되는 정면 충격 또는 사이드 임팩트 센서에서의 측면 충격을 검출한 후 에어백 완전 열림 요청 신호를 탐지하여 에어백 모듈을 팽창시킬 것인지를 결정한다.

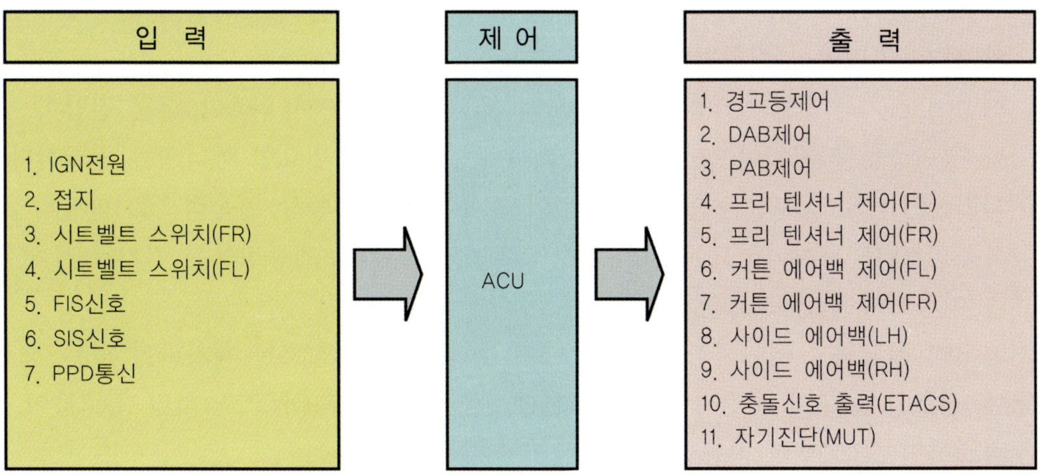

[그림 201] **에어백 입·출력 다이어그램**

① **에어백 ECU(air-bag electronic control unit)** : 에어백 ECU는 자동차가 충돌할 때 작동하는 에어백 모듈이며, 전류를 출력하여 에어백을 전개시키고 장치에 고장이 발생하면 계기판의 경고등을 점등 또는 점멸시켜 운전자에게 고장여부를 확인하도록 한다. 또 운전석, 승객석 에어백의 경우 자동차가 충돌할 때 뜻하지 않은 전원의 차단으로 인하여 에어백 점화가 불가능 할 때를 대비하여 내장된 에너지가 비축된 콘덴서를 통해 점화회로에 점화 에너지를 제공한다.

(a) 에어백 컨트롤 유닛

(b) 장착위치

[그림 202] **에어백 ECU 및 설치위치**

② **DC, DC 컨버터** : 전원 공급장치의 DC, DC 컨버터는 승압 및 감압 컨버터로 이루어져 있으며, 2개의 정면 에어백 점화회로용의 점화전압과 내부 작동 전압을 공급한다. 내부 작동 전압이 설정된 한계 값 이하이면 재설정이 수행된다.

③ **안전 센서** : 에어백 점화회로에 설치된 안전 센서는 모든 팽창 조건에서 에어백 회로를 작동시키고 일반 운전조건에서는 에어백회로를 안전하게 해제시키는 기능을 지니고 있다. 안전센서는 일정 한계 값 이상의 감속도를 검출하면 닫히는 2중 접점의 전기-기계방식 스위치이다.

④ **백업(back up)전원** : SRSCM은 별도의 에너지 전원을 사용하여 전원 전압이 낮거나 정면충돌로 전원이 상실된 경우 잠시 동안 팽창에 필요한 에너지를 공급한다.

⑤ **자기진단** : SRSCM은 자동차의 전원이 ON되어 있는 동안 연속적으로 현재의 SRC 작동 상태를 모니터하고 장치의 기능장애를 검출한다. 기능장애는 자기진단 시험기를 이용하여 진단 코드의 형태를 점검할 수 있다.

⑥ **에어백 경고등** : 에어백계통에서 오류가 검출되면 SRSCM은 계기판에 있는 경고등에 신호를 보내어 운전자에게 경고한다. 점화스위치를 ON으로 하면 경고등이 7회 점멸하여 SRSCM의 작동을 확인한다.

⑦ **고장기록 코드** : 에어백장치에 오류가 발생하면 SRSCM은 DCT의 형태로 오류를 기억시키며, DCT는 자기진단 시험기로만 삭제시킬 수 있다.

⑧ **자기진단 커넥터** : SRSCM 기억장치에 기억된 데이터는 운전석 크래시 패드 밑 커

넥터를 통하여 자기진단 시험기와 같은 외부 출력장치로 연결된다.

⑨ **에어백** : 에어백은 일단 전개되면 SRSCM은 다시 사용 할 수 없다.

⑩ **안전띠** : 승객의 안전띠 착용 유무를 안전띠 버클에 내장된 스위치의 신호를 통하여 판단하여 각각의 충돌 속도에서 앞좌석 에어백을 전개한다. 안전띠를 착용하였을 경우 정면충돌하였을 때 안전띠 착용만으로 상해가 방지되는 저속 충돌(25~30 km/h)구간에서는 안전띠 프리 텐셔너만 작동시키고, 에어백은 전개하지 않으며 일정의 주행속도 이상(30 km/h)에서만 에어백을 작동한다. 안전띠를 착용하지 않았을 경우 정면충돌을 하였을 때 상해 발생이 우려되는 일정 속도(25 km/h 이상)에서 에어백을 전개한다. 16~25 km/h 구간에서는 상황에 따라 에어백이 전개 또는 비전개된다(그레이 존 : gray zone).

⑪ **사이드 에어백** : 사이드 에어백은 안전띠 착용 여부와 관계없이 측면 충돌이 발생하였을 때 사이드 임팩트(세터라이터) 센서의 충격 감지에 의해 SRSCM에서 전개 여부를 판단한다.

6.3. 에어백(air bag) 구조

6.3.1. 에어백 커버(cover)

에어백 커버는 에어백을 둘러싸고 있으며, 에어백을 전개할 때 에어백이 잘 전개되기 위해서 레이저나 열도(熱刀)로 전개 라인을 플라스틱 뒷면에 칼집이나 구멍(완전히 뚫리지는 않음)을 낸 커버의 티어 심(tear seam)이 갈라지면서 에어백이 부풀어 나올 수 있는 통로를 만드는 구조로 되어있다.

(a) 정면

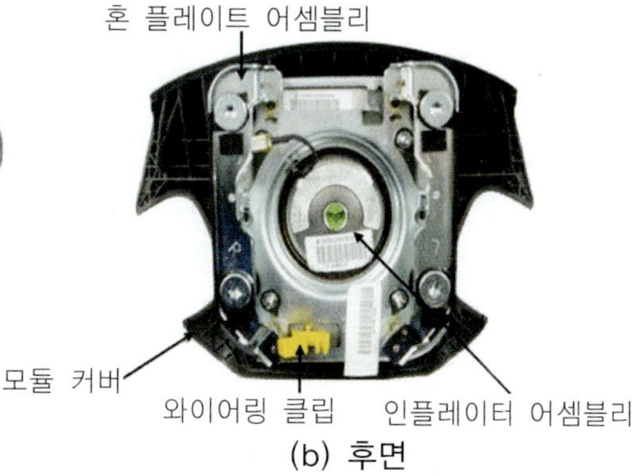

(b) 후면

[그림 203] **에어백 커버**

6.3.2. 에어백(air bag)

자동차가 충돌할 때 운전자와 직접 접촉하여 충격 에너지를 흡수해주는 역할을 한다. 에어백은 안쪽에 고무로 코팅된 나일론 제 면으로 되어 있으며 인플레이터와 함께 에어백이 전개할 때 팽창된다. 에어백은 충돌할 때 점화회로에서 발생한 질소가스에 의해 팽창되는데 충돌 후 운전자의 충격을 최소화시키기 위해 일반적으로 2개의 배기구멍을 두어 가스를 외부로 배출한다.

[그림 204] **에어백**

6.3.3. 인플레이터(inflater)

인플레이터는 자동차가 충돌할 때 에어백 ECU(air bag control unit)로 부터 충돌신호를 받아 에어백 팽창을 위한 가스를 발생시키는 장치이며, 단자의 연결부분에 단락 바를 설치하여 모듈을 떼어낸 상태에서 오작동이 발생되지 않도록 단자 사이를 항상 단락 상태로 유지한다.

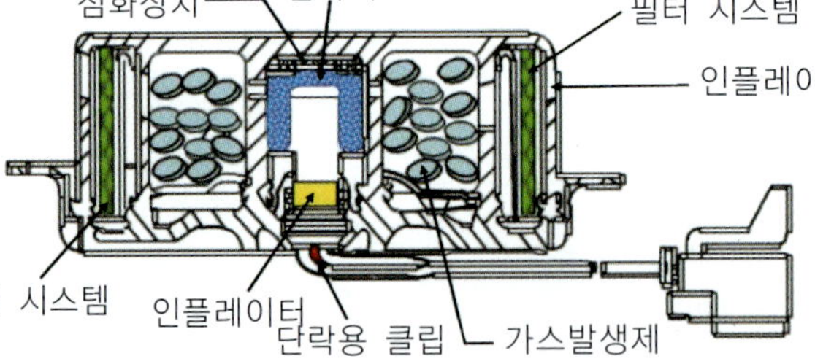

[그림 205] **화약 점화방식 인플레이터의 구조**

6.3.4. 충돌검출 센서

충돌검출 센서는 자동차 내 특정지점의 가속도를 측정하여 자동차의 충돌 및 충격량을 검출하는 센서로 대표적으로 가속도센서가 이용되고 있다.

충돌검출 센서는 자동차의 종류에 따라 그 수량 및 설치위치가 달라진다. 일반적으로 에어백 ECU 내부에 1개, 정면 좌우 멤버에 전방 충돌센서 2개, 측면 충돌검출 센서는 좌우측 "B"필러 아래쪽에 1개씩 설치된다.

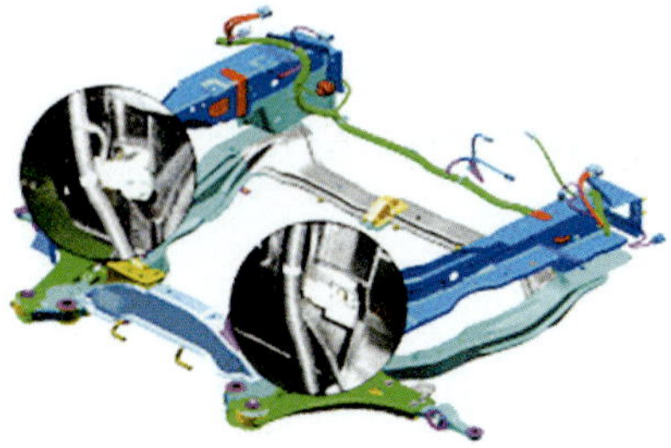

[그림 206] **정면 충돌검출 센서의 설치위치**

6.3.5. 클럭 스프링(clock spring)

운전석 에어백은 조향 휠에 설치되므로 운전석 에어백과 에어백 ECU사이를 일반 배선을 사용하여 연결하면 좌우로 조향할 때 배선이 꼬여 단선되기 쉽다.

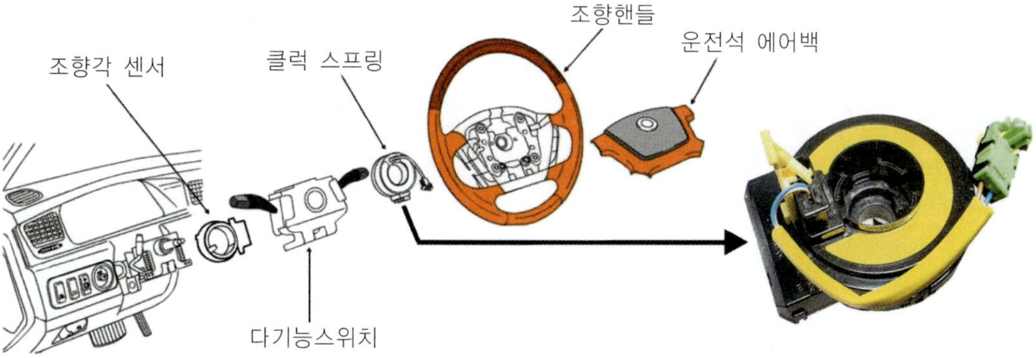

[그림 207] **클럭 스프링**

따라서 조향 휠과 조향칼럼 사이에 클럭 스프링을 설치한다. 클럭 스프링은 핸들에 있는 스위치의 작동을 위해 전기를 연결하는 역할부터 에어백 ECU와 운전석 에어백 모듈 사이의 배선을 연결하는 기능으로 내부에 감길 수 있는 종이 모양의 배선을 설치하여 시계의 태엽처럼 감겼다 풀렸다 할 수 있도록 작동한다.

클럭 스프링은 조향 휠과 같이 회전하기 때문에 반드시 중심점을 맞추어야 한다. 만일 중심이 맞지 않으면 클럭 스프링 내부 배선이 단선되어 에어백이 작동하지 않을 수 있다. 클럭 스프링 중심위치 정열 방법은 다음과 같다.

① 축전지 (-)단자 및 조향 휠을 떼어낸다.
② 클럭 스프링을 시계방향으로 손가락으로 멈출 때가지 회전시킨다.
③ 반 시계방향으로 회전시켜 전체 회전수를 세고(약 5회전) 그 1/2를 시계방향으로 돌려(약 2.5회전) 클럭 스프링에 마킹된 ▶, ◀마크를 일치 시킨다.
④ 조향 휠을 설치하고 축전지(-)단자를 연결한 다음 에어백 경고등 점등여부를 확인한다.

6.3.6. 승객유무 검출센서(PPD : Passenger Presence Detect)

승객유무 검출센서는 승객석 시트 쿠션부분에 설치되어 있으며, 승객 탑승유무를 판단하여 에어백 ECU로 데이터를 송신한다. 즉, 승객석에 승객이 탑승하면 정상적으로 승객석 에어백을 전개시키고 탑승하지 않은 경우에는 전개하지 않는 제어를 하기 위해 설치된다. 이 센서는 압전소자로 이루어져 있으며 승객이 탑승하였을 경우와 탑승하지 않았을 경우의 하중변화에 따른 저항의 변화로 승객 탑승유무를 다음과 같이 판정한다.

① **승객 있음** : 15 kgf이상의 무게를 감지한 때
② **승객 없음** : 0.6 kgf이하의 무게를 감지한 때
③ 0.6~15 kgf이하의 무게를 감지한 때(gray zone)
④ PPD인터페이스 유닛은 PPD의 저항 변화를 가지고 승객의 탑승 여부를 감지한다.
⑤ 승객 있음에서 승객 없음으로 변환될 때 오판을 방지하기 위해 9.6초 후 승객 없음으로 인정한다.

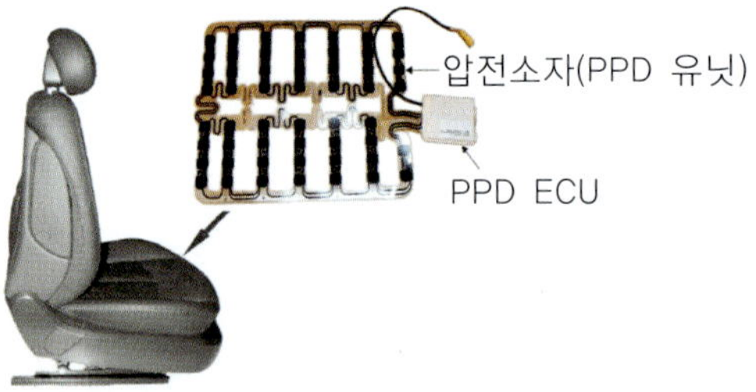

[그림 208] **승객 유무 센서 설치위치 및 구조**

6.3.7. 안전벨트 프리텐셔너(seat belt pretensioner)

안전벨트 프리텐셔너는 자동차가 충돌할 때 에어백이 작동하기 전에 작동하여 안전벨트의 느슨한 부분을 되감아 주는 기능을 수행한다. 따라서 충돌할 때 승객을 시트에 고정시켜 에어백이 전개할 때 올바른 자세를 유지할 수 있도록 한다.

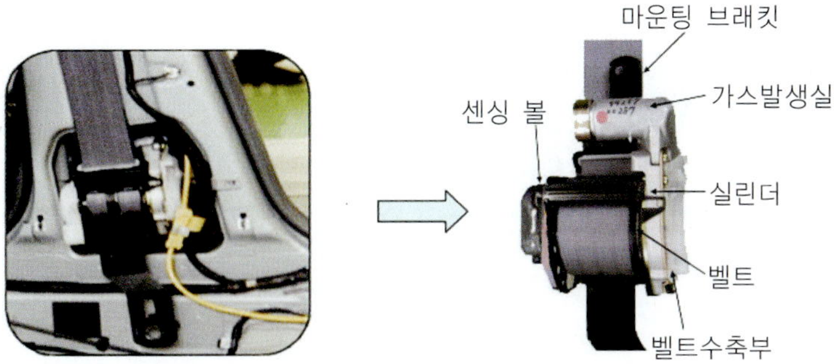

[그림 209] **안전벨트 프리텐셔너 설치위치 및 구조**

6.4. 에어백 작동 순서

자동차가 상대 자동차 또는 장애물과 정면으로 충돌할 때 일반적으로 운전자는 앞으로 튕겨져 나가면서 조향 휠에 가슴부위와 머리 부분이 충돌하여 상해를 입게 되고, 앞좌석 탑승원은 대시패널에 부딪히거나 앞 유리창을 뚫고 밖으로 튕겨져 나가서 상해를 입게 된다. 에어백 팽창과정은 자동차 충돌 → 충돌검출 → 인플레이터에 전원공급 → 점화 → 점화제 연소 → 가스발생제 연소 → 가스발생 → 에어백 팽창 → 승객보호 → 에어백 내 가스방출 → 시계확보이다.

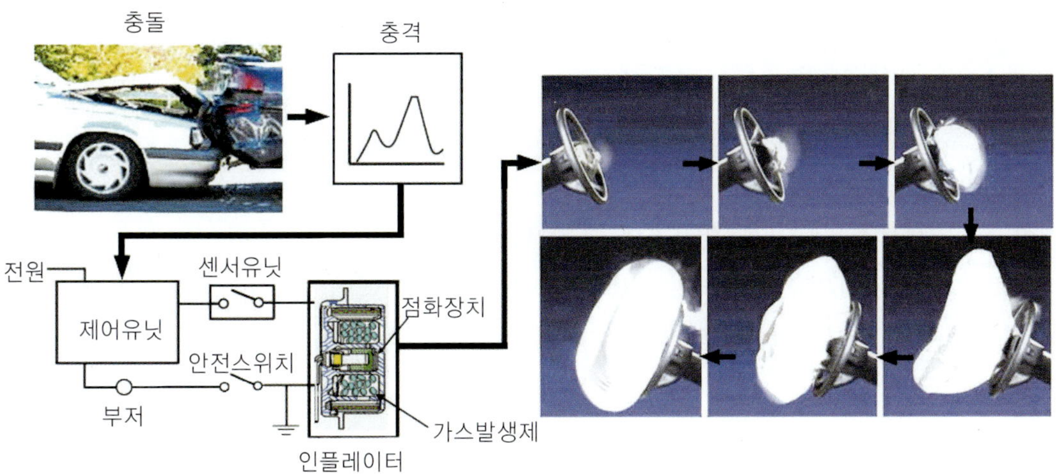

[그림 210] **에어백의 작동순서**

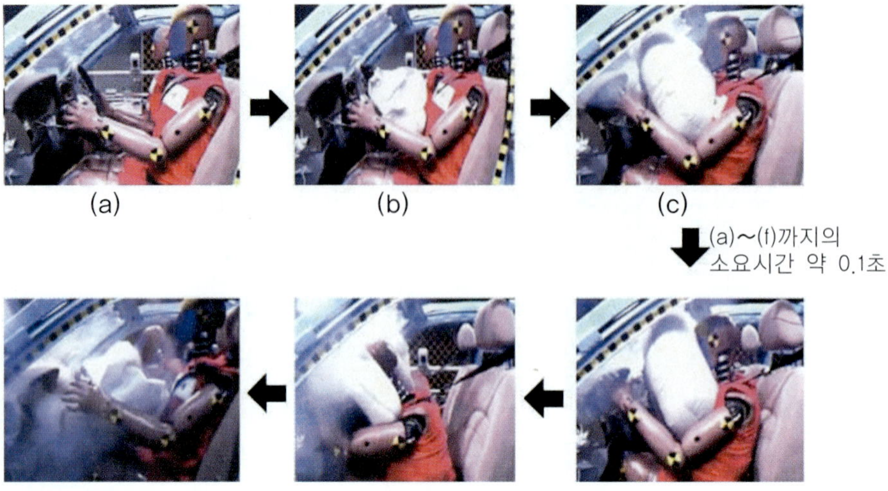

[그림 211] **에어백 팽창과정**

① **충돌 후 약 20/1000초 경과 :** 충돌에 의한 충격이 차체에 전달되면 자기진단 제어 모듈 내부의 센서가 작동하여 에어백 모듈 속의 인플레이터를 폭발시켜 에어백을 팽창시킨다.

② **충돌 후 약 50/1000초 경과 :** 에어백이 완전히 팽창하여 운전자의 머리 앞에 오면 이때 운전자의 몸체는 안전벨트에 의해 제한된다.

③ **충돌 후 약 80/1000초 경과 :** 운전자의 머리 및 상반신이 에어백을 누르면 에어백 모듈의 뒤쪽에 있는 지름이 약 25 mm 정도인 2개의 배출구멍으로 질소가 배출되어 에어백이 수축하면서 운전자의 충격을 완화시킨다.

④ **충돌 후 약 200/1000초 경과 :** 충격을 흡수한 에어백이 급속히 수축되어 운전자의 전면 시야를 확보한다. 승객석에 설치된 에어백도 동일한 과정을 나타낸다.

Chapter

4

친환경 자동차

01 하이브리드 전기자동차

1.1. 하이브리드 전기자동차의 개요

하이브리드 전기자동차에서 2개의 동력원을 사용하는 형태를 보면 가솔린엔진과 전기모터, 수소연소 엔진과 연료전지, 천연가스와 가솔린엔진, 디젤엔진과 전기모터 등 2개의 동력원을 사용할 수 있으며 지금 현재로서는 주로 가솔린엔진과 전기모터를 함께 쓰는 방식을 이용하고 있다.

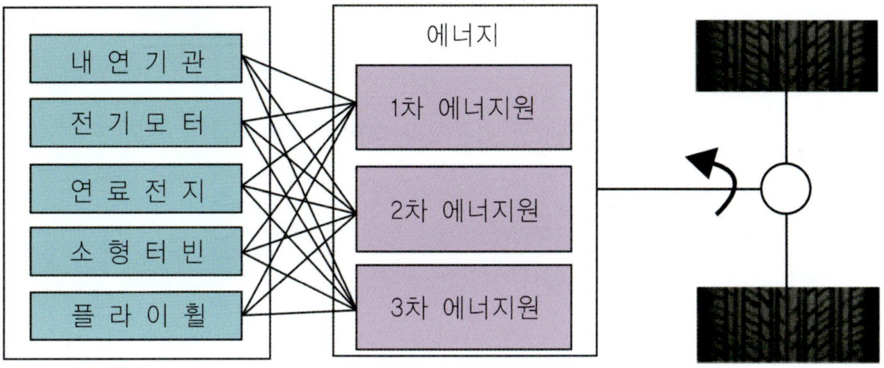

[그림 1] **하이브리드 전기자동차에서 2개의 동력원**

하이브리드자동차 엔진의 주요 특징을 내연기관 자동차와 비교하여 보면 다음과 같다.

① 하이브리드시스템은 공회전할 때 자동적으로 정지하므로 공회전시의 손실 동력을 경감시킬 수 있어 에너지 손실을 감소시킬 수 있다.

② 자동차가 감속 또는 제동할 때 버려지는 동력 에너지를 회수하여 시동전동기 또는 모터의 동력으로 사용하기 때문에 에너지를 회수 및 재활용할 수 있다.

③ 가속시의 전동기의 동력으로 엔진의 동력을 보조할 수 있으므로 모터에 의한 동력의 보조가 가능하다.

④ 내연기관의 엔진 효율이 낮은 영역에서는 모터를 사용하고, 전동기의 효율이 낮은 영역에서는 내연기관의 엔진을 사용하여 자동차의 효율을 최대화할 수 있다.

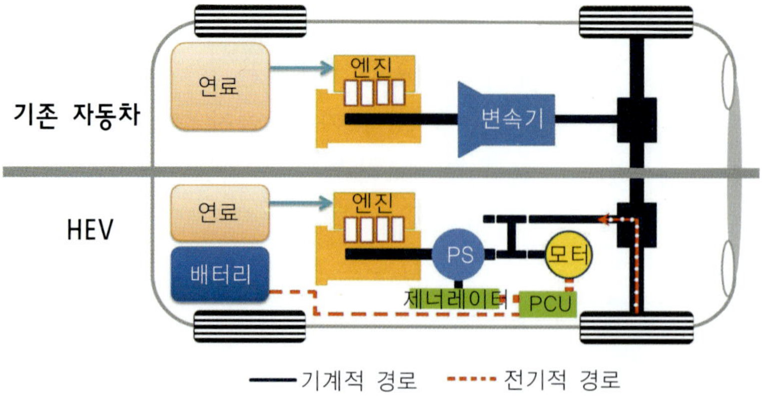

[그림 2] **기존 내연기관 자동차와 하이브리드 자동차 비교**

1.2. 하이브리드 전기자동차의 종류

1.2.1. 풀 하이브리드(full Hybrid)

① **직렬 방식**(series type) : 엔진과 인버터, 모터가 직렬로 이루어진 시스템으로 엔진에서 출력되는 기계적 에너지는 발전기를 통하여 전기적 에너지로 바뀌고 이 전기적 에너지가 배터리나 모터로 공급된다.

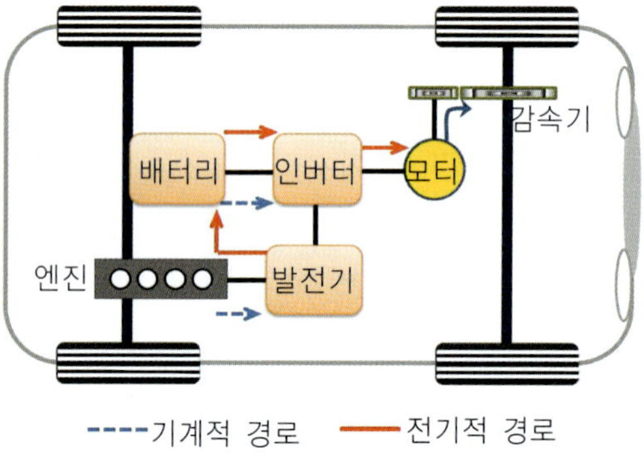

[그림 3] **직렬방식 HEV**

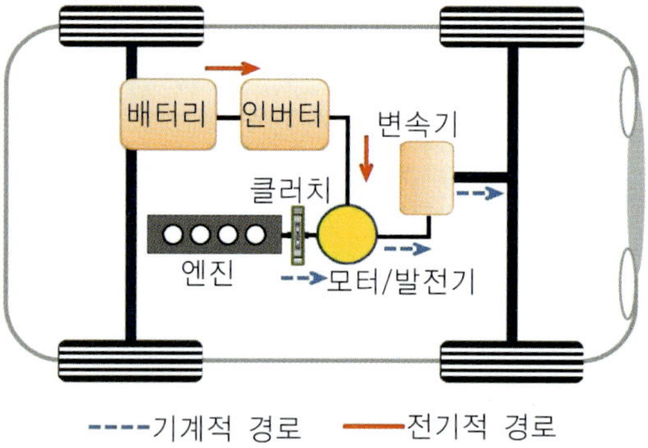

[그림 4] **병렬방식 HEV**

② **병렬방식**(parallel type) : 병렬방식은 배터리 전원으로도 차를 움직이게 할 수 있고 엔진만으로도 차량을 구동시키는 엔진과 모터가 각각 독립적으로 구동시키는 방식을 말한다.

③ **직병렬방식**(series-parallel type, 복합방식) : 직렬형과 병렬형을 조합한 방식으로 상황에 따라 직렬형 방식과 병렬형 방식을 사용할 수 있을 뿐만 아니라 양쪽 모두 작동시킬 수 있다. 즉, 엔진 단독 또는 모터 단독으로 구동되거나 엔진과 모터가 동시에 구동되게 된다.

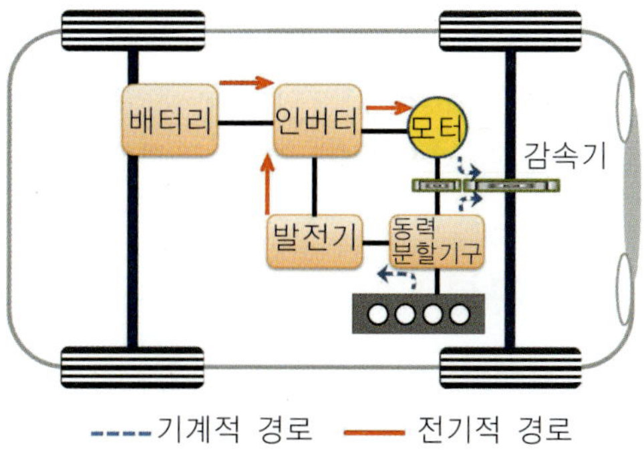

[그림 5] **직병렬 방식 HEV**

1.2.2. 마일드 하이브리드(Mild Hybrid)

엔진 동력이 기본이고 모터는 보조만 한다. 모터로만 구동이 불가능하다. 마일드 하이브리드 자동차는 기존 시스템에서 12V였던 전원전압이 마일드 하이브리드 자동차의 경우 4배 높은 48V이다.

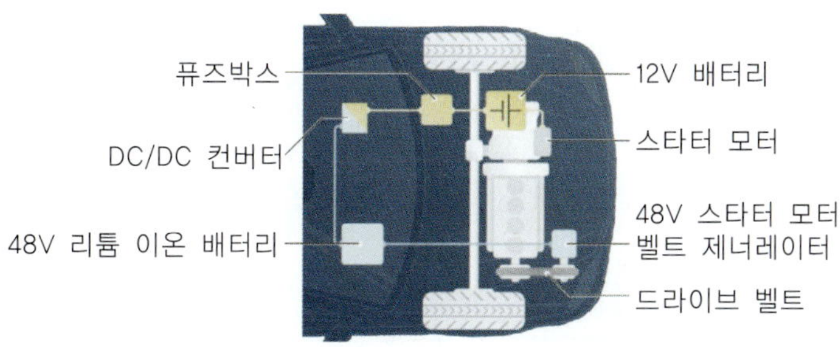

[그림 6] **마일드 하이브리드**

1.2.3. 플러그인 하이브리드(PHEV : Plug-in Hybrid Electric Vehicle)

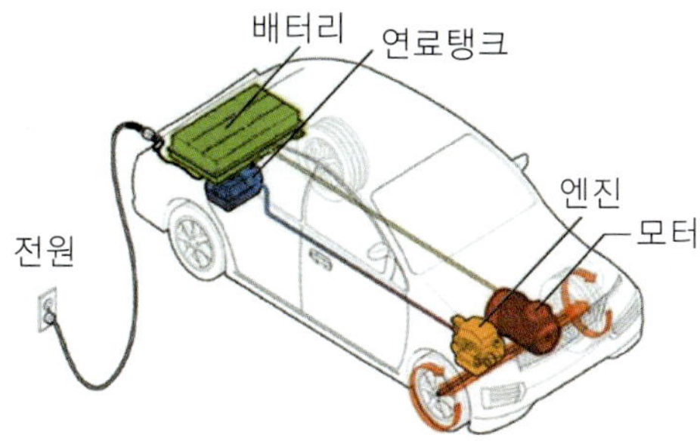

[그림 7] **플러그인 하이브리드**

주행에 엔진이 전혀 참여하지 않고, 엔진은 발전용으로만 쓰인다. 가정용 전기나 외부 전기콘센트에 플러그를 꽂아 충전한 전기로 주행하다가 충전한 전기가 모두 소모되면 발전용 엔진으로 움직이는, 내연기관 엔진과 배터리의 전기 동력을 동시에 이용하는 자동차이다.

1.3. 모터 사용정도에 따른 구분

① micro(mild)방식 : micro방식은 공회전시에 시동이 자동으로 꺼지고 액셀러레이터를 밟아 출발하게 되면 시동이 켜지는 idle stop & go system을 장착한 차량으로 제약조건이 많은 소형차량에 적합한 방식이다.

② soft(power assist)방식 : micro방식보다는 모터의 보조역할이 더 크며, 대부분의 병렬형방식이 이에 해당한다. 모터 단독으로도 차를 움직일 수 있지만 모터는 단지 추진의 보조역할을 하게 된다.

③ hard(full)방식 : 이 방식은 모터가 출발과 가속 시에만 역할을 하는 것이 아니라 일반 주행에서 주되게 사용된다. 직렬형과 혼합형이 이 방식에 속한다.

1.4. 하이브리드 전기자동차 배터리 시스템

1.4.1. 고전압 배터리시스템 구성부품의 기능

고전압 배터리는 트렁크 룸 내부에 모터 제어기, 냉각시스템과 함께 장착되어 있다.

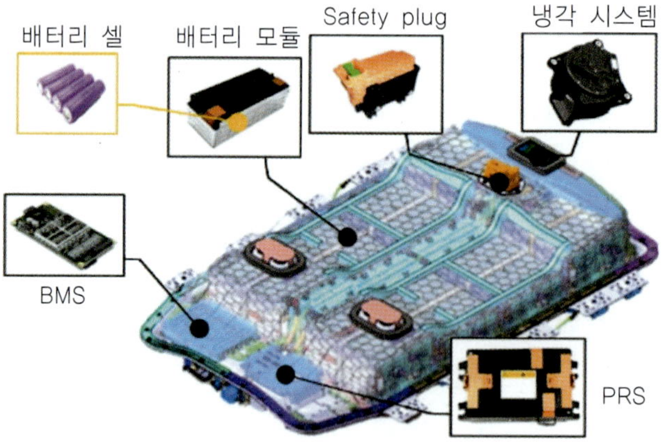

[그림 8] **고전압 배터리시스템의 구성**

[1] 배터리 팩(pack) 어셈블리

DC 정격의 리튬이온 폴리머(파우치 타입) 배터리 셀의 전압은 3.75 V, 용량은 5.5 Ah이다. 8개의 셀로 구성되어 1개의 모듈을 구성하고, DC 30 V의 배터리 모듈을 직렬로 연결되는 구조로 9개의 CMA(Cell Module Assembly)가 270 V의 1개의 팩을 구성(고전압 배터리)한다.

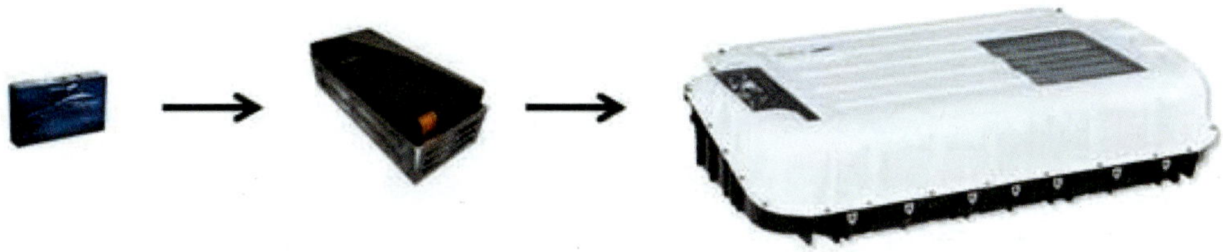

[그림 9] **배터리 팩(pack) 어셈블리**

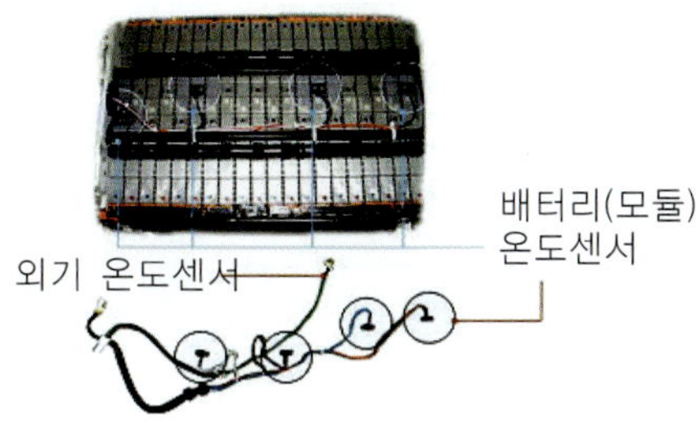

[그림 10] **외기온도센서 및 배터리 온도센서**

배터리 팩(pack)에 장착된 외기온도센서는 부특성 더미스터(NTC) 소자를 사용하며, 배터리 주변 온도를 감지하여 BMS ECU(배터리 제어 유닛)로 입력시킨다. 배터리 내부 온도를 감지하기 위한 모듈온도센서가 장착되어 있다.

[2] PRA(Power Relay Assembly, 파워 릴레이 어셈블리)

PRA 내부에는 메인(+, -)릴레이, 프리차지 저항과 릴레이가 있다. 또한 PRA 온도센서, 고전압과 저전압 전류센서 및 솔라루프 시스템의 고전압 충전관련 퓨즈가 있다.

① **메인 릴레이(+, -)** : 고전압 배터리에서 공급되는 전원을 인버터(고전압 장치)에 공급 또는 차단한다.

② **프리차저(pre-charger) 릴레이** : 이그니션 ON시 MCU는 고전압 배터리 전원을 인버터로 공급하기 위해 메인릴레이 (+)와 (-)릴레이를 작동시키게 되는데, 프리차저 릴레이는 메인릴레이 (+)와 병렬회로가 구성되어 있다.

③ **전류센서** : 홀 효과를 이용해 전류 양을 검출하며, 고전압 배터리 (-)케이블 측에 설치되어 있다.

④ **세이프티 플러그** : 세이프티 플러그는 고전압 배터리 전원을 임의로 차단시킬 수 있는 전원 분리장치로 과전류 방지용 퓨즈를 포함하고 있다.

1.4.2. BMS (Battery Management System)

[1] BMS 주요기능

BMS ECU(battery management system ECU)는 고전압 배터리 제어를 위한 컴퓨터이며, 배터리 에너지 입·출력 제어와 배터리 성능유지를 위한 전류, 전압, 온도, 사용시간 등 각종 정보를 모니터링하고, 종합적으로 연산된 배터리 에너지 상태정보를 HCU 또는 MCU로 송신하는 역할을 한다.

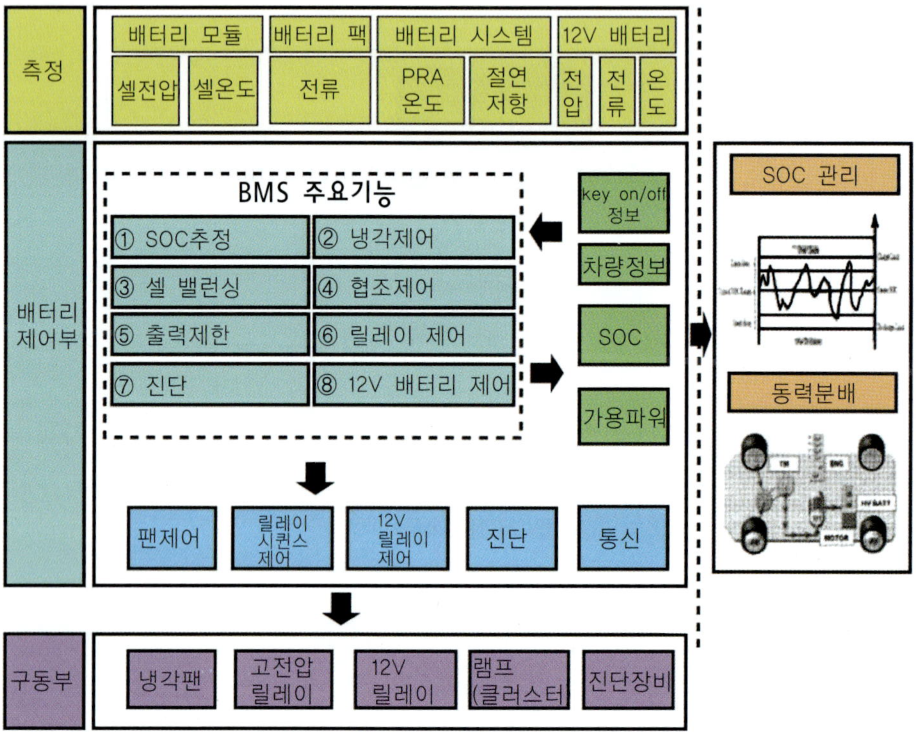

[그림 11] BMS 주요기능

[2] 고전압 배터리 제어시스템

하이브리드 전기자동차에서 고전압 배터리는 차량내의 타 제어시스템(HCU : 하이브리드 컨트롤 유닛, MCU : 모터 컨트롤 유닛) 제어기와의 CAN통신을 통하여 다음과 같은 항목들을 제어한다.

① **에너지 입·출력제어** : 고전압 배터리시스템에 이상이 있을 경우 방전 전류량 제어를 통해 가용 에너지 입·출력 파워를 제한한다.

② **안전제어** : 에너지 입·출력과정에서 발생되는 수소가스에 의한 폭발방지를 위한

제어와 배터리 성능 또는 손상에 영향을 줄 수 있는 항목들을 모니터링 하여 안전 사고를 방지한다(BMS ECU).

③ **배터리 최적 동작환경 조성** : 배터리 외부온도 상승과 화학적 열발생을 제한하기 위해 냉각시스템을 제어하여 최적의 동작환경을 조성한다.

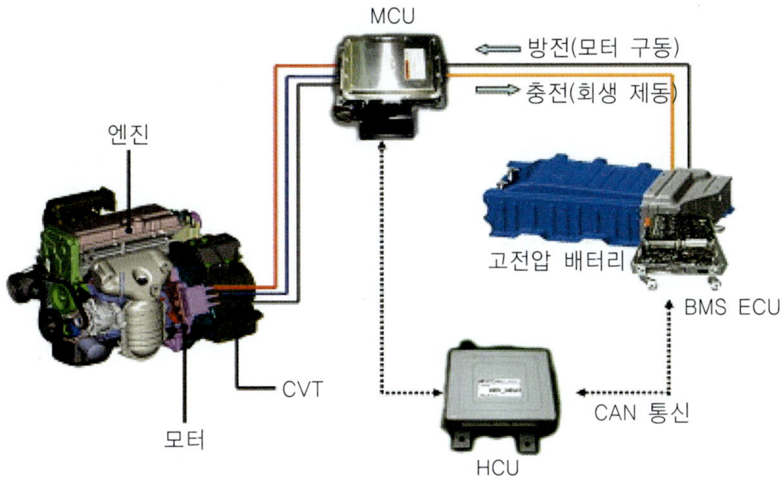

[그림 12] **고전압 배터리 에너지 입·출력 개요**

1.4.3. 12V 저전압 배터리

하이브리드자동차의 경우 고전압 배터리를 이용하여 동력에 사용하고 있으므로 일반 전기장치의 경우는 보조 배터리를 통해서 전원을 공급 받는다.

1.5. 하이브리드 전기자동차의 구성

1.5.1. 모터

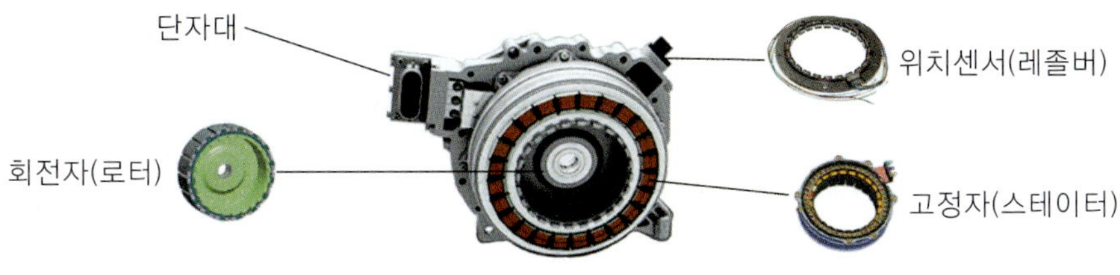

[그림 13] **HEV 모터**

하이브리드 구동 모터는 하이브리드 차량의 핵심 동력원으로 전기차(EV) 모드에서 엔진의 도움 없이 차량을 움직이고 일반 주행 시에는 엔진의 출력을 보조하며, 감속 시 발생하는 전기 에너지를 배터리에 충전시키는 역할을 한다.

1.5.2. 제어기의 구성

[1] 엔진 컨트롤 유닛(ECU : engine control unit)

엔진을 제어하는 ECU(engine control unit)는 일반 차량에도 있는 것으로, 엔진을 동작하거나 연료 분사량과 점화시기를 조절하게 된다.

[2] 변속기 컨트롤 유닛(TCU : transmission control unit)

TCU(transmission control unit)는 변속기를 제어한다.

[3] HPCU(Hybrid Power Control Unit, 전력변환시스템)

HPCU는 HCU, MCU, LDC(DC-DC 컨버터), 고전압 정션 블록, HEV 냉각장치가 하나로 구성된 제어기들의 Ass′ y이다. 이중 HCU는 모든 HEV 제어기의 중앙 제어 역할을 수행하며, 차량의 주행(고전압 제어) 및 경고, 12V 배터리 충전과 같은 전반적인 제어를 수행한다.

[4] MCU(Motor Control Unit, 모터 컨트롤 유닛)

모터 컨트롤 유닛은 하이브리드 모터 제어를 위한 컨트롤 유닛이다. 모터 컨트롤 유닛은 HCU(hybrid control unit)의 토크 구동명령에 따라 모터로 공급되는 전류량을 제어하여 각 주행특성에 맞게 모터와 HSG(Hybrid Starter Generator)의 토크를 제어하고 회전 속도와 온도를 HCU로 피드백 한다.

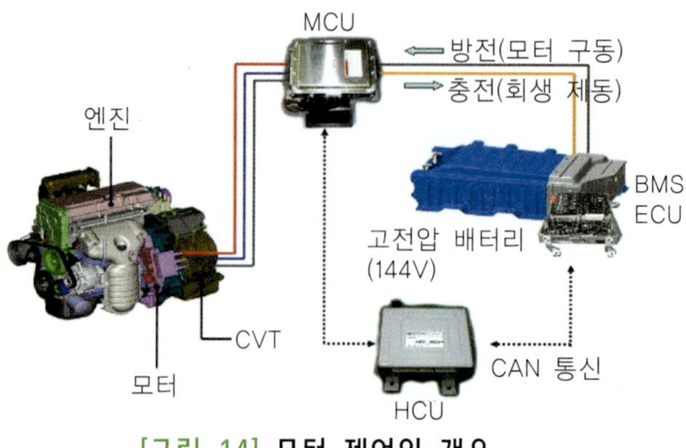

[그림 14] 모터 제어의 개요

[5] LDC(Low Voltage DC-DC Converter)

LDC는 고전압 배터리 전력을 차량의 기본 전장 부하에 공급할 수 있도록 고전압을 저전압(12V)으로 전환시켜주는 모듈이다.

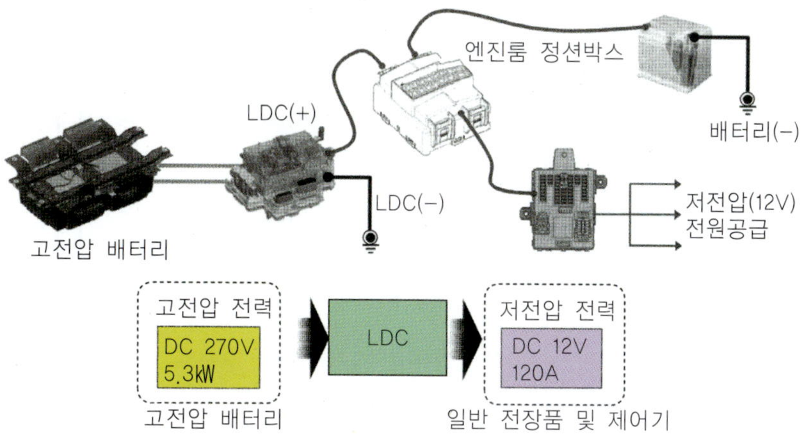

[그림 15] LDC 역할

[6] 하이브리드 컨트롤 유닛(HCU : Hybrid Control Unit)

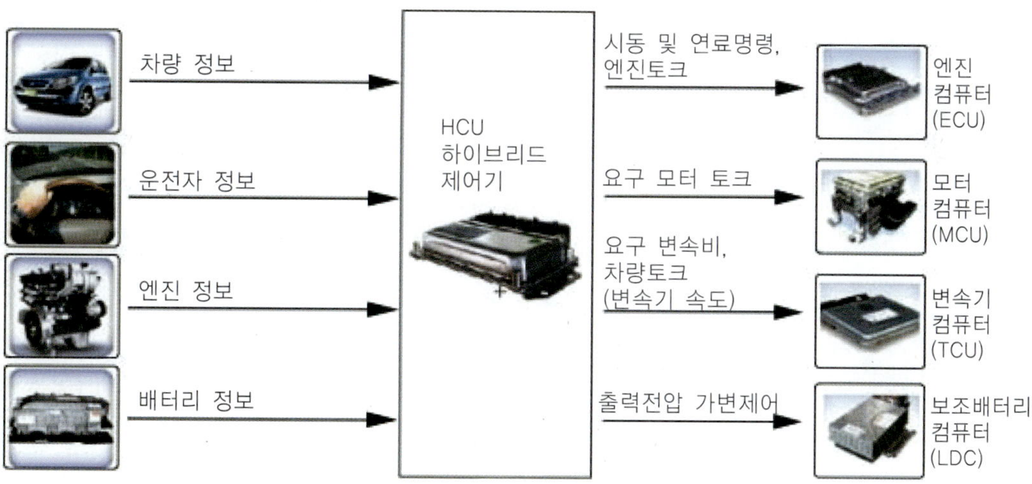

[그림 16] 하이브리드 컨트롤 유닛(HCU) 기능

(1) HCU의 개요

하이브리드 컨트롤 유닛은 전체 하이브리드 전기자동차시스템을 제어하므로 각 하부시스템 및 제어기의 상태를 파악하며 그 상태에 따라 가능한 최적의 제어를 수행하고 각 하부 제어기의 정보사용 가능 여부와 요구(명령) 수용 가능여부를 적절히 판단한다.

(2) HCU가 제어하는 주요 기능

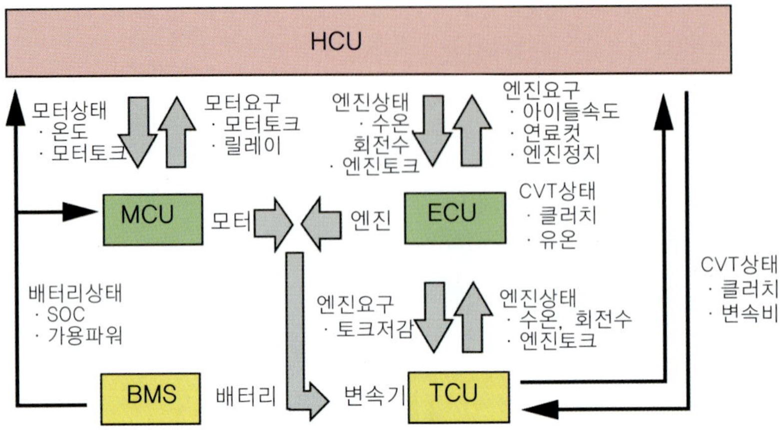

[그림 17] **HCU 제어장치의 구성**

① **시스템 On/Off제어** : 시스템 전반을 파악하여 이상이 없을 시 HEV Ready 상태로 차량 출발이 가능하도록 유지

② **요구 토크 계산** : 운전자의 가속 및 감속 요구 토크를 계산한다.

③ **회생제동 제어** : 사용자의 브레이크 요구 신호와 고전압 배터리 SOC를 고려하여 실제 회생 제동량을 MCU로 송부한다.

④ **EV/HEV 모드** : 차량 상태와 주행조건에 따라 여러 주행 모드로 수시로 전환되며 크게 3가지로 나눌 수 있다. 3가지 주행 모드는 전기 모터로만 주행하는 EV 모드, 엔진에 의한 주행모드, 엔진과 모터 두 동력원으로 주행하는 HEV모드이다. 엔진에 의한 주행 시 HCU는 엔진 시동 시점과 엔진의 목표 운행 상태를 결정한다.

⑤ **고전압 배터리 SOC(State of charge) 밸런스(Balance)** : 배터리 충·방전량을 최적의 SOC상태를 유지한다. SOC가 낮으면 구동 모터 동작을 제한하여 고전압 사용을 줄이고 모터에 의한 회생제동과 엔진에 의한 충전 제어를 수행한다(공회전 및 가속 시 충전).

⑥ **엔진 컨트롤** : 엔진이 최적화된 작동을 유지하도록 엔진 부하에 따른 목표 속도와 토크를 결정하여 ECU를 제어한다.

⑦ **엔진 시동(On) 및 정지(Off) 제어** : 시스템 상태에 따라 엔진 시동방법을 결정한다. 주로 HSG로 엔진 시동을 걸지만, HSG가 고장일 경우 구동 모터 또는 타력 주행으로 시동을 걸기도 한다. 시동 및 엔진 정지 시에는 HSG가 구동되어 엔진 회전 속도를 구동 모터의 속도와 동기화 시켜 진동 및 충격이 발생되는 것을 방지한다.

⑧ **엔진 클러치 제어** : 엔진 클러치의 동력전달, 슬립 제어를 결정하여 TCU로 전송한다. HCU는 목표 유압을 결정하고 TCU는 해당 솔레노이드를 전류 제어한다.

⑨ **토크 분배** : 주행 상황에 따라 필요한 토크를 두 동력원에 효율적으로 분배한다(엔진 및 구동 모터).

⑩ **시스템 제한** : 고전압 배터리의 충·방전 한계치를 제어한다. 필요 시 모터의 출력 및 충전량을(모터, HSG)제한한다.

⑪ **보조 배터리(12V) 제어** : LDC(Low vlotage DC-DC Converter)의 출력전압을 가변 제어하며 차량에서 필요한 전원을 제공한다.

⑫ **페일 세이프(Fail Safe)** : HEV 시스템에 문제가 있으면, HCU에서 고장을 진단하고 안전을 위해 적절한 조치 명령을 내린다.

(3) HCU의 작동

① **하이브리드자동차 시동** : 하이브리드자동차는 가솔린자동차와는 다르게 보통 하이브리드 모터를 이용해서 시동을 건다.

② **아이들 스탑** : 아이들 스탑 진입조건 즉, D단 주행 후 브레이크 정차 시 이에 대한 정보가 HCU로 입력이 되면 HCU는 MCU와 ECU에게 엔진과 모터의 작동 중지명령을 내리게 되고 이와 반대로 브레이크를 OFF시키거나 가속페달을 밟을 시에는 HCU에서 모터와 엔진을 움직여 상황에 맞는 적절한 주행을 할 수 있게 HCU가 명령을 내리게 된다.

③ **브레이크 밀림장치** : 정차시 아이들 스탑 모드로 들어가는 특수성 때문에 언덕길에서 순식간에 차가 뒤로 밀리는 위험한 상황이 발생할 수 있는데 이러한 이유로 장착된 기능이 바로 CAS(creep aid system)로 하이브리드의 특성상 장착된 일종의 안정장치이다.

④ **하이브리드 모터 보조** : 하이브리드자동차의 특성상 작은 엔진으로 인해 토크가 모자란 경우 ECU는 얼마 정도의 힘이 필요한지에 대한 정보를 HCU에게 보내게 된다. 이때 HCU에서는 가속시 엔진이 어느 정도의 토크가 모자란 가에 대한 분석을 한 뒤 이 정보를 바탕으로 MCU에게 모자란 토크를 보조할 수 있게 모터를 구동하라는 명령을 내린다.

⑤ **부압보조** : 부압보조는 HCU에서 브레이크스위치 신호와 부압센서 신호를 받아서 부압의 상태를 판단하고 정보를 분석한 뒤 MCU로 모자란 부압을 회복시킬 만큼 모터를 구동하라고 명령을 내리는 것을 말한다.

⑥ **하이브리드 모터 회생제동** : 주행속도 감속시 모터를 발전시켜 고전압 배터리에 전

기를 충전하는 것을 모터 회생제동이라고 한다.

⑦ **CVT변속 제어** : 하이브리드 자동차에 CVT 변속 제어를 위한 정보는 차속 값, 엔진 ECU에서의 가속페달 값, TCU의 유온, 변속비 등의 정보를 HCU와 서로 주고받아 주행 상태에 따른 최적 변속비를 제어할 수 있게 한다.

⑧ **엔진 연료제어** : HCU는 하이브리드자동차의 엔진 연료제어를 한다. 그 중 가솔린 엔진의 시동, 주행 또는 감속시의 연료 분사량을 조절한다.

⑨ **배터리 관리** : 하이브리드자동차의 HCU는 SOC(배터리 충전상태) 리셋발생시 자체 보정 값을 산출해서 HCU가 제대로 조취를 취할 수 있도록 요청을 한다. 그중 과충전, 과방전, 과전압을 사전에 방지해서 배터리를 보호하는 등의 일은 HCU가 배터리를 보호하는 대표적인 일이라 할 수 있다.

1.6. 하이브리드 자동차의 주행모드

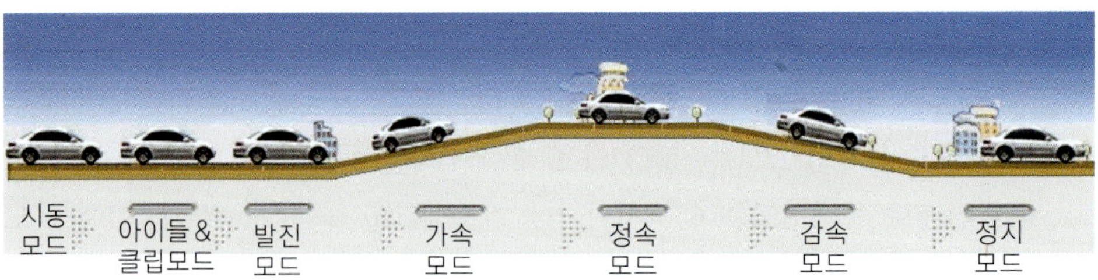

[그림 18] **주행모드별 HCU의 작동**

1.6.1. 시동모드

시동모드에서 엔진은 작동하지 않는다. 따라서 시동모드란 변속신호에 따라 바로 발진을 하기 위한 모터의 발진 준비 상태를 말한다.

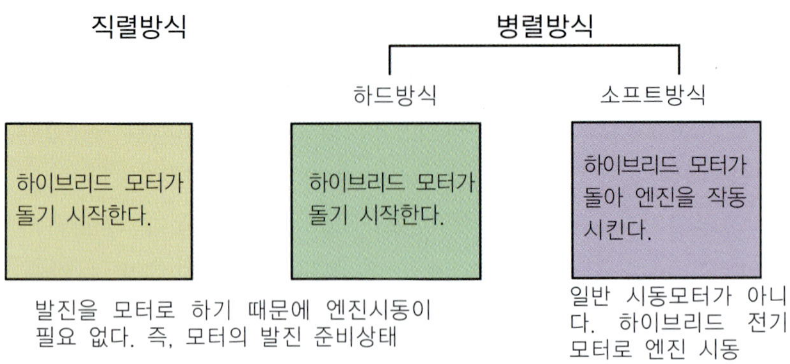

[그림 19] **시동모드**

1.6.2. 아이들과 클립모드

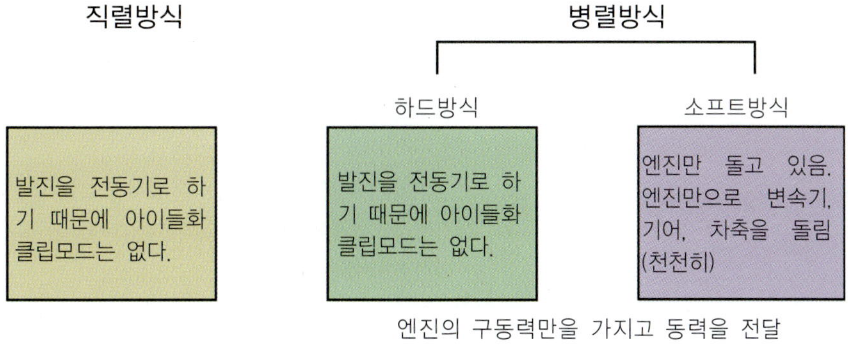

[그림 20] **아이들과 클립모드**

아이들 모드와 클립모드에서 아이들 모드는 엔진이 공회전하는 것으로, 차가 출발하기 전이나 멈춘 후 엔진만 돌고 있는 상태에서 기어를 넣었을 때 액셀러레이터를 밟지 않아도 차가 조금씩 움직이는 상태를 말한다. 클립모드란 자동차가 도로 주행시 연비가 최상의 조건에서 운행하는 상태를 말한다.

1.6.3. 발진모드

발진모드란 한 마디로 차를 출발시키는 것이다. 액셀러레이터를 밟으면 자동차가 정지 상태에 있거나 클립 상태에 있는 차를 앞으로 나아가게 되는 발진 하는 것으로 하이브리드 자동차의 방식에 따라 HCU에서 모터와 엔진을 제어하는 방식이 틀리다.

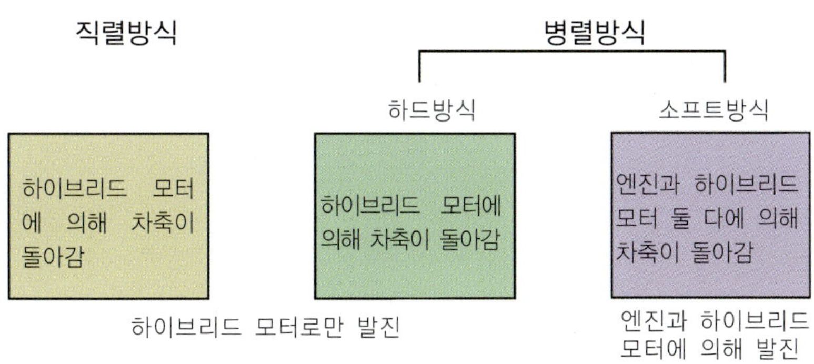

[그림 21] **발진모드**

1.6.4. 가속모드

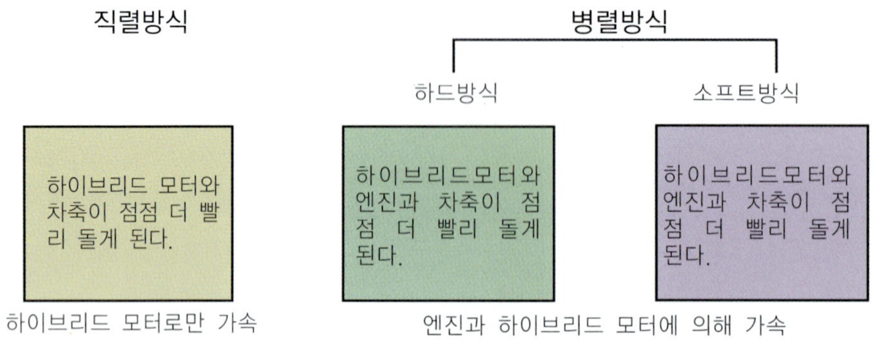

[그림 22] **가속모드**

가속모드는 주행모드 중 힘이 가장 많이 들어가는 모드이다. 따라서 HCU는 MCU, ECU와 서로의 상태에 대한 정보를 가장 많이 주고 받으며 제어를 하게 되는데 가속모드는 구동력을 증가시켜 자동차의 속도가 올라가는 단계로서 엔진에 의해서도, 하이브리드 모터에 의해서도 가속이 될 수가 있다.

1.6.5. 정속모드

자동차가 속도를 올리며 주행을 하다 원하는 정도의 속도가 되면 일정한 속도의 정속으로 주행을 하게 되며 이때도 직렬방식은 모터로만 정속주행을 하고 병렬방식의 하드방식과 소프트방식은 엔진동력으로만 주행을 실시하도록 HCU가 엔진과 모터를 컨트롤 한다.

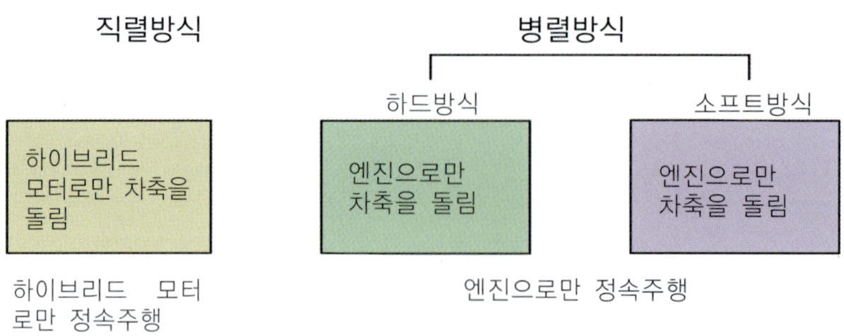

[그림 23] **중속모드**

1.6.6. 감속모드

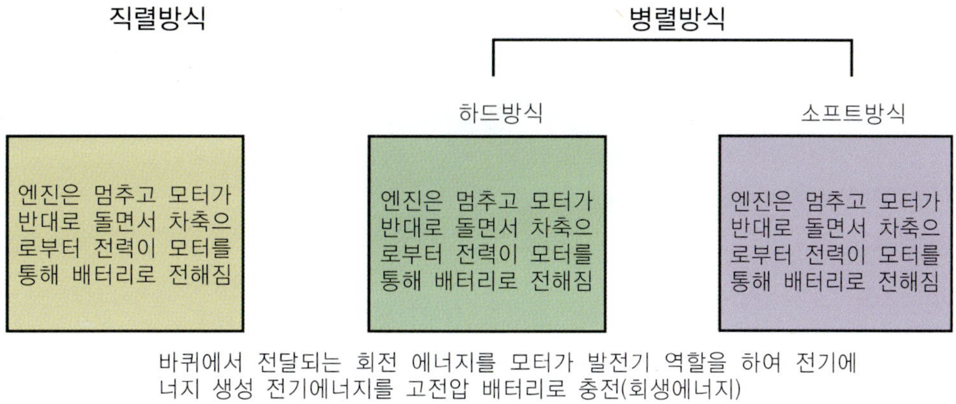

[그림 24] **감속모드**

감속 시에는 차를 움직이는데 구동력이 쓰이지 않고 오히려 바퀴의 회전에 제동을 걸어야 한다. 때문에 바퀴에서 발생되는 회전 동력을 전기 에너지로 전환하여 배터리로 충전(회생에너지)을 하게 되다.

1.6.7. 정지모드

하이브리드 전기자동차에서 정지모드는 일반 자동차와는 달리 감속상태에서 이미 엔진이 모두 꺼진 상태이므로 아이들 모드 없이 곧바로 정지된다.

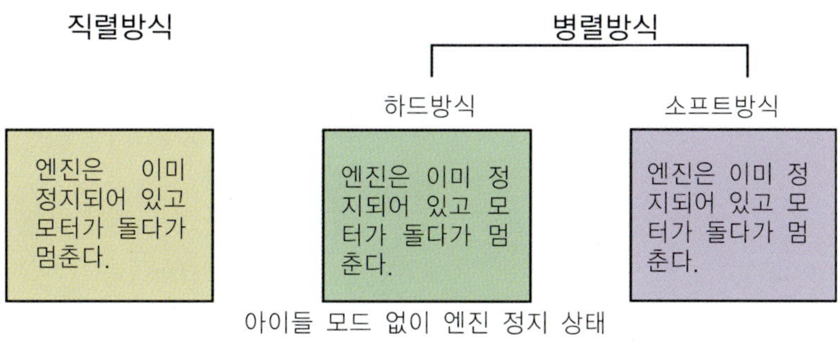

[그림 25] **정지모드**

1.7. 주행모드별 계기판 작동

하이브리드 전기자동차의 계기판의 경우 운전자에게 하이브리드 전기자동차의 현재 모드별 작동을 알려주고 있는데, 계기판의 change로 눈금 표시가 되면 불필요한 동력을 모터가 발전 제어하여 배터리를 충전하게 되고, 계기판에 assist로 눈금표시가 되면 모터가 엔진을 도와 차량성능을 향상시킨다.

[그림 26] **하이브리드 전기자동차의 계기판**

1.8. HEV 냉각시스템

하이브리드 차량을 제어하는 핵심부품인 HPCU 내부에는 다량의 반도체 소자가 적용되어 있으며, 작동 시 열 발생을 피할 수 없다. 특히 고전압에 직접 연계되어 열 발생량이 기존 내연기관 차량의 전장부품 보다 더 높은 편이며 과열은 각 제어기의 효율을 떨어뜨리고 적절한 동작제어를 제한한다. 또한 반도체의 특성상 일정 온도 이상의 고온에서는 도체가 되어버릴 수 있어(전기적으로 항상 ON) 정상적인 작동이 불가능할 수 있다.

따라서 HPCU 관련 부품을 적절히 냉각시켜 주는 것이 매우 중요하며 이를 위해 기존 엔진 냉각라인과는 별도로 EWP(Electronic Water Pump) 즉, 전기식 워터펌프를 이용하는 수냉식 냉각라인이 설치되어 있다.

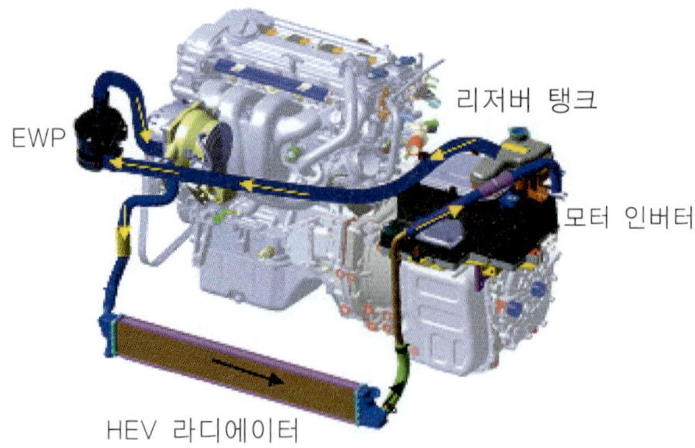

[그림 27] **HEV 냉각시스템의 구조**

1.9. 하이브리드 전기자동차의 엔진특징

1.9.1. 아킨슨 사이클(atkinson cycle) 엔진

아킨슨 사이클은 압축행정과 팽창행정이 동일한 기존 사이클과는 달리 압축행정이 팽창행정에 비해 짧다. 압축행정 시 흡기밸브의 닫힘 시기를 지연하여 유효 압축행정을 짧게 하는 것이다.

아킨슨 사이클의 장점은 압축행정 시 발생되는 펌핑 손실을 최소화하고 연소 시 발생하는 에너지는 최대로 활용하므로 연비가 향상된다는 것이다. 반면에 압축되는 연료-공기혼합기(fuel-air mixture)가 적어 엔진 출력이 떨어지는 단점이 있어 일반 차량에는 사용되지 않고 있다.

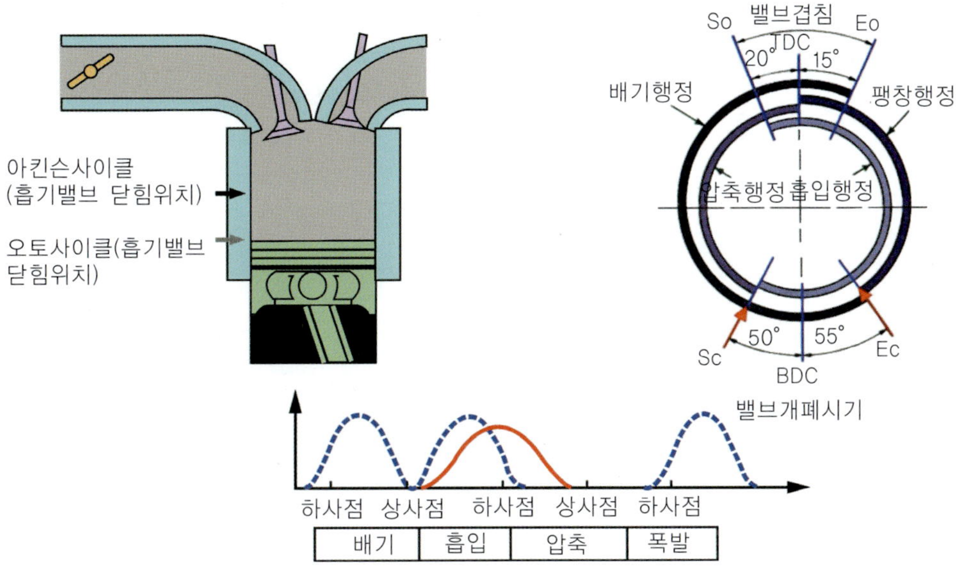

[그림 28] **아킨슨 사이클**

1.9.2. 하이브리드 모터 시동 금지조건

하이브리드 모터 시동 금지조건에 들어가면 가솔린엔진과 같이 시동 모터로 모터를 구동하여 시동을 걸게 되는데 하이브리드 모터 시동 금지 조건들은 직간접적으로 일단 하이브리드 시스템에 이상이 생겼다고 볼 수 있다.

① 고전압 배터리 온도의 온도가 약 -10℃ 이하인 경우, 약 45℃ 이상의 경우

② MCU 인버터(inverter) 온도가 94℃ 이상인 경우

③ 고전압 배터리 충전 량이 18% 이하인 경우

④ 엔진 냉각 수온이 -10℃ 이하인 경우

⑤ ECU, MCU, BMS, HCU 고장 감지된 경우

이러한 경우에는 시동모터에 의한 시동을 하게 된다. 이런 경우는 엔진이나, 모터가 작동을 하지 못하는 상황 또는 전자계통에 이상이 생겼을 경우라고 보면 된다.

02 전기 자동차(EV : Electric vehicle)

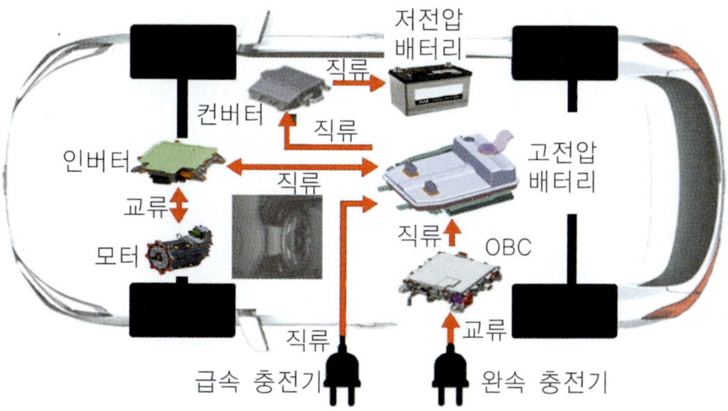

[그림 29] **전기자동차의 전기 에너지 흐름**

2.1. 전기자동차의 장 · 단점

2.1.1. 장점

① 주행시 CO_2 를 배출하지 않는다. 소형 전기 자동차가 충전 전기 제조 시 주행 1 km당 40g(소형 가솔린차의 경우는 170 g)의 CO_2 를 발생한다.

② 부품수가 하이브리드카는 물론, 내연기관차보다 적어(엔진, 트랜스미션 등이 불필요) 시스템이 단순화가 가능하므로, 고장 리스크 범위도 줄일 수 있고 고장이 적은 편이다.

③ 값싼 심야 전기를 이용할 경우 비용을 더 낮출 수 있고 자택에서 충전이 가능하다.

④ 주행 중 화석연료를 전혀 사용하지 않아 가장 친환경적이다.

⑤ 차량 소음이 적고, 진동이 적고, 차량 수명이 상대적으로 길다.

⑥ 사고 시 폭발의 위험성이 적다.

⑦ 다양한 에너지원을 이용할 수 있고, 에너지 효율이 높다.

⑧ 차량디자인 및 부품배치 자유도가 크다.

⑨ 운전 중에 기어를 바꿔줄 필요가 없어 운전조작이 간편하다.

⑩ 낼 수 있는 에너지당 중량이, 석유 계 연료에 비해서 매우 크다.

2.1.2. 단점

① 차량 총 중량 20 ton 트럭일 경우, 현재 기술에서는 전지만으로도 5 ton정도 되고, 따라서 대형차에 맞지 않는다.

② 고가의 전지가 필요하기 때문에 차량 가격이 비싸다.

③ 자동차 수명보다 전지 수명이 짧다.

④ 장거리 주행을 위해서는 급속 충전 스탠드의 전국 규모로 충전해야한다.

⑤ 일반 가솔린 자동차에 비해 속도가 느리고, 배터리 1회 충전으로 주행할 수 있는 거리(주행거리)가 짧다.

⑥ 충전 시간이 오래 걸리고, 별도의 충전 시설을 위한 인프라 구축도 선행돼야 한다.

⑦ 겨울철에 주행거리의 편차가 심하고, 사고 시 수리비가 많이 나온다.

2.2. 전기자동차 전지

2.2.1. 리튬이온 전지(Lithium-ion battery, Li-ion battery)

리튬이온 배터리는 리튬을 저장할 수 있는 물질을 양극과 음극의 재료로 사용하여 배터리가 충·방전을 하면서 리튬이온(Li+)이 양극과 음극사이를 이동함으로써 외부로 전기를 생성하는 방식의 배터리를 말한다.

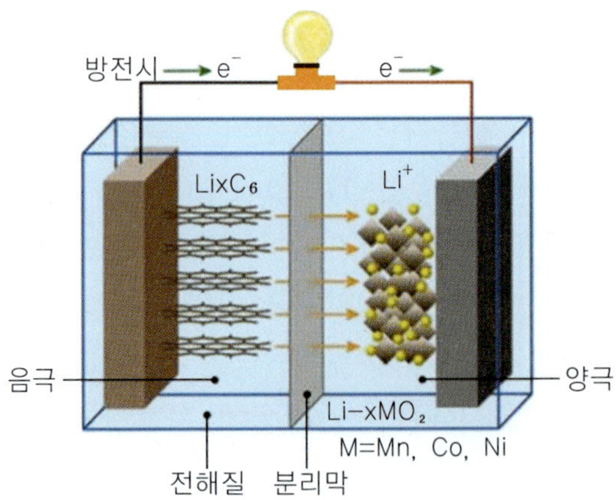

[그림 30] **리튬이온 배터리의 양·음극 내부반응 및 개요도**

2.2.2. 리튬폴리머 전지

리튬폴리머 전지는 액체 전해질형 리튬이온 전지의 단점인 안전성 문제, 제조비용의 고가, 대형 전지제조의 어려움, 고용량화의 어려움 등의 문제를 해결할 수 있는 전지이다. 리튬폴리머전지인 경우는 리튬이온전지와 유사하나 리튬이온전지의 전해액을 고분자

물질로 대체하여 안정성을 높인 것이 다르다. 또한 리튬폴리머전지는 음극으로 리튬금속을 사용하는 경우와 카본을 사용하는 경우가 있는데 카본음극을 사용하는 경우를 구별하여 리튬이온폴리머전지로 표기하는 경우가 있으나, 대부분의 경우 편의상 리튬폴리머전지로 통용하고 있다.

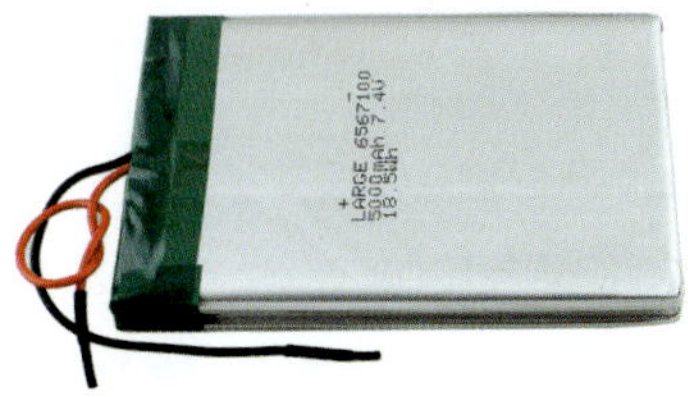

[그림 31] **리튬폴리머 전지**

전해질이 고체이기 때문에 전해질의 누수염려가 없어 안전성이 확보되고, 필름 형태의 재료를 중첩시켜 구성하므로 형상의 자유도가 높아 용도에 따라 다양한 크기와 모양으로 전지팩을 제조할 수 있어 기존의 리튬이온 전지에서 원통형 및 각형전지로 전지팩을 제작할 경우 전지와 전지 사이에 전지용량과 무관한 쓸데없는 공간이 생기는 문제를 해결함으로써 에너지밀도가 높은 전지를 제조할 수 있다.

2.3. 전기자동차 전지의 충전

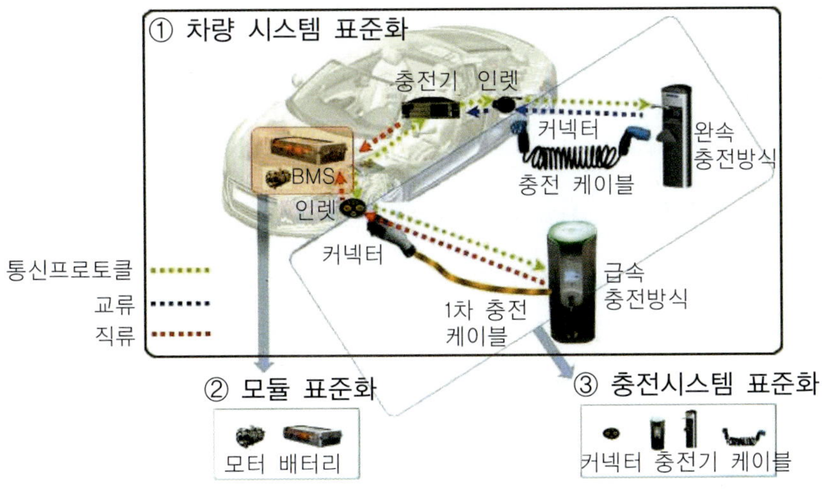

[그림 32] **전기자동차의 충전방법**

2.3.1. 충전 접속형식에 의한 분류

① **인덕티브 충전방식(Inductive Charging)** : 변압기 원리를 응용한 전자유도에 의해 에너지를 전달하는 방법

② **컨덕티브 충전방식(Conductive Charging)** : 일반적인 전기접속방법에 따라 단자간 접촉으로 에너지를 전달하는 방법

2.3.2. 충전시간에 의한 분류

① **급속충전** : 큰 전력(직류 50KW~150KW)으로 단시간에 충전하는 방식으로 30분에 약 80% 정도까지 충전한다. 단, 급속충전의 경우 만 충전은 불가능하다.

② **완속충전** : 교류 220V를 사용하여 적은 전력(3KW~7KW)으로 만 충전시키는 방법으로 전기자동차의 기본이 되는 충전방식이다. 완전방전에서 완전 충전까지 4~5시간 충전시간이 소요된다.

③ **균등충전** : 전지의 충전상태를 초기조건으로 되돌리기 위해 정기적으로 충전하는 방식이다.

2.3.3. 충전기의 설치장소에 따른 분류

① **별치형 충전기** : 충전기를 차량외부인 주차장이나 주유소 등에 설치하는 방식으로 인덕티브 충전과 급속충전 등이 이러한 방식에 해당된다.

② **휴대형 충전기** : 별치형을 개량하여 휴대할 수 있도록 사용 편의성을 높인 형태이다.

③ **탑재형 충전기** : 충전기를 차량에 탑재하고 이동하다가도 교류전원이 있으면 충전이 가능한 형태로 충전기를 설치할 필요가 없이 전원만 있으면 충전이 가능하므로 편리하다.

2.4. 전기자동차의 주요부품

2.4.1. 모터

전기 자동차의 파워트레인에 사용되는 모터는 EV 구동력을 실현하는 중요한 부품이다. 승용차의 주행용으로 사용되는 모터의 경우, 출력은 10~60kW 정도가 일반적이다. 동기모터(synchronous motor)의 종류는 다음과 같다.

[1] 영구자석 동기 전동기(PMSM : permanent magnet synchronous motor)

영구자석식 동기모터는 회전자에 스스로 자기장을 생성할 수 있는 영구자석이나 전자

석이 존재하며, 이들이 상호작용하여 발생하는 자기 배열 토크를 사용할 수 있다. 로터 주위에 배치된 고정자(스테이터)에 3상 교류전류를 통과 시키면 모터 내에 회전자계가 발생한다. 로터의 회전위치를 레졸버가 검출하여 속도에 맞게 자계를 제어하면 로터에 설치된 영구자석이 회전자계에 흘러들어 회전 토크가 발생한다.

[그림 33] **영구자석 동기 전동기 구조**

[2] 동기 릴럭턴스 전동기(SynRM : synchronous reluctance motor)

돌극비(saliency ratio)를 극단적으로 키워 릴럭턴스(인덕턴스, 자기저항) 토크만을 이용하는 전동기이다.

[3] 인덕션 모터(유도 전동기, induction motor)

교류 전원의 종류에 따라 크게 단상 유도전동기, 3상유도 전동기, 3상권선형 유도 전동기 등이 있으며 일반적으로 3상 교류를 이용한다.

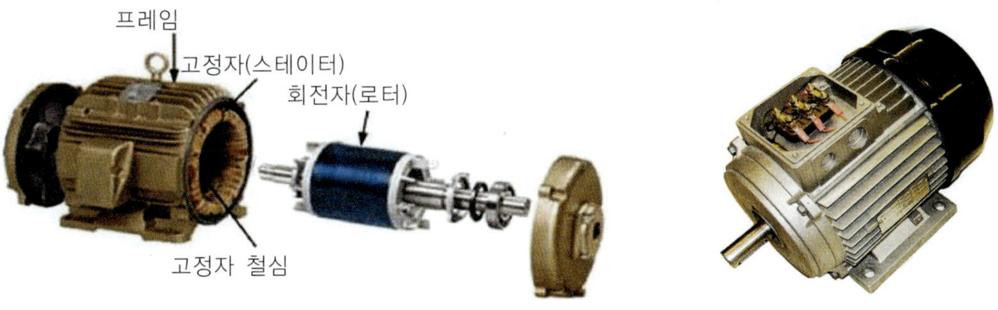

[그림 34] **인덕션 모터**

2.4.2. 인버터(Inverter), 컨버터(Converter)

인버터는 직류전력을 교류전력으로 변환하는 장치, 즉 역변환장치이다. 컨버터(변환기)는 교류에서 직류로 변환시키는 것이며, 또한 전지에서 얻은 직류 전압을 조정하는 장치이다.

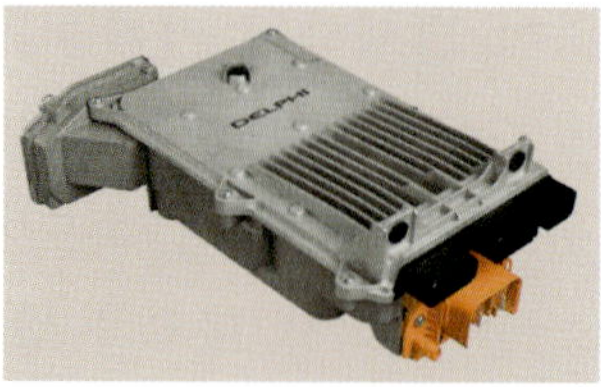

[그림 35] **전기자동차 인버터**

2.4.3. 모터제어기(MCU : Motor Control Unit)

액셀페달 조작량 및 속도를 검출해서 의도한 구동토크변화를 가져올 수 있도록 차속이나 부하 등의 조건에 따라 모터의 토크 및 회전속도를 제어한다.

2.4.4. 회생제동장치(Regenerative Braking System)

회생제동장치는 브레이크를 밟을 때 모터가 발전기의 역할을 하게 된다는 개념이다. 전기자동차의 에너지 소비를 줄여 주는 데 있어 매우 중요한 역할을 하는 것이 회생 브레이크다.

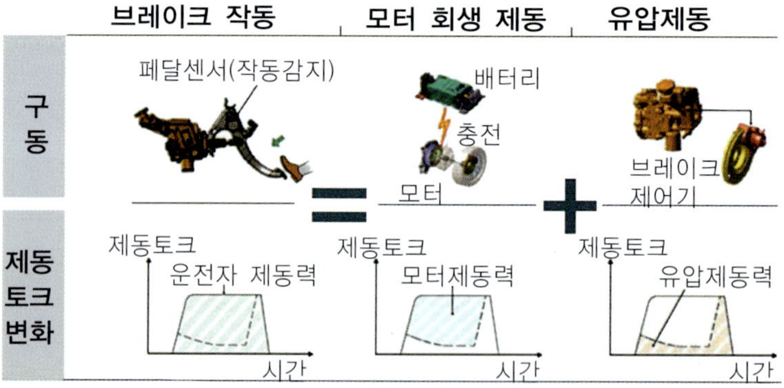

[그림 36] **회생제동시스템의 작동**

2.4.5. 전지시스템(BMS : Battery Management System)

전지시스템(BMS)은 실시간으로 2차전지의 전류·전압·온도 등을 측정해 에너지의 충·방전 상태와 배터리 잔여량을 제어하는 것으로, 타 제어시스템과 통신하며 전지가 최적의 동작환경을 조성하도록 환경을 제어하는 2차 전지의 필수부품이다.

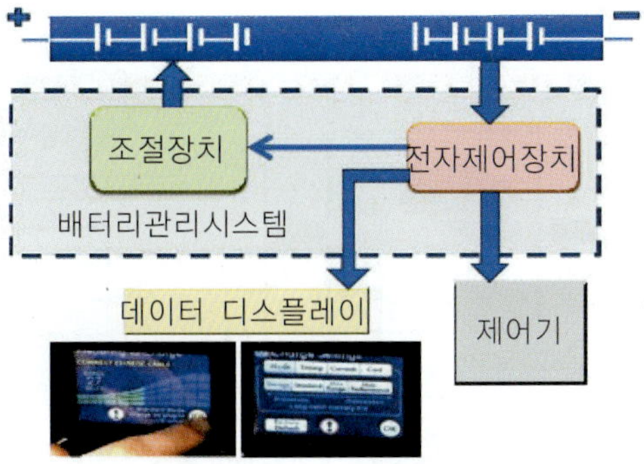

[그림 37] **전지시스템의 구성도**

2.4.6. 전력제어 장치(EPCU : Electric Power Control Unit)

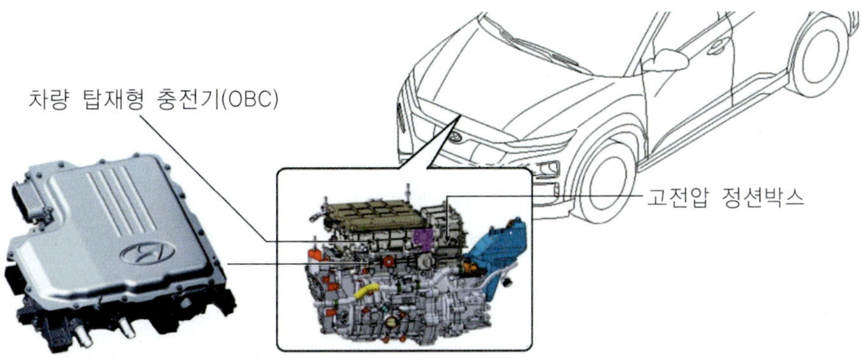

[그림 38] **EV EPCU 및 모터 어셈블리**

① **저전압 직류 변환장치(LDC : Low voltage DC-DC Converter)** : LDC는 저전압 직류 변환 장치로서 전기차에는 알터네이터(alternator, 교류발전기)가 없다. 배터리의 고전압(DC 360 V)이 LDC를 거쳐 저전압으로(DC 12 V) 변환되면서 차량에서 사용되는 전자기기들(전조등, 와이퍼, 펌프, 제어보드 등)에 전력을 공급한다.

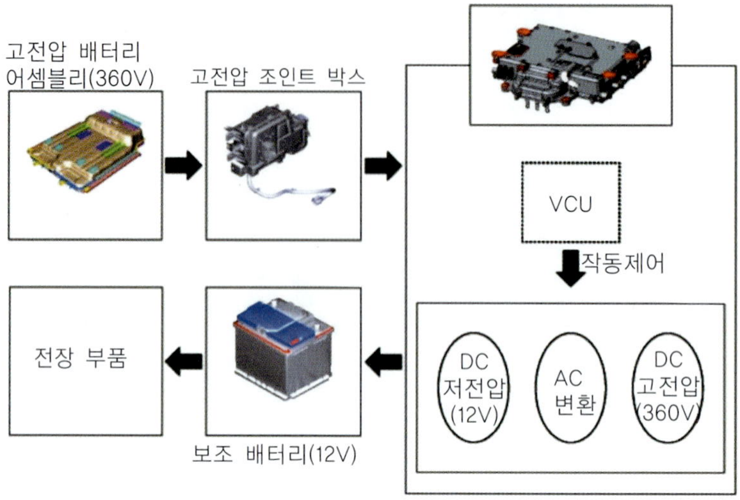

[그림 39] LDC(저전압 직류 변환 장치)

② **차량 제어 유닛**(VCU : Vehicle Control Unit) : 차량 제어를 하는 데 있어 모든 관여를 한다. 구동모터 제어, 회생제동 제어, 공조 부하제어, 전장 부하 전원 공급 제어, 클러스터 표시, DTE(Distance to Empty), 예약/원격 충전/공조, 아날로그/디지털신호 처리 및 진단 등 차량을 운행하는 데 있어 매우 중요한 일을 한다.

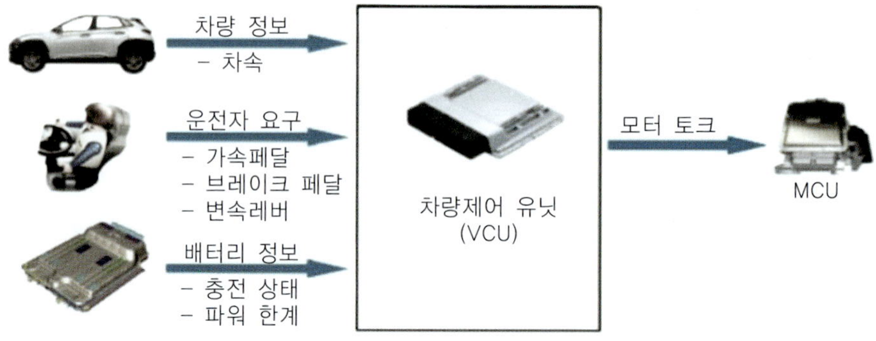

[그림 40] VCU(차량제어 유닛)의 개요

2.4.7. 감속기

감속기는 모터의 회전을 바퀴에 효율적으로 전달하기 위해 탑재하는 장치이다. 모터의 회전수(RPM)를 필요한 수준으로 감속해 더 높은 회전력(토크)을 얻을 수 있도록 조정하는 역할을 한다.

(a) Offset Type A　　(b) Offset Type(B)　　(c) Inline Type

[그림 41] **EV 감속기**

2.4.8. OBC(On Board Charger)

전기차의 온보드 차저는 완속 충전 시 외부 교류 전원(AC)를 승압하고 직류전원(DC)으로 변환하여 전기차 배터리를 충전 시키는 역할을 수행 하는 장치이다.

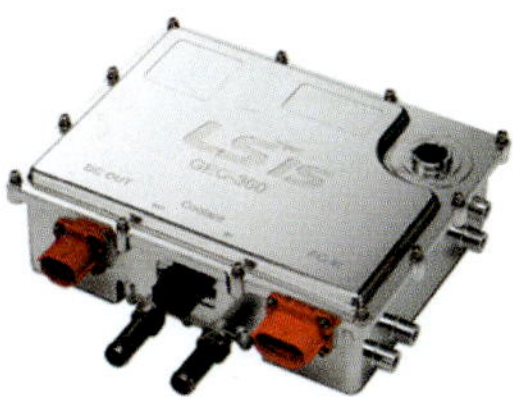

[그림 42] OBC

03 수소연료 전지자동차 (FCEV : Fuel Cell Electronic Vehicle)

수소연료 전지자동차는 수소(H_2)와 산소(O)가 반응해 물(H_2O)을 생성하고, 생성하는 과정에서 발생되는 전기적인 에너지를 저장해 전원으로 사용하는 자동차를 말한다. 즉, 수소와 공기 중 산소를 반응시켜 발생되는 전기로 모터를 돌려 구동력을 얻는 친환경 자동차이다.

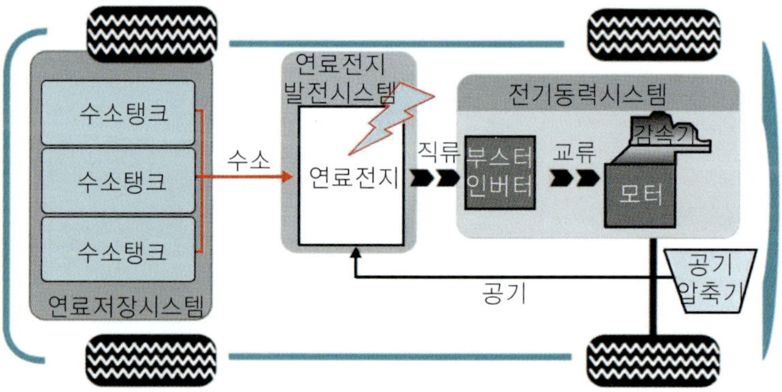

[그림 43] **수소연료 전지자동차**

3.1. 연료전지의 개요

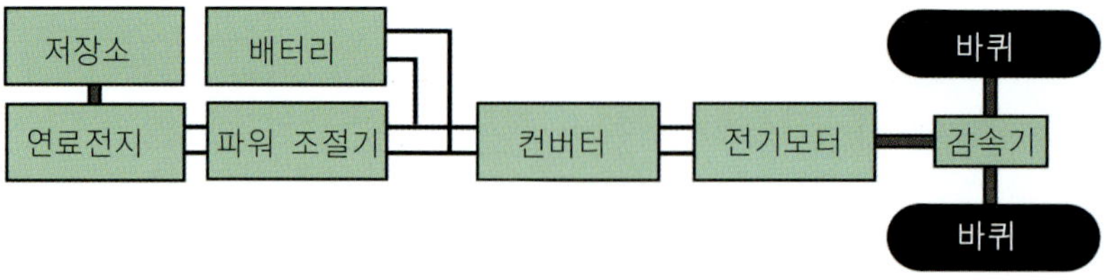

[그림 44] **연료전지 전기자동차의 구조**

3.1.1. 전기의 발생원리

연료전지는 화학에너지에서 바로 전기에너지로 직접 변환된다. 천연가스나 메탄올 등의 연료에서 얻어낸 수소와 공기 중의 산소를 반응시키면 전기에너지를 직접 얻을 수 있다. 이러한 원리는 물을 전기분해하면 수소와 산소가 발생된다는 것을 역으로 이용한 것이다. 수소와 산소를 반응시키면 연소반응에 의해 열이 발생하면서 물이 되는데 이때 수소와 산소를 직접 반응시키는 대신 연료전지를 통해 전기화학반응이 일어나게 하면 물과 열 이외에도 전기를 발생시킬 수 있다.

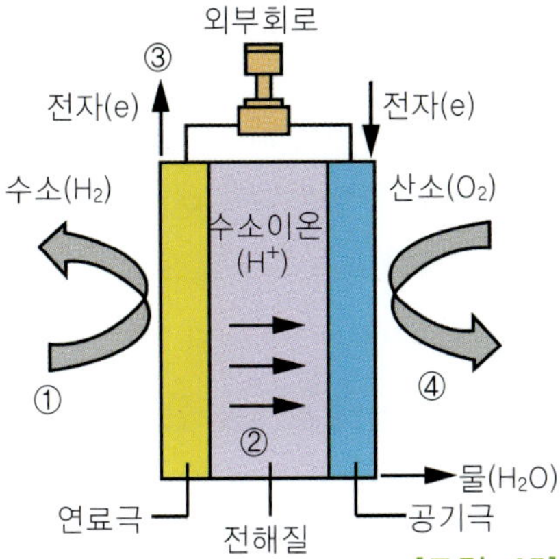

① 연료극에서 수소가 수소이온과 전자로 분해
② 수소이온은 전해질을 거쳐 공기극으로 이동
③ 전지는 외부회로를 거쳐 전류를 발생
④ 공기극에서 수소이온과 전자, 산소가 결합해 물이 된다.

[그림 45] **연료전지의 전기발생원리**

연료전지는 공기극과 연료극의 전극, 두 극 사이에 위치하는 전해질로 구성되어 있다. 연료전지의 구성요소 중 전극은 전기화학반응을 진행시킬 수 있는 일종의 촉매 역할을 하고, 전해질은 생성된 이온을 상대 극으로 전달시켜주는 매개체 역할을 한다. 연료 극에는 수소, 공기 극에는 공기(또는 산소)가 공급되어 각 전극에서 전기화학반응이 진행된다. 이렇게 구성된 연료전지 한 쌍을 단전지(Single Cell)이라 하며 연료극과 공기극간의 전압은 약 1V 내외가 된다. 이러한 단전지를 직렬로 연결하면 원하는 만큼의 전압을 얻을 수 있다.

3.1.2. 연료전지의 장·단점

[1] 장점

① 발전효율이 40~60%이며, 열병합 발전시 80% 이상 가능
② 천연가스, 메탄올, 석탄가스 등 다양한 연료사용 가능
③ **환경공해 감소** : 배기가스 중 NOx, SOx 및 분진이 거의 없으며, CO_2 발생량에 있어서도 미분탄 화력발전에 비하여 20~40% 감소
④ 회전부위가 없어 소음이 없으며, 기존 화력발전과 같은 다량의 냉각수 불필요
⑤ 도심부근 설치 가능하여 송배전시의 설비 및 전력 손실적음

⑥ 부하변동에 따라 신속히 반응하며, 설치형태에 따라서 현지 설치용, 분산 배치형, 중앙 집중형 등의 다양한 용도 사용 가능

[2] 단점

① 초기 설치비용이 고가

② 수소공급, 저장 등 인프라 구축 어려움

3.2. 수소연료전지 자동차 구동원리

① **평지 주행시** : 차량에 부하가 적을 경우, 스택에서 생산된 전기로 모터를 구동한다.

② **등판 주행시** : 차량에 부하가 클 경우, 스택의 전기 생산량을 높여(수소 및 공기 공급 많아짐) 모터에 공급되는 전압을 높인다. 또한 스택에서 생산된 전기가 부족할 경우 고전압 배터리에 저장된 전기를 추가로 사용하여 모터를 구동한다.

③ **강판 주행시** : 차량에 부하가 없을 경우, 스택으로 공급되는 연료를 차단하여 스택을 차단하여 스택을 정지 시킨다. 또한 회생제동으로 생산된 전기는 고전압 배터리를 충전하여 연비를 향상시킨다(회생제동으로 생산된 전기는 스택으로 가지 않고 고전압 배터리 충전에 사용된다).

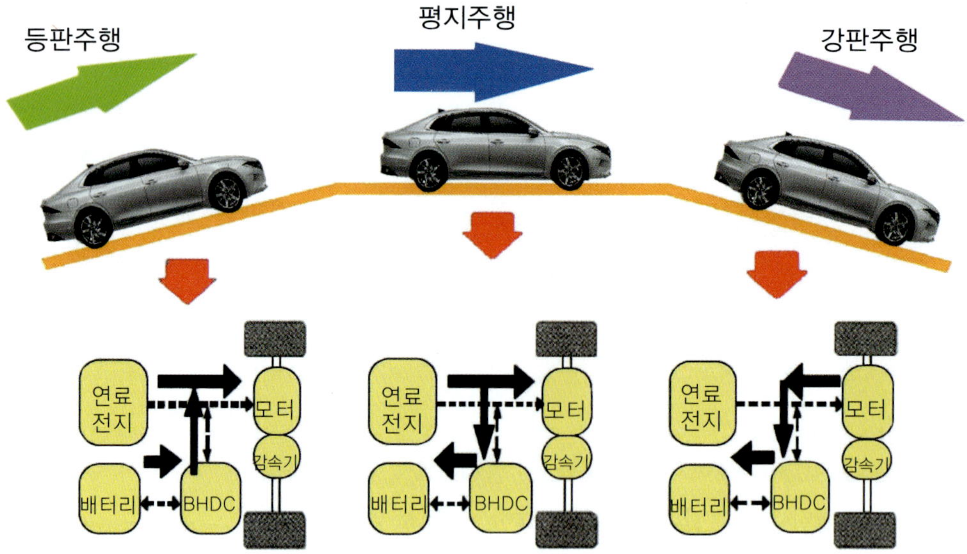

[그림 46] **수소연료전지 자동차 주행특성**

3.3. 수소연료 전기차 시스템

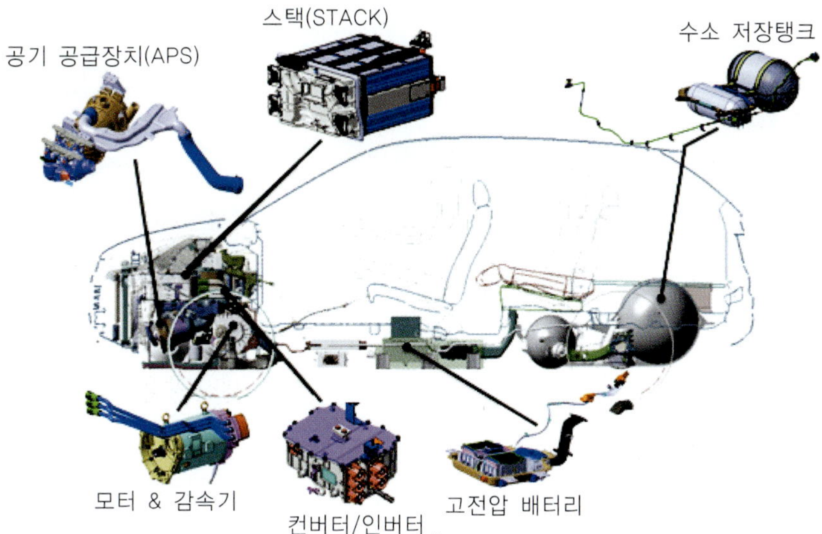

(a)

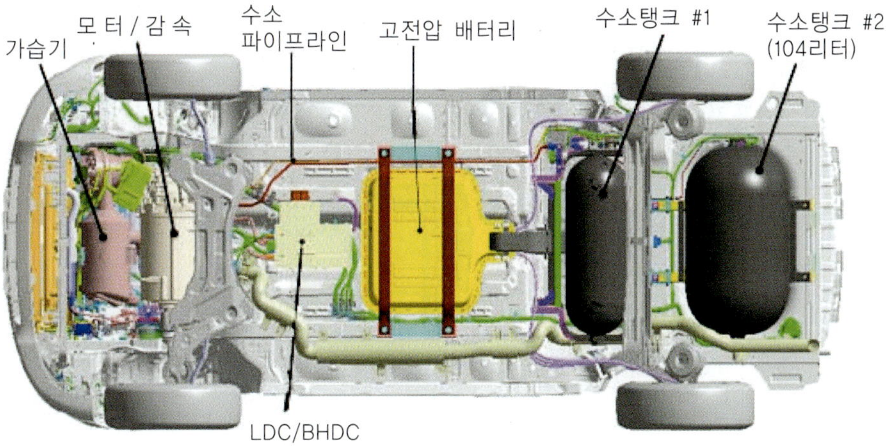

(b)

[그림 47] **수소연료전지 자동차의 구성부품**

3.3.1. 연료전지 스택(Stack)

연료전지 스택의 구성요소는 막전극접합체(MEA : Membrane Electrode Assembly), 기체확산층(Gas Diffusion Layer), 분리판(Bipolar Plate), 개스킷(Gasket) 체결기구, 인클로저 등이 있다.

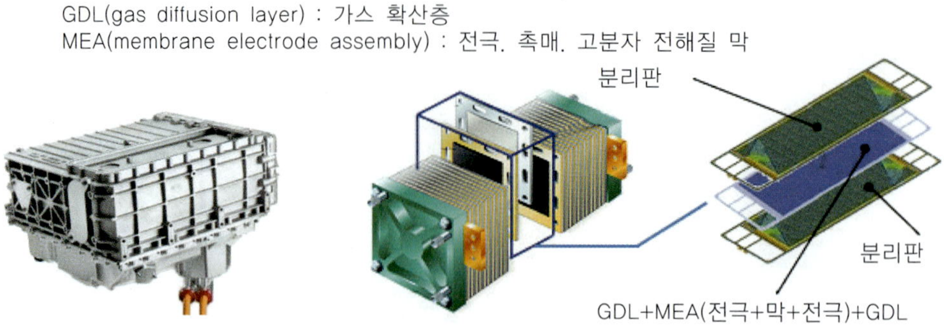

(a) 스택모듈　　　　(b) 스택 내부구성

[그림 48] **연료전지 스택**

Cell은 두 기체(수소와 산소)의 반응을 높이기 위해 적용된 소자와 냉각수 흐름과 각 부위의 기밀을 유지하기 위한 부분으로 구성된다. 각 Cell은 약 0.5~1 V의 전압을 출력할 수 있기 때문에 약 440장의 Cell을 적층 구조로 조립하면 250~450 V 전압의 연료전지 Cell을 완성한다. 스택은 운전 부하에 따라 다르나 계산식에 의해 단순계산을 하면 약 5 kg의 수소가 산소와 완전 결합을 한다면 약 45ℓ 의 물이 생성된다.

[1] 스택(stack)의 전기발생 원리

① 연료전지의 공기극에는 에어클리너를 거친 공기(산소)가 공급한다. 촉매에 의해 공기 중 산소만 반응하며, 2개의 산소원자로 분리한다.

② 분리된 산소원자들은 강한 음전하를 띠게 되어 수소이온(H^+)을 끌어당겨 전해질 막을 쉽게 통과하도록 보조한다.

③ 전해질 막을 통과한 2개의 수소이온과 이를 끌어들인 산소원자, 외부 회로로부터 전달된 2개의 수소전자는 결합하여 물 분자(H_2O)를 생성한다.

[2] 막전극집합체(MEA : Membrane Electrode Assembly)

막전극집합체(MEA)는 연료극과 공기극 사이에 위치하는 전해질 막(Membrane)이 접합되어 있는 구조이다. 막전극집합체(MEA)는 수소의 전기화학적 반응을 통해 전기에너지를 생산하는 역할을 한다.

[3] 가스확산층(GDL : Gas Diffusion Layer)

연료전지는 일반적으로 세퍼레이터(분리판), 가스확산층, 촉매층, 전해질막, 촉매층, 가스확산층, 세퍼레이터 순서대로 적층하여 구성된다. 가스확산층은 세퍼레이터로부터 공급되는 가스(수소, 산소)를 촉매로 확산하는 역할을 한다.

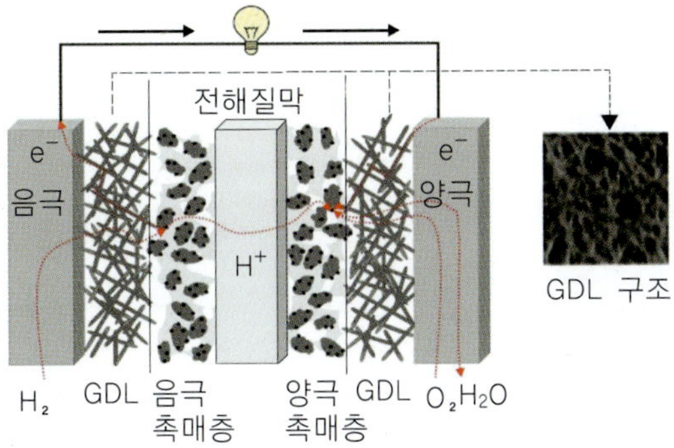

[그림 49] **연료전지 가스확산층(GDL)**

[4] 분리판(Separator)

연료전지용 분리판은 MEA(막-전극접합체), GDL(기체확산층)과 함께 스택을 구성하는 핵심부품으로서 수소, 산소, 냉각수를 각각 분리하여 MEA 전면에 균일하게 분배 및 공급하며, 전기화학 반응에 의해 생성된 전류를 수집(Anode) 및 전달(Cathode)하는 역할을 한다. 뿐만 아니라 다수의 셀 적층 시 MEA 및 GDL과 같이 강성이 없는 부품을 지지해주는 지지체 역할도 수행한다.

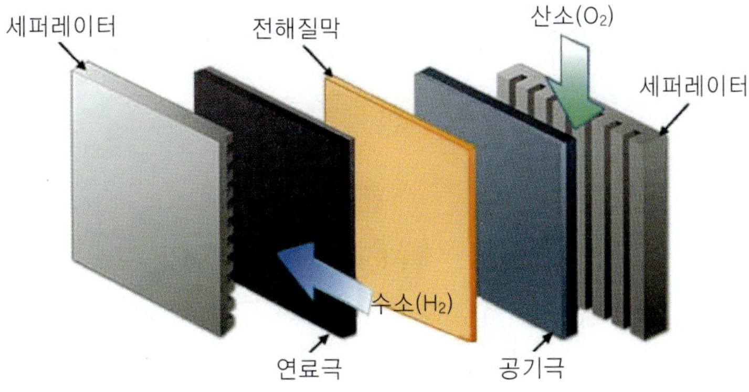

[그림 50] **연료전지 스택안 분리판 위치**

[5] 개스킷(Gasket)

개스킷은 가스 및 냉각수가 외부로 유출되거나, 서로 섞이는 것을 방지한다. 개스킷은 MEA와 분리판 사이를 밀봉하는 역할을 수행하며, 고무 개스킷 재료로는 탄화수소계 탄성체의 경우는, 에틸렌 프로필렌 디엔 모노머(EPDM), 에틸렌 프로필렌 고무(EPR), 이소프렌 고무(IR), 이소부틸렌-이소프렌 고무(IIR) 등의 고무가 많이 사용되고 있다.

3.3.2. 연료전지 운전장치

연료전지 운전장치는 연료전지(Stack)에 연료(수소) 공급, 공기 공급, 냉각수를 공급하는 크게 3가지로 구분된다.

[그림 51] **연료전지 운전장치 구성**

[1] 에어공급 시스템(APS : Air Processing System)

수소연료전지 스택이 효율적으로 작동하기 위해서는 미세먼지가 제거된 청정한 공기가 필요하므로 수소차는 달리는 동안 주변 공기를 빨아들여 정화한 후 수소연료전지에 사용하고 다시 배기구로 깨끗한 공기를 내보내게 된다. 공기 중 먼지나 화학물질은 3단계 공기정화 시스템을 통해 정화된다.

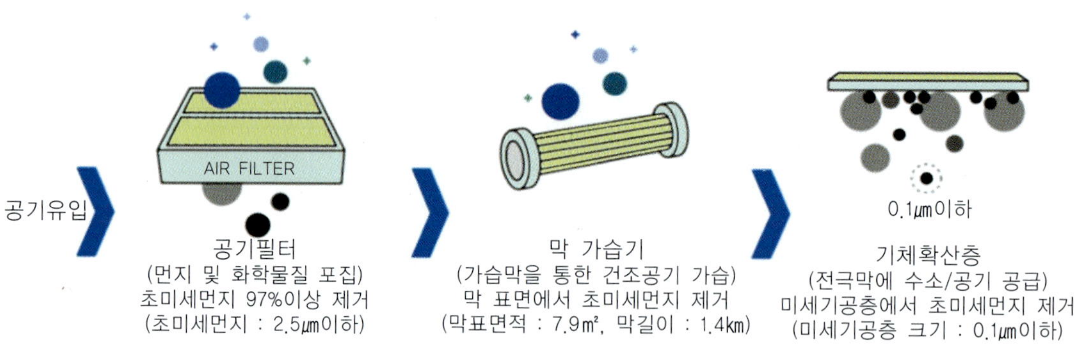

[그림 52] **3단계 공기정화 시스템**

공기공급시스템이란 전기화학반응을 위해 연료전지 양극에 산소를 공급하는 장치를 말한다. 공기공급시스템은 공기 중에 포함된 이물질을 여과하는 에어클리너와, 에어클리너에서 여과된 공기를 압축하여 공급하는 공기 블로워 및 공기 블로워를 제어하는 컨트롤 박스를 포함하여 구성된다.

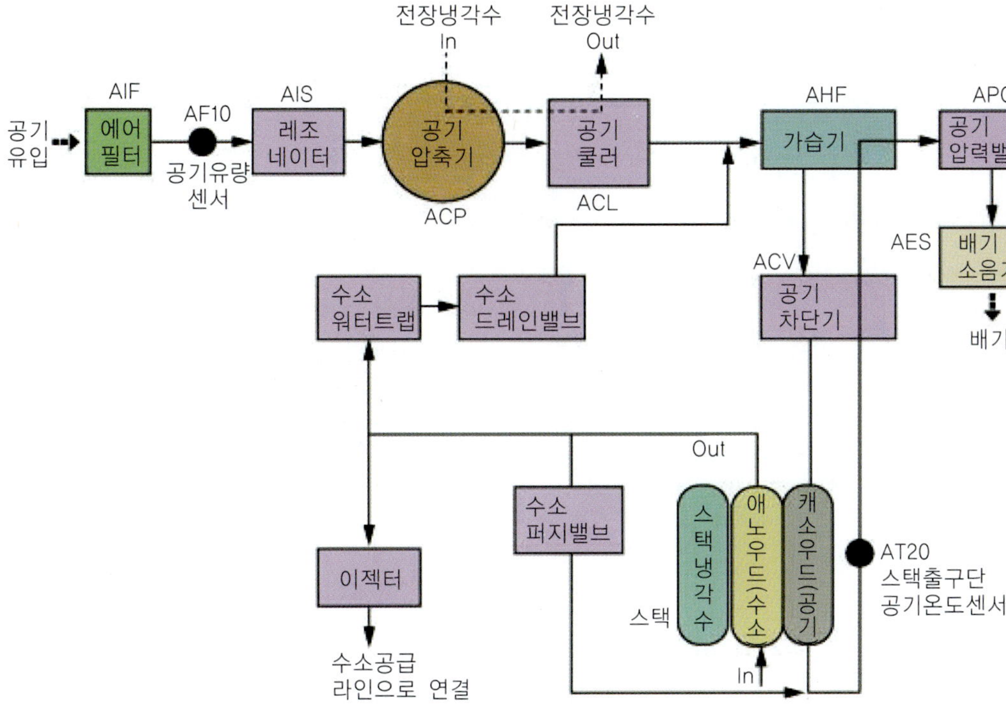

[그림 53] **에어공급 시스템 흐름도**

(1) 에어필터(air filter)

① **파티클층 #1** : 입자상 물질을 포집하며 수준의 통기 저항과 높은 수준의 입자 포집 효율성을 지녀야 한다.

② **카본층** : 다양한 화학물질, 아황산 및 부탄(탄소)을 포집한다.

③ **파티클층 #2** : 입자상 물질과 미세 입자를 포집한다. 그것은 폴리프로필렌(PP)성분의 고성능 정전 부직포로 만들어 진다.

④ **커버층** : 입자층을 보호하기 위한 피막으로 필터의 후 공정 프로세스에서 물리적 형태를 유지한다.

(2) 공기유량센서 및 레조네이터

① **공기유량센서** : 공기량 센서는 에어클리너 커버와 에어 인테이크 호스 사이에 위치하며 스택에 유입되는 흡입공기의 양을 측정하여 FCU(Fuel Cell Control Unit)로 입력한다. 흡입 공기 통로에 있는 가열 필름(hot film type)의 온도를 유지하기 위해 흐르는 전류값으로 공기량을 간접 측정한다.

② **레조네이터** : 흡입공기의 소음감소 및 공기의 저장을 위해 적용되었으며 에어클리너 후단에 연결된다.

(3) 공기 압축기(ACP : Air Compressor)

공기 압축기는 압축 장치 및 고속 모터로 구성되며 연료전지 스택에 공기를 공급한다. 모터 구동시 발생하는 열을 냉각하기 위해 전장 냉각 라인에 연결되어 있다. 공기압축기는 BPCU와 BLDC 3상 회로로 구성되어 있어 제어에 따라 최대 10만 RPM으로 회전한다. 회전을 통해 유입된 공기를 약 2 bar까지 압축할 수 있다.

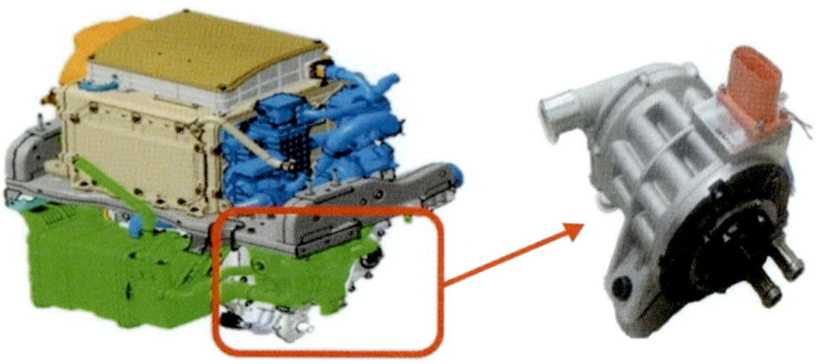

[그림 54] **공기압축기**

(4) 공기 쿨러 및 가습기

① **공기 쿨러** : 공기 압축기에 의해 압축된 공기는 약 130℃까지 온도가 상승하기 때문에 공기 밀도가 낮아진다. 상승된 공기를 약 85℃정도로 냉각시키는 역할을 공기 쿨러가 담당한다. 공기 쿨러는 효율적인 공기 냉각을 위해 공기 압축기와 가습기 사이에 적용되며 전장 냉각 라인에 연결되어 공기를 냉각시킨다.

② **가습기** : 가습기는 공기 쿨러와 일체로 구성되어 스택으로 공급되는 공기에 수분을 공급한다. 가습기내의 중공 사막을 통해 스택으로 들어가는 흡입공기에 스택에서 배출된 수분을 전달하여 스택 내부 각 Cell에서 수소반응(H^+)이 잘 일어나도록 하는 촉매 역할을 한다. 혹한기에 막 가습기내에 수분이 빙결되는 경우가 있긴 하지만 수분의 양이 적기 때문에 막 가습기 작동에는 문제가 되지 않는다.

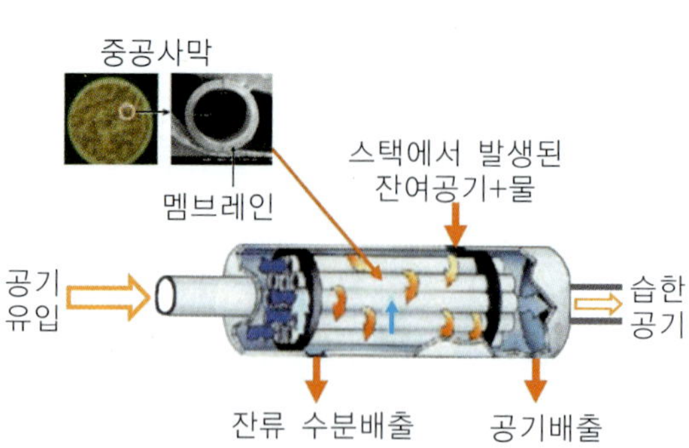

[그림 55] **가습기**

(5) 공기 차단기(ACV : Air Cut-Off Valve)

가습기에서 공급된 공기를 스택으로 공급한다. 또한 스택에서 사용된 공기를 가습기로 배출시키는 통로 역할을 한다.

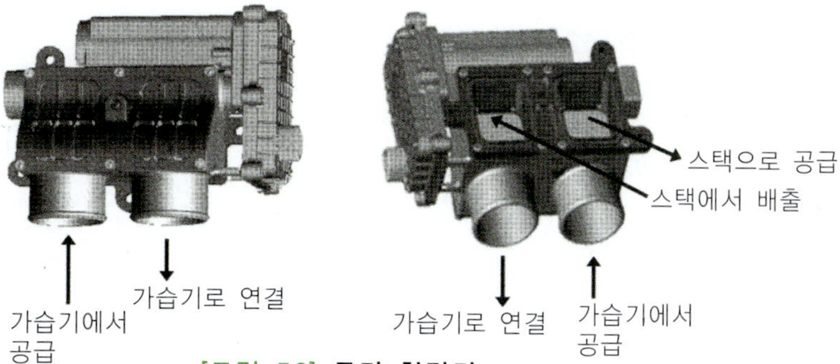

[그림 56] **공기 차단기**

(6) 공기압력 밸브(APC : Air Pressure Control Valve)

스택에서 배출되는 공기가 저항 없이 배기로 배출되면 공기 압축기에서 공급하는 압력 때문에 공기가 스택에 머물며 수소와 반응할 수 있는 시간이 줄어든다. 따라서 공기압력 밸브를 두어 부하에 따라 열림량을 조절하여 스택내부 공기단에 걸리는 배압을 형성한다.

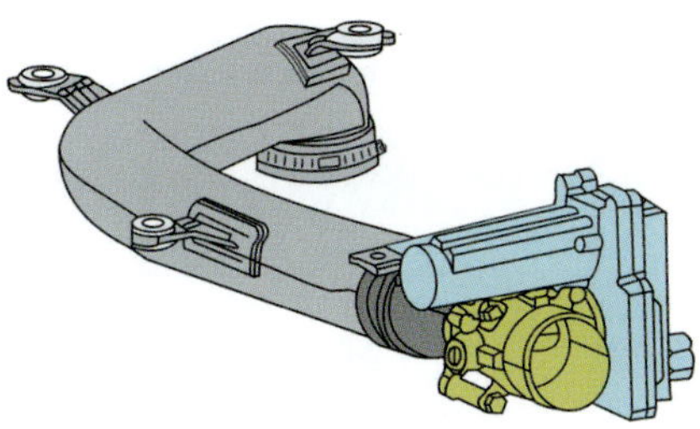

[그림 57] **공기압력 밸브**

[2] 수소공급 시스템(FPS : Fuel Processing System)

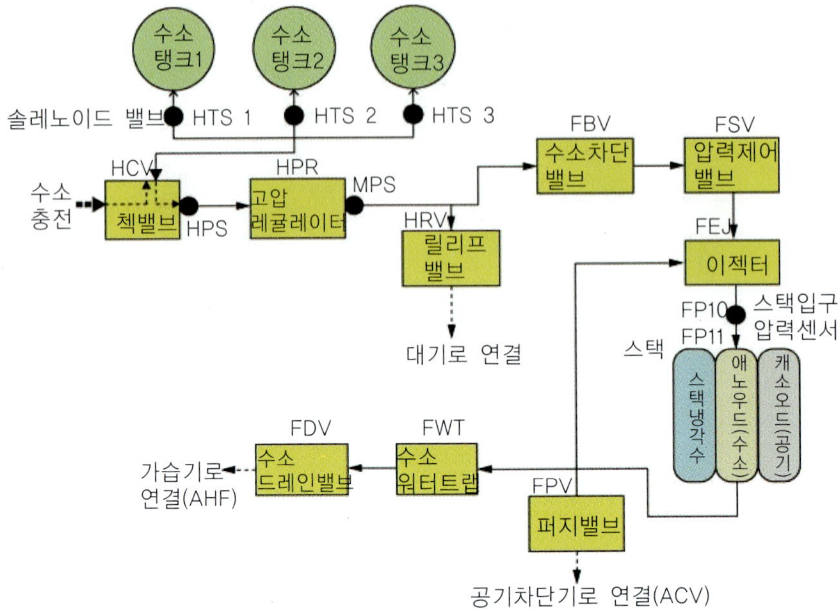

[그림 58] **수소 공급 시스템 흐름**

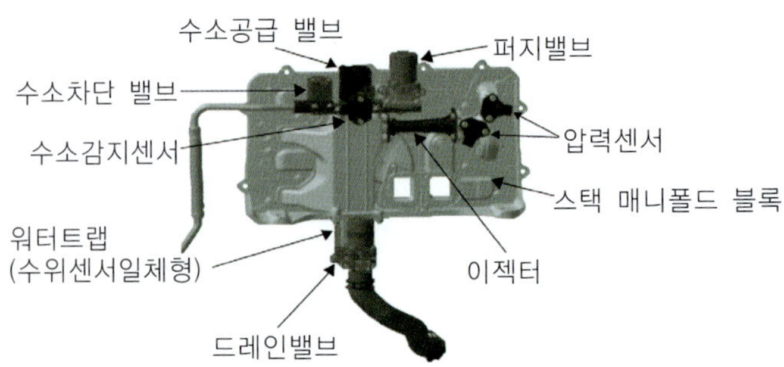

[그림 59] **수소공급 시스템**

(1) 수소연료 흐름 순서

① 3개의 수소 탱크는 솔레노이드 밸브(온도센서 일체)와 체크 밸브를 통해 고압 레귤레이터까지 대기한다.

② 약 700 bar의 연료 압력은 레귤레이터를 지나면서 17 bar로 감압되어 수소 차단밸브로 공급된다.

③ Ready시 차단밸브가 열리면 연료는 압력제어 밸브를 통해 2차 감압 후 이젝터(Ejector)로 공급된다. 이젝터에서는 공급된 연료를 벤츄리 효과를 이용해 스택에

공급하고, 스택에서 배출되는 연료를 재순환 시킨다.

④ 스택에서 배출된 연료는 퍼지밸브와 이젝터, 수소 워터 트랩으로 흘러간다.

⑤ 이젝터로 유입된 연료 일부는 재순환 되며, 수소 순도가 떨어지면 퍼지 밸브를 구동하여 대기로 배출한다.

⑥ 수소 워터 트랩은 스택 수소층에서 발생된 생성수를(물) 모았다가 드레인 밸브를 통해 외부로 배출한다.

(2) 수소 저장탱크

부피가 큰 수소를 압축하여 저장한다. 수소전기차 연료 탱크는 고강도 플라스틱 재질의 탱크를 탄소섬유 실로 감아 만든 초경량 복합소재 연료탱크로 만들어진다.

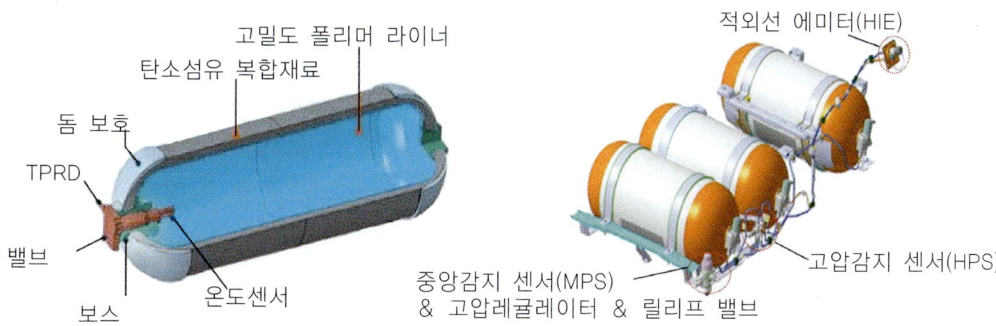

[그림 60] **수소연료탱크 구성**

(3) 고압감지 센서(HPS : High Pressure Sensor)

충전된 수소의 이상 고압을 감지하여 HMU(Hydrogen Storage System Management Unit)로 전송한다.

(4) 중압감지 센서(MPS : Mid Pressure Sensor) & 고압 레귤레이터 & 릴리프 밸브

체크밸브 블록에서 합쳐진 3개의 고압라인을 감압시키는 고압 레귤레이터와 이를 감지하는 중압 감지센서 그리고 감압한 연료가 약 22 bar이상일 경우 중압을 대기로 방출 시키는 안전장치인 릴리프 밸브가 하나의 블록으로 구성된다.

(5) 수소탱크 밸브(HTS : Hydrogen Tank Solenoid)

수소탱크 밸브는 탱크 각 각에 하나씩 적용되며 HMU가 제어한다(총 3개 적용). 밸브에는 탱크 내부에 저장된 수소를 공급라인으로 연결하는 솔레노이드 밸브, 수소를 수동으로 차단할 수 있는 매뉴얼 차단밸브, 탱크 내부 온도를 감지하는 온도센서가 일체로 구성된다.

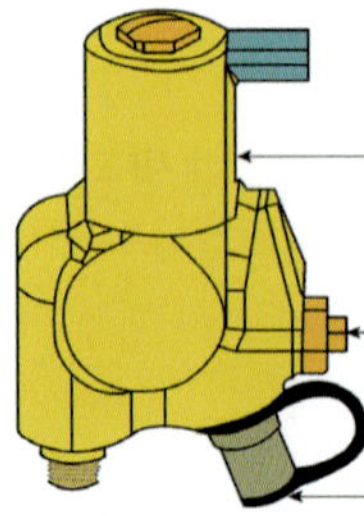

[그림 61] **수소탱크 밸브**

(6) 수소차단 밸브(FBV : Fuel Block Valve)

수소차단 밸브는 고압 어큐물레이터에 의해서 감압된 17 bar의 수소를 스택으로 공급한다. 밸브에 전류가 공급되면 전기장에 의해서 플런저가 위쪽으로 움직이게 된다. 이때 수소가 통과를 한다. 전류의 흐름을 차단하면 스프링에 의해서 플런저는 다시 내려오면서 수소공급은 차단된다. FCU(Fuel Cell Control Unit)의 신호에 의해 구동된다.

(7) 수소압력제어 밸브(FSV : Fuel Supply Valve)

연료차단 밸브에서 공급된 17 bar의 연료를 스택에서 전력을 생산하는데 필요한 만큼 압력을 조절하는 밸브이다. 일반적인 운전 조건일 경우 17 bar로 입력받은 연료를 1~2 bar로 감압하여 스택에 공급한다. FCU의 신호에 의해 구동된다.

(8) 수소퍼지 밸브(FPV : Fuel Line Purge Valve)

스택 내부의 수소 순도를 높이기 위해 사용된다. 스택으로 공급된 수소는 산소와 화학반응 후 버려지는 것이 아니라 이젝터를 통해 재순환되어 남아있는 수소의 화학반응을 유도한다. 이때 재순환 과정에서 수소의 순도는 점점 낮아진다. 스택에서 일정량의 수소를 소비할 때, 퍼지 밸브는 수소의 순도를 높이기 위해 열려 수소를 배출한다. 즉, FCU는 항상 일정 수준 이상으로 수소의 순도를 유지하기 위해 퍼지 밸브를 개방하고 새로운 수소를 공급한다. 퍼지 밸브는 약 0.3초간 동작하여 스택 내 잔여 수소를 배출한다.

(9) 수소입구 상단 압력센서/하단 압력센서

스택으로 공급되는 연료 압력을 감지하는 센서이다. 측정된 압력은 FCU로 입력한다.

(10) 생성수 배출

① **워터 트랩(FWT)** : 스택 내부 수소 확산 영역에서 물을 저장한다.

② **생성 수 레벨 센서** : 워터 트랩의 저장된 수분의 양을 감지한다.

③ **드레인 밸브(FDV)** : 드레인 밸브는 FCU의 구동에 의해 워터 트랩에 저장된 물을 공기 공급라인의 가습기로 보낸다.

(11) 적외선 에미터(HIE : Hydrogen IR Emitter)

HMU(Hydrogen Management System)는 수소저장 탱크의 압력 및 온도를 실시간으로 감지한다.

(12) 연료도어 스위치

① **신호 전송** : HMU가 연료 도어 상태를 감지하여 FCU로 전송한다.

② **연료 도어가 열리면** : 안전을 위해 연료 도어가 열린 상태에서는 Ready가 되지 않는다.

③ **Ready 상태에서 연료도어 동작** : Ready 상태에서는 연료도어가 열리지 않는다.

3.3.3. 전력 변환 시스템

[1] 전력변환 흐름

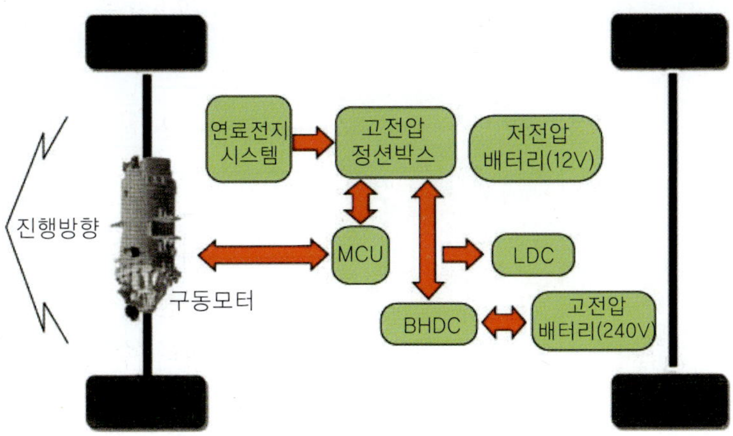

[그림 62] **구성품별 전력 흐름**

고전압 및 신호의 흐름을 대략적으로 파악해 보면 시동 신호가 SMK(Smart Key System)를 통해 FCU로 입력이 되면, FCU는 PRA(Power Relay Assembly)를 작동시켜 고전압배터리를 작동시킨다. 고전압 배터리에서 나온 에너지를 BHDC로 들어가고, BHDC는 승압과정을 거쳐 고전압 정션박스로 보내게 된다. 고전압 정션박스를 통해 MCU로 에너지가 전달되고, MCU는 직류 전원을 3상 교류전원으로 바꿔 구동모터에 전달하여 차량은 주행하게 된다. 이와 동시에, 고전압은 LDC로도 입력되어 12 V배터리를 충전한다.

① **고전압 정션박스**(HV J/BOX) : 고전압 회로 분배(450 V), 릴레이 퓨즈

② **인버터**(MCU) : 차량 구동모터 제어, 구동/회생 토크 제어

③ **컨버터**(LDC : Low Voltage DC-DC Convertor) : 차량의 12 V 전원 공급, 보조배터리 충전

④ **구동모터** : 구동 토크 발생(최대 395Nm), 감속기/MCU 일체형

⑤ **양방향 고전압 전력변환장치**(BHDC : Bi-Directional High Votage DC-DC Converter) : 고전압 배터리 전력제어, 시동시 고전압 공급, 고전압 배터리 충·방전, 입력전압 160~275.2 V, 출력전압 250~450 V 분배

⑥ 연료전지에서 발생된 전원을 적합하게 분배하여 차량의 각 고전압 부품들에 동작전원을 공급(전자파 차폐 플라스틱 커버 적용, 하우징 일체형 방열 핀 구조 적용, 고전압 커넥터의 인터락 적용)

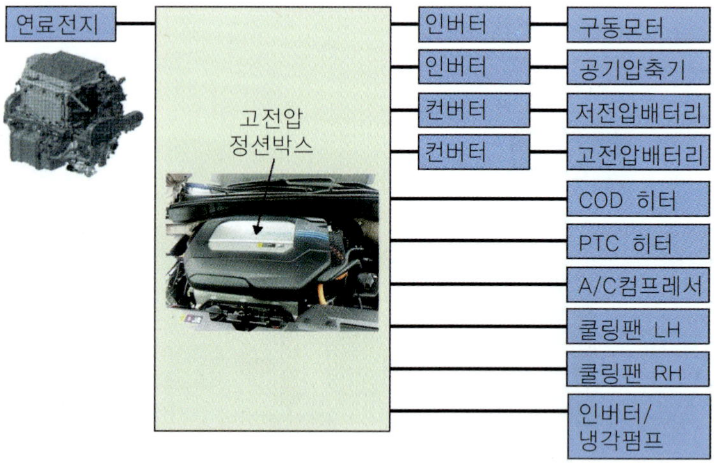

[그림 63] **전원 구성도**

3.3.4. 배터리 시스템

[1] 고전압 배터리

FE 수소전기차에 장착되는 240V 고전압 배터리는 보조 전원이며 차량 가속시 BHDC로 전기에너지를 공급하여, BHDC에서 승압된 고전압(450 V)이 인버터에 공급되며, 인버

터는 DC 고전압을 3상 교류로 전환하여 구동모터를 제어한다.

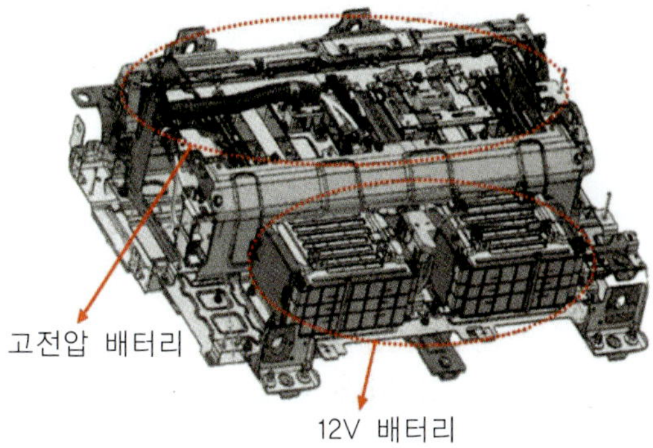

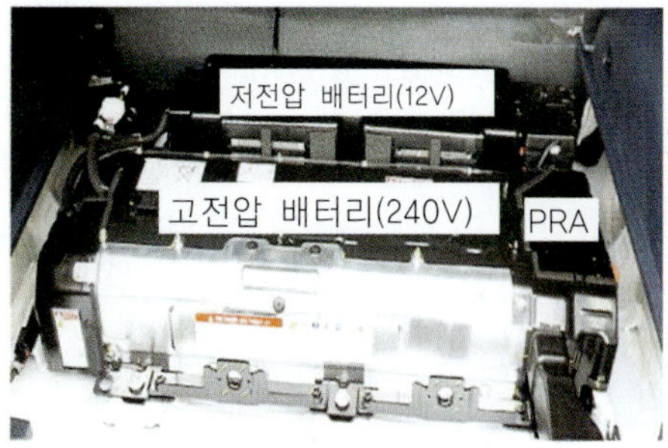

[그림 64] **고전압 배터리 및 저전압 배터리**

① 스택의 전기부하 보조(ex. 차량 가속 시 전기에너지 공급)
② 초기 차량 운전 시동
③ **고전압 배터리를 통한 모터 구동 시 전기 에너지 흐름** : 고전압 배터리 → PRA → BHDC → 고전압 정션박스 → MCU(인버터), 교류 → 모터

안전 플러그(세이프티 플러그)는 고전압 배터리 또는 고전압 관련 부품 취급 시에는 작업자의 감전사고를 예방하기 위해 반드시 안전 플러그를 탈거하여 고전압 배터리 연결 회로를 차단시키고 작업에 임해야 한다. 또한 안전 플러그 제거 후라도 인버터 내부의 커패시터(콘덴서)에 충전되어 있는 고전압을 방전시키기 위해 5~10분가량 대기해야 한다.

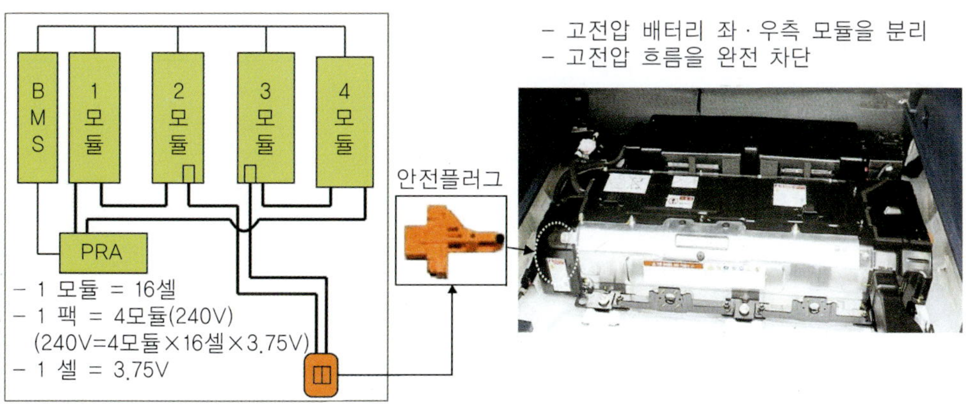

[그림 65] **안전 플러그**

[2] 저전압 배터리

① 12 V 리튬이온 폴리머 배터리가 적용 되었으며, 고전압 배터리 옆에 위치한다.

② PRA와 동일한 역할을 하는 저전압(12 V) 차단 릴레이가 적용되어, BMS는 과방전을 감지할 경우 릴레이를 Off시켜 전원을 차단한다. 재접속 스위치를 누를 경우 릴레이가 동작하여 다시 전원이 공급된다.

③ 재접속 스위치를 눌러 전원을 공급한 후 Ready 상태에서 30분 이상 보조 배터리를 충전시켜야 한다.(스위치 작동 후 일정시간 시동을 걸지 않으면 과방전 방지를 위해 12 V 릴레이가 다시 Off된다.)

④ 기존 친환경 차량에 적용된 BMS는 고전압 배터리만 제어했던 반면, BMS가 고전압 배터리와 저전압 배터리를 통합 제어하며 저전압 배터리 전류 센서와 온도 센서 신호가 BMS로 송신된다.

⑤ 냉각팬은 고전압과 저전압 배터리를 통합 냉각시킨다.